Informatik — Fachberichte

Band 137: D. Lienert, Die Konfigurierung modular aufgebauter Datenbanksysteme. IX, 214 Seiten. 1987.

Band 138: R. Männer, Entwurf und Realisierung eines Multiprozessors. Das System „Heidelberger POLYP". XI, 217 Seiten. 1987.

Band 139: M. Marhöfer, Fehlerdiagnose für Schaltnetze aus Modulen mit partiell injektiven Pfadfunktionen. XIII, 172 Seiten. 1987.

Band 140: H.-J. Wunderlich, Probabilistische Verfahren für den Test hochintegrierter Schaltungen. XII, 133 Seiten. 1987.

Band 141: E. G. Schukat-Talamazzini, Generierung von Worthypothesen in kontinuierlicher Sprache. XI, 142 Seiten. 1987.

Band 142: H.-J. Novak, Textgenerierung aus visuellen Daten: Beschreibungen von Straßenszenen. XII, 143 Seiten. 1987.

Band 143: R. R. Wagner, R. Traunmüller, H. C. Mayr (Hrsg.), Informationsbedarfsermittlung und -analyse für den Entwurf von Informationssystemen. Fachtagung EMISA, Linz, Juli 1987. VIII, 257 Seiten. 1987.

Band 144: H. Oberquelle, Sprachkonzepte für benutzergerechte Systeme. XI, 315 Seiten. 1987.

Band 145: K. Rothermel, Kommunikationskonzepte für verteilte transaktionsorientierte Systeme. XI, 224 Seiten. 1987.

Band 146: W. Damm, Entwurf und Verifikation mikroprogrammierter Rechnerarchitekturen. VIII, 327 Seiten. 1987.

Band 147: F. Belli, W. Görke (Hrsg.), Fehlertolerierende Rechensysteme / Fault-Tolerant Computing Systems. 3. Internationale GI/ITG/GMA-Fachtagung, Bremerhaven, September 1987. Proceedings. XI, 389 Seiten. 1987.

Band 148: F. Puppe, Diagnostisches Problemlösen mit Expertensystemen. IX, 257 Seiten. 1987.

Band 149: E. Paulus (Hrsg.), Mustererkennung 1987. 9. DAGM-Symposium, Braunschweig, Sept./Okt. 1987. Proceedings. XVII, 324 Seiten. 1987.

Band 150: J. Halin (Hrsg.), Simulationstechnik. 4. Symposium, Zürich, September 1987. Proceedings. XIV, 690 Seiten. 1987.

Band 151: E. Buchberger, J. Retti (Hrsg.), 3. Österreichische Artificial-Intelligence-Tagung. Wien, September 1987. Proceedings. VIII, 181 Seiten. 1987.

Band 152: K. Morik (Ed.), GWAI-87. 11th German Workshop on Artificial Intelligence. Geseke, Sept./Okt. 1987. Proceedings. XI, 405 Seiten. 1987.

Band 153: D. Meyer-Ebrecht (Hrsg.), ASST'87. 6. Aachener Symposium für Signaltheorie. Aachen, September 1987. Proceedings. XII, 390 Seiten. 1987.

Band 154: U. Herzog, M. Paterok (Hrsg.), Messung, Modellierung und Bewertung von Rechensystemen. 4. GI/ITG-Fachtagung, Erlangen, Sept./Okt. 1987. Proceedings. XI, 388 Seiten. 1987.

Band 155: W. Brauer, W. Wahlster (Hrsg.), Wissensbasierte Systeme. 2. Internationaler GI-Kongreß, München, Oktober 1987. XIV, 432 Seiten. 1987.

Band 156: M. Paul (Hrsg.), GI – 17. Jahrestagung. Computerintegrierter Arbeitsplatz im Büro. München, Oktober 1987. Proceedings. XIII, 934 Seiten. 1987.

Band 157: U. Mahn, Attributierte Grammatiken und Attributierungsalgorithmen. IX, 272 Seiten. 1988.

Band 158: G. Cyranek, A. Kachru, H. Kaiser (Hrsg.), Informatik und „Dritte Welt". X, 302 Seiten. 1988.

Band 159: Th. Christaller, H.-W. Hein, M. M. Richter (Hrsg.), Künstliche Intelligenz. Frühjahrsschulen, Dassel, 1985 und 1986. VII, 342 Seiten. 1988.

Band 160: H. Mäncher, Fehlertolerante dezentrale Prozeßautomatisierung. XVI, 243 Seiten. 1987.

Band 161: P. Peinl, Synchronisation in zentralisierten Datenbanksystemen. XII, 227 Seiten. 1987.

Band 162: H. Stoyan (Hrsg.), Begründungsverwaltung. Proceedings, 1986. VII, 153 Seiten. 1988.

Band 163: H. Müller, Realistische Computergraphik. VII, 146 Seiten. 1988.

Band 164: M. Eulenstein, Generierung portabler Compiler. X, 235 Seiten. 1988.

Band 165: H.-U. Heiß, Überlast in Rechensystemen. IX, 176 Seiten. 1988.

Band 166: K. Hörmann, Kollisionsfreie Bahnen für Industrieroboter. XII, 157 Seiten. 1988.

Band 167: R. Lauber (Hrsg.), Prozeßrechensysteme '88. Stuttgart, März 1988. Proceedings. XIV, 799 Seiten. 1988.

Band 168: U. Kastens, F. J. Rammig (Hrsg.), Architektur und Betrieb von Rechensystemen. 10. GI/ITG-Fachtagung, Paderborn, März 1988. Proceedings. IX, 405 Seiten. 1988.

Band 169: G. Heyer, J. Krems, G. Görz (Hrsg.), Wissensarten und ihre Darstellung. VIII, 292 Seiten. 1988.

Band 170: A. Jaeschke, B. Page (Hrsg.), Informatikanwendungen im Umweltbereich. 2. Symposium, Karlsruhe, 1987. Proceedings. X, 201 Seiten. 1988.

Band 171: H. Lutterbach (Hrsg.), Non-Standard Datenbanken für Anwendungen der Graphischen Datenverarbeitung. GI-Fachgespräch, Dortmund, März 1988, Proceedings. VII, 183 Seiten. 1988.

Band 172: G. Rahmstorf (Hrsg.), Wissensrepräsentation in Expertensystemen. Workshop, Herrenberg, März 1987. Proceedings. VII, 189 Seiten. 1988.

Band 173: M. H. Schulz, Testmustergenerierung und Fehlersimulation in digitalen Schaltungen mit hoher Komplexität. IX, 165 Seiten. 1988.

Band 174: A. Endrös, Rechtsprechung und Computer in den neunziger Jahren. XIX, 129 Seiten. 1988.

Band 175: J. Hülsemann, Funktioneller Test der Auflösung von Zugriffskonflikten in Mehrrechnersystemen. X, 179 Seiten. 1988.

Band 176: H. Trost (Hrsg.), 4. Österreichische Artificial-Intelligence-Tagung. Wien, August 1988. Proceedings. VIII, 207 Seiten. 1988.

Band 177: L. Voelkel, J. Pliquett, Signaturanalyse. 223 Seiten. 1989.

Band 178: H. Göttler, Graphgrammatiken in der Softwaretechnik. VIII, 244 Seiten. 1988.

Band 179: W. Ameling (Hrsg.), Simulationstechnik. 5. Symposium. Aachen, September 1988. Proceedings. XIV, 538 Seiten. 1988.

Band 180: H. Bunke, O. Kübler, P. Stucki (Hrsg.), Mustererkennung 1988. 10. DAGM-Symposium, Zürich, September 1988. Proceedings. XV, 361 Seiten. 1988.

Band 181: W. Hoeppner (Hrsg.), Künstliche Intelligenz. GWAI-88, 12. Jahrestagung. Eringerfeld, September 1988. Proceedings. XII, 333 Seiten. 1988.

Band 182: W. Barth (Hrsg.), Visualisierungstechniken und Algorithmen. Fachgespräch, Wien, September 1988. Proceedings. VIII, 247 Seiten. 1988.

Band 183: A. Clauer, W. Purgathofer (Hrsg.), AUSTROGRAPHICS '88. Fachtagung, Wien, September 1988. Proceedings. VIII, 267 Seiten. 1988.

Band 184: B. Gollan, W. Paul, A. Schmitt (Hrsg.), Innovative Informations-Infrastrukturen. I. I. I. – Forum, Saarbrücken, Oktober 1988. Proceedings. VIII, 291 Seiten. 1988.

Band 185: B. Mitschang, Ein Molekül-Atom-Datenmodell für Non-Standard-Anwendungen. XI, 230 Seiten. 1988.

Informatik-Fachberichte 234

Herausgeber: W. Brauer
im Auftrag der Gesellschaft für Informatik (GI)

Andreas Pfitzmann

Diensteintegrierende Kommunikationsnetze mit teilnehmerüberprüfbarem Datenschutz

Springer-Verlag
Berlin Heidelberg GmbH

Autor

Andreas Pfitzmann
Universität Karlsruhe
Institut für Rechnerentwurf und Fehlertoleranz
Postfach 6980, D-7500 Karlsruhe 1

CR Subject Classifications (1987): C.2, D.4.6, E.3, H.4.3, K.4.1

ISBN 978-3-540-52327-7   ISBN 978-3-642-75544-6 (eBook)
DOI 10.1007/978-3-642-75544-6

CIP-Titelaufnahme der Deutschen Bibliothek.
Pfitzmann, Andreas:
Diensteintegrierende Kommunikationsnetze mit teilnehmerüberprüfbarem Daten-
schutz / Andreas Pfitzmann. - Berlin; Heidelberg; New York; London; Paris; Tokyo;
Hong Kong: Springer, 1990
    (Informatik-Fachberichte; 234)

NE: GT

Ursprünglich erschienen bei Springer-Verlag Berlin Heidelberg New York in 1990

2145/3140 – 543210 – Gedruckt auf säurefreiem Papier

Vorwort

Menschen und Maschinen kommunizieren immer mehr über öffentliche *Vermittlungsnetze.*
Sensitive Daten (z. B. personenbezogene Daten, Geschäftsgeheimnisse) können dabei sowohl
aus den eigentlichen *Nutzdaten* als auch aus den *Vermittlungsdaten*, z. B. Ziel- und Herkunftsadresse, Datenumfang und Zeit, gewonnen werden.

Deshalb wird in dieser Arbeit untersucht, wie sensitive Daten vor illegalen und legalen
Netzbenutzern, dem Betreiber des Netzes und den Herstellern der Vermittlungszentralen sowie
ihren Mitarbeitern geschützt werden können. Manche Vermittlungsdaten, z. B. die genauen
Netzadressen der Teilnehmer, müssen auch vor Kommunikationspartnern, etwa Datenbanken,
geschützt werden, damit sie nicht als Personenkennzeichen verwendbar werden.

Bei der heute üblichen und von der Deutschen Bundespost auch für die Zukunft, nämlich
für das **diensteintegrierende** Digitalnetz (ISDN), geplanten Netzstruktur erlauben auch
juristische Datenschutzvorschriften und Verschlüsselung allein keinen ausreichenden und mit
vernünftigem Aufwand **überprüfbaren** Datenschutz. Die Nutzdaten können zwar durch Ende-
zu-Ende-Verschlüsselung in Digitalnetzen effizient, überprüfbar und umfassend geschützt
werden. Bei der im Teilnehmeranschlußbereich üblichen vollvermittelten Sternstruktur der
Kommunikationsnetze erlauben diese Maßnahmen jedoch keinen überprüfbaren Schutz der
Vermittlungsdaten vor dem Betreiber des Netzes. Werden – wie vorgesehen – komplexe und
zusätzlich frei speicherprogrammierbare Vermittlungszentralen verwendet, die für „Trojanische
Pferde" anfällig sind, können vor ihren Herstellern, deren Mitarbeitern und damit grundsätzlich
auch fremden Geheimdiensten die Vermittlungsdaten ebenfalls nicht überprüfbar geschützt
werden. Derart strukturierte öffentliche Vermittlungsnetze – insbesondere also das geplante
ISDN – gewähren ihrem Benutzer nicht das im Volkszählungsurteil des Bundesverfassungsgerichts vom Dezember 1983 formulierte „Recht auf informationelle Selbstbestimmung ...,
grundsätzlich selbst über die Preisgabe und Verwendung seiner persönlichen Daten zu bestimmen". Zusammen mit dem faktischen Benutzungszwang, der durch immer stärkere Nutzung
und das Fernmeldemonopol verursacht wird, wirft dies die Frage auf, ob die Beibehaltung
dieser Netzstruktur verfassungsrechtlich zulässig ist.

Nach dieser Problemanalyse werden zunächst die zur Abhilfe geeigneten bekannten
Grundverfahren – sie machen **Datenschutz** weitgehend sogar **teilnehmerüberprüfbar** –
zusammen mit einigen Überlegungen zu ihrer effizienten Realisierung dargestellt. In reiner
Form sind sie beim in den nächsten zwei Jahrzehnten zu erwartenden Stand der Technik nur als
Spezialnetze für geringe Teilnehmerzahlen oder Leistungsanforderungen zu vertretbaren, aber
bezogen auf die Kommunikationsleistung hohen Kosten realisierbar. Um die bezüglich
Teilnehmerzahl, Zuverlässigkeit und Verkehrslast hohen Anforderungen eines diensteintegrierenden Kommunikationsnetzes zu erfüllen und damit teilnehmerüberprüfbaren Datenschutz
auch in offenen Kommunikationsnetzen – durch die Diensteintegration sogar preiswert – zur
Verfügung stellen zu können, werden die Grundverfahren durch Implementierung verschieden
geschützter Verkehrsklassen, hierarchische Unterteilung des Kommunikationsnetzes sowie mit
Datenschutz verträgliche Fehlertoleranztechniken praktikabel gemacht. Anschließend wird
gezeigt, wie diese praktikablen Grundverfahren zur (ausgehend von den heutigen Kommunikationsnetzen) evolutionären Gestaltung eines Datenschutz garantierenden offenen, zunächst
schmalbandigen, später breitbandigen diensteintegrierenden Digitalnetzes verwendet werden
können. Überlegungen zur Netzbetreiberschaft und Verantwortung für die Dienstqualität sowie

zur datenschutzgerechten Abrechnung der Netznutzung schließen die Betrachtung dienste-integrierender Kommunikationsnetze im engeren Sinne ab.

Um einen Ausblick auf die Nutzung solcher Kommunikationsnetze zu geben, skizziere ich, wie die wichtigsten Transaktionsprotokolle, nämlich solche für *Zahlungen*, *Warentransfer* (d. h. digitale Ware gegen Geld) und *Dokumente* (z. B. Nachweis einer Qualifikation), und *statistische Erhebungen* so gestaltet werden können, daß teilnehmerüberprüfbarer Datenschutz und Rechtssicherheit gewährleistet werden. Um die Anwendbarkeit der Verfahren für teilnehmerüberprüfbaren Datenschutz in diensteintegrierenden Kommunikationsnetzen auf andere Problemstellungen zu demonstrieren, gebe ich einen Ausblick auf eine datenschutzgerechte Gestaltung von *öffentlichem mobilem Funk* (z. B. Autotelefon, Verkehrsleitsysteme) und *Fernwirken* (TEMEX) sowie auf eine Lösung des *Einschränkungsproblems* in verteilten Systemen, d. h. die Frage, wie ein Programm, das ein „Trojanisches Pferd" enthält, daran gehindert werden kann, Information über verdeckte Kanäle weiterzugeben.

Danksagung

Diese von der Fakultät für Informatik der Universität Karlsruhe (Technische Hochschule) genehmigte Dissertation entstand am Institut für Rechnerentwurf und Fehlertoleranz (früher: Institut für Informatik IV). Sie wurde der Fakultät am 20. Mai 1988 vom Autor zur Erlangung des akademischen Grades eines Doktors der Naturwissenschaften vorgelegt. Die mündliche Prüfung fand am 1. Februar 1989 statt.

Prof. Dr.-Ing. *Winfried Görke* übernahm das Referat, Prof. Dr. *Otto Spaniol* (RWTH Aachen) nach intensiven und sehr anregenden Gesprächen, der Lektüre der bis dahin geschriebenen Arbeiten und einem in Aachen gehaltenen Kolloquiumsvortrag das Korreferat. Als dritter Gutachter wurde Prof. Dr.-Ing. *Paul J. Kühn* (Univ. Stuttgart) bestimmt. Für die viele investierte Zeit danke ich ihnen sehr.

Den Anstoß zu dieser Arbeit verdanke ich Dipl.-Ing. *Peter Mahnkopf*, der am 31. Januar 1983 im Informatik-Kolloquium der Karlsruher Fakultät voller Begeisterung über „Neue bildschirmorientierte Telekommunikationsformen – eine Darstellung der neuen Medien" vortrug und auf meine Frage, ob er jemals über die durch das von ihm angepriesene BIGFON-Konzept (Vermittlung von allen Diensten, auch von Fernsehen) verursachten Datenschutz-Probleme und deren technische Lösung nachgedacht habe, klar antwortete: „Nein, und ich kenne auch niemand, der bisher darüber nachgedacht hat." Dies und die durch die damals bevorstehende Volkszählung verursachte, sehr lebhafte Diskussion über Datenschutz brachten mich dazu, mich nicht nur um Fehlertoleranz, sondern nebenbei auch etwas um Datenschutz zu kümmern. Darin bestärkt wurde ich dadurch, daß Dr. *Ruth Leuze* im Sommersemester 1983 in Karlsruhe eine vielbesuchte und eindrucksvolle Vorlesung über (juristischen) „Datenschutz" hielt. Dankenswerterweise verschwieg sie nicht, wie wenig sie und ihre Mitarbeiter von technischem Datenschutz verstünden und wie dringend erforderlich originäre Lösungen in diesem Bereich seien.

Ich danke Prof. Dr.-Ing. *Winfried Görke* für die mir gewährte Freiheit, in seiner bisher ausschließlich mit Zuverlässigkeit elektronischer Geräte, Fehlerdiagnose und Fehlertoleranz beschäftigten Arbeitsgruppe mich zunächst „nebenbei", und wie sich durch das lebhafte Echo nach und nach ergab, später „hauptsächlich" mit Technischem Datenschutz zu beschäftigen. Es war sehr angenehm, mit ihm und meinen Kollegen, insbesondere Dr. *Klaus Echtle*, über ein für uns alle neues Gebiet zu diskutieren und gemeinsam manches zu lernen.

Für meine Themenentscheidung fundierende Gespräche und menschliche Begleitung danke ich Dr. *Klaus Dittrich*, Dr. *Hermann Härtig* und Prof. Dr.-Ing. *Detlef Schmid*.

Zahlreiche Studenten haben durch fruchtbare Zusammenarbeit diese Arbeit gefördert: *Gabriele Bürle* durch Arbeiten über vergleichende Leistungsbewertung zwischen Ringnetzen mit verschiedenen Zugriffsverfahren und Sternnetzen, *Michael Waidner* durch eine grundlegende Arbeit über die Anonymitätserhaltung von Ringzugriffsverfahren sowie durch eine erste wichtige Systematisierung der Datenschutzmaßnahmen in Kommunikationsnetzen, *Gunter Höckel* durch eine mustergültige und weitgehend abschließende Arbeit über die Anonymitätserhaltung von Ringzugriffsverfahren, *Andreas Mann* durch Entwicklung und Bewertung von Datenschutz erhaltenden Fehlertoleranzmaßnahmen in Ringnetzen, *Holger Bürk* durch Programmieren der Formeln in Abschnitt 5.3.4, *Axel Burandt* durch Erfinden eines originellen Codes, *Eckhard Marchel* durch eine sehr sorgfältige Leistungsbewertung von überlagerndem Empfangen bei Mehrfachzugriffsverfahren mittels Kollisionsauflösung, *Arnold Niedermaier* durch die Bewertung von Zuverlässigkeit und Senderanonymität einer fehlertoleranten Kommunikationsstruktur für das DC-Netz, *Manfred Böttger* durch sorgfältige Untersuchungen zur Sicherheit von asymmetrischen Kryptosystemen und MIX-Implementierungen gegen aktive Angriffe und *Ralf Aßmann* durch die bei weitem effizienteste Implementierung von verallgemeinertem DES sowie das zuverlässige Realisieren, Integrieren und Pflegen von Programmen zur komfortableren Textbearbeitung und Literaturstellenverwaltung. *Manfred Böttger* und *Dirk Fox* lasen Teile dieser Arbeit; ihre Kritik führte zu zahlreichen Verbesserungen der Darstellung.

Ganz besonders anregend waren Artikel von sowie Begegnungen und Telefonate mit Dr. *David Chaum*, der mich seit 1985 über seine Arbeiten auf dem laufenden hält und an unseren kritischen Anteil nimmt.

Prof. *Herbert Kubicek* habe ich für über den Datenschutz hinausgehende Diskussionen über ISDN zu danken, *Michael Kühn* für beharrliches Fragen, was im Datenschutzkontext denn mit den Breitbandkabelverteilnetzen anzufangen sei.

Ganz besonders danke ich meinen schärfsten, beharrlichsten, aber auch konstruktivsten Kritikern: Zuallererst meiner Frau *Birgit Pfitzmann*, dann dem Kollegen, mit dem ich die letzten Jahre am engsten zusammengearbeitet habe, Dipl.-Inform. *Michael Waidner*.

Hinweise für den Leser

Literaturangaben mit Jahreszahl 89 wurden kurz vor Drucklegung und nur mit kurzem Hinweis auf ihren Inhalt nachträglich eingefügt. Entsprechendes gilt für alle Referenzen in Kapitel 8, das nur einen skizzenhaften Ausblick auf die Nutzung von Kommunikationsnetzen mit teilnehmerüberprüfbarem Datenschutz gibt. Alle anderen Referenzen stehen nach Sachverhalten, die für das Verständnis dieser Arbeit ausreichend ausführlich dargestellt sind. Dies gilt insbesondere für Arbeiten, deren Autor oder Koautor ich bin.

Diese Arbeit verdeutlicht einige der im fachlich sehr weit gespannten Bereich „Kommunikationsnetze" vorhandenen technischen Gefahren und weist Möglichkeiten zu ihrer Abwendung mit den Mitteln der „Telematik" (Telekommunikation und Informatik) nach. Sie bedient sich der in der Informatik üblichen Betrachtungsebenen und beschränkt sich auf sie. Das Erarbeiten und Darstellen von Lösungen setzt voraus, daß die zu lösenden Probleme klar und prägnant formuliert werden. Damit dies nicht mißverstanden wird: Wenn ich hervorhebe, daß jemand etwas tun *kann*, will ich damit nicht unterstellen, daß er es getan *hat* oder tun *wird*.

Das folgende Diagramm stellt die inhaltliche Abhängigkeit der Kapitel dar. Ein schwarzer bzw. grauer Pfeil von Kapitel *x* zu Kapitel *y* bedeutet, daß das Verständnis von *y* das Verständnis von *x* voraussetzt bzw. durch es erleichtert wird.

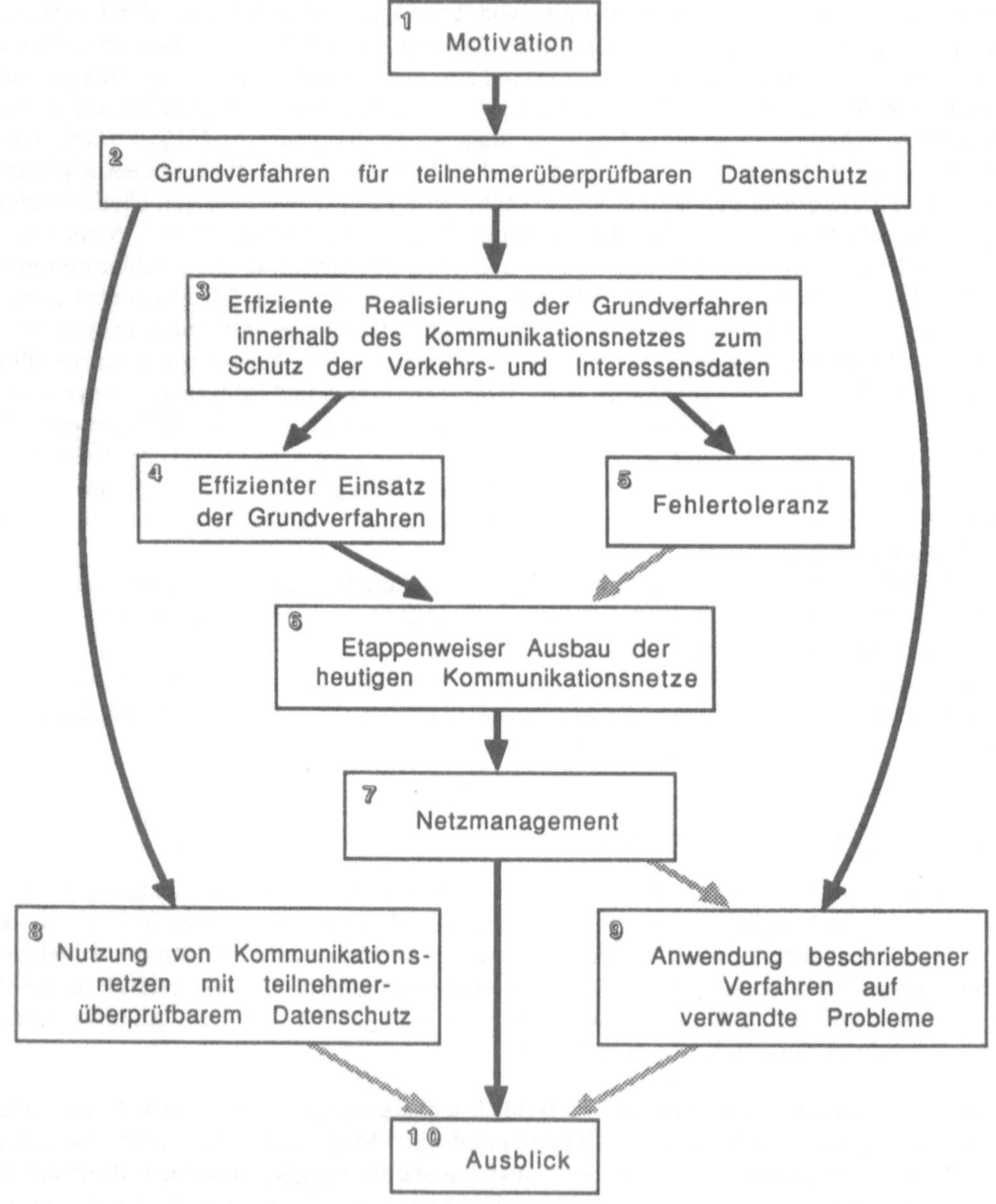

Inhaltsverzeichnis

1 Motivation

1.1 Heutige und geplante Kommunikationsnetze

Immer mehr benutzen wir öffentliche Kommunikationsnetze:

- Hörfunk, Fernsehen, Videotext z. B. sind Dienste, die (genauer: deren Informationen) heute vorwiegend über das Rundfunksendernetz der Deutschen Bundespost, mehr und mehr aber über das entstehende Breitbandkabelverteilnetz **verteilt** werden. Zweck des Breitbandkabelverteilnetzes ist die Verbesserung der Dienstqualität durch Erhöhung der verfügbaren Bandbreite: mehr empfangbare Fernsehprogramme heißt dann Kabelfernsehen, größeres Informationsangebot bei Videotext heißt dann Kabeltext.

- Fernsprechen, Bildschirmtext, elektronisches Postfach (TELEBOX) für elektronische Brief- und Sprachpost, Fernschreiben (TELEX, TELETEX), Fernkopieren (TELEFAX) und Fernwirken (TEMEX) sind Dienste, die heute über das Fernsprechnetz bzw. das digitale Text- und Datennetz der Deutschen Bundespost **vermittelt** werden. Das heute im Teilnehmeranschlußbereich noch überall analoge, im Fernbereich bereits weitgehend digitale Fernsprechnetz wird seit 1988 in einigen Ortsnetzen und ab etwa 1993 in der ganzen Bundesrepublik auch im Teilnehmeranschlußbereich nach und nach digitalisiert und danach jeweils alle diese Dienste mit höherer Qualität erbringen.
Das heutige analoge Fernsprechnetz und das dieselben Teilnehmeranschlußleitungen benutzende digitale Fernsprechnetz sind **schmalbandige** Netze, d. h. sie sind im Gegensatz zu **breitbandigen** Netzen nicht in der Lage, Bewegtbilder (z. B. Fernsehen) zu übertragen.

Zur Zeit benutzen wir also zwei grundsätzlich verschiedene Typen von Netzen:

- **Verteilnetze**, in denen alle Teilnehmerstationen vom Netz dasselbe erhalten und jeder Teilnehmer lokal auswählt, ob und, wenn ja, was er tatsächlich empfangen will, und

- **Vermittlungsnetze**, in denen jede Teilnehmerstation vom Netz individuell nur das erhält, was der Teilnehmer angefordert oder ein anderer Teilnehmer an ihn gesendet hat.

In fast allen realisierten und geplanten öffentlichen Verteilnetzen findet Kommunikation nur in einer Richtung, vom Netz zum Teilnehmer, statt [Krat_84, DuD_86]; in Vermittlungsnetzen wird generell in beiden Richtungen kommuniziert.

Da langfristig ein Netz für alle Dienste, ein sogenanntes **diensteintegrierendes** Netz, zumindest im Teilnehmeranschlußbereich preiswerter als mehrere verschiedene Netze ist, und da alle verteilten Dienste auch vermittelt werden können, strebt die Deutsche Bundespost (DBP) an, beginnend ab 1992 alle Dienste in einem Netz zu vermitteln [Schö_84, ScSc_84, ScS1_84, Rose_85, Thom_87].

Damit auch breitbandige Dienste vermittelt zum Teilnehmer übertragen werden können, müssen neue Teilnehmeranschlußleitungen (**Glasfaser**) verlegt werden. Nach und nach wird dadurch ein Breitbandkabelverteilnetz überflüssig. Über ein breitbandiges diensteintegrierendes Vermittlungsnetz können nicht nur alle Dienste angeboten werden, die über ein Breitbandkabelverteilnetz und ein schmalbandiges Vermittlungsnetz zusammen angeboten werden können, sondern auch noch zusätzlich Dienste, die breitbandige Kommunikation zwischen Teilnehmern erfordern, z. B. Bildfernsprechen.

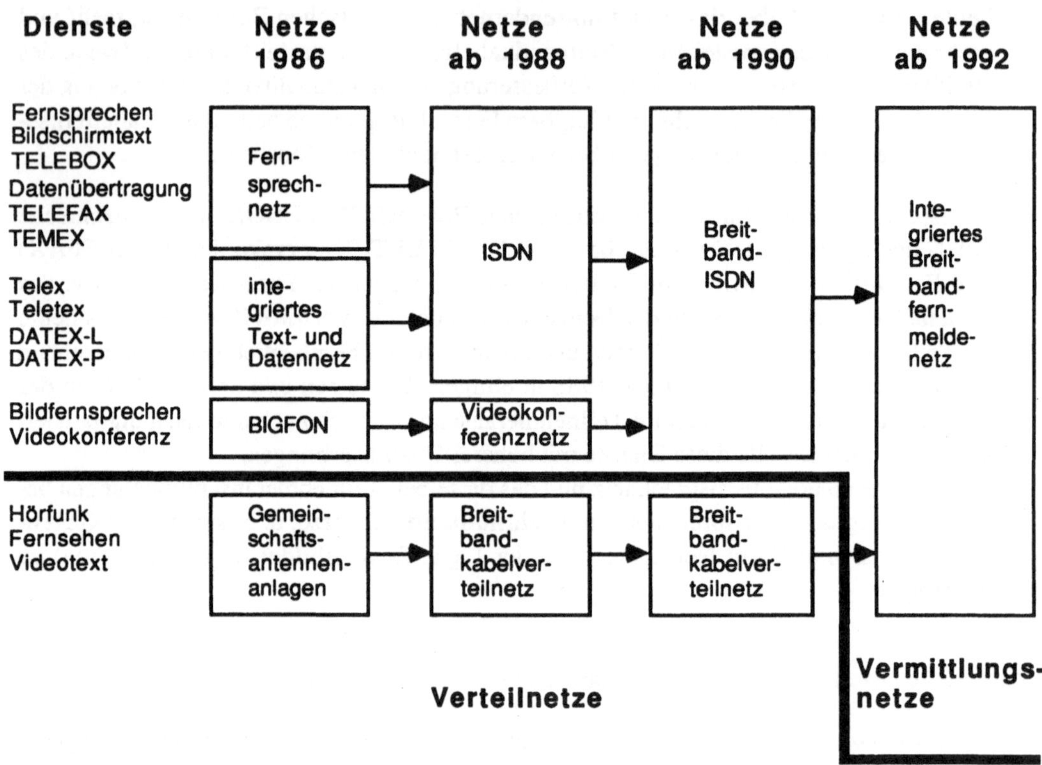

Bild 1: Geplante Entwicklung der Netze der Deutschen Bundespost

Da digitale Werte in modernen technischen Systemen nicht nur leichter übertragen, sondern auch leichter verarbeitet, insbesondere vermittelt, werden können, wird das diensteintegrierende Netz ein von Teilnehmerstation zu Teilnehmerstation **digitales** Netz sein. Solch ein Kommunikationsnetz nenne ich „**diensteintegrierendes Digitalnetz**", während ich die Abkürzung **ISDN** (Integrated Services Digital Network) nur für das von der DBP geplante, weiteren Einschränkungen genügende diensteintegrierende Digitalnetz verwende. Nach [Schö_86] erspart die Digitalisierung schon heute 40% der Kosten bei der Fernvermittlungstechnik und ist bei der Ortsvermittlungstechnik mit fallender Tendenz schon heute nicht teurer. Beide bringen je 65% Raumersparnis, was die Hochbaukosten enorm senkt, und der schnellere Verbindungsaufbau und die größere Netzflexibilität sparen 15 bis 20% der erforderlichen Übertragungskapazität.

Ersetzt das breitbandige ISDN (abgekürzt Breitband-ISDN oder B-ISDN [Steg_85]) das Breitbandkabelverteilnetz, wodurch einerseits der Unterhalt des Breitbandkabelverteilnetzes eingespart und andererseits hochauflösendes Fernsehen (High Definition TV, HDTV) in größerem Umfang angeboten werden kann, nennt es die DBP Integriertes Breitbandfernmeldenetz (IBFN) [ScS1_84, Thom_87]. Pilotversuche zur Erprobung des IBFN sind unter der Abkürzung BIGFON (Breitbandiges integriertes Glasfaser-Fernmeldeortsnetz) bekannt [Brau_82, Brau_83, Brau_84, Brau_87].

Die geschilderte Entwicklung ist in Bild 1 etwas detaillierter dargestellt. Nicht dargestellt und im folgenden auch nicht explizit behandelt sind Funknetze, die als Anschlußnetz für ortsbewegte Teilnehmer, als Ersatznetz in Katastrophenfällen und als Garanten grenzüberschreitender Informationsfreiheit bleibende Bedeutung haben.

1.2   Welche Beobachtungsmöglichkeiten bieten diese Netze?

Bei diesen, wie bei allen Kommunikationsnetzen, hat man sich zu fragen, wie gut ihre Teilnehmer vor Schaden geschützt sind. Die resultierenden Probleme lassen sich grob in zwei Kategorien einteilen.

Das **Sicherheitsproblem**: Ein Teilnehmer kann geschädigt werden, indem eine Diensterbringung für ihn verhindert, verzögert oder verändert wird, oder indem eine Kommunikationsbeziehung unter seinem Namen oder auf seine Kosten, jedoch ohne sein Wissen oder seine Billigung aufgebaut wird.

Das **Datenschutzproblem**: Ein Teilnehmer kann auch durch Beobachten seiner Kommunikation Schaden erleiden.

Die zur Lösung des Sicherheitsproblems notwendigen Maßnahmen sind ausführlich in [VoKe_83] beschrieben und von denjenigen zur Lösung des Datenschutzproblems größtenteils unabhängig. Daher sollen sie im folgenden nur am Rande betrachtet werden.

Somit bleibt zunächst die Frage zu beantworten, welche Auswirkung die oben geschilderte Entwicklung der Netze der DBP auf den Datenschutz haben wird.

In Bild 2 ist die Endsituation dieser Entwicklung dargestellt: Alle Dienste, z. B. Fernsehen, Radio, Telefon, Bildschirmtext, werden über eine Glasfaser von der Vermittlungszentrale der DBP zum Netzabschluß eines Teilnehmers vermittelt.

Die Glasfaser ist diesem Teilnehmer (bzw. seiner Familie, seiner Firma o. ä.) eindeutig zugeordnet, und über sie wird, da es sich um ein Vermittlungsnetz handelt, nur übertragen, was von ihm oder speziell für ihn bestimmt ist. Folglich stellt die physikalische Netzadresse eine Art Personenkennzeichen (Kennzeichen für natürliche oder juristische Personen) dar, unter dem Daten über diesen Teilnehmer gesammelt werden können.

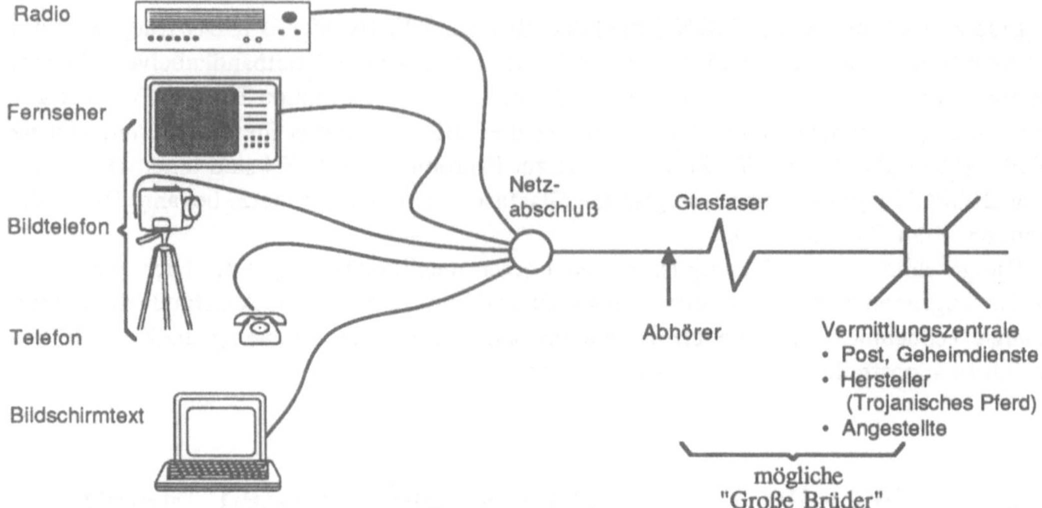

Bild 2:   Beobachtbarkeit des Benutzers im sternförmigen, alle Dienste vermittelnden IBFN

Die dafür auf der Glasfaser und in den Vermittlungszentralen anfallenden Informationen bestehen *technisch* gesehen aus

- den transportierten **Nutzdaten** (Bild, Ton, Text) und

- den **Vermittlungsdaten** (Adressen und Absender der Kommunikationspartner, Datenumfang, Dienstart, Zeit).

Die daraus zu gewinnenden personenbezogenen Daten des Teilnehmers kann man *inhaltlich* gesehen einteilen in:

- **Inhaltsdaten**, d. h. Inhalte vertraulicher (persönlicher oder geschäftlicher) Nachrichten, z. B. von Telefongesprächen oder elektronischer Post.

- **Interessensdaten**, d. h. Informationen über das Interesse des Teilnehmers an Nachrichten, deren Inhalt nicht vertraulich ist. Hierzu zählen die Beobachtungen, welche Zeitungsartikel sich der Teilnehmer schicken läßt, welche Auskünfte er aus Datenbanken, z. B. Bildschirmtext, einholt und was genau er im Fernsehen sieht bzw. im Radio hört:

  Will der Teilnehmer z. B. das Fernsehprogramm wechseln, teilt er dies über seinen Fernseher und seinen Netzabschluß der Vermittlungszentrale mit. Diese überträgt dann statt des bisher gesehenen das angeforderte Fernsehprogramm über die Glasfaser.

Interessensdaten charakterisieren nicht nur natürliche Personen, sondern auch Firmen:

Welche Fachaufsätze und Patente eine Firma anfordert, gibt z. B. ziemlich genaue Hinweise auf die von ihr gerade durchgeführten Forschungs- und Entwicklungsarbeiten.

Interessensdaten waren vor der Einrichtung öffentlich zugänglicher Datenbanken, insbesondere Bildschirmtext, in Kommunikationsnetzen überhaupt nicht zu gewinnen.

- **Verkehrsdaten**, also z. B. wann der Teilnehmer wie lange mit wem kommuniziert. Diese können aus den Vermittlungsdaten gewonnen werden.
  Bei natürlichen Personen ergeben die Verkehrsdaten bereits interessante Bausteine für ein Persönlichkeitsbild, z. B. Konsumgewohnheiten, Freundeskreis, Tagesablauf, Kontakte mit Polizei und Gesundheitsamt.
  Verkehrsdaten können aber nicht nur Persönlichkeitsrechte natürlicher Personen, sondern auch Geschäftsinteressen juristischer Personen verletzen. Steigt z. B. das Verkehrsaufkommen zwischen zwei konkurrierenden Firmen sprunghaft an, so legt dies Vermutungen über eine gemeinsame Produktentwicklung nahe.

Eine Möglichkeit, an diese Daten zu gelangen, ist das **Abhören** der den Teilnehmer mit seiner Ortvermittlungsstelle verbindenden **Leitung** (bzw. bei mehreren dienstespezifischen Netzen: Leitungen) oder von Leitungen zwischen Vermittlungsstellen. Letzteres erlaubt zwar bei geeigneter Gestaltung des Protokolls zwischen Ortsvermittlungsstelle und „Lieferanten" von Radio- und Fernsehprogrammen nicht die Überwachung der Massenkommunikation [Kais_82] (Radio- und Fernsehempfang) sowie keine Überwachung von Individualkommunikation zwischen an dieselbe Ortsvermittlungsstelle angeschlossenen Teilnehmern. Es erlaubt aber die gleichzeitige Überwachung vieler Teilnehmer bezüglich der über den Bereich ihrer Ortsvermittlungsstelle hinausgehenden Individualkommunikation.

Glasfasern, die für den Endausbau des Netzes vorgesehenen Leitungen, sind zwar etwas abhörsicherer als elektrische Leitungen, aber auch ihr Abhören stellt kein schwieriges technisches Problem dar und kann selbst im laufenden Übertragungsbetrieb begonnen werden [Horg_85 Seite 36, Hig1_87 Seite 108]: Ein Abhörer muß entweder passiv eine Stelle finden, an der Licht z. B. aufgrund von Verunreinigungen in genügender Stärke austritt, oder er muß aktiv (etwa durch Biegen der Glasfaser) Licht zum Austritt veranlassen, das dann in beiden Fällen wie üblich von einem Photodetektor ausgewertet werden kann. Gelingt es dem aktiven Abhörer, den Anteil des austretenden Lichtes bei Verwendung eines hinreichend empfindlichen Photodetektors klein genug zu halten, so stört dieser Lichtverlust den Empfänger nicht. Er arbeitet dann ohne nennenswerte Erhöhung der Übertragungsfehler weiter, so daß die von Herstellern und DBP für Verbindungen mit Zwischenregeneratoren vorgesehenen, lediglich die Bitfehlerrate kontrollierenden *digitalen* Überwachungssysteme [BrS1_86, BrS2_86] nicht ansprechen.

Entsprechende Überwachungssysteme sind zudem bei allen mir bekannten Beschreibungen der BIGFON-Pilotversuche nicht oder nur in einem Satz [Brau_82, Brau_83, Brau_84, Bra2_83, Bauc_83, BrMo_83, KlKl_83] erwähnt oder aber technisch nur sehr ungenau beschrieben [BaWe_83 Seite 144, 146, Scha_83 Seite 66 bis 68]. Deshalb ist zu befürchten, daß für die allermeisten, nämlich alle ohne Zwischenregenerator auskommenden, Teilnehmeranschlußleitungen keinerlei kontinuierlich arbeitendes Überwachungssystem vorgesehen ist.

Gibt es in diesem Fall Zeiten, zu denen mit großer Wahrscheinlichkeit einige Sekunden nichts übertragen wird, so kann der Abhörer die Glasfaser durchtrennen und sie mit einer Abzweigung und ggf. einem Verstärker versehen, so daß danach kein Energieverlust des Signals mehr feststellbar ist. Entsprechendes läßt sich bei den in Deutschland [BrS1_86, BrS2_86] und England [CoBD_86 Seite 1401] (aus anderen Ländern liegen mir keine genügend genauen Systembeschreibungen vor) vorgesehenen Überwachungssystemen aktiv herbeiführen: In irgendeinem mittleren Übertragungsabschnitt, d. h. zwischen zwei Zwischenregeneratoren, werden die Glasfasern physisch unterbrochen, was der DBP sofort mit Angabe des Übertragungsabschnitts gemeldet und nach einiger Suchzeit in diesem Übertragungsabschnitt behoben wird. In der Zwischenzeit wird vom Abhörer auf beiden Seiten des unterbrochenen Übertragungsabschnitts jeweils die Glasfaser durchtrennt und mit einer Abzweigung und ggf. einem Verstärker versehen, die zum zuerst unterbrochenen Übertragungsabschnitt führen. Da Störungen nur in der Übertragungsrichtung der jeweiligen Glasfaser weitergemeldet und von den Zwischenregeneratoren nicht gespeichert, sondern dauernd vom aktuellen Status überschrieben werden, erfährt der Netzbetreiber diese zusätzlichen Unterbrechungen nicht und wird deshalb keinen Grund sehen, alle Übertragungsabschnitte physisch zu inspizieren, da dies sehr aufwendig ist. Bei Glasfasern mit Zwischenregeneratoren kann statt der abstrahlungsarmen optischen Glasfaser natürlich auch ein abstrahlungsreicher elektrischer Zwischenregenerator abgehört werden.

Natürlich könnte man in Glasfasernetzen auch *analoge* Überwachungssysteme vorsehen. Beispielsweise könnten die Empfänger die Lichtintensität zu Überwachungszwecken messen und Schwankungen oberhalb eines Schwellwertes melden. Diesen Schwellwert kann man aber aus Gründen der begrenzten Meßgenauigkeit sowie den bei den Sendern zu erwartenden Spannungsschwankungen sowie Alterungserscheinungen nicht beliebig niedrig ansetzen, ohne den Meldungen durch dauernde Fehlalarme jeden Sinn zu nehmen. Damit ist ein Wettlauf zwischen DBP und Abhörern vorauszusehen, bei dem die Abhörer den bedeutsamen Vorteil haben, daß sich ihre Technik laufend verbessert, während die Technik der Post durch die lange Nutzungsdauer der nachrichtentechnischen Infrastruktur viele Jahrzehnte unverändert bleibt. Außerdem hilft auch diese Technik natürlich nicht gegen passives Abhören der Streustrahlung der Glasfaser bzw. ggf. der abstrahlungsreicheren elektrischen Zwischenregeneratoren.

Betrachtet man nicht, wie in Bild 2 gezeigt, die von der DBP geplante Endsituation, sondern die des heutigen Fernsprechnetzes, des heutigen integrierten Text- und Datennetzes oder die des ab 1988 errichteten schmalbandigen ISDN, so fallen auf den Teilnehmeranschlußleitungen, da Radio, Fernsehen und Bildtelefon noch nicht vermittelt werden können, zwar weit weniger, aber nicht weit weniger sensitive Daten an. Sie werden über eine normale „Telefon"leitung übertragen, die bekanntermaßen mit einfachen technischen Mittel und so gut wie unentdeckbar abgehört werden kann [Horg_85].

Weit einfacher und zudem vollständig für viele Teilnehmer auf einmal erhalten diejenigen die Daten, die sie sich direkt **aus der Vermittlungszentrale beschaffen** können.

Zunächst einmal *kann* die DBP (und damit der Staat, genauer seine Geheimdienste) als **Betreiber** die Vermittlungsanlagen beliebig Daten speichern und auswerten lassen. Innerhalb weiter Grenzen *darf* sie dies auch, wie dem 4. Tätigkeitsbericht der Landesbeauftragten für den Datenschutz in Baden-Württemberg, Dr. Ruth Leuze, sowie der im Neunten Tätigkeitsbericht des Bundesbeauftragten für den Datenschutz wiedergegebenen „Entschließung der Konferenz der Datenschutzbeauftragten des Bundes und der Länder vom 18. April 1986 zum Entwurf einer Telekommunikationsordnung" (TKO) zu entnehmen ist:

„... der Betreiber von Bildschirmtext darf über jeden Teilnehmer speichern, wann, wie lange und wie oft er auf welche Weise den Bildschirmtext in Anspruch nahm."
[Leuz_83 Seite 114, vgl. auch Leuz_84 Seite 24, 25]

„Die Allgemeinen Vorschriften zum Datenschutz in Teil VII Abschnitt 2 TKO bedürfen der Ergänzung und Präzisierung:
- *Wann Bestandsdaten, Verbindungsdaten und Gebührendaten zu löschen sind, ist teils überhaupt nicht, teils nur unbestimmt geregelt. So dürfen Verbindungsdaten aus „betriebsbedingten Gründen" auf unbestimmte Zeit gespeichert werden. Gleiches gilt, wenn der Teilnehmer „eine andere Art der Verarbeitung" beantragt hat; die Voraussetzungen hierfür werden nämlich nicht festgelegt.*
- *Auch die Bestimmungen über die Verarbeitung der Gebührendaten müssen so formuliert werden, daß keine unzulässigen Schlüsse auf ein Teilnehmerverhalten gezogen werden können.*
- *Die Regelungen umfassen nicht alle bei der Post anfallenden Daten. Beispielsweise fehlen Regelungen zu den Inhalten der Informationen und den beim Betrieb der Dienste anfallenden Daten.*
- *Die Vorschriften erlauben der Post, alle Daten zu beliebigen „Telekommunikationszwecken" zu verwenden. Unerläßlich ist eine Nutzungsbeschränkung auf die Zwecke der jeweils in Anspruch genommenen Dienste.*
- *Die Regelung der Befugnis, Daten weiterzugeben, ist zu umfassend und unklar. Insbesondere sollten Verbindungsdaten von jeder Übermittlung ausgeschlossen bleiben.*
- *Trotz der Fülle und der besonderen Sensitivität der bei der Post vorhandenen personenbezogenen Daten fehlen spezielle Vorschriften über die Datensicherung."*
[BfD_87 Seite 92, 93]

Weiter können Personen (z. B. **Postbedienstete**, **Wartungstechniker**) oder Organisationen (z. B. **Hersteller**), die Zugang zur Vermittlungszentrale haben oder hatten, alle dort erfaßbaren Informationen erhalten: Vermittlungszentralen sind heute komplexe frei speicherprogrammierbare Rechensysteme mit vielfältigen Möglichkeiten zum Installieren **„Trojanischer Pferde"** [Home_??], d. h. von Systemteilen, die Information auf verborgenen Kanälen einem nicht empfangsberechtigten Empfänger zukommen lassen [Lamp_73, Lipn_75, PoKl_78, Denn_82 Seite 281, Loep_85]. Das Finden Trojanischer Pferde ist äußerst schwierig [Thom_84] und, da eine diesbezügliche Systemüberprüfung auch nach jeder Wartungsmaßnahme nötig ist, sehr aufwendig. (Es sei angemerkt, daß bei Fernwartung der Betreiber der Anlage das Stattfinden einer Wartungsmaßnahme möglicherweise gar nicht erfährt. Diese erstmals in [PfPW_87 Seite 286] geäußerte Befürchtung wurde leider durch [Hig1_87 Seite 108] erhärtet.) Werden die bereits in [Denn_82 Seite 317f] skizzierten und in [PoGr_86, PoGr_87, Hoff_87] ausführlicher beschriebenen Maßnahmen zur Verhinderung der Selbstausbreitung Trojanischer Pferde in andere Systemteile (Programme mit dieser Fähigkeit werden „Computer-Viren" genannt [Cohe_84, Cohe_87]) nicht während des gesamten Entwurfs- und Produktionsprozesses von Hard- und Software der Vermittlungszentralen und auch bezüglich der dazu verwendeten Werkzeuge, der zur Herstellung der Werkzeuge benutzten Werkzeuge usw. angewandt, ist der Kreis derjenigen, die Trojanische Pferde in den Vermittlungszentralen plazieren können, noch erheblich größer. Alle, die direkt oder indirekt Einfluß auf die verwendeten Werkzeuge, die zu Herstellung der verwendeten Werkzeuge verwendeten Werkzeuge usw. hatten, können auch Trojanische Pferde plazieren.

Unterstellt, diese heute noch nicht angewandten Maßnahmen würden vollständig und permanent angewandt, so bliebe von der Selbstausbreitungs-Problematik Trojanischer Pferde „lediglich" übrig, daß zumindest manche Werkzeuge beim Entwurfs- und Produktionsprozeß manche anderen Werkzeuge oder Systemteile generieren oder verändern *müssen*, beispielsweise Übersetzer das übersetzte Programm [Thom_84]. Ist die Entwurfs- oder Produktionskomplexität dieser Werkzeuge bzw. Systemteile groß genug, so können sich Trojanische Pferde durch bzw. in sie weitgehend unbemerkbar transitiv ausbreiten: Von der Bedrohung durch Computer-Viren bliebe also nur die durch **transitive Trojanische Pferde** übrig. Aber auch dies ist im Zuge immer größerer, insbesondere auch internationaler Verflechtungen und immer komplexerer Werkzeuge und Systeme eine völlig unakzeptable Situation, sofern die bisherigen Systemstrukturen einfach beibehalten werden.

Alle diese Bedrohungen werden noch dadurch verstärkt, daß die DBP anscheinend nicht einmal den Versuch unternehmen will, nach Trojanischen Pferden zu suchen, wie das folgende Beispiel der Bildschirmtextzentrale in Ulm zeigt:

Der Hersteller der Bildschirmtextzentrale muß den Systemaufbau der DBP nicht offenlegen, was das Aufspüren Trojanischer Pferde vollends unmöglich macht. Der Bundesbeauftragte für den Datenschutz, Dr. Reinhold Baumann, schreibt darüber [BfD_85 Seite 25]:

> *„Wer Daten verarbeitet, muß die Wirkung der dafür eingesetzten Programme genau kennen. Deshalb hat es überrascht, daß der Deutschen Bundespost als Betreiber des Bildschirmtext-Systems keine umfassende Dokumentation aller eingesetzten Programme vorliegt. Zur Begründung dafür hat sie auf ihre vertraglichen Regelungen mit der Lieferfirma IBM hingewiesen. Dadurch ist es der Deutschen Bundespost verwehrt, sich genaue Kenntnis der Programme in allen Details ohne Hilfe Dritter zu verschaffen. Vor diesem Hintergrund erscheint schwer vorstellbar, wie die Deutsche Bundespost ihrer Verantwortung für die ordnungsgemäße Anwendung der Datenverarbeitungsprogramme (Par. 15 Nr. 2 BDSG) gerecht werden kann."*

Zwar schreibt Dr. Reinhold Baumann ein Jahr später in [BfD_86 Seite 20]:

> *„... die fehlende EDV-Programmdokumentation liegt inzwischen der DBP vor."*

Diese Aussage bezieht sich aber nach Auskünften eines ehemaligen und eines derzeitigen Mitarbeiters des Bundesbeauftragten für den Datenschutz (wie die Datenschutzkontrolle im öffentlichen Bereich allgemein) nur auf die Anwendungsprogramme und nicht etwa, was ein mit gesundem Menschenverstand ausgerüsteter Informatiker darunter verstehen würde, auf alle Programme, also insbesondere auch Betriebssystem, Datenbanksystem, Übersetzer etc. Von der auch notwendigen Kontrolle der Firm- und Hardware redet sowieso niemand.

Da der Personenkreis, der an die im Netz, insbesondere in den Vermittlungszentralen, anfallenden Daten gelangen kann, so groß ist, wird es auch ausländischen Geheimdiensten möglich sein, die Daten zu erhalten.

Interessensdaten können außer durch Abhören von Leitungen oder über die Vermittlungszentralen auch noch von großen **Kommunikationspartnern**, etwa Datenbanken oder Zeitungsverlagen, gesammelt werden, sofern diese die Identitäten der Dienstnutzer erfahren.

1.3 Notwendigkeit vorbeugenden Datenschutzes als Gegenmaßnahme

Außer durch vorbeugende technische Datenschutzmaßnahmen kann man auf den geschilderten Sachverhalt auf folgende Weisen reagieren:

- Man verdrängt, bagatellisiert oder bestreitet ihn.

- Man verbietet per Gesetz das Erfassen dieser Daten oder das Erstellen von Persönlichkeitsprofilen aus ihnen (was für einen Teil der oben genannten Daten durch das Fernmeldegeheimnis bereits der Fall ist). Aber ein Verbot ist nur dann wirkungsvoll, wenn seine Einhaltung mit angemessenem Aufwand **überprüft** und durch Strafverfolgung gesichert und der ursprüngliche Zustand durch Schadensersatz **wiederhergestellt** werden kann. Beides ist in der geschilderten Situation leider nicht gegeben:

  „Datendiebstahl" allgemein, speziell das direkte Abhören von Leitungen oder Kopieren von Daten aus Vermittlungsrechnern, ist kaum feststellbar, da sich an den Originaldaten nichts ändert. Ebenso ist, wie oben erwähnt, das Installieren Trojanischer Pferde kaum festzustellen und erst recht nicht die unerlaubte Weiterverarbeitung von Daten, die man legal (oder auch illegal) erhalten hat. Dies bedeutet, daß auch dann, wenn die DBP sich an der Durchsetzung des Gesetzes zu beteiligen versucht, nicht einmal entdeckt werden kann, wenn Mitarbeiter, Hersteller von Vermittlungszentralen oder Datenbanken, die die Identitäten der Dienstnutzer erfahren, es übertreten.

  Die Wiederherstellung des ursprünglichen Zustands müßte vor allem darin bestehen, alle entstandenen Daten zu löschen. Man ist aber nie sicher, ob nicht noch weitere Kopien existieren. Außerdem können sich Daten im Gedächtnis von Menschen festsetzen, wo das Löschen besser nicht angestrebt werden sollte.

- Man versucht, die Weiterentwicklung der Kommunikationsnetze zu verhindern, insbesondere die Errichtung diensteintegrierender Digitalnetze mit ihren gegen Angriffe anfälligen komplizierten Vermittlungszentralen [KuRo_86, Kubl_87]. Sofern aber an den durch solche Netze preiswert ermöglichten neuen Diensten und Qualitätsverbesserungen für schon existierende Dienste Interesse besteht, wird man ihre Einführung nicht verhindern können und wollen, zumal ein Beibehalten des heutigen im Teilnehmeranschlußbereich analogen Fernsprechnetzes bei der zu erwartenden Weiterentwicklung der Technik (automatische Sprecher- [DaPr_84 Seite 213, 214, Bake_85 Seite 210, 211] und später auch Spracherkennung [Wall_87]) innerhalb weniger Jahre auch zu unlösbaren Datenschutzproblemen führt [Pfit_86, PPfW_88].

So bleibt nur die Möglichkeit, zu untersuchen, ob durch **vorbeugende (größtenteils technische) Datenschutzmaßnahmen** in solchen Netzen das Erstellen von Persönlichkeitsprofilen verhindert werden kann. Dies bedeutet, daß man die Benutzung der Netze, die auf den Netzen angebotenen Dienste oder gar die Netze selbst soweit anders gestaltet, daß von vornherein im Netz keine Möglichkeit besteht, ohne explizite Einwilligung des Teilnehmers über ihn Daten zu erfassen [Pfit_83, Riha_85].

1.4   Diskussion möglicher Einwände

Ein oft gehörter Einwand gegen vorbeugende (und deshalb nicht unterlaufbare) technische Datenschutzmaßnahmen ist, daß sie gesellschaftlich nicht wünschenswert seien, da ein Interesse bestehe, bei begründetem Verdacht das Verhalten Einzelner beobachten zu können (G 10-Gesetz).

Hier kann man entgegnen, daß der technische Fortschritt auch auf anderen Gebieten als Kommunikationsnetzen eine Fülle neuer Überwachungstechniken hervorbringt:

- Immer kleinere und perfektere Abhörmikrofone [Horg_85 Seite 31] oder die Abtastung von Fensterscheiben mittels Laserstrahl durch mehrere hundert Meter entfernte Geräte [Hor2_85] erlauben die Wiedergabe aller Geräusche, z. B. aller Gespräche im Zimmer und am Telefon sowie des gewählten Fernseh- oder Radioprogramms.

- Alles auf Bildschirmen Angezeigte kann mit einem handelsüblichen Gerät im Wert von rund fünfzig US-Dollar über Entfernungen von 1000 m aufgefangen und auf einem Fernsehgerät dargestellt werden [Eck_85]. Ebenso ist es aus größerer Nähe möglich, die von Rechnern abgestrahlten elektromagnetischen Wellen zu empfangen, zu analysieren und auf die in ihnen verarbeiteten Programme und Daten zu schließen [Schl_87 Seite 9].

- Optische Überwachung ist durch immer bessere und billigere Kameras möglich (neben der klassischen Methode der persönlichen Verfolgung). In Zukunft erlauben vielleicht auch Aufklärungssatelliten [Adam_86, Adam_87] nicht nur die Beobachtung militärischer Operationen, sondern auch die Erstellung von Bewegungsprofilen privater Bürger.

Dadurch ist eine umfassendere Überwachung **weniger Einzelner** möglich als durch die bisherige Telefonüberwachung. Gegen manche dieser Techniken gibt es Gegenmaßnahmen, z. B. sehr schmutzige Fensterscheiben gegen die Laserüberwachung oder Abschirmung von Terminals und Rechnern (Verfahren und Normen für letzteres sind unter den Kürzeln COMSEC und TEMPEST bekannt [Horg_85]). Da aber auch bisher niemand gezwungen war, am Telefon Belastendes von sich zu geben, ergibt sich nur dasselbe Problem wie mit der bisherigen Telefonüberwachung: gerade diejenigen, die wirklich Gesetze übertreten, greifen vermutlich zu Schutzmaßnahmen (z. B. Verschlüsselung; Steganographie; Kuriere; spezielle, die Ortung des Senders weitgehend verhindernde Funktechniken [Harb_86]), während jemand, der sich keines Unrechts bewußt ist, beobachtbar ist.

Die geplanten Kommunikationsnetze hingegen würden nicht nur eine viel umfassendere Beobachtung Einzelner, sondern auch ohne großen Aufwand das Beobachten der **gesamten Bevölkerung** ermöglichen, und zwar nicht nur durch den eigenen Staat (Geheimdienst), sondern auch durch Fernmeldefirmen, Systemprogrammierer, fremde Staaten (und deren Geheimdienste) usw.

Dieser Aufwandsunterschied zwischen Beobachtung über diensteintegrierende Digitalnetze und anderen Überwachungstechniken beantwortet auch den umgekehrten Einwand, ob es sich überhaupt lohne, Daten in Netzen zu schützen, ohne gleichzeitig Gegenmaßnahmen gegen alle anderen Überwachungsmöglichkeiten anzugeben und zu ergreifen.

In entfernterer Zukunft könnten aber einige der anderen Überwachungsmöglichkeiten zu ebenso großen Datenschutzproblemen führen. Außerdem werden einige der Daten, die in Kommunikationsnetzen geschützt werden sollen, über Personalinformationssysteme, maschinenlesbare Personalausweise, Zahlungssysteme (vgl. Kapitel 8) u. ä. ebenfalls in Rechenanlagen gelangen. Hier ergibt sich (wie bei den Vermittlungszentralen) das Problem, daß die Einhaltung von Datenschutzgesetzen und -vereinbarungen nicht mit vernünftigem Aufwand überprüfbar ist.

Bisher habe ich zwar gefordert, daß Datenschutz überprüfbar sein soll, jedoch nicht spezifiziert, durch wen. Hierzu, sowie zu dem eben diskutierten Argument, nicht unterlaufbarer Datenschutz in Kommunikationsnetzen gefährde unsere Demokratie, ist der folgende Teil der Urteilsbegründung des Volkszählungsurteils des Bundesverfassungsgerichts vom Dezember 1983 [Bund_83 Seite 272] sehr aufschlußreich:

> *„Wer nicht mit hinreichender Sicherheit überschauen kann, welche ihn betreffende Informationen in bestimmten Bereichen seiner sozialen Umwelt bekannt sind, und wer das Wissen möglicher Kommunikationspartner nicht einigermaßen abzuschätzen vermag, kann in seiner Freiheit wesentlich gehemmt werden, aus eigener Selbstbestimmung zu planen oder zu entscheiden. Mit dem Recht auf informationelle Selbstbestimmung wären eine Gesellschaftsordnung und eine diese ermöglichende Rechtsordnung nicht vereinbar, in der Bürger nicht mehr wissen können, wer was wann und bei welcher Gelegenheit über sie weiß. Wer unsicher ist, ob abweichende Verhaltensweisen jederzeit notiert und als Information dauerhaft gespeichert, verwendet oder weitergegeben werden, wird versuchen, nicht durch solche Verhaltensweisen aufzufallen. Wer damit rechnet, daß etwa die Teilnahme an einer Versammlung oder einer Bürgerinitiative behördlich registriert wird und daß ihm dadurch Risiken entstehen können, wird möglicherweise auf eine Ausübung seiner entsprechenden Grundrechte (Art. 8, 9 GG) verzichten. Dies würde nicht nur die individuellen Entfaltungschancen des Einzelnen beeinträchtigen, sondern auch das Gemeinwohl, weil Selbstbestimmung eine elementare Funktionsbedingung eines auf Handlungs- und Mitwirkungsfähigkeit seiner Bürger begründeten freiheitlichen demokratischen Gemeinwesens ist.“*

Nun sind Urteilsbegründungen, auch wenn von höchsten Gerichten abgegeben, keine Wahrheiten per se. Deshalb habe ich seit 1983 alle mir begegnenden demoskopischen Untersuchungen über Hoffnungen und Befürchtungen bezüglich des Rechner-Einsatzes gesammelt. Sie bestätigen alle den in der obigen Urteilsbegründung angeführten Sachverhalt. Die wichtigsten Ergebnisse aller sechs mir bekannten Untersuchungen sind im folgenden kurz wiedergegeben:

1. 81% der bundesrepublikanischen Bevölkerung über 14 Jahren halten im Mai 1983 den Satz *„Der Computer wird dazu beitragen, daß man uns besser überwachen kann"* für eher zutreffend, 8% für eher nicht zutreffend [Lang_84]. Damit ist Mangel an Datenschutz die ausgeprägteste Meinung über den Rechner-Einsatz in dieser Untersuchung.

2. Sowohl 87% der erwachsenen US-Amerikaner als auch 87% der Leser von IEEE The Institute beantworteten die Frage *„Do you think if someone wanted to put together a master file on you that it could be done fairly easily?"* mit ja [Perr_84]. 78% der erwachsenen US-Amerikaner und 76% der Leser von IEEE The Institute beantworteten die Frage *„If such a file were put together, would you feel that your privacy had been violated?"* mit ja [Perr_84].

3. 51% aller Amerikaner (und 40% aller amerikanischen Ingenieure) äußerten, daß Rechner eine tatsächliche Bedrohung der Vertraulichkeit darstellen und 77% (70%) äußerten, daß sie sehr oder etwas über Bedrohungen der Vertraulichkeit in den Vereinigten Staaten besorgt seien (*„51 (40) percent of the respondents indicated that computers are an actual threat to privacy and 77 (70) percent indicated that they are very or somewhat concerned about threats to privacy in the United States."*) [Surv_84].

4. Nach einer vom „Daily Telegraph" gedruckten Meinungsumfrage, in welchem Maße der Orwellsche Alptraum vom totalen Überwachungsstaat in den Augen der Bürger bereits Realität geworden ist, glauben 38% der Deutschen, 37% der Schweizer und sogar 72% der Engländer, daß *„es keine Privatsphäre gibt, weil die Regierung über einen alles erfahren kann, was sie wissen will"* [Dail_84].

5. Nach einer in [Gins_85] abgedruckten Umfrage des Atlantic Institute äußerten auf die Frage: *„Sagen Sie, ob Sie dieser Aussage eher zustimmen oder sie eher ablehnen: Die Wahrscheinlichkeit wird immer größer, daß Computer-Datenbanken dazu benutzt werden, persönliche Rechte zu verletzen."* in der Bundesrepublik Deutschland 51/20/29%, in Frankreich 71/19/10%, in Großbritannien 75/13/12%, in den USA 68/28/4% und in Japan 50/18/32% Zustimmung/Ablehnung/Keine Meinung.

6. Nach einer von IBM beim Sample Institut, Mölln, in Auftrag gegebenen Repräsentativbefragung von 2000 Bundesbürgern, die von Dr. Susanne Schröder in [IBM_87] zusammengefaßt und kommentiert wird, wird zwar die generelle Einstellung zum Rechner immer positiver. Aber: *„Weitgehend unberührt von der Trendwende zum Positiven bleiben Ängste und Befürchtungen über negative Einflüsse von Computern in Staat und Gesellschaft auf hohem Niveau bestehen. So ist auch 1986 die übergroße Mehrheit von 70 Prozent aller Befragten der Meinung, daß Computer in den nächsten Jahren viele Ar-*

beitsplätze ersetzen werden, und die Angst vor dem ‚gläsernen Menschen‘ bleibt eben-
falls unverändert stark: Der Aussage ‚Computer geben dem Staat zuviel Macht und zu
viele Möglichkeiten, Kontrolle auszuüben‘, stimmt eine Mehrheit von 58 Prozent zu.“

Wie in einer vergleichenden Analyse verschiedener Befragungen [SymG_84 Seite 410] hervorgehoben ist, ist bei der Bewertung dieser Zahlen zu berücksichtigen, daß Personen, denen besonders viel an Datenschutz liegt bzw. deren Ängste besonders groß sind, sich nicht in Befragungen äußern. Dies verschiebt die Zahlen etwas in Richtung größerer Zufriedenheit mit dem bestehenden Zustand.

Informationssysteme im weitesten Sinne sind also soweit als möglich so zu gestalten, daß der Betroffene, in unserem Fall also der **Teilnehmer** eines Kommunikationsnetzes, den **Datenschutz selbst überprüfen kann.**

Im folgenden wird gezeigt, daß es effizient und zuverlässig realisierbare Kommunikations-netze gibt, die dem Teilnehmer das „Recht auf informationelle Selbstbestimmung ... grundsätz-lich selbst über die Preisgabe und Verwendung seiner persönlichen Daten zu bestimmen“ gewähren. Diese Kommunikationsnetze erschweren die Lösung des Sicherheitsproblems nicht und ermöglichen auch die Kommunikation mit Partnern an anderen, etwa ausländischen, Kom-munikationsnetzen.

2 Grundverfahren für teilnehmerüberprüfbaren Datenschutz

In diesem Kapitel wird zunächst aus den in der Motivation beschriebenen Anforderungen einer demokratischen Gesellschaft an Kommunikationsnetze eine informatische Problemstellung abgeleitet. An ihr werden zwei komplementäre Lösungsansätze gemessen.

Danach werden Hilfsmittel aus der Kryptographie eingeführt und ihr Einsatz bei der Verschlüsselung, aber auch deren Grenzen aufgezeigt.

Um diese Grenzen zu überwinden, werden Grundverfahren zum Schutz der Verkehrs- und Interessensdaten der Teilnehmer entwickelt. Diese Grundverfahren sind teilweise außerhalb des Kommunikationsnetzes angesiedelt, d. h. jeder Benutzer muß sie für sich selbst anwenden. Da diese Grundverfahren allein nicht ausreichen, müssen sie durch solche innerhalb des Kommunikationsnetzes ergänzt werden, was, wie wir sehen werden, erheblichen Einfluß auf die Gestaltung des Kommunikationsnetzes hat.

2.1 Informatische Problemstellung und Lösungsansätze

2.1.1 Informatische Problemstellung

Das **Ziel** der zur Lösung des Datenschutzproblems zu entwickelnden Verfahren ist es, einem *Angreifer* das Erfassen sensitiver Daten unmöglich zu machen: Die Kommunikation sollte gegenüber Unbeteiligten weitgehend *unbeobachtbar* und gegenüber Beteiligten (z. B. Kommunikationspartnern) üblicherweise *anonym* erfolgen. Damit sich nicht doch nach und nach unspezifiziertes Wissen über Personen ansammeln kann, sollten einzelne Verkehrsereignisse auch durch Beteiligte üblicherweise *unverkettbar* sein.

Sofern durch die Verfahren zur Lösung des Datenschutzproblems die Lösung des Sicherheitsproblems (vgl. Abschnitt 1.2) erschwert wird, ist zu zeigen, wie auch dies weiterhin gelöst werden kann.

Wegen ihrer großen Bedeutung für das Verständnis möchte ich die gerade nebenbei eingeführten Begriffe etwas genauer erläutern. Die dabei verwendeten, hier teilweise noch undefinierten Sachverhalte werden bei der Anwendung der Begriffe jeweils konkretisiert.

Ohne moralisch/rechtliche Bedeutungsassoziation wird **Angreifer** im folgenden als kurze Bezeichnung für jemanden verwendet, der versucht, sensitive Daten ohne Einwilligung der Betroffenen zu sammeln.

Da Schutz vor einem allmächtigen Angreifer, der alle Leitungen, alle Vermittlungszentralen, alle Teilnehmerstationen außer der des Angegriffenen und den Kommunikationspartner kontrolliert, durch Maßnahmen innerhalb des Kommunikationsnetzes nicht möglich ist, sind alle folgenden Maßnahmen nur Annäherungen an den perfekten Schutz der Teilnehmer vor jedem möglichen Angreifer. Die Annäherung wird im allgemeinen durch Angabe der **Stärke eines Angreifers** in der Form eines **Angreifermodells** bestimmt: *wie weit verbreitet* ist der Angreifer (wie viele und welche Leitungen und/oder Stationen kann er maximal beobachten und/oder gar aktiv kontrollieren) und mit *wieviel Rechenkapazität ausgestattet* ist er (vgl. Abschnitt 2.2.2.2)?

(Um Mißverständnissen bei den folgenden Diskussionen der Stärke von Datenschutzmaßnahmen vorzubeugen sei hier ein für alle mal darauf hingewiesen, daß das In-Betracht-Ziehen einer Organisation oder Personengruppe als Angreifer in den Kapiteln 2 bis 10 ausschließlich der technisch-naturwissenschaftlichen Klärung der Stärke der Datenschutzmaßnahme dient und alle Organisationen lediglich als Rollenträger bezüglich des Kommunikationsnetzes betrachtet werden. Es wird im folgenden also lediglich diskutiert, ob eine Organisation oder Personengruppe mit Erfolg angreifen *könnte*, nicht ob sie dies tat, tut oder tun wird!)

Ein **Ereignis** E (z. B. Senden einer Nachricht, Abwickeln eines Geschäftes) heißt **unbeobachtbar** bezüglich eines Angreifers A, wenn die Wahrscheinlichkeit des Auftretens von E nach jeder für A möglichen Beobachtung B sowohl echt größer 0 als auch echt kleiner 1 ist. Dies kann natürlich nur für an E *unbeteiligte* Angreifer der Fall sein und lautet in der üblichen wahrscheinlichkeitstheoretischen Schreibweise: Für A gilt für alle B: $0 < P(E|B) < 1$.

Das Ereignis E heißt *perfekt* unbeobachtbar bezüglich eines Angreifers A, wenn die Wahrscheinlichkeit des Auftretens von E vor und nach jeder für A möglichen Beobachtung B gleich ist, d. h. für A gilt für alle B: $P(E) = P(E|B)$. Dies bedeutet nach [Sha1_49], daß die Beobachtung A keinerlei zusätzliche Information über E liefern kann.

Eine **Instanz** (z. B. Person) heißt in einer Rolle R **anonym** bezüglich eines Ereignisses E (z. B. als Sender einer Nachricht, Käufer in einem Geschäft) und eines Angreifers A, wenn für jede mit A nicht kooperierende Instanz die Wahrscheinlichkeit, daß sie bei E die Rolle R wahrnimmt, nach jeder für A möglichen Beobachtung sowohl echt größer 0 als auch echt kleiner 1 ist. Dies kann auch für an E *beteiligte* Angreifer (z. B. den Empfänger der Nachricht bzw. den Verkäufer) der Fall sein.

Eine Instanz heißt in einer Rolle R bezüglich eines Ereignisses E und eines Angreifers A *perfekt* anonym, wenn für jede mit A nicht kooperierende Instanz die Wahrscheinlichkeit, daß sie bei E die Rolle R wahrnimmt, vor und nach jeder für A möglichen Beobachtung gleich ist. Letzteres bedeutet nach [Sha1_49], daß die Beobachtung dem Angreifer keinerlei zusätzliche Information darüber liefert, wer bei E die Rolle R wahrnimmt.

Zwei **Ereignisse** E und F heißen bezüglich eines Merkmals M (z. B. zwei Nachrichten bezüglich ihres Senders oder bezüglich der Transaktion, zu der sie gehören) und bezüglich eines Angreifers A **unverkettbar**, wenn die Wahrscheinlichkeit, daß sie in M übereinstimmen, nach jeder für A möglichen Beobachtung sowohl echt größer 0 als auch echt kleiner 1 ist. Dies kann auch für an E *beteiligte* Angreifer der Fall sein.

Zwei Ereignisse E und F heißen bezüglich eines Merkmals M und bezüglich eines Angreifers A *perfekt* unverkettbar, wenn die Wahrscheinlichkeit, daß sie in M übereinstimmen, vor und nach jeder für A möglichen Beobachtung gleich ist. Letzteres bedeutet nach [Sha1_49], daß die Beobachtung dem Angreifer keinerlei zusätzliche Information darüber liefert, ob diese Ereignisse in M übereinstimmen.

Die Vertrauenswürdigkeit der Unverkettbarkeit, Unbeobachtbarkeit bzw. Anonymität wird dadurch bestimmt, ein wie *starker* Angreifer den vorherigen Definitionen unterlegt wird.

Unbeobachtbarkeit und Anonymität kann man zusätzlich noch dadurch parametrisieren, daß man sie nur innerhalb gewisser Klassen von Ereignissen (z. B. Nachrichtentypen) bzw. Instanzen (z. B. denen eines bestimmten Teilnetzes eines größeren Kommunikationsnetzes, vgl. Abschnitt 4.3) verlangt. In den obigen Definitionen wurden keinerlei Klassen definiert, sie definieren daher den maximal erreichbaren **Grad an Unbeobachtbarkeit bzw. Anonymität**. Mit einer **Klasseneinteilung** parametrisierte Definitionen ergeben sich kanonischerweise. Als Beispiel wird die für unbeobachtbar angegeben:

Ein **Ereignis** E heißt **unbeobachtbar** (bzw. *perfekt* unbeobachtbar) bezüglich eines Angreifers A und einer gegebenen Klasseneinteilung von Ereignissen, wenn die bedingte Wahrscheinlichkeit des Auftretens von E, gegeben daß ein Ereignis seiner Klasse auftritt, nach jeder für A möglichen Beobachtung B sowohl echt größer 0 als auch echt kleiner 1 (bzw. vor und nach den Beobachtungen gleich) ist.

Beides kann natürlich nur für an E *unbeteiligte* Angreifer der Fall sein. Es ist sowohl im Falle der Unbeobachtbarkeit als auch im Falle der perfekten Unbeobachtbarkeit möglich, daß sich für den Angreifer durch die Beobachtung die Wahrscheinlichkeiten des Auftretens von Ereignisse aus bestimmten Klassen ändern. Der Angreifer gewinnt also möglicherweise Information über diese Klassen, im zweiten Fall aber nicht über einzelne Ereignisse innerhalb einzelner Klassen.

2.1.2   Diskussion von Lösungsansätzen

Bezüglich der Gestaltung von Kommunikationsnetzen gibt es zwei komplementäre Ansätze, deren Vor- und Nachteile im Lichte obiger informatischer Problemstellung diskutiert werden sollen.

Der von den Netzbetreibern verfolgte, **zentralistische Ansatz** sieht möglichst viele der benötigten Funktionen für die zentral betriebenen Netzkomponenten, insbesondere Vermittlungszentralen, vor. Aus Sicht des Netzbenutzers sollen **vertrauenswürdige fremde Instanzen** das Sicherheitsproblem lösen, indem alle Vorgänge im Netz von ihnen beobachtet und, um die Funktion eines Zeugen, nicht etwa die eines „Großen Bruders" wahrzunehmen, protokolliert werden. Das Datenschutzproblem soll gelöst werden, indem rechtliche Regelungen (Fernmeldegeheimnis, TKO) bestehen und die Mitarbeiter des Netzbetreibers sowie die Lieferanten der Fernmeldeanlagen zu deren Einhaltung angehalten werden. Begründet wird dieses Vorgehen vor allem mit seiner ökonomischen Sparsamkeit.

In Kapitel 1 wurde jedoch klar, daß dieses Vorgehen verfassungsrechtlich zumindest bedenklich ist, da die Einhaltung der Datenschutz-Regelungen nicht überprüft werden kann.

Von Herbert Kubicek und Arno Rolf wurde zur Abschwächung des Datenschutzproblems vorgeschlagen, die Vermittlungszentralen nicht frei speicherprogrammierbar, sondern mittels ROMs fest speicherprogrammiert oder in der Form überhaupt nicht programmierbarer Spezialschaltungen auszulegen:

> *„Grundsätzlich spricht auch nichts gegen eine Digitalisierung der Vermittlungstechnik im Sinne des Ersatzes von Elektromechanik durch Mikroelektronik, wenn dadurch Kosten und Gebühren gesenkt werden können. Nur sollte die Digitalisierung unter Risikogesichtspunkten nicht in der vorgesehenen Form softwaregesteuerter speicherprogrammierter Systeme durchgeführt werden, weil ... Verdatungsrisiken erst mit der Speicherprogrammierung und der Protokollation von Verbindungsdaten entstehen. Dem Grundbedarf angemessener und unter Datenschutzgesichtspunkten vorsichtiger sind festgeschaltete Vermittlungssysteme."* [KuRo_86 Seite 325]
> *„... mit festgeschalteter Mikroelektronik anonym vermittelt ..."* [Kub2_86 Seite 807]

Dies erschwert zwar ein von den Bediensteten des Betreibers unentdecktes Verändern der Vermittlungszentralen, bietet aber keinerlei Schutz vor beim Entwurf der Programme oder der zahlreichen und komplexen Spezialschaltungen gleich mitgeschaffenen Trojanischen Pferden.

Leider gibt es selbst bei formeller Kooperation aller am Entwurfsprozeß Beteiligten keine allgemein anwendbaren Verfahren, das Schaffen Trojanischer Pferde zu verhindern oder sie, falls sie doch entstanden sind, zu finden oder zumindest den durch sie anrichtbaren Schaden beliebig klein zu halten [Denn_82 Seite 281]. Die bekannten Verfahren zur Erschwerung ihrer Erschaffung, nämlich weitgehend automatisch arbeitende Werkzeuge zur Gewinnung effizient ablauffähiger Implementierungen aus (möglichst kurzen, verständlichen) Problembeschreibungen wie Programmtransformatoren [Freu_87], Übersetzer [WaGo_84] und Chipentwurfshilfsmittel, sollten natürlich eingesetzt werden. Dabei dürfen diese Werkzeuge ihrerseits keine transitiven Trojanischen Pferde enthalten, da sie sie sonst weitgehend unentdeckbar zumindest in ihre genügend komplexen Produkte (transformiertes bzw. übersetztes Programm oder Chip) weitergeben können [Thom_84], was das Problem nur verschlimmern würde.

Außerdem sollte selbstverständlich bereits bezüglich des Entstehungsprozesses aller zum Entwurf und zur Produktion der Vermittlungszentralen verwendeten Werkzeuge verhindert sein, daß Programme mit Trojanischen Pferden in andere Programme, die sie eigentlich nicht zu modifizieren haben, Trojanische Pferde einpflanzen. Wie bereits in [Pfi1_87] kommentiert, ist die Verhinderung dieser Virus-Eigenschaft technisch vollständig möglich – bereits *vor* Beschreibung der sogenannten Computer-Viren in [Cohe_84] wurde in [Denn_82 Seite 317f] skizziert, wie ein Mechanismus zur vollständigen Verhinderung der Virus-Eigenschaft aussehen muß: Programme werden vom autorisierten Generierer durch nur ihm mögliche, aber von allen prüfbare Verschlüsselung (Signatursystem, vgl. Abschnitt 2.2) gegen unerkannte Modifikation geschützt und ihre Unverändertheit zur Laufzeit überprüft.

Da auch dieses Verfahren die Existenz normaler oder transitiver Trojanischer Pferde in keiner Weise ausschließt, sollten bei der Übersetzung und zur Laufzeit von Programmen die in [DeDe_77, Denn_82] beschriebenen Analyse- und Schutzmechanismen implementiert sein und damit die Trojanischen Pferden zur Kommunikation mit ihren Partnern zur Verfügung stehende Bandbreite verkleinert werden, indem legitime Kanäle bzw. Speicherkanäle überwacht bzw.

geschlossen werden (es sei dahingestellt, inwieweit dies vollständig und beweisbar geschehen kann, vgl. [HarM_85]). Nicht überwachbar und leider auch in ihrer Bandbreite nicht beliebig verkleinerbar sind die in Abschnitt 1.2 schon erwähnten verborgenen Kanäle (covert channels [Lamp_73, Denn_82 Seite 281]).

Das Problem, das Schaffen Trojanischer Pferde zu verhindern, sie zu finden oder zumindest auszuschalten, ist also mit den bekannten informatischen Methoden nicht vollständig lösbar. Es wiegt umso schwerer, je größer die Entwurfs- und Produktionskomplexität der betrachteten Systemteile ist. Dies legt nahe, nach Alternativen zum geschilderten zentralistischen Ansatz zu suchen. Gibt es einen Handel mit geheimem „Know-how" (was heute bezüglich der Informationstechnik der Normalfall ist, vgl. die in Abschnitt 1.2 im Zitat aus [BfD_86] angesprochene Vereinbarung zwischen der DBP und IBM), ist folglich die formelle Kooperation aller am Entwurfsprozeß Beteiligten zwangsläufig nicht gegeben oder zumindest stark eingeschränkt, so sind Alternativen zum zentralistischen Ansatz unabdingbar.

Selbst wenn Trojanische Pferde in den Vermittlungszentralen vollständig vermieden werden konnten und diese nicht frei speicherprogrammierbar, sondern mittels ROMs fest speicherprogrammiert oder überhaupt nicht programmierbar ausgelegt wurden, so daß nicht einfach durch Neuladen der Betriebssoftware (z. B. mittels Fernwartung) die Funktionalität beliebig geändert werden kann, können Netzbetreiber oder Geheimdienste durch Installation von Zusatzgeräten, Austausch von ROMs oder einiger Spezialschaltungen innerhalb der Vermittlungszentralen das Kommunikationsnetz ohne Einwilligung der Netzbenutzer oder detaillierte Rechtsgrundlage unentdeckt in seiner Funktion erweitern. Letzteres kann dadurch vermieden werden, daß die Vermittlungszentralen in auf Manipulationsversuche reagierenden und unerwünschte elektromagnetische oder mechanische Abstrahlung unter die Sensitivität professioneller Empfangsgeräte dämpfenden Behältern (kurz: unmanipulierbaren Gehäusen, tamper responding container [Kent_80, Chau_84, DaPr_84 Seite 3, 80, Simm_85, HeFi_80, Wein_87]) untergebracht werden. Dies erschwert aber die notwendige Wartung der Vermittlungszentralen, außerdem sind solche Behälter nur unter Schwierigkeiten öffentlich zu validieren und verglichen mit Mikroelektronik sowohl sehr teuer als auch bei weitem nicht vergleichbar schnell im Preis fallend [Pfi1_85 Seite 7]. Datenschutz ist also in solch einem Kommunikationsnetz trotz teils aufwendiger Zusatzmaßnahmen nicht überprüfbar.

Dies ändert sich auch dann nicht, wenn, wie ebenfalls in [KuRo_86, Kub2_86] vorgeschlagen, Teilnehmer, die Dienste von etwa der Übertragungsleistung des geplanten ISDN in Anspruch nehmen wollen, über zwei Leitungen und zwei unterschiedliche Vermittlungszentralen angeschlossen werden, und damit zumindest im Teilnehmeranschlußbereich dienstespezifische Netze errichtet werden. Der Aufwand eines *Angreifers* würde dadurch allenfalls verdoppelt, was bei einer ebenfalls zu erwartenden näherungsweisen Verdopplung der Kosten zur Errichtung und zum Unterhalt der Netze alles andere als effizient ist. Es ist fast überflüssig zu erwähnen, daß eine Verallgemeinerung von zwei auf n Kommunikationsnetze den Effizienzmangel lediglich eskaliert. Wünschenswert ist also ein Kommunikationsnetz, das trotz Diensteintegration Sicherheit und Datenschutz dienstespezifisch in dem gewünschten Umfang bietet. Wir werden im folgenden sehen, daß dies gerade wegen der Diensteintegration effizient erreicht werden kann.

Der von mir verfolgte **dezentrale Ansatz** verlagert (verglichen mit dem zentralistischen Ansatz) möglichst viele Funktionen in (aus der Sicht des Netzbenutzers) **eigene vertrauenswürdige Geräte**.

Das Sicherheitsproblem kann – wie üblich und deshalb in dieser Arbeit nur gelegentlich angesprochen – durch Fehlertoleranz-Maßnahmen und sichere (digitale) Unterschriften gelöst werden. Bei letzteren werden Zeugen nicht mehr für einzelne Geschäftsvorfälle, sondern nur zur völlig dezentral durchführbaren Authentikation der Unterschrift benötigt. Dadurch wird den Zeugen erst gar keine Möglichkeit gegeben, zu „Großen Brüdern" zu werden.

Das Datenschutzproblem wird gelöst, indem die Erfassungsmöglichkeit aller überflüssigen Daten verhindert wird.

Mit der hergeleiteten informatischen Problemstellung, den dabei erläuterten Begriffen, den zwei geschilderten komplementären Ansätzen zur Lösung des Sicherheits- und Datenschutzproblems sowie den diskutierten Schutz-Maßnahmen im Sinn können wir uns in den folgenden zwei Abschnitten zuerst den „klassischen" Hilfsmitteln zur Lösung des Datenschutz- und Sicherheitsproblems zuwenden und danach ihren Einsatz, die durch sie wirklich gelösten Probleme und die verbleibenden noch zu lösenden Probleme analysieren.

2.2   Hilfsmittel aus der Kryptographie

Kommunikation wird technisch üblicherweise durch Verschlüsselung der Daten vor unbefugter Kenntnisnahme sowie vor unerkannter unbefugter Veränderung geschützt [VoKe_83].

Hierzu werden Kryptosysteme, das sind Familien von Chiffrierfunktionen zur Ver- und Entschlüsselung, vereinbart. Die zu verwendenden Chiffrierfunktionen des Kryptosystems werden durch sogenannte Schlüssel ausgewählt. Voraussetzung jeglichen Schutzes durch Verschlüsselung ist, daß die verwendeten Schlüssel geeignet generiert und verteilt werden und die verwendeten Kryptosysteme die Eigenschaft haben, daß Ver- und Entschlüsselung ohne Kenntnis der Schlüssel ebenso wie das Folgern der verwendeten Schlüssel aus passiver Beobachtung und aktiver Beeinflussung der Kommunikation praktisch unmöglich sind.

Zunächst werden deshalb zwei Klassen von Kryptosystemen sowie die jeweils zugehörige Schlüsselverteilung beschrieben. Danach werden die Eigenschaften von Kryptosystemen genauer untersucht.

2.2.1   Kryptosysteme und ihre Schlüsselverteilung

Verschlüsselung der Daten mittels eines **Kryptosystems** zum Zwecke der *Konzelation* (Geheimhaltung) [Riha_84 Seite 22] bzw. *Integrität* soll garantieren, daß der Inhalt einer Nachricht nur den Besitzern eines bestimmten Schlüssels zugänglich ist bzw. ohne Kenntnis des Schlüssels nicht unerkennbar verändert werden kann. Damit der Inhalt einer verschlüsselten Nachricht vom Empfänger wiedergewonnen werden kann, müssen die zur Verschlüsselung verwendeten Chiffrierfunktionen eines zum Zwecke der Konzelation verwendeten Kryptosystems invertierbar, d. h. injektiv sein.

Hinsichtlich der erlaubten und möglichen Verteilungen ihrer Schlüssel unterscheidet man zwischen **symmetrischen** und **asymmetrischen** Kryptosystemen. Erstere werden oftmals auch konventionelle Kryptosysteme, letztere Kryptosysteme mit öffentlichen Schlüsseln genannt.

Für manche Anwendungen ist die Forderung nach Integrität des Nachrichteninhalts nicht ausreichend. Bei ihnen darf eine gesendete Nachricht nur von dem (bzw. den) Besitzer(n) eines bestimmten Schlüssels stammen. Daß sie dies tut muß auch einer unbeteiligten Dritten Partei beweisbar sein. Diese *Authentifikation* der Nachricht und ihres Inhalts soll durch Verschlüsselung der Daten mittels eines **Signatursystems** (spezielles asymmetrisches Kryptosystem) garantiert werden.

Zur Beurteilung der Stärke von Kryptosystemen wird unterstellt, daß der Angreifer die Familien der verwendeten Chiffrierfunktionen sowie die Wahrscheinlichkeitsverteilung der Schlüssel und der zu verschlüsselnden Nachrichten kennt. Es werden folgende *Angriffstypen* betrachtet [Denn_82 Seite 2f, DaPr_84 Seite 36f, GoMT_82, GoMR_84, GoMR_88, Bras_88 Seite 8f, 27]:

Es gibt die weniger mächtigen *passiven* Angriffe, bei denen der Angreifer entweder nur verschlüsselte Daten besitzt und aus diesen allein die unverschlüsselten gewinnen will (Schlüsseltext-Angriff, ciphertext-only attack) oder aber zusätzlich auch viele Klartext-Schlüsseltext-Paare erfährt und mit deren Hilfe die unverschlüsselten gewinnen will (Klartext-Schlüsseltext-Angriff, known-plaintext attack).

Es gibt die mächtigeren *aktiven* Angriffe, bei denen der Angreifer zunächst zu von ihm im ersten Schritt gewählten Klartexten im zweiten Schritt die jeweils zugehörigen Schlüsseltexte (gewählter Klartext-Schlüsseltext-Angriff, chosen-plaintext attack) und/oder zu von ihm im ersten Schritt gewählten Schlüsseltexten im zweiten Schritt die jeweils zugehörigen Klartexte (gewählter Schlüsseltext-Klartext-Angriff, chosen-ciphertext attack) erhält und danach im dritten Schritt andere Schlüsseltexte zu entschlüsseln oder Klartexte zu verschlüsseln versucht. Die Gefährlichkeit dieser aktiven Angriffe wird erheblich gesteigert, wenn der Angreifer seine Klar- und/oder Schlüsseltexte *adaptiv* (adaptive) wählen darf: Zunächst wählt er, dann erhält er Antwort, dann darf er nochmals wählen, erhält abermals Antwort, usw. Eine zur bisherigen Einteilung aktiver Angriffe orthogonale ist die, ob der Angreifer schon vor seinem aktiven Angriff die von ihm schlußendlich zu entschlüsselnden Schlüsseltexte bzw. die zu verschlüsselnden Klartexte kennt (*nachrichtenbezogener* aktiver Angriff) oder erst danach erfährt (*schlüsselbezogener* aktiver Angriff). Im ersteren Fall hat der Angreifer es möglicherweise sehr viel leichter.

In den folgenden Abschnitten und Kapiteln wird sich herausstellen, daß es manche Situationen gibt, wo ein sich adaptiv verhaltender aktiver Angreifer von einem normalen Benutzer nicht zu unterscheiden und die ihn interessierende Nachricht ihm schon vorher bekannt ist. Zumindest dann müssen Kryptosysteme verwendet werden, die auch einem nachrichtenbezogenen adaptiven aktiven Angriff standhalten.

2.2.1.1 Symmetrische Kryptosysteme

In einem symmetrischen Kryptosystem (Bild 3), wozu alle klassischen Kryptosysteme gehören [Denn_82, DaPr_84, Hors_85, Bras_88], wird die Kommunikation zwischen zwei Partnern dadurch vor unbefugter Kenntnisnahme oder unerkennbarer Verfälschung durch Dritte gesichert, daß beide einen gemeinsamen geheimen Schlüssel kennen, der sowohl zur Ver- als auch zur Entschlüsselung dient.

Um Verfälschungen durch Dritte ohne Schlüsselkenntnis erkennen zu können, müssen Klartexte so redundant codiert sein oder werden, daß eine Änderung des Schlüsseltextes mit sehr hoher Wahrscheinlichkeit einen „Klartext" mit unpassender Redundanz ergibt. Konzelation und Integrität können auf diese Weise ohne Schwierigkeit erreicht werden, nicht aber Authentifikation: Da der Empfänger einer Nachricht den zugehörigen Schlüsseltext genauso gut hätte selbst bilden können, da der ihm bekannte Schlüssel zum Verschlüsseln genauso befähigt wie zum Entschlüsseln, kann er einer unbeteiligten Dritten Partei nicht beweisen, daß er dies nicht getan hat, sondern die Nachricht vom Sender (oder einer vom Sender zur Verschlüsselung befähigten Instanz) gebildet wurde.

Die Anforderungen an ein symmetrisches Kryptosystem lauten präziser formuliert:

1. Für alle Klartexte x und alle Schlüssel k (key) gilt:
   Anwendung der durch Schlüssel k aus der Familie der Chiffrierfunktionen zur Verschlüsselung ausgewählten Funktion auf x ergibt den Schlüsseltext. Anwendung der durch Schlüssel k aus der Familie der Chiffrierfunktionen zur Entschlüsselung ausgewählten Funktion auf den Schlüsseltext ergibt wieder den Klartext. In funktionaler Schreibweise, bei der die Verwendung der Verschlüsselungsfunktion implizit angenommen und die Verwendung der Entschlüsselungsfunktion durch $^{-1}$ symbolisiert wird, lautet dies kürzer und übersichtlicher: $k^{-1}(k(x)) = x$

2. Kennt ein Angreifer einen Schlüssel k vor seinem passiven Angriff nicht, so ist es ihm trotz Kenntnis der Familie von Chiffrierfunktionen zur Ver- und Entschlüsselung auch nach Erhalt vieler Klartext-Schlüsseltext-Paare x_i, $k(x_i)$ praktisch unmöglich, irgendeinem anderen Klartext x den Schlüsseltext $k(x)$ oder irgendeinem anderen Schlüsseltext $k(x)$ den Klartext x mit größerer Wahrscheinlichkeit als durch pures Raten zuzuordnen. Dies impliziert, daß er auch den Schlüssel k nicht ermitteln kann.

3. Kennt ein Angreifer einen Schlüssel k vor seinem aktiven Angriff nicht, so ist es ihm trotz Kenntnis der Familie von Chiffrierfunktionen zur Ver- und Entschlüsselung auch nach (adaptiver) Wahl vieler Klartexte x_i und Erhalt der zugehörigen Schlüsseltexte $k(x_i)$ sowie nach (adaptiver) Wahl vieler Schlüsseltexte y_j und Erhalt der zugehörigen Klartexte $k^{-1}(y_j)$ praktisch unmöglich, irgendeinem anderen Klartext x den Schlüsseltext $k(x)$ oder irgendeinem anderen Schlüsseltext $k(x)$ den Klartext x mit größerer Wahrscheinlichkeit als durch pures Raten zuzuordnen. Dies impliziert, daß er auch den Schlüssel k nicht ermitteln kann.

Klarerweise impliziert eine Erfüllung der 3. die Erfüllung der 2. Anforderung.

Obwohl die Erfüllung der 1. und 2. Anforderung für manche Anwendungen auszureichen scheint, halte ich es nicht für sinnvoll, symmetrische Kryptosysteme zu verwenden, die (nach gründlicher öffentlicher Untersuchung) nicht auch die 3. Anforderung erfüllen.

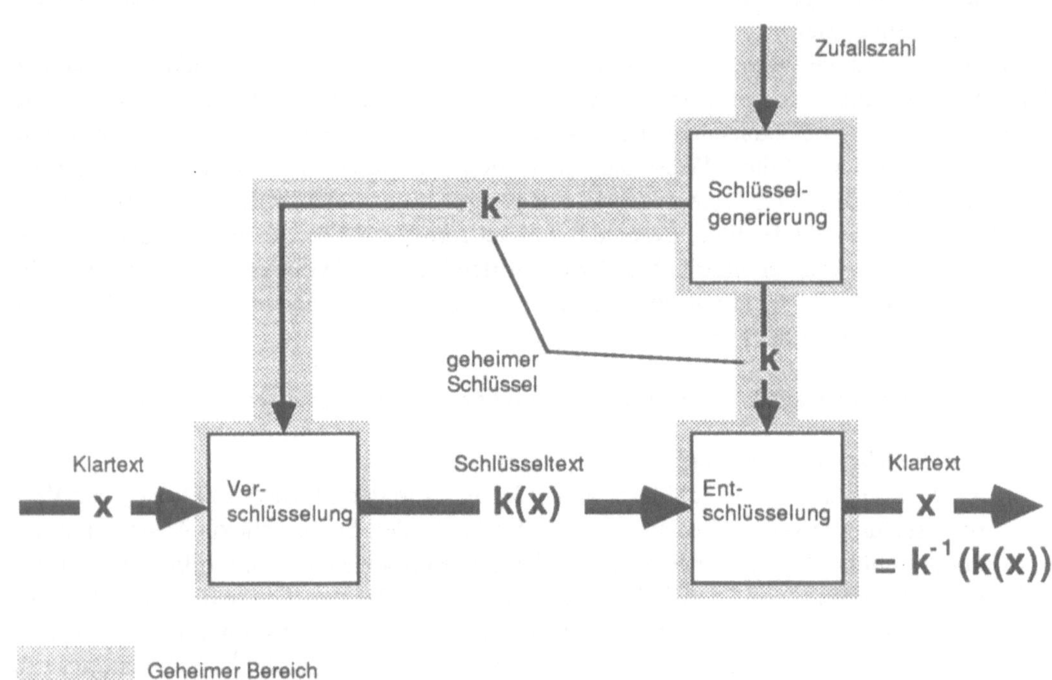

Bild 3: Symmetrisches Kryptosystem

Bei Verwendung eines symmetrischen Kryptosystems in einem offenen Kommunikationsnetz ist es völlig sinnlos, wenn ein Teilnehmer für alle seine Kommunikationsbeziehungen denselben Schlüssel benutzt. Das Bestmögliche und in offenen Kommunikationsnetzen Nötige ist, für jede Kommunikationsbeziehung einen anderen Schlüssel zu verwenden. Um eine Kommunikationsbeziehung gesichert beginnen zu können, müssen sich beide Partner zuvor auf einen gemeinsamen Schlüssel einigen. Bei offenen diensteintegrierenden Kommunikationsnetzen muß dies über das Netz selbst erfolgen, da man nicht davon ausgehen kann, daß die Partner vorher schon in direktem Kontakt miteinander standen. Für dieses Schlüsselverteilproblem existieren im wesentlichen zwei Lösungsansätze.

Der klassische sieht die Verwendung einer Schlüsselverteilzentrale vor, mit der jeder Teilnehmer vor Beginn seiner Teilnahme am Netzgeschehen außerhalb des Netzes einen Schlüssel vereinbart hat. Auf Anfrage generiert sie einen Schlüssel für eine Kommunikationsbeziehung und teilt ihn den künftigen Kommunikationspartnern unter Verwendung der mit den jeweiligen Teilnehmern vereinbarten Schlüssel in Konzelation und Integrität garantierender Weise mit [DaPr_84, NeSc_87, OtRe_87].

Da eine solche Zentrale durch Kenntnis aller verwendeten Schlüssel potentiell alle gesendeten Nachrichten entschlüsseln, verändern und verschlüsseln kann, ist aus Datenschutz- und Sicherheitsgründen diese einfache Lösung zumindest für diensteintegrierende offene Netze nicht akzeptabel.

Ein Ausweg ist die Verwendung vieler unabhängiger Schlüsselverteilzentralen, die je einen Schlüssel generieren und beiden Kommunikationspartnern mitteilen (Bild 4). Die Kommunikationspartner verwenden als Schlüssel die Summe aller mitgeteilten Schlüssel, so daß alle Schlüsselverteilzentralen zusammenarbeiten müßten, um die Summe zu errechnen und die Kommunikation zu überwachen [DiH1_76].

Der zweite Ansatz verwendet zur Schlüsselverteilung ein asymmetrisches Kryptosystem (genauer: ein asymmetrisches Konzelationssystem und Signatursystem), wie es in Abschnitt 2.2.1.2 beschrieben wird.

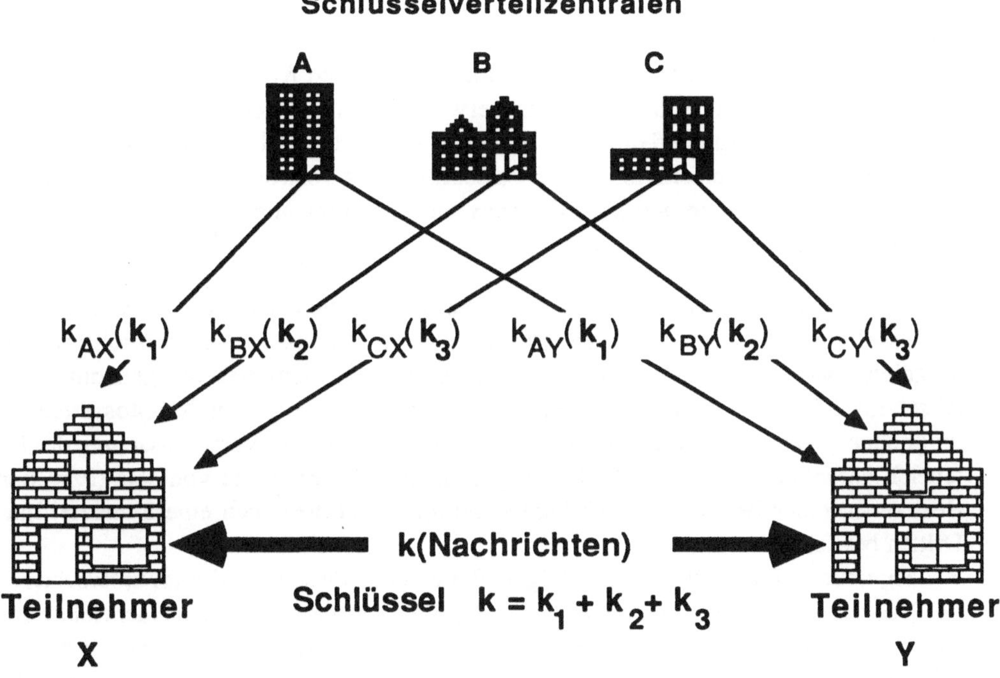

Bild 4: Schlüsselverteilung bei symmetrischem Kryptosystem

Das bekannteste moderne symmetrische Kryptosystem ist DES (Data Encryption Standard) [DES_77, DaPr_84, Hors_85], das von der amerikanischen Normungsbehörde für den öffentlichen Bereich (NBS = National Bureau of Standards) als Zwischenlösung (bis zur Normung eines besseren) definiert wurde. Seine Sicherheit ist zwar nicht bewiesen, es hat aber bis heute allen (bekanntgegebenen) Versuchen standgehalten, es auch mittels adaptiver aktiver Angriffe schneller als durch Durchprobieren seines Schlüsselraumes von 2^{56} Schlüsseln zu brechen. Ob dieses Durchprobieren mittels Spezialrechnern schon 1980 preiswert möglich war oder erst 1995 sein wird, wird heftig diskutiert [DiH2_76, DiHe_77, DaPr_84 Seite 73ff].

2.2.1.2 Asymmetrische Kryptosysteme

Die Idee der asymmetrischen Kryptosysteme wurde erst 1976 veröffentlicht [DiHe_76] und löst das Schlüsselverteilproblem auf überraschend einfache Art: Statt je einen einzigen Schlüssel zum Ver- und Entschlüsseln zu verwenden, verteilt man diese Funktion auf je zwei zusammengehörige Schlüssel. Gelingt dies in einer Art und Weise, daß man zumindest bezüglich eines von beiden keine realistische Möglichkeit hat, aus ihm den anderen herzuleiten, so kann dieser eine veröffentlicht werden.

Während bei jedem symmetrischen Kryptosystem sowohl Konzelation als auch Integrität erreicht werden kann (und es im allgemeinen Fall sogar unmöglich ist, beides zu trennen), ist dies bei asymmetrischen Kryptosystemen nicht der Fall:

- Nur solche asymmetrischen Kryptosysteme ermöglichen *Konzelation*, bei denen der Schlüssel zur Entschlüsselung realistischerweise nicht aus dem zur Verschlüsselung hergeleitet werden kann und die – wie bereits in Abschnitt 2.2.1 erwähnt – invertierbare, d. h. injektive Chiffrierfunktionen zur Verschlüsselung verwenden. Im folgenden werden sie **asymmetrische Konzelationssysteme** genannt und in Abschnitt 2.2.1.2.1 ausführlicher behandelt.

- Nur solche asymmetrischen Kryptosysteme ermöglichen *Integrität*, bei denen der Schlüssel zur Verschlüsselung realistischerweise nicht aus dem zur Entschlüsselung hergeleitet werden kann. Im folgenden werden sie **Signatursysteme** genannt und in Abschnitt 2.2.1.2.2 ausführlicher behandelt. Diese asymmetrischen Kryptosysteme ermöglichen sogar mehr als Integrität, nämlich *Authentifikation*: Verschlüsselung der Daten soll garantieren, daß der Inhalt einer gesendeten Nachricht nur von dem (bzw. den) Besitzer(n) eines bestimmten Schlüssels stammen und dies auch einem unbeteiligten Dritten bewiesen werden kann.
Bei Signatursystemen ist es nicht nötig, daß die verschlüsselte (= digital unterschriebene) Nachricht dazu verwendet werden kann, die nicht verschlüsselte Nachricht durch Entschlüsselung wiederzugewinnen, da die nicht verschlüsselte Nachricht mit der verschlüsselten übertragen werden kann. Konzelation muß ggf. durch eine zusätzliche Verschlüsselung mit einem anderen Kryptosystem erreicht werden. Im allgemeinen Fall erhält die „Ent"schlüsselungsfunktion eines Signatursystems neben dem Schlüssel zur „Ent"schlüsselung als Eingabe die Nachricht und die verschlüsselte (= digital unterschriebene) Nachricht und gibt TRUE aus, sofern die Unterschrift stimmt, und FALSE anderenfalls.

Da es bei asymmetrischen Kryptosystemen für Konzelation und Authentifikation zweier verschiedener Verschlüsselungen (mit ggf. unterschiedlichen Sorten von asymmetrischen Kryptosystemen) bedarf, können Konzelation und Integrität (als Abschwächung der Authentifikation) getrennt werden. Möchte man die Kommunikation sowohl gegen unbefugte Kenntnisnahme des Kommunikationsinhalts als auch vor unerkennbarer Veränderung schützen, so wird man den Nachrichteninhalt günstigerweise zuerst zum Zwecke der Authentifikation und das Ergebnis dieser Verschlüsselung dann noch einmal zum Zwecke der Konzelation verschlüsseln.

Durch ein asymmetrisches Kryptosystem entsteht die Möglichkeit, einen Schlüssel, oder genauer ein Schlüsselpaar, statt einer Kommunikationsbeziehung einem einzelnen Teilnehmer zuzuordnen, der sich zudem diesen Schlüssel selbst generieren kann. Möchte jemand mit diesem Teilnehmer gesichert kommunizieren, so muß er sich lediglich dessen veröffentlichten Schlüssel (im Falle gewünschter Konzelation und Authentifikation sowie unterschiedlicher asymmetrischer Kryptosysteme zur Konzelation und Authentifikation: dessen zwei veröffentlichte Schlüssel) besorgen. Dies kann entweder durch eine offene Anfrage an den gewünschten Teilnehmer geschehen, wodurch allerdings Authentifikationsprobleme entstehen [Inge_84, RiSh_84], oder unter Verwendung zentraler, gegen Manipulation gesicherter Register, deren Verwalter jetzt durch die Kenntnis der veröffentlichten Schlüssel keine Möglichkeit zum Mithören oder unbemerkbaren Manipulation verschlüsselter Nachrichten mehr erhalten.

1978 wurde von Ronald L. Rivest, Adi Shamir, Leonard M. Adleman das erste und nach wie vor bekannteste asymmetrische Kryptosystem (Ver- und Entschlüsselungsfunktion sowie Schlüsselgenerierungsfunktion entsprechend obigen Anforderungen) veröffentlicht, das nach den Anfangsbuchstaben seiner Entdecker allgemein mit RSA bezeichnet wird [RSA_78, Denn_82, DaPr_84, Hors_85, Bras_88]. Es ist sowohl als asymmetrisches Konzelationssystem als auch als Signatursystem verwendbar. Seine Sicherheit beruht auf (teilweise unbewiesenen) Annahmen über den Lösungsaufwand zahlentheoretischer Probleme. Es wird allgemein vermutet, daß das *schlüsselbezogene* Brechen von RSA, d. h. das Ableiten des nicht veröffentlichten aus dem veröffentlichten Schlüssel, auch mittels adaptiver aktiver Angriffe so schwer ist wie die Gewinnung der Primfaktoren einer gegebenen Zahl. Eine Faktorisierung vorgebener Zahlen, die aus sehr großen Primfaktoren zusammengesetzt sind, ist bisher praktisch unmöglich. RSA ist auch mittels passiver Angriffe schlüsselbezogen gebrochen, sollte dies möglich werden. Je nach seiner Verwendung ist *nachrichtenbezogenes* Brechen von RSA, das heißt die Entschlüsselung einer Nachricht bei Verwendung als asymmetrisches Konzelationssystem bzw. die Erzeugung einer unterschriebenen Nachricht bei Verwendung als Signatursystem auch mittels nicht-adaptiver aktiver Angriffe ohne die Fähigkeit zur Faktorisierung möglich. Der für das folgende relevante Angriff bei Verwendung als Konzelationssystem wird in Abschnitt 2.2.1.2.1 beschrieben.

Es sei angemerkt, daß es weniger bekannte asymmetrische Kryptosysteme als RSA gibt, für die bewiesen wurde, daß ihr Brechen so schwer wie Faktorisierung ist: in [BlGo_85, Will_85] werden asymmetrische Konzelationsysteme beschrieben, die allerdings nur passiven Angriffen standhalten und bei adaptiven aktiven schlüsselbezogen gebrochen werden, in [GoMR_84, Goll_87, GoMR_88] Signatursysteme, die auch adaptiven aktiven Angriffen standhalten.

Damit ist der Einsatz von RSA als Konzelationssystem nur dann angebracht, wenn mit unbemerkbaren adaptiven aktiven Angriffen gerechnet werden muß. Der Einsatz von RSA als Signatursystem ist nur noch da angebracht, wo, wie bei den in Abschnitt 8.1 und 8.3 beschriebenen Anwendungen, spezielle Eigenschaften von RSA benötigt werden.

2.2.1.2.1 Asymmetrische Konzelationssysteme

Statt einen einzigen Schlüssel zum Ver- und Entschlüsseln zu verwenden, verteilt man diese Funktion auf zwei zusammengehörige Schlüssel. Der eine soll nur zum Entschlüsseln dienen und muß natürlich geheimgehalten werden. Er wird **Dechiffrierschlüssel** (in manchen Texten auch privater Schlüssel oder geheimer Schlüssel) genannt und im folgenden mit d bezeichnet. Der andere hingegen soll nur das Ver-, nicht jedoch das Entschlüsseln ermöglichen, weshalb er veröffentlicht werden kann. Er wird als **Chiffrierschlüssel** (in manchen Texten auch öffentlicher Schlüssel oder allbekannter Schlüssel) genannt und im folgenden mit c bezeichnet (Bild 5). Insbesondere darf man also keine realistische Möglichkeit haben, ein unbekanntes d aus dem zugehörigen c herleiten zu können.

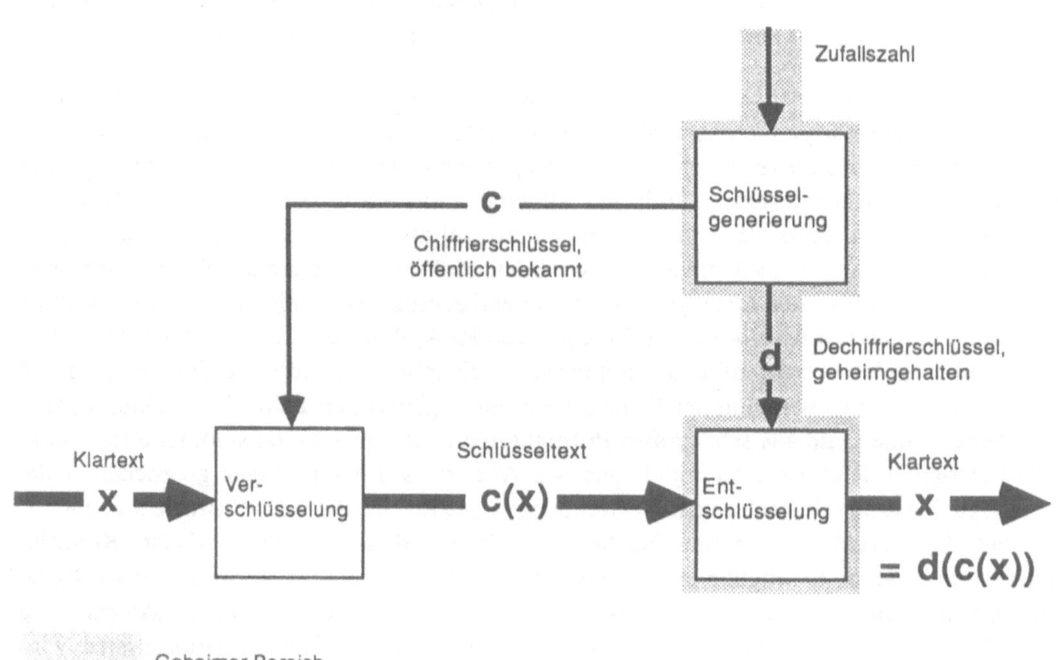

Bild 5: Asymmetrisches Konzelationssystem

Rein theoretisch könnte man d aus c natürlich immer durch Durchprobieren aller möglichen Chiffrierschlüssel bestimmen, denn nur das richtige d entschlüsselt alle mit c verschlüsselten Nachrichten richtig. Es muß daher so viele Möglichkeiten geben, daß dies praktisch keinerlei Erfolg verspricht. Außerdem müssen, damit niemand kurze Standardnachrichten erraten und mit dem öffentlich bekannten Chiffrierschlüssel testen kann, Nachrichten mehrere Verschlüsselungen besitzen. Dies kann man erreichen, indem man die Nachrichten vor der Verschlüsselung mit zufällig gewählten Zeichenketten verlängert oder indem man ein bereits *indeterministisch verschlüsselndes asymmetrisches Konzelationssystem* (probabilistic encryption, [BlGo_85]) verwendet. In beiden Fällen hat jede Klartextnachricht auch bei festgehaltenem Chiffrierschlüssel sehr viele (genauer: in der Länge der zufälligen Verlängerung bzw. eines Sicherheitsparameters exponentiell viele) Schlüsseltexte.

Einfacher als das Herleiten von d aus c muß hingegen das Generieren eines beliebigen Paares von zueinander passenden d und c sein, da dies der Schlüsselbesitzer am Anfang selbst durchführen muß.

Nachdem nun eine Notation für Verschlüsselung mit einem asymmetrischen Konzelationssystem eingeführt ist, zeigt Bild 6 ein Vorgehen bei der Schlüsselverteilung, wenn die Kommunikation zwischen den Teilnehmern lediglich gegen unbefugte Kenntnisnahme des Nachrichteninhalts gesichert werden soll.

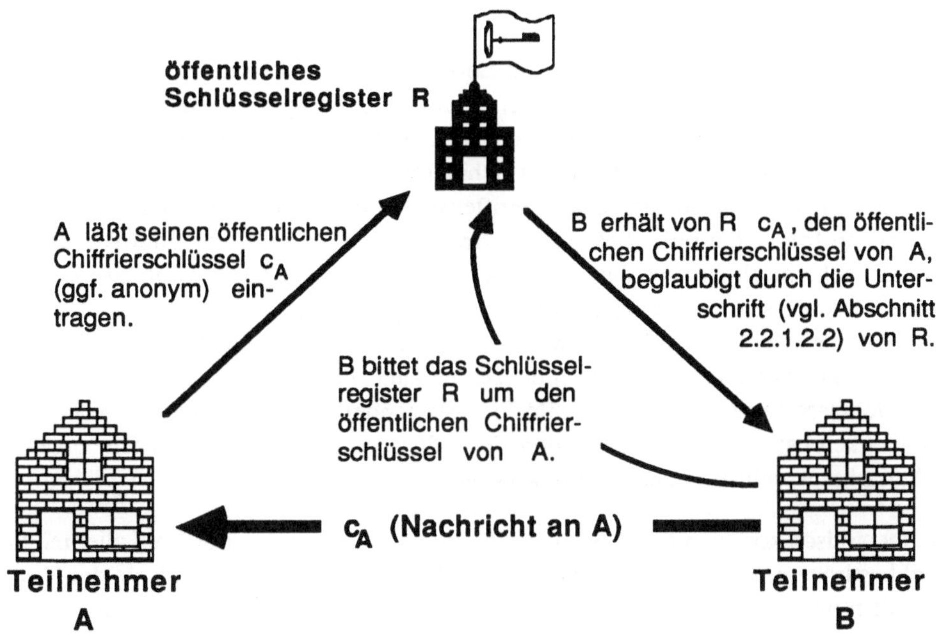

Bild 6:   Schlüsselverteilung bei asymmetrischem Konzelationssystem

Am Beispiel von RSA wird gezeigt, wie ein erfolgreicher aktiver Angriff gegen ein asymmetrisches Konzelationssystem geführt werden kann. Im Falle RSA nutzt dieser Angriff von Davida [Merr_83, Denn_84, Bras_88] aus, daß bei RSA nicht nur für alle Klartexte x und jedes Schlüsselpaar c, d die Gleichung $d(c(x)) = x$ gilt, sondern es gilt auch für alle Klartexte x, y die zusätzliche Gleichung $c(x) \cdot c(y) = c(x \cdot y)$ (d. h. die Verschlüsselung mit RSA bildet einen Homomorphismus bezüglich der Multiplikation innerhalb des durch den öffentlich bekannten Chiffrierschlüssel c bestimmten Restklassenrings). Erhält ein aktiver Angreifer nun den für den Besitzer des Dechiffrierschlüssels d bestimmten Schlüsseltext $c(x)$, so ist er mit folgendem nicht-adaptiven gewähltem Schlüsseltext-Klartext-Angriff erfolgreich: er wählt sich einen beliebigen Klartext y, bildet $c(y)$ und sodann $c(x) \cdot c(y)$. Dies läßt er sich vom Besitzer von d entschlüsseln und erhält $d(c(x) \cdot c(y)) = d(c(x \cdot y)) = x \cdot y$. Da er y kennt, kann er $x \cdot y$ durch y dividieren und so x erhalten. Damit ist RSA nachrichtenbezogen gebrochen.

Es ist beachtenswert, daß der Besitzer von d keinerlei Verdacht schöpfen kann, wenn er beliebige Schlüsseltexte entschlüsselt und ausgibt, da $c(x)$ und $c(x) \cdot c(y)$ für ihn perfekt unverkettbar sind: Für alle Schlüsseltexte w gibt es genau einen Klartext y, so daß $w = c(x) \cdot c(y)$. Denn es gilt $w = c(x) \cdot c(y) \Leftrightarrow c(x)^{-1} \cdot w = c(y) \Leftrightarrow d(c(x)^{-1} \cdot w) = d(c(y)) \Leftrightarrow d(c(x)^{-1} \cdot w) = y$.

Das nachrichtenbezogene Brechen von RSA mittels dieses Angriffs kann vereitelt werden, indem Klartexte ein geeignetes Redundanzprädikat erfüllen müssen. Dann erfüllt das Produkt $x \cdot y$ dies Redundanzprädikat mit an Sicherheit grenzender Wahrscheinlichkeit nicht, so daß es der Besitzer des Dechiffrierschlüssels nicht ausgibt.

2.2.1.2.2 Signatursysteme

Statt einen einzigen Schlüssel zum Ver- und Entschlüsseln zu verwenden, verteilt man diese Funktion auch beim Signatursystem auf zwei zusammengehörige Schlüssel. Der eine soll nur zum Verschlüsseln (in diesem Zusammenhang wird auch *signieren* und gleichbedeutend auch *unterschreiben* gesagt) dienen, weshalb er Schlüssel zum Signieren oder (kürzer:) **Signierschlüssel** (in manchen Texten auch Unterschriftenschlüssel, privater oder geheimer Schlüssel) genannt und im folgenden mit s bezeichnet wird. Er muß, wie manche alternativen Namen schon sagten, geheimgehalten werden. Der andere Schlüssel hingegen soll nur das „Ent"-, nicht jedoch das Verschlüsseln ermöglichen, weshalb er veröffentlicht werden kann und, da er zum Testen der Echtheit der Unterschrift verwendet wird, als Schlüssel zum Testen der Unterschrift oder (kürzer:) **Testschlüssel** t (in manchen Texten auch Prüfschlüssel, öffentlicher oder allbekannter Schlüssel) bezeichnet wird (Bild 7). Insbesondere darf man hier also keine realistische Möglichkeit haben, einen unbekannten Verschlüsselungsschlüssel s aus dem zugehörigen „Ent"schlüsselungsschlüssel t herleiten zu können.

Rein theoretisch könnte man s aus t natürlich immer durch Durchprobieren aller möglichen Schlüssel bestimmen, denn nur das richtige s verschlüsselt alle Texte so, daß sie den Test mit t bestehen. Es muß daher so viele Möglichkeiten geben, daß dies praktisch keinerlei Erfolg verspricht.

Einfacher als das Herleiten von s aus t muß hingegen das Generieren eines beliebigen Paares von zueinander passenden s und t sein, da dies der Schlüsselbesitzer am Anfang selbst durchführen muß.

Nachdem nun eine Notation für Signatursysteme eingeführt ist, zeigt Bild 8 ein Vorgehen bei der Schlüsselverteilung, wenn die Kommunikation zwischen den Teilnehmern lediglich gegen unbefugte Veränderung des Nachrichteninhalts gesichert werden soll.

In den Bildern 7 und 8 (sowie an allen entsprechenden Stellen in den folgenden Bildern und Texten) bedeutet ein *Komma* zwischen Nachrichtenteilen *Konkatenation von Zeichenketten*, wobei je nach Anwendung die Konkatenationsstelle auch für den Empfänger sichtbar oder auch unsichtbar sein kann.

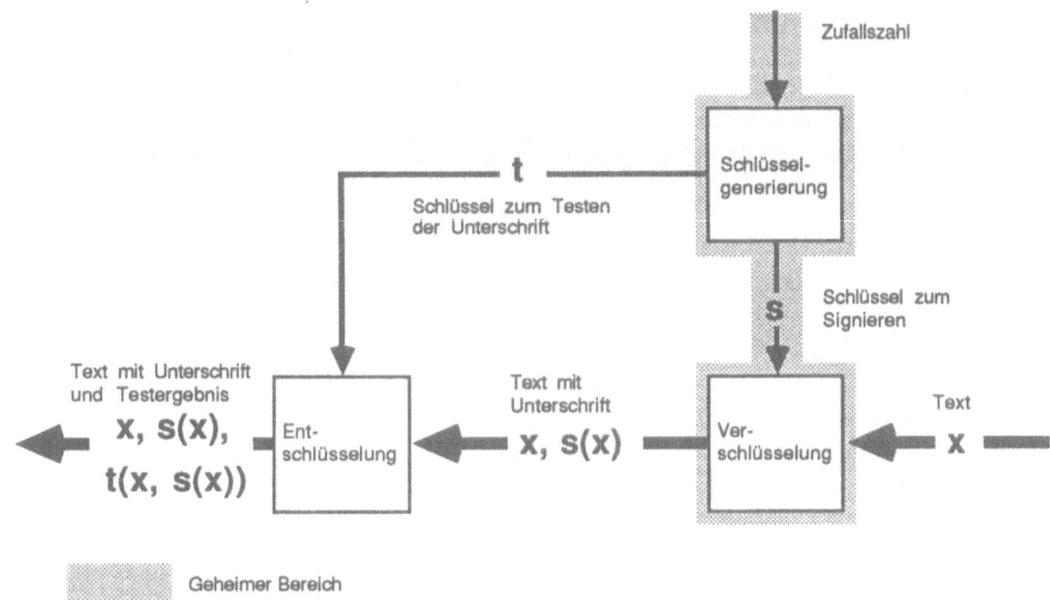

Bild 7: Signaturssystem

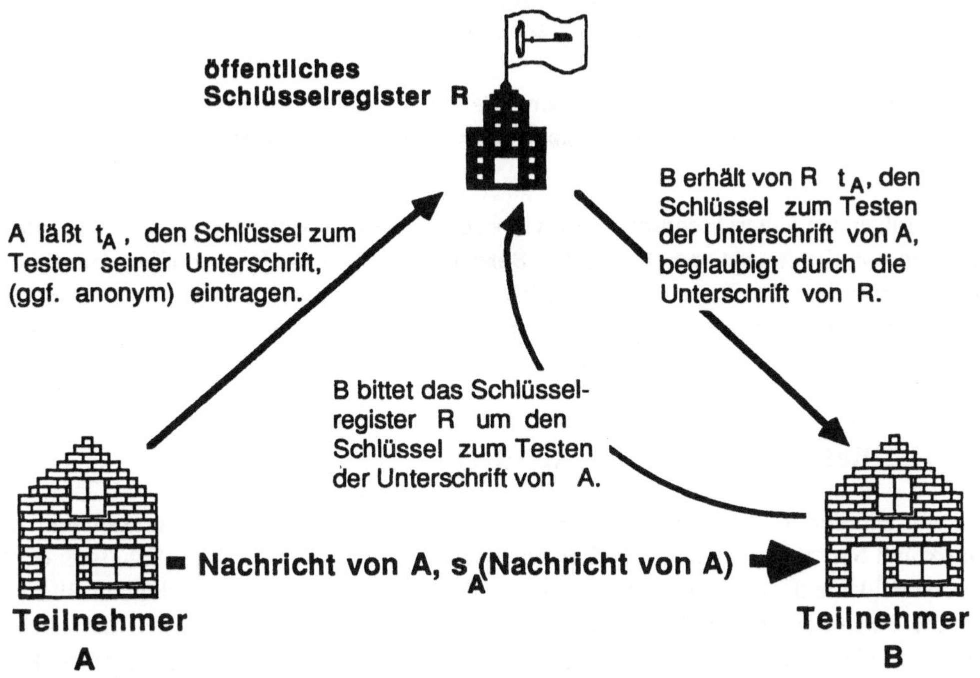

Bild 8: Schlüsselverteilung bei Signatursystem

2.2.2 Eigenschaften von Kryptosystemen

Im vorhergehenden Abschnitt 2.2.1 wurden die im folgenden benötigten Sorten von Kryptosystemen zunächst allein unter den Gesichtspunkten „Zweck der Verschlüsselung" und „Möglichkeiten der Schlüsselverteilung" eingeteilt und beschrieben, was in Bild 9 zusammengefaßt ist.

Kryptosysteme und ihre Ziele / Kenntnis des Schlüssels	einer (Generierer)	zwei (beide Partner)	alle (öffentlich bekannt)
asymmetrisches Konzelationssystem: Konzelation	**d** Dechiffrierschlüssel		**c** Chiffrierschlüssel
symmetrisches Kryptosystem: Konzelation und Integrität		**k** geheimer Schlüssel	
Signatursystem: Authentikation (beinhaltet Integrität)	**s** Signierschlüssel		**t** Testschlüssel

Bild 9: Übersichtsmatrix der Verschlüsselungsziele und zugehörigen Schlüsselverteilungen von asymmetrischem Konzelationssystem, symmetrischem Kryptosystem und Signatursystem

In den folgenden Unterabschnitten dieses Abschnitts werden weitere allgemein relevante Eigenschaften von Kryptosystemen betrachtet: Betriebsarten (Block-, Stromchiffre; deterministisches, indeterministisches Kryptosystem), Sicherheit (informations-, komplexitätstheoretisch), Aufwand ihrer Realisierung bzw. Verschlüsselungsleistung und Standardisierung (geheime oder öffentlich validierte Kryptosysteme).

2.2.2.1 Betriebsarten: Blockchiffre, Stromchiffre

Bisher wurden Ver- und Entschlüsselung immer direkt auf mit einer umgangssprachlichen Semantik und Syntax versehene Einheiten angewendet: auf „Klartext" und „Schlüsseltext" in Bild 3 und Bild 5, auf „Text" in Bild 7 sowie auf „Nachrichten" in Bild 4, Bild 6 und Bild 8.

Für die Definition und Implementierung der Kryptosysteme, genauer der sie darstellenden Familien von Chiffrierfunktionen, ist es jedoch nötig, sie nicht auf semantisch oder syntaktisch mehr oder minder genau definierten Einheiten, sondern auf den Elementen eines zur Codierung dieser Einheiten geeigneten, präzis definierten *Klartext-* bzw. *Schlüsseltextraumes* operieren zu lassen. Sind deren Elemente jeweils *Blöcke*, das sind *Zeichenketten fester Länge über einem endlichen Alphabet*, und wird eine Nachricht, die länger als ein Block ist, in eine Folge von Blöcken zerlegt und jeder Block unabhängig, d. h. insbesondere mit demselben Schlüssel, ver- und später entschlüsselt, so heißt das Kryptosystem **Blockchiffre** (im Deutschen auch Blocksystem [HeKW_85], im Englischen block cipher genannt). Falls bei der Zerlegung der Nachricht in Blöcke gleiche Blöcke entstehen, werden diese gleichen Klartextblöcken von einer *deterministisch* verschlüsselnden Blockchiffre auf gleiche Schlüsseltextblöcke abgebildet. Dies gilt natürlich nicht nur für Blöcke einer Nachricht, sondern, solange der Schlüssel nicht verändert wird, auch für gleiche Blöcke verschiedener Nachrichten. Da die heute üblichen Kryptosysteme deterministisch sind und eine Häufigkeitsanalyse einem Angreifer auch bei großer und ein vollständiges Brechen hoffentlich vereitelnder Blocklänge bereits wertvolle Information liefern kann, ist bei deterministischen Blockchiffren also Vorsicht angebracht. Ein ähnliches Problem wurde im Kontext der asymmetrischen Konzelationssysteme in Abschnitt 2.2.1.2.1 geschildert und gelöst. Seine Lösung ist auch auf das Problem der Blockchiffre anwendbar.

Jede deterministische Blockchiffre mit genügend großen Blöcken kann zu einer **indeterministischen Blockchiffre** modifiziert werden, die die oben erwähnte Häufigkeitsanalyse vereitelt: die Nachricht wird in wesentlich kleinere Blöcke zerlegt als die deterministische Blockchiffre verschlüsselt und diese werden zusammen mit einer jeweils eigens generierten *echten* (im Gegensatz zu den später noch zu besprechenden *pseudozufälligen*) Zufallszahl (von etwa hundert Bit Länge) verschlüsselt. Nach dem weiterhin *deterministischen* Entschlüsseln werden die Zufallszahlen wieder von den kleineren Nachrichtenblöcken getrennt (und die Nachricht wie üblich zusammengesetzt). Der große Nachteil dieses Verfahrens ist, daß man den Übertragungskanal und die Verschlüsselungsfähigkeit des deterministischen Kryptosystems schlecht ausnutzt:

- Ist die Blocklänge sehr groß, so entsteht, da jede Nachricht auf ein Vielfaches der sehr großen Blocklänge aufgefüllt werden muß, wegen der sehr großen Blocklänge durch jeden „letzten" Block im Schnitt viel zusätzlicher Übertragungs- und Verschlüsselungsaufwand. Dieser Aufwand ist, da bei einer sehr großen Blocklänge Nachrichten im Mittel nur wenige Blöcke umfassen, nicht zu vernachlässigen.
- Ist die Blocklänge mittel, so entsteht durch den in jedem Block nicht vernachlässigbaren Anteil der Zufallszahl bei jedem Block nichtvernachlässigbar viel zusätzlicher Übertragungs- und Verschlüsselungsaufwand.

Die im folgenden zu definierende **Stromchiffre** operiert auf *Zeichenketten variabler Länge über einem endlichen Alphabet* und erreicht denselben Zweck ohne diese Nachteile.

Bei einer Stromchiffre (im Deutschen auch als kontinuierliche Chiffre [Hors_85] oder Stromsystem [HeKW_85], im Englischen als stream cipher bezeichnet) werden Nachrichten als eine Folge von *Zeichen* codiert, so daß einzelne Zeichen des Alphabets verschlüsselt werden. Diese Zeichen werden jedoch nicht unabhängig voneinander verschlüsselt, sondern ihre Verschlüsselung hängt entweder auch

1. von ihrer Position innerhalb der Nachrichten oder allgemeiner von allen vorhergehenden Klartext- und/oder Schlüsseltextzeichen ab oder
2. nur von einer beschränkten Anzahl direkt vorhergehender Schlüsseltextzeichen.

Im ersten Fall spricht man von *synchronen Stromchiffren* (synchronous stream ciphers), da Ver- und Entschlüsselung streng synchron erfolgen muß: bei Verlust oder Hinzufügen eines Schlüsseltextzeichens, d. h. bei Verlust der Synchronisation, kann nicht mehr ohne weiteres entschlüsselt werden, Ver- und Entschlüsseler müssen sich neu synchronisieren. Sofern Ver- und Entschlüsselung nicht nur von der Position innerhalb der Nachrichten abhängt, sondern auch von allen vorhergehenden Klartext und/oder Schlüsseltextzeichen, müssen Ver- und Entschlüsseler sich auch bei Verfälschung eines Schlüsseltextzeichens neu synchronisieren.

Im zweiten Fall spricht man von *selbstsynchronisierenden Stromchiffren* (self-synchronous stream ciphers), da sich bei ihnen der Entschlüsseler auch bei Verlust oder Hinzufügen beliebig vieler zusätzlicher Schlüsseltextzeichen spätestens nach Entschlüsselung der oben erwähnten beschränkten Anzahl Schlüsseltextzeichen wieder auf den Verschlüsseler synchronisiert hat.

Für jede symmetrische bzw. asymmetrische deterministische Stromchiffre und beliebige nichtleere Texte x_1, x_2 und Schlüsselpaare (c,d) bzw. Schlüssel k gilt demnach:

Werden zwei Texte separat, aber direkt hintereinander verschlüsselt, so ist das Gesamtergebnis das gleiche, wie wenn die zwei Texte erst konkateniert und dann verschlüsselt werden. In der eingeführten Notation und bei kollateraler Auswertung beider Seiten der Gleichungen jeweils von links lautet dies:

$$k(x_1),k(x_2) = k(x_1,x_2) \quad \text{bzw.} \quad c(x_1),c(x_2) = c(x_1,x_2).$$

Werden zwischen den separat verschlüsselten Texten noch weitere verschlüsselt oder wird nach den beiden separaten Verschlüsselungen die der konkatenierten Texte als dritte ausgeführt, so gelten die obigen Gleichungen mit sehr großer Wahrscheinlichkeit nicht.

Um Zusammenhänge zwischen Block- und Stromchiffren aufzuzeigen, werden im folgenden die in der Literatur beschriebenen und teilweise genormten wichtigen **Konstruktionen von Stromchiffren aus Blockchiffren** angegeben. Auch wenn heute allgemein davon ausgegangen wird, daß in allen Konstruktionen die Verwendung einer sicheren Blockchiffre üblicherweise den Erhalt einer sicheren Stromchiffre impliziert, erscheinen mir zwei einschränkende Bemerkungen notwendig:

1. Selbst unter einer sehr starken Definition, was eine sichere Blockchiffre ist, sind mir weder Beweise (im Sinne des folgenden Abschnitts 2.2.2.2) für die Sicherheit der erhaltenen Stromchiffren noch eine Quantifizierung des „üblicherweise" bekannt.
2. Zumindest für manche dieser Konstruktionen konnten pathologische Gegenbeispiele konstruiert werden. Ich überlasse es dem Leser zu entscheiden, ob die konstruierte Blockchiffre von ihm als „sicher" betrachtet wird.

Aus jeder symmetrischen oder asymmetrischen deterministischen Blockchiffre kann mittels der Konstruktionen

- *Blockchiffre mit Blockverkettung* (cipher block chaining, abgekürzt CBC [DaPr_84]) oder
- *Schlüsseltextrückführung* (cipher feedback, abgekürzt CFB [DaPr_84])

eine *selbstsynchronisierende* Stromchiffre gewonnen werden.

Blockchiffre mit Blockverkettung ist in Bild 10 gezeigt: Vor dem Verschlüsseln jedes (außer des ersten) Blockes wird zu seinem Klartext der Schlüsseltext des vorherigen modular addiert und entsprechend nach dem Entschlüsseln jedes Blockes der Schlüsseltext des vorherigen von seinem „Klartext" modular subtrahiert.

Diese Konstruktion hat folgende Vor- und Nachteile bzw. ambivalente Eigenschaften:

+ Die Verwendung einer indeterministischen Blockchiffre ist möglich.

+ Wird eine asymmetrische Blockchiffre verwendet, so ist die entstehende Stromchiffre ebenfalls asymmetrisch.

— Die Länge der verschlüsselbaren Einheiten ist durch die Blocklänge der verwendeten Blockchiffre bestimmt und kann deshalb nicht einfach auf die Einheiten des Übertragungs- oder Speichersystems abgestimmt werden. Deshalb müssen die Blockgrenzen für die Selbstsynchronisation ggf. gesondert kenntlich gemacht werden.

* Bei einer noch so kleinen Verfälschung einer einem Block entsprechenden Einheit des Schlüsseltextstromes sind alle Zeichen des Klartextes dieser Einheit mit der Wahrscheinlichkeit

$$\text{(Anzahl der Zeichen - 1) / Anzahl der Zeichen}$$

gestört. Zusätzlich ist die der Verfälschung entsprechende Stelle im nächsten Klartextblock gestört.

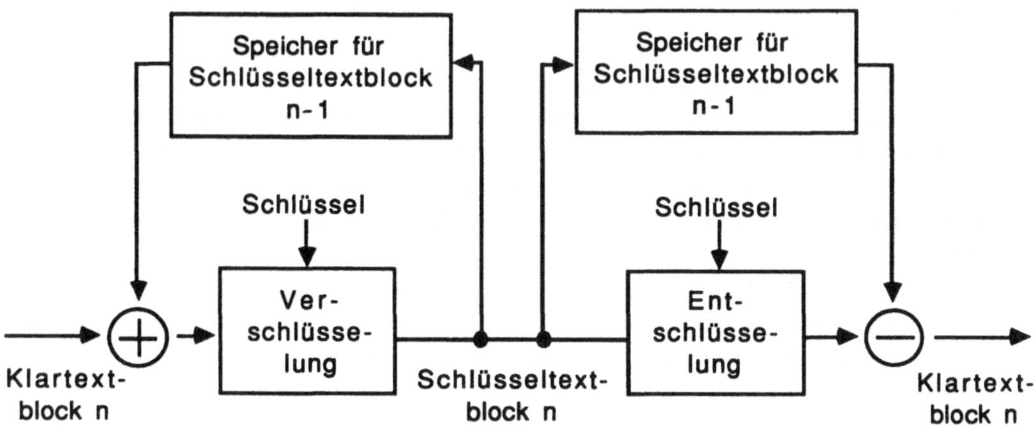

Bild 10: Konstruktion einer symmetrischen bzw. asymmetrischen selbstsynchronisierenden Stromchiffre aus einer symmetrischen bzw. asymmetrischen Blockchiffre: Blockchiffre mit Blockverkettung

Pathologisches Gegenbeispiel zu *Blockchiffre mit Blockverkettung*: Addition und Subtraktion erfolge modulo 2. Die Blockchiffre verschlüssele gerade Blöcke, d. h. letztes Bit 0, sicher auf ungerade Blöcke, d. h. letztes Bit 1, und ungerade Blöcke unsicher auf gerade Blöcke. Bei

Beschränkung des Klartextraumes auf gerade Blöcke, d. h. Betrachtung der Blockchiffre als um ein Bit expandierende Blockchiffre, handelt es sich also um eine sichere Blockchiffre.

Die resultierende Stromchiffre ist aber auch für den beschränkten Klartextraum unsicher: Da für das letzte Bit des Blockes gilt $0 \oplus 1 = 1$, Verschlüsselung ergibt 0, $0 \oplus 0 = 0$, Verschlüsselung ergibt 1, usw., ist jeder zweite Eingabeblock in die Blockchiffre ungerade. Der Angreifer kann diese Eingabeblöcke aus den geraden Schlüsseltextblöcken errechnen und durch Subtraktion der vorher beobachteten Schlüsseltextblöcke die zugehörigen Klartextblöcke errechnen. Die Stromchiffre ist also bezüglich jedem zweiten Klartextblock und damit insgesamt unsicher.

Schlüsseltextrückführung ist in Bild 11 gezeigt: Es wird nicht der Klartext, sondern der Inhalt eines Schieberegisters mit der Blockchiffre verschlüsselt und ein Teil des Ergebnisses vom Verschlüsseler zum Klartext modular addiert (wodurch der Schlüsseltext entsteht) und vom Entschlüsseler vom Schlüsseltext modular subtrahiert wird (wodurch wiederum der Klartext entsteht). In die beim Ver- und Entschlüsseler jeweils dieselben Werte enthaltenden Schieberegister wird jeweils der Schlüsseltext geschoben, also rückgeführt, weshalb diese Konstruktion *Schlüsseltextrückführung* genannt wird.

In Bild 11 ist der allgemeine Fall gezeigt, daß der Schlüsseltext nicht direkt in das Schieberegister übernommen, sondern einer Auswahl unterworfen oder gar um feste Werte ergänzt wird. Letzteres ist zwar in der Norm [DINISO8372_87] vorgesehen, erscheint mir aber bezüglich der kryptographischen Sicherheit nicht sinnvoll, da dadurch die Zahl möglicher Werte im Schieberegister verkleinert wird. Da die Funktion „Wähle aus oder ergänze" öffentlich festgelegt sein dürfte, kann ein Angreifer gleiche Werte in den Schieberegistern erkennen und durch Differenzbildung der Schlüsseltexte die Differenz zweier Klartexte erhalten.

Schlüsseltextrückführung hat gegenüber Blockchiffre mit Blockverkettung folgende Vor- und Nachteile bzw. ambivalente Eigenschaften:

+ Es können kleinere Einheiten als die durch die Blocklänge der verwendeten Blockchiffre bestimmten ver- und entschlüsselt werden. Wird die elementare Einheit des Übertragungs- oder Speichersystems als Verschlüsselungseinheit verwendet, so ist Selbstsynchronisation immer, insbesondere auch ohne Kenntlichmachen der „Blockgrenzen", gegeben.

− Die verwendete Blockchiffre muß deterministisch sein.

− Unabhängig davon, ob eine symmetrische oder asymmetrische Blockchiffre verwendet wird, entsteht eine symmetrische Stromchiffre, da die bei einer asymmetrischen Blockchiffre von der Verschlüsselungsfunktion verschiedene Entschlüsselungsfunktion bei der Konstruktion überhaupt nicht verwendet wird.

* Bei einer noch so kleinen Verfälschung einer Einheit des Schlüsseltextstromes sind alle Zeichen des Klartextes dieser und der folgenden

$$\lceil \text{Blocklänge / Länge der Rückkopplungseinheit} \rceil$$

Rückkopplungseinheiten gestört ($\lceil x \rceil$ bezeichnet die kleinste ganze Zahl z mit $z \geq x$). Die erste Einheit ist genau an der Störungsstelle gestört, bei letzteren sind alle Zeichen mit der Wahrscheinlichkeit

$$(\text{Anzahl der Zeichen - 1}) / \text{Anzahl der Zeichen}$$

gestört.

b   Blocklänge

a   Länge der Ausgabeeinheit, $a \leq b$

r   Länge der Rückkopplungseinheit, $r \leq b$

$\oplus$ Addition bezüglich passend gewähltem Modulus

$\ominus$ Subtraktion bezüglich passend gewähltem Modulus

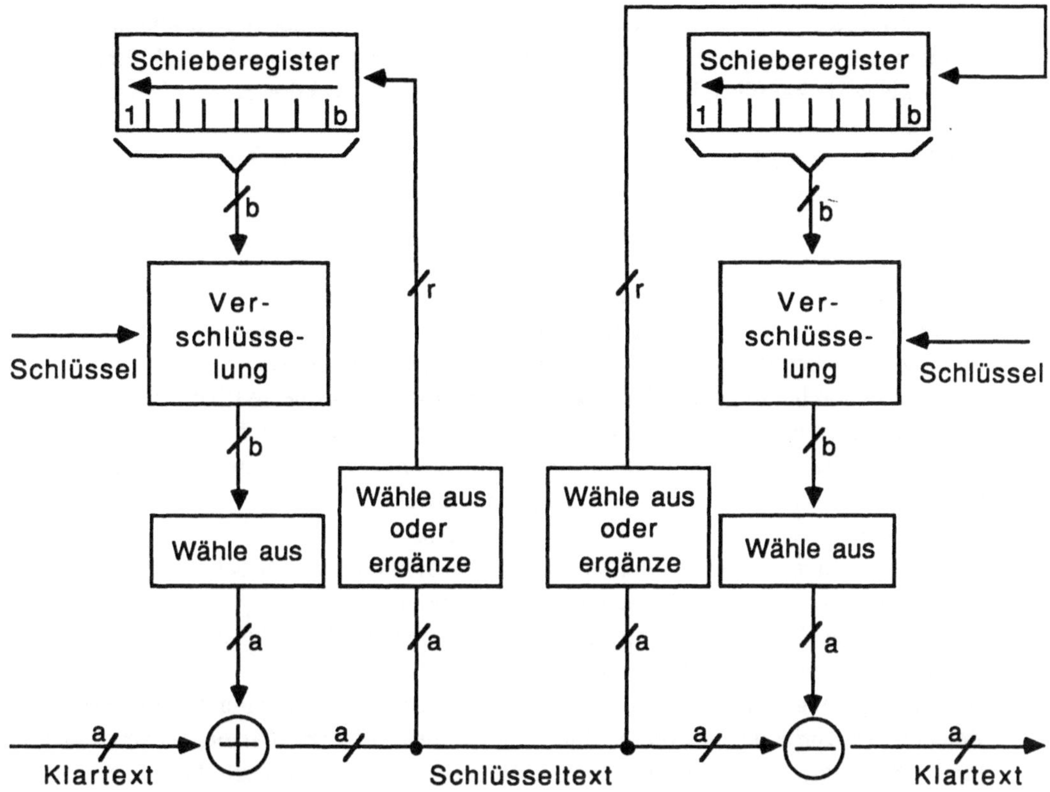

Bild 11: Konstruktion einer symmetrischen selbstsynchronisierenden Stromchiffre aus einer deterministischen Blockchiffre: Schlüsseltextrückführung

In den Bildern 10 und 11 sowie den folgenden Bildern 12, 13 und 14 sowie den zugehörigen Verfahrensbeschreibungen ist jeweils nur der übliche Fall dargestellt, daß die Blockchiffre Klartextblöcke in Schlüsseltextblöcke gleicher Länge abbildet. Ist dies nicht der Fall, d. h. sind die *Schlüsseltextblöcke länger*, so muß in Bild 10 jeweils – geschickterweise vor dem „Speicher für Schlüsseltextblock *n*-1" – eine Auswahl getroffen werden. Entsprechendes gilt für Bild 13. In den Bildern 11, 12 und 14 ist jeweils nur die vorhandene Auswahl zu modifizieren.

Ebenfalls nicht eingegangen wird darauf, daß der „Speicher für Schlüsseltextblock *n*-1" in den Bildern 10 und 13 geeignet *initialisiert* werden sollte und das Schieberegister in den Bildern 11, 12, und 14 geeignet initialisiert werden muß [MeMa_82, DaPr_84].

Aus jeder symmetrischen oder asymmetrischen deterministischen Blockchiffre kann mittels der Konstruktionen

- *Ergebnisrückführung* (output feedback, abgekürzt OFB [DaPr_84]) oder
- *Blockchiffre mit Blockverkettung über Schlüssel- und Klartext* (plaintext-ciphertext feedback, [EMMT_78 Seite 110, 111, MeMa_82 Seite 69])

eine *synchrone* Stromchiffre gewonnen werden.

Ergebnisrückführung ist in Bild 12 gezeigt: Im Gegensatz zur Schlüsseltextrückführung wird nicht der Schlüsseltext, sondern das Ergebnis (output) der Blockverschlüsselung in das Schieberegister rückgeführt. Entsprechend heißt diese Konstruktion *Ergebnisrückführung* (output feedback).

Wie in Bild 11 ist auch in Bild 12 der allgemeine Fall gezeigt, daß das Ergebnis der Blockverschlüsselung erst einer Auswahl unterworfen oder, kombiniert damit, um feste Werte ergänzt wird. Letzteres ist zwar möglich, erscheint aber bezüglich der kryptographischen Sicherheit nicht sinnvoll, da dadurch die Zahl möglicher Werte im Schieberegister und damit die Periode des Pseudozufallszahlengenerators verkleinert wird. Ist die Funktion „Wähle aus oder ergänze" wie in [DaPa_83] empfohlen und in [DINISO8372_87] vorgesehen die Identität, so kann statt einem Schieberegister ein normaler Speicher verwendet werden.

Diese Konstruktion hat folgende Vor- und Nachteile bzw. ambivalente Eigenschaften:

- + Die Länge der ver- und entschlüsselbaren Einheiten ist nicht durch die Blocklänge der verwendeten Blockchiffre bestimmt und kann deshalb einfach auf die Einheiten des Übertragungs- oder Speichersystems abgestimmt werden.
- − Die verwendete Blockchiffre muß deterministisch sein.
- − Unabhängig davon, ob eine symmetrische oder asymmetrische Blockchiffre verwendet wird, entsteht eine symmetrische Stromchiffre, da die bei einer asymmetrischen Blockchiffre von der Verschlüsselungsfunktion verschiedene Entschlüsselungsfunktion bei der Konstruktion überhaupt nicht verwendet wird.
- * Bei Verfälschung von Zeichen des Schlüsseltextstromes ist immer nur das entsprechende Zeichen des Klartextes gestört, es findet also keine *Fehlererweiterung* (error extension [DaPr_84]) statt. Je nach Anwendung kann dies günstig, z. B. bezüglich Konzelation, oder ungünstig, z. B. bezüglich Integrität, sein. Um einem falschen Eindruck vorzubeugen, sei an dieser Stelle noch an eine generelle Eigenschaft von synchronen Stromchiffren (und damit auch von Ergebnisrückführung) erinnert: Nur bei Verfälschung von Zeichen des Schlüsseltextstromes findet keine Fehlererweiterung statt. Bei verlorenen oder hinzugefügten Schlüsseltextstromzeichen sind bis zur Wiederherstellung der Synchronisation alle folgenden Klartextzeichen mit der Wahrscheinlichkeit

$$(\text{Anzahl der Zeichen} - 1) \, / \, \text{Anzahl der Zeichen}$$

gestört.

b   Blocklänge

a   Länge der Ausgabeeinheit, $a \leq b$

r   Länge der Rückkopplungseinheit, $r \leq b$

$\oplus$ Addition bezüglich passend gewähltem Modulus

$\ominus$ Subtraktion bezüglich passend gewähltem Modulus

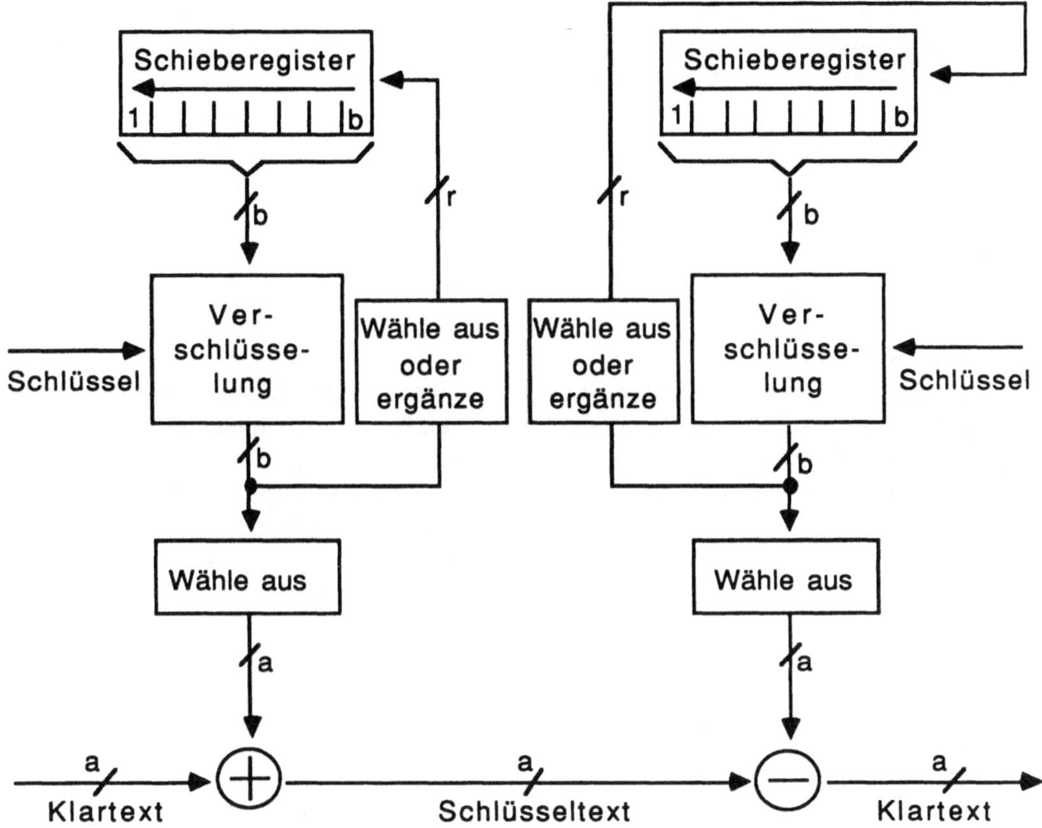

Bild 12: Konstruktion einer symmetrischen synchronen Stromchiffre aus einer deterministischen Blockchiffre: Ergebnisrückführung

Pathologisches Gegenbeispiel zu *Ergebnisrückführung*: Es finde keine Auswahl oder Ergänzung statt. Die Blockchiffre bilde Klartextblöcke in Schlüsseltextblöcke gleicher Länge ab und werde wie folgt definiert: Wähle einen K̲lartextblock K, dem noch kein Schlüsseltextblock zugeordnet ist, aus und ordne ihm als Verschlüsselung zufällig einen S̲chlüsseltextblock S zu, der bisher noch keinem Klartextblock zugeordnet wurde. Ordne S als Verschlüsselung K zu. Wiederhole beide Schritte, bis allen Klartextblöcken Schlüsseltextblöcke und allen Schlüsseltextblöcken Klartextblöcke zugeordnet sind. Diese Konstruktion erzeugt eine sichere Blockchiffre, da die Zuordnung Klartextblöcke – Schlüsseltextblöcke „zufällig" ist.

Die resultierende Stromchiffre ist aber unsicher, da zum Klartext abwechselnd immer dasselbe addiert wird.

Erfordert eine Anwendung, daß anders als bei Ergebnisrückführung auch ab einem verfälschten Schlüsseltextstromzeichen alle folgenden Klartextzeichen mit der oben angegebenen Wahrscheinlichkeit gestört sind, so kann man bei der Blockchiffre mit Blockverkettung (Bild 10) zusätzlich zum Schlüsseltext des vorherigen Blockes auch über dessen Klartext verketten (Bild 13) und erhält so eine **Blockchiffre mit Blockverkettung über Schlüssel- und Klartext**. Es ist bemerkenswert, daß zur Entschlüsselung eine Invertierung der Funktion h, die den vorherigen Schlüssel- und Klartextblock verknüpft, nicht nötig ist. Damit diese Konstruktion aus einer sicheren symmetrischen oder asymmetrischen Blockchiffre eine sichere symmetrische oder asymmetrische *synchrone* Stromchiffre gewinnt, muß die Funktion h in Abhängigkeit vom für die Addition bzw. Subtraktion gewählten Modulus geeignet gewählt werden, vgl. [MeMa_82].

Diese Konstruktion hat folgende Vor- und Nachteile bzw. ambivalente Eigenschaften:

+ Die Verwendung einer indeterministischen Blockchiffre ist möglich.

+ Wird eine asymmetrische Blockchiffre verwendet, so ist die entstehende Stromchiffre ebenfalls asymmetrisch.

− Die Länge der verschlüsselbaren Einheiten ist durch die Blocklänge der verwendeten Blockchiffre bestimmt und kann deshalb nicht einfach auf die Einheiten des Übertragungs- oder Speichersystems abgestimmt werden.

* Bei einer noch so kleinen Verfälschung einer einem Block entsprechenden Einheit des Schlüsseltextstromes sind ab diesem Block einschließlich alle Zeichen mit der Wahrscheinlichkeit

(Anzahl der Zeichen - 1) / Anzahl der Zeichen

gestört.

Alle Linien führen der Blocklänge entsprechend viele Alphabetzeichen
$\oplus$ Addition bezüglich passend gewähltem Modulus, z. B. 2
$\ominus$ Subtraktion bezüglich passend gewähltem Modulus, z. B. 2
∇h beliebige Funktion, z. B. Addition mod $2^{\text{Blocklänge}}$

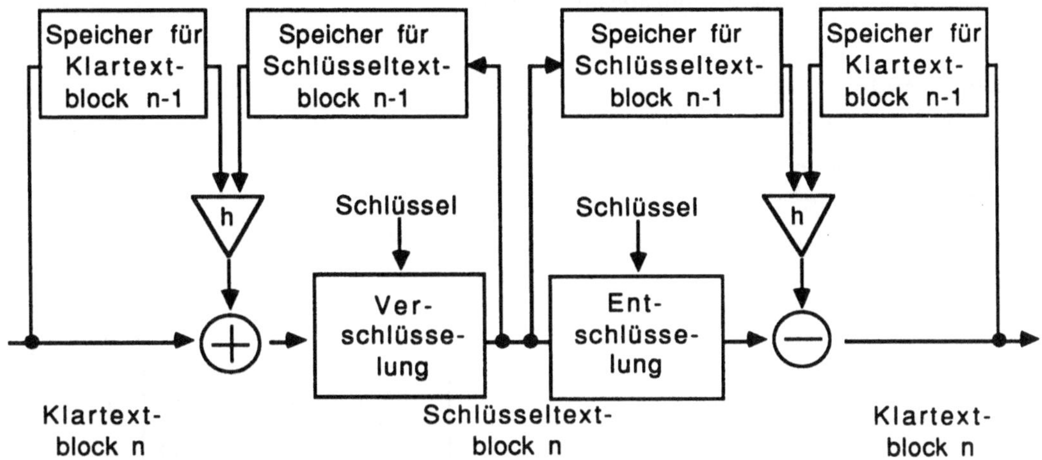

Bild 13: Konstruktion einer symmetrischen bzw. asymmetrischen synchronen Stromchiffre aus einer symmetrischen bzw. asymmetrischen Blockchiffre: Blockchiffre mit Blockverkettung über Schlüssel- und Klartext

Vergleicht man „Blockchiffre mit Blockverkettung" mit „Blockchiffre mit Blockverkettung über Schlüssel- und Klartext" so fällt zweierlei auf:
- Die Konstruktionen sind sehr ähnlich – beide verwenden Ver- *und* Entschlüsselung der Blockchiffre und operieren invertierbar auf dem „Klartext". Genauer gesagt umfaßt die letztere Konstruktion die erstere (man wähle die Funktion h so, daß sie den eingegebenen Schlüsseltextblock ausgibt und den Klartextblock ignoriert).
- Aus dieser Ähnlichkeit resultieren gleiche Vor- und Nachteile. Die ambivalente Eigenschaft der Fehlererweiterung unterscheidet sich darin, ob sie begrenzt (selbstsynchronisierende Stromchiffre) oder potentiell unbegrenzt ist (synchrone Stromchiffre). Die Fehlererweiterung kann dadurch potentiell unbegrenzt sein, daß die Funktion h den vorherigen Klartextblock verwenden kann, der wiederum von allen vorherigen Schlüsseltextblöcken abhängen kann.

Entsprechendes gilt für „Schlüsseltextrückführung" und „Ergebnisrückführung":
- Die Konstruktionen sind sehr ähnlich – beide verwenden nur die Verschlüsselung der Blockchiffre zur Erzeugung eines pseudozufälligen Zeichenstromes mit dem durch modulare Addition verschlüsselt und durch modulare Subtraktion entschlüsselt wird. In Bild 14 ist eine allgemeine Konstruktion angegeben, die durch geeignete Wahl der Funktion h „Schlüsseltextrückführung" und „Ergebnisrückführung" umfaßt. Wie in Bild 13 ist für die Entschlüsselung eine Invertierung der Funktion h nicht nötig.

- Aus dieser Ähnlichkeit resultieren gleiche Vor- und Nachteile. Die ambivalente Eigenschaft der Fehlererweiterung unterscheidet sich darin, ob sie begrenzt (selbstsynchronisierende Stromchiffre) oder potentiell unbegrenzt ist (synchrone Stromchiffre). Die Fehlererweiterung kann dadurch potentiell unbegrenzt sein, daß die Funktion h das Ergebnis der Blockverschlüsselung verwenden kann, das wiederum vom gesamten vorherigen Schlüsseltextstrom abhängen kann.

b   Blocklänge

a   Länge der Ausgabeeinheit, $a \le b$

r   Länge der Rückkopplungseinheit, $r \le b$

$\oplus$ Addition bezüglich passend gewähltem Modulus

$\ominus$ Subtraktion bezüglich passend gewähltem Modulus

 beliebige Funktion

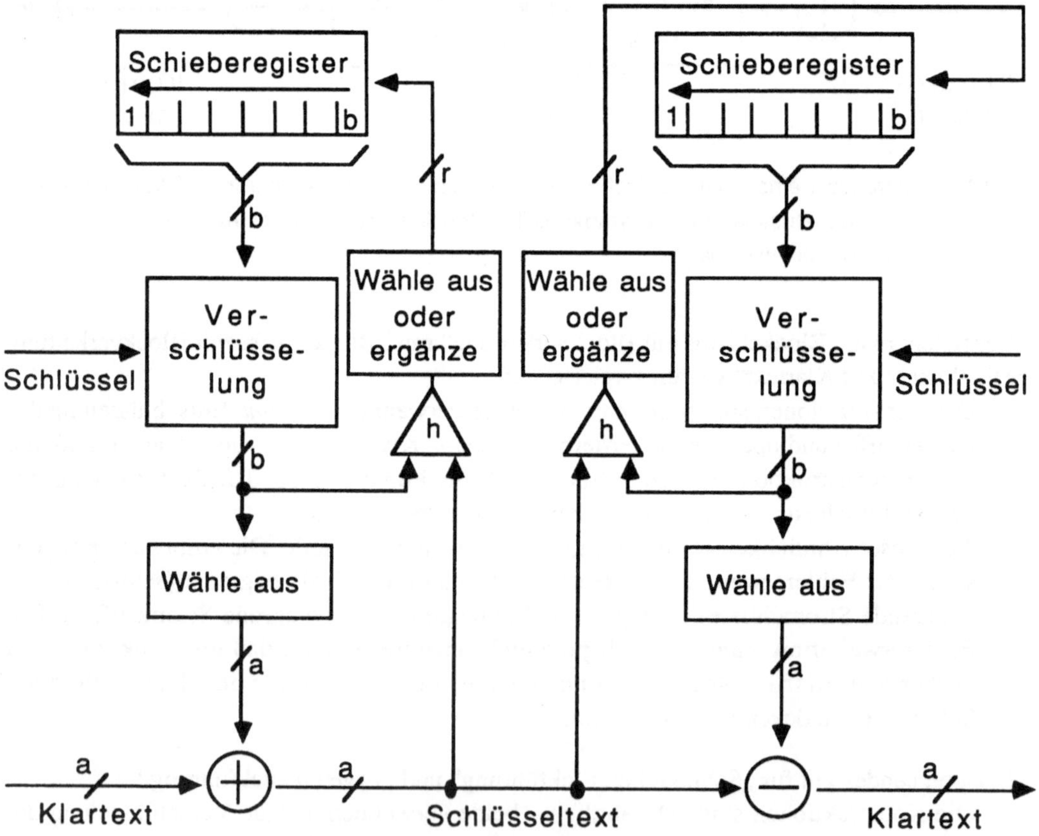

Bild 14: Konstruktion einer symmetrischen Stromchiffre aus einer deterministischen Blockchiffre: Schlüsseltext- und Ergebnisrückführung

2.2.2.2 Sicherheit: informationstheoretisch, komplexitätstheoretisch

Zu Beginn von Abschnitt 2.2.1 wurde eine sehr vorsichtige Formulierung gebraucht: „Verschlüsselung ... soll garantieren, daß der Inhalt einer gesendeten Nachricht nur den Besitzern eines bestimmten Schlüssels zugänglich ist bzw. ohne Kenntnis des Schlüssels nicht unerkennbar verändert werden kann." Hier wird der Frage nachgegangen, ob, wie und wieweit heute diese Eigenschaften *bewiesen*, *beweisbar* oder zumindest *validierbar* sind.

Die Sicherheit eines Kryptosystems kann in zwei Modellwelten untersucht und ggf. bewiesen werden.

Die eine, **informationstheoretische Modellwelt** wurde von Claude Shannon in seinen fundamentalen Arbeiten [Shan_48, Shan_49, Sha1_49] weitgehend vollständig geschaffen, Erweiterungen sind in [Hell_77, BeB2_88] zu finden. In ihr wird dem Angreifer unbegrenzte Rechenkapazität zugebilligt, so daß er alle durch seine Beobachtungen theoretisch gewonnene Information auch praktisch zur Verfügung hat. Durch Abstraktion von der praktischen Durchführbarkeit von Berechnungen ist die informationstheoretische Modellwelt vergleichsweise einfach, elegant und leicht anwendbar. Auch hat sie die Eigenschaft, daß in ihr gewonnene Aussagen immer auf der sicheren Seite liegen: ein Angreifer kann (bei genügend genauer Modellierung auch in der Realität) praktisch höchstens das wissen, was er in ihr wissen kann. Neben diesen Vorteilen hat die informationstheoretische Modellwelt aber auch einen für praktische Zwecke gravierenden Nachteil: In ihr ist bei weitem nicht alles möglich und deshalb erst recht nicht beweisbar, was von den Anwendungen her erforderlich, geschweige denn wünschenswert ist. Da jeder Angreifer alle möglichen Dechiffrier- bzw. Signierschlüssel in der informationstheoretischen Modellwelt durchprobieren und wegen der Kenntnis des Chiffrier- bzw. Testschlüssels einen geeigneten auswählen könnte, gibt es in ihr prinzipiell keine asymmetrischen Kryptosysteme und damit prinzipiell keine Möglichkeit, Authentifikation auf kryptographischem Wege zu erreichen. Es bliebe nur die Möglichkeit, gegen ihre Besitzer sichere Geräte, die Schlüssel eines symmetrischen Kryptosystems gemeinsam haben, so zu bauen, daß mit einem bestimmten Schlüssel jeweils nur eines verschlüsselt, d. h. „unterschreibt", während alle anderen mit diesem Schlüssel nur entschlüsseln, d. h. die „Unterschrift" prüfen. Die in Abschnitt 2.1.2 gemachten Bemerkungen über die Schwierigkeit einer Sicherheitsvalidierung solcher auf Manipulationsversuche reagierenden und unerwünschte elektromagnetische oder mechanische Abstrahlung unter die Sensitivität professioneller Empfangsgeräte dämpfenden „gegen ihre Besitzer sicheren Geräten" sowie ihren Preis gelten auch hier.

Die andere, **komplexitätstheoretische Modellwelt** ist im Aufbau befindlich und es ist ungewiß, ob und ggf. wann ihre Entwicklung soweit abgeschlossen sein wird, daß (fast) alle praktisch relevanten Fragen in ihr ohne unbewiesene Annahmen behandelt werden können. In der komplexitätstheoretischen Modellwelt wird dem Angreifer nur begrenzte Rechenkapazität zugebilligt, wobei diese Begrenzung je nach mehr theoretischer oder mehr praktischer Ausprägung des Modells als nur polynomial viel in der Länge eines Sicherheitsparameters, z. B. der Schlüssellänge, [Yao1_82, GoMi_84] oder als sogar absolut beschränkt, z. B. durch die physischen Ressourcen des Universums oder der Erde [DiHe_79 Seite 399, DaPr_84 Seite 42], angenommen wird.

Innerhalb der informationstheoretischen Modellwelt wurde bewiesen, daß Verschlüsselung mit speziellen symmetrischen Kryptosystemen sowohl Konzelation [Sha1_49] als auch Integrität [Simm_85, Simm_86, Simm_88, Stin_88] garantiert.

Garantierte Konzelation bedeutet, daß ein Angreifer, der den Klartext zumindest nicht vollständig kennt, aber den zugehörigen Schlüsseltext vollständig erhält sowie den verwendeten geheimen Schlüssel nicht kennt, den zugehörigen Klartext zumindest nicht eindeutig bestimmen kann (*informationstheoretische Konzelation*, im Englischen als ideal secrecy [Sha1_49 Seite 699] bezeichnet) oder aber durch das Erfahren des Schlüsseltextes überhaupt keine Information über den Klartext erhält (*perfekte informationstheoretische Konzelation*, im Englischen als perfect secrecy [Sha1_49 Seite 679] bezeichnet). Ersteres bedeutet, daß auch nach der mit unbegrenzter Rechenkapazität durchgeführten Kryptoanalyse aus der Sicht des Angreifers immer mehrere mögliche Klartexte übrigbleiben. Letzteres bedeutet, daß aus der Sicht des Angreifers für alle Klartexte die a-priori-Wahrscheinlichkeiten, daß sie gesendet werden, gleich den a-posteriori-Wahrscheinlichkeiten, daß sie gesendet wurden, sind. Sofern der Angreifer den Klartext vor Erhalt des Schlüsseltextes nicht vollständig kennt, schließt letzteres ersteres natürlich ein.

Garantierte Integrität bedeutet, daß ein Angreifer, der den Klartext und Schlüsseltext vollständig aber den zur Sicherung der Integrität verwendeten geheimen Schlüssel nicht kennt, zumindest keine mit Sicherheit funktionierende Möglichkeit und im günstigsten Fall keine bessere Möglichkeit als zufälliges Raten zum Erzeugen eines anderen zulässigen Schlüsseltextes (zu dem dann wiederum ein anderer, dem Angreifer möglicherweise unbekannter Klartext gehört) hat. Ersteres sei mit *informationtheoretischer Integrität*, letzteres mit *perfekter informationstheoretischer Integrität* bezeichnet. Im Gegensatz zur Konzelation hat der Angreifer bezüglich Integrität also immer eine Erfolgschance. Sie ist allerdings bei perfekter informationstheoretischer Integrität in der Länge eines Sicherheitsparameters, z. B. der Schlüssellänge, exponentiell klein.

Das Erreichen von informationstheoretischer Konzelation bzw. perfekter informationstheoretischer Konzelation erfordert, daß der rein zufällige Informationsgehalt des Schlüssels (in der Fachsprache: seine Entropie) echt größer als die Redundanz des Klartextes bzw. mindestens so groß wie seine gesamte Länge ist. Insbesondere letzteres erfordert sehr lange Schlüssel, die rein zufällig generiert und in Konzelation und Integrität garantierender Weise verteilt werden müssen, was einen sehr hohen Aufwand bedingt. Obwohl die eigentliche Ver- bzw. Entschlüsselung dann denkbar einfach, nämlich durch zeichenweise Addition von Klartext und Schlüssel bzw. zeichenweise Subtraktion des Schlüssels vom Schlüsseltext (beides modulo Alphabetgröße) erfolgen kann (bei binären Zeichen in beiden Fällen sogar dieselbe Operation, nämlich XOR), ist der Einsatz dieser nach ihrem Erfinder Gilbert Vernam benannten **Vernam-Chiffre** (im Englischen auch one time pad [Denn_82 Seite 86] und auf Neudeutsch One-Time-Tapes [HeKW_85 Seite 15] genannt) nur in äußerst sensitiven Bereichen möglich. Nach der Klassifikation von Abschnitt 2.2.2.1 ist die Vernam-Chiffre eine synchrone Stromchiffre, was neben dem Aufwand zum Schlüsselgenerieren und -austauschen auch noch Aufwand zum Erhalt bzw. der Wiederherstellung der Synchronisation verursacht, vgl. die Bemerkungen zur die Vernam-Chiffre nachbildenden Konstruktion Ergebnisrückführung in Abschnitt 2.2.2.1.

Das Erreichen von informationstheoretischer Integrität bzw. perfekter informationstheoretischer Integrität erfordert, daß der rein zufällige Informationsgehalt des Schlüssels (in der

Fachsprache: seine Entropie) proportional zum Logarithmus des Kehrwertes der zulässigen Erfolgswahrscheinlichkeit des Angreifers sowie (was schlimmer ist) proportional zur Anzahl der Blöcke, deren Integrität gewährleistet werden soll, ist.

Innerhalb der komplexitätstheoretischen Modellwelt konnten bisher lediglich Beweise der folgenden Struktur erbracht werden: Unter der Annahme, daß ein bestimmtes wohluntersuchtes Problem schwierig ist, wird bewiesen, daß ein Kryptosystem genauso schwierig zu brechen ist. Hierbei werden vorzugsweise in der Mathematik seit langem gründlich untersuchte, aber bisher nicht effizient lösbare „Probleme", z. B. Faktorisieren von Zahlen mit großen Primfaktoren oder Ziehen diskreter Logarithmen, als Beweisannahme verwendet. „Schwierig" bedeutet dann, daß kein indeterministischer Lösungsalgorithmus mit genügend kurzer (meist: in der Länge des Sicherheitsparameters, z. B. der Schlüssellänge, polynomialer) Laufzeit bekannt ist. „Brechen" bedeutet dann, daß der Angreifer mit einem indeterministischem Algorithmus mit kurzer (meist: mit in der Länge des Sicherheitsparameters polynomialer) Laufzeit irgendwelche Information über Klartext oder Schlüssel gewinnen bzw. (mit größerer als exponentiell kleiner Erfolgschance) Schlüssel- oder Klartext unerkannt verändern kann. Es werden damit Analoga zu perfekter informationstheoretischer Konzelation bzw. Integrität gebildet, die entsprechend *perfekte komplexitätstheoretische Konzelation* bzw. *perfekte komplexitätstheoretische Integrität* genannt werden. „Beweisen" bedeutet dann, daß jedes Brechen des Kryptosystems (meist: mit einem indeterministischen Algorithmus mit in der Länge des Sicherheitsparameters polynomialer Laufzeit) zugleich einen effizienten (meist: polynomialen) indeterministischen Lösungsalgorithmus für das gemäß Annahme schwierige (meist: indeterministisch nicht polynomial lösbare) Problem liefert. Hier merkt man, daß die meistens verwendete Definition von „schwierig = indeterministisch nicht polynomial" vor allem beweistechnische Ursachen hat: wird ein Polynom in ein anderes eingesetzt, so entsteht wieder ein Polynom. Für praktische Zwecke wäre es jedoch vollkommen ausreichend, wenn bei gegebenem Sicherheitsparameter s und zum Ver- und Entschlüsseln zu leistendem A̲ufwand $a(s)$ ein Angreifer mindestens den Aufwand $(a(s))^x$ zu treiben hätte und x hierbei beispielsweise den Wert 5 besäße.

Es sei angemerkt, daß mit Hilfe von *kryptographisch starken Pseudozufallsbitfolgengeneratoren* (cryptographically strong pseudorandom bit generators [BlMi_84]) aus jedem perfekte informationstheoretische Konzelation bzw. Integrität garantierendem symmetrischen Kryptosystem ein perfekte komplexitätstheoretische Konzelation bzw. Integrität garantierendes hergeleitet werden kann, das statt der langen (da proportional zur Nachrichtenlänge bzw. -anzahl wachsenden) echt zufällig erzeugten Schlüssel nur kurze (da nur proportional zur Länge des Sicherheitsparameters) echt zufällige Schlüssel benötigt. Aus diesen echt zufälligen kurzen Schlüsseln, Startwert (seed) genannt, erzeugt ein Pseudozufallsbitfolgengenerator eine (in der Länge des Startwertes überpolynomial) lange Pseudozufallsbitfolge. Er heißt kryptographisch stark, wenn ein Angreifer, der den Pseudozufallsbitfolgengenerator und ein beliebiges (in der Länge des Startwertes) polynomial langes Stück der Pseudozufallsbitfolge, nicht aber den Startwert kennt und (in der Länge des Startwertes) polynomial viel rechnen darf, durch all seine Kenntnisse und Rechnerei keinen signifikanten Vorteil gegenüber blindem Raten erhält. Genauer heißt dies, daß er das nächste Bit der Pseudozufallsbitfolge mit keiner Wahrscheinlichkeit signifikant größer als 0,5 vorhersagen kann. Ganz genau heißt dies, daß die Wahrscheinlichkeit einer richtigen Vorhersage des Angreifers für alle Polynome P ab genügender Länge des Startwertes kleiner als   0,5 + 1 / P(Länge des Startwertes)   ist. [BlMi_84] enthält neben der originären Definition kryptographisch starker Pseudozufallsbitfolgengeneratoren einen, dessen kryptographische Stärke als äquivalent zum Ziehen diskreter Logarithmen bewiesen wird. Die Stärke eines effizienteren wird in [VaVa_85] als äquivalent zur Faktorisierung bewiesen.

Neben diesen im obigen Sinne bewiesenen perfekten komplexitätstheoretischen Simulationen perfekter informationstheoretischer (symmetrischer) Kryptosysteme gibt es auch entsprechend bewiesene, in der informationstheoretischen Modellwelt prinzipiell nicht existierende Blockchiffren und asymmetrische Kryptosysteme, wenn die gerade gegebene, sehr starke Definition von „brechen" soweit abgeschwächt wird, wie dies zwangsläufig nötig ist.

Eine deterministische Blockchiffre hat schon per definitionem die in Abschnitt 2.2.2.1 erwähnte Eigenschaft, gleiche Klartextblöcke solange auf gleiche Schlüsseltextblöcke abzubilden, solange der Schlüssel beibehalten wird. Sie kann also nur durch geeignete Verwendung (siehe Abschnitt 2.2.2.1 und auch am Ende dieses Abschnitts) jede Information vor einem Angreifer verbergen, d. h. perfekte Konzelation gewährleisten. Tut sie dies, so heiße sie *perfekte komplexitätstheoretische deterministische Blockchiffre*.

Ähnlich, wie auch bei perfekter informationstheoretischer Integrität nicht (in Analogie zu perfekter informationstheoretischer Konzelation) gefordert werden kann, daß der Angreifer keine Erfolgschance hat, so kann dies auch bei asymmetrischen Kryptosystemen nicht gefordert werden: bei einem asymmetrischen Konzelationssystem kann der Angreifer immer eine Nachricht raten (und bei indeterministischen Kryptosystemen immer auch den bei der Verschlüsselung zusätzlich verwendeten zufälligen Parameter, vgl. Abschnitt 2.2.2.1) und die Richtigkeit mit dem öffentlich bekannten Chiffrierschlüssel überprüfen. Bei beiden möglichen Ergebnissen der Überprüfung erhält er Information, bei richtigem Raten (üblicherweise) viel, bei falschem (meist erheblich) weniger. Das Raten einer Nachricht mag aber bei weitem leichter (wahrscheinlicher) sein als das eines zufälligen Parameters eines indeterministischen Kryptosystems. Ein asymmetrisches Konzelationssystem, bei dem der Angreifer bei beliebiger Wahrscheinlichkeitsverteilung der Nachrichten nur eine in der Länge eines zufälligen, die Verschlüsselung beeinflussenden Parameters höchstens exponentiell kleine Chance hat, die Nachricht und den zufälligen Parameter richtig zu raten, er also durch sein Probieren fast keine (genauer: exponentiell wenig) Information erhält, heiße *perfektes komplexitätstheoretisches asymmetrisches Konzelationssystem*.

Entsprechend der Situation bei einem asymmetrischen Konzelationssystem kann ein Angreifer bei einem Signatursystem die Unterschrift raten und die Richtigkeit mit dem öffentlich bekannten Schlüssel zum Testen überprüfen. Das Signatursystem heiße *perfektes komplexitätstheoretisches Signatursystem*, wenn es für den Angreifer keine bessere Strategie als zufälliges Durchprobieren aller möglichen Unterschriften gibt, er also, solange er nur polynomial viel probieren kann, fast keine (genauer: nur eine exponentiell kleine) Erfolgschance hat.

In [GoGM_84, LuRa_86, LuR1_86] werden perfekte komplexitätstheoretische symmetrische deterministische Blockchiffren, in [Will_85, Wil1_85] (nur gegen passive Angriffe sichere) asymmetrische Kryptosysteme, in [BlGo_85] (nur gegen passive Angriffe sichere) perfekte komplexitätstheoretische asymmetrische Konzelationssysteme und in [GoMR_84, GoMR_88] ein (sogar gegen den stärksten bei sinnvoller Systemgestaltung möglichen, nämlich einen Angriff mit vom Angreifer adaptiv gewählten zu unterschreibenden Nachrichten sicheres) perfektes komplexitätstheoretisches Signatursystem beschrieben und jeweils die Äquivalenz ihrer Sicherheit im oben definierten Sinne zur Faktorisierung bewiesen (bzw. in den Kurzfassungen nur behauptet).

In [BlFM_88] ist ein selbst gegen adaptive aktive Angriffe (adaptive chosen ciphertext attack) beweisbar sicheres asymmetrisches Konzelationssystem angekündigt. Es soll auf einer nicht-interaktiven Zero-Knowledge Beweistechnik basieren. Da ich trotz Anfrage bisher von den Autoren keine genauere Information erhalten habe, mir dafür aber von anderer Seite gesagt wurde, daß es mit dieser nicht-interaktiven Zero-Knowledge Beweistechnik ernsthafte Schwierigkeiten gäbe, bleibt zur Zeit nur der Rückgriff auf *mehrschrittige* Verfahren zur Realisierung eines gegen adaptive aktive Angriffe beweisbar sicheren asymmetrischen Konzelationssystems [GoMT_82, Bött_89, PfPf_89]. Bei diesen mehrschrittigen Verfahren kann nicht anhand eines öffentlich bekannten Schlüssels des Empfängers eine Nachricht für ihn in einem Schritt verschlüsselt und ihm zugeschickt werden. Es muß zuerst zwischen Sender und Empfänger ein Dialog geführt werden, in dem zwischen Sender und Empfänger ein geheimer Schlüssel ausgetauscht wird.

Aus dieser Begriffsbildung folgt direkt:

Alle innerhalb der informationstheoretischen Modellwelt (perfekte) informationstheoretische Konzelation bzw. Integrität bewiesenermaßen garantierenden Kryptosysteme garantieren selbstverständlich auch innerhalb jeder entsprechenden komplexitätstheoretischen Modellwelt (perfekte) komplexitätstheoretische Konzelation bzw. Integrität.

Aus jedem innerhalb irgendeiner Modellwelt sicheren asymmetrischen Konzelationsystem kann natürlich ein in derselben Modellwelt sicheres symmetrisches gewonnen werden, indem die das Schlüsselpaar generierende Partei der anderen nicht nur den Chiffrierschlüssel, sondern auch den Dechiffrierschlüssel oder allgemeiner die die Schlüsselgenerierung parametrisierende Zufallszahl mitteilt.

Es sei noch darauf hingewiesen, daß es Kryptosysteme gibt, die in keiner der beiden Modellwelten als sicher bewiesen sind, aber dennoch von praktisch allen Experten für sicher gehalten werden. Bekannte Beispiele sind

- die in Abschnitt 2.2.1.1 bereits kurz erwähnte symmetrische deterministische Blockchiffre <u>D</u>ata <u>E</u>ncryption <u>S</u>tandard (DES), der von der amerikanischen Normungsbehörde für den öffentlichen Bereich (NBS = <u>N</u>ational <u>B</u>ureau of <u>S</u>tandards) 1977 genormt wurde [DES_77]. DES bildet Blöcke von 64 Bit auf Blöcke von ebenfalls 64 Bit ab, d. h. er führt eine *Permutation* durch. Wegen seiner kurzen Schlüssellänge von 56 Bits und der Geheimhaltung der Entwurfskriterien seiner Permutations- und Substitutionsboxen ist er sehr umstritten, er hat aber allen bekanntgegebenen Versuchen, ihn wesentlich effizienter als durch vollständiges Durchprobieren aller Schlüssel zu brechen, widerstanden [KaRS_86, KaR1_86, KaRS_88, ChEv_86]. Die Sicherheit von DES beruht nicht auf der Schwierigkeit klassischer mathematischer Probleme, sondern auf dem von Claude Shannon empfohlenen organisierten Chaos der iterativen Anwendung von einzeln relativ leicht umkehrbaren schlüsselabhängigen Elementartransformationen des zu verschlüsselnden Blocks.

  Es sei angemerkt, daß sich mit demselben Prinzip wie DES viele weitere symmetrische Blockchiffren, die ebenfalls eine Permutation durchführen und deren Sicherheit

mindestens so groß wie die von DES ist, bilden lassen (z. B. LUCIFER-artige, vgl. [FeNS_75, HeKW_85]), indem die Blocklänge (vgl. [Goel_86 Seite 25]) und vor allem die Schlüssellänge erhöht und die Permutations- und Substitutionsboxen variabel gehalten (etwa als Teil des Schlüssels), durch ein öffentlich durchgeführtes Zufallsexperiment bestimmt (nur bei vorher spezifizierten statistischen Anomalien muß das Zufallsexperiment wiederholt werden) oder aber zumindest ihre Entwurfskriterien offengelegt werden. Es gibt zwei Gründe, warum die Erhöhung der Schlüssellänge weit wichtiger als eine Erhöhung der Blocklänge ist: es gibt $(2^{Blocklänge})!$ mögliche Permutationen, aber „nur" $2^{Schlüssellänge}$ mögliche Schlüssel; mit den am Ende von Abschnitt 2.2.2.1 beschriebenen Techniken kann eine kleine reale Blocklänge effizient in eine große virtuelle transformiert werden, während das Transformieren einer großen realen Blocklänge in eine kleine virtuelle mit erheblichen Effizienzeinbußen verbunden ist [Hell_82].
Im Anhang werden einige sinnvolle Verallgemeinerungen von DES diskutiert.

- das in Abschnitt 2.2.1.2 bereits erwähnte erste veröffentlichte asymmetrische deterministische Kryptosystem RSA. Es wird zwar allgemein vermutet, daß schlüsselbezogenes Brechen von RSA so schwer wie Faktorisierung ist. Da andererseits RSA aber schlüsselbezogen gebrochen ist, wenn Faktorisierung nicht schwierig ist, und auch ein nachrichtenbezogenes (oder auch nur wenig Information über einzelne Klartexte ergebendes, sogenanntes partielles [GoMi_84, BlGo_85]) Brechen möglich ist, ist RSA bezüglich passiver Angriffe unsicherer als alle in der komplexitätstheoretischen Modellwelt unter der Annahme, daß Faktorisierung schwierig ist, bewiesenen Kryptosysteme (vgl. Abschnitt 2.2.1.2). Da diese inzwischen bezüglich des Ver- und Entschlüsselungsaufwands genauso effizient bzw. aufwendig wie RSA und bezüglich des Übertragungsaufwands nur wenig schlechter sind, gibt es eigentlich keinen Grund, RSA weiterhin als normales asymmetrisches Kryptosystem dort zu verwenden, wo nur passive Angriffe möglich sind (genauer: wo auf aktive Angriffe keine Reaktion erfolgt). Es sei daran erinnert, daß die bisher bewiesenen asymmetrischen Konzelationssysteme bei aktiven Angriffen schlüsselbezogen gebrochen werden können. Speziellere Eigenschaften von RSA, die ganz neue Anwendungen von Verschlüsselung ermöglichen und die mit anderen Kryptosystemen bisher nur teilweise oder unter erheblichem Mehraufwand nachgebildet werden können, werden in Kapitel 8 beschrieben.

Zu guter Letzt sei noch erwähnt, daß es selbstverständlich auch Kryptosysteme gibt, die nur von manchen Experten, nämlich ihren Erfindern und Vermarktern, für sicher gehalten werden, von großen Gruppen von Experten jedoch unter „zweifelhafte Sicherheit" eingestuft werden, da nah verwandte Systeme in den letzten Jahren gebrochen wurden. Beispiele solcher Kryptosysteme sind alle Varianten von auf rückgekoppelten Schieberegistern basierenden (Strom-)Chiffren [Plum_82, Sieg_84, Sieg_85, Sieg_86, Sie1_86, Rue1_86, Rue2_86, MeSt_88] sowie alle auf dem Rucksackproblem (knapsack problem) basierenden asymmetrischen Kryptosysteme [Sham_84, Bric_85].

Leider gibt es zur Zeit also weder praktikable symmetrische noch irgendwelche asymmetrischen Kryptosysteme, deren Sicherheit ganz ohne unbewiesene Annahmen über den Lösungsaufwand von Problemen bewiesen werden kann.

2.2.2.3 Realisierungsaufwand bzw. Verschlüsselungsleistung

Während im vorherigen Abschnitt Kryptosysteme unter dem Aspekt Sicherheit behandelt und lediglich hin und wieder eine Bemerkung über den Aufwand ihrer Realisierung gemacht wurde, wird dieser Aspekt nun vertieft, indem für die erwähnten Klassen von Kryptosystemen in gleicher Reihenfolge der Aufwand ihrer Realisierung bzw. ihre Verschlüsselungsleistung diskutiert wird.

Bei informationstheoretisch sicheren (und damit zwangsläufig symmetrischen) Kryptosystemen ist die eigentliche Ver- und Entschlüsselung sehr einfach und schnell durchführbar, da z. B. für die perfekte informationstheoretische Konzelation garantierende Vernam-Chiffre – wie erwähnt – lediglich Klartext und Schlüssel addiert werden müssen, um den Schlüsseltext zu erhalten, und lediglich der Schlüssel vom Schlüsseltext subtrahiert werden muß, um wieder den Klartext zu erhalten. Werden Addition und Subtraktion modulo 2 durchgeführt, was für eine Implementierung günstig ist, so sind sie zudem gleich, nämlich die Operation XOR. Sie kann mit wenigen Gattern in Hardware oder mit wenigen Befehlen in Software implementiert werden, wobei im ersteren Fall zur Zeit Verschlüsselungsraten von etlichen Gbit/s, im zweiten Fall bei Implementierung auf handelsüblichen und durchschnittlich leistungsfähigen PCs von etlichen Mbit/s erreichbar wären, gäbe es nicht das Problem, auch den Schlüssel in gleicher Geschwindigkeit zuzuführen. Da er früher rein zufällig erzeugt und in Integrität und Konzelation garantierender Weise ausgetauscht worden sein muß, befindet er sich zum Zeitpunkt der Ver- und Entschlüsselung auf einem Speicher, dessen (Zugriffs-)Bandbreite und Kapazität zum begrenzenden Faktor wird. Zur Verdeutlichung sei angeführt, daß der im Frühjahr 1987 vorgestellte Apple Macintosh II, ein PC der gehobenen Leistungsklasse, eine Transferrate zwischen Rechner und eingebauter 40 Mbyte SCSI-Festplatte von etwas mehr als 1 Mbyte/s ermöglicht [IEEE_87].

Offen wäre natürlich noch, wie der Schlüssel in Integrität und Konzelation garantierender Weise auf die Festplatte kommt – über das Kommunikationsnetz, dessen Kommunikation durch ihn geschützt werden soll, jedenfalls nicht. So bietet es sich an, kurz die Speicherkapazitäten wechselbarer Massenspeicher zur Kenntnis zu nehmen, nämlich z. B. 800 kbyte für die weit verbreiteten und robusten doppelseitig beschreibbaren 3,5 Zoll Disketten [IEEE_87] und 600 Mbyte für die angekündigten 5,25 Zoll „Erasable-Laser-Optical-Disks" der Firma 3M [DuD4_87, Free_88]. Übergibt man in Zukunft statt oder als Ergänzung zu einer Visitenkarte einen solchen wechselbaren Massenspeicher, so kann man mit dem Partner zwar etwa 100 bzw. 75000 „Elektronische Briefe" geschützt austauschen, diese imposanten Zahlen schrumpfen aber gewaltig, will man miteinander telefonieren (oder z. B. den TELEFAX-Dienst in Anspruch nehmen): bei der vorgesehenen Übertragungsrate von 64000 bit/s ist dies 100 bzw. 75000 Sekunden geschützt möglich. Macht man sich klar, daß ein durchschnittliches dienstliches Telefongespräch etwa 180 Sekunden dauert, so reicht die 3,5 Zoll Diskette nicht einmal für ein Gespräch und die 5,25 Zoll „Erasable-Laser-Optical-Disk" nur für 416 Telefongespräche. Die letztere Zahl mag zwar beruhigend klingen, man denke aber auch an Bildfernsprechen, das, sofern eine dem heutigen PAL Fernsehbild zumindest entsprechende Qualität gewünscht wird, statt 64000 bit/s mindestens 34000000 bit/s benötigt [Kais_82 Seite 102, BrMo_83 Seite 204]. Damit sind dann nur noch 141 Sekunden Bildtelefonzeit selbst bei der 5,25 Zoll „Erasable-

Laser-Optical-Disk" möglich. Fazit: Perfekte informationstheoretische Konzelation ist beim heutigen Stand der Speichertechnik für Dienste mit geringem Übertragungsvolumen, nicht aber generell für alle Dienste eines diensteintegrierenden Kommunikationsnetzes einsetzbar. Aus organisatorischen Gründen ist sie nur zwischen Partnern möglich, die sich früher einmal getroffen haben, sich in gewisser Weise also kennen. Die denkbare Möglichkeit, wechselbare Massenspeicher per Post zu verschicken, wird hier nicht betrachtet, da das Risiko von Kenntnisnahme durch Angreifer für mein Dafürhalten bei weitem größer als deren Chance zum Brechen der bereits genannten und im folgenden bezüglich Aufwand und Verschlüsselungsleistung bewerteten Kryptosysteme ist.

Der gerade dargelegte hohe Bedarf an Schlüsselaustauschkapazität kann drastisch verringert werden, indem nur der etwa 1000 bit lange Startwert eines kryptographisch starken Pseudozufallsbitfolgengenerators [VaVa_85, BlMi_84] ausgetauscht wird. Leider sind selbst die effizientesten sehr aufwendig (d. h. nur etwas effizienter als das weiter unten diskutierte RSA) und ihre Implementierungen also sehr langsam: Softwareimplementierungen dürften einige zig bit/s, Hardwareimplementierungen einige hunderttausend bit/s generieren können. Diese Raten sind zwar für die meisten Anwendungen bei weitem zu klein, aber warum sollte nicht unser PC in Zukunft, statt, wann immer wir ihn gerade nicht auslasten, seine Warteschleife abzuarbeiten, für alle unsere Kommunikationsbeziehungen kryptographisch starke Pseudozufallsbitfolgen generieren und für den späteren Gebrauch abspeichern. Die oben diskutierte Vernam-Chiffre garantiert dann zwar nur noch perfekte komplexitätstheoretische Konzelation, ein umfangreicher und zyklisch notwendiger Schlüsselaustausch wird dadurch aber unnötig.

Ähnlichen Aufwand dürften die in Abschnitt 2.2.2.2 erwähnten, in der komplexitätstheoretischen Modellwelt unter der Annahme, daß Faktorisierung oder Ziehen diskreter Logarithmen schwierig ist, bewiesenen sym- oder asymmetrischen Blockchiffren sowie Signatursysteme verursachen. Im Gegensatz zu kryptographisch starken Pseudozufallsbitfolgengeneratoren kann bei ihnen leider nicht auf Vorrat gearbeitet werden, da die zu ver- oder entschlüsselnde Nachricht von Anfang an in die Berechnung einbezogen werden muß. Eine Hardwareimplementierung ist also für die meisten Anwendungen unumgänglich.

Leider sind mir keine Implementierungen der innerhalb der komplexitätstheoretischen Modellwelt als sicher bewiesenen Kryptosysteme und folglich auch keine genauen Leistungsdaten bekannt. Alle genannten Zahlenbereiche sind also nur den Veröffentlichungen der Erfinder entnommene sowie von mir durch Vergleich mit den Leistungsdaten der im folgenden beschriebenen RSA-Implementierungen konkretisierte Schätzungen. Es sei noch darauf hingewiesen, daß sie die Zeiten nicht enthalten, die zur *Schlüsselgenerierung* aufzuwenden sind, z. B. zur Generierung eines Schlüsselpaares – (Chiffrierschlüssel, Dechiffrierschlüssel) oder (Schlüssel zum Signieren, Schlüssel zum Testen) – eines asymmetrischen Kryptosystems. Diese Zeiten können auch erheblich sein, es kann jedoch – wie oben erwähnt – auf Vorrat gearbeitet werden, so daß (außer für die Erzeugung der die Schlüsselgenerierung parametrisierenden echten Zufallszahlen) für die Schlüsselgenerierung keine Hardwareimplementierung erforderlich ist. Als Beispiel sei die Erzeugung von RSA-Schlüsselpaaren genannt, die nach [Jung_87] bei einer Blocklänge von 512 bit auf einer SIEMENS 7.541 (0,8 MIPS mit einem der IBM-370 ähnlichen Befehlssatz) im Durchschnitt 40 Sekunden dauert.

Realisierungen von Kryptosystemen, die weder in der informationstheoretischen noch in der komplexitätstheoretischen Modellwelt als sicher bewiesen sind, sind aus der Fachliteratur in großer Zahl bekannt. Bekannteste Vertreter sind hierbei – wie bereits erwähnt – RSA [RSA_78] als asymmetrisches Konzelationssystem und Signatursystem sowie DES (Data Encryption Standard, [DES_77]) als symmetrisches Kryptosystem.

Beide Systeme lassen sich ohne große Schwierigkeiten auf jedem PC in Software implementieren, können dann aber nur für schmalbandige Kommunikation verwendet werden und verhindern während der Verschlüsselung natürlich die sonstige Benutzung des PCs, sofern dieser nur zu Einprogrammbetrieb fähig ist, bzw. vermindern dessen ansonsten verfügbare Nutzleistung ganz erheblich, sofern dieser zu Mehrprogrammbetrieb fähig ist.

In [MüSc_83] wird als Leistung einer auf einem 5 MHz 8086-Prozessor der Firma Intel durchgeführten RSA Implementierung 220 Sekunden pro Block bei einer Blocklänge von 288 bit angegeben, in [Bras_88 Seite 31] 9 Sekunden pro Block bei einer Blocklänge von 512 bit für den IBM Personal Computer (Intel 8088, 4,77 MHz). In [Jung_87] werden für RSA 1,5 Sekunden pro Block bei einer Blocklänge von 512 bit für die SIEMENS 7.541 genannt und 45 bzw. 1,5 Sekunden pro Block bei einer Blocklänge von 256 bit für den EPSON PX-8 (Z80 kompatibler Mikroprozessor, 2,45 MHz) bzw. SIEMENS PC-X (Intel 80186). Diese Leistung ist durch Verwendung von 32-Bit-Prozessoren mit schnellerer Taktrate sicherlich wesentlich steigerbar, jedoch ist bereits 288 bit Blocklänge deutlich unterhalb dessen, was bei RSA für die in Abschnitt 2.2.1.2 angesprochene Anwendung veröffentlichter Schlüssel als ausreichende Schlüssellänge betrachtet werden kann (selbst 512 bit können dafür nicht mehr als sehr reichlich dimensioniert gelten) [PoST_88]. Selbst wenn der Angreifer, etwa bedingt durch das Protokoll, in dem RSA verwendet wird, für seinen Angriff nur wenige Sekunden zur Verfügung hat, ist 288 bit an der unteren Grenze dessen, was als ausreichende Schlüssellänge betrachtet werden kann.

Softwareimplementierungen von DES erreichen eine weit höhere Verschlüsselungsleistung. In [Goel_86 Seite 26] wird als Wert einer guten Softwareimplementierung auf einem 4 MHz Z-80-Prozessor der Firma Zilog eine Verschlüsselungsleistung von 1 kbit/s angegeben, in [WiHi_80] 3,5 kbit/s für einen 2 MHz 8080-Prozessor der Firma Intel und in [KaRS_88 Seite 27, Bras_88 Seite 17] eine von 19 bis 20 kbit/s für den IBM Personal Computer. Eine von Ralf Aßmann durchgeführte Assembler-Implementierung für den MC680XY-Prozessor der Firma Motorola erreicht auf dem Apple Macintosh Plus (MC68000, 7,83 MHz) eine Verschlüsselungsleistung von 67 kbit/s, auf dem Apple Macintosh II (MC68020, 15,67 MHz) 322 kbit/s und auf dem Apple Macintosh IIx (MC68030, 15,67 MHz) 359 kbit/s [Aßma_88]. Für die Betriebsart Ergebnisrückführung (ohne Auswahl oder Ergänzung, vgl. Bild 12) wurde sogar jeweils eine um 19%, 28% bzw. 25% höhere Verschlüsselungsleistungen erzielt. In Ralf Aßmanns Programm scheinen höchstens noch Optimierungen möglich, die die Verschlüsselungsleistung unwesentlich steigern.

Die Leistung softwareimplementierter Verschlüsselung mag zwar den Anforderungen geschlossener und mit genügend vielen oder leistungsfähigen PCs ausgestatteter Benutzergruppen genügen; um effizient zu ver- und entschlüsseln oder die für breitbandige Dienste notwendigen Verschlüsselungsraten zu erreichen, müssen die Kryptosysteme aber in Hardware implementiert werden. Für beide Systeme stehen Hardwareimplementierungen zur Verfügung, mit denen gegenwärtig RSA 64 kbit/s (bei einer Blocklänge von 660 bit [SeGo_86]; in [Sedl_88] werden

200 kbit/s bei gleicher Blocklänge angekündigt) und DES 15 Mbit/s [AT&T_86, Abbr_84] (in [Bras_88 Seite 16] werden 20 Mbit/s genannt, in [VHVD_88] 32 Mbit/s angekündigt) zu verschlüsseln erlaubt.

Deshalb ist hinsichtlich der Leistung der Einsatz eines Systems wie RSA (oder besser: der eines innerhalb der komplexitätstheoretischen Modellwelt als sicher bewiesenen, eher etwas effizienteren asymmetrischen Konzelationssystems [BlGo_85]) zur Schlüsselverteilung sowie von DES (oder besser: einem auf demselben Prinzip beruhenden mit längerer Block- und vor allem Schlüssellänge, vgl. Abschnitt 2.2.2.2 sowie den Anhang) zur Verschlüsselung großer Datenströme möglich. Mit dem Masseneinsatz der heute auf einem, demnächst als Teil eines Chips hardwareimplementierten Kryptosysteme wäre zugleich auch deren Preisgünstigkeit garantiert. Bereits heute ist das oben erwähnte, noch nicht für den Masseneinsatz produzierte DES-Chip für etwa 45$ erhältlich [Sumn_87]. Die Entwürfe derartiger DES-Chips (und natürlich auch die oben erwähnten Software-Implementierungen von DES) können in einfachster Weise so modifiziert werden, daß aller bisher an der Sicherheit von DES geäußerten Kritik entsprochen ist. Für den mit DES vertrauten Leser sind diese Modifikationen als Anhang beschrieben.

Der Vollständigkeit halber sei noch erwähnt, daß Implementierungen (auf einem oder als Teil eines Chips) von auf Schieberegistern basierenden Stromchiffren ohne weiteres Verschlüsselungsraten nahe der Schaltrate eines einzelnen Gatters erreichen, heutzutage also etliche Gbit/s. Ebenso sind Implementierungen von asymmetrischen Kryptosystemen, die auf dem Rucksackproblem basieren, mit Verschlüsselungsraten von 10 Mbit/s denkbar [DeVG_84 Seite 192]. Jedoch sei nochmals an die fragwürdige Sicherheit dieser Kryptosysteme erinnert.

2.2.2.4 Registrierung geheimer oder Standardisierung und Normung öffentlicher Kryptosysteme?

Es sei angemerkt, daß die amerikanische Sicherheitsbehörde NSA (National Security Agency) 1985 mit einem recht eigentümlichen Vorschlag zur Realisierung von Verschlüsselung im nichtmilitärischen, nichtstaatlichen Bereich in der Nachfolge von DES hervorgetreten ist, nachdem ihre Zuständigkeit vom Schutz militärischer oder geheimdienstlicher Kommunikation auf den Schutz der Kommunikation der staatlichen Verwaltung und Industrie ausgedehnt wurde [Kola_85, Horg_86, Hor1_86, NePi_86, Rose_86, Atha_86, Ath1_86, Jurg_86, Hig1_86, High_87, NBS_87, DuDR_87]:

Das Kryptosystem soll von der NSA gewählt werden und (im Gegensatz zu DES und auch allen anderen, vor 1985 für einen breiten öffentlichen Einsatz vorgesehenen Systemen) geheim bleiben – angeblich, um ein Brechen des Systems zu erschweren und Gegnern keine guten Kryptosysteme zu verraten. Die Ver- und Entschlüsselungsalgorithmen würden dazu nur in *vor Ausforschung geschützten*, d. h. auf Manipulationsversuche reagierenden und unerwünschte elektromagnetische oder mechanische Abstrahlung unter die Sensitivität professioneller Empfangsgeräte dämpfenden, Chips bzw. Geräten ausgeliefert. Der Schlüsselgenerierungsalgorithmus soll sogar völlig bei der NSA verbleiben, die Benutzer des Systems müßten sich für jede Kommunikationsbeziehung von der NSA Schlüssel zuweisen lassen. Dies würde vermutlich dadurch realisiert, daß die Geräte selbstgewählte Schlüssel mit großer Wahrscheinlichkeit ablehnen. Teilweise wird gesagt, daß Benutzer auch einen Algorithmus zur Generierung von Schlüsseln erhalten können, die damit generierten Schlüssel aber schlechter seien als die von der NSA gelieferten [Kola_85]. Letzteres könnte daran liegen, daß für den Schlüsselgenerierungsalgorithmus keine ausforschungssicheren Geräte vorgesehen sind und die NSA ihn nicht vollständig verraten möchte, es könnte einfach eine abschreckende Behauptung sein oder die ausforschungsgeschützten Chips könnten für diese nach dem nicht völlig geheimen Algorithmus erzeugten Schlüssel einen ganz anderen, leichter zu brechenden Ver- und Entschlüsselungsalgorithmus enthalten. Sicherheitsargumente dafür, den Schlüsselgenerierungsalgorithmus nicht auch in die ausforschungsgeschützten Chips aufzunehmen, gibt es nicht, Leistungs- oder Kostenüberlegungen könnten aber eine Rolle spielen.

Schon die Sicherheitsargumente für die Geheimhaltung der Algorithmen sind sehr zweifelhaft:

Zum einen ist die Wahrscheinlichkeit sehr groß, daß ein Angreifer mit ausreichenden finanziellen oder technischen Mitteln die Algorithmen doch erfährt, entweder durch Spionage oder durch Brechen des Ausforschungsschutzes (die Bewertung der Sicherheit von Geräten ist heutzutage noch viel problematischer als die von Kryptosystemen). Zum anderen verliert man durch die Geheimhaltung den Vorteil einer Sicherheitsvalidierung durch den heutzutage recht großen öffentlich arbeitenden Teil der kryptologischen Fachwelt, durch die ein Algorithmus mit Schwächen (und nur ein solcher bedürfte ja einer Erschwerung des Brechens durch Geheimhaltung) vermutlich ausgeschieden wird, bevor es überhaupt zu seiner Standardisierung kommt. Aus diesen Gründen wurde bei der Auswahl von DES die Öffentlichkeit ausdrücklich verlangt, und es wird auch befürwortet, daß die für die Sicherheit des Systems Verantwortlichen für das Mitteilen von Mängeln hohe Belohnungen aussetzen [Bara_64, DiHe_79 Seite 420 und 421, DaPr_84 Seite 51]. Das Argument, den Gegnern keine guten Algorithmen verraten zu wollen, ist zudem irrelevant, solange es eine genügende Auswahl an guten Algorithmen gibt, wie dies zur Zeit der Fall zu sein scheint (z. B. LUCIFER-artige [FeNS_75, HeKW_85] für symmetrische und [BlGo_85] für asymmetrische Kryptosysteme).

Es ist natürlich auch denkbar (wie dies auch schon bei DES diskutiert wurde), daß absichtlich ein Kryptosystem gewählt werden soll, das zumindest insoweit Schwächen hat, daß es der NSA auch in dem Fall, daß sich die Schlüsselzuteilung durch die NSA nicht durchsetzen sollte, noch gestattet, ausgewählte Nachrichten zu entziffern, und das Risiko, daß dies nach einer Weile auch Gegner können, bewußt eingegangen wird (für militärische Geheimnisse sollen andere Kryptosysteme verwendet werden), ein öffentliches Bekanntwerden dieses Punktes aber unerwünscht ist.

Wenn natürlich die Schlüssel tatsächlich von der NSA zugewiesen würden, wären solche absichtlichen Schwächen überflüssig: Dann wäre die NSA ohnehin in die einzigartige Lage versetzt, jede für sensitiv gehaltene Nachricht mühelos mitlesen zu können. Ein solches System wäre damit die offizielle Installation eines „Großen Bruders" [Orwe_49].

Es ist zu befürchten, daß die entsprechenden bundesdeutschen Stellen, namentlich die Zentralstelle für das Chiffrierwesen (ZfCh) in Bonn, versuchen werden, es ihrem amerikanischen Bruder nachzumachen:

International und national (durch ISO und DIN) wurde versucht, asymmetrische und symmetrische Kryptosysteme, z. B. RSA und DES, zu normen. Diese, sich teilweise bereits in einem fortgeschrittenen Stadium der Normung befindenden Versuche sind teils durch offenes, teils durch verdecktes Betreiben von NSA, ZfCh (und vielleicht auch anderen) abgebrochen worden – nur an der Normung von Protokollen, die Kryptosysteme *verwenden*, soll noch gearbeitet werden [Folt_87, Pric_88]. Lediglich ein Register ist geplant, in das sowohl vollständig veröffentlichte Kryptosysteme als auch solche, deren genaue Beschreibung geheim bleiben soll, aufgenommen werden. Für letztere Klasse von Kryptosystemen enthielte es nur einen Namen und ggf. die für die Verwendung in Protokollen relevante äußere Spezifikation, z.B. „symmetrische Blockchiffre mit 64 Bit Block- und 56 Bit Schlüssellänge". Während bisher mit der Normung auch eine gewisse Aussage über die Güte der Kryptosysteme gegeben war, soll die Aufnahme in das geplante Register hierüber keinerlei Aussage machen.

Wenn auch in der bisherigen Diskussion offene diensteintegrierende Netze nicht explizit vorkommen, so hat all dies auf den Datenschutz in ihnen besonders schwerwiegende, wenn auch nur implizite Auswirkungen (vgl. den aus meiner Sicht das Problem verharmlosenden Artikel [Hell_87]).

Mittlerweile ist in den USA die Verantwortung zur Normierung von Kryptosystemen für den nichtmilitärischen, nichtstaatlichen Bereich allerdings zurück an die amerikanische Normungsbehörde für den öffentlichen Bereich (NBS = National Bureau of Standards) übertragen worden [CACM6_87, Prei_88]. Bisher hat dies aber keinen erkennbaren Einfluß auf die US-amerikanische, internationale oder deutsche Normung.

Inwieweit die ZfCh ihrem amerikanischen Bruder nacheifern wird, ist offiziell nicht bekannt. Mit der Normung im Bereich Kryptographie Befaßte teilten mir jedoch im Dezember 1986 und Januar 1987 mündlich mit, die ZfCh habe erreicht, daß das DIN die Normung von DES ersatzlos einstellte und auch in der ISO für einen solchen, alle symmetrischen Kryptosysteme betreffenden Entschluß stimmte.

Anscheinend übersieht diese dem Bundeskanzleramt nachgeordnete Bundesbehörde sowie eine Mehrheit des zuständigen DIN Ausschusses AA-20 den in Abschnitt 1.4 wiedergegebenen Teil der Urteilsbegründung des Volkszählungsurteils des Bundesverfassungsgerichts vom Dezember 1983. Da bei Verwirklichung des oben beschriebenen NSA-Vorschlags in der Bundesrepublik die Bürger sicherlich „nicht mit hinreichender Sicherheit überschauen ...", und nach den im selben Abschnitt angeführten Argumenten keine triftigen Gründe zur Einschränkung des Rechtes auf informationelle Selbstbestimmung existieren, stellt sich auch hier die Frage, ob der Verzicht auf Normung von Kryptosystemen bei sinngemäßer Auslegung des Volkszählungsurteils nicht verfassungswidrig ist?

Erfreulicherweise teilen Vertreter der DBP diese Meinung, so daß man, wenn schon nicht auf die formelle Normung durch ISO oder DIN, so doch auf eine kurzfristige Standardisierung öffentlicher Kryptosysteme durch den Betreiber der Kommunikationsnetze und in Folge davon kompatible und effiziente Hardwareimplementierungen hoffen kann. Die am Ende des vorherigen Abschnitts 2.2.2.3 andiskutierten (und im Anhang etwas ausführlicher erläuterten und begründeten) abwärtskompatiblen Modifikationen von DES sind mein Vorschlag für eine kurzfristig verfügbare und effiziente Lösung für den Bereich symmetrischer Kryptosysteme.

Weitere Argumente zum Thema dieses Abschnitts sind in [Pfi2_87, Riha_87, Rih1_87, WaPP_87, PWP_87] zu finden.

2.3 Einsatz und Grenzen von Verschlüsselung in Kommunikationsnetzen

2.3.1 Einsatz von Verschlüsselung in Kommunikationsnetzen

Für den Einsatz eines Kryptosystems zum Schutz der Kommunikation (vor allem zum Zweck der Konzelation, aber auch zum Zweck der Integrität oder Authentifikation) hat man zwei Strategien zur Auswahl, die leider beide Nachteile haben: Verbindungs-Verschlüsselung und Ende-zu-Ende-Verschlüsselung.

2.3.1.1 Verbindungs-Verschlüsselung

Die erste Strategie besteht darin, *alle* Daten jeweils zwischen benachbarten Netzknoten, d. h. Teilnehmerstationen und Vermittlungszentralen, zu verschlüsseln (**Verbindungs-Ver-schlüsselung**, link-by-link encryption) [Bara_64, Denn_82, VoKe_83, DaPr_84].

Es sollte ein *gleichmäßiger Zeichenstrom* übertragen werden, damit ein Abhörer nicht beobachten kann, wann keine Nachrichten übertragen werden. Ein gleichmäßiger Zeichenstrom ist bei allen Übertragungsstrecken, die den verbundenen Netzknoten *statisch* zugeordnet sind, z. B. Punkt-zu-Punkt-Leitungen und Richtfunkstrecken, ohne Mehraufwand möglich.

Aus den in Abschnitt 2.2.2.1 dargelegten Gründen, sollte und kann eine sichere *Strom-chiffre* verwendet werden: Würde eine Blockchiffre verwendet, so könnte, solange der Schlüssel nicht gewechselt würde, der Abhörer zumindest manchmal beobachten, daß sich gewisse Nachrichten(fragmente) wiederholen. Der Abhörer könnte also manche Nachrichten *verketten* (vgl. Abschnitt 2.1.1).

Wird ein gleichmäßiger, mit einer sicheren Stromchiffre verschlüsselter Zeichenstrom über-tragen, erhält ein Angreifer durch Abhören der Übertragungsstrecken, d. h. von Leitungen (Glasfasern, Koaxialkabel, Kupferdoppeladern), Richtfunk- oder Satellitenstrecken keine In-formation mehr. Ob und ggf. welche Nachrichten übertragen werden, ist für ihn *perfekt unbe-obachtbar* (vgl. Abschnitt 2.1.1).

Die Nachteile von Verbindungs-Verschlüsselung sind:

— In den Vermittlungszentralen liegen alle Daten unverschlüsselt vor, von allen in Ab-schnitt 1.2 genannten möglichen Angreifern werden also nur diejenigen ausgeschlossen, die Übertragungsstrecken abhören.

— In der in Bild 2 bzw. 15 gezeigten Endsituation der von der DBP geplanten Entwicklung der Kommunikationsnetze werden auf der den Netzabschluß des Teilnehmers mit der

Vermittlungszentrale verbindenden Leitung, einer Glasfaser, mindestens 560 Mbit/s übertragen. Dies ist eher oberhalb dessen, was heute mit Kryptogeräten, die auf einem für halbwegs sicher gehaltenen Kryptosystem beruhen und halbwegs preiswert sind, verschlüsselt werden kann, vgl. Abschnitt 2.2.2.3. Es wäre zumindest von Vorteil, wenn man Fernsehen, insbesondere hochauflösendes Fernsehen (High Definition TV, HDTV), als breitbandigen Dienst, bei dem es nicht um den Schutz von Inhalts-, sondern von Interessensdaten geht, nicht verschlüsseln müßte. Wieviel hierdurch eingespart werden kann, verdeutlichen die folgenden Zahlen: für Fernsehen heutiger Qualität (PAL) werden ohne bzw. mit Redundanzreduktion etwa 140 Mbit/s bzw. 34 Mbit/s benötigt, für hochauflösendes Fernsehen etwa viermal soviel.

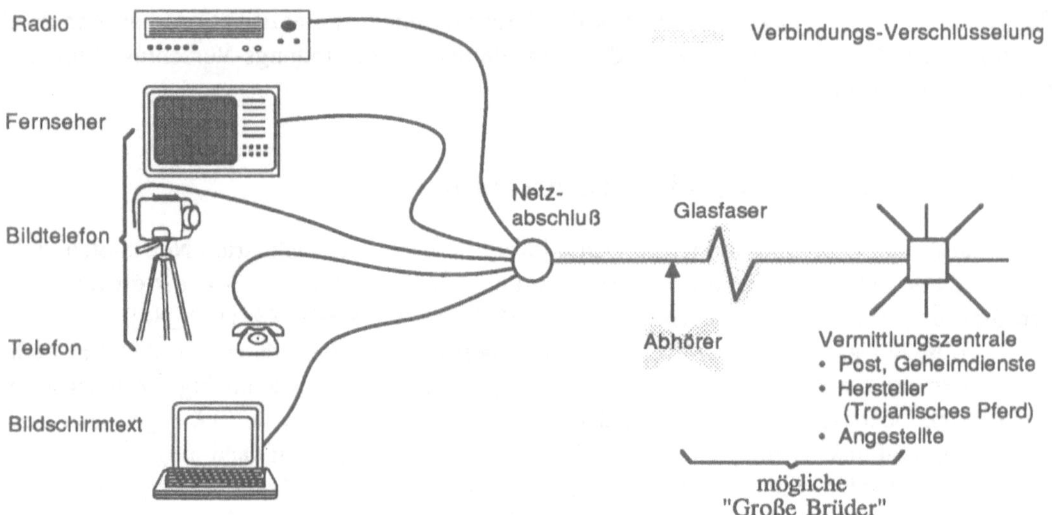

Bild 15: Verbindungs-Verschlüsselung zwischen Netzabschluß und Vermittlungszentrale

In jedem Fall benötigen benachbarte Netzknoten jeweils zueinander passende und leistungsfähige, also direkt in Hardware implementierte Kryptosysteme, zweckmäßigerweise jeweils selbstsynchronisierende Stromchiffren. Da die Nachbarschaft von Netzknoten vergleichsweise statisch ist, können Schlüssel einer Verbindung zugeordnet werden, so daß ein symmetrisches Kryptosystem den Anforderungen vollauf genügt.

2.3.1.2   Ende-zu-Ende-Verschlüsselung

Die zweite Strategie ist, die Daten zwischen Teilnehmerstationen verschlüsselt zu übertragen (**Ende-zu-Ende-Verschlüsselung,** end-to-end encryption). [Bara_64, Denn_82, VoKe_83, DaPr_84], damit sie in der (bzw. bei erweiterter Betrachtung: den) Vermittlungszentrale(n) nicht interpretiert werden können (Bild 16).

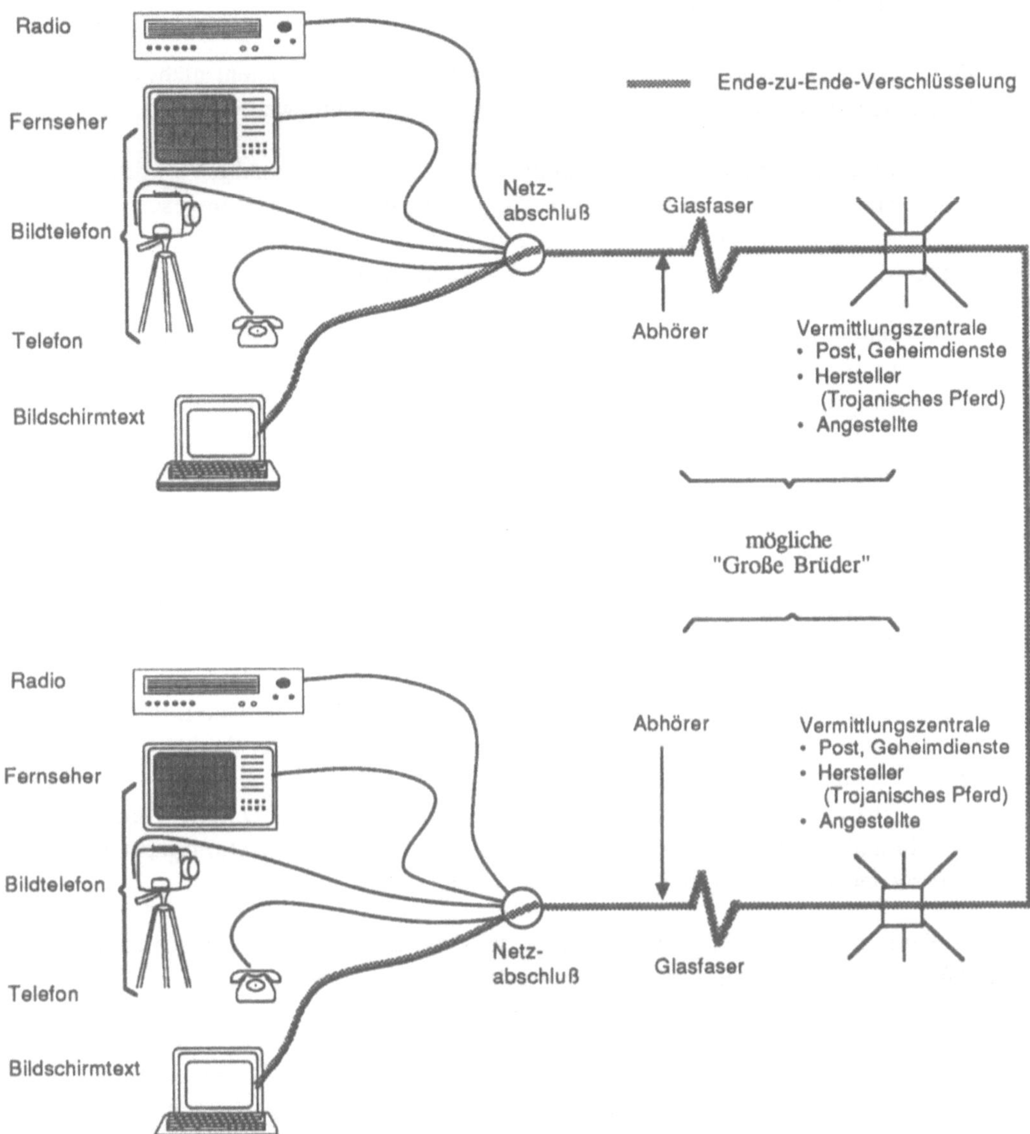

Bild 16: Ende-zu-Ende-Verschlüsselung zwischen Teilnehmerstationen

Aus den schon bei Verbindungs-Verschlüsselung dargelegten Gründen sollte auch für Ende-zu-Ende-Verschlüsselung möglichst ein gleichmäßiger Zeichenstrom (zumindest bei Kanalvermittlung für die Dauer des Kanals) und in jedem Fall eine Stromchiffre verwendet werden.

Die Nachteile von Ende-zu-Ende-Verschlüsselung sind:

- Durch Ende-zu-Ende-Verschlüsselung können nur die Nutzdaten, nicht die Vermittlungsdaten und damit auch nicht die *Verkehrsdaten* geschützt werden.

- Vor jemandem, der die Nutzdaten schon vorher kannte und nun die Vermittlungsdaten erhält, sind damit auch die *Interessensdaten* (vgl. Abschnitt 1.2) ungeschützt, was zu weiteren Verkettungen von Verkehrsdaten und dann wiederum zur Gewinnung von weiteren Interessensdaten usw. verwendet werden kann.

Insbesondere kann dieses Verfahren also nicht als Schutz vor dem Netzbetreiber und anderen, die Zugriff auf die Rechner des Netzbetreibers haben, dienen, wenn diese gleichzeitig Kommunikationspartner sind oder wenn sich die Nutzdaten in Form einer Datenbank in einem Rechner des Netzbetreibers (z. B. Bildschirmtext-Zentrale in Ulm) befinden. Die Nutzdaten können zwar in verschlüsselter Form in der Datenbank abgespeichert werden. Dies nützt jedoch nur etwas, wenn der Angreifer (Netzbetreiber bzw. andere mit Zugriff auf die Rechner des Netzbetreibers) die zugehörigen Schlüssel nicht kennt und auch nicht in Erfahrung bringen kann. Letzteres erscheint außer bei kleinen geschlossenen Benutzergruppen unrealistisch, da der Angreifer in große geschlossene Benutzergruppen einen Strohmann einschleusen und bei offenen Benutzergruppen als normaler Nutzdateninteressent auftreten kann.
Daneben ist auch eine Zusammenarbeit von jemandem, der an Daten in der Vermittlungszentrale gelangen kann, und dem Kommunikationspartner denkbar. Dies könnte z. B. von einem Geheimdienst ausgehen, der über den Netzbetreiber die Vermittlungsdaten erhält und Kommunikationspartner, z. B. Datenbanken, Zeitungsverlage, veranlaßt, ihm die Nutzdaten offenzulegen, aber auch vom Kommunikationspartner, der über Mitarbeiter o. ä. Zugang zu den Vermittlungsdaten erhält.

Außerdem ist es trivialerweise sinnlos, sich mit Ende-zu-Ende-Verschlüsselung vor Kommunikationspartnern schützen zu wollen.

- Wie bei Verbindungs-Verschlüsselung ist es auch hier recht umständlich, auch Fernsehen, insbesondere hochauflösendes Fernsehen, verschlüsseln zu müssen, um die Interessensdaten vor den Angreifern in den Vermittlungszentralen zu schützen.

Soll Ende-zu-Ende-Verschlüsselung zwischen beliebigen Teilnehmerstationen möglich sein, benötigen sie jeweils paarweise zueinander passende Kryptosysteme. Soll Ende-zu-Ende-Verschlüsselung auch für breitbandigere Kommunikation möglich sein, muß zumindest ein Kryptosystem direkt in Hardware implementiert sein (vgl. Abschnitt 2.2.2.3). Wegen der dynamischen Natur der Kommunikationsbeziehungen zwischen Teilnehmern kann man diesen Beziehungen nicht statisch Schlüssel zuordnen, da es bei großen Teilnehmerzahlen zu viele potentielle Beziehungen, nämlich $n \cdot (n-1)/2$ bei n Teilnehmern, gibt. Aus all diesen Gründen ist eine Standardisierung, oder besser noch eine formelle Normung, eines asymmetrischen Kryptosystems zum Schlüsseiaustausch und zur Authentifikation sowie eines schnellen symmetrischen Kryptosystems zur Ver- und Entschlüsselung der Nutzdaten dringend notwendig, soll das

Kommunikationsnetz bezüglich Datenschutz (oder auch Rechtssicherheit, vgl. [PWP_87, WaPP_87]) ein **offenes** System bilden, wie dies insbesondere für das ISDN geplant ist. Denn nur auf der Basis von Standards oder Normen können Implementierungen von Kryptosystemen so gestaltet werden, daß sie effizient sind und jeweils *beliebige* Paare zueinander passen.

Ohne Standardisierung und Normung von geeigneten Kryptosystemen ist Datenschutz (ebenso wie Datensicherheit) nur innerhalb **geschlossener** Benutzergruppen, die sich jeweils auf ein Kryptosystem geeinigt und eine genügend leistungsfähige Implementierung haben, erreichbar. An dieser Stelle sei noch einmal unterstrichen, welch verheerende Folgen die in Abschnitt 2.2.2.4 beschriebenen Pläne der NSA (bzw. ZfCh) zur Verwendung geheimer Kryptosysteme im öffentlichen Bereich haben können – und sei es „nur" eine langjährige Verzögerung der Einführung standardisierter oder genormter, öffentlich validierter Kryptosysteme und der entsprechenden Implementierungen.

2.3.2   Grenzen von Verschlüsselung in Kommunikationsnetzen

Selbst wenn, wie in Bild 17 gezeigt, Verbindungs- und Ende-zu-Ende-Verschlüsselung eingesetzt werden [Bara_64, Denn_82, VoKe_83, DaPr_84], bleiben im wesentlichen alle in Abschnitt 2.3.1.2 für Ende-zu-Ende-Verschlüsselung aufgezählten Nachteile erhalten. Lediglich der erste Nachteil wird in der Form eingeschränkt, daß (wie bei Verbindungs-Verschlüsselung allein) Abhörer der Übertragungsstrecken bei Übertragung eines gleichmäßigen, mit einer sicheren Stromchiffre verschlüsselten Zeichenstroms bei der Verbindungs-Verschlüsselung keine Information mehr erhalten.

Auch die bekannten kryptographischen Techniken erlauben also auf der heute üblichen und auch für die Zukunft geplanten, für Kommunikation in beiden Richtungen vorgesehenen Netzstruktur, nämlich der reiner Vermittlungsnetze, keinen ausreichenden und mit vernünftigem Aufwand **überprüfbaren** Datenschutz für Verkehrs- und Interessensdaten vor vielen möglichen Angreifern in den Vermittlungszentralen und Kommunikationspartnern. Dies ist bei dem als reines Vermittlungsnetz geplanten, diensteintegrierenden Kommunikationsnetz eine besonders schwerwiegende und bei Realisierung der Planung langandauernde Beeinträchtigung des Rechtes auf informationelle Selbstbestimmung.

Deshalb wird im folgenden untersucht, wie der noch fehlende Schutz durch andere Maßnahmen erreicht werden kann. Dabei muß darauf geachtet werden, daß nicht jemand, der bisher als möglicher Angreifer gar nicht auftrat, z. B. Nachbarn, plötzlich Beobachtungsmöglichkeiten erhält.

Technisch gesehen ist dabei das Hauptziel, die Verkehrsdaten vor dem Betreiber der Vermittlungseinrichtungen zu schützen und sich auch gegenüber dem Kommunikationspartner nicht identifizieren zu müssen. Damit sind Verkehrs- und Interessensdaten nicht nur vor diesen geschützt, sondern (und das ohne zusätzliche Verschlüsselung von nicht vertraulichen Nutzdaten wie Fernsehen) erst recht vor anderen Angreifern in den Vermittlungseinrichtungen oder Abhörern, da alle diese höchstens genausoviel Information erhalten können wie der Betreiber selbst. Der Schutz der Inhaltsdaten wird dann zusätzlich durch Ende-zu-Ende-Verschlüsselung

sensitiver Nutzdaten erreicht. Obwohl also durch Verschlüsselung allein die Datenschutz-
probleme in einem Kommunikationsnetz nicht gelöst werden können, so bildet sie doch die
Basis vieler der im folgenden noch zu beschreibenden technischen Datenschutzmaßnahmen.

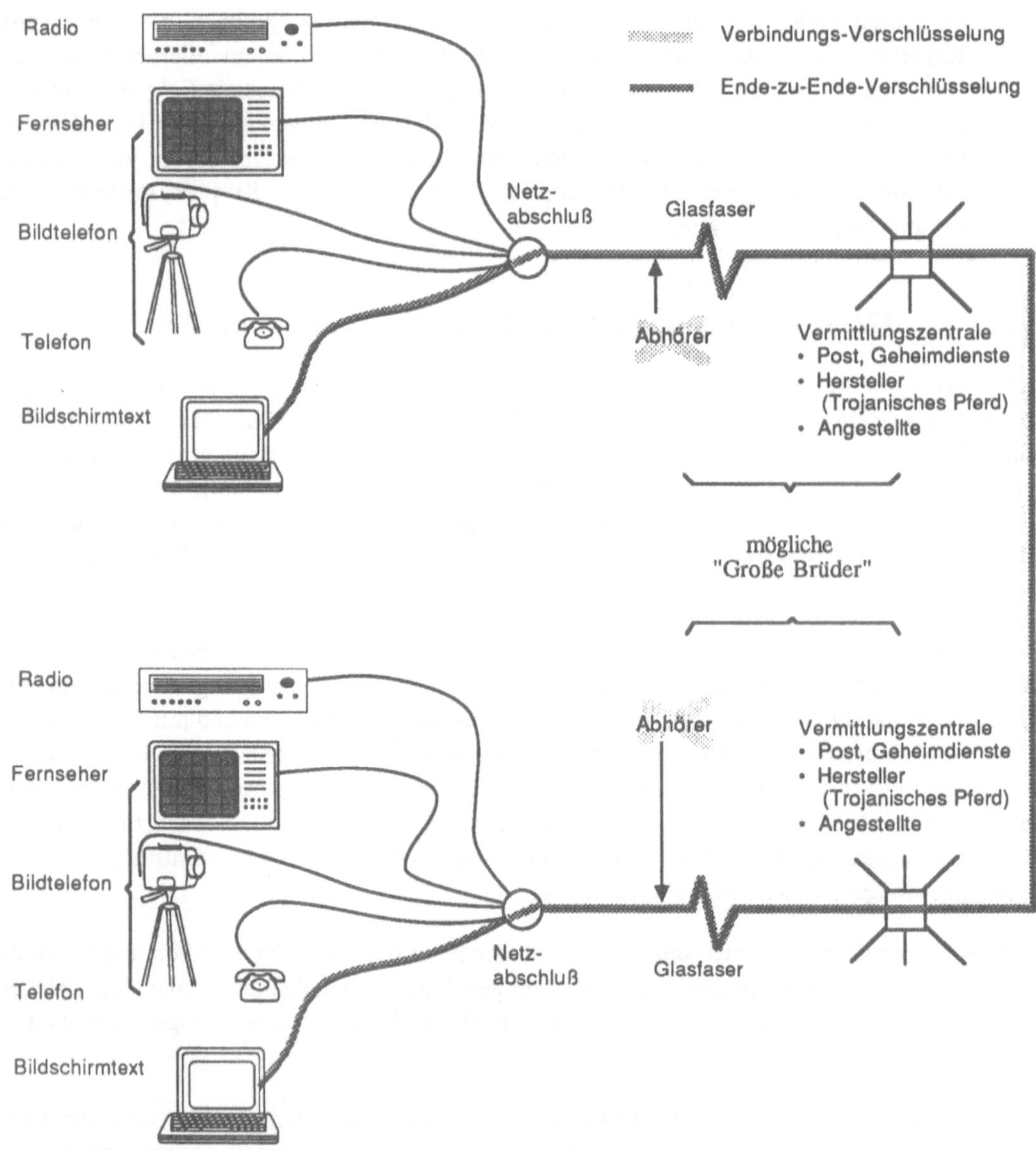

Bild 17: Ende-zu-Ende-Verschlüsselung zwischen Teilnehmerstationen und Verbindungs-
Verschlüsselung zwischen Netzabschlüssen und Vermittlungszentralen sowie zwischen
Vermittlungszentralen

In den folgenden zwei Abschnitten werden grundlegende Verfahren zum Schutz von Verkehrs- und Interessensdaten vor Angreifern in Vermittlungszentralen und Kommunikationspartnern beschrieben und wo angebracht, wird ihre Wirksamkeit bewiesen:

In Abschnitt 2.4 werden Schutzmaßnahmen beschrieben, die *außerhalb* des Kommunikationsnetzes angesiedelt sind, d. h. die jeder Benutzer für sich trifft. Diese werden sich als nicht ausreichend erweisen.

Danach werden in Abschnitt 2.5 solche Schutzmaßnahmen beschrieben, die *innerhalb* des Kommunikationsnetzes angesiedelt sind, d. h. die Benutzung des Netzes nicht verändern, jedoch den Transport innerhalb des Netzes.

Im darauf folgenden letzten Abschnitt dieses Kapitels werden dann alle bekannten Verfahren in ein *Schichtenmodell* eingeordnet, was zur Strukturierung des darauffolgenden Kapitels 3, in dem Überlegungen zu ihrer Implementierung dargestellt werden, dient.

2.4 Grundverfahren außerhalb des Kommunikationsnetzes zum Schutz der Verkehrs- und Interessensdaten

Bei Schutzmaßnahmen außerhalb des Kommunikationsnetzes sind Ziel- und Herkunftsadresse einer Nachricht weiterhin im Netz als Vermittlungsdaten sichtbar. Dazu sind natürlich die Zeit, zu der eine Nachricht im Netz ist, und zumindest für den Kommunikationspartner die Nutzdaten sichtbar. Man muß verhindern, daß daraus Schlüsse auf Verkehrs- und Interessensdaten gezogen werden können.

2.4.1 Öffentliche Anschlüsse

Gibt es für das Kommunikationsnetz öffentliche Anschlüsse, z. B. Telefonzellen für das Fernsprechnetz, oder ist das Kommunikationsnetz zumindest von einem anderen erreichbar, für das es öffentliche Anschlüsse gibt, so ist die folgende Datenschutzmaßnahme praktizierbar:

Die Herkunftsadresse und Zieladresse einer Nachricht werden weitgehend bedeutungslos, wenn man **verschiedene öffentliche Anschlüsse benutzt**. Dies gilt natürlich nur, wenn man sich nicht zu Zwecken der Zugangskontrolle oder der Zahlung von Gebühren identifizieren muß, d. h. anonym bleibt [Pfit_85].

Die DBP beabsichtigt, dies mittels und bei ihren Buchungskarten zu verhindern [BfD_88 Seite 38]:

> *„Der BMP hat mich jedoch über seine Absicht informiert, in Zukunft auf der Karte nicht nur den Standort des Kartentelefons zu registrieren, von dem aus ein Gespräch geführt wurde, sondern auch die Einzelgesprächsdaten, insbesondere die angewählte Rufnummer. Unter Datenschutzgesichtspunkten werfen solche Registrierungen der dem Fernmeldegeheimnis unterliegenden und daher sehr schutzbedürftigen Gesprächsdaten erhebliche Probleme auf. Sorgfältiger Untersuchung bedarf dabei die Frage, ob schutz-*

würdige Belange des Angerufenen *dadurch beeinträchtigt werden können, daß ohne seine Einwilligung nicht nur registriert wird, daß, zu welchem Zeitpunkt und mit welcher Dauer sein Anschluß benutzt wurde, sondern – sofern es sich um ein ISDN-Anschluß handelt – auch, ob telefoniert oder welche anderen Kommunikationsform genutzt wurde.*"

Die Anwendung und Wirkung der Datenschutzmaßnahme „Benutzung verschiedener öffentlicher Anschlüsse" ist stark eingeschränkt:

Wer etwa will für jedes einzelne Telefonat die Wohnung oder das Büro verlassen bzw., um auch eine zeitliche Verkettung zu erschweren (vgl. Abschnitt 2.4.2), den öffentlichen Anschluß wechseln? Wer will sich gar zu vorher vereinbarten Zeitpunkten in eine Telefonzelle begeben, um einen Rückruf unter nur erhoffter (denn es ist ja vorher klar, wo er sich physisch befinden wird: konventionelle Observierung!) Wahrung seiner Anonymität entgegennehmen zu können? Wer will in (Bild-)Telefonzellen noch so hochauflösendes Fernsehen genießen?

Selbst wenn alle diese Fragen positiv zu beantworten wären, bliebe die Wirkung dieser Maßnahme eingeschränkt: Selbst wenn jeder zwischen verschiedenen Telefonaten die Telefonzelle wechselt, bleibt (aus Gründen des Energie- und Zeitaufwandes) eine starke Lokalität erhalten. Selbst wenn der *einzelne* so unter einigen tausend Leuten anonym wäre, gäben seine *Kommunikationsbeziehungen* doch eine Möglichkeit, seine Sende- oder Empfangsereignisse zu verketten und ihn somit im Laufe der Zeit doch nach und nach zu identifizieren – und sei es nur mithilfe der Hypothese, daß sein Wohn- bzw. Arbeitsort ganz in der Nähe des Schwerpunktes des durch die von ihm benutzten Telefonzellen gebildeten, mit der Häufigkeit ihrer Benutzung in den entsprechenden Zeiträumen gewichteten Telefonzellenpolygons liegt.

2.4.2 Zeitlich entkoppelte Verarbeitung

Die **Zeit**, zu der sich eine Nachricht im Kommunikationsnetz befindet, wird weitgehend bedeutungslos, wenn man Teilnehmerstationen (z. B. Personal Computer) Informationen nicht erst dann **anfordern** läßt, wenn der Teilnehmer sie benötigt, sondern **zu einem beliebigen Zeitpunkt vorher** [Pfi1_83 Seite 67, 68, Pfit_84]:

Will man eine Zeitung lesen, so kann die Teilnehmerstation sie bereits zum Erscheinungszeitpunkt oder einem Zeitpunkt mit besonders geringen Übertragungskosten (z. B. Nachttarif) anfordern und zum späteren Lesen abspeichern.

Diese Schutzmaßnahme verhindert, daß der Netzbetreiber allein aus dem Vermittlungsdatum „Zeit" und Kontextwissen schließen kann, wer mit wem kommuniziert:

Wenn tagsüber eine Zeitung angefordert wird und 10 Leute als Anforderer in Frage kommen, von denen bekanntlich 9 in Tag- und einer in Nachtschicht arbeiten, wäre ohne zeitliche Entkopplung sehr wahrscheinlich, daß sie der Nachtarbeiter liest.

Entsprechend kann die Teilnehmerstation Information **zu einem beliebigen Zeitpunkt nach ihrer Entstehung senden**.

Kann der Netzbetreiber auf andere Art erkennen, wer mit wem kommuniziert, so erschwert diese Maßnahme doch zumindest das Erstellen von Persönlichkeitsbildern über den Tagesablauf.

Natürlich greift diese Maßnahme nicht bei Kommunikationsformen mit Realzeitanforderungen, z. B. Telefon. Bei allen anderen erschwert sie aber die Verkettung vom zeitlich entkoppelten Verkehrsereignis mit vom Teilnehmer später veranlaßten Folge-Verkehrsereignissen (vgl. Abschnitt 2.1.1).

2.4.3   Lokale Auswahl

Um Interessensdaten zu schützen, kann man **Information in großen Einheiten anfordern und lokal auswählen (lassen), was einen wirklich interessiert**:

> *Bestellt man sich statt eines bestimmten Zeitungsartikels mehrere Zeitungen verschiedener politischer Richtungen, so können aus der Bestellung keinerlei Rückschlüsse auf die politischen Interessen und Meinungen des Bestellers gezogen werden.*
> *Zusätzlich ließe sich durch „intelligente" Teilnehmerstationen die Dienstleistung sogenannter Ausschnittsbüros, die einem Kunden auf Wunsch zu einem bestimmten Thema Artikel aus mehreren Zeitungen zusammenstellen, jedem Teilnehmer bieten.*

Durch die lokale Auswahl verschleiert man selbst gegenüber dem Kommunikationspartner, was einen wirklich interessiert, wie man (unter anderem die genaue Bedienung der Teilnehmerstation) lernt und reagiert, sowie vieles mehr.

Das Anfordern von großen Informationseinheiten vom Kommunikationspartner ist folglich als Schutz bei solchen Informationsarten sinnvoll, die unverschlüsselt übertragen werden oder bei denen Netzbetreiber und Kommunikationspartner identisch sind oder als zusammenarbeitend angenommen werden können.

In zukünftigen Kommunikationsnetzen, in denen (zumindest für schmalbandiges Senden) reichlich Bandbreite zur Verfügung steht, verursacht diese Maßnahme bei Diensten, bei denen der Benutzer nur bereits bereitgestellte Information abruft, real beinahe keine Kosten. Es ist jedoch eine Frage des Abrechnungsmodus, ob dies auch dem Anwender dieser Maßnahme zugutekommt (vgl. Abschnitt 7.2). Selbst wenn kein akzeptabler Abrechnungsmodus gefunden werden kann, der es erlaubt, z. B. mehrere Zeitungen verschiedener politischer Richtungen und damit vermutlich auch aus verschiedenen Verlagen zum Preise einer zu beziehen, so sollten doch zumindest wie heutzutage z. B. ganze Zeitungen verkauft und übertragen werden. Eine auf kleine Bildschirmseiten orientierte Struktur wie die des Bildschirmtext-Systems, die damit begründet wurde, die übliche Teilnehmerstation müsse billig und deshalb *zwangsweise* ohne lokale Verarbeitungs- und Speicherfähigkeit realisiert werden, ist zumindest für die Zukunft technisch obsolet und könnte nur damit gerechtfertigt werden, weiterhin das zur Teilnehmerbeobachtung technisch optimal geeignete System behalten zu wollen.

Lokale Auswahl wurde (mindestens) dreimal unabhängig voneinander erfunden: zuerst wird sie bezüglich *eines* Informationsanbieters und ohne generelle Einordnung lediglich im Kontext des Bildschirmtext-Systems in [BGJK_81 Seite 153, 159] vorgeschlagen, danach in [Pfit_83] und schließlich zusammen mit zeitlich entkoppelter Verarbeitung in [GiLB_85].

2.5 Grundverfahren innerhalb des Kommunikationsnetzes zum Schutz der Verkehrs- und Interessensdaten

Im Gegensatz zu den in Abschnitt 2.4 genannten Schutzmaßnahmen sollen in diesem Abschnitt Maßnahmen vorgestellt werden, die die im Kommunikationsnetz anfallenden Vermittlungsdaten (vgl. Abschnitt 1.2) selbst verringern.

Dadurch soll für den Teilnehmer einerseits ohne die Netzbenutzung für ihn zu ändern oder gar komplizierter zu machen und andererseits unter Beibehaltung der Möglichkeit, den erhaltenen Datenschutz selbst zu überprüfen, Senden und Empfangen, zumindest aber die Kommunikationsbeziehungen zwischen Teilnehmern vor möglichen Angreifern (bösen Nachbarn, dem Netzbetreiber, den Herstellern der verwendten Soft- und Hardware, großen Organisationen und Konzernen usw.) verborgen werden, so daß das Erfassen von Verkehrs- oder Interessensdaten unmöglich wird.

Da Schutz vor einem allmächtigen Angreifer, der alle Leitungen, alle Vermittlungszentralen und alle Teilnehmerstationen außer der eigenen kontrolliert, nicht möglich ist, sind alle folgenden Maßnahmen nur Annäherungen an den perfekten Schutz der Teilnehmer vor jedem möglichen Angreifer. Die Annäherung wird – wie schon in Abschnitt 2.1.1 erwähnt – im allgemeinen durch Angabe des unterstellten *Angreifermodelles* (Was kann er maximal beobachten oder gar aktiv kontrollieren; mit wieviel Rechenkapazität ist er ausgestattet?) beschrieben.

Verbirgt ein Kommunikationsnetz für alle Kommunikationsereignisse wer *sendet* oder *empfängt* oder zumindest die *Kommunikationsbeziehung* vor dem unterstellten Angreifer, so wird es *anonym* genannt. Es wird dann von **anonymer Kommunikation** gesprochen.

Die meisten der heute bekannten und in den folgenden Unterabschnitten beschriebenen Grundverfahren innerhalb des Kommunikationsnetzes zum Schutz der Verkehrs- und Interessensdaten schützen für alle realistischerweise in Betracht gezogenen Angreifer entweder die Kommunikationsbeziehung oder wer sendet oder wer empfängt. Gegen wesentlich schwächere Angreifer bieten diese Grundverfahren vollständigen, d. h. es ist Sender und Empfänger und damit auch die Kommunikationsbeziehung geschützt, und gegen wesentlich stärkere Angreifer keinen Schutz. Wegen dieser kanonischen, d. h. von den Details einer realistischen Angreiferdefinition unabhängigen Zuordnung der Grundverfahren zu Schutzzielen sind die Unterabschnitte entsprechend diesen drei Möglichkeiten gegliedert.

2.5.1 Schutz des Empfängers (Verteilung)

Indem das Kommunikationsnetz alle Informationen an alle Teilnehmer sendet (**Verteilung**, broadcast), kann man den Empfänger der Information vor dem Kommunikationsnetz und dem Kommunikationspartner schützen [FaLa_75]. Verteilung ermöglicht das Analogon zu perfekter informationstheoretischer Konzelation (vgl. Abschnitt 2.2.2.2), nämlich *perfekte informationstheoretische Anonymität* des Empfängers. Dies bedeutet nach der Definition von perfekter Anonymität in Abschnitt 2.1.1 und dem in Abschnitt 2.2.2.2 über die informationstheoretische Modellwelt Gesagtem, daß für einen alle Leitungen und ggf. einige Stationen kontrollierenden Angreifer für alle Nachrichten die Wahrscheinlichkeit, daß eine Station die Nachricht empfangen hat, für alle von ihm nicht kontrollierten Stationen vor und nach seiner Beobachtung gleich ist. Der Angreifer gewinnt durch seine Beobachtung also keine Information darüber, welche von ihm unkontrollierte Station welche Nachricht empfängt. Es ist für den Angreifer sogar nicht einmal beobachtbar, ob die Nachricht überhaupt empfangen wird. Verteilung garantiert also auch *perfekte informationstheoretische Unbeobachtbarkeit* des Empfangens. Ebenso verkettet Verteilung keine Verkehrsereignisse, so daß auch *perfekte informationstheoretische Unverkettbarkeit* gegeben ist.

Während die Realisierung von Verteilung keinerlei konzeptionelles Problem darstellt, solange nur *passive Angriffe* betrachtet werden, ist dies anderenfalls nicht der Fall.

1) Ein aktiver Angreifer kann die *Diensterbringung verhindern.*

   Hiergegen helfen die üblichen Fehlertoleranztechniken gegebenenfalls kombiniert mit einem Wechsel der Betreiberschaft, falls „zufällig" häufig alle redundanten Subsysteme ausfallen.

2) Ein aktiver Angreifer kann *durch Störung der Konsistenz der Verteilung manche Empfänger zumindest teilweise deanonymisieren.*

   Ist der aktive Angreifer beispielsweise der Sender einer Nachricht N, auf die der Empfänger antworten wird, und möchte er den Empfänger deanonymisieren, so kann er dies bei unsicher implementierter Verteilung folgendermaßen tun: Er sendet N und verhindert die Verteilung von N an alle anderen Teilnehmerstationen außer einer. Dann wartet er, bis der Empfänger geantwortet haben müßte. Erhält er keine Antwort, so wiederholt der seinen Angriff, indem er eine andere Teilnehmerstation N empfangen läßt. Ist auf N nicht nur *eine* Antwort zu erwarten, sondern ist dieser einfachstmögliche Dialog in einen längeren eingebettet, so kann die Länge dieses Angriffs, bei dem durchschnittlich die Hälfte aller anderen Teilnehmerstationen durchprobiert werden muß, auf den Logarithmus der Anzahl der anderen Teilnehmerstationen gedrückt werden: die Verteilung wird nur für die Hälfte der anderen Teilnehmerstationen gestört. Erhält der Angreifer Antwort, halbiert er für den nächsten Schritt die Gruppe, die die Nachricht erhielt, anderenfalls halbiert er deren Komplement zum vorherigen Schritt [Waid_89, WaPf1_89].

   Diese Angriffsart kann entweder durch analoge oder digitale Maßnahmen vereitelt werden. Eine **analoge Maßnahme** könnte in der Verwendung eines Mediums bestehen, daß *Konsistenz der Verteilung garantiert* – viele schreiben *Funknetzen* diese Eigenschaft zu. Da solche Eigenschaften schwer nachgewiesen werden können (vgl. das in Abschnitt 2.1.2 über unmanipulierbare Gehäuse Gesagte) und Funknetze anfällig für Angriffe auf die Diensterbringung sowie in der verfügbaren Bandbreite beschränkt sind, da das elektromagnetische Spektrum im wesentlichen nur einmal genutzt werden kann, ist es wichtig, digitale Maßnahmen zur Verfügung zu haben. **Digitale Maßnahmen** können *inkonsistente Verteilung natürlich nur erkennen* aber nicht verhindern, denn ein physisch genügend verbreiteter Angreifer kann die Signalausbreitung zu einzelnen Teilnehmerstationen immer durch Durchtrennen von Leitungen, Errichtung Faradayscher Käfige oder – für den Angreifer meist einfacher – Beschädigung der Funkantenne unterbinden. Die Erkennung inkonsistenter Verteilung kann dabei entweder *komplexitätstheoretisch* realisiert werden, indem Nachrichten mit Sequenznummern, Uhrzeit etc. versehen und von einer als bezüglich eines Angriffes auf die Verteilung als nichtkooperierend angenommenen Gruppe von Stationen unterschrieben werden [PfPW_89]. Oder sie kann sogar *informationstheoretisch* erreicht werden, indem das in Abschnitt 2.5.3.1 beschriebene überlagernde Senden durch geeignetes Einbeziehen der verteilten Nachrichten in die dortige Schlüsselgenerierung erweitert wird [Waid_89, WaPf1_89].

Will man Verteilung auch bei bisher vermittelten Diensten einsetzen, so muß jede Teilnehmerstation anhand eines **implizite Adresse** genannten Merkmals entscheiden können, welche Nachrichten wirklich für sie bestimmt sind. Im Gegensatz zu einer **expliziten Adresse** enthält eine implizite keinerlei Information, wo sich der Empfänger befindet und ggf. auf welchem Weg er zu erreichen ist.

Kann eine Adresse nur vom Empfänger ausgewertet werden, so spricht man von **verdeckter Adressierung**. Kann eine Adresse von jedem ausgewertet, d. h. auf Gleichheit mit anderen Adressen getestet werden, so nennt man dies **offene Adressierung** [Waid_85]. Bei offener Adressierung sind Nachrichten prinzipiell immer dann, wenn gleiche Adressen auftreten, über ihre Adresse, d. h. den Empfänger *verkettbar*.

Die übliche Implementierung von verdeckter impliziter Adressierung verwendet Redundanz innerhalb des Nachrichteninhalts und ein *asymmetrisches Konzelationssystem* (vgl. Abschnitt 2.2.1.2.1). Jede Nachricht wird ganz oder teilweise mit dem Chiffrierschlüssel des adressierten Teilnehmers verschlüsselt (wodurch bei der ersten Möglichkeit gleichzeitig Ende-zu-Ende-verschlüsselt wird). Nach der Entschlüsselung mit dem zugehörigen Dechiffrierschlüssel kann die Teilnehmerstation des adressierten Teilnehmers anhand der Redundanz feststellen, daß die Nachricht für sie bestimmt ist. Da die Implementierungen von asymmetrischen Konzelationssystemen aufwendig und damit bei begrenztem Implementierungsaufwand langsam sind (vgl. Abschnitt 2.2.2.3) und jede Teilnehmerstation alle Nachrichten entschlüsseln muß, ist dieses Verfahren im allgemeinen viel zu aufwendig [Ken1_81]. Es kann durch Austausch eines geheimen Schlüssels und Verwendung eines schnelleren *symmetrischen Kryptosystems* [Karg_77 Seite 111, 112] (statt eines asymmetrisches Konzelationssystems) nach Aufnahme der Kommunikationsbeziehung jedoch etwas effizienter gestaltet werden: Beginnt jede Nachricht mit einem Bit, das angibt, ob das asymmetrische Konzelations- oder symmetrische Kryptosystem zur Adressierung verwendet wurde, so kann durch Verwendung von Letzterem bei langandauernden Kommunikationsbeziehungen asymptotisch soviel Aufwand gespart werden, wie das symmetrische Kryptosystem effizienter als das asymmetrische Konzelationssystem implementierbar ist. Die Unverkettbarkeit von Nachrichten über die verdeckte implizite Adressierung ist natürlich nur so sicher, wie das unsicherste zur Adressierung verwendete Kryptosystem (bei der gegeben Öffentlichkeit der Schlüssel, vgl. übernächster Unterabschnitt über öffentliche und private Adressen).

Daß die verdeckte Adressierung der ersten Nachricht zwischen zwei Parteien, die noch keinen geheimen Schlüssel in Konzelation und Integrität garantierender Weise ausgetauscht haben, nicht unverkettbarer und in Bezug auf die verwendete Adresse anonymer (beides also bestenfalls in einer komplexitätstheoretischen Modellwelt beweisbar, vgl. Abschnitt 2.2.2.2) als mit dem sichersten asymmetrischen Konzelationssystem möglich ist, kann man sich wie folgt überlegen: Mit jeder Möglichkeit zur verdeckten Adressierung kann man die Funktion eines asymmetrischen Konzelationssystems erbringen, indem die ein Geheimnis übermitteln wollende Partei der anderen die Nachricht *„Die geheime Nachricht ist in der Form codiert, daß jede an dich adressierte Nachricht eine 1, jede nicht an dich adressierte Nachricht eine 0 bedeutet. <adressierte Nachricht 1>, <adressierte Nachricht 2>, ... <adressierte Nachricht n>"* unverschlüsselt zusendet [Pfi1_85 Seite 9, PfWa_86]. Dieses auf Empfänger-Anonymität basierende Konzelations-Protokoll entspricht dem auf Sender-Anonymität basierenden Konzelations-Protokoll von Alpern und Schneider [AlSc_83].

Wird in diesem Beweis unterstellt, daß beide Parteien einen geheimen Schlüssel in Konzelation und Integrität garantierender Weise ausgetauscht haben, so folgt, daß mit jeder Möglichkeit zur verdeckten Adressierung die Funktion eines symmetrischen Kryptosystems erbracht werden kann. Beide Beweise zusammen und die oben beschriebenen Implementierungen verdeckter impliziter Adressierung mittels Konzelationssystemen ergeben, daß verdeckte Adressierung und Konzelation sowohl im asymmetrischen wie im symmetrischen Fall äquivalent sind.

Aus den Beweisen resultieren in natürlicher Weise Schranken für die mögliche Effizienz, d. h. Konzelationsysteme und verdeckte Adressierung können sowohl im asymmetrischen wie auch im symmetrischen Fall jeweils „ähnlich" effizient sein.

Offene Adressierung läßt sich einfacher realisieren (als verdeckte), indem man z. B. Nachrichten mit einem Adreßfeld versieht und die Teilnehmer(stationen) beliebige Zahlen als Adressen erzeugen. Eine Teilnehmerstation muß dann nur bei allen erhaltenen Nachrichten dieses Adreßfeld mit ihren Adressen vergleichen. Dies kann sie z. B. mittels eines *Assoziativspeichers*, in den sie alle ihre Adressen schreibt und an den dann alle Adreßfelder angelegt werden, sehr schnell und effizient tun, selbst wenn sie (momentan) eine große Zahl von verschiedenen Adressen besitzt. Adreßerkennung ist bei offener Adressierung also wesentlich effizienter als bei verdeckter möglich.

Hinsichtlich der Adreßverwaltung kann man bei beiden Formen der impliziten Adressierung öffentliche und private Adressen unterscheiden: **Öffentliche Adressen** stehen in allgemein zugänglichen Adreßverzeichnissen (z. B. in einem „Telefonbuch") und dienen meist einer ersten Kontaktaufnahme. **Private Adressen** werden an einzelne Kommunikationspartner gegeben. Dies kann entweder außerhalb des Kommunikationsnetzes oder innerhalb als Absenderangabe in Nachrichten geschehen. Es sei angemerkt, daß die Kategorien „öffentliche Adresse" und „private Adresse" noch nichts über den Personenbezug aussagen: Öffentliche Adressen können (zumindest vor ihrem Gebrauch) informationstheoretisch anonym vor allen Instanzen außer dem Adressaten sein. Private Adressen können für den Benutzer durchaus einer Person zuordenbar sein.

			Adreßverwaltung	
			öffentliche Adresse	private Adresse
Adres-sie-rungs-art	implizite Adresse	verdeckt	sehr aufwendig, für Kontaktauf-nahme nötig	aufwendig
		offen	abzuraten	nach Kontaktaufnahme ständig wechseln
	explizite Adresse		sehr abzuraten	sehr abzuraten

Bild 18: Bewertung der Kombinationen von Adressierungsart und Adreßverwaltung

Bei offener Adressierung, im Gegensatz zur verdeckten, kann das Netz – wie bereits oben erwähnt – prinzipiell Informationen über die Empfänger von Nachrichten gewinnen. Dies kann bei Verwendung privater Adressen geschehen, wenn man dieselbe Adresse mehrfach verwendet, weil dann selbst für ansonsten unverkettbare Nachrichten erkennbar wird, daß sie an denselben Empfänger gerichtet sind. Die mehrmalige Verwendung offener Adressen muß also durch fortlaufendes Generieren und Mitübertragen oder durch Vereinbarung eines Generieralgorithmus vermieden werden. Der Generieralgorithmus „Verwende die nächsten n Zeichen eines rein zufällig generierten, nur einmal benutzten und in perfekte informationstheoretische Konzelation und Integrität garantierender Weise vorher verteilten Schlüssels" erlaubt *perfekte informationstheoretische Unverkettbarkeit und Anonymität* vor Unbeteiligten. Mit den bis hierher geschilderten Verfahren ist dann allerdings aus organisatorischen Gründen keine wirkliche Anonymität zwischen den Beteiligten möglich (vgl. das in Abschnitt 2.2.2.2 über perfekte informationstheoretische Konzelation Gesagte). In Abschnitt 2.5.3.1.3 wird dann mit dem paarweisen überlagernden Empfangen eine auf Senderanonymität basierende Methode zum Austausch eines Schlüssels zwischen anonymen Beteiligten beschrieben. Ist die Senderanonymität informationstheoretisch, so erfolgt der Schlüsselaustausch (ebenfalls in der informationstheoretischen Modellwelt) in Konzelation und Integrität garantierender Weise. Da informationstheoretische Senderanonymität möglich, aber mit sehr, sehr großem Aufwand verbunden ist, ist das angedeutete Schlüsselaustausch-Verfahren zwar möglich, aber praktisch kaum anwendbar. Erzeugt man hingegen den nur einmal benutzten Schlüssel mit einem kryptographisch starken Pseudozufallsbitfolgengenerator (vgl. Abschnitt 2.2.2.2), so kann nur *perfekte komplexitäts-theoretische Unverkettbarkeit und Anonymität* gewahrt werden – dafür ist dann Anonymität zwischen den Beteiligten auch praktisch kein Problem mehr, da der Startwert des Pseudozufallsbitfolgengenerators mit einem perfekten komplexitätstheoretischen asymmetrischen Konzelationssystem ausgetauscht werden kann.

Bei Verwendung öffentlicher offener Adressen kann sogar festgestellt werden, unter welcher Bezeichnung der Empfänger im Adreßverzeichnis eingetragen ist. Die Verwendung solcher Adressen sollte also möglichst vermieden werden.

Die Datenschutz- und Aufwandseigenschaften der Kombinationen von Adressierungsart und Adreßverwaltung sind in Bild 18 zusammengefaßt.

Durch Verteilung und geeignete implizite Adressierung kann der Empfänger einer Nachricht also vollständig geschützt werden.

Leider sind nicht alle Typen von Kommunikationsnetzen für diese Maßnahme gleichermaßen geeignet. Dies wird in den Abschnitten 2.6 und 3.2.1 ausführlich diskutiert.

2.5.2   Schutz der Kommunikationsbeziehung (MIX-Netz)

Statt zusätzlich zum Empfänger auch den Sender verborgen zu halten, kann man zunächst versuchen, nur deren Verbindung geheimzuhalten und so die Anonymität der Kommunikation herzustellen.

Diese Idee wird durch das Verfahren der **umcodierenden MIXe** verwirklicht [Chau_81, Cha1_84].

Bei diesem von David Chaum 1981 für elektronische Post vorgeschlagenen Verfahren werden Nachrichten von ihren Sendern nicht notwendigerweise auf dem kürzesten Weg zu ihren Empfängern geschickt, sondern über mehrere möglichst bezüglich ihres Entwurfes, ihrer Herstellung [Pfit_86 Seite 356] und ihres Betreibers [Chau_81, Cha1_84 Seite 99] *unabhängige* sowie Nachrichten *gleicher Länge puffernde*, *umcodierende* und *umsortierende* Zwischenstationen, sogenannte MIXe, geleitet. Jeder MIX codiert Nachrichten gleicher Länge um, d. h. ent- oder verschlüsselt sie unter Verwendung eines Konzelation garantierenden Kryptosystems, so daß ihre Wege über ihre Länge und Codierung, zusammen ihr äußeres Erscheinungsbild, nicht verfolgt werden können (vgl. die 3. Anforderung an ein symmetrisches Kryptosystem in Abschnitt 2.2.1.1 und die Definition eines perfekten komplexitätstheoretischen asymmetrischen Konzelationssystems in Abschnitt 2.2.2.2).

Damit dieses Verfolgen des Weges auch über zeitliche oder räumliche Zusammenhänge nicht möglich ist, muß jeder MIX jeweils mehrere Nachrichten gleicher Länge abwarten (oder ggf. auch selbst erzeugen oder von Teilnehmerstationen erzeugen lassen — sofern nichts Nützliches zu senden ist, eben bedeutungslose Nachrichten, die von der Teilnehmerstation des Empfängers oder bei geeigneter Verschlüsselungsstruktur und Adressierung bereits von einem der folgenden MIXe ignoriert werden), sie dazu puffern und nach der Umcodierung umsortiert, d. h. in anderer zeitlicher Reihenfolge bzw. auf anderen Leitungen ausgeben. Eine geeignete Reihenfolge ist etwa die alphabetische Ordnung der umcodierten Nachrichten. (Solch eine von vornherein vorgegebene Reihenfolge ist besser als eine zufällige, da so der verborgene Kanal (covert -, hidden channel) der „zufälligen" Reihenfolge für ein eventuell im jeweiligen MIX vorhandenes Trojanisches Pferd geschlossen wird. Da auch die Anzahl der jeweils gleichzeitig zu mixenden Nachrichten sowie die Zeitverhältnisse exakt vorgegeben werden können und dem MIX das Erzeugen von Nachrichten verboten werden kann, braucht damit keinerlei Möglichkeit zu bestehen, über die ein eventuell vorhandenes Trojanisches Pferd einem nicht empfangsberechtigten Empfänger Information zukommen lassen kann [PoKl_78, Denn_82 Seite 281].)

Die zum Zwecke des Verbergens zeitlicher oder räumlicher Zusammenhänge zusammen gemixten, d. h. zusammen gepufferten (oder erzeugten), umcodierten und umsortiert (beispielsweise in alphabetischer Reihenfolge) ausgegebenen Nachrichten gleicher Länge werden als ein *Schub* (batch [Chau_81 Seite 85]) bezeichnet.

Zusätzlich zum Puffern, Umcodieren und Umsortieren von Nachrichten gleicher Länge muß jeder MIX darauf achten, daß *jede Nachricht nur einmal gemixt wird* – oder anders herum gesagt: Nachrichtenwiederholungen ignoriert werden. Eine Eingabe-Nachricht stellt genau dann eine Nachrichtenwiederholung dar, wenn sie schon einmal bearbeitet wurde und die jeweils zugehörigen Ausgabe-Nachrichten von Unbeteiligten verkettbar (beispielsweise gleich) wären. (Wann dies genau der Fall ist, hängt vom verwendeten Umcodierungsschema ab und wird deshalb zusammen mit den Umcodierungsschemata weiter unten diskutiert.)

Wird eine Nachricht innerhalb *eines* Schubes mehrfach bearbeitet, so entstehen über die Häufigkeiten der Eingabe- und Ausgabe-Nachrichten dieses Schubes unerwünschte Entsprechungen: einer Eingabe-Nachricht, die n-mal auftritt, entspricht eine Ausgabe-Nachricht, die ebenfalls n-mal auftritt. Treten alle Eingabe-Nachrichten eines Schubes verschieden häufig auf, so schützt das Umcodieren dieses Schubes also überhaupt nicht.

Wird eine Nachricht in *mehreren* Schüben bearbeitet, so können zwischen diesen Schüben nichtleere Durchschnitte (und Differenzen) gebildet werden, indem jeweils der Durchschnitt (die Differenz) der Eingabe- und Ausgabe-Nachrichten gebildet wird, wobei beim Durchschnitt (bei der Differenz) von letzteren im allgemeinen Fall statt Gleichheit Verkettbarkeit geprüft wird. Natürlich können diese beiden Operationen wiederum auf beliebige Operationsergebnisse angewendet werden. Bei Nachrichten, die in einem Durchschnitt (einer Differenz) der Kardinalität 1 liegen, ist die Entsprechung zwischen Eingabe- und Ausgabe-Nachricht klar – bezüglich ihnen trägt dieser MIX zum Schutz der Kommunikationsbeziehung nichts bei.

2.5.2.1 Grundsätzliche Überlegungen über Möglichkeiten und Grenzen des Umcodierens

Das **Ziel** dieses Verfahrens der umcodierenden MIXe ist, daß alle anderen Sender und Empfänger der zusammen in den Schüben der MIXe gemixten Nachrichten [Pfi1_85 Seite 11] oder alle MIXe, die von einer Nachricht durchlaufen wurden, [Chau_81 Seite 85] zusammenarbeiten müssen, um die Kommunikationsbeziehung gegen den Willen von Sender oder Empfänger aufzudecken. Solange beides nicht gegeben ist, sollte aus der Sicht des Angreifers jede von einem Sender während eines bestimmten Zeitintervalls gesendete Nachricht zu jeder von einem Empfänger empfangenen Nachricht entsprechender Länge gehören können – außer der Angreifer ist Sender *und* Empfänger der Nachricht. Dabei wird die Länge der Zeitintervalle durch die maximal tolerierbaren Verzögerungszeiten der Dienste bestimmt: Jede von einem Sender gesendete Nachricht kann natürlich erst nach ihrem Senden, muß aber vor Ablauf der maximal tolerierbaren Verzögerungszeit des Dienstes beim Empfänger eintreffen.

Dieses Ziel, das in der Diktion von Abschnitt 2.1.2 die Nachrichten und die Teilnehmer bezüglich ihres Sendens und Empfangens lediglich nach Zeitintervallen und Nachrichtenlängen in Klassen einteilt, bezüglich dieser Klassen und dem beschriebenen Angreifermodell aber *Unbeobachtbarkeit der Kommunikationsbeziehung* vor Unbeteiligten und – sofern gewünscht – *An-*

onymität der Kommunikationspartner voreinander als auch *Unverkettbarkeit der Kommunikationsbeziehungen* garantiert, ist das Maximum des Erreichbaren:

Arbeiten alle anderen Sender und Empfänger von Nachrichten, die von einem MIX zusammen gepuffert, umcodiert und umsortiert ausgegeben wurden (d. h. in einem Schub gemixt wurden), zusammen, so kann der MIX von ihnen prinzipiell bezüglich der von einem anderen gesendeten Nachrichten überbrückt werden. Praktisch ist dies besonders schlimm, wenn es einem Angreifer möglich ist, von $n+1$ Nachrichten, die von MIXen zusammen gepuffert, umcodiert und umsortiert ausgegeben wurden (d. h. jeweils in einem Schub gemixt wurden), selbst n zu liefern. Aus diesen für einen einzelnen MIX in [Pfi1_85 Seite 11] gemachten Aussagen folgt, daß, wenn alle anderen Sender und Empfänger von Nachrichten gleicher Länge eines bestimmten Zeitintervalls zusammenarbeiten, sie einen weiteren Sender und Empfänger trotz der Benutzung beliebig vieler, vom Angreifer nicht kontrollierten MIXe, vollständig beobachten können.

Daß das Verfahren der umcodierenden MIXe, sofern alle von einer Nachricht durchlaufenen MIXe zusammenarbeiten, für diese Nachricht nichts nützt, ist trivial.

Aus dem oben formulierten Ziel folgt, daß *das Umcodieren einer Nachricht (bzw., wie später erläutert wird, eines Nachrichtenteils) relevanten Inhalts nie aus Ver- gefolgt von Entschlüsseln besteht, sofern überflüssiges Umcodieren unterlassen wird und das verwendete Kryptosystem nur die in Abschnitt 2.2 genannten Eigenschaften besitzt:* Gibt es eine Ver- gefolgt von einer Entschlüsselung und besitzt das verwendete Kryptosystem nur die in Abschnitt 2.2 genannten Eigenschaften, muß dabei die Entschlüsselung mit dem zur Verschlüsselung passenden Schlüssel geschehen, da anderenfalls die Nachricht nie mehr verstanden werden kann. Dies bedeutet, daß sie in diesen beiden MIXen in gleicher Gestalt vorliegt, so daß diese beiden MIXe die Kommunikationsbeziehung dieser Nachricht genausogut ohne diese Ver- und Entschlüsselung wie mit ihr aufdecken können – dieses Ver- und Entschlüsseln ist also für den Schutz der Kommunikationsbeziehung im Sinne des Erreichens des gerade formulierten Zieles ohne Belang, zumal sich dadurch die Beteiligung von Sendern und Empfängern nicht ändert.

Aus dem oben formulierten Ziel folgt ebenfalls, daß *alle Nachrichten gleicher Länge des betrachteten Zeitintervalls die MIXe jeweils gleichzeitig (und deshalb auch in gleicher Reihenfolge) durchlaufen müssen:* Durchlaufen nicht alle Nachrichten gleicher Länge des betrachteten Zeitintervalls die MIXe jeweils gleichzeitig, so gibt es einen MIX M, den zwei Nachrichten $N1$ und $N2$ nicht gleichzeitig durchlaufen. Arbeiten nun alle anderen MIXe zusammen, so können sie dies beobachten und damit die zu $N1$ bzw. $N2$ gehörigen Sender und Empfänger jeweils unterscheiden.

Durchlaufen alle Nachrichten gleicher Länge des betrachteten Zeitintervalls die MIXe jeweils gleichzeitig und sendet und empfängt jede Teilnehmerstation in jedem Zeitintervall mindestens eine Nachricht jeder Länge, wird das *Ziel* des Verfahrens der umcodierenden MIXe sogar *ohne Klasseneinteilung der Teilnehmer* erreicht.

Sendet und empfängt überdies jede Teilnehmerstation in jedem Zeitintervall jeweils die gleiche Anzahl Nachrichten jeder Länge (Teilnehmerstationen dürfen durchaus eine andere Anzahl Nachrichten senden als empfangen; verschiedene Teilnehmerstation auch jeweils verschieden viele), so wird *perfekte komplexitätstheoretische Unbeobachtbarkeit der Kommunikationsbe-*

ziehung vor Unbeteiligten und – sofern gewünscht – *perfekte komplexitätstheoretische Anonymität der Kommunikationspartner voreinander* als auch *perfekte komplexitätstheoretische Unverkettbarkeit der Kommunikationsbeziehungen* erreicht (vgl. Abschnitt 2.1.1).

Das Umcodieren der MIXe muß natürlich so gestaltet werden, daß der Empfänger die Nachricht trotzdem verstehen kann: sofern die Nachricht bei ihm verschlüsselt ankommt, muß er alle zur Entschlüsselung notwendigen **Schlüssel** sowie die richtige Reihenfolge ihrer Anwendung bereits **kennen** oder während des Entschlüsselungsprozesses selbst kennenlernen. Außerdem muß natürlich jeder MIX in der Lage sein, die von ihm erwartete Umcodierung durchzuführen, er muß also den Schlüssel zur Ver- oder Entschlüsselung entweder bereits kennen oder während des Prozesses der Umcodierung selbst kennenlernen. Eine verschlüsselnde Umcodierung einer Nachricht muß also letztlich vom Empfänger dem durchführenden MIX spezifiziert werden, eine entschlüsselnde Umcodierung einer Nachricht von ihrem Sender.

Außerdem dürfen die vom MIX zu verwendenden Schlüssel diesem nichts Wesentliches über die Identität des Senders oder Empfängers der Nachricht verraten. Es ist wohl akzeptabel, daß der erste MIX einer Nachricht ihren Sender kennt und, sofern keine Verteilung zum Schutz des Empfängers verwendet wird, der letzte MIX den Empfänger. Einem „mittleren" MIX sollte der zu verwendende Schlüssel nichts über den Sender oder Empfänger verraten, so daß in diesem Fall die Verwendung eines statisch fest ausgetauschten geheimen Schlüssels und damit informationstheoretische Konzelation (vgl. Abschnitt 2.2.2.2 und 2.2.2.3) nicht möglich ist. (Wie bereits in Abschnitt 2.5.1 angemerkt, wird in Abschnitt 2.5.3.1.3 mit dem paarweisen überlagernden Empfangen eine auf Senderanonymität basierende Methode zum Austausch eines Schlüssels beschrieben. Ist die Senderanonymität informationstheoretisch, so erfolgt der Schlüsselaustausch – ebenfalls in der informationstheoretischen Modellwelt – in Konzelation und Integrität garantierender sowie Anonymität erhaltender Weise. Da informationstheoretische Senderanonymität möglich, aber mit sehr, sehr großem Aufwand verbunden ist, ist das angedeutete Schlüsselaustausch-Verfahren zwar möglich, aber praktisch kaum anwendbar.)

Also können Nachrichten an und damit auch Nachrichten von „mittleren" MIXen (praktisch) nur in perfekte komplexitätstheoretische Konzelation garantierender Weise verschlüsselt werden, die durch sie erreichbare Anonymität ist also nur *komplexitätstheoretischer* Natur.

Nach diesen grundsätzlichen Überlegungen über Möglichkeiten und Grenzen des Umcodierens können nun konkrete Umcodierungsschemata systematisch hergeleitet werden. Zunächst soll dies mit Verallgemeinerungen der drei in [Chau_81] einfach angegebenen und dort bezüglich ihrer Grenzen und Notwendigkeit nicht genau diskutierten Umcodierungsschemata geschehen.

2.5.2.2   Senderanonymität

Gesucht sei ein Umcodierungsschema, das es einem Sender erlaubt, einem Empfänger eine Nachricht zukommen zu lassen, dabei aber vor ihm und allen (außer dem ersten) verwendeten MIXen anonym zu bleiben, sowie die Kommunikationsbeziehung zu verbergen, sofern nicht alle MIXe, die von der Nachricht durchlaufen werden, oder alle anderen Sender und Empfänger von Nachrichten im gleichen Zeitintervall zusammenarbeiten. Nach dem vorher Gesagten kann der Sender keinen geheimen Schlüssel mit dem Empfänger und den MIXen, vor denen er anonym bleiben will, verwenden. Also muß bezüglich ihnen ein asymmetrisches Konzelationssystem verwendet werden und der Sender dazu ihre Chiffrierschlüssel kennen. Mit den zur Verschlüsselung geeigneten Schlüsseln kann er dann entweder die Nachricht direkt (*direktes Umcodierungsschema für Senderanonymität*) oder einen eine weitere Nachrichtenumcodierung spezifizierenden geheimen Schlüssel (*indirektes Umcodierungsschema für Senderanonymität*, wird weiter unten und dort gleich in der allgemeineren Form eines *indirekten Umcodierungsschemas* behandelt) verschlüsseln.

Direktes Umcodierungsschema für Senderanonymität: Der Absender einer Nachricht verschlüsselt sie so mit öffentlich bekannten Chiffrierschlüsseln eines asymmetrischen Konzelationssystems (bzw. für den ersten MIX der zu durchlaufenden MIX-Folge ggf. mit einem mit ihm vereinbarten geheimen Schlüssel eines symmetrischen Kryptosystems), daß sie nacheinander von der von ihm gewählten Folge von MIXen mit deren zugehörigen geheimgehaltenen Dechiffrierschlüsseln (bzw. ggf. mit dem mit dem ersten MIX vereinbarten geheimen Schlüssel eines symmetrischen Kryptosystems) entschlüsselt werden muß. Dadurch ändert sich das Erscheinungsbild der Nachricht auf jedem Stück ihres Weges, so daß ihr Weg (außer wenn alle MIXe, die sie durchläuft, zusammenarbeiten oder der Sender kooperiert oder alle anderen Sender und Empfänger von Nachrichten im gleichen Zeitintervall (genauer: Schub) zusammenarbeiten) nicht verfolgt werden kann.

Sei $A_1,...,A_n$ die Folge der Adressen und $c_1,...,c_n$ die Folge der öffentlich bekannten Chiffrierschlüssel der vom Sender gewählten MIX-Folge $MIX_1,...,MIX_n$, wobei c_1 auch ein geheimer Schlüssel eines symmetrischen Kryptosystems sein kann. Sei A_{n+1} die Adresse des Empfängers, der zur Vereinfachung der Notation MIX_{n+1} genannt wird, und c_{n+1} sein Chiffrierschlüssel. Sei $z_1,...,z_n$ eine Folge zufälliger Bitketten (bit strings; die Bildung des deutschen Begriffes erfolgte in Analogie zu „Zeichenkette"). Ist c_1 ein geheimer Schlüssel eines symmetrischen Kryptosystems, so kann z_1 die leere Bitkette sein. Ist c_i ein Chiffrierschlüssel eines bereits von sich aus indeterministisch verschlüsselnden asymmetrischen Konzelationssystems, so kann z_i ebenfalls die leere Bitkette sein. Der Sender bildet die Nachrichten N_i, die MIX_i erhalten wird, ausgehend von der Nachricht N, die der Empfänger (MIX_{n+1}) erhalten soll:

$$\begin{aligned}
N_{n+1} &= c_{n+1}(N) \\
N_i &= c_i(z_i, A_{i+1}, N_{i+1}) \qquad \text{für } i=n,...,1
\end{aligned}$$

Der Sender sendet N_1 an MIX_1. Jeder MIX erhält nach der Entschlüsselung die Adresse des nächsten und die für diesen bestimmte Nachricht. Die Mitverschlüsselung zufälliger Bitketten ist bei Verwendung eines deterministischen asymmetrischen Kryptosystems nötig, da ein Angreifer ansonsten nicht nur – wie in Abschnitt 2.2.1.2.1 erwähnt – kurze Standardnachrichten erraten und mit dem öffentlich bekannten Chiffrierschlüssel testen kann, sondern in diesem Fall sogar (ganz ohne Raten) die gesamte Ausgabe des MIXes testen könnte.

Bei diesem direkten Umcodierungsschema für Senderanonymität ist das Umcodieren einer Nachricht (zumindest bei allen außer dem ersten MIX) vollständig durch den jeweils öffentlich bekannten Chiffrierschlüssel bestimmt. Um nicht über Nachrichtenhäufigkeiten Entsprechungen zwischen Ein- und Ausgabe dieser MIXe entstehen zu lassen, *bearbeitet jeder MIX, solange er sein Schlüsselpaar beibehält, mit dem zugehörigen geheimgehaltenen Dechiffrierschlüssel nur unterschiedliche Eingabe-Nachrichten.* Erhält ein MIX während dieser Zeitspanne eine Eingabe-Nachricht mehrmals mit dem Auftrag, sie mit seinem geheimgehaltenen Dechiffrierschlüssel zu entschlüsseln, ignoriert er ihr wiederholtes Eintreffen.

c_j ist der Chiffrier-, d_j der Dechiffrierschlüssel von MIX j.
z_i sind zufällige Bitketten, N_i Nachrichten.

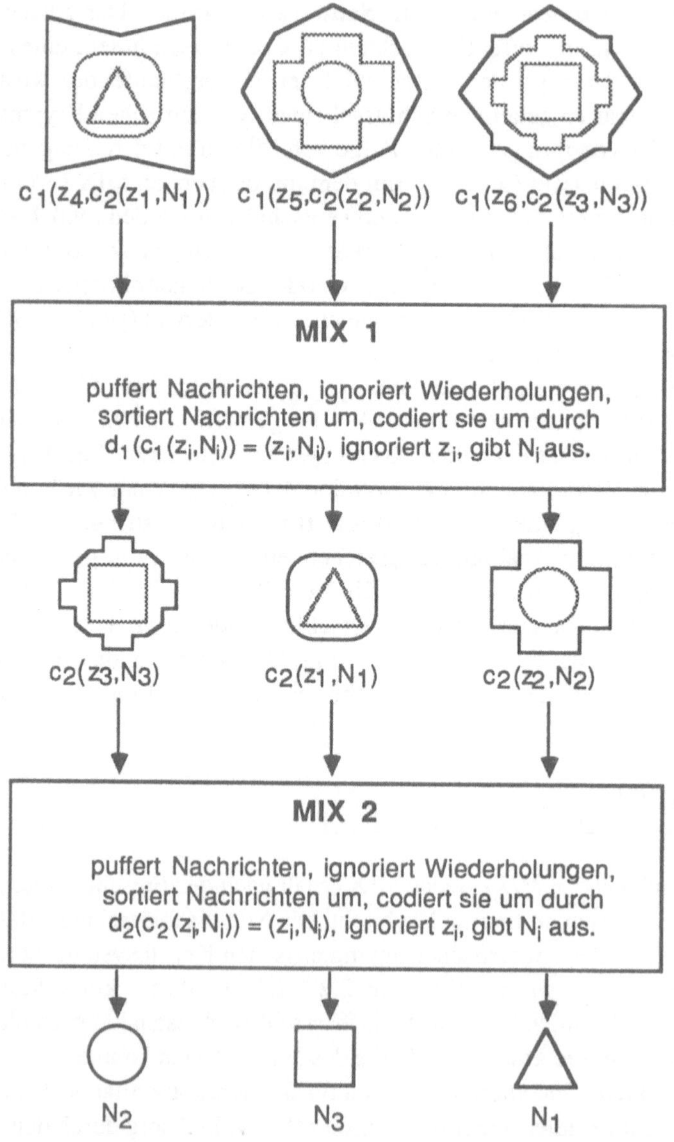

Bild 19: MIXe verbergen den Zusammenhang zwischen ein- und auslaufenden Nachrichten

Das bereits verbal beschriebene direkte Umcodierungsschema für Senderanonymität ist in Bild 19 anhand zweier MIXe noch einmal graphisch dargestellt. Allerdings wurden dort die Adressen weggelassen und die Indizes von Nachrichten und zufälligen Bitketten nur zu deren Unterscheidung benutzt, da bei Verwendung der Indizierungskonvention des rekursiven Bildungsschemas eine Doppelindizierung nötig geworden wäre.

In Bild 20 wird ein etwas größeres Beispiel ($n=5$) in einer graphischen Darstellung gezeigt, die betont, wer welche Schlüssel kennt und in welcher Reihenfolge Nachrichten verschlüsselt, transferiert und entschlüsselt.

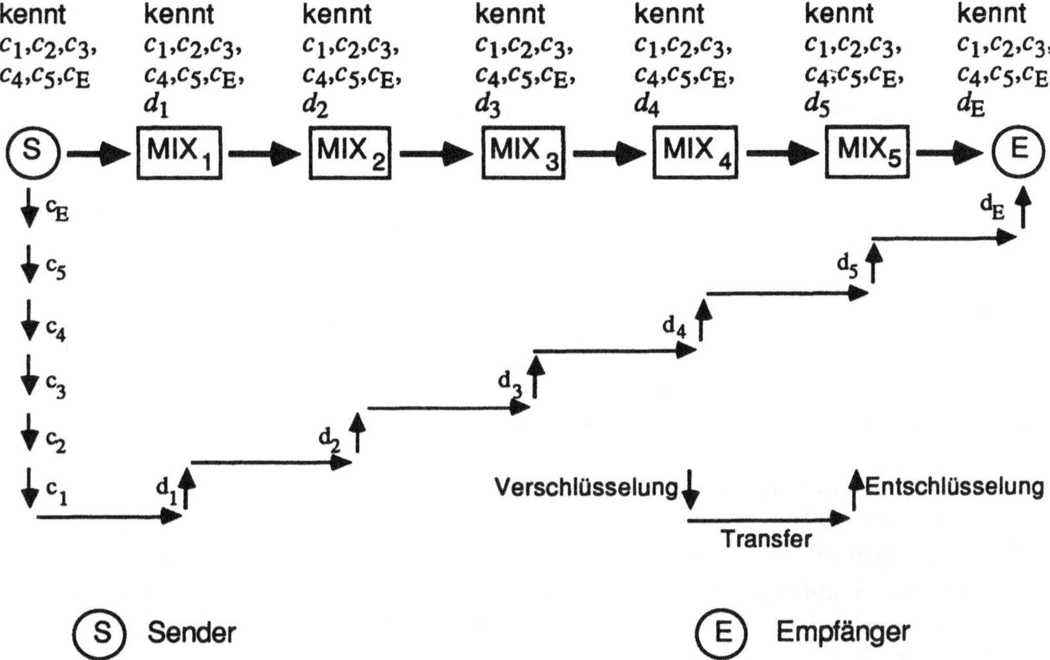

Bild 20: Transfer- und Verschlüsselungsstruktur der Nachrichten im MIX-Netz bei Verwendung eines direkten Umcodierungsschemas für Senderanonymität

2.5.2.3   Empfängeranonymität

Neben der Möglichkeit, eine Nachricht bezüglich einer Kommunikationsbeziehung anonym *senden* zu können, ist es zum Schutz der Kommunikationsbeziehung auch nötig, eine Nachricht bezüglich einer Kommunikationsbeziehung anonym *empfangen* zu können. Dies leistet das gerade beschriebene Umcodierungsschema lediglich in der Hinsicht nicht, daß der Sender die Nachricht N_{n+1} natürlich kennt und deshalb den Empfänger in einem normalen Vermittlungsnetz identifizieren kann, sofern

1. der Sender selbst oder jemand, der mit ihm zusammenarbeitet, die entsprechende *Leitung abhören* kann oder die Kooperation des Betreibers oder eines Herstellers des dem

MIX-Netz zugrundeliegenden Kommunikationsnetzes hat, oder in vielen Fällen wesentlich einfacher,

2. die Adresse A_{n+1} eine *öffentliche oder explizite Adresse* ist, die einen Personenbezug aufweist oder deren, meist an der Topologie des Kommunikationsnetzes orientiertes Bildungsschema entweder allgemein bekannt ist bzw. auch anderenfalls meist erschlossen werden kann oder dem Sender vom Betreiber oder einem Hersteller des Kommunikationsnetzes der zu dieser Adresse gehörige „Ort" mitgeteilt wird, oder

3. zusätzlich zu 1. oder 2. der Sender die *Kooperation von MIX$_n$* hat, was besonders wahrscheinlich ist, wenn er ihn auswählen kann.

Dies Problem kann nun natürlich bezüglich der 1. Bedrohung durch virtuelle Verbindungs-Verschlüsselung zwischen MIX_n und Empfänger [Pfi1_85 Seite 12, 14], bezüglich der 2. Bedrohung durch die Verwendung von impliziten privaten Adressen (beispielsweise könnte A_{n+1} eine zwischen MIX_n und dem Empfänger vereinbarte implizite private Adresse sein und von MIX_n durch eine explizite öffentliche des Kommunikationsnetzes ersetzt werden) und selbst bezüglich aller Bedrohungen mit dem in Abschnitt 2.5.1 beschriebenen Verfahren zum Schutz des Empfängers durch implizite Adressierung und Verteilung gelöst werden. Durch Letzteres wird sogar mehr als nur die Kommunikationsbeziehung geschützt. Je nach Struktur und Leistungsfähigkeit des zugrundeliegenden Kommunikationsnetzes kann die Verteilung „letzter" (d. h. direkt an den Empfänger gerichteter) Nachrichten die Nutzleistung des Kommunikationsnetzes jedoch in unakzeptabler Weise reduzieren, so daß eine bezüglich der Belastung des Kommunikationsnetzes schonendere Art des Schutzes des Empfängers bezüglich seiner Kommunikationsbeziehung vor dem Sender gesucht ist. Diese Art des Schutzes muß hinwiederum nicht unbedingt den Sender vor dem Empfänger schützen, denn sie könnte ja mit einem Umcodierungsschema für Senderanonymität kombiniert werden: der Sender sendet seine Nachricht unter Verwendung des Umcodierungsschemas für Senderanonymität an irgendeine Instanz X, beispielsweise einen MIX, mit der Bitte, sie auf die den Empfänger vor dem Sender schützende Art dem Empfänger zukommen zu lassen. Für den Schutz der Kommunikationsbeziehung zwischen Sender und Empfänger (genauer: ihre *gegenseitige Anonymität*) ist es nun völlig unkritisch, daß der Sender den Empfang seiner Nachricht durch X und der Empfänger das Senden seiner Nachricht durch X beobachten kann. Nachdem Instanz X ihren Zweck – eine einfachstmögliche Erklärung des Prinzips – erfüllt hat, wird sie nun wegrationalisiert: Die Konkatenation der Umcodierungsschemata kann leicht so modifiziert werden, daß der letzte MIX des Senderanonymitätsschemas die bisher von X gesendete Nachricht gleich an den ersten MIX des Empfängeranonymitätsschemas sendet.

Ignoriert man (in Analogie zum Umcodierungsschema für Senderanonymität) also den Schutz des Senders bezüglich einer Kommunikationsbeziehung vor dem Empfänger, so ist ein Umcodierungsschema gesucht, das es einem Empfänger erlaubt, von einem Sender einen Nachrichteninhalt zu erhalten, dabei aber vor ihm und allen (außer dem letzten) verwendeten MIXen anonym zu bleiben, sowie die Kommunikationsbeziehung zu verbergen, sofern nicht alle MIXe, die von der Nachricht durchlaufen werden, oder alle anderen Sender und Empfänger von Nachrichten im gleichen Zeitintervall zusammenarbeiten. Um vor dem Sender anonym zu bleiben, muß der Empfänger die Umcodierungen den durchlaufenen MIXen spezifizieren – nicht etwa wie im Umcodierungsschema für Senderanonymität der Sender. Bezüglich des vom Sender generierten Nachrichteninhalts muß es sich also um verschlüsselndes Umcodieren handeln, wozu jedem MIX der von ihm zu verwendende Schlüssel mitgeteilt werden muß, da nach dem vorher Gesagten der Empfänger keinen statisch ausgetauschten geheimen Schlüssel mit dem Sender und den MIXen, vor denen er anonym bleiben will, verwenden kann. Diese Schlüsselmitteilung geschieht am praktischsten dadurch, daß dem vom Sender generierten Nachrichteninhalt noch ein zweiter, *Rückadreßteil* genannter, Nachrichtenteil mitgegeben wird, der Teil einer vom Empfänger gebildeten sogenannten *anonymen Rückadresse* (untraceable return address, [Chau_81]) ist. Der Rückadreßteil muß von jedem MIX mit dem zu seinem öffentlich bekannten Chiffrierschlüssel gehörigen geheimgehaltenen Dechiffrierschlüssel entschlüsselt werden (ggf. kann bezüglich des letzten MIXes stattdessen auch ein zwischen ihm und dem Empfänger ausgetauschter geheimer Schlüssel eines symmetrischen Kryptosystems verwendet werden), um ihm als Inhalt nicht nur den Rückadreßteil für den nächsten MIX, sondern auch den von ihm für die Verschlüsselung der vom Sender generierten Nachricht zu verwendenden Schlüssel bekannt zu machen. Bei einem *Umcodierungsschema für Empfängeranonymität* muß es sich also um ein *indirektes* Umcodierungsschema handeln.

Indirektes Umcodierungsschema für Empfängeranonymität: Sei $A_1,...,A_m$ die Folge der Adressen und $c_1,...,c_m$ die Folge der öffentlich bekannten Chiffrierschlüssel der vom Empfänger gewählten MIX-Folge $MIX_1,...,MIX_m$, wobei c_m auch ein geheimer Schlüssel eines symmetrischen Kryptosystems sein kann. Die von der anonymen Rückadresse begleitete Nachricht wird diese MIXe in aufsteigender Reihenfolge ihrer Indizes durchlaufenen. Sei A_{m+1} die Adresse des Empfängers, der zur Vereinfachung der Notation MIX_{m+1} genannt wird. Ebenfalls zur Vereinfachung werde der Sender MIX_0 genannt. Der Empfänger einer Nachricht bildet eine **anonyme Rückadresse** (k_0,A_1,R_1), wobei k_0 ein für diesen Zweck generierter Schlüssel eines symmetrischen Kryptosystems (ein asymmetrisches Konzelationssystem wäre natürlich auch möglich, aber aufwendiger) ist, mit dem MIX_0 den Nachrichteninhalt verschlüsseln soll, damit MIX_1 ihn nicht lesen kann, und R_1 der Teil der anonymen Rückadresse ist, der von MIX_0 dem von ihm generierten und mit k_0 verschlüsselten Nachrichteninhalt mitgegeben wird. R_1 wird vom Empfänger ausgehend von einem zufällig gewählten eindeutigen Namen e der Rückadresse nach dem folgenden rekursiven Schema gebildet, bei dem R_j jeweils den Rückadreßteil bezeichnet, den MIX_j erhalten wird, und k_j jeweils den Schlüssel eines symmetrischen Kryptosystems (ein asymmetrisches Konzelationssystem wäre auch möglich, aber aufwendiger), mit dem MIX_j den den Nachrichteninhalt enthaltenden Nachrichtenteil verschlüsseln soll:

$$R_{m+1} = e$$
$$R_j = c_j(k_j,A_{j+1},R_{j+1}) \qquad \text{für } j=m,...,1$$

Diese Rückadreßteile R_j und der ggf. bereits mehrmals verschlüsselte, vom Sender generierte Nachrichteninhalt I, *Nachrichteninhaltsteil* I_j genannt, bilden zusammen die Nachrichten N_j, die jeweils von MIX_{j-1} gebildet und an MIX_j gesendet werden – nach dem folgenden rekursiven Schema also zuerst vom Sender MIX_0 und dann der Reihe nach von den durchlaufenen MIXen $MIX_1,...,MIX_m$:

$$N_1 = R_1,I_1; \qquad I_1 = k_0(I)$$
$$N_j = R_j,I_j; \qquad I_j = k_{j-1}(I_{j-1}) \qquad \text{für } j=2,...,m+1$$

Der Empfänger MIX_{m+1} erhält also $e, N_{m+1} = e, k_m(\ldots k_1(k_0(I))\ldots)$ und kann, da er dem eindeutigen Namen e der Rückadresse alle geheimen Schlüssel k_j (im Falle der Verwendung eines asymmetrischen Konzelationssystems: alle Dechiffrierschlüssel) in richtiger Reihenfolge zuordnen kann, ohne Probleme entschlüsseln und so den Nachrichteninhalt I gewinnen.

Die Mitverschlüsselung zufälliger Bitketten ist diesmal auch bei Verwendung von deterministischen Kryptosystemen nicht nötig, da die mit öffentlich bekannten Chiffrierschlüsseln der MIXe verschlüsselten Nachrichtenteile R_j mit dem nicht ausgegebenen k_j genügend dem Angreifer nicht bekannte Information enthalten und bezüglich dem Umcodieren mit dem Angreifer unbekannten Schlüsseln diesem sowieso kein Testen möglich ist.

Bei diesem indirekten Umcodierungsschema für Empfängeranonymität ist nur das Umcodieren des Rückadreßteils (zumindest bei allen außer dem letzten MIX) vollständig durch den jeweils öffentlich bekannten Chiffrierschlüssel bestimmt. Um nicht über Nachrichtenhäufigkeiten Entsprechungen zwischen Ein- und Ausgabe dieser MIXe entstehen zu lassen, *bearbeitet jeder MIX (solange er sein Schlüsselpaar beibehält) nur unterschiedliche Rückadreßteile.* Eine Wiederholung des Nachrichteninhaltsteils I_j ist unkritisch, sofern zum Umcodieren jeweils ein unterschiedlicher Schlüssel verwendet wird. Dies ist, da jede anonyme Rückadresse nur einmal verwendet werden kann, immer dann der Fall, wenn beim Bilden anonymer Rückadressen jeweils neue Schlüssel k_j verwendet werden. Beachtet ein Empfänger beim Bilden von anonymen Rückadressen diese Regel nicht, schadet er sich nur selbst. Verwendet ein MIX_j einen alten Schlüssel k_j zur Bildung einer Rückadresse, kann er dadurch dem Generierer von k_j auch nicht mehr schaden als durch Verraten des Nachrichtenzusammenhangs, der durch das ursprüngliche Umcodieren mit k_j verborgen werden sollte.

2.5.2.4 Gegenseitige Anonymität

Wird dieses Umcodierungsschema für Empfängeranonymität allein verwendet, so verbirgt es (wie das Umcodierungsschema für Senderanonymität auch) zwar die Kommunikationsbeziehung vor Unbeteiligten vollständig, da hier der Empfänger jedoch den Rückadreßteil R_1 kennt, kann er den Sender beobachten, sofern

1. der Empfänger selbst oder jemand, der mit ihm zusammenarbeitet, die entsprechende *Leitung abhören* kann oder die Kooperation des Betreibers oder eines Herstellers des dem MIX-Netz zugrundeliegenden Kommunikationsnetzes hat, oder in vielen Fällen wesentlich einfacher,

2. der Empfänger die *Kooperation von MIX_1* hat, was besonders wahrscheinlich ist, wenn er ihn auswählen kann, und das dem MIX-Netz zugrundeliegende Kommunikationsnetz gesendeten Nachrichten *öffentliche oder explizite Absenderadressen* zuordnet (und den Netzbenutzern mitteilt – wie im geplanten ISDN vorgesehen), die einen Personenbezug aufweisen oder deren, meist an der Topologie des Kommunikationsnetzes orientiertes Bildungsschema entweder allgemein bekannt ist bzw. auch anderenfalls meist erschlossen werden kann oder dem Sender vom Betreiber oder einem Hersteller des Kommunikationsnetzes der zu dieser Adresse gehörige „Ort" mitgeteilt wird, oder

3. zusätzlich zu 1. der Empfänger die Kooperation von MIX_1 hat, was – wie schon erwähnt – besonders wahrscheinlich ist, wenn er ihn auswählen kann.

Dies Problem kann nun natürlich auch bezüglich der 1. Bedrohung durch virtuelle Verbindungs-Verschlüsselung [Pfi1_85 Seite 12, 14], bezüglich der 2. Bedrohung durch geeignete Protokollgestaltung im dem MIX-Netz zugrundeliegende Kommunikationsnetz und bezüglich aller Bedrohungen mit den im folgenden Abschnitt 2.5.3 beschriebenen Verfahren zum Schutz des Senders gelöst werden. Durch Letzteres wird sogar mehr als nur die Kommunikationsbeziehung geschützt. Je nach Struktur und Leistungsfähigkeit des zugrundeliegenden Kommunikationsnetzes können diese Verfahren die Nutzleistung des Kommunikationsnetzes in unakzeptabler Weise reduzieren, so daß dann – sofern die Anwendung gegenseitige Anonymität fordert – nur die bereits beschriebene Kombination von einem Umcodierungsschema für Sender- und einem für Empfängeranonymität möglich ist [Pfi1_85 Seite 14f]. (Die Idee ist vermutlich auch in [Chau_81 Seite 85] enthalten, die dortige Formulierung in ihrer Allgemeinheit jedoch falsch.) Diese gegenseitige Anonymität muß natürlich auch bei der ersten Nachricht vorhanden sein, was durch den schon früher beschriebenen Indirektionsschritt über eine (hier tatsächlich nötige) zusätzliche Instanz X (bzw. zumindest Funktionalität, die natürlich auch von einer vorhandenen Instanz erbracht werden kann), hier ein **Adreßverzeichnis mit anonymen Rückadressen**, erreicht wird. Da jede anonyme Rückadresse nur einmal verwendet werden kann, ist die Verwendung gedruckter Adreßverzeichnisse sehr umständlich, die Verwendung elektronischer, die jede Adresse nur einmal ausgeben, jedoch kein Problem.

2.5.2.5 Längentreue Umcodierung

Nachdem nun die einfachstmöglichen Umcodierungsschemata für Sender- oder Empfängeranonymität hergeleitet und ihre Einsatzmöglichkeiten beschrieben wurden, soll noch auf eine weitere gemeinsame Eigenschaft hingewiesen werden: in beiden Umcodierungsschemata ändert sich beim Umcodieren die Länge von Nachrichten – sie werden kürzer. Dies ist, wenn alle Nachrichten die gleichen MIXe in gleicher Reihenfolge durchlaufen, was – wie zu Beginn dieses Abschnittes gezeigt – zum Erreichen des maximal möglichen Anonymitätszieles nötig ist, kein Problem. Nun können – wie in Abschnitt 3.2.2.4 gezeigt wird – vor allem Leistungs-, aber auch Kostengesichtspunkte verhindern, daß alle Nachrichten in allen MIXen umcodiert werden. In solchen MIX-Netzen können dann die abnehmenden Nachrichtenlängen einem Angreifer durchaus wertvolle Information liefern. Deshalb ist es wünschenswert, ein Umcodierungsschema zu haben, daß die Länge einer Nachricht beim Umcodieren gleich läßt, so daß ihr (außer ihren ursprünglichen Generierern) niemand ansehen kann, wie oft so bereits bzw. noch umcodiert wurde bzw. werden muß. Außerdem sollten – wie zu Beginn dieses Abschnittes gezeigt – alle Nachrichten gleiche Länge haben und auch durch das verwendete Umcodierungsschema nicht unterschieden werden. Gesucht wird also ein universelles *längentreues Umcodierungsschema*, das nach dem bei der Herleitung eines Umcodierungsschemas für Empfängeranonymität Gesagten zwangsläufig ein *indirektes* Umcodierungsschema sein muß.

Indirektes längentreues Umcodierungsschema: Zusätzlich zu den beim indirekten Umcodierungsschema für Empfängeranonymität bereits eingeführten Bezeichnungen bedeuten eckige Klammern Blockgrenzen. Ausgehend vom Sender (auch MIX_0 genannt) sollen der Reihe nach die MIXe $MIX_1,...,MIX_m$ durchlaufen und schließlich der Empfänger (auch MIX_{m+1}

genannt) erreicht werden. Der Empfänger braucht bei Erhalt der Nachricht noch nicht zu wissen, daß er ihr Empfänger ist. Er bearbeitet sie zunächst wie alle vorherigen MIXe.

Jede Nachricht N_j besteht aus b Blöcken gleicher, auf das von den MIXen verwendete asymmetrische Konzelationssystem abgestimmter Länge und wird von MIX_{j-1} gebildet. Die ersten $m+2-j$ Blöcke von N_j enthalten den (Rück-)Adreßteil R_j, die letzten $b-m-1$ Blöcke den Nachrichteninhalt. Jeder MIX_j entschlüsselt den ersten Block der Nachricht N_j mit seinem geheimgehaltenen Dechiffrierschlüssel d_j und findet als Ergebnis dieser Entschlüsselung einen Schlüssel k_j eines auf die Blocklänge abgestimmten symmetrischen Kryptosystems (ein asymmetrisches Konzelationssystem, praktischerweise dasselbe, das von den MIXen verwendet wird, ist auch möglich, aber aufwendiger) zum Umcodieren der übrigen Nachricht und die Adresse A_{j+1} des nächsten MIXes (oder Empfängers). Der Empfänger findet als Adresse des nächsten MIXes (oder Empfängers) seine eigene und erkennt daran, daß er der Empfänger dieser Nachricht ist. Dieser erste Block von N_j wird von den folgenden MIXen (bzw. dem Empfänger) nicht benötigt und deshalb von MIX_j weggeschmissen. Mit k_j codiert MIX_j die restlichen $b-1$ Blöcke um und hängt vor den ersten Block mit Nachrichteninhalt, um die Länge der Nachricht nicht zu ändern, einen Block zufälligen Inhalts Z_j (in [Chau_81 Seite 87] wird auch dieser Block mit k_j umcodiert, was, da er zufälligen Inhalt hat, überflüssig ist).

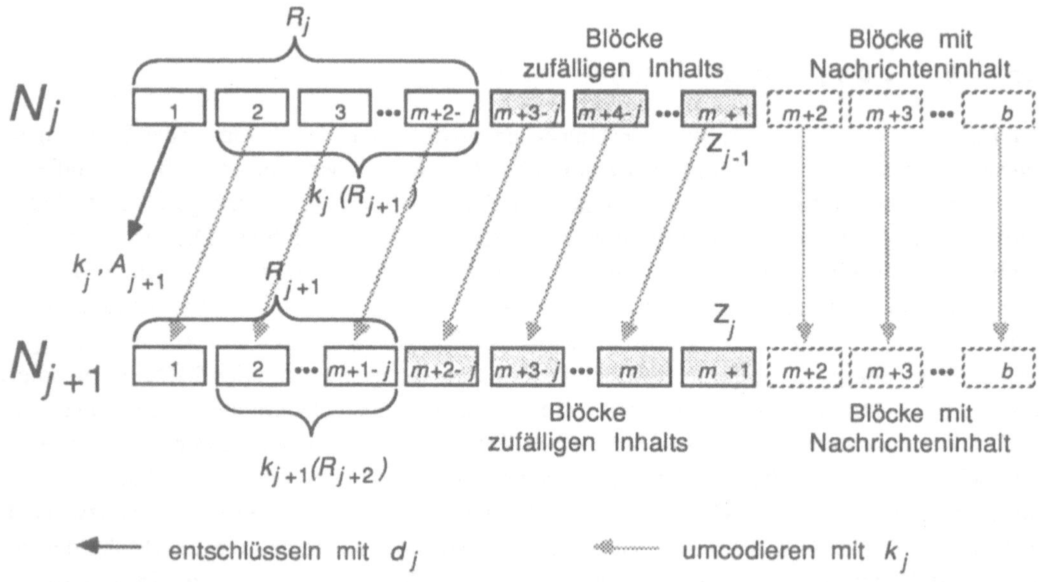

Bild 21: Indirektes längentreues Umcodierungsschema

Damit dies klappt, wird der vom Sender verwendete (Rück-)Adreßteil R_1 (ausgehend von einem zufällig gewählten eindeutigen Namen e) nach dem folgenden rekursiven Schema gebildet:

$$R_{m+1} = [e]$$
$$R_j = [c_j(k_j, A_{j+1})], k_j(R_{j+1}) \qquad \text{für } j=m,\dots,1$$

Das Bildungsschema der Nachrichten N_j und insbesondere die Längentreue dieses rekursiven Umcodierungsschemas ist in Bild 21 veranschaulicht. Da MIX_j seinen Index j nicht zu kennen braucht, braucht er zwischen Blöcken des (Rück-)Adreßteils und Blöcken zufälligen Inhalts nicht unterscheiden zu können. Bezogen auf Bild 21 bedeutet dies, daß MIX_j lediglich von Block $m+1$ der Nachricht N_{j+1} weiß, daß er ein Block zufälligen Inhalts (im Bild: grau hinterlegt) ist. Da jedoch alle MIXe m erfahren müssen, um zu wissen, wo sie ihren Block zufälligen Inhalts einfügen sollen, kennen sie damit sowohl m als obere Schranke für die Anzahl der zu durchlaufenden MIXe als auch b-m-1 als obere Schranke für die Länge (in Blöcken) des Nachrichteninhalts.

Dem Bildungsschema des (Rück-)Adreßteils ist zu entnehmen, daß alle Blöcke des (Rück-)Adreßteils außer dem ersten von MIX_j mit k_j zu *entschlüsseln* sind. Ob die letzten, den Nachrichteninhalt enthaltenden b-m-1 Blöcke mit k_j zu *ent-* oder zu *verschlüsseln* sind, hängt davon ab, ob die Umcodierung durch MIX_j der Sender- oder Empfängeranonymität dient. Soll die Umcodierung mit k_j der Senderanonymität dienen, muß MIX_j entschlüsseln, da der Empfänger ansonsten den Schlüssel k_j auch erfahren müßte – dann wäre die Umcodierung als Schutz vor ihm aber nutzlos – oder den Nachrichteninhalt nicht verstehen könnte. Entsprechend muß verschlüsselt werden, soll die Umcodierung der Empfängeranonymität dienen. Statt in obiges rekursives Bildungsschema für die (Rück-)Adreßteile noch zusätzliche Bits aufzunehmen, die den MIXen anzeigen, ob sie die Blöcke mit Nachrichteninhalt jeweils ver- oder entschlüsseln sollen, wird im folgenden davon ausgegangen, daß diese Information Teil der Schlüssel k_j ist.

Damit MIX_j seinen Index j nicht zu kennen braucht, sollten die von ihm erhaltenen Blöcke zufälligen Inhalts genauso behandelt werden wie alle Blöcke (außer dem ersten) des (Rück-)Adreßteils R_j. Sie sollten also entschlüsselt werden. Dies wird formal dadurch ausgedrückt, daß die (Rück-)Adresse R_j und die Blöcke zufälligen Inhalts zum Nachrichtenkopf H_j (header) zusammengefaßt werden. Im folgenden bedeute $[H_j]_{x,y}$ die Blöcke x bis y (jeweils einschließlich) von H_j. Ist $x>y$, so bedeutet $[H_j]_{x,y}$ keinen Block.

$$H_1 = R_1$$
$$= [c_1(k_1,A_2)],k_1(R_2)$$

$$H_j = k_{j-1}^{-1}([H_{j-1}]_{2,m+1}),[Z_j]$$
$$= [c_j(k_j,A_{j+1})],k_j(R_{j+1}),k_{j-1}^{-1}([H_{j-1}]_{m+3-j,m+1}),[Z_j] \qquad \text{für } j=m,...,2$$

Soll das indirekte längentreue Umcodierungsschema für **Senderanonymität** eingesetzt werden, so muß der Sender die Schlüssel $k_1, k_2, ..., k_m$ generieren und den Chiffrierschlüssel c_{m+1} und die Adresse A_{m+1} des Empfängers kennen. Damit der Nachrichteninhalt vom Empfänger verstanden werden kann, muß ihn der Sender vor dem Absenden der Nachricht mit den von ihm generierten Schlüsseln verschlüsseln. Also wird die Nachricht N_1 vom Sender nach dem folgenden Schema ausgehend von dem in $i=b$-m-1 Blöcke zerlegten Nachrichteninhalt I $=[I1],...,[Ii]$ (ist der Nachrichteninhalt zu kurz, muß er auf die passende Länge aufgefüllt werden) und dem Nachrichtenkopf H_1 gebildet:

$$N_1 = H_1,I_1; \qquad I_1 = k_1(k_2(...k_m(c_{m+1}(I_1))...))$$
$$= k_1(k_2(...k_m(c_{m+1}([I1]))...)),...,k_1(k_2(...k_m(c_{m+1}([Ii]))...))$$

$$N_j \;=\; H_j,I_j; \qquad I_j \;=\; k_{j-1}^{-1}(I_{j-1}); \qquad\qquad \text{für } j=2,\dots,m+1$$

Der aus jeweils $m+2-j$ Blöcken bestehende (Rück-)Adreßteil R_j, j-1 Blöcke zufälligen, ggf. bereits mehrmals „entschlüsselten" Inhalts sowie der ggf. bereits mehrmals entschlüsselte, vom Sender generierte und von ihm mit den Schlüsseln c_{m+1}, k_m, ... k_1 verschlüsselte Nachrichteninhaltsteil I_j bilden zusammen die Nachricht N_j. Aus ihr bildet MIX_j nach obigem rekursiven Schema die Nachricht N_{j+1}.

Bild 22 veranschaulicht in der von Bild 20 bekannten graphischen Darstellung den Einsatz des längentreuen Umcodierungsschemas für Senderanonymität am Beispiel m=5.

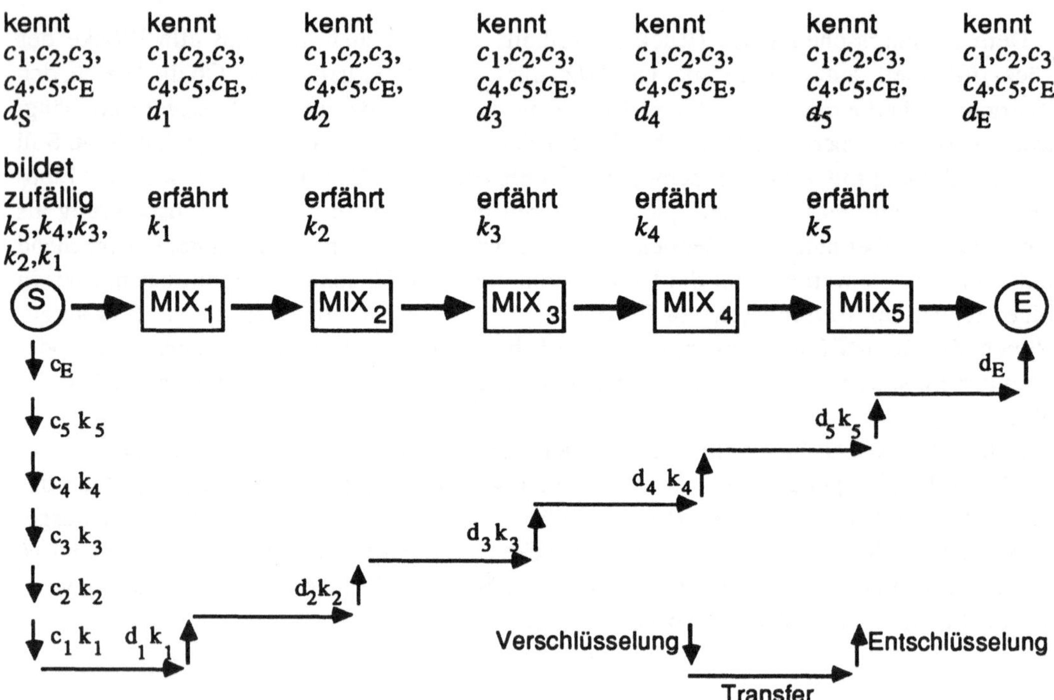

Bild 22: Indirektes Umcodierungsschema für Senderanonymität

Soll das indirekte längentreue Umcodierungsschema für **Empfängeranonymität** eingesetzt werden, so generiert der Empfänger die Schlüssel k_0, k_1, ..., k_m und die anonyme Rückadresse (k_0,A_1,R_1), die er dem Sender mitteilt. Der Sender bildet unter Verwendung von (k_0,A_1,R_1) die Nachricht N_1 sowie jeder MIX_j unter Verwendung von N_j die Nachricht N_{j+1} nach dem folgenden rekursiven Schema:

$$N_1 \;=\; H_1,I_1; \qquad I_1 \;=\; k_0(I)$$
$$= k_0([I1]),\dots,k_0([Ii])$$

$$N_j \;=\; H_j,I_j; \qquad I_j \;=\; k_{j-1}(I_{j-1}) \qquad\qquad \text{für } j=2,\dots,m+1$$

Nach Erhalt von N_{m+1} erkennt der Empfänger an dem eindeutigen Namen e die Rückadresse und kann mit den zugehörigen, ihm bekannten Schlüsseln k_m, k_{m-1}, ..., k_1, k_0 entschlüsseln und so den Klartext erhalten.

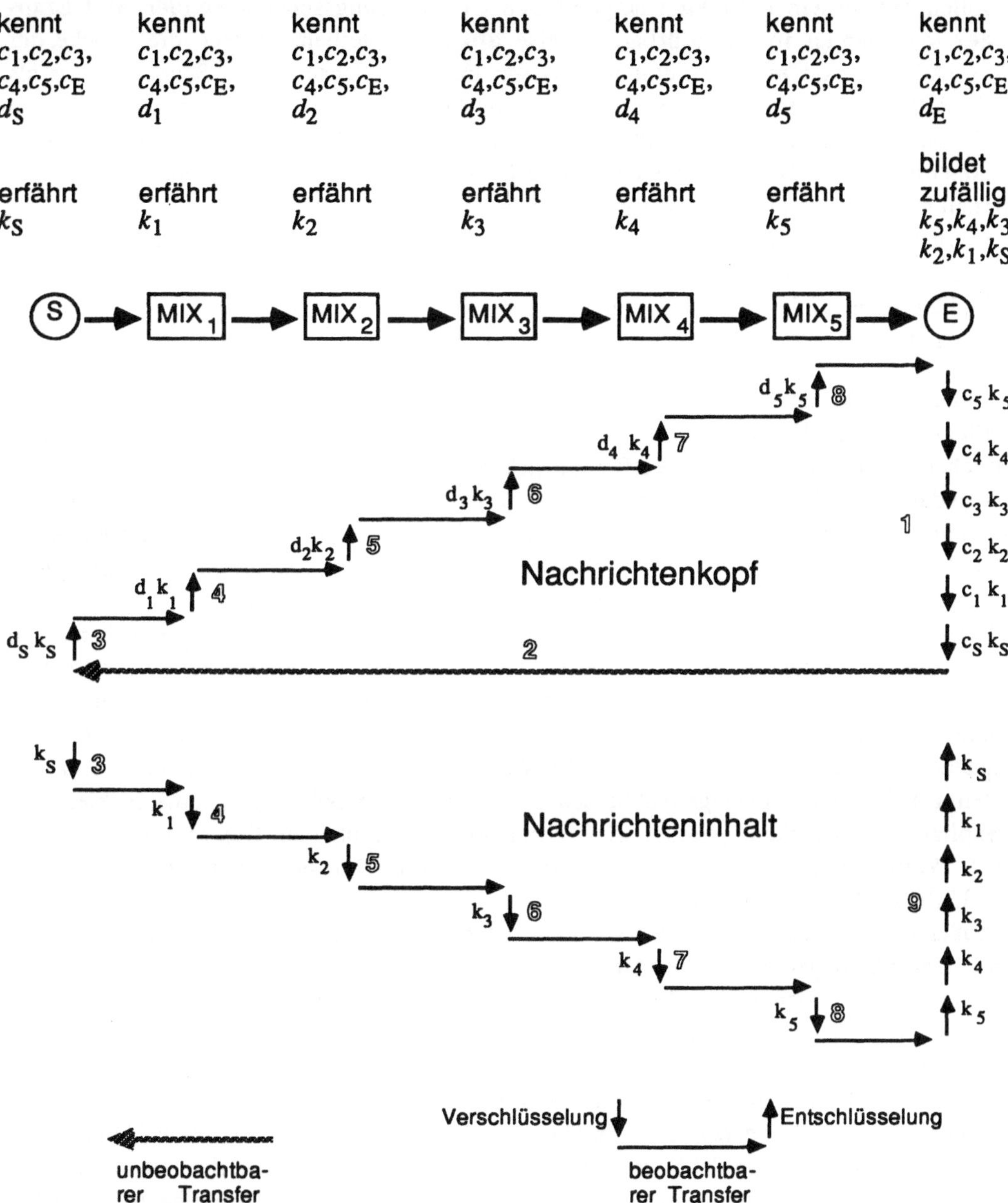

Bild 23: Indirektes Umcodierungsschema für Empfängeranonymität

Dies ist in Bild 23 für das Beispiel $m=5$ in der graphischen Darstellung von Bild 20 gezeigt. Nicht dargestellt ist, wie genau E dem Sender S die anonyme Rückadresse zukommen läßt. Die Zahlen in Konturschrift geben die Reihenfolge der Schritte an.

Sollen mit diesem indirekten längentreuen Umcodierungsschema **Sender und Empfänger** voreinander in überprüfbarer Weise **anonym** bleiben, müssen die Blöcke der (Rück-)Adresse von m bis zu einem gewissen Index g ($1<g\leq m$) vom Sender (sei es als (Rück-)Adresse in einem Adreßverzeichnis oder als Absender in der vorherigen Nachricht) und ab $g-1$ vom Empfänger gebildet werden. Der Sender erhält also R_g und bildet aus diesen $m+2-g$ Blöcken die aus $m+1$ Blöcken bestehende (Rück-)Adresse R_1. Er verschlüsselt den Nachrichteninhalt mit dem ihm als Teil der Rückadresse mitgeteilten Schlüssel k_S und den $g-1$ von ihm generierten Schlüsseln. Der Empfänger muß nach Erhalt des mehrfach verschlüsselten Nachrichteninhaltes mit den Schlüsseln k_g, ..., k_m, k_S entschlüsseln.

Bild 24 verdeutlicht dies am Beispiel $m=5$ und $g=4$ in der graphischen Notation von Bild 20. Wie in Bild 23 geben die Zahlen in Konturschrift die Reihenfolge der Schritte an.

Sollen Nachrichten zwischen gegenseitig anonymen Partnern mit Absendern versehen sein, so fällt an dieser Stelle auf, daß von den i Nachrichteninhaltsblöcken mitnichten alle für den eigentlichen Nachrichteninhalt zur Verfügung stehen: Es werden $m+2-g$ für den Absender benötigt – und dies in jeder Nachricht (wenn auch g für jede Nachricht unterschiedlich gewählt werden kann), denn genau wie beim indirekten Umcodierungsschema für Empfängeranonymität *darf jeder MIX (solange er sein Schlüsselpaar beibehält) auch bei dem indirekten längentreuen Umcodierungsschema nur unterschiedliche (Rück-)Adreßteile bearbeiten.*

Entsprechendes gilt für die umzucodierenden Blöcke, die zur *selben* Nachricht gehören und folglich mit demselben Schlüssel umcodiert werden: ist das verwendete Kryptosystem eine Blockchiffre, so dürfen keine zwei umzucodierenden Blöcke gleich sein. Entsprechendes gilt für eine selbstsynchronisierende Stromchiffre, vgl. Abschnitt 2.2.2.1. Lediglich bei Verwendung einer synchronen Stromchiffre brauchen MIXe keine diesbezüglichen Maßnahmen zu ergreifen. Das Gesagte gilt sinngemäß bei jedem indirekten Umcodierungsschema, ist hier aber, da explizit von „Blöcken" geredet wird, besonders hervorzuheben. Dieser **aktive Angriff durch Wiederholung indirekt umzucodierender Nachrichtenteile** wurde in [Chau_81, Pfi1_85 Seite 14, 27] übersehen.

Außerdem sei noch einmal hervorgehoben, daß die durch die Schlüssel c_2 bis c_{m-1} spezifizierten Umcodierungen des (Rück-)Adreßteils natürlich nur komplexitätstheoretisch sicher sein können und die von den MIXen MIX_2 bis MIX_{m-1} erreichbare Anonymität der Kommunikationsbeziehung also auch nur komplexitätstheoretischer Natur sein kann. Die durch c_1 bzw. c_m spezifizierten Umcodierungen können jedoch durchaus mit informationstheoretischer Sicherheit erfolgen, indem Sender bzw. Empfänger mit MIX_1 bzw. MIX_m einen geheimen Schlüssel ausgetauscht haben. Sofern Sender oder Empfänger die Reihenfolge der MIXe frei wählen können, sollten sie diesen geheimen Schlüssel jeweils mit dem MIX austauschen, dem sie am meisten vertrauen. Wie bereits begründet schließt eine solche freie Wahl der MIX-Reihenfolge das Erreichen des maximalen Zieles des Verfahrens der umcodierenden MIXe jedoch aus.

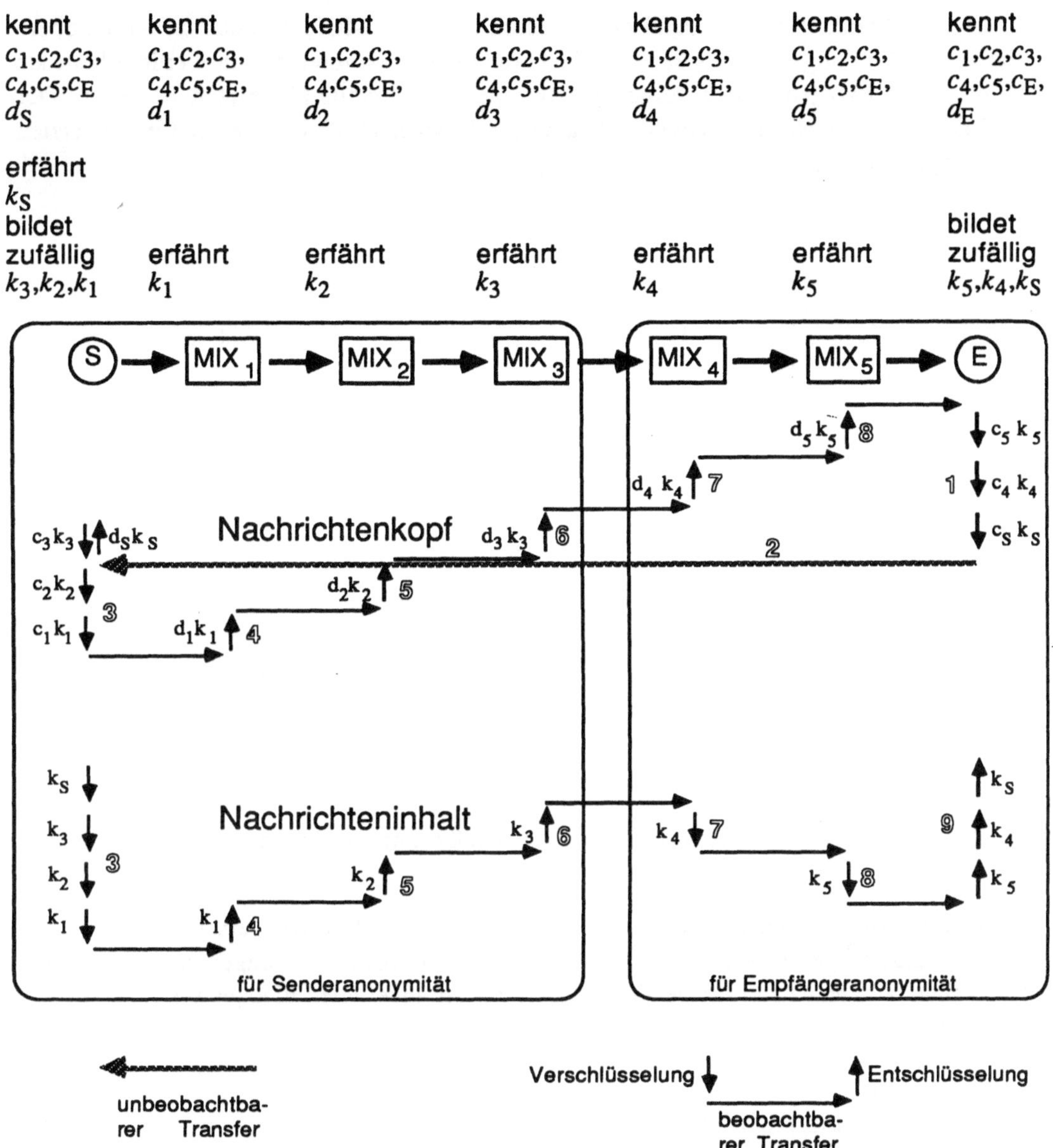

Bild 24: Indirektes Umcodierungsschema für Sender- und Empfängeranonymität

Hat das symmetrische Kryptosystem zusätzlich zu der in Abschnitt 2.2.1.1 für alle Schlüssel k und Klartexte x geforderten Eigenschaft $k^{-1}(k(x)) = x$ **auch die Eigenschaft** $k(k^{-1}(x))$ $= x$, d. h. sind nicht nur Ver- und Entschlüsselung, sondern auch Ent- und Verschlüsselung zueinander invers, so braucht beim obigen indirekten längentreuen Umcodierungsschema nicht zwischen dem Gebrauch für Sender- oder Empfängeranonymität unterschieden zu werden, wie im folgenden erläutert wird. Zusätzlich kann damit dem einzelnen MIX auch die Kenntnis von

m als obere Schranke für die Anzahl der zu durchlaufenden MIXe als auch b-m-1 als obere Schranke für die Länge (in Blöcken) des Nachrichteninhalts vorenthalten werden: Statt als m+1-ten Block fügt jeder MIX seinen Block zufälligen Inhalts als letzten Block an. Der Empfänger erhält den Nachrichteninhalt dann in den Blöcken ab Block zwei statt in den letzten Blöcken, vgl. Bild 25.

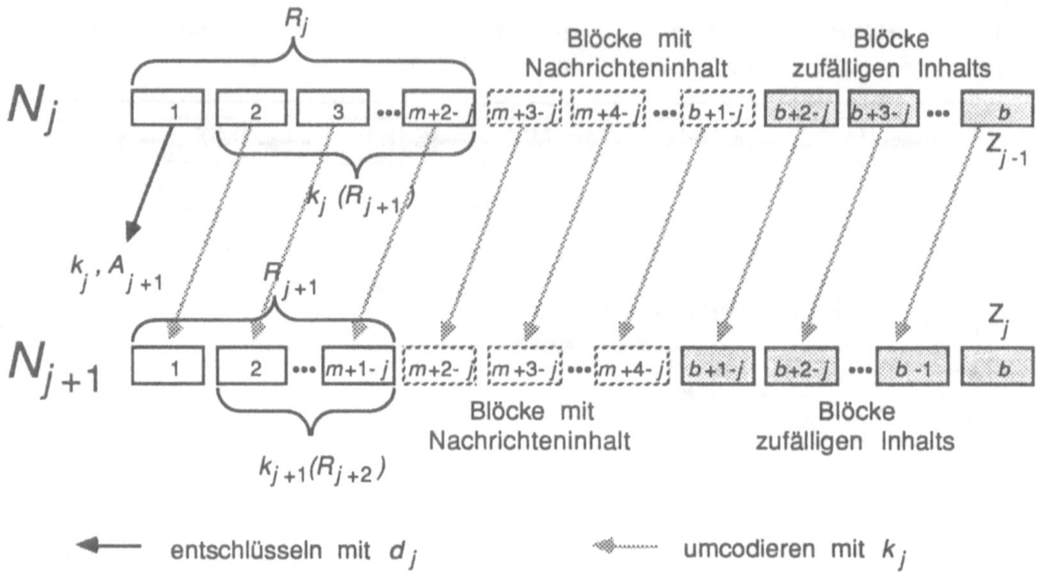

Bild 25: Indirektes längentreues Umcodierungsschema für spezielle symmetrische Kryptosysteme

Wird willkürlich festgelegt, daß jeder MIX alle Blöcke der Nachricht verschlüsselt, so erhält man das einzige längentreue Umcodierungsschema, das in [Chau_81] angegeben ist. Wie bereits erwähnt, wird eine überflüssige Verschlüsselung des angefügten Blockes zufälligen Inhalts vermieden:

$$R_{m+1} = [e]$$
$$R_j = [c_j(k_j,A_{j+1})],k_j^{-1}(R_{j+1}) \qquad \text{für } j=m,...,1$$

$$N_1 = R_1,I_1; \qquad I_1 = k_0(I) = k_0([I1]),...,k_0([Ii])$$
$$N_j = R_j,I_j; \qquad I_j = k_{j-1}(I_{j-1}),[Z_{j-1}] \qquad \text{für } j=2,...,m+1$$

Handelt es sich beim Nachrichteninhalt I um Klartext, kann der Empfänger ihn nur verstehen, wenn er die Schlüssel $k_0, k_1, ..., k_{m+1}$ kennt, es sich also mit anderen Worten bei (k_0,A_1,R_1) um eine anonyme Rückadresse handelt und damit das Umcodierungsschema für *Empfängeranonymität* eingesetzt wird.

Soll das Umcodierungsschema für *Senderanonymität* eingesetzt werden, so generiert der Sender die Schlüssel $k_1, k_2, ..., k_m$ und muß den Chiffrierschlüssel c_{m+1} und die Adresse A_{m+1} des Empfängers kennen. Damit der Nachrichteninhalt vom Empfänger verstanden werden kann, muß ihn der Sender vor dem Absenden der Nachricht mit den von ihm generierten Schlüsseln entschlüsseln. Von den obigen Formeln ist lediglich die für I_1 zu modifizieren:

$$I_1 = k_1^{-1}(k_2^{-1}(...k_m^{-1}(c_{m+1}(I_1))...))$$
$$= k_1^{-1}(k_2^{-1}(...k_m^{-1}(c_{m+1}([I_1]))...)),...,k_1^{-1}(k_2^{-1}(...k_m^{-1}(c_{m+1}([I_i]))...))$$

2.5.2.6 Effizientes Vermeiden wiederholten Umcodierens

Wie nach den bisherigen drei Beispielen zu vermuten, müssen MIXe bezüglich aller Umcodierungsschemata darauf achten, daß **keine spezielle Umcodierung** (d. h. gleicher umzucodierender Nachrichtenteil, gleiches Kryptosystem und gleicher, die Umcodierung dann genau spezifizierender Schlüssel) **mehrmals** ausgeführt wird. Anderenfalls könnte ein Angreifer ihnen mehrmals unterschiedliche Nachrichten mit demselben Nachrichtenteil schicken und beobachten, welcher Ausgabe-Nachrichtenteil sich in den entsprechenden MIX-Ausgaben in der entsprechenden Häufigkeit wiederholt und damit diesen MIX auch bezüglich der den Nachrichtenteil ursprünglich enthaltenden Nachricht überbrücken.

Eine, leider falsche, Idee, die man bezüglich der Lösung dieses ggf. in jedem MIX viel Speicher- und auch Nachrichtenvergleichsaufwand verursachenden Problems haben kann, besteht darin, dem Angreifer den Zugriff auf Nachrichten (und damit auch auf Nachrichtenteile) zwischen MIXen bzw. zwischen Sender und erstem sowie letztem MIX und Empfänger jeweils durch virtuelle Verbindungs-Verschlüsselung zu verwehren. Der Fehler dieser Idee besteht darin, daß man so natürlich nur den am Umcodieren dieser Nachricht Unbeteiligten den beschriebenen Angriff unmöglich macht, nicht jedoch den Beteiligten, insbesondere den beteiligten MIXen. Der erste und letzte MIX zusammen könnten dann nämlich immer noch die Kommunikationsbeziehung aufdecken, indem sie einen Nachrichtenteil der vom ersten MIX auszusendenden Nachricht mehrmals auf die Reise durch alle „mittleren" (und in diesem Fall völlig unnützen) MIXe schicken.

Somit bleiben nur *drei Möglichkeiten, den Speicher- und Nachrichtenvergleichsaufwand zu verkleinern*: Wie in [Chau_81 Seite 85] beschrieben, können

1. die *öffentlich bekannten Dechiffrierschlüssel der MIXe öfter gegen neue ausgetauscht werden* oder

2. die Teile, deren Umcodierung durch den öffentlichen Dechiffrierschlüssel des betreffenden MIXes spezifiziert ist, einen „*Zeitstempel*" enthalten, der den eindeutigen Zeitpunkt ihrer einzigzulässigen Umcodierung bestimmt.

Letzteres senkt den Aufwand fast auf Null, jedoch ist beides für die Anwendung bezüglich bzw. in anonymen Rückadressen denkbar schlecht geeignet, soll der Sender frei wählen können, wann er antwortet.

Deshalb ist die in [Pfi1_85 Seite 74f] genannte

3. Möglichkeit wichtig, statt der mit den geheimgehaltenen Dechiffrierschlüsseln der MIXe umzucodierenden Nachrichtenteile, die nach der Definition eines asymmetrischen Konzelationssystems mindestens hundert, aus Gründen der Sicherheit der heute bekannten asymmetrischen Konzelationssysteme viele hundert Bit lang sein müssen, das Bild

dieser Nachrichtenteile unter einer ihre variable Länge auf eine konstante Länge, z. B. 50 Bit, verkürzende *Hash-Funktion* zu speichern.

Diese Hash-Funktion muß lediglich ihren Urbildraum in etwa gleichmäßig auf ihren Bildraum abbilden – es darf durchaus mit vertretbarem Aufwand möglich sein, zwei Urbilder zu finden, die auf dasselbe Bild abgebildet werden. Bevor ein MIX seinen geheimgehaltenen Dechiffrierschlüssel auf einen Nachrichtenteil anwendet, bildet er sein Bild unter der Hash-Funktion und prüft, ob es schon in seiner Bereits-gemixt-Liste verzeichnet ist. Wenn ja, ignoriert er die Nachricht, wenn nein, wird das Bild in seine Bereits-gemixt-Liste eingetragen und die Entschlüsselung durchgeführt. Der Nachteil dieses Verfahrens ist, daß mit sehr kleiner Wahrscheinlichkeit die Situation auftritt, daß zufällig zwei verschiedene Nachrichtenteile auf dasselbe Bild abgebildet werden und deshalb der später ankommende fälschlicherweise nicht bearbeitet wird. In diesem Fall muß der Sender es mit einer anderen Nachricht, etwa indem er Schlüssel oder zufällige Bitketten ändert, noch mal probieren. Daß er dies kann, erfordert Fehlertoleranz-Maßnahmen, die aber aus anderen Gründen viel dringender und häufiger (kurz: sowieso) gebraucht und in Abschnitt 5.3 ausführlich behandelt werden.

Mittels des im folgenden beschriebenen Verfahrens des **anonymen Abrufs** kann die 1. und 2. Möglichkeit zur Verkleinerung des Speicher- und Nachrichtenvergleichsaufwands der MIXe auch bei Schutz des Empfängers angewandt werden: Statt einer anonymen Rückadresse (mit langer Gültigkeit) wird einem Partner nur eine *Kennzahl* mitgeteilt. Der Partner sendet seine mit der Kennzahl adressierte und Ende-zu-Ende-verschlüsselte Antwort unter Verwendung eines Senderanonymitätsschemas an die in diesem Abschnitt schon mehrmals erwähnte, beim anonymen Abruf eine Zwischenspeicherung durchführende, nichtanonyme Instanz X. Hin und wieder sendet die Teilnehmerstation des Empfängers unter Verwendung eines Senderanonymitätsschemas eine anonyme Rückadresse an X, mit der sie in einer festgelegten Schubfolge die Antwort erhält, sofern diese schon eingetroffen ist. Obwohl beim anonymen Abruf offensichtlich mehr Nachrichten zu senden sind, dürfte der Vorteil, daß jeweils vorher genau bekannt ist, wer welche Umcodierung in welchem Schub durchführen wird, und deshalb sowohl die 1., als auch die 2. Möglichkeit anwendbar sind, den Speicher- und Nachrichtenvergleichsaufwand der MIXe so sehr verkleinern, daß trotzdem insgesamt der Aufwand wesentlich gesenkt wird.

Das Verfahren des anonymen Abrufs ist insbesondere dort relevant, wo wegen schmalbandiger Teilnehmeranschlußleitungen Verteilung zum Schutz des Empfängers nicht anwendbar ist, vgl. Abschnitt 6.2.

2.5.2.7 Kurze Vorausschau

Wird all das bisher Gesagte beachtet, so ist die schlimmste Folge eines **aktiven Angriffs** (oder Fehlers) durch einen MIX der Verlust einer Nachricht, nicht jedoch der Verlust der Anonymität der Kommunikationsbeziehung. Durch öffentlichen Zugriff auf die von MIXen gesendeten Nachrichten oder – auch im Falle von virtueller Verbindungs-Verschlüsselung wirksam – ihr Unterschreiben mit einem MIX-spezifischen Signierschlüssel ist ein Verlust jedoch feststellbar und beweisbar, vgl. Abschnitt 5.8. Durch geeignete Fehlertoleranz-Maßnahmen ist zudem die Wahrscheinlichkeit des Verlustes von Nachrichten durch Ausfall eines

MIXes (ein ausgefallener MIX innerhalb der MIX-Folge einer Nachricht reicht, um sie zu verlieren!) zu vermindern, wie in dem bereits angekündigten Abschnitt 5.3 gezeigt wird.

Wegen der Zeitverzögerung durch Warten auf Nachrichten, durch Prüfen auf Wiederholungen und Umsortieren der Nachrichten sowie wegen des Zeitaufwandes für die Entschlüsselungen in einem asymmetrischen Konzelationssystem ist das soweit beschriebene Verfahren der
umcodierenden MIXe nicht für Anwendungen geeignet, die kurze Übertragungszeiten fordern.
Wandelt man dieses Verfahren aber wie erstmals in [Pfi1_85 Seite 25 bis 29] beschrieben
ab, so kann man **anonyme Kanäle** schalten, die z. B. den Realzeitanforderungen des Tele-
fonverkehrs genügen und in Abschnitt 3.2.2.1 genauer erklärt werden. Hierzu wird zum
Kanalaufbau eine spezielle Nachricht nach dem oben beschriebenen Verfahren übertragen, die
jedem gewählten MIX einen Schlüssel eines schnelleren symmetrischen Kryptosystems übergibt, den dieser MIX von da an für die Entschlüsselung des Verkehrs auf diesem Kanal verwendet. Das Umcodieren bei Kanälen nützt natürlich nur dann etwas, wenn mindestens zwei
Kanäle von gleicher Kapazität durch denselben MIX gleichzeitig auf- und abgebaut werden.

Will man durch umcodierende MIXe nicht nur Kommunikationsbeziehungen, sondern auch
das **Senden** und **Empfangen** von Teilnehmerstationen schützen, muß jede Teilnehmerstation
ein MIX sein oder sehr viele bedeutungslose Nachrichten senden, wie dies im folgenden
Abschnitt 2.5.3 sowie für die Randbedingung schmalbandiger Teilnehmeranschlußleitungen in
Abschnitt 6.2 beschrieben wird. Ersteres erfordert, wie in Abschnitt 3.2.2.4 gezeigt wird, bei
normaler Verkehrsdichte große Wartezeiten auf mehrere Nachrichten bzw. auf Auf- oder Abbau
von mehreren Kanälen. Bei hoher Verkehrsdichte erfordert es Teilnehmerstationen, die sehr
viele Nachrichten und breitbandige Kanäle umcodieren und vermitteln können. Es sei hier
schon angedeutet, daß derartige Teilnehmerstationen sehr aufwendig und in der überschaubaren
Zukunft zu teuer sind.

2.5.2.8 Notwendige Eigenschaften des asymmetrischen Konzelationssystems und Brechen der direkten RSA-Implementierung

Als Schluß dieses Abschnitts sei ausdrücklich darauf hingewiesen, daß bei (mittleren) MIXen
das verwendete asymmetrische Konzelationssystem nicht nur – wie jedes asymmetrische
Konzelationssystem – einem adaptiven aktiven Angriff mit gewähltem Klartext, sondern im
wesentlichen (d. h. bis auf die Erschwernis, daß der MIX die zufälligen Bitketten nicht ausgibt)
auch einem **aktiven Angriff mit gewähltem Schlüsseltext** (chosen-ciphertext attack)
widerstehen muß. Zumindest wenn anonyme Rückadressen verwendet werden, können die
Schlüsselpaare der MIXe nicht nach jedem Schub ausgetauscht werden, so daß das verwendete
asymmetrische Konzelationssystem dann sogar einem **adaptiven aktiven Angriff mit
gewähltem Schlüsseltext** (adaptive chosen ciphertext attack) widerstehen muß.

Es sei an die Abschnitt 2.2.1.2 und 2.2.2.2 erinnert, wo bereits gesagt wurde, daß es bisher
kein *einschrittiges* asymmetrisches Konzelationssystem gibt, das solch einem Angriff in im
Sinne von Abschnitt 2.2.2.2 beweisbarer Form standhält und damit ein kanonischer Kandidat

zur Implementierung (mittlerer) MIXe wäre. Da es *mehrschrittige* asymmetrische Konzelations-systeme gibt, die dies in beweisbarer Form tun, kann man aus ihnen beweisbar sichere MIX-Implementierungen gewinnen. Sie sind wegen der Mehrschrittigkeit zwischen Sender (bzw. dem die Umcodierung Spezifizierenden) und *jedem* durchlaufenen MIX allerdings sehr auf-wendig: Sollen die (mittleren) MIXe MIX_1 bis MIX_n verwendet werden, so muß der Schlüs-selaustauschdialog zwischen Sender und MIX_i, $i>1$, jeweils durch alle MIX_j mit $1 \leq j < i$ gesche-hen [Bött_89 Abschnitt 3.3.1]. Dies macht den Hauptvorteil von MIXen gegenüber den ande-ren Verfahren zum Schutz der Verkehrs- und Interessensdaten zunichte, nämlich die ver-gleichsweise geringe benötigte Bandbreite zwischen Teilnehmerstation und Kommunikations-netz. Im Rest dieser Arbeit wird deshalb jeweils nur der Fall explizit behandelt, daß zur Imple-mentierung von (mittleren) MIXen ein einschrittiges asymmetrische Konzelationssystem ver-wendet wird.

In Abschnitt 2.2.1.2.1 wurde gezeigt, daß RSA ohne geeignetes, vom Entschlüßler geprüf-tes Redundanzprädikat bereits einem nicht-adaptiven aktiven Angriff mit gewähltem Klartext nicht widerstehen kann. Im folgenden wird gezeigt, daß die Verwendung von **RSA ohne ein zusätzliches Redundanzprädikat und mit zusammenhängenden zufälligen Bit-ketten**, d. h. so wie von David Chaum in [Chau_81 Seite 84] beschrieben, **vollkommen unsicher ist**. Dies wird, um die Notation einfach zu halten, anhand der in Bild 19 verwende-ten gezeigt.

Der Angreifer beobachte eine Nachricht $c(z,N)$ am Eingang des MIXes. Der Angreifer wählt sich einen geeigneten Faktor f und reicht dem MIX die Nachricht $c(z,N) \cdot c(f)$ zum Mixen im selben bzw. einem späteren Schub ein. Nachdem in Abschnitt 2.2.1.2.1 die perfekte Unver-kettbarkeit von $c(z,N)$ und $c(z,N) \cdot c(f)$ bei Wahl beliebiger Faktoren f gezeigt wurde, gilt „praktisch" perfekte Unverkettbarkeit, wenn nur „viele" Faktoren möglich sind, d. h., der MIX hat dann keine Chance, einen aktiven Angriff zu erkennen. Es bleibt also nur zu zeigen, daß der Angreifer durch seinen Angriff etwas erhält, das es ihm erlaubt, N aus den Ausgabe-Nachrichten des entsprechenden Schubes herauszufinden. Intuitiv und näherungsweise richtig kann dies in der bisherigen allgemeinen Notation folgendermaßen dargestellt werden: der MIX bildet intern $d(c(z,N) \cdot c(f)) = (z,N) \cdot f$. Kann der Angreifer f so wählen, daß an der Stelle der auszugebenden Nachricht $N \cdot f$ entsteht, was in der bisherigen Notation $(z,N) \cdot f = (?,N \cdot f)$ lautet, ist sein Angriff gelungen: er muß nur noch prüfen, welche beiden Nachrichten des bzw. der beiden Schübe die Gleichung $X = Y \cdot f$ erfüllen. Was an der Stelle der zufälligen Bitkette entsteht ist irrelevant, da dies vom MIX weder geprüft noch ausgegeben wird.

Warum dieser Angriff gelingt, ist ohne die Verwendung weiterer Details von RSA nicht zu erklären. Die für das Verständnis notwendigen lauten, daß bei RSA Ver- und Entschlüsselung durch Exponentiation innerhalb eines Restklassenrings erfolgen. Der den Restklassenring charakterisierende Modulus $n = p \cdot q$, wobei p und q zufällig gewählte Primzahlen von – aus Sicherheitsgründen – je mindestens 250 Bit Länge sind, bildet mit dem zur Verschlüsselung verwendeten Exponenten den öffentlich bekannten Chiffrierschlüssel. In jedem Block dieser Blockchiffre können b Bit lange zufällige Bitketten und B Bit lange Nachrichten untergebracht werden, sofern nur $2^b \cdot 2^B < n$ ist. Bei der Implementierungsbeschreibung von David Chaum, wie bei jeder effizienten Implementierung, ist b sehr viel kleiner als B. Werden, wie bei David

Chaum und in der obigen Notation angedeutet die zufälligen Bitketten an den Bitstellen höherer Wertigkeit untergebracht, so gilt $(z,N) = z{\cdot}2^B{+}N$ und $(z,N){\cdot}f \equiv (z{\cdot}2^B{+}N){\cdot}f \equiv z{\cdot}2^B{\cdot}f{+}N{\cdot}f$.

Aus der die Bezeichner z' und N' definierenden Kongruenz $(z,N){\cdot}f \equiv z'{\cdot}2^B{+}N'$ folgt $z{\cdot}2^B{\cdot}f{+}N{\cdot}f \equiv z'{\cdot}2^B{+}N'$, daraus folgt $2^B{\cdot}(z{\cdot}f{-}z') \equiv N'{-}N{\cdot}f$ und daraus folgt $z{\cdot}f{-}z' \equiv (N'{-}N{\cdot}f){\cdot}(2^B)^{-1}$. Wählt der Angreifer $f \leq 2^b$, so gilt $-2^b < z{\cdot}f{-}z' < 2^{2b}$. Der Angreifer setzt nun in die Formel $z{\cdot}f{-}z' \equiv (N'{-}N{\cdot}f){\cdot}(2^B)^{-1}$ für N und N' jeweils alle Ausgabe-Nachrichten des bzw. der entsprechenden Schübe ein und prüft, ob $z{\cdot}f{-}z'$ im entsprechenden Intervall liegt. Dies ist, da b sehr viel kleiner als B ist, mit sehr hoher Wahrscheinlichkeit nur für genau ein Paar der Ausgabe-Nachrichten der Fall. Die erste Nachricht N dieses Paares ist die Nachricht, bezüglich derer der MIX mittels des aktiven Angriffs überbrückt werden soll. Die zweite Nachricht N' ist die der vom Angreifer gebildeten Eingabe-Nachricht entsprechende Ausgabe-Nachricht.

Erfüllen zwei oder mehr Paare diese Bedingung, so wiederholt der Angreifer seinen Angriff mit einem anderen Faktor und führt bei seinem zweiten sowie ggf. allen weiteren Versuchen das paarweise Einsetzen nur noch mit den durch die bisherigen Tests nicht ausgeschlossenen Nachrichten des zuerst erwähnten Schubes durch. Dieser Angriff auf die Kommunikationsbeziehung einer Nachricht N ist mit in der bei N verwendeten Schubgröße quadratischem Aufwand durchzuführen: der Angreifer muß bei jedem Versuch nur einmal mit RSA verschlüsseln (sowie das Ergebnis mit N multiplizieren und modulo n reduzieren) sowie für jede Nachricht des Schubes eine Addition, zwei Multiplikationen, zwei Reduktionen modulo n und zwei Vergleiche durchführen.

Die bisher unterstellte Annahme, daß b sehr viel kleiner als B ist, ist nicht nötig. Ein entsprechender Angriff ist bereits immer dann möglich, wenn B so groß ist, daß eine Wahl von $f \leq 2^{B-1}$ für den zu überbrückenden MIX „praktische" Unverkettbarkeit von (z,N) und $(z,N){\cdot}f$ ergibt. Die resultierende Ungleichung $-2^b < z{\cdot}f{-}z' < 2^{b+B-1}$ genügt bereits, damit der Angreifer in jeder Iteration seines Angriffs einen von der Iterationszahl unabhängigen Anteil der noch möglichen Nachrichten des ursprünglichen Schubes ausscheiden kann. Der Aufwand des Angriffs steigt damit lediglich um einen logarithmischen Faktor.

Ist eine adaptive Wiederholung des Angriffs nicht möglich, etwa weil der MIX nach jedem Schub sein Schlüsselpaar wechselt, kann der Angreifer dieselbe Information wie durch seinen iterativen Angriff dadurch erhalten, daß er gleich mehrere Faktoren wählt, entsprechend mehrere Nachrichten bildet und alle diese zusammen mit der Nachricht, bezüglich der er den MIX überbrücken will, zum Mixen im selben Schub einreicht.

Es wurde bisher nicht geprüft, ob mit den in jüngerer Vergangenheit veröffentlichten Angriffen auf RSA eine Senkung des Angriffs-Aufwands möglich ist.

Alles bisher am Beispiel eines direkten Umcodierungsschemas für Senderanonymität Gezeigte gilt natürlich auch für jedes indirekte Umcodierungsschema, indem für den Angriff statt ganzer Nachrichten nur (Rück-)Adreßteile verwendet werden. Dies ist bei allen in [Chau_81] angegebenen Umcodierungsschemata möglich [PfPf_89 Abschnitt 3.2]. Dies kann jedoch durch Verwendung geeigneter Umcodierungsschemata, d. h. solcher, die keine direkt sondern nur indirekt umcodierte Teile in beobachtbarer Weise verwenden, vermieden werden. Hierbei sollte das zur indirekten Umcodierung verwendete (symmetrische) Konzelationssystem völlig anders als RSA arbeiten.

Werden die zufälligen Bitketten an den Bitstellen niedrigerer Wertigkeit untergebracht, so existiert ein analoger und ebenfalls erfolgreicher Angriff [PfPf_89 Abschnitt 3.2].

Ein analoger Angriff versagt, wenn statt einer zusammenhängenden zufälligen Bitkette in nicht zu großen Abständen (möglichst also äquidistantem Abstand) genügend viele einzelne zufällige Bits in die Nachricht „eingestreut" und vom MIX entsprechend „herausgesiebt" werden. Allerdings sind schwächere Angriffe möglich, wenn entweder die zufälligen Bitketten kürzer als die mitverschlüsselten Nachrichten sind oder auch nur ein größerer Block von Nachrichtenbits nicht von zufälligen Bits unterbrochen ist [PfPf_89 Abschnitt 3.2]. Hierbei können 10 Bits bereits als größerer Block gelten.

Allerdings kann selbst der schwächere Angriff leicht dadurch verhindert werden, daß die eingestreute zufällige Bitkette und die mitverschlüsselte Nachricht durch **Verschlüsselung in einem völlig anderen (symmetrischen) Konzelationssystem** (z. B. DES mit einem öffentlich bekannten Schlüssel) vollständig „gemischt" werden, bevor mit RSA verschlüsselt wird.

Ein alternativer Ansatz ist, wie in Abschnitt 2.2.1.2.1 bereits erwähnt, daß die Klartexte ein geeignetes **Redundanzprädikat** erfüllen müssen. Erfüllt der vom MIX entschlüsselte Klartext z,N das Redundanzprädikat nicht, gibt der MIX keinen Teil dieser Nachricht aus. Um ausgiebiges Probieren zu verhindern, falls man sich der kryptographischen Stärke des Redundanzprädikates nicht sicher ist, können die Sender falsch gebildeter Nachrichten durch Zusammenarbeit aller MIXe identifiziert werden: Jeder MIX_i gibt zu der rückzuverfolgenden Nachricht die im Falle der Verwendung eines deterministischen asymmetrischen Konzelationssystems explizit mitverschlüsselte zufällige Bitkette z_i an (bzw. bei Verwendung eines indeterministisch verschlüsselnden asymmetrischen Konzelationssystems die hierbei verwendete. Kann MIX_i dies nicht, ist das indeterministisch verschlüsselnde asymmetrische Konzelationssystem für diesen Zweck ungeeignet). Die Sender können zur Rechenschaft gezogen werden, sofern alle Nachrichtenübertragungen öffentlich sind oder alle Nachrichten vom jeweiligen Sender (Teilnehmerstation oder MIX) authentifiziert werden. Bei der Rückverfolgung von Nachrichten ist zu beachten, daß bei Verwendung von anonymen Rückadressen nicht der Verwender, sondern nur der Generierer zur Rechenschaft gezogen wird. Der Verwender muß dabei anonym bleiben können, da ansonsten Kommunikationspartner einander durch Zusenden falsch gebildeter Rückadressen identifizieren könnten.

2.5.3 Schutz des Senders

Der Sender einer Nachricht kann sich (bezüglich des Sendens und bei expliziter Adressierung auch den Empfänger bezüglich seines sonstigen Empfangens) schützen, indem er **bedeutungslose Nachrichten** (dummy traffic) sendet. Werden diese im Falle expliziter Adressierung in ihrem verschlüsselten Nachrichteninhaltsteil mit einem speziellen Kennzeichen versehen bzw. im Falle von Verteilung und impliziter Adressierung mit nicht existenten impliziten Adressen versehen, können sie von der explizit adressierten bzw. allen Teilnehmerstationen weggeworfen werden. Werden auch bedeutungslose Nachrichten gesendet, kann das Netz nicht mehr entscheiden, wann genau und wieviele bedeutungsvolle Nachrichten ein Teilnehmer sendet

[Chau_81]. (Symmetrisch dazu kann das Netz selbst im Falle expliziter Adressierung nicht mehr entscheiden, wann genau und wieviele bedeutungsvolle Nachrichten ein Teilnehmer empfängt. Da das Wegwerfen von an andere Stationen adressierten Nachrichten jedoch nicht aufwendiger ist als das Wegwerfen von an die eigene Station adressierten, und ersteres Empfängeranonymität auch vor dem Sender der Nachricht und erhebliche Aufwandsersparnis in geeignet entworfenen Kommunikationsnetzen ermöglicht, wurde das Verfahren der bedeutungslosen Nachrichten in Abschnitt 2.5.1 nicht erwähnt. Mag oder kann man sich vollständige Verteilung (broadcast) nicht leisten, wird man aus der Sicht des Empfängers statt bedeutungsloser Nachrichten immer partielle Verteilung (multicast) vorziehen.)

Das Verfahren der bedeutungslosen Nachrichten verursacht stets einen sehr hohen Aufwand und erfüllt zugleich nicht die Forderung nach Anonymität des Senders auch bei Angriffen, an denen sich der Empfänger bedeutungsvoller Nachrichten beteiligt. In der Diktion von Abschnitt 2.1.1 wird durch dieses Verfahren also lediglich das *Senden* (bzw. symmetrisch dazu: das *Empfangen*) bedeutungsvoller Nachrichten *für Unbeteiligte unbeobachtbar und unverkettbar*. Anonymität des Senders vor Beteiligten ist mit diesem Verfahren allein jedoch bezüglich realistischer Angreifermodelle nicht zu erreichen. Trotz dieser offensichtlichen Schwächen des Verfahrens der bedeutungslosen Nachrichten ist es das einzige zum Schutz der Verkehrs- und Interessensdaten, das auch in der neueren, nicht von David Chaum oder Mitgliedern unserer Karlsruher Datenschutz-Arbeitsgruppe geschriebenen, weit verbreiteten und zitierten Literatur zum Thema „Datenschutz und Sicherheit in Kommunikationsnetzen", insbesondere auch im Entwurf einer Ergänzung des ISO Modells für „Offene Kommunikation" in bezug auf Datenschutz und Sicherheit steht, vgl. [VoKe_83 Seite 157f, VoKe_85 Seite 18, ISO7498SA_86 Seite 28f, 32, 34, 46, 54, 57, ISO7498-2_87 Seite 17, 24-29, 31-33, 36, 39f, 53, 56, 60f, Rul1_87, AbJe_87 Seite 28, Folt_87 Seite 45] (natürlich gibt es auch neuere weit verbreitete Literatur, die überhaupt keine Lösungsmöglichkeit nennt, vgl. [Brau_87]). Kennen diese weltberühmten Kapazitäten ihr eigenes Gebiet nicht – oder wollen oder dürfen sie es nicht kennen, vgl. Abschnitt 2.2.2.4 ?

Wird das Senden (und Empfangen) bedeutungsloser Nachrichten mit einem Verfahren zum Schutz der Kommunikationsbeziehung geeignet kombiniert, so hält es auch Angriffen stand, an denen sich der Netzbetreiber und der Empfänger bedeutungsvoller Nachrichten beteiligen. Soll durch die Kombination der zwei Verfahren der Sender (oder Empfänger) geschützt werden, so muß er mit einer von seinen Sende- und Empfangswünschen unabhängigen Rate Nachrichten senden und empfangen. Dies bedeutet, daß die Bandbreite des Kommunikationsnetzes im wesentlichen *statisch* auf die Teilnehmer aufgeteilt werden muß, was für viele Anwendungen ungeschickt ist. Außerdem kann auf diese Weise höchstens *komplexitätstheoretischer* Schutz des Senders (und Empfängers) erreicht werden. Trotz dieser Einschränkungen kann diese Kombination bei bestimmten äußeren Randbedingungen sinnvoll sein, siehe Abschnitt 6.2.

Die in den beiden folgenden Unterabschnitten beschriebenen Verfahrensklassen zum Schutz des Senders haben die gerade genannten Nachteile nicht. Sie sind in gewisser Weise effizient, indem sie eine *dynamische* Aufteilung der Bandbreite erlauben sowie bedeutungslose Nachrichten und Umcodieren vermeiden, und es ist in der *informationstheoretischen* Modellwelt bewiesen, daß der Sender selbst bei Identität oder Zusammenarbeit von Empfänger und Netzbetreiber anonym ist.

Zunächst wird mit dem überlagernden Senden ein sehr mächtiges, aber auch entsprechend aufwendiges Verfahren zum Realisieren von Senderanonymität auf einem beliebigen Kommunikationsnetz beschrieben.

Danach wird erklärt, wie ein Kommunikationsnetz insbesondere durch Wahl einer geeigneten Leitungstopologie (Ring oder Baum) und digitale Signalregenerierung gleich so – und damit preiswerter als durch „Aufsetzen" eines zusätzlichen Verfahrens – realisiert werden kann, daß realistische Angreifer nur unter hohem Aufwand das Senden von einzelnen Stationen beobachten können. Ist hierbei ihr Aufwand genauso groß wie der anderer Formen der Individualüberwachung, so ist dem in einer Demokratie nötigen Datenschutz Genüge getan, vgl. Abschnitt 1.4.

Die beiden Verfahrensklassen können sinnvoll kombiniert werden, was bei der Beschreibung der zweiten jeweils am Schluß der Unterabschnitte erklärt wird.

2.5.3.1   Überlagerndes Senden   (DC-Netz)

Nach einem ersten Überblick über das verallgemeinerte überlagernde Senden in Abschnitt 2.5.3.1.1 wird in Abschnitt 2.5.3.1.2 die Senderanonymität definiert und bewiesen.

In Abschnitt 2.5.3.1.3 wird mit dem überlagernden Empfangen ein Verfahren eingeführt, das eine wesentlich effizientere Nutzung des überlagernden Sendens erlaubt.

Schließlich werden in Abschnitt 2.5.3.1.4 einige Überlegungen zur Optimalität des überlagernden Sendens bezüglich Senderanonymität, sowie zu seinem Aufwand und zu möglichen Implementierungen angestellt.

2.5.3.1.1 Ein erster Überblick

In [Cha3_85, Cha8_85, Chau_88] gibt David Chaum eine von ihm DC-Netz genannte Möglichkeit zum anonymen Senden an (DC-network als Abkürzung für Dining Cryptographers network; der Name ist passend zu seinem Einführungsbeispiel gewählt; als zusätzliche Merkhilfe sei erwähnt, daß er David Chaums Initialen darstellt). Diese Möglichkeit zum anonymen Senden (und unbeobachtbaren Empfangen gemäß Abschnitt 2.5.1) wurde in [Pfi1_85 Seite 40, 41] zur im folgenden beschriebenen Möglichkeit verallgemeinert.

Bekanntlich bildet jedes endliche Alphabet bezüglich einer ab 0 beginnenden Numerierung seiner Zeichen und der Addition (modulo der Zeichenanzahl) bezüglich dieser Numerierung eine abelsche Gruppe. Wie üblich werde unter der Subtraktion (eines Zeichens) die Addition seines inversen Gruppenelementes verstanden. Das **verallgemeinerte überlagernde Senden** geschieht dann folgendermaßen:

Teilnehmerstationen erzeugen für jedes zu sendende Nutzzeichen ein oder mehrere Schlüsselzeichen zufällig und gemäß einer Gleichverteilung. Jedes dieser Schlüsselzeichen teilen sie genau einer anderen Teilnehmerstation mittels eines (noch zu diskutierenden) Konzelation garantierenden Kanals mit. (Wer mit wem solch einen Konzelation garantierenden Kanal unterhält, muß nicht geheimgehalten werden, sondern sollte sogar, um Angriffen gegen die Diensterbringung leichter begegnen zu können, öffentlich bekannt sein, vgl. Abschnitt 5.8.) Jede Teilnehmerstation addiert (modulo Zeichenanzahl) lokal alle von ihr erzeugten Schlüsselzeichen, subtrahiert (modulo Zeichenanzahl) davon lokal alle ihr mitgeteilten Schlüsselzeichen und addiert (modulo Zeichenanzahl), sofern sie ein Nutzzeichen senden will, lokal ihr Nutzzeichen. Dieses Addieren (bzw. Subtrahieren) modulo der Zeichenanzahl des verwendeten Alphabets wird *Überlagern* genannt. Jede Teilnehmerstation sendet das Ergebnis ihrer lokalen Überlagerung (daher der den Mechanismus betonende Name *überlagerndes Senden*). Alle gesendeten Zeichen werden global überlagert (modulo Zeichenanzahl addiert) und das entstehende Summenzeichen an alle Teilnehmerstationen verteilt.

Da jedes Schlüsselzeichen genau einmal addiert und subtrahiert wurde, sich nach der globalen Überlagerung also alle Schlüsselzeichen gegenseitig wegheben, ist das Summenzeichen die Summe (modulo Zeichenanzahl) aller gesendeten Nutzzeichen. Wollte keine Teilnehmerstation senden, ist das Summenzeichen das 0 entsprechende Zeichen, wollte genau eine Teilnehmerstation senden, ist das Summenzeichen gleich dem gesendeten Nutzzeichen.

Wählt man als Alphabet die Binärzeichen 0 und 1, so erhält man den für praktische Zwecke wichtigen, von David Chaum angegebenen Spezialfall des **binären überlagernden Sendens**, bei dem zwischen Addition und Subtraktion von Zeichen nicht zu unterschieden werden braucht (Bild 26).

Natürlich können (digitale) *Überlagerungs-Kollisionen* auftreten, falls mehrere Teilnehmerstationen gleichzeitig senden wollen: alle Stationen erhalten die (wohldefinierte) Summe des gleichzeitig Gesendeten. Kollisionen sind ein übliches Problem bei Verteil-Kanälen mit Mehrfachzugriff, zu dessen Lösung es eine große Zahl von Zugriffsverfahren gibt. Alle publizierten Zugriffsverfahren sind auf (analoge) *Übertragungs-Kollisionen*, z. B. in Bussystemen (Bsp. Ethernet), Funk- und Satellitennetzen ausgelegt, bei denen es kein wohldefiniertes „Kollisionsergebnis" gibt. Die „Arbeitsbedingungen" der Zugriffsverfahren sind beim überlagernden Senden in dieser Hinsicht also wesentlich besser als bei üblichen Verteil-Kanälen. Allerdings darf man natürlich nur solche Zugriffsverfahren verwenden, die die Anonymität des Senders und — wenn möglich – auch die Unverkettbarkeit von Sendeereignissen erhalten. Daneben sollten sie bei zu erwartender Verkehrsverteilung den zur Verfügung stehenden Kanal günstig nutzen, was in Abschnitt 3.1.2 noch ausführlich behandelt werden wird. Beispiele anonymer und nichtverkettender Zugriffsverfahren sind das einfache, aber nicht sehr effiziente Verfahren slotted ALOHA und eine für Kanäle mit großer Verzögerungszeit entworfene, effiziente Reservierungstechnik [Tane_81 Seite 272, Cha3_85].

Vereinbart man, daß ein Teilnehmer einen Übertragungsrahmen, in dem er ohne Kollision gesendet hat, weiterbenutzen darf und andere Teilnehmer in diesem Rahmen erst wieder senden dürfen, wenn er einmal nicht benutzt wurde, so kann man durch die Verwendung mehrerer Übertragungsrahmen (slots) sehr effizient Kanäle schalten [Höck_85, HöPf_85], was ebenfalls in Abschnitt 3.1.2 ausführlich behandelt werden wird. Natürlich ist alles, was über solch einen Kanal gesendet wird, verkettbar – andererseits werden Kanäle typischerweise für solche Dienste verwendet, in deren Natur dies liegt. Dies wird ausführlich in Abschnitt 2.6 diskutiert.

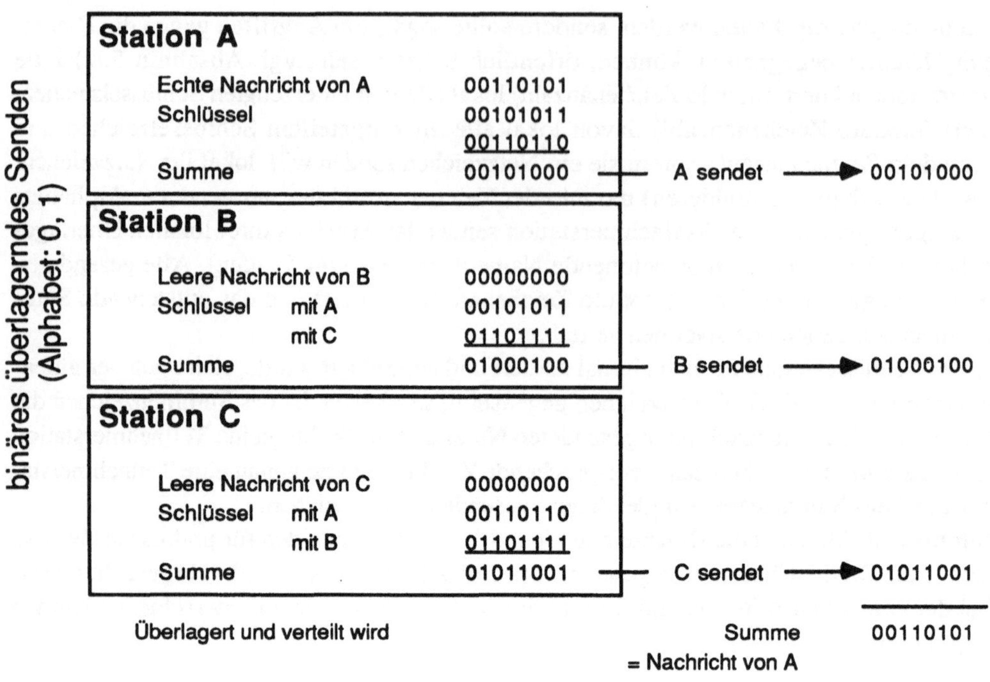

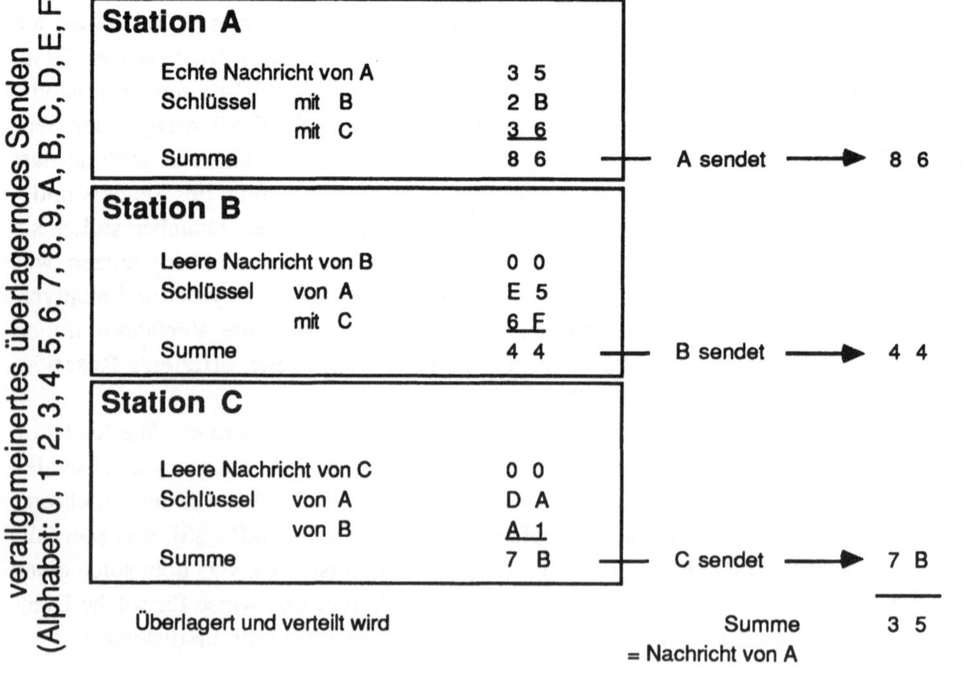

Bild 26: Überlagerndes Senden

2.5.3.1.2 Definition und Beweis der Senderanonymität

Nach dieser dem Überblick dienenden Kurzbeschreibung des überlagernden Sendens wird zunächst die *Senderanonymität* genau definiert und für den allgemeinst-möglichen Fall der Überlagerung (beliebige abelsche Gruppe) bewiesen.

Danach wird gezeigt, wie mittels *überlagerndem Empfangens* ausgenutzt werden kann, daß Überlagerungs-Kollisionen einen wohldefinierten und für alle am überlagernden Senden beteiligten Stationen wahrnehmbaren Wert haben. Beides im Gegensatz zu Übertragungs-Kollisionen in Bussystemen (Bsp. Ethernet) und Funknetzen und nur ersteres auch im Gegensatz zu Satellitennetzen.

Einige Bemerkungen zur Realisierung des Schlüsselaustausches und zur Implementierung des überlagernden Sendens schließen diesen Abschnitt ab.

David Chaum beweist in [Cha3_85] für binäres überlagerndes Senden (genauer: unter Ausnutzung der Körpereigenschaften von GF(2)), daß, solange eine Gruppe von Teilnehmerstationen Schlüssel nur in der beschriebenen Form weitergibt und solange diese Gruppe bezüglich der ausgetauschten Schlüssel zusammenhängend ist, andere an diesem Verfahren Beteiligte auch durch Zusammentragen all ihrer Information keine Information darüber erhalten, wer innerhalb der Gruppe sendet. „Bezüglich der ausgetauschten Schlüssel zusammenhängend" bedeutet, daß für je zwei beliebige Teilnehmerstationen T_0, T_1 der Gruppe es eine möglicherweise leere Folge von Teilnehmerstationen T_2 bis T_n der Gruppe gibt, so daß für $1 \leq i \leq n$ gilt: T_i hat mit $T_{(i+1)\bmod(n+1)}$ einen Schlüssel ausgetauscht.

Im folgenden wird ein vereinfachter und auf verallgemeinertes überlagerndes Senden erweiterter Beweis dieses Sachverhaltes gegeben.

Der Beweis verwendet nur, daß die Zeichen und die auf ihnen definierte Addition eine *abelsche Gruppe* bilden, nicht aber, daß die Addition nach der Numerierung der Zeichen modulo der Zeichenanzahl durchgeführt wird (mit anderen Worten: daß es sich um eine *zyklische Gruppe* handelt). Die dadurch beim verallgemeinerten überlagernden Senden implizit gegebene *Ringstruktur* wird für den Beweis nicht verwendet, so daß er so allgemein wie irgend wünschenswert ist:

1. Damit eine Station kein Zeichen senden kann, muß es ein neutrales Element geben.
2. Damit sich die Schlüssel nach der Überlagerung paarweise wegheben, muß es zu jedem Zeichen ein inverses geben.
3. Damit man Freiheiten bei der Organisiation der lokalen und insbesondere globalen Überlagerung hat, sollte die Addition kommutativ sein.

   Damit ein Schlüsselaustausch zwischen beliebigen Paaren von Teilnehmerstationen möglich ist, muß die Addition kommutativ sein. Denn anderenfalls gäbe es eine durch die globale Überlagerungsreihenfolge gegebene lineare Ordnung der von den Teilnehmerstationen gesendeten Nutzzeichen und damit auch der Teilnehmerstationen. Da Schlüsselzeichen nicht mit Nutzzeichen kommutierten, könnte jede Teilnehmerstation nur mit ein bzw. zwei bezüglich der linearen Ordnung benachbarten Teilnehmerstationen Schlüssel austauschen.

Der Beweis ist also etwas allgemeiner als die Definition des verallgemeinerten überlagernden Sendens – allerdings gibt es für diese größere Allgemeinheit keine Nutzanwendung. Denn der

Hauptsatz über endliche abelsche Gruppen (vgl. [Waer_67 Seite 9]) besagt, daß jede endliche abelsche Gruppe als direktes Produkt zyklischer Gruppen geschrieben werden kann. Das direkte Produkt, d. h. die komponentenweise Ausführung der Addition in der jeweiligen zyklischen Gruppe, entspricht aber genau dem kollateralen, d. h. seriellen oder parallelen Betrieb mehrerer verallgemeinerter überlagernder Sendeverfahren.

Beh. Überlagern bezüglich der konzeliert ausgetauschten Schlüssel zusammenhängende Teilnehmerstationen jeweils ihre Nachrichten und die ihnen bekannten Schlüssel und geben nur das Ergebnis aus, so *erfährt* ein alle Ergebnisse beobachtender Angreifer *nur* die Summe aller gesendeten Nachrichten. Letzteres bedeutet gemäß den Abschnitten 2.1.1 und 2.2.2.2, daß für den Angreifer für alle Zufallsvariablen Z gilt: P(Z|alle Ergebnisse) = P(Z|Summe aller gesendeten Nachrichten).

Anm. Je nach Vorwissen des Angreifers kennt er damit möglicherweise auch die die Summe bildenden einzelnen Nachrichten sowie, sofern einzelne Nachrichten mit dem Vorwissen des Angreifers Rückschlüsse auf ihren Sender zulassen, den Sender dieser Nachrichten. Der Angreifer *erhält* aber durch Kenntnis aller Ergebnisse, d. h. der Ausgaben der einzelnen Teilnehmerstationen, keine über die Kenntnis ihrer Summe hinausgehende *zusätzliche* Information. Er kann sich also das Beobachten der Ausgaben der einzelnen Teilnehmerstationen sparen, da ihm das keine zusätzliche Information darüber liefert, welche Teilnehmerstation welche Nachricht gesendet hat. Gemäß der Begriffsbildung in Abschnitt 2.1.1 bleiben die Sender von Nachrichten also anonym bezüglich des Angreifers und des Ereignisses des Sendens.

Bew. O.B.d.A. wird der Beweis im folgenden auf solche Situationen beschränkt, in denen die m Teilnehmerstationen bezüglich der ausgetauschten Schlüssel *einfach* zusammenhängen. Selbiges heißt, daß es für je zwei beliebige Teilnehmerstationen T_0, T_1 *genau eine* möglicherweise leere Folge von Teilnehmerstationen T_2 bis T_n gibt, so daß für $1 \leq i \leq n$ gilt: T_i hat mit $T_{(i+1)\bmod(n+1)}$ einen Schlüssel ausgetauscht. Gibt es mehrere Folgen, so werden dem Angreifer weitere Schlüssel mitgeteilt, was ihn nur stärker macht. Er kann dann diese Schlüssel von den Ausgaben der betroffenen Teilnehmerstationen subtrahieren, wodurch er jeweils genau die „Ausgabe" erhält, die im folgenden durch vollständiges Weglassen dieser Schlüssel entsteht.

Der Beweis selbst wird mit **vollständiger Induktion** über die Anzahl m der Teilnehmerstationen geführt.
Unter einer *Nachrichtenkombination* wird die Zuordnung von je einer Nachricht zu jeder Teilnehmerstation, unter einer *Schlüsselkombination* die Zuordnung von Werten zu allen zwischen Teilnehmerstationen konzeliert ausgetauschten und dem Angreifer unbekannten Schlüsseln verstanden. Für jedes m wird bewiesen, daß es zu jeder die Summe aller gesendeten Nachrichten ergebenden Nachrichtenkombination genau eine Schlüsselkombination gibt, so daß Nachrichtenkombination und Schlüsselkombination mit den Ausgaben aller Teilnehmerstationen verträglich sind. Da zusätzlich die Schlüssel und damit auch die Schlüsselkombinationen zufällig und gemäß einer Gleichverteilung generiert werden, liefert die Beobachtung der Ausgaben der Teilnehmerstationen dem Angreifer

keine über die Summe aller gesendeten Nachrichten hinausgehende Information gemäß den Shannon'schen Definitionen [Shan_48, Sha1_49].

Ein von T_i generierter und T_j konzeliert mitgeteilter Schlüssel werde mit $S_{i \to j}$ bezeichnet, die von T_i gesendete Nachricht mit N_i und ihre Ausgabe mit A_i, wobei nach der Beschreibung des verallgemeinerten überlagernden Sendens gilt:

$$A_i \; = \; N_i \; + \; \sum_j S_{i \to j} \; - \; \sum_j S_{j \to i}$$

Induktionsanfang: $m = 1$
Die Behauptung gilt trivialerweise, da der Angreifer genau die Ausgabe der einzigen Teilnehmerstation erfährt.

Induktionsschritt von $m - 1$ auf m:
Da die Teilnehmerstationen bezüglich der ausgetauschten Schlüssel *einfach* zusammenhängen, gibt es stets eine Teilnehmerstation, die nur mit einer anderen Teilnehmerstation durch einen ausgetauschten Schlüssel verbunden ist. Erstere werde o.B.d.A mit T_m, letztere mit T_i mit $1 \le i \le m-1$ und der Schlüssel o.B.d.A. mit $S_{i \to m}$ bezeichnet.
T_i bildet N_i und $A_i = N_i + .. + S_{i \to m}$, T_m bildet N_m und $A_m = N_m - S_{i \to m}$.
Der Angreifer beobachtet das Senden von $A_1, A_2, .., A_m$.
Sei $N' = (N'_1, N'_2, .., N'_m)$ eine beliebige Nachrichtenkombination, deren Summe gleich der Summe aller gesendeten Nachrichten ist, d. h. $N'_1 + N'_2 + .. + N'_m = N_1 + N_2 + .. + N_m \; (= A_1 + A_2 + .. + A_m)$.
Es muß nun gezeigt werden, daß es zur Nachrichtenkombination N' genau eine passende Schlüsselkombination S' gibt. Der zwischen T_i und T_m ausgetauschte passende Schlüssel $S'_{i \to m}$ hat wegen $A_m = N_m - S_{i \to m}$ den Wert $S'_{i \to m} = N'_m - A_m$.
Der Rest der passenden Schlüsselkombination S' wird wie in der Induktionsvoraussetzung bestimmt, wobei hierfür als Ausgabe von T_i der Wert $A_i - S'_{i \to m}$ verwendet wird.   ◆

Hiermit ist bewiesen, daß das verallgemeinerte (und damit natürlich auch das binäre) überlagernde Senden *perfekte informationstheoretische Anonymität* des Senders innerhalb der Gruppe schafft, die über rein zufällig gewählte und in perfekter informationstheoretischer Konzelation garantierender Weise ausgetauschte Schlüssel zusammenhängt. Ebenso sind Nachrichten über das Senden in keiner Weise verkettbar, überlagerndes Senden ermöglicht also auch *perfekte informationstheoretische Unverkettbarkeit* von Sendeereignissen. Erleidet eine Nachricht eine Überlagerungs-Kollision, so muß sie allerdings neu und damit anders (Ende-zu-Ende-)verschlüsselt werden – anderenfalls könnte ein Angreifer bei genügend langen Nachrichten schließen, daß Nachrichten, deren Summe vorher schon einmal gesendet wurde, wohl nicht von der gleichen Teilnehmerstation gesendet wurden, da diese anderenfalls Übertragungsbandbreite des DC-Netzes verschwenden würde.

David Chaums Beweis für das binäre und der hier gegebene für das verallgemeinerte überlagernde Senden gelten nicht nur bei *passiven*, sondern auch bei koordinierten *aktiven* Angriffen – im hier gegeben Beweis z. B. kommt das Verhalten der Angreiferstationen gar nicht vor, ihr Verhalten ist also beliebig. (Nicht protokollgemäßes Verhalten der Angreiferstationen stellt „nur" einen Angriff auf die Diensterbringung dar, was in Abschnitt 5.8 behandelt wird.)

Jedoch betrachten beide Beweise jeweils nur die Anonymität des *Senders*. Ist das Senden einer Nachricht N abhängig vom Empfangen vorhergehender Nachrichten N_i, so kann ein aktiver Angriff auf die Anonymität des *Empfängers* einer der N_i (vgl. Abschnitt 2.5.1) trotz noch so perfekten Schutzes des Sendens den Sender von N identifizieren. Wie bereits in Abschnitt 2.5.1 erwähnt kann dieses Problem durch geeignetes Einbeziehen der verteilten Nachrichten in die Schlüsselgenerierung selbst innerhalb der informationstheoretischen Modellwelt perfekt gelöst werden [Waid_89, WaPf1_89].

2.5.3.1.3 Überlagerndes Empfangen

Die Bandbreite des DC-Netzes kann erheblich besser genutzt werden, wenn die Teilnehmerstationen nutzen, daß wer immer das globale Überlagerungsergebnis $\underline{u}$ von n gleichzeitig überlagernd gesendeten Nachrichten sowie n-1 davon einzeln kennt, die ihm noch fehlende Nachricht durch Überlagerung von $\underline{u}$ mit den n-1 ihm einzeln bekannten Nachrichten erhalten kann. Dieses **überlagernde Empfangen** kann **global**, d. h. alle Teilnehmerstationen überlagern gleich und empfangen so dasselbe, oder **paarweise**, d. h. genau zwei Teilnehmerstationen können überlagern, geschehen:

Beim *globalen überlagernden Empfangen* speichern alle Teilnehmerstationen nach einer Überlagerungs-Kollision diese (zunächst) nicht verwertbare Nachricht ab, so daß bei n kollidierten Nachrichten nur n-1 noch einmal gesendet werden müssen: die letzte Nachricht ergibt sich durch Subtraktion (modulo Zeichenanzahl) der n-1 Nachrichten von der (zunächst) nicht verwertbaren Nachricht. Empfangen die Teilnehmerstationen global überlagernd, so verschwendet eine Teilnehmerstation, die hin und wieder mehrere Nachrichten gleichzeitig überlagert und alle bis auf eine noch einmal einzeln sendet, keine Bandbreite des DC-Netzes, so daß dies ohne weiteres zulässig und allgemein bekannt sein kann. Dadurch wird der obige Schluß, daß kollidierte Nachrichten nicht von derselben Teilnehmerstation stammen, falsch, so daß das überlagernde Empfangen trotz der Effizienzsteigerung Sendeereignisse bei geeignet gewählten Wahrscheinlichkeiten für das gleichzeitige Überlagern von mehreren Nachrichten informationstheoretisch unverkettbar läßt. Zusätzlich zur besseren Nutzung der Bandbreite des DC-Netzes spart das globale überlagernde Empfangen auch noch das neu und damit anders (Ende-zu-Ende-)Verschlüsseln von kollidierten Nachrichten.

Paarweises überlagerndes Empfangen ist dann möglich, wenn sich zwei möglicherweise vollständig anonyme Teilnehmerstationen (etwa mittels eines anonymen Reservierungsschemas, vgl. Abschnitt 3.1.2.3.5) mit allen anderen am überlagernden Senden Beteiligten darauf geeinigt haben, daß und wann beide exklusives Senderecht haben: Obwohl *beide* gleichzeitig senden, können beide, indem sie je das von ihnen Gesendete mit dem globalen Überlagerungsergebnis überlagern, empfangen, was der andere gesendet hat (Bild 27). Dies kann für zwei Zwecke genutzt werden: Senden beide Teilnehmerstationen je eine exklusiv für die andere Teilnehmerstation bestimmte Nachricht, so wird die Bandbreite des DC-Netzes doppelt so gut wie mit den in [Cha3_85, Chau_88, Pfi1_85] beschriebenen Zugriffsverfahren genutzt, beispielsweise kann in der Bandbreite eines Verteil-Simplex-Kanals ein Punkt-zu-Punkt-Duplex-Kanal untergebracht werden. Sendet eine der beiden Teilnehmerstationen einen rein zufällig generierten Schlüssel, so kann sie von der anderen eine Nachricht in perfekter informationstheoretischer Konzelation erhalten, obwohl beide Teilnehmerstationen voreinander vollständig anonym sein können, wenn das zugrundeliegende DC-Netz gegenüber dem Angreifer perfekte informationstheoretische Anonymität innerhalb irgendeiner Gruppe bietet, die beide Teilnehmerstationen enthält. Letzteres ist eine besonders effiziente Implementierung des auf Sender-Anonymität basierenden Konzelations-Protokolls von Alpern und Schneider [AlSc_83], das schon vor der Erfindung von Kommunikationsnetzen mit Sender-Anonymität veröffentlicht wurde. Mit dem von Axel Burandt entworfenen Code [Bura_88] kann erreicht werden, daß beide Partner mit informationstheoretischer Sicherheit überprüfen können, ob Dritte den Nachrichtentransfer störten, so daß *perfekte informationstheoretische Integrität* erreichbar ist.

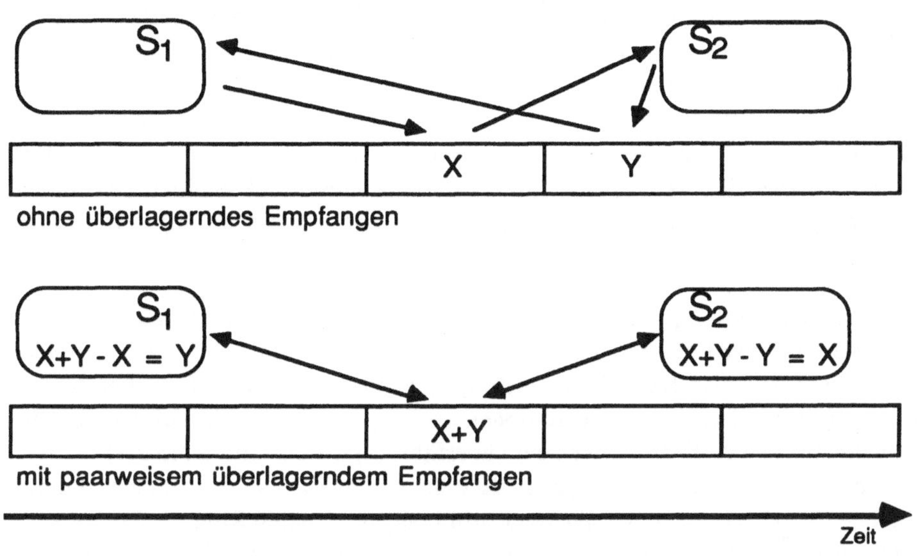

Bild 27:   Paarweises überlagerndes Empfangen der Stationen S_1 und S_2

Das genaue Zusammenspiel von für das DC-Netz geeigneten Zugriffsverfahren und beiden Varianten des überlagernden Empfangens wird in Abschnitt 3.1.2 ausführlich behandelt.

2.5.3.1.4 Optimalität, Aufwand und Implementierungen

Da aus Gründen der Empfängeranonymität potentiell alle Teilnehmerstationen die (Ende-zu-Ende-verschlüsselten) Nachrichten erfahren sollen (und dies damit – außer beim paarweisen überlagernden Empfangen – auch jeder realistische Angreifer kann), ist das überlagernde Senden mit Austausch eines Schlüssels zwischen jedem Teilnehmerstationenpaar und neuer Verschlüsselung kollidierter Nachrichten bzw. globalem überlagerndem Empfangen mit geeignet häufigem gleichzeitigem Überlagern von mehreren Nachrichten das bezüglich Senderanonymität *optimale* Verfahren.

Der Einsatz des Verfahrens des überlagernden Sendens ist jedoch sehr, sehr aufwendig, weil große Mengen an Schlüsseln in Konzelation garantierender Weise ausgetauscht werden müssen: Jedes Paar von Teilnehmerstationen, das Schlüssel miteinander austauscht, benötigt dazu einen Konzelation garantierenden Kanal mit derselben Bandbreite, wie sie das Kommunikationsnetz allen Benutzern zusammen zum Austausch ihrer Nachrichten bereitstellt.

Diesen *Aufwand beim Schlüsselaustausch* kann man reduzieren, indem Pseudozufallszahlen-, bzw. im Falle des binären überlagernden Sendens Pseudozufallsbitfolgengeneratoren verwendet werden. Dann müssen nur relativ kurze Schlüssel geheim ausgetauscht werden, aus denen dann sehr lange Schlüssel, die äußeren Betrachtern zufällig erscheinen, erzeugt werden können.

Das Verfahren ist dann nicht mehr informationstheoretisch sicher, sondern nur noch komplexitätstheoretisch mehr oder weniger sicher; bei Verwendung kryptographisch starker Pseudozufallszahlen-, bzw. -bitfolgengeneratoren schafft das Verfahren des überlagernden Sendens *perfekte komplexitätstheoretische Anonymität* des Senders und *perfekte komplexitätstheoretische Unverkettbarkeit* von Sendeereignissen (vgl. Abschnitt 2.2.2.2).

Leider sind die bekannten schnellen Pseudozufallszahlen-, bzw. -bitfolgengeneratoren alle leicht brechbar oder zumindest von zweifelhafter Sicherheit (z. B. rückgekoppelte Schieberegister), während bisher die als kryptographisch stark bewiesenen Pseudozufallszahlen-, bzw. -bitfolgengeneratoren [VaVa_85, BlMi_84] sehr aufwendig und sehr langsam sind (vgl. Abschnitte 2.2.2.2 und 2.2.2.3).

David Chaum schlägt in [Cha3_85] vor, das überlagernde Senden *auf einem Ring zu implementieren*. Dadurch wird einem Angreifer das Brechen von schnellen (und vielleicht leicht brechbaren) Pseudozufallszahlen-, bzw. -bitfolgengeneratoren erschwert, weil er die Ausgaben von aufeinanderfolgenden Teilnehmerstationen im Ring nur durch sehr aufwendige physikalische Maßnahmen, also realistischerweise nicht erfährt (vgl. Abschnitt 2.5.3.2.1).

Bei dieser Implementierung kreist jedes Bit einmal zum Zwecke des Sendens durch sukzessives Überlagern und einmal zum Zwecke des Empfangens um den Ring.

Da diese Implementierung im Mittel nur den vierfachen Übertragungsaufwand verursacht wie ein übliches Sendeverfahren auf einem Ring, während eine Implementierung auf einem sternförmigen Netz bei *n* Teilnehmerstationen den *n*-fachen Übertragungsaufwand gegenüber einem gewöhnlichen Sendeverfahren auf einem Stern verursacht, wirkt sie recht effizient.

Da aber die Übertragungsmenge auf jeder einzelnen Leitung, also die geforderte Bandbreite, bei allen Implementierungen gleich ist, kann die Implementierung auf einem *Stern* (oder allgemeiner: *Baum*) trotzdem effizienter sein. Die Implementierung eines Kanals ist um so besser, je kürzer die Verzögerungszeit ist, also die Zeit, die zwischen Sendeversuch und der Rückmeldung, ob eine Überlagerungs-Kollision auftrat, verstreicht. Für dieses Verfahren können die Knoten von Stern- und Baumnetzen wesentlich einfacher als übliche Vermittlungszentralen sein und so entworfen werden, daß die Summe der Schaltzeiten nur logarithmisch mit der Teilnehmeranzahl wächst. Die reine Laufzeit wächst ungefähr mit der Wurzel der Teilnehmeranzahl, während beide bei Ringnetzen stets proportional zur Teilnehmeranzahl wachsen, was in Abschnitt 3.3.3 noch genauer behandelt werden wird.

2.5.3.2 Unbeobachtbarkeit angrenzender Leitungen und Stationen sowie digitale Signalregenerierung

Das aufwendige Generieren, ggf. Verteilen und Überlagern von Schlüsseln und Nutzdaten im vorherigen Abschnitt 2.5.3.1 ist nötig, da davon ausgegangen wird, daß ein Angreifer die Ein- und Ausgänge aller Teilnehmerstationen abhört bzw. die jeweils angrenzenden Stationen kontrolliert, so daß Verbindungs-Verschlüsselung gegen ihn nicht hilft.

Die Idee für weit weniger aufwendige Verfahren besteht darin, das Kommunikationsnetz bereits physikalisch (bzw. – wesentlich aufwendiger – mittels Verbindungs-Verschlüsselung) so zu gestalten, daß es für einen Angreifer nicht einfacher ist, alle Ein- und Ausgänge einer Teilnehmerstation abzuhören bzw. die jeweils angrenzenden Stationen zu kontrollieren, als den Teilnehmer bzw. die Teilnehmerstation direkt zu beobachten (vgl. Abschnitt 1.4). Wo immer der Angreifer mittels Abhören von Leitungen oder Kontrolle von Stationen Nachrichten beobachten kann, sollten diese von vielen (am besten von allen von ihm nicht kontrollierten Teilnehmerstationen) stammen und für viele (am besten für alle von ihm nicht kontrollierten Teilnehmerstationen) bestimmt sein können.

Eine wesentliche Voraussetzung hierzu ist *digitale Signalregenerierung*: Jede Station regeneriert von ihr empfangene und weitergeleitete Signale (im Falle zweiwertiger Signale: Bits) so, daß sie von entsprechenden (d. h. in der digitalen Welt gleichen) von ihr generierten Signalen (auch anhand analoger Charakteristika) nicht unterschieden werden können. Dies impliziert, daß auch einander entsprechende Signale, die eine Station von unterschiedlichen Stationen empfangen hat, nach ihrer Regenerierung nicht unterschieden werden können.

Nicht gefordert wird hingegen, daß entsprechende Signale, die von verschiedenen Stationen gesendet werden, nicht unterschieden werden können. Während letzteres wegen der analogen Charakteristika des Senders und ihrer bei jedem Produktionsprozeß unvermeidbaren Streuung eine praktisch und wegen der Änderung des Signals bei seiner Ausbreitung, z. B. breiten sich verschiedene Frequenzkomponenten verschieden schnell aus (Dispersion), auch theoretisch nicht erfüllbare Forderung wäre [Pfi1_83 Seite 17], ist das Geforderte vergleichsweise einfach zu realisieren. Dies wird an den passenden Stellen in Abschnitt 3.2 ausführlich erläutert.

In den folgenden zwei Unterabschnitten werden zwei Beispiele zu der eben geschilderten und begründeten Idee behandelt.

Das **RING-Netz** ist das Paradebeispiel, da es bei bezüglich aller Verteilnetze (für Empfängeranonymität) minimalem Aufwand die obige maximale Forderung bezüglich eines Angreifers, der eine beliebige Station kontrolliert, erfüllt. Der Aufwand des RING-Netzes ist in dem Sinne minimal, daß es aus Gründen der Empfängeranonymität nötig ist, daß jede Station jede Nachricht mindestens einmal empfängt (diese untere Grenze wird mit den in Abschnitt 3.1.4 beschriebenen effizienten anonymen Zugriffsverfahren erreicht) und daß es aus Gründen der Senderanonymität nötig ist, daß jede Station mindestens mit der Summenrate aller eigentlichen Senderaten sendet (wobei bei Punkt-zu-Punkt-Duplex-Kanälen beides ohne wesentliche Anonymitätseinbuße halbiert werden kann, wie mit dem paarweisen überlagernden Empfangen auf dem DC-Netz schon gezeigt wurde und mit einem speziellen Verfahren zum Schalten von Punkt-zu-Punkt-Duplex-Kanälen auf dem RING-Netz in Abschnitt 3.1.4 gezeigt wird). Auch diese untere Grenze wird durch die erwähnten effizienten anonymen Zugriffsverfahren bis auf einen beliebig kleinen Verwaltungsaufwand (overhead) erreicht. Zusätzlich ist günstig, daß es im lokalen Bereich viel Erfahrung mit seiner physischen Struktur gibt und zumindest in den USA Pläne zum Einsatz seiner Struktur auch als Großstadtnetz (Metropolitan Area Network = MAN, [Sze_85, Roch_87]) bestehen.

Das **BAUM-Netz** ist ein aus pragmatischen Gründen wichtiges Beispiel: Seine physische Struktur ist die der heute üblichen Breitbandkabelverteilnetze, die nach leichten Erweiterungen (und damit in kurzer Zeit) für die anonyme Kommunikation benutzt werden können. Das BAUM-Netz bietet zwar nur bezüglich eines schwächeren Angreifers als das RING-Netz Anonymität, es kann aber wie jenes für *überlagerndes Senden*, was bezüglich jedem Angreifer stärkstmögliche Anonymität bietet, erweitert werden. Wie in Abschnitt 3.3.3 gezeigt wird, ist die Struktur des BAUM-Netzes hierfür sogar noch besser geeignet als die des RING-Netzes.

2.5.3.2.1 Ringförmige Verkabelung (RING-Netz)

Die effizienteste Möglichkeit, ein Kommunikationsnetz bereits physikalisch so zu gestalten, daß es für einen Angreifer nicht einfacher ist, alle Ein- und Ausgänge einer Teilnehmerstation abzu-hören bzw. die jeweils angrenzenden Stationen zu kontrollieren, als den Teilnehmer bzw. die Teilnehmerstation direkt zu beobachten, ist, die Teilnehmerstationen ringförmig anzuordnen, wie dies im Bereich lokaler Netze seit langem praktiziert wird. Da dank digitaler Signalrege-nerierung in jeder Teilnehmerstation aus den Signalformen keine Information über den ur-sprünglichen Sender gewonnen werden kann, müssen, um bei ringförmiger Anordnung der Teilnehmerstationen das Senden einer Station zu überwachen, entweder ihre beiden Nachbarn zusammenarbeiten oder ihre beiden Leitungen abgehört werden. Durch bauliche Maßnahmen, z. B. direkte Verkabelung von Wohnungen in Mehrfamilienhäusern sowie direkte Verkabelung aneinandergrenzender privater Grundstücke [Pfi1_83 Seite 18], ergänzt, keineswegs aber allein durch Verwendung eines möglichst schwierig abhörbaren Übertragungsmediums (Glasfaser, vgl. Abschnitt 1.2), kann man erreichen, daß letzteres ebenso aufwendige physikalische Maß-nahmen erfordert wie das direkte Abhören des Teilnehmers oder der Teilnehmerstation inner-halb der Wohnung. Damit verspricht es keinen zusätzlichen Vorteil. Versuchen die zwei Ring-nachbarn eines Teilnehmers, diesen ohne Auftrag Dritter (d. h. hier ohne Zusammenarbeit mit großen Kommunikationspartnern) zu beobachten, so erfahren sie beinahe nichts, da alle ausge-henden Nachrichten verschlüsselt und die Adressen bei geeigneter Verwendung impliziter Adressierung für sie nicht interpretierbar sind.

Zu erwarten sind also im wesentlichen Angreifer, die nur eine Gruppe von vielen zusam-menhängenden Stationen eingekreist haben. Sie können durch Vergleich der ein- und auslau-fenden Signalmuster (für preiswerte Ringe: Bitmuster) nur feststellen, welche davon von den Mitgliedern dieser Gruppe gesendet bzw. vom Ring entfernt wurden, nicht aber von welchem Mitglied genau. Es gilt sogar die stärkere Aussage, daß diese Angreifer kein Mitglied der Grup-pe als Sender oder Entferner der Signalmuster ausschließen können. (Diese Behauptungen gel-ten per Definition der digitalen Signalregenerierung in Verbindung mit der Ring-Topologie trivialerweise. Wer trotzdem einen „Beweis" sehen möchte, sei auf Abschnitt 3.1.4 vertröstet, wo er bei Modellierung und Beweis eines komplizierteren Sachverhaltes mit abfällt.)

Senden Stationen auf dem gemeinsamen Verteil-Kanal „Ring" unkoordiniert, so kann es, wie in Abschnitt 2.5.3.1 für das DC-Netz bereits erwähnt, Kollisionen von Nachrichten geben. Im Gegensatz zum DC-Netz und dem im folgenden Abschnitt 2.5.3.2.2 beschriebenen BAUM-Netz ist die Sichtweise von Empfänger und Sender einer Nachricht bezüglich einer eventuellen Kollision im RING-Netz nicht naturgegebenermaßen konsistent – die Kollision kann „nach" dem Empfänger auftreten, so daß nur der Sender sie bemerkt. (Fehler, die auch beim DC- und BAUM-Netz eine inkonsistente Sicht von Empfänger und Sender bezüglich einer eventuellen Kollision verursachen können, seien hierbei zunächst einmal außer Betracht gelassen – sie treten hoffentlich um Größenordnungen seltener als Kollisionen auf und werden deshalb separat in Kapitel 5 behandelt.)

Unter der (realistischen) Annahme, daß nie zwei verschiedene Nachrichten dieselbe Codierung haben, kann der Sender aber feststellen, daß der Empfänger die Nachricht empfangen konnte. Dies ist immer dann der Fall, wenn der Sender seine Nachricht nach einem Ringumlauf unverändert zurückerhält (und er sie mit einer anderen Nachricht oder 0 überschreiben kann). Durch die globale Verabredung, daß Empfänger Nachrichten, die sie schon erhalten haben, für alle Zukunft ignorieren (durchaus nichts Ungewöhnliches in Rechnernetzen, wenn Nachrichten einen Zeitstempel enthalten), kann sich der Sender durch ggf. wiederholtes Senden Gewißheit über den Empfang seiner Nachricht verschaffen. Auf diese Art kann für Sender und Empfänger eine konsistente Sicht über die Tatsache des Empfangs hergestellt werden, nicht aber über den genauen Zeitpunkt. Sollte dieser wichtig sein oder aber eine stochastische Angriffsmöglichkeit zur Ermittlung des Senders einer Nachricht über ihre Senderate vermieden werden, so sind entweder geschicktere Zugriffsprotokolle oder eine andere Gestaltung des RING-Netzes nötig.

Einerseits bietet ein Ring im Gegensatz zum DC-Netz durch seine Struktur eine effiziente Möglichkeit, durch spezielle Verfahren zum Mehrfachzugriff, nämlich verteiltes und (wie in Abschnitt 3.1.4 gezeigt wird) anonymes Abfragen (distributed and unobservable polling [Pfi1_85 Seite 19]), Kollisionen vollständig zu vermeiden, was den gerade beschriebenen Nachteil einer möglicherweise inkonsistenten Sicht bezüglich Kollisionen und damit auch bezüglich des Zeitpunktes des Nachrichtenempfangs mehr als kompensiert. Sowohl das Senden von Nachrichten als auch das Schalten von Kanälen ist mit Hilfe dieser Zugriffsverfahren möglich. Bei Punkt-zu-Punkt-Duplex-Kanälen kann man sogar ohne große Anonymitätseinbußen darauf verzichten, daß alle Information einmal ganz um den Ring läuft. Statt dessen nimmt der Empfänger die Information vom Ring und ersetzt sie sofort durch Information in Gegenrichtung. Dadurch ist die Kapazität des Rings doppelt so gut nutzbar. All dies wird in Abschnitt 3.1.4 ausführlicher erläutert.

Andererseits bietet ein Ring auch bei unkoordiniertem (und damit – wie in Abschnitt 3.1.4 erklärt wird – noch etwas anonymerem) Senden zwei Möglichkeiten, eine (abgesehen von Fehlern) konsistente Sicht von Empfänger und Sender bezüglich Empfang und Zeitpunkt des Empfangs einer Nachricht herstellen. Hierzu läuft die Nachricht zweimal um den Ring. Während des ersten Umlaufs können Kollisionen auftreten, wohingegen der zweite Umlauf zur Verteilung des Ergebnisses des ersten ohne Kollisionen abgewickelt werden muß und kann. Die beiden Möglichkeiten unterscheiden sich darin, ob die Umläufe bei einer festen und damit statisch ausgezeichneten Station oder jeweils beim Sender und damit bei einer nur dynamisch ausgezeichneten Station beginnen. Die statisch ausgezeichnete Station darf global bekannt sein, während dynamisch ausgezeichnete Stationen dies aus Gründen der Senderanonymität tunlichst nicht sein sollten. Während die erste Möglichkeit eher eine Modifikation des RING-Netzes darstellt und deshalb als Schluß dieses Abschnitts beschrieben wird, stellt die zweite lediglich ein spezielles Verfahren zum Mehrfachzugriff dar und wird deshalb erst in Abschnitt 3.1.4.4 genauer beschrieben.

RING-2-f-Netz (RING-Netz mit $\underline{2}$ Umläufen, die bei einer $\underline{f}$esten Station beginnen): Da der erste Umlauf bei einer festen Teilnehmerstation beginnt, gibt es eine erste $\underline{T}$eilnehmerstation T_1, die senden kann. Da dies statisch festgelegt ist, muß davon ausgegangen werden, daß es auch einem Angreifer bekannt ist. Damit nicht die auf T_1 folgende Teilnehmerstation T_1 bezüglich ihres Sendens beobachten kann, sendet T_1 einen zufällig und gemäß einer Gleichverteilung generierten $\underline{S}$chlüssel S als $\underline{A}$usgabe A_1. Die anderen Teilnehmerstationen T_2 bis T_m können eine Nachricht N_i ($2 \le i \le m$) senden, indem sie sie überlagern (vgl. Abschnitt 2.5.3.1.1), d.h. $A_i = A_{i-1} + N_i$ ausgeben. Um für ihre Nachrichten keine unnötig langen Verzögerungszeiten zu erhalten, überlagert T_1 erst nach Eintreffen von A_m als letzter ihre Nachricht N_1 und subtrahiert danach den (im Gegensatz zum DC-Netz einzigen) Schlüssel S. T_1 sendet das Ergebnis (die globale $\underline{A}$usgabe A = Summe aller Nachrichten) an T_2 bis T_m, was wie beim überlagernden Senden auf beliebige Art und Weise geschehen kann, etwa indem die Kapazität des Ringes in zwei gleich große Teile geteilt wird und T_1 die Nachricht vom Sendeteil in den Empfangsteil umsetzt (vgl. Bild 28).

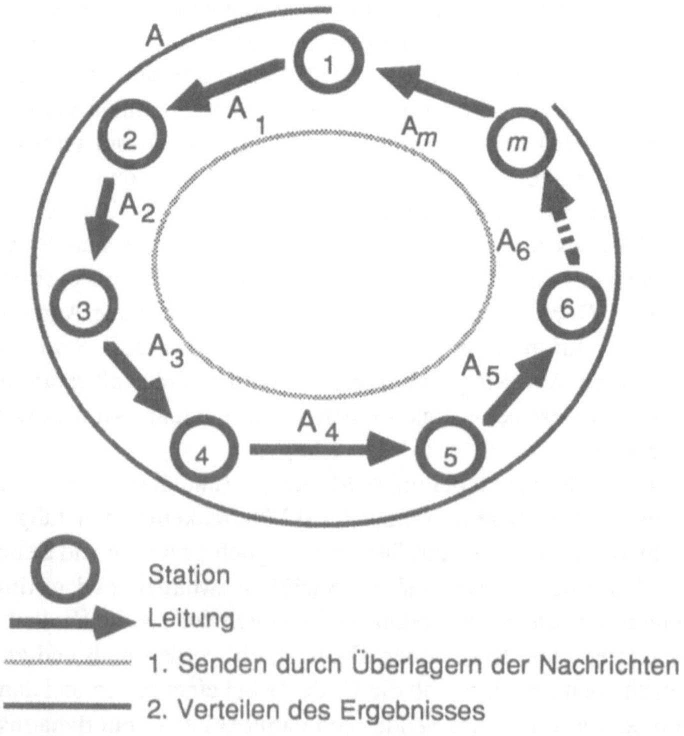

Bild 28: RING-2-f-Netz mit Verteilung des Ergebnisses durch zweiten Ringumlauf

Es ist bemerkenswert, daß der Schlüssel S bei diesem Verfahren nicht ausgetauscht werden muß, so daß auch für breitbandige Kommunikationsnetze kein Rückgriff auf Pseudozufallszahlen nötig ist! Es genügt völlig, daß T_1 S nach seiner physischen Erzeugung und erstmaligen Verwendung z. B. in ein Schieberegister schreibt, dessen Verzögerung der des Ringes entspricht, und jeweils den am Ausgang des Schieberegisters anliegenden Wert von $A_m + N_1$ subtrahiert.

Wie der gleich folgende Beweis zeigt, ist es für die Senderanonymität wichtig, daß T_1 ihre Entscheidung, ob sie eine Nachricht sendet, nicht davon abhängig macht, ob eine andere Teilnehmerstation vor ihr gesendet hat. Dies könnte sie leicht, indem sie von A_m erst S subtrahiert und nur dann eine Nachricht sendet, wenn das Ergebnis Null ist. Macht T_1 ihr Senden nicht vom Ergebnis der Subtraktion von S abhängig, kann sie natürlich auch zuerst S subtrahieren und danach ihre Nachricht überlagern. Dies verkürzt die Verzögerungszeiten ihrer Nachrichten abermals, diesmal aber nur sehr geringfügig.

<u>Beh.</u> Beobachtet ein Angreifer eine bezüglich der Ringtopologie zusammenhängende Gruppe von Teilnehmerstationen T_i bis T_j ($1 \leq i \leq j \leq m$), indem er alle Ausgaben mit echt kleinerem Index als i, d. h. A_1 bis A_{i-1}, und mit Index größer gleich j, d. h. A_j bis A_m und A beobachtet, so erfährt er über das Senden dieser Teilnehmerstationen *nur* die Summe ihrer gesendeten Nachrichten, also $N_i + \ldots + N_j$.

<u>Anm.</u> Der Angreifer erfährt über das Senden der Teilnehmerstationen T_i bis T_j also genau das, was er erführe, wenn diese miteinander rein zufällig gewählte Schlüssel in perfekter informationstheoretischer Konzelation garantierenden Weise ausgetauscht hätten und mit ihnen überlagerndes Senden praktizieren würden. Jede vom Angreifer nicht abgehörte Leitung des RING-2-f-Netzes entspricht also einem ausgetauschten Schlüssel bezüglich des überlagernden Sendens. Anders herum ausgedrückt: der perfekte informationstheoretische Konzelation garantierende Kanal „Leitung" würde es den bezüglich der Ringtopologie aneinandergrenzenden Teilnehmerstationen erlauben, einen Schlüssel auszutauschen, den sie dann zum überlagernden Senden auf einem beliebigen anderen Kommunikationsnetz verwenden könnten.

Da, wie in Abschnitt 2.5.3.1.4 begründet, das DC-Netz bezüglich Senderanonymität das optimale Netz ist, ist das RING-2-f-Netz bezüglich der Senderanonymität innerhalb der betrachteten Gruppe ebenfalls optimal. Es ist im Gegensatz zum DC-Netz natürlich nicht optimal schlechthin, da bei diesem Schlüsselaustauschgraphen beliebigen Zusammenhangs möglich sind, während der „Schlüsselaustauschgraph" des RING-2-f-Netzes nur den Zusammenhang 2 hat, also bezüglich eines Außenstehenden nur die Kompromittierung eines „Schlüssels", sprich das Abhören einer Leitung bzw. bezüglich eines Teilnehmers die Kontrolle einer Teilnehmerstation ohne Anonymitätseinbuße verkraftet.

<u>Bew.</u> Der Beweis erfolgt, indem jeweils alle durch das RING-2-f-Netz gegebenen Gleichungen, in denen von der Behauptung betroffene Nachrichten enthalten sind, aufgestellt werden und durch deren Äquivalenzumformung gezeigt wird, daß die Behauptung gilt. Da T_1 im RING-2-f-Netz eine Sonderrolle spielt, ist eine Fallunterscheidung danach nötig, ob die von T_1 gesendete Nachricht von der Behauptung betroffen ist.

Für $1 < i \le m$ gilt nach dem RING-2-f-Netz:

$$A_j = A_{i-1} + N_i + N_{i+1} + \dots + N_j$$

Bringt man die Werte, die der Angreifer gemäß Angreifermodell erfährt, per Äquivalenzumformung auf die linke Seite, erhält man die Behauptung:

$$A_j - A_{i-1} = N_i + N_{i+1} + \dots + N_j$$

Für $1 = i$ gilt nach dem RING-2-f-Netz:

$$A_j = S + N_2 + N_3 + \dots + N_j$$
$$A = A_m + N_1 - S$$

Per Äquivalenzumformung (untere Gleichung nach S auflösen und in obere einsetzen) erhält man

$$A_j = A_m - A + N_1 + N_2 + N_3 + \dots + N_j$$

Bringt man die Werte, die der Angreifer gemäß Angreifermodell kennt, auf die linke Seite, erhält man die Behauptung:

$$A_j + A - A_m = N_1 + N_2 + N_3 + \dots + N_j \qquad \blacklozenge$$

Hiermit ist bewiesen, daß das RING-2-f-Netz für das beschriebene Angreifermodell *perfekte informationstheoretische Anonymität* des Senders innerhalb der Gruppe schafft, die über nicht abgehörte Leitungen zusammenhängt. Ebenso sind Nachrichten über das Senden in keiner Weise verkettbar, das RING-2-f-Netz ermöglicht also auch *perfekte informationstheoretische Unverkettbarkeit* von Sendeereignissen. Bezüglich einer neuen und damit anderen (Ende-zu-Ende-)Verschlüsselung kollidierter Nachrichten bzw. überlagerndem Empfangen gilt das in Abschnitt 2.5.3.1.2 Gesagte.

Wie die Verfahrensbeschreibung und der Beweis zeigen, können Stationen im ersten Umlauf beliebig *paarweise Schlüssel überlagern*, ohne daß dadurch die Arbeitsmöglichkeiten eines Zugriffsverfahrens oder die Empfangsmöglichkeiten eingeschränkt und damit der erzielbare Durchsatz und die erzielbare Verzögerungszeit verschlechtert werden. Genauso kann die Überlagerung von paarweise ausgetauschten Schlüsseln die Anonymität des Senders natürlich nicht vermindern, so daß beim RING-2-f-Netz auch der Einsatz von schnellen (und vielleicht leicht brechbaren) Pseudozufallszahlen-, bzw. -bitgeneratoren erwogen werden sollte. Erfolgt die Überlagerung von paarweise ausgetauschten Schlüsseln, dann unterscheidet das RING-2-f-Netz nur noch die Verwendung des (echt) zufällig und gemäß einer Gleichverteilung generierten Schlüssels S, der von derselben Teilnehmerstation zweimal überlagert wird und deshalb nicht ausgetauscht zu werden braucht, vom im Abschnitt 2.5.3.1.4 erwähnten und in Abschnitt 3.3.3 noch genauer diskutierten Implementierungsvorschlag für das DC-Netz von David Chaum. Wie der Beweis zeigt, ist dieser Schlüssel für die Senderanonymität essentiell, wenn keine oder nur dem Angreifer bekannte Schlüssel (weil er etwa die schnellen Pseudozufallszahlen-, bzw. -bitgeneratoren gebrochen hat) paarweise überlagert werden.

Während für „normale" Ringe, d. h. für Ringe mit „Senden durch Ersetzen", geeignete Zugriffsprotokolle – wie schon erwähnt – in Abschnitt 3.1.4 diskutiert werden, müssen für das RING-2-f-Netz, d. h. einen Ring mit „Senden durch Überlagern", die in Abschnitt 3.1.2 beschriebenen Zugriffsprotokolle des DC-Netzes verwendet werden. Sie haben zwar die Möglichkeit zum in Abschnitt 2.5.3.1.3 beschriebenen überlagernden Empfangen, nicht aber die zum anonymen Abfragen. Da beim RING-2-f-Netz im Mittel ein Bit erst nach einem ganzen Umlauf empfangen werden kann, während dies beim RING-Netz im Mittel schon nach einem halben Umlauf der Fall ist, ist die Verzögerungzeit beim RING-2-f-Netz bei jedem Zugriffsprotokoll im Mittel um mindestens diese Zeit größer. Ist die Alphabetgröße der Überlagerung beim RING-2-f-Netz groß genug, so kann mit dem besten bekannten Zugriffsprotokoll für überlagerndes Senden bei geringer Last (abgesehen von der unvermeidbaren Verzögerungzeit) eine gleich gute Verzögerungzeit und bei hoher Last ein gleich guter Durchsatz (mit allerdings durch das überlagernde Empfangen bedingten etwas höherer mittlerer Verzögerungzeit) erzielt werden. Die Zugriffsprotokolle von Abschnitt 3.1.2 erhalten dafür die Anonymität des Senders vollständig und nicht, wie das anonyme Abfragen, nur fast vollständig. Außerdem sorgen sie in stärkerem Maße für eine faire Aufteilung der Bandbreite bei Überlast.

2.5.3.2.2 Kollisionen verhinderndes Baumnetz (BAUM-Netz)

Fast alle im Teilnehmeranschlußbereich bereits vorhandenen Breitbandkabel sind baumförmig verlegt. Ein aus pragmatischen Gründen, nämlich ihrer Benutzung, wichtiges Beispiel für die Idee „Unbeobachtbarkeit angrenzender Leitungen und Stationen sowie digitale Signalregenerierung" ist deshalb ein Kollisionen verhinderndes Baumnetz (BAUM-Netz) [Pfit_86 Seite 357].

Die inneren Knoten des Baumnetzes werden mit **Kollisionen verhindernden Schaltern** (collision-avoidance circuits in [Alba_83], collision-avoidance switches in [SuSY_84]) ausgerüstet. Ein Kollisionen verhindernder Schalter schaltet einen aus Richtung der Blätter kommenden Informationsstrom nur dann in Richtung der Wurzel durch, wenn der Übertragungskanal in Richtung Wurzel frei ist. Bewerben sich mehrere Informationsströme aus Richtung der Blätter gleichzeitig um den freien Übertragungskanal in Richtung Wurzel, wählt der Kollisionen verhindernde Schalter genau einen zufällig aus und ignoriert die anderen. Sind Teilnehmerstationen auch direkt an Kollisionen verhindernde Schalter angeschlossenen, so daß es auch innere Teilnehmerstationen des BAUM-Netzes gibt, so werden von diesen kommende Informationsströme genauso wie aus Richtung der Blätter kommende behandelt.

Der von der Wurzel des Baumes durchgeschaltete Informationsstrom wird an alle Stationen verteilt, d. h. die Wurzel des Baumes und die Kollisionen verhindernden Schalter senden ihn auf allen Leitungen in Richtung der Blätter.

Um das Senden einer Teilnehmerstation an den Blättern des BAUM-Netzes beobachten zu können, muß eine spezielle Leitung beobachtet werden (beim RING-Netz müssen für alle Stationen je zwei spezielle Leitungen beobachtet werden); um das Senden einer inneren Teilnehmerstation des BAUM-Netzes beobachten zu können, müssen alle ihre Eingänge und ihr Ausgang beobachtet werden. Da üblicherweise fast alle Teilnehmerstationen Blätter des BAUM-Netzes sind und ein Angreifer durch Abhören einer Leitung oder durch Kontrolle eines Kollisionen verhindernden Schalters in jedem Fall das BAUM-Netz bezüglich der Senderanonymität partitioniert, ist die durch das BAUM-Netz realisierte Senderanonymität geringer als die des RING-Netzes. Wie bei diesem gilt auch hier, daß, wer ohne Auftrag Dritter (d. h. hier ohne Zusammenarbeit mit großen Kommunikationspartnern) versucht, seine Nachbarn zu beobachten, so gut wie nichts erfährt, da alle Nachrichten verschlüsselt und die Adressen bei geeigneter Verwendung impliziter Adressierung für ihn nicht interpretierbar sind.

Leistungsbewertungen [Alba_83, SuSY_84] attestieren mit Kollisionen verhindernden Schaltern ausgerüsteten Baumnetzen ein hervorragendes Leistungsverhalten auch bei völlig unkoordiniertem Zugriff.

Soll das BAUM-Netz, wie in Abschnitt 2.5.3.2 schon erwähnt, durch *überlagerndes Senden* erweitert werden, so müssen die Kollisionen verhindernden Schalter durch modulo-Addierer ersetzt werden. Wie in Abschnitt 2.5.3.2.1 in der Anmerkung des Beweises für das RING-2-f-Netz ausführlich erklärt wurde, entspricht jeder vom Angreifer nicht beobachteten Leitung ein ausgetauschter Schlüssel bezüglich des überlagernden Sendens, was auch beim BAUM-Netz — wie bei jedem Netz mit digitaler Signalregenerierung und auf die Übertragungstopologie abgestimmter Überlagerungstopologie — gilt. Wie beim RING-2-f-Netz müssen auch beim BAUM-Netz mit überlagerndem Senden die in Abschnitt 3.1.2 beschriebenen Zugriffsprotokolle des DC-Netzes verwendet werden. Da die Kollisionen verhindernden Schalter bezüglich der Anonymität des Senders bezogen auf einen statisch definierten, d. h. zeitinvarianten Angreifer ein optimales „Zugriffsverfahren" darstellen, sind die in Abschnitt 3.1.2 beschriebenen Zugriffsprotokolle in ihrer Anonymität*serhaltung* nicht besser — allerdings ist die Senderanonymität in einem Netz mit überlagerndem Senden weitaus höher.

Bei Verwendung von modulo-Addierern statt Kollisionen verhindernden Schaltern kann mittels überlagerndem Empfangen nicht nur bei allen Verkehrsarten ein gleich guter Durchsatz, sondern bei manchen Verkehrsarten sogar mittels paarweisem überlagerndem Empfangen der doppelte Durchsatz wie mit Kollisionen verhindernden Schaltern erzielt werden, vgl. Abschnitte 2.5.3.1.3 und 3.1.2.5. Dies spricht dafür, Kollisionen verhindernde Schalter als durch das überlagernde Empfangen „überholt" zu betrachten.

2.6   Einordnung in ein Schichtenmodell

Um den Entwurf, das Verständnis, die Implementierung und die Verbindung von Kommunikationsnetzen zu erleichtern, werden sie als geschichtete Systeme entworfen. Jede Schicht benutzt die Dienste der nächst tieferen Schicht sowie durch ihr sogenanntes Protokoll reglementierte Kommunikation zwischen ihren Instanzen, um der nächst höheren Schicht einen komfortableren Dienst anzubieten. Die Internationale Normungsbehörde (International Standards Organization, abgekürzt ISO) normte ein sieben Schichten Modell, das „Grundlegende Referenzmodell für die Verbindung offener Systeme" (Basic reference model for Open Systems Interconnection, abgekürzt OSI), dessen Schichten — wenn nötig — verfeinert werden, etwa um es Lokalen Netzen anzupassen. Da alle internationale Normungsarbeit sich auf dieses ISO OSI Referenzmodell bezieht, geben die folgenden beiden Bilder die passenden Schichten für Ende-zu-Ende- und Verbindungs-Verschlüsselung bzw. die Grundverfahren zum Schutz der Verkehrs- und Interessensdaten an.

Um beispielsweise Vermittlungszentralen keine unnötige Protokollinformation zugänglich zu machen, muß Ende-zu-Ende-Verschlüsselung in der tiefsten Schicht erfolgen, deren Protokoll Ende-zu-Ende, d. h. direkt zwischen den Teilnehmerstationen der Kommunikationsnetzbenutzer arbeitet. Deshalb ist Schicht 4 (Transportschicht, transport layer) die für Ende-zu-Ende-Verschlüsselung geeignete Schicht.

Da Angreifer, die Leitungen (oder allgemeiner: Kommunikationskanäle) abhören, auch keine unnötige Protokollinformation erhalten sollten, muß Verbindungs-Verschlüsselung in der tiefsten Schicht erfolgen, die mit digitalen Daten (im Gegensatz zu analogen Signalen) arbeitet. Deshalb ist Schicht 1 (Bitübertragungsschicht, physical layer) die für Verbindungs-Verschlüsselung geeignete Schicht. Auf Kommunikationskanälen, die jeweils zwei Instanzen der Schicht 1 exklusiv zugeordnet sind, kann – wie in den Abschnitten 2.2.2.1 und 2.2.2.2 beschrieben – durch Einsatz einer Stromchiffre vor dem Angreifer sogar ohne zusätzliche Kosten verborgen werden, ob und wieviel Information auf dem Kommunikationskanal fließt.

Diese Schichten (aber leider noch viele andere) werden in [ISO7498SA_86, ISO7498-2_87] als mögliche Implementierungsorte für Ende-zu-Ende- und Verbindungs-Verschlüsselung genannt. Ich hoffe, daß die obigen Argumente dazu führen, daß sie (und nicht nur jeweils höher liegende oder gar keine) als Implementierungsort gewählt werden, auch wenn sich manche Implementierer davon eine leichtere oder schnellere Implementierung und alle Geheimdienste (vgl. Abschnitt 2.2.2.4) umfassendere Arbeitsmöglichkeiten versprechen mögen.

Mißtraut man der Implementierung einzelner (Teil)Schichten bezüglich Datenschutz oder Sicherheit (vgl. Abschnitt 1.2), sollten die Nutzdaten dieser Schicht von der nächst höheren zum Zwecke der Konzelation oder Integrität (vgl. Abschnitt 2.2.1) verschlüsselt werden. Hierdurch können zusätzliche Ende-zu-Ende- oder Verbindungs-Verschlüsselungen entstehen. Letzteres erscheint weniger notwendig, da die Entwurfskomplexität tieferer (Teil)Schichten geringer als die höherer (Teil)Schichten und unter anderem deshalb Fernwartung (vgl. Abschnitt 1.2) überflüssig und nicht vorgesehen ist.

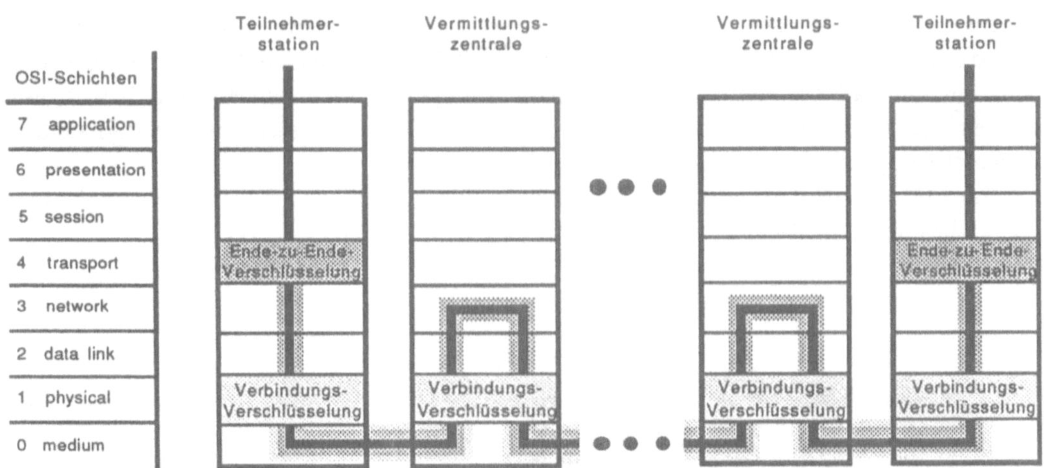

Bild 29: Einordnung der Ende-zu-Ende- und Verbindungs-Verschlüsselung in das ISO OSI Referenzmodell

Das Grundverfahren zum Schutz des Empfängers verwendet Verteilung (broadcast).

Verteilung kann in einem beliebigen Kommunikationsnetz durch geeignete Wegeermittlung (routing) in Schicht 3 (Vermittlungsschicht, network layer) realisiert werden, so daß Schicht 4 nur noch implizite Adressen generieren und auswerten muß. Eine mögliche Realisierung von Verteilung ist Überflutung (flooding [Tane_81]), die mit einer sehr einfachen Wegeermittlungs-Strategie erreicht werden kann: jede Station überträgt jede Nachricht an alle Nachbarstationen, von denen sie diese Nachricht (noch) nicht empfangen hat.

In speziell für Verteilung entworfenen Kommunikationsnetzen wird Verteilung effizienter durch Schicht 1 realisiert. Zumindest für manche Dienste kann Schicht 1 auch gleich die Information auswählen, die für die Teilnehmerstation bestimmt ist. Dies wird in Bild 30 Kanalselektion genannt und in den Abschnitten 3.1.1 und 3.2.1 ausführlich behandelt.

MIX- und DC-Netz verwenden spezielle kryptographische Mechanismen, um innerhalb des Kommunikationsnetzes Anonymität und Unverkettbarkeit zu schaffen (bei einer globalen Sicht wäre der Terminus „Anonymität und Unverkettbarkeit schaffen" ein Widerspruch in sich, da einem Angreifer natürlich durch die Gestaltung des Kommunikationsnetzes keine Information weggenommen werden kann, so daß bei globaler Sicht alle Maßnahmen nur Anonymität und Unverkettbarkeit erhalten können, vgl. Abschnitt 2.1.1). Diese Mechanismen ordne ich in die höchsten Teilschichten (sublayers) von Schicht 3 bzw. 1 ein, da

- das MIX-Netz die Wegeermittlung (routing) von (den tieferen Teilschichten von) Schicht 3 nutzt, aber keine Ende-zu-Ende-Maßnahme ist, die in die Schicht 4 einzuordnen wäre;
- das DC-Netz die Übertragung von Zeichen (heutzutage vor allem: Bits) von (den tieferen Teilschichten der) Schicht 1 nutzt, aber nicht mit der Entdeckung von Übertragungsfehlern, Mehrfachzugriff oder anderen Diensten der Schicht 2 (Sicherungsschicht, data link layer) befaßt ist.

RING- und BAUM-Netz – wie alle nach der Idee „Unbeobachtbarkeit angrenzender Leitungen und Stationen sowie digitale Signalregenerierung" funktionierenden Kommunikationsnetze – schaffen innerhalb des Kommunikationsnetzes Anonymität, indem sie ein ring- bzw. baumförmiges – allgemeiner: passend förmiges – Medium in Schicht 0 (medium) und digitale Signalregenerierung in Schicht 1 verwenden.

Beim RING-2-f-Netz gehört die Addition bzw. Subtraktion des Schlüssels (wie beim DC-Netz) in die höchste Teilschicht von Schicht 1.

OSI-Schichten	Verteilung	MIX-Netz	DC-Netz	RING-Netz	BAUM-Netz
7 application					
6 presentation					
5 session	muß Anonymität und Unverkettbarkeit erhalten				
4 transport	implizite Adressierung				
3 network	Verteilung	Puffern u. Umschlüsseln			
2 data link		ohne Rücksicht auf Anonymität und Unverkettbarkeit realisierbar	anonym. Mehrfachzugriff		anonym. Mehrfachzugriff
1 physical	Kanalselektion		Schlüssel u. Nachr. überl.		digitale Signalregenerierung
0 medium				Ring	Baum

Bild 30: Einordnung der Grundverfahren zum Schutz der Verkehrs- und Interessensdaten in das ISO OSI Referenzmodell

Hieraus folgt, daß Verteilung als Grundverfahren zum Schutz des Empfängers beliebig implementierte Schichten 0, 1, und 2 ohne Effizienzeinbuße nutzen kann, sofern eine Implementierung in einem nicht speziell für Verteilung entworfenen Kommunikationsnetz erfolgt, oder nur eine beliebig implementierte Schicht 0, sofern eine Implementierung in einem speziell für Verteilung entworfenen Kommunikationsnetz erfolgt.

Das MIX-Netz kann beliebig implementierte Schichten 0, 1, 2, und tiefere Teilschichten von Schicht 3 ohne Effizienzeinbuße nutzen, das DC-Netz eine beliebig implementierte Schicht 0 und tiefere Teilschichten von Schicht 1.

Alle diese (Teil)Schichten können ohne Einschränkungen durch Anonymitätsanforderungen implementiert werden, so daß in ihnen alle Verfahren zur Steigerung von Leistung und Zuverlässigkeit eingesetzt werden können.

Alle Schichten oberhalb der (innerhalb des Kommunikationsnetzes) Anonymität und Unverkettbarkeit schaffenden (Teil)Schichten müssen die **Anonymität** und ggf. auch die **Unverkettbarkeit erhalten**. Dies bedeutet, daß keine (oder zumindest nicht allzu viele) der auf der Anonymität und Unverkettbarkeit schaffenden Schicht möglichen und vom Angreifer ununterscheidbaren Alternativen von den höheren Schichten ausgeschlossen (oder verkettet) werden. Anderenfalls könnte ein Angreifer das allgemein verfügbare Wissen über die höheren Schichten verwenden, um Sender oder Empfänger zu identifizieren oder sie (oder Sendeereignisse) miteinander in Beziehung zu setzen. Beispielsweise müssen die Protokolle zum anonymen Mehrfachzugriff nicht nur die Bandbreite des gemeinsamen Kanals des DC-, RING-, oder BAUM-Netzes effizient nutzen, sondern auch die Anonymität der Sender (sowie möglichst die Unverkettbarkeit von Sendeereignissen) erhalten.

Für die Normung der Protokolle dieser Schichten hat dies Konsequenzen, die von den zuständigen Normungsgremien entweder noch nicht als solche erkannt oder aber ignoriert werden. Wenn eine Norm nicht eine Teilmenge mit hinreichender Funktionalität enthält, die die Anonymität (und ggf. auch die Unverkettbarkeit) erhält, ist sie für Kommunikationsnetze mit überprüfbarem Datenschutz nutzlos. Folglich sind solche internationalen Normen in Ländern, deren Verfassung oder Gesetze Datenschutz vorschreiben, nicht anwendbar, und nationale Normen möglicherweise illegal. Insbesondere die erste Möglichkeit und die Tatsache, daß das Ändern von Normen sehr lange dauert, kann in der Zukunft internationale Kommunikation wesentlich behindern. Außerdem ist es eine offene Frage, ob Menschen in anderen Ländern gewillt sind, ein Kommunikationsnetz zu benutzen, das sie leicht beobachten kann.

Während es aus den gerade geschilderten Gründen nötig ist, daß die Protokolle der Schichten oberhalb der (innerhalb des Kommunikationsnetzes) Anonymität und Unverkettbarkeit schaffenden (Teil)Schichten die Anonymität der Beteiligten und möglichst auch die Unverkettbarkeit der Sendeereignisse erhalten, so sind insbesondere für letzteres bezüglich der Beteiligten sinnvolle Grenzen durch die Natur der zu erbringenden Dienste vorgegeben. Beispielsweise kann vor den an einem Telefongespräch Beteiligten nicht verborgen werden, daß sich Sätze und damit auch die sie transportierenden Informationseinheiten, seien es nun durch Kanalvermittlung geschaltete kontinuierliche Bitströme oder nur Sprachpakete, wenn tatsächlich gerade etwas zu hören ist (TASI = time assignment speech interpolation [Amst_83, LiFl_83, Reil_86]), in beiden Kommunikationsrichtungen aufeinander beziehen. Allgemeiner ausgedrückt: Es ist nicht möglich, vor Beteiligten mehr Anonymität oder Unverkettbarkeit von Kommunikationsereignissen zu schaffen als der gerade abgewickelte Dienst zuläßt. Die Forderung, daß einem Ereignis der höheren Schicht möglichst alle Ereignisse der tieferen Schicht entsprechen und daß Ereignisse möglichst nicht verkettet werden können, bezieht sich also ausschließlich auf die Unbeobachtbarkeit durch Unbeteiligte. Wenn die zu berücksichtigenden Angreifer entweder selbst Beteiligte sind oder die Kooperation von Beteiligten haben, so kann ggf. erheblicher Aufwand gespart werden, wenn gar nicht erst versucht wird, einem Angreifer die Verkettung von über den Dienst bereits verketteten Verkehrsereignissen unmöglich zu machen.

An dieser Stelle soll noch ein universeller **aktiver Verkettungsangriff über Betriebsmittelknappheit** beschrieben werden: Ist die

- lokale *Rechenleistung* von Stationen begrenzt oder die
- anonym und unverkettbar durch *Senden* oder *Empfangen* nutzbare Bandbreite des Kommunikationsnetzes pro Station auf einen echten Bruchteil der Gesamtbandbreite beschränkt,

so kann eine Station Dienstanforderungen, die diese Grenzen überschreiten, natürlich nicht in Realzeit erfüllen oder gar gar nicht gleichzeitig empfangen. Hieraus resultieren drei Angriffsarten. Sie haben gemeinsam, daß von zwei unterschiedlichen Pseudonymen (z. B. impliziten Adressen) jeweils Dienste angefordert werden, die nur erbracht werden können, wenn die beiden Pseudonyme unterschiedlichen Stationen gehören. Hierzu muß der Angreifer entweder

- die Rechenleistung der angegriffenen Station schätzen können, oder
- ihre maximale Sendebandbreite kennen, was leicht ist, wenn sie durch das Kommunikationsnetz, etwa beim MIX-Netz, fest vorgegeben ist. Anderenfalls muß er auch dies schätzen. Um seine Schätzung zu erleichtern, kann er selbst natürlich auch gegen ein faires Zugriffsprotokoll verstoßen (vgl. z. B. Abschnitt 3.1.2.3.2 Kollisionsauflösungsalgorithmus mit Mittelwertbildung und überlagerndem Empfangen) und dadurch der bzw. den angegriffenen Stationen die maximale Sendebandbreite verknappen.
- Kennt der Angreifer die maximale Empfangsbandbreite, was leicht ist, wenn sie durch das Kommunikationsnetz, etwa beim MIX-Netz ohne Verteilung „letzter" Nachrichten,

fest vorgegeben ist, oder kann er sie schätzen, so müssen sich also soviele Angreiferstationen zusammentun, daß sie überschritten wird. Ggf. können natürlich auch wenige Angreiferstationen gegen ein faires Zugriffsprotokoll verstoßen.

Wird der Dienst rechtzeitig erbracht, so ist das Ergebnis des Angriffs, daß (ggf. unter der Annahme richtiger Schätzung) zwei Pseudonyme nicht zur selben Station gehören können. Wird der Dienst nicht rechtzeitig erbracht, so kann dies natürlich auch an sonstigen Dienstanforderungen an eine der beiden Stationen liegen. Kennt der Angreifer von jeder Station ein Pseudonym, z. B. eine ihr öffentlich zugeordnete Adresse, und erbringen Stationen unter diesen Adressen auch Dienste, so wählt der Angreifer als eines der beiden Pseudonyme jeweils ein nichtanonymes. Damit kann er jedes Pseudonym mit in der Stationenanzahl linearem Aufwand einer Station zuordnen.

Dieser *aktive* Verkettungsangriff über Betriebsmittelknappheit kann einerseits von der angegriffenen Station erkannt werden: Solange eine Station nicht aufgrund externer Dienstanforderungen an ihre Kapazitätsgrenzen stößt, wurde sie nicht angegriffen. Dies ist eine für die Überprüfbarkeit von Datenschutz weit bessere Situation als die der in Kapitel 1 und Abschnitt 2.1 erwähnten *passiven* Angriffe.

Andererseits kann der aktive Angriff leicht erschwert werden:

- Jeder Teilnehmer ist sowohl frei, wieviel Rechenleistung er „besitzt" als auch, wieviel davon er für externe Diensanforderungen bereitstellt. Letzteres kann er frei wählen und dies sogar von seiner Station (pseudo)zufällig über die Zeit verteilt tun lassen.
- Beim DC-, RING- und BAUM-Netz werden alle Stationen so ausgelegt, daß sie die gesamte Bandbreite zum Senden nutzen können. Dies verhindert allerdings einige in den folgenden Kapiteln beschriebene Optimierungen zur Einsparung von Betriebsmitteln.
- Bei Verteilung werden alle Stationen so ausgelegt, daß sie die gesamte Bandbreite zum Empfangen nutzen können. Dies verhindert allerdings einige in den folgenden Kapiteln beschriebene Optimierungen zur Einsparung von Betriebsmitteln.

Mit großem Aufwand und einschneidenden Einschränkungen der nutzbaren Leistung kann der aktive Angriff auch durch *statische Aufteilung der Betriebsmittel* vollständig verhindert werden: Vor der eigentlichen Dienstanforderung werden alle Pseudonyme anonym und unverkettbar bekanntgegeben, unter denen in der anstehenden Dienstphase ein Dienst angefordert werden wird. Sei n die Anzahl dieser Pseudonyme. Jede Station stellt dann jeder Dienstanforderung genau den n-ten Teil der minimalen im Kommunikationsnetz verfügbaren Rechenleistung sowie der minimalen im Kommunikationsnetz verfügbaren Sende- und Empfangsbandbreite zur Verfügung.

Für den praktischen Einsatz ist ein geeigneter Kompromiß zwischen der statischen und dynamischen Betriebsmittelaufteilung zu finden.

(Es sei angemerkt, daß Angriffe über Betriebsmittelknappheit und ihre Verhinderung durch statische Aufteilung der Betriebsmittel in einem anderen Kontext altbekannt sind: Benutzen zwei Prozesse gemeinsame Betriebsmittel, z. B. zwei Rechenprozesse denselben Prozessor, so kann bei fairer dynamischer Betriebsmittelaufteilung jeder der beiden Prozesse den anderen dadurch verzögern, daß er Betriebsmittel länger benutzt. Hat einer Zugriff auf die reale Zeit, so kann er diese Verzögerung feststellen. Diese modulierbare Verzögerung stellt einen verborgenen Kanal vom anderen Prozeß zu ihm dar, vgl. Abschnitte 1.2 und 2.1.2.)

Es sollte erwähnt werden, daß die speziellen Verfahren zum Schutz des Empfängers, des MIX-, DC-, RING- und BAUM-Netzes natürlich auch in *höheren* (Teil)Schichten implementiert werden können, beispielsweise auf einer beliebig gestalteten Schicht 3 (Vermittlungsschicht). Verteilung und MIXe würden dann in der Schicht 4 (Transportschicht) implementiert, die dann einige Funktionen der Schicht 3, z. B. Wegeermittlung, nochmals enthalten müßte. Wenn überlagerndes Senden in der Schicht 4 (Transportschicht) implementiert würde, müßte sogar anonymer Mehrfachzugriff nochmals in den höheren (Teil)Schichten implementiert werden. Dasselbe gilt für das RING- und BAUM-Netz, bei denen zusätzlich noch Verschlüsselung zwischen den Einheiten der Schicht 4 (virtuelle Verbindungs-Verschlüsselung) nötig wäre, um die physische Unbeobachtbarkeit der Leitungen zu simulieren.

Verteilung, MIX-, DC- und sogar RING- und BAUM-Netz können daher als *virtuelle*, d. h. in fast beliebigen Schichten implementierbare Konzepte betrachtet werden. Aber eine effiziente Implementierung muß unnötig komplexe Schichtung und nochmalige Implementierung von Funktionen vermeiden. Deshalb gibt Bild 30 den kanonischen und vernünftigen Entwurf an.

Aus Bild 30 ist ebenfalls zu ersehen, wie die im Abschnitt 2.5.3.2 und seinen Unterabschnitten beschriebene Erweiterung des Konzeptes der „Unbeobachtbarkeit angrenzender Leitungen und Stationen sowie digitale Signalregenerierung" um „überlagerndes Senden" kanonischer- und vernünftigerweise implementiert wird: Auf einem Medium passender Topologie (Schicht 0) und einer (Teil)Schicht 1 mit digitaler Signalregenerierung setzt eine weitere, höhere (Teil)Schicht 1 mit Überlagerung von Schlüsseln und Nachrichten auf. Darüber arbeitet dann das anonyme Mehrfachzugriffsverfahren.

Wie in [DiHe_79 Seite 420] erklärt, darf die Implementierung der (Teil)Schichten, die (innerhalb des Kommunikationsnetzes) Anonymität und Unverkettbarkeit schaffen oder erhalten müssen, keine Eigenschaften einführen, die ein Angreifer verwenden kann, Alternativen zu unterscheiden, die im abstrakten Entwurf für ihn ununterscheidbar sind. Beispiele solch unbrauchbarer Implementierungen wären

- Modulation der Ausgabe eines MIXes gemäß den in den Nachrichten enthaltenen zufälligen Bitketten,
- direkte Ausgabe des Ergebnisses eines modulo-2-Addierers, für dessen Ausgabe $1+1 \neq 0+0$ und $1+0 \neq 0+1$ gilt, wenn die analogen Signalcharakteristika betrachtet werden, oder
- zeichenfolgensensitive Taktverschiebungen der digitalen Signalregenerierung (pattern sensitive timing jitter) beim RING-Netz.

Diese und andere Fehler, vor allem aber geeignete Implementierungen werden in den folgenden Abschnitten 3.1 und 3.2 noch in größerer Tiefe betrachtet.

3 Effiziente Realisierung der Grundverfahren innerhalb des Kommunikationsnetzes zum Schutz der Verkehrs- und Interessensdaten

Um in Abschnitt 2.5 die Beschreibung der Grundverfahren innerhalb des Kommunikationsnetzes zum Schutz der Verkehrs- und Interessensdaten nicht mit zum ersten Verständnis unnötigen Details zu überfrachten, werden in diesem Kapitel ihre effizienten Realisierungsmöglichkeiten separat beschrieben. Um strukturelle Zusammenhänge der Grundverfahren zu verdeutlichen, ist die Gliederung dieses Kapitels nicht primär an den Grundverfahren orientiert, sondern an deren Schichtung gemäß Abschnitt 2.6, wobei von den höheren zu den tieferen Schichten vorgegangen wird.

Zuerst wird also in Abschnitt 3.1 die effiziente Realisierung der Schichten beschrieben, die die Anoymität erhalten müssen. Aus der Vielzahl möglicher Aufgaben werden implizite Adressierung und Mehrfachzugriff herausgegriffen und vertieft behandelt, da sie in den jeweiligen Kommunikationsnetzen zum Betrieb nötig sind.

In Abschnitt 3.2 wird dann die effiziente Realisierung der (Teil)Schichten beschrieben, die (innerhalb des Kommunikationsnetzes) Anonymität (und Unverkettbarkeit) schaffen. Wie am Ende von Abschnitt 2.6 schon erwähnt, muß in beiden Schichtgruppen darauf geachtet werden, daß die Realisierung keine zusätzlichen, Abläufe unterscheidenden Charakteristika einführt. Sei dies – wie in den Beispielen von Abschnitt 2.6 – mittels Charakteristika beabsichtigter Ausgaben, sei es mittels unbeabsichtigter Ausgaben, beispielsweise akustische, mechanische oder elektromagnetische Abstrahlung. Es sei auch noch einmal auf den in Abschnitt 2.6 beschriebenen aktiven Verkettungsangriff über Betriebsmittelknappheit hingewiesen und daran erinnert, daß die Dimensionierung und Aufteilung der Betriebsmittel für seine Erschwerung oder gar Verhinderung wesentlich ist.

Schließlich werden dann in Abschnitt 3.3 die Schichten behandelt, deren Realisierung ohne Rücksicht auf Anonymität oder Unverkettbarkeit erfolgen kann.

Wer sich nur für die Realisierung bestimmter Grundverfahren interessiert, kann anhand der nächstfeineren Gliederungsstufe natürlich auch nur diese selektiv lesen, da die Unterabschnitte zweiter Stufe dieses Kapitels gewissermaßen eine Matrix bilden.

Genauso wie der Inhalt dieses Kapitels aus Abschnitt 2.5 weitgehend herausgehalten wurde, so werden aus diesem Kapitel drei Aspekte herausgehalten:

- Nur ein sehr effizienter Einsatz der Grundverfahren ermöglicht genügend leistungsfähige Kommunikationsnetze. Deshalb wird in Kapitel 4 behandelt, wie die Grundverfahren durch Einführung verschieden geschützter Verkehrsklassen und/oder hierarchische Gliederung des Kommunikationsnetzes und dadurch induzierte Klasseneinteilung der Teilnehmer bezüglich Anonymität (vgl. Abschnitt 2.1.1) genügend effizient eingesetzt werden können.

- Fehlertoleranz-Maßnahmen zur Erreichung einer genügend hohen Verfügbarkeit des Kommunikationsnetzes trotz der Forderung nach Datenschutz, d. h. die Interaktionen zwischen Fehlertoleranz und Datenschutz, insbesondere Anonymität, werden in Kapitel 5 behandelt. Fehlertoleranz-Maßnahmen per se, d. h. ohne Betrachtung der Interaktionen mit den in den Abschnitten 2.3 und 2.5 beschriebenen speziellen Verfahren werden seit langem erforscht und partiell eingesetzt und sind somit (zumindest theoretisch) Standard. Sie werden deshalb an den jeweiligen Stellen nur kurz erwähnt.

- In Kapitel 6 wird der etappenweise Ausbau der heutigen Kommunikationsnetze zu einem preiswerten und zuverlässigen, zunächst schmalbandigen, später breitbandigen Kommunikationsnetz mit überprüfbarem Datenschutz beschrieben.

3.1 Anonymität erhaltende Schichten: effiziente implizite Adressierung und effizienter Mehrfachzugriff

In diesem Abschnitt wird zu den Grundverfahren innerhalb des Kommunikationsnetzes zum Schutz der Verkehrs- und Interessensdaten die effiziente Realisierung der Schichten beschrieben, die die Anonymität erhalten müssen.

Zunächst werden einige allgemeine grundsätzliche Bemerkungen gemacht.

Danach wird, um eine vertiefte Behandlung zu ermöglichen, aus der Vielzahl möglicher Aufgaben dieser Schichten implizite Adressierung und Mehrfachzugriff herausgegriffen, da sie viele Stationen koordinieren und insoweit von der Forderung nach Erhalt der Anonymität besonders betroffen sind. Der Reihe nach werden Verteilung, das bezüglich Mehrfachzugriff sehr interessante DC- sowie das ihm bezüglich Mehrfachzugriff ähnliche, aber einfachere BAUM-Netz und danach sehr ausführlich das bezüglich Mehrfachzugriff wiederum interessante (und bezüglich anonymem schwierigere) RING-Netz in jeweils eigenen Unterabschnitten behandelt.

Viele Protokolle höherer Schichten verwenden heutzutage feste (Netz)Adressen, die, wenn sie wie die heutigen Telefonnummern einen physischen Ort im Kommunikationsnetz beschreiben, die Anonymität untergraben und selbst wenn dies nicht der Fall ist, auf jeden Fall die Unverkettbarkeit. Auch das von den (internationalen) Normungsgremien vorbereitete Ersetzen der festen (Netz)Adressen durch Namen, denen über einen Adreßbuchdienst (directory service) (Netz)Adressen, die einen physischen Ort im Kommunikationsnetz beschreiben, zugeordnet sind [ECMA93_87 Seite 11, ECMATR42_87 Seite 36], ändert daran nichts.

Für viele Anwendungen dürften zufällig oder gar deterministisch (etwa durch anonyme und unverkettbare Anfragen an eine zentrale Instanz) eindeutig gewählte Transaktionsnummern, Kanalnummern, private implizite Adressen etc. vollkommen ausreichen.

In Kommunikationsnetzen ohne Datenschutz kann es aus Leistungs- und Kostengründen sinnvoll sein, die Vermittlungsart, nämlich Kanal-, Nachrichten- oder Paketvermittlung (channel -, message -, packet switching), über verschiedene Teilstrecken einer Verbindung oder in verschiedenen Schichten des Kommunikationssystems verschieden zu wählen. Hierbei transportiere ein *Kanal* eine kontinuierliche und gleichmäßige Folge von Zeichen, die möglicherweise erst nach seiner Einrichtung entstehen. Ein Kanal ist also durch seine zeitlich konstante Bitrate charakterisiert. Kanalvermittlung zwischen zwei Stationen bedeutet, daß diese in die Lage versetzt werden, miteinander über eine kontinuierliche und gleichmäßige, im Allgemeinen mit kurzer Verzögerungszeit übertragenen Folge von Zeichen zu kommunizieren. *Nachrichten* seien Informationseinheiten individuell wählbarer, danach aber konstanter Länge. Die Wahl ihrer Länge wird durch die Anwendung, nicht etwa durch das Kommunikationsnetz bestimmt. Nachrichtenvermittlung bedeutet, daß eine in einer Station vollständig vorliegende Nachricht ggf. mittels Zwischenspeicherungen in anderen Stationen als ganzes zu einer anderen Station vermittelt wird. Hierbei kann jede Station prüfen, ob die Nachricht bisher unversehrt übermittelt wurde und ggf. von der vorherigen Station eine Wiederholung der Übermittlung anfordern. *Pakete* seien Informationseinheiten fester, durch das Kommunikationsnetz vorgegebener Länge. Paketvermittlung bedeutet, daß ein in einer Station vollständig vorliegendes Paket ggf. mittels Zwischenspeicherungen in anderen Stationen zu einer anderen Station vermittelt wird. Hierbei kann jede Station prüfen, ob das Paket bisher unversehrt übermittelt wurde und ggf. von der vorherigen Station eine Wiederholung der Übermittlung anfordern. (Für den nachrichtentechnisch interessierten Leser sei angemerkt, daß sich bezüglich Anonymität nichts Erwähnenswertes ändert, wenn Nachrichten oder Pakete in den Stationen im Allgemeinen *nicht* vollständig vorliegen. Im ersten Fall wird dann von büschelweiser Vermittlung (burst switching [Amst_83, Rei1_86]), im zweiten Fall von asynchronem Übertragungsmodus (asynchronous transfer mode = ATM [ATM_88, BaCh_89, Lutz_88]) gesprochen.)

In Kommunikationsnetzen mit Datenschutz ist es nicht sinnvoll, die Vermittlungsart, nämlich Kanal-, Nachrichten- oder Paketvermittlung, über verschiedene Teilstrecken einer Verbindung oder in verschiedenen Schichten des Kommunikationssystems verschieden zu wählen:

Bei einem Dienst, der einen häufigen Informationstransfer verlangt, wird man entweder versuchen, die Verkettung dieser Informationstransfers durch Unbeteiligte zu verhindern, indem man Nachrichten- oder Paketvermittlung nicht verbindungsorientiert (Datagrammdienst, datagram service) einsetzt, oder man wird Anzahl sowie Beginn und Dauer dieser Informationstransfers vor Unbeteiligten verbergen, indem man mit einer Stromchiffre (Abschnitt 2.2.2.1) einen gleichmäßigen Zeichenstrom Ende-zu-Ende-verschlüsselt. Während ersteres einen Übergang von nicht verbindungsorientierter Nachrichten- oder Paketvermittlung auf verbindungsorientierte Nachrichten-, Paket- oder Kanalvermittlung unmöglich macht, verhindert letzteres einen effizienten Übergang von Kanalvermittlung auf Nachrichten- oder Paketvermittlung, sei sie verbindungsorientiert oder nicht, da Übertragungspausen, etwa Sprechpausen beim Telefonieren, nicht erkannt und deshalb auch nicht zur Einsparung von Übertragungs- und Vermittlungsaufwand genutzt werden können.

Bei einem Dienst, der keinen häufigen Informationstransfer verlangt, wird man immer versuchen, die Verkettung dieser Informationstransfers durch Unbeteiligte zu verhindern, indem man Nachrichten- oder Paketvermittlung nicht verbindungsorientiert (Datagrammdienst, datagram service) einsetzt, was – wie oben – einen Übergang auf eine verbindungsorienterte Vermittlungsart unmöglich macht.

3.1.1 Implizite Adressierung bei Verteilung nur in wenigen Kanälen

In Abschnitt 2.5.1 wurde der Aufwand und der Einsatzbereich verschiedener Möglichkeiten zur impliziten Adressierung bereits ausführlich diskutiert: Zur Kontaktaufnahme mittels einer öffentlichen Adresse sollte, ungeachtet ihres sehr hohen Aufwands, aus Gründen der Unverkettbarkeit von Kommunikationsereignissen ausschließlich verdeckte implizite Adressierung verwendet werden. Ansonsten sollte wegen ihrer größeren Effizienz beim Adreßvergleich immer offene implizite Adressierung mit privaten Adressen verwendet werden.

Weitere erhebliche Effizienzverbesserungen sind allerdings durch Einsparung von Adressierung (und damit sowohl von Adreßauswertung, als auch – wie in Abschnitt 3.2.1 erläutert – von physischem Empfangen) bei Diensten möglich, bei denen man sich aus den in Abschnitt 3.1 geschilderten Gründen dafür entschieden hat, statt der Verkettung einzelner Informationstransfers lieber deren Anzahl sowie Beginn und Dauer vor Unbeteiligten zu verbergen.

Die zur Verteilung von Information zur Verfügung stehende Bandbreite wird in Kanäle passender Bandbreite aufgeteilt. Implizite Adressen werden dann nur noch in wenigen **I-Kanälen** verwendet, so daß alle Teilnehmerstationen erheblich weniger implizite Adressen auswerten müssen. In den anderen Kanälen werden keine mit impliziten Adressen versehenen Nachrichten oder Pakete verteilt, sondern entweder kontinuierliche Informationsströme ganz ohne Adressen (Kanalvermittlung in **K-Kanälen**) oder aber mit (kurzen) Verbindungsadressen versehene Nachrichten oder Pakete (verbindungsorientierte Nachrichten- oder Paketvermittlung in **V-Kanälen**). Die I-Kanäle fungieren hierbei als *Signalisierungskanäle* für die K- und V-Kanäle, d. h. eine Teilnehmerstation, die einer anderen einen kontinuierlichen Informationsstrom oder mit Verbindungsadressen versehene Nachrichten oder Pakete senden will, kündigt ihr dies in einem der I-Kanäle an bzw. handelt es ggf. mit ihr aus.

Natürlich braucht die Anzahl der I-, K- und V-Kanäle nicht statisch festgelegt sein, sondern kann der momentanen Verkehrsverteilung angepaßt werden. K-Kanäle ermöglichen – wie schon implizit gesagt – die Reduktion des Adressierungsaufwands für einen ganzen Informationsstrom auf den der Signalisierungsnachrichten. V-Kanäle können mit erheblich kürzeren Adressen arbeiten, die zudem für die Dauer der Verbindung fest bleiben können. Ersteres spart Übertragungsbandbreite und Größe des Assoziativspeichers für die Adreßerkennung (vgl. Abschnitt 2.5.1), letzteres eliminiert den Aufwand für den ständigen (informationstheoretisch sicheren oder kryptographisch starken) Wechsel der offenen impliziten Adressen.

In den von allen Stationen genutzten I- und V-Kanälen ist in jedem Fall ein die Anonymität des Senders erhaltendes Mehrfachzugriffsverfahren nötig, das zudem keine Verkehrsereignisse, außer den sowieso schon über Verbindungsadressen verketteten, verketten sollte.

Die **Aufteilung der Bandbreite** in I-, V- und K-Kanäle nimmt zweckmäßigerweise eine entweder statisch oder dynamisch ausgewählte Station vor, ebenfalls die Vergabe von K-Kanälen. Anderenfalls entsteht bei letzterem auch ein Mehrfachzugriffsproblem und für ersteres ein Einigungs- und Koordinations-Problem.

3.1.2 Mehrfachzugriff beim DC-Netz für Pakete, Nachrichten und Kanäle

In Abschnitt 3.1.2.1 werden zunächst allgemeine *Kriterien* für die Anonymitäts- und Unverkettbarkeitserhaltung (vgl. Abschnitt 2.6) von Mehrfachzugriffsverfahren für das DC-Netz (und RING-2-f-Netz) aufgestellt.

Danach werden die bekannten, die Anonymität des Senders erhaltenden und Verkehrsereignisse nicht verkettenden Mehrfachzugriffsverfahren in Abschnitt 3.1.2.2 *in Klassen eingeteilt*, und in Abschnitt 3.1.2.3 beschrieben und so modifiziert, daß ihre Leistung beim überlagernden Senden durch die bestimmbare *Anzahl kollidierter Informationseinheiten* oder *globales überlagerndes Empfangen* oder beides ohne signifikanten Mehraufwand ganz erheblich gesteigert wird.

Anschließend wird in Abschnitt 3.1.2.4 die Eignung der die Anonymität des Senders erhaltenden und Verkehrsereignisse nicht verkettenden Mehrfachzugriffsverfahren für das Senden von *Paketen, Nachrichten* und *kontinuierlichen Informationsströmen* (Kanäle) diskutiert.

Darauf aufbauend wird in Abschnitt 3.1.2.5 der Einsatz von *paarweisem überlagernden Empfangen* erläutert.

Schließlich wird in Abschnitt 3.1.2.6 untersucht, wie die Bandbreite des DC-Netzes bei (anonymen) *Konferenzschaltungen* möglichst effizient genutzt werden kann.

In Abschnitt 3.1.2.7 als globales Resümee wird zu einer *Kombination von Mehrfachzugriffsverfahren* in jeweils separaten Kanälen geraten.

3.1.2.1 Kriterien für die Erhaltung von Anonymität und Unverkettbarkeit

Mehrfachzugriffsverfahren sollten, um die Anonymität des Senders zu erhaltenden und Verkehrsereignisse nicht zu verketten,

1. *alle Stationen absolut gleich behandeln bzw. handeln lassen* (beispielsweise sollten Stationen keine eineindeutige Nummer wie in dem Bitleisten-Protokoll (Bit-Map Protocol) in [Tane_81 Seite 296] oder in dem Gruppentest-Protokoll (Group Testing Protocol) in [BMTW_84 Seite 771] haben),

2. *keine Beziehungen zwischen Verkehrsereignissen herstellen* (beispielsweise „Wenn dies von Station *A* gesendet wurde, wurde jenes von Station *B* gesendet." oder „Wenn dies von Station *A* gesendet wurde, wurde jenes nicht von Station *B* gesendet.", wobei in beiden Fällen in der Praxis häufig *A=B* vorkommt),

3. jeder Station *erlauben, die gesamte Bandbreite zu nutzen*, wenn keine andere Station etwas sendet.

1. ist notwendig und hinreichend für *perfekte Anonymitätserhaltung* des Senders. Mit dem in Abschnitt 2.5.3.1.2 für das überlagernde Senden bzw. in Abschnitt 2.5.3.2.1 für das RING-2-f-Netz geführten Beweis ist 1. auch hinreichend für perfekte informationstheoretische Anonymität des Senders, sofern dieser sich nicht über den Nachrichteninhalt oder verkettbare Nachrichten explizit identifiziert.

2. ist notwendig und hinreichend für *perfekte Unverkettbarkeitserhaltung*. Mit dem in Abschnitt 2.5.3.1.2 für das überlagernde Senden bzw. in Abschnitt 2.5.3.2.1 für das RING-2-f-Netz geführten Beweis ist 2. auch hinreichend für perfekte informationstheoretische Unverkettbarkeit von Sendeereignissen, sofern diese nicht über den Nachrichteninhalt oder Adressen explizit verkettet sind.

3. ist notwendig für *perfekte Unverkettbarkeitserhaltung*. Dürfte nicht jede Station die gesamte Bandbreite nutzen, wären alle nahezu gleichzeitig stattfindenden Sendeereignisse insoweit verkettbar, daß sie nicht alle von derselben Station (sofern nur manche Stationen nicht die gesamte Bandbreite nutzen dürfen: ... sie nicht alle von einer dieser Stationen) stammen.

3.1.2.2 Klasseneinteilung von Anonymität und Unverkettbarkeit erhaltenden Mehrfachzugriffsverfahren

1. Welche Anforderung bezüglich Verzögerungszeit des zu verwaltenden, durch überlagerndes Senden gebildeten Verteil-Kanals stellt das Mehrfachzugriffsverfahren? Kommt es mit einem Kanal von beliebig großer Verzögerungszeit zwischen dem Senden eines Zeichens und der Rückmeldung, was das Ergebnis der globalen Überlagerung war, aus oder sinkt seine Effizienz mit Erhöhung der Verzögerungszeit des Kanals drastisch, so daß es im Grunde auf einen Kanal mit einer Verzögerungszeit, die kurz bezüglich der Übertragungszeit eines Paketes oder einer Nachricht ist, zugeschnitten ist?

2. Darf ein Paket oder eine Nachricht vom Sender einfach gesendet werden, oder muß zuvor eine Reservierung erfolgen? Im letzteren Fall kann die Verzögerungszeit für die Übertragung von Paketen oder Nachrichten natürlich nie kleiner als die zweifache Verzögerungszeit des Kanals sein, während im ersteren Fall, sofern keine Kollision auftritt, die Verzögerungszeit für die Übertragung genau eine Verzögerungszeit des Kanals ist. (Hier wie im ganzen Rest dieses Abschnitts bezieht sich Kollision immer auf die Überlagerung und nicht auf die Übertragung, so daß die längere Schreibweise Überlagerungs-Kollision vermieden werden kann.)

3. Schreibt das Mehrfachzugriffsverfahren vor, was im Falle einer Kollision zu tun ist, oder regelt es das Verhalten bei erfolgreichem Senden, d. h. keinem Auftreten einer Kollision?

4. Was ist im Falle einer Kollision vorgeschrieben: Nochmaliges Senden nach zufälliger Zeitdauer, Kollisionsauflösung oder nochmaliges Senden nach zufälliger, aber angekündigter Zeitdauer?

Mit dieser Klasseneinteilung und der Beschränkung auf die leistungsfähigeren **synchronen Mehrfachzugriffsverfahren** (die in anderen Netzen wichtigen *asynchronen Mehrfachzugriffsverfahren* sind beim überlagernden Senden deshalb uninteressant, da bei ihm bereits aus Gründen der sich gegenseitig aufhebenden Überlagerung von Schlüsseln Synchronität herrschen muß und diese für das Mehrfachzugriffsverfahren ohne zusätzlichen Aufwand mitverwendet werden kann), ergeben sich folgende interessante Klassen:

beliebiger Kanal
   direkte Übertragung
      bei Kollision
         nochmaliges Senden nach zufälliger Zeitdauer (slotted ALOHA)
         Kollisionsauflösung (splitting algorithm)
         nochmaliges Senden nach zufälliger, aber angekündigter Zeitdauer (ARRA)
      bei Erfolg Reservierung (R-ALOHA)
   Reservierungsschema (Roberts' scheme)
Kanal mit kurzer Verzögerungszeit
   direkte Übertragung bei ungenutztem Kanal
      bei Kollision
         nochmaliges Senden nach zufälliger Zeitdauer (CSMA)
         Abbruch und nochmaliges Senden nach zufälliger Zeitdauer (CSMA/CD)
         Kollisionsauflösung (CSMA/splitting algorithm)
         nochmaliges Senden nach zufälliger, aber angekündigter Zeitdauer (CSMA/ARRA)
      bei Erfolg Reservierung (R-CSMA)

Diese Klassen werden im folgenden der Reihe nach behandelt.

Die in der Literatur beschriebenen und kurz wiedergegebenen gebräuchlichen Mehrfachzugriffsverfahren dieser Klassen verwenden nur die Information „keine Übertragung", d. h. niemand sendet, „erfolgreiche Übertragung", d. h. genau einer sendet, oder „Übertragungs-Kollision", d. h. mehr als einer sendet (so daß alle Übertragungen gestört sind), da eine genauere Analyse bei den üblicherweise betrachteten Funk-, Satelliten- und Busnetzen entweder überhaupt nicht möglich oder zu aufwendig ist. In diesen Funk-, Satelliten- und Busnetzen wird diese **ternäre Rückmeldung** in die analogen Signalcharakteristika nutzender Weise implementiert. Dies kann in der rein digitalen Welt des überlagernden Sendens simuliert werden, indem an jede Ende-zu-Ende-verschlüsselte Nachricht (die für alle außer dem Empfänger genausogut die Summe einiger Nachrichten sein könnte) ein nichtlinear gebildetes Prüfzeichen angehängt wird (Vorsicht: die üblichen Prüfzeichen sind linear, z. B. CRC = $\underline{c}$yclic $\underline{r}$edundancy $\underline{c}$heck). Dann kann jeder prüfen, ob das Prüfzeichen zu der Nachricht paßt. Die Summe mehrerer Nachrichten und der zugehörigen Prüfzeichen ergibt dann mit sehr hoher Wahrscheinlichkeit eine „Nachricht", zu der das „Prüfzeichen" nicht paßt. Lauter der 0 entsprechende Zeichen als Ergebnis der globalen Überlagerung entsprechen mit sehr großer Wahrscheinlichkeit „keiner Übertragung".

Bei jeder Klasse von Mehrfachzugriffsverfahren wird untersucht, ob und wie ihre Leistung durch Benutzung der Kenntnis der Anzahl kollidierter Informationseinheiten oder überlagerndes Empfangen oder beides gesteigert werden kann.

Hierbei kann die Kenntnis der Anzahl kollidierter Informationseinheiten exakt oder probabilistisch sein. Sie ist genau dann exakt, wenn die $\underline{G}$röße g des zum überlagernden Senden verwendeten Alphabets größer als die maximal kollidierende Anzahl von $\underline{I}$nformationseinheiten i ist. Sofern jede der s $\underline{S}$tationen $\underline{m}$aximal m Informationseinheiten gleichzeitig senden darf, und damit $i = s{\cdot}m$, muß also gelten: $g > s{\cdot}m$. Dann kann einfach vereinbart werden, daß das erste Zeichen jeder Informationseinheit immer das der 1 entsprechende ist, so daß die Summe aller ersten Zeichen immer das der Anzahl der gleichzeitig gesendeten Informationseinheiten entsprechende Zeichen ergibt. In allen bisher veröffentlichten Mehrfachzugriffsverfahren ist $m=1$.

Nun werden Mehrfachzugriffsverfahren bisher immer so entworfen, daß sie versuchen, die Anzahl der gleichzeitig kollidierenden Informationseinheiten klein zu halten, da nur dann die Wahrscheinlichkeit eines erfolgreichen, d. h. Übertragungs-kollisionslosen Sendens groß ist und nur dann Übertragungs-Kollisionsauflösungen effizient stattfinden können. Auch für sehr große Stationsanzahlen s wird man also mit einem g in der Größenordnung von 50 bei den bisher entworfenen Mehrfachzugriffsverfahren fast immer die richtige Anzahl kollidierter Informationseinheiten vermuten. Da bei sehr großen Stationszahlen die Wahl solch eines g mit $g \ll s \cdot m$. durchaus Bandbreite einsparen kann, stellt sich mit der Berechnung des jeweils optimalen g für die im folgenden hergeleiteten Mehrfachzugriffsverfahren mit Benutzung der Kenntnis der Anzahl kollidierter Informationseinheiten (unter Berücksichtigung der Verkehrsverteilung und ggf. sogar der Kosten für die Implementierung des Überlagerungskanals, insbesondere genügend schneller Additionsglieder modulo g – vgl. Abschnitt 3.2.3 – sowie der physischen Fehlerrate bei der Überlagerung und Übertragung, die in realen Kommunikationsnetzen „exakte" Kenntnis sowieso probabilistisch macht) ein interessantes Thema für weitere Arbeiten.

Da die Optimierung von g zahlreiche Parameter enthält und das Verständnis der folgenden Mehrfachzugriffsverfahren erschweren würde, werde ich bei ihrer Untersuchung nur die Fälle des besonders einfach zu implementierenden binären überlagernden Sendens ($g=2$) und überlagernden Sendens modulo g mit $g > s \cdot m$ unterscheiden. Eine weitere Begründung für die Einschränkung ist, daß die im folgenden hergeleiteten Mehrfachzugriffsverfahren den Durchsatz (im Sinne des Anteils der nutzbaren Bandbreite) im Falle direkter Übertragung von knapp 50% auf weit über 90% steigern, während durch die skizzierte Optimierung von g nur Effizienzverbesserungen im Promille-Bereich zu erwarten sind.

3.1.2.3 Beschreibung und ggf. Anpassung der in Klassen eingeteilten Mehrfachzugriffsverfahren

Bis auf den letzten Unterabschnitt behandeln alle Unterabschnitt Mehrfachzugriffsverfahren, die bei einem Kanal beliebiger Verzögerungszeit verwendet werden können.

Die ersten drei Unterabschnitt behandeln Mehrfachzugriffsverfahren, die eine direkte Übertragung erlauben. In Abschnitt 3.1.2.3.1 wird bei einer Kollision nach einer zufälligen Zeitdauer noch einmal gesendet (slotted ALOHA), in Abschnitt 3.1.2.3.2 findet dann eine Kollisionsauflösung statt und Abschnitt 3.1.2.3.3 nach einer zufälligen, aber angekündigten Zeitdauer (ARRA) noch einmal gesendet.

In Abschnitt 3.1.2.3.4 wird der Fall behandelt, daß eine kollisionslose Übertragung zugleich als als Reservierung genutzt wird. Abschnitt 3.1.2.3.5 behandelt dann ein konventionelles Reservierungsschema.

Schließlich wird in Abschnitt 3.1.2.3.6 diskutiert, welche Verbesserungen der Mehrfachzugriffsverfahren dann möglich sind, wenn der Kanal eine kurze Verzögerungszeit besitzt.

3.1.2.3.1 Direkte Übertragung, bei Kollision nochmaliges Senden nach zufälliger Zeitdauer (slotted ALOHA)

Wie bereits in Abschnitt 2.5.3.1.1 erwähnt, wurde die Verwendung dieses Anonymität perfekt erhaltenden Mehrfachzugriffsverfahrens, mit dem ein Durchsatz von maximal $1/e \approx 36{,}8\%$ erzielt werden kann [Tane_81 Seite 256], bereits in [Cha3_85] vorgeschlagen. Damit es auch die Unverkettbarkeit von Sendeereignissen perfekt erhält, müssen allerdings – wie in Abschnitt 2.5.3.1.2 schon erwähnt – kollidierte Informationseinheiten vor nochmaligem Senden umgeschlüsselt werden, sofern nicht $m>1$ ist und global überlagernd Empfangen wird.

Durch exakte wie auch durch probabilistische Kenntnis der Anzahl kollidierter Informationseinheiten kann die Verteilung der Zeitdauern bis zum nochmaligen Senden geregelt werden, wodurch die in [Rive_87, ApSP_87, GrFL_87] analysierten kürzeren mittleren Übertragungszeiten sowie Stabilität des ansonsten instabilen (wenn viele senden, kann so gut wie niemand mehr erfolgreich senden, durch das nochmalige Senden wird die Senderate erhöht,...) Mehrfachzugriffsverfahrens erzielt werden.

Globales überlagerndes Empfangen ist möglich, doch wird es vom Mehrfachzugriffsverfahren in keiner Weise unterstützt: Jedes Kollisionsergebnis muß möglicherweise sehr lange aufgehoben werden. Von jedem Kollisionsergebnis müssen im Falle binären überlagernden Sendens alle Teilmengen der folgenden Informationseinheiten (egal ob es sich um das Ergebnis einer Kollision handelt oder nicht) immer wieder versuchsweise subtrahiert werden, bis eine Informationseinheit mit passendem Prüfzeichen entsteht. Diese sollte dann wie eine gesendete Informationseinheit behandelt, d. h. in die Teilmengenbildung einbezogen werden. Im Falle des verallgemeinerten überlagernden Sendens müssen bei der Teilmengenbildung jeweils bezüglich aller folgenden Informationseinheit noch alle relevanten Möglichkeiten des Überlagerns, nämlich Addition und Subtraktion sowie bis zur Anzahl der überlagerten Kollisionsergebnisse auch mehrfache Addition oder Subtraktion ausprobiert werden. Natürlich kann (und muß) man die Zahl der von allen Stationen jeweils in gleicher Weise zu untersuchenden Möglichkeiten einschränken. Dadurch „verliert" man aber im Prinzip bereits übertragene Information.

Durch zusätzliche Verwendung exakter wie auch probabilistischer Kenntnis der Anzahl kollidierter Informationseinheiten brauchen nur noch Teilmengen bis zu dieser Anzahl minus 1 probeweise subtrahiert zu werden. Aber auch dies ist immer noch unnötig aufwendig, wie das als nächstes beschriebene Mehrfachzugriffsverfahren mit Kollisionsauflösung zeigt, und kann – wegen dem immer noch in der Zahl der seit einer Kollision übertragenen Informationseinheiten exponentiellen Aufwand – insbesondere nicht bis in eine beliebig zurückliegende Vergangenheit erstreckt werden, so daß man auch hier bereits übertragene Information „verliert".

3.1.2.3.2 Direkte Übertragung, bei Kollision Kollisionsauflösung (splitting algorithm)

Wie bereits in [Pfi1_85 Seite 41] erwähnt, sollte aus Leistungsgründen statt nochmaligem Senden nach zufälliger Zeitdauer eine anonyme Kollisionsauflösung mit einem der in [Mass_81, Gall_85, Li_87] beschriebenen Kollisionsauflösungsalgorithmen durch rekursive Teilung der Sendenden (splitting algorithm) durchgeführt werden. Ein einfacher, von Massey beschriebener, anonymer Kollisionsauflösungsalgorithmus (collision resolution algorithm) durch **rekursive Teilung der Sendenden** arbeitet folgendermaßen:

Findet eine Kollision statt, dürfen solange nur noch die an der Kollision Beteiligten senden, bis die Kollision aufgelöst, d. h. alle beteiligten Informationseinheiten erfolgreich übertragen sind.

Jeder an der Kollision Beteiligte schließt sich zufällig, etwa indem er eine faire Münze wirft, einer von zwei disjunkten Teilmengen an: die erste Teilmenge sendet sofort wieder, während die zweite solange wartet, bis die erste erfolgreich übertragen hat.

Findet beim Senden einer Teilmenge eine Kollision statt, so teilt sie sich und jede (Unter-)Teilmenge verfährt rekursiv nach demselben Algorithmus.

Findet eine erfolgreiche Übertragung der ersten bzw. zweiten Teilmenge statt, so weiß die zweite Teilmenge bzw. die übergeordnete zweite Teilmenge, daß jetzt sie an der Reihe ist.

Findet bei einer ersten Teilmenge keine Übertragung statt, so weiß die zweite Teilmenge, daß sie mindestens zwei Elemente enthält, deren Senden sicher kollidieren würde, wenn sie jetzt einfach alle sofort senden würden. Deshalb teilt sich in diesem Fall die zweite Teilmenge sofort in abermals zwei Teilmengen, die je wie gerade geschildert verfahren.

Der Ablauf dieses mit ternärer Rückmeldung auskommenden rekursiven Teilungsalgorithmus ist in Bild 31 an einem Beispiel veranschaulicht.

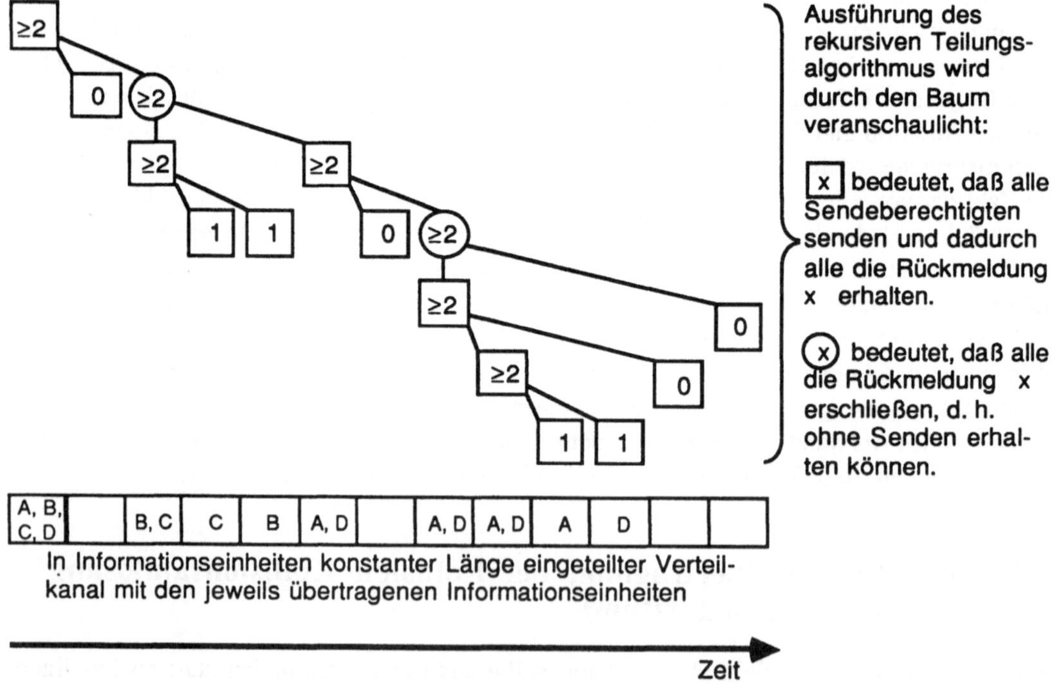

In Informationseinheiten konstanter Länge eingeteilter Verteilkanal mit den jeweils übertragenen Informationseinheiten

Bild 31: Eine Möglichkeit der Auflösung einer Kollision von 4 Informationseinheiten A, B, C und D mit dem von Massey beschriebenen einfachen Kollisionsauflösungsalgorithmus

Wie in [Mass_81 Seite 120] beschrieben, kann statt einem Münzwurf auch die genaue Ankunftszeit der jeweils zu übertragenden Informationseinheit verwendet werden. Informationseinheiten dürfen nur dann gesendet werden, wenn ihre Ankunftszeit innerhalb eines global bekannten Zeitintervalls liegt (*Zeitintervallverfahren*). Durch Halbierung des global bekannten Zeitintervalls kann dann, wie durch das Werfen einer Münze, eine „Halbierung" der Sendeberechtigten erreicht werden. Dies Verfahren erlaubt es zu erreichen, daß Informationseinheiten gemäß ihren Ankunftszeiten übertragen werden (First Come First Serve = FCFS), was für manche Anwendungen ein großer Vorteil sein mag. Bezüglich der Unverkettbarkeit von Informationseinheiten ist die Verwendung ihrer Ankunftszeiten beim Kollisionsauflösungsalgorithmus jedoch schädlich: Weiß ein Angreifer, wann eine Teilnehmerstation eine Informationseinheit erhalten hat und wie schnell sie sie verarbeitet, kann er bei Verwendung der Ankunftszeiten beim Kollisionsauflösungsalgorithmus beide Informationseinheiten einander mit größerer Wahrscheinlichkeit zuordnen. Sind ihm die bei der momentanen Verkehrssituation benutzten Zeitintervalle dazu zu groß, so kann er Kollisionen provozieren und dadurch eine beliebige Verkleinerung der Zeitintervalle erzwingen. Ebenfalls schädlich ist das Zeitintervallverfahren, wenn nicht alle Teilnehmerstationen gleiche Eigenschaften bezüglich der Informationsverarbeitung haben: Sendet ein Angreifer einer Teilnehmerstation eine Informationseinheit und registriert das beim Erhalt der Antwort gültige Zeitintervall (das er – wie gerade beschrieben – beliebig verkleinern kann), so kann er mehr über die Teilnehmerstation (und ggf. den Teilnehmer) erfahren als bei Verwendung des Münzwurfs zur „Halbierung" der Sendeberechtigten. Bezogen auf das Zeitintervallverfahren stellt die Verwendung des Münzwurfs also eine „zeitlich entkoppelte Verarbeitung" im Kleinen dar, vgl. Abschnitt 2.4. Statt Zeitintervallen könnten natürlich auch Intervalle irgendeiner anderen Art zusammen mit passenden Kriterien für Informationseinheiten verwendet werden, z. B. räumliche Intervalle und Ort des Senders. Es ist offensichtlich, daß in diesem Beispiel die Senderanonymität untergraben würde. Vor der Verwendung von Intervallen ist also nachzuweisen, daß sie weder die Unverkettbarkeit noch die Anonymität untergraben.

Nötig ist noch ein Algorithmus, der regelt, wann neue Informationseinheiten erstmals übertragen werden. Er sollte verhindern, daß nach einer besonders langen Kollisionsauflösung im Mittel besonders viele Informationseinheiten zur Übertragung anstehen, gesendet werden und kollidieren (was im Mittel wieder eine besonders lange Kollisionsauflösung nötig machen würde). Kombiniert man einen geeigneten Entkopplungsalgorithmus mit dem obigen Kollisionsauflösungsalgorithmus, ergibt sich für diesen einfachen rekursiven Teilungsalgorithmus ein Durchsatz von maximal 46,2%, während kompliziertere, aber ebenfalls anonyme 48,785% erreichen, was das bisherige Maximum für Kanäle mit Mehrfachzugriff und ternärer Rückmeldung ist [Mass_81 Seite 120].

Eine dediziertere als ternäre Rückmeldung (beispielsweise $g > s \cdot m$) kann nun verwendet werden, um die Sendenden ggf. in mehr als zwei Gruppen zu teilen und dabei im Mittel Kollisionen zu vermeiden.

Der Einsatz **globalen überlagernden Empfangens** steigert den Durchsatz und senkt die mittlere Verzögerungszeit aber selbst bei ternärer Rückmeldung weit mehr:

> Findet eine Kollision statt, dürfen solange nur noch die an der Kollision Beteiligten senden, bis die Kollision aufgelöst, d. h. alle beteiligten Informationseinheiten erfolgreich übertragen sind.

Jeder an der Kollision Beteiligte schließt sich zufällig, etwa indem er eine faire Münze wirft, einer von zwei disjunkten Teilmengen an: die erste Teilmenge sendet sofort wieder, während die zweite solange wartet, bis die erste erfolgreich übertragen hat.

Die erste Gruppe sendet und ihr Ergebnis wird von der „übergeordneten" Kollision subtrahiert. Hierdurch wird in jedem Fall bereits die Summe aller Informationseinheiten der zweiten Gruppe erhalten, was beim obigen Kollisionsauflösungsalgorithmus ohne überlagerndes Empfangen teilweise erst durch eine explizite Übertragung erreicht wird.

Findet beim Senden einer Teilmenge eine Kollision statt, so teilt sie sich und jede (Unter-)Teilmenge verfährt rekursiv nach demselben Algorithmus.

Findet eine erfolgreiche Übertragung statt, so weiß die zweite Teilmenge bzw. ggf. die übergeordnete zweite Teilmenge etc., daß jetzt sie an der Reihe ist.

Findet keine Übertragung statt, so weiß die zweite Teilmenge, daß sie mindestens zwei Elemente enthält, deren Senden sicher kollidieren würde, wenn sie jetzt einfach alle sofort senden würden. Deshalb teilt sich in diesem Fall die zweite Teilmenge sofort in abermals zwei Teilmengen, die je wie gerade geschildert verfahren.

Der Ablauf dieses mit ternärer Rückmeldung auskommenden rekursiven Teilungsalgorithmus mit globalem überlagernden Empfangen ist in Bild 32 am in Bild 31 verwendeten Beispiel veranschaulicht.

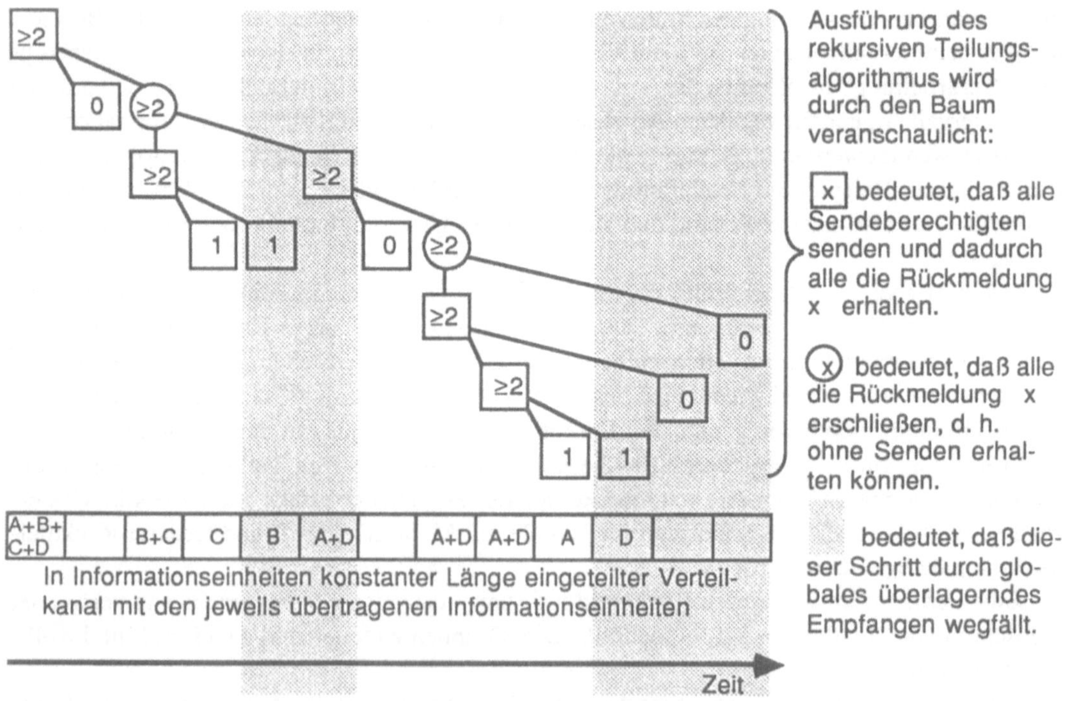

Bild 32: Eine Möglichkeit der Auflösung einer Kollision von 4 Informationseinheiten A, B, C und D mit dem von Massey beschriebenen einfachen Kollisionsauflösungsalgorithmus und globalem überlagerndem Empfangen

Wie der Beschreibung des modifizierten Kollisionsauflösungsalgorithmus direkt zu entnehmen ist, braucht nach jeder gesendeten Informationseinheit zum Zwecke des globalen überlagernden Empfangens maximal eine Subtraktion und ein Vergleich durchgeführt zu werden, so daß der Aufwand für globales überlagerndes Empfangen bereits minimal ist. Allerdings kann der **Kollisionsauflösungsalgorithmus** noch erheblich verbessert werden, indem er für den Fall einer Kollision von genau **zwei Informationseinheiten deterministisch** gemacht wird:

Subtrahiert im Falle einer Kollision jeder Sender seine gesendete Informationseinheit vom Kollisionsergebnis und überprüft, ob das Subtraktionsergebnis eine kollisionsfreie Informationseinheit ist, so können die Sender feststellen, ob 2 oder mehr Informationseinheiten kollidierten. Waren es mehr als zwei, wird wie im gerade beschriebenen Kollisionsauflösungsalgorithmus verfahren. Waren es genau 2, so sendet deterministisch nur derjenige seine Informationseinheit noch mal, dessen Informationseinheit (interpretiert als Zahl) größer ist, so daß diese direkt und die andere durch globale Überlagerung empfangen werden kann. Dies ist mit dem oben beschriebenen Kollisionsauflösungsalgorithmus verträglich, da derjenige mit der größeren Informationseinheit sich zufällig der ersten, und derjenige mit der kleineren Informationseinheit sich zufällig der zweiten Teilmenge hätte anschließen können.

Die Wahrscheinlichkeit, daß zwei kollidierende Informationseinheiten gleich sind und deshalb dieses Verfahren zwischen ihnen keine „deterministische" Kollisionsauflösung erreichen kann, ist so klein, daß sie bei der Begriffsbildung bewußt ignoriert wurde: Informationseinheiten, die unabhängig von anderen übertragen und deshalb von diesem Mehrfachzugriffsverfahren behandelt werden, haben schon aus Gründen der impliziten Adressierung mindestens 50 Bit Länge. Außerdem kann bei Ende-zu-Ende-Verschlüsselung von einer Gleichverteilung der Bitmuster bei den Nutzdaten der Informationseinheiten ausgegangen werden. Zusammen ergibt dies so geringe Wahrscheinlichkeiten, daß zwei kollidierende Informationseinheiten gleich sind, daß die Wahrscheinlichkeit von Fehlern um Größenordnungen höher ist. Da Fehler sowieso geeignet behandelt werden müssen (vgl. Kapitel 5) und die dazu verwendeten Verfahren diese Situation gleich mitbehandeln können, wird auf sie im folgenden nicht weiter eingegangen.

Obwohl bei einer Kollision von genau 2 Informationseinheiten die beiden an der Kollision beteiligten Stationen die Informationseinheit der anderen früher als die nicht beteiligten durch paarweises überlagerndes Empfangen erhalten könnten, sollten sie dies nicht nutzen: Reagiert eine Station auf eine nicht Empfänger-anonyme Informationseinheit nach einer Kollision von genau 2 Informationseinheiten schneller als sie das als nicht beteiligte könnte, kann sie dadurch als Sender einer möglicherweise mit dem Vorsatz der Sender-Anonymität gesendeten Informationseinheit identifiziert werden.

Der Ablauf dieses mit ternärer Rückmeldung auskommenden rekursiven Teilungsalgorithmus mit globalem überlagernden Empfangen und deterministischer Auflösung von Zweierkollisionen ist in Bild 33 am in den Bildern 31 und 32 verwendeten Beispiel veranschaulicht.

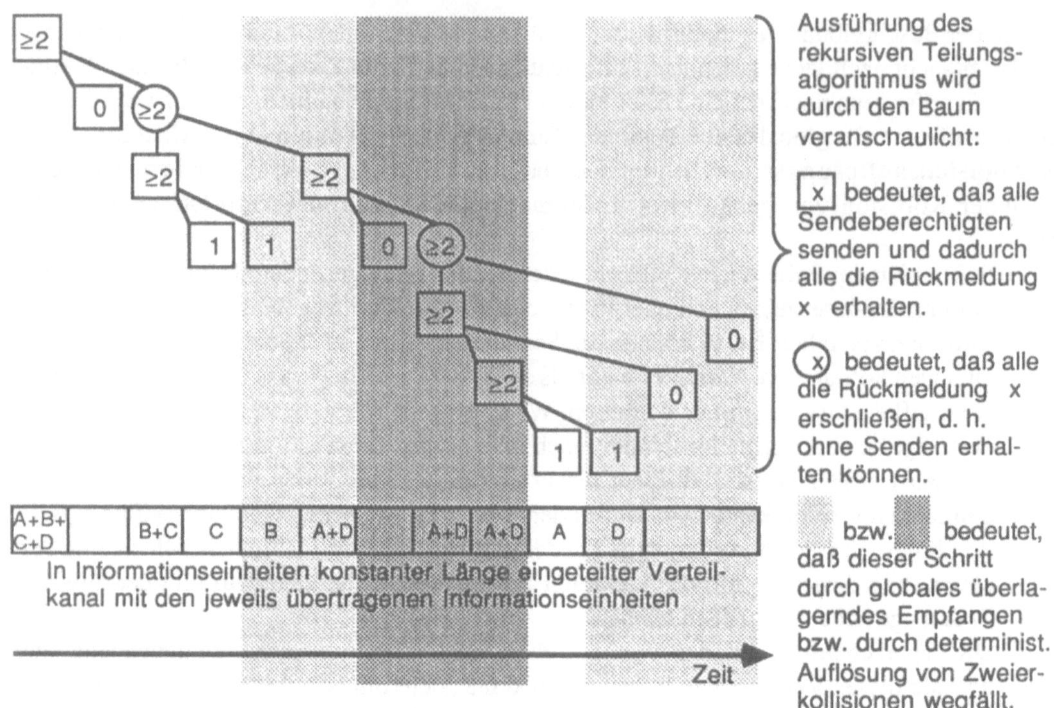

Bild 33: Eine Möglichkeit der Auflösung einer Kollision von 4 Informationseinheiten A, B, C und D mit dem von Massey beschriebenen einfachen Kollisionsauflösungsalgorithmus, deterministischer Auflösung von Zweierkollisionen und globalem überlagerndem Empfangen

Im folgenden ist dieser zweifach verbesserte Kollisionsauflösungsalgorithmus in einer der Programmiersprache Ada [REFE_83] ähnlichen Syntax beschrieben. Dies ist lohnend, da er hinreichend kompliziert und Umgangssprache bekanntlich hin und wieder mehrdeutig ist. Mein Ziel war es, eine möglichst verständliche, d. h. an die umgangssprachliche Formulierung anknüpfende formale Beschreibung zu finden. Durch Vermeiden der Rekursion effizientere, d. h. realisierungsnähere Beschreibungen mit expliziter Ausprogrammierung der Kellerung von Kollisionsergebnissen sind in [Marc_88] enthalten.

Der Kollisionsauflösungsalgorithmus ist in ein kombiniertes Sende- und Empfangsprotokoll eingebettet, das von allen Stationen in gleicher Weise ausgeführt wird und in drei, teilweise rekursiven Prozeduren formuliert ist:

Die äußere Prozedur *Sende-_und_Empfangsprotokoll* verwendet einen in ihrer Umgebung geeignet definierten Datentyp *puffer*, dessen Variablen jeweils eine bzw. auch 0 oder mehrere überlagerte Informationseinheiten speichern können. Werte dieses Datentyps liefere die ebenfalls in der Umgebung definierte Funktion *Sendewunsch*, wobei die Station genau dann einen Sendewunsch hat, wenn *Sendewunsch* einen Wert $\neq 0$ liefert. *Sende-_und_Empfangsprotokoll* ruft die mittlere Prozedur *Zugriff* auf, wobei beim Aufruf deren erster Parameter *Sendeerlaubnis* genau dann mit TRUE initialisiert wird, wenn die Station einen Sendewunsch hat. Der zweite Parameter von *Zugriff*, der bei rekursivem Aufruf von *Zugriff* zur Übergabe des von *Zugriff* empfangen Wertes an den Aufrufer verwendet wird, wird in der Prozedur *Sende-_und_Empfangsprotokoll* nicht verwendet.

Die mittlere Prozedur *Zugriff* verwendet die in der Umgebung geeignet vordefinierten Prozeduren *Sende* und *Empfange*, die jeweils einen Wert des Datentyps *puffer* senden bzw. empfangen. Danach ruft *Zugriff* die innere Prozedur *Analysiere_Empfangenes* auf.

Analysiere_Empfangenes verwendet die in der Umgebung geeignet vordefinierte Funktion |...| vom Wertebereich des Datentyps *puffer* in den Wertebereich des Datentyps NATURAL (die natürlichen Zahlen inklusive Null). |e| gibt die Zahl der in *e* überlagerten Informationseinheiten an. In der angegeben Form kann |...| nur bei $g > s \cdot m$ realisiert werden. Da von all diesen Werten aber nur die Werte 0, 1, 2, und > 2 unterschieden werden, kann die Funktion |...| selbst bei binärem überlagernden Senden realisiert werden:

|e| = 0   gdw. *e*=0,

|e| = 1   gdw. das nichtlinear gebildete Prüfzeichen paßt,

|e| = 2   gdw. der die Funktion auswertende Sendeerlaubnis besitzt und für das von ihm Gesendete *s* gilt: |e-s| = 1, sowie

|e| > 2   sonst.

Dies bedeutet, daß an einer Zweierkollision nicht Beteiligte sie nicht als solche erkennen (können) und |e| > 2 unterstellen. Wie eine Analyse des untenstehenden kombinierten Sende- und Empfangsprotokolls mittels Vergleich der Fälle |e| = 2 und |e| > 2 in *Analysiere_Empfangenes* ergibt, führt dies zu keinen Problemen, da die nicht Beteiligten keine Sendeerlaubnis haben und sich bezüglich des Empfangens kompatibel verhalten: Wird statt dem Zweig |e| = 2 der Zweig |e| > 2 durchlaufen,

- besteht in ihm keine Sendeerlaubnis, so daß das Ergebnis des „Münzwurfs" der in der Umgebung geeignet vordefinierten Funktion *Münze* für den Ablauf irrelevant ist,
- wird beim Aufruf von *Zugriff* ebenfalls genau eine (andere) Station senden,
- wird danach die zweite Informationseinheit durch einen weiteren Aufruf von *Analysiere_Empfangenes* ebenfalls durch globales Überlagern, d. h. ohne nochmaliges Senden empfangen,
- endet der Aufruf der ursprünglichen Prozedur(inkarnation) *Analysiere_Empfangenes* ebenfalls.

Analysiere_Empfangenes gibt mittels der in der Umgebung geeignet vordefinierten Prozedur *output* die Informationseinheiten einzeln, d. h. nicht überlagert aus.

```
procedure Sende-_und_Empfangsprotokoll is
    s : puffer;   -- zu Sendendes
    r : puffer;   -- vom (rekursiven) Aufruf von Zugriff Empfangenes

    procedure Zugriff(Sendeerlaubnis : in BOOLEAN; e : out puffer) is
                                        -- Empfangenes

        procedure Analysiere_Empfangenes(Sendeerlaubnis : in BOOLEAN; e : in puffer) is
            r : puffer;   -- durch rekursiven Aufruf von Zugriff Empfangenes
            m : BOOLEAN;    -- Ergebnis des Münzwurfs
        begin
            -- für |e| = 0 ist nichts zu tun
            if    |e| = 1 then      output(e);
            elsif |e| = 2 then      Zugriff(Sendeerlaubnis and e-s < s, r);
```

```
                        output(e-r);
                        -- Analysiere_Empfangenes(Sendeerlaubnis and not e-s < s, e-r);
                        -- hätte dieselbe Wirkung wie output(e-r);
         elsif  |e| > 2 then      m := Münze;
                        Zugriff(Sendeerlaubnis and m, r);
                        Analysiere_Empfangenes(Sendeerlaubnis and not m, e-r);
            end if;
         end Analysiere_Empfangenes;


      begin  -- Zugriff
         if   Sendeerlaubnis  then Sende(s);
         end if;
         Empfange(e);
         Analysiere_Empfangenes(Sendeerlaubnis, e);
      end Zugriff;


   begin  -- Sende-_und_Empfangsprotokoll
      loop
         s := Sendewunsch;
         Zugriff(s ≠ 0, r);
      end loop;
   end Sende-_und_Empfangsprotokoll;
```

In [Marc_88] wird gezeigt, daß mit diesem Mehrfachzugriffsverfahren unter den üblichen Annahmen [Mass_81] ein maximaler Durchsatz von mindestens 92,33% und höchstens 92,51% erreicht werden kann. Obiger Algorithmus ist auf leichte Verständlichkeit hin optimiert. Für eine praktische Nutzung wird man ihn so modifizieren, daß, wenn immer eine Informationseinheit berechnet werden kann, dies *sofort* geschieht, um die Verzögerungszeit möglichst gering zu halten. Die mittlere Verzögerungszeit dieses Mehrfachzugriffsverfahren ist in [Marc_88] genau untersucht.

Die in den beschriebenen Kollisionsauflösungsalgorithmen angegebenen Verbesserungen durch globales überlagerndes Empfangen und dadurch bedingtes Auslassen von Unterbäumen sowie deterministische Auflösung von Kollisionen von genau zwei Informationseinheiten können auch bei den ein klein wenig effizienteren, aber komplizierteren Kollisionsauflösungsalgorithmen [Mass_81, Gall_85, Li_87] angewendet werden. Mir ist allerdings unklar, ob dadurch ein höherer Durchsatz oder eine geringere (mittlere) Verzögerungszeit als der bzw. die des angegebenen Kollisionsauflösungsalgorithmus erzielt werden kann.

Nun bleibt noch zu untersuchen, ob die nutzbare Leistung (großer Durchsatz, geringe (mittlere) Verzögerungszeit) durch generelle und exakte Kenntnis der Anzahl kollidierter Informationseinheiten weiter gesteigert werden kann.

Die mittlere Verzögerungszeit kann bei genereller und exakter Kenntnis der Anzahl kollidierter Informationseinheiten gesenkt werden, indem nach einem Münzwurf immer mit der Teilmenge geringerer Kardinalität fortgefahren wird: Ist nach einem Münzwurf die Anzahl kollidierender Informationseinheiten größer als die Hälfte der vorher kollidierten, so invertieren alle Stationen lokal ihr Münzwurfergebnis und verwenden statt dem beobachteten Kollisionsergebnis die Differenz zwischen dem übergeordneten Kollisionsergebnis und dem beobachteten

Kollisionsergebnis. Da Informationseinheiten dadurch im Mittel früher empfangen werden können, sinkt dadurch die mittlere Verzögerungszeit. Der Durchsatz allerdings bleibt gleich.

Eine zur gerade beschriebenen Idee orthogonale zur Steigerung des Durchsatzes knüpft an folgender Beobachtung an: Der obige Kollisionsauflösungsalgorithmus verschwendet dann und nur dann Bandbreite, wenn bei einem Münzwurf alle dasselbe Münzwurfergebnis erhalten. Da immer mindestens 3 Stationen gleichzeitig ihre Münze werfen, ist die Wahrscheinlichkeit hierfür zwar immer $\leq 2/8$. Die Wahrscheinlichkeit kann jedoch noch weiter gesenkt werden, wenn bei Münzwurf mit 3 (oder auch 4) Stationen im Mittel einer (oder auch zwei) Stationen erlaubt wird, sofort nach dem Münzwurf zusätzlich eine (neue) Informationseinheit zu senden. Hierbei wird vereinbart, daß jede neue Informationseinheit nicht mit dem 1 entsprechenden Zeichen beginnt, sondern bei einem Münzwurf mit s Stationen mit dem $s+1$ entsprechenden Zeichen. Dies deshalb, damit alle Empfänger aus dem Ergebnis z der Überlagerung der ersten Zeichen der nach dem Münzwurf gesendeten Informationseinheiten die Anzahl t der Stationen errechnen können, die TRUE gewürfelt haben, und ebenso die Anzahl n der Stationen, die eine neue Informationseinheit gesendet haben. Es gilt: $t = z \bmod s+1$ und $n = (z-t) / (s+1)$ immer, wenn $s+1 \leq m$ (wobei m, wie bereits definiert, die Anzahl Informationseinheiten ist, die eine Station maximal gleichzeitig senden darf), ansonsten mit hoher Wahrscheinlichkeit. Werfen alle ursprünglich beteiligten Stationen ihre Münze gleich, so können die zusätzlich gesendeten (neuen) Informationseinheiten, sofern es nicht mehr als 2 sind, deterministisch und ohne das Risiko der Bandbreitenverschwendung empfangen werden (ansonsten kann auch für sie eine indeterministische Kollisionsauflösung, ggf. unter nochmaliger Anwendung des gerade beschrieben Verfahrens des Zulassens der Übertragung neuer Informationseinheiten, erfolgen. Hierbei ist noch festzulegen, welche Kollisionsauflösung zuerst erfolgen soll. Um die zeitliche Reihenfolge ungefähr einzuhalten, schlage ich vor, die Auflösung der Kollision der neuen Informationseinheiten zurückzustellen). Werfen nicht alle ursprünglich beteiligten Stationen ihre Münze gleich, so können bei $s=3$ in beiden Teilmengen und bei $s=4$ mindestens in einer, mit der Wahrscheinlichkeit 6/14 sogar in beiden Teilmengen die Informationseinheiten deterministisch und ohne das Risiko der Bandbreitenverschwendung empfangen werden. (Bei $s=4$ kann das gerade beschriebene Verfahren ggf. nochmal angewendet werden.) Wurden beim Senden der ersten Teilmenge auch neue Informationseinheiten gesendet, so werden diese entweder zuerst empfangen und können dabei subtrahiert werden, oder aber sie werden später empfangen. Dann sendet die erste Teilmenge einfach noch einmal, wonach nicht nur die Summe ihrer Informationseinheiten, sondern auch die Summe der neuen Informationseinheiten global bekannt ist.

Die aus der beschriebene Idee resultierenden Kollisionsauflösungsalgorithmen sind noch nicht vollständig untersucht. Insbesondere ist festzulegen, für welche s das beschriebene Verfahren durchgeführt werden soll und wie in jedem dieser Fälle die Wahrscheinlichkeiten, daß eine, zwei, ... neue Informationseinheiten gesendet werden, gewählt werden sollen. Letzteres kann dadurch implementiert werden, daß jede Station, die eine Informationseinheit zu senden hat, eine Zufallsvariable mit passender Wahrscheinlichkeitsverteilung auswertet. Wie stark der Durchsatz mit diesem Verfahren gesteigert werden kann und wie es sich auf die Verzögerungszeiten auswirkt, ist mir unbekannt. Auch in dieser Richtung wären weitere Untersuchungen wünschenswert.

Bei dem beschriebenen Kollisionsauflösungsverfahren wird nach einem Münzwurf nicht primär versucht, eine Informationseinheit möglichst bald zu übertragen, sondern es wird gewissermaßen mittels der Zulassung neuer Informationseinheiten „abgewartet", wie das Ergebnis des Münzwurfs ist. Deshalb stellt das beschriebene Kollisionsauflösungsverfahren einen Übergang zu den im folgenden besprochenen Reservierungsschema dar.

In einem Gespräch über diese Kollisionsauflösungsalgorithmen schlug Klaus Echtle vor, die modulo-g-Addition des überlagernden Sendens zur (echten) Addition bis zum Wert g-1 zu verwenden, um mittels dieser Addition den abgerundeten Mittelwert $\lfloor \emptyset \rfloor$ aller an einer Kollision beteiligten Informationseinheiten zu berechnen. Statt eines Münzwurfergebnisses läßt jede Station die Größe ihrer Informationseinheit im Vergleich zu $\lfloor \emptyset \rfloor$ darüber entscheiden, wann sie nochmals sendet (**Mittelwertvergleich**). Damit es sich bei der modulo-g-Addition um eine (echte) Addition handelt, muß die Summe aller beteiligten Informationseinheiten kleiner g sein. Dies ist bei s Stationen, von denen jede maximal m Informationseinheiten gleichzeitig senden darf, und einer maximalen Größe G (im Sinne der Interpretation der Binärcodierung der Informationseinheiten als Dualzahl) von Informationseinheiten mit Sicherheit immer dann der Fall, wenn $g > s \cdot m \cdot G$. Klaus Echtle versprach sich davon eine Verbesserung der mittleren Balanciertheit des bei der Kollisionsauflösung entstehenden Binärbaumes, vgl. die Bilder 31, 32 und 33. Im Fortgang des Gespräches wurde auf der Basis meiner oben beschriebenen Analyse der Bandbreitenverschwendung gemeinsam herausgearbeitet, daß die mittlere Balanciertheit gar nicht der eigentlich wesentliche Punkt ist: Der wesentliche Punkt ist, daß – sofern nicht alle kollidierten Informationseinheiten gleich sind – es immer mindestens eine kleiner und eine größer als $\lfloor \emptyset \rfloor$ gibt. Da dann nie alle dasselbe „Münzwurfergebnis" erhalten und entsprechend nie sofort alle noch mal oder keiner sofort noch mal sendet, wird keinerlei Bandbreite verschwendet.

Dies ist in Bild 34 am in den Bildern 31, 32 und 33 verwendeten Beispiel veranschaulicht. Bild 35 zeigt ein passendes Nachrichtenformat für eine sendende Station. Bei einer nicht sendenden Station sind alle Bits der Nachricht, auch das letzte, 0. Die führenden Nullen in Bild 35 sind nötig, um einen Überlauf bei der Addition zu verhindern. Bild 36 zeigt ein detaillierteres Beispiel mit dem in Bild 35 angegebenen Nachrichtenformat. Weder in Bild 35 noch in Bild 36 noch im folgenden Text ist dargestellt, daß bei Verwendung dieses Mehrfachzugriffsverfahrens im DC-Netz zusätzlich noch paarweise ausgetauschte Schlüssel überlagert werden. Da deshalb die führenden Nullen im allgemeinen nicht als Nullen übertragen werden, müssen die ihnen entsprechenden Zeichen tatsächlich übertragen werden.

Im Nachrichtenformat kann die Anzahl der führenden Nullen während der Ausführung des Kollisionsauflösungsalgorithmus gesenkt werden, wenn jeweils nur noch genügend wenig Informationseinheiten überlagert gesendet werden. Diese dynamische Verkleinerung spart zwar Übertragungsaufwand bzw. erlaubt bei gegebener Übertragungsrate einen höheren Durchsatz. Es ist jedoch für jede Implementierung abzuwägen, ob sich der Aufwand für diese dynamische Anpassung des Nachrichtenformates und der zur Überlagerung verwendeten zyklischen Gruppe lohnt.

Von eher theoretischem Interesse ist, daß bei Mittelwertvergleich nicht nur „Determinismus" mit exponentiell kleiner Mißerfolgswahrscheinlichkeit erzielt werden kann, sondern sogar „**echter**" **Determinismus**: wird nach einer Überlagerungs-Kollision im nächsten Schritt nichts oder dasselbe nochmal übertragen, so sind alle kollidierten Informationseinheiten gleich. Da die Zahl der kollidierten Informationseinheiten schon für die Mittelwertbildung allen bekannt sein muß (etwa durch das früher bereits erwähnte Aufaddieren der der 1 entsprechenden Zeichen), können alle das vorherige gespeicherte Kollisionsergebnis durch die Zahl der kollidierten Informationseinheiten teilen und die resultierende Informationseinheit entsprechend oft empfangen.

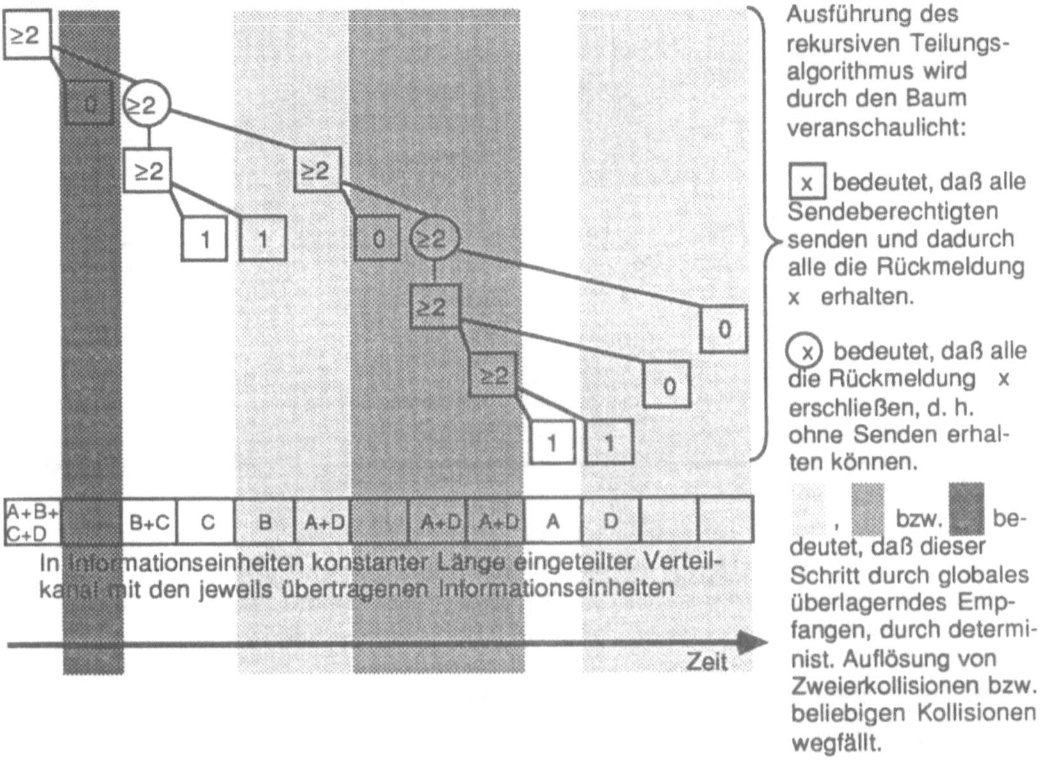

Bild 34: Eine Möglichkeit der Auflösung einer Kollision von 4 Informationseinheiten A, B, C und D mit dem von Massey beschriebenen einfachen Kollisionsauflösungsalgorithmus, deterministischer Auflösung von Kollisionen und globalem überlagerndem Empfangen

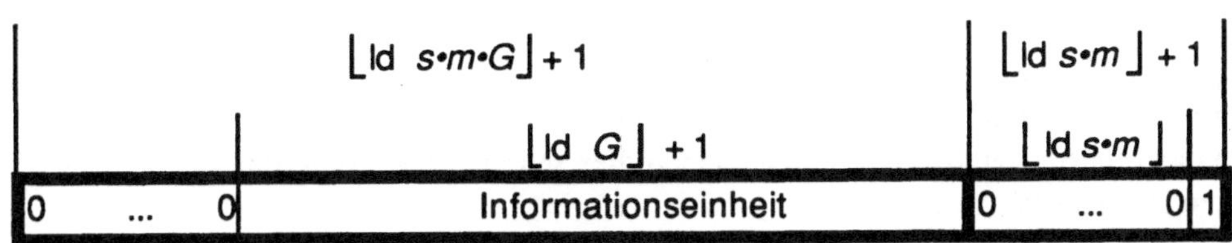

Bild 35: Nachrichtenformat für Kollisionsauflösungsalgorithmus mit Mittelwertbildung und überlagerndem Empfangen

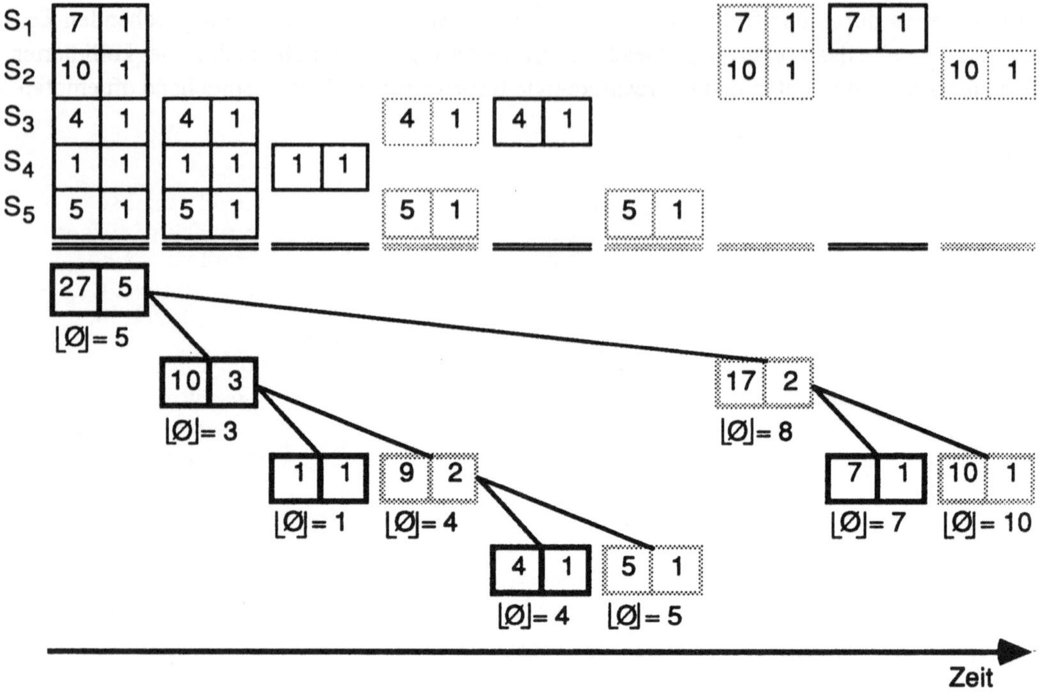

Oben ist zeilenweise dargestellt, was die Stationen S_1 bis S_5 senden,
unten jeweils das globale Überlagerungsergebnis, die Summe.
Gilt für eine Station *Informationseinheit* $\leq \lfloor \emptyset \rfloor$, so sendet sie sofort wieder, anderenfalls später.
Das globale überlagernde Empfangen ist durch graue Quadrate symbolisiert.

Bild 36: Detailliertes Beispiel zum Kollisionsauflösungsalgorithmus mit Mittelwertbildung und überlagerndem Empfangen

Unter den üblichen (idealisierenden) Annahmen erzielt dieses Mehrfachzugriffsverfahren also einen Durchsatz von 100%.

Bei Verwendung eines genügend großen Alphabets und des gerade beschriebenen Mittelwertvergleichs kann ein realer Durchsatz von nahezu 100% erzielt werden. Bei binärer Codierung ist der Durchsatz des Mehrfachzugriffsverfahrens

$$\frac{\text{Anzahl der zur Codierung der Informationseinheiten nötigen Bits}}{\text{Anzahl aller zu übertragenden Bits}} \cdot 100\%.$$

Ist die Codierung der Informationseinheiten redundant, so geht der daraus resultierende Verlust an Durchsatz zu Lasten der Quellcodierung oder der binären Kanalcodierung, jedoch nicht zu Lasten des Mehrfachzugriffsverfahrens. Denn dies schränkt die Codierung der Informationseinheiten in keiner Weise ein.

Bei feldweiser binärer Codierung gemäß Bild 35 ist der reale Durchsatz des Mehrfachzugriffsverfahrens also mindestens

$$\frac{\lfloor \operatorname{ld} G \rfloor + 1}{\lfloor \operatorname{ld} s \bullet m \bullet G \rfloor + \lfloor \operatorname{ld} s \bullet m \rfloor + 2} \cdot 100\%,$$

da bei binärer Codierung der ganzen Zahlen des geschlossenen Intervalls $[0, x]$ genau $\lfloor \operatorname{ld} x \rfloor + 1$ Bits benötigt werden. Hierbei bezeichnet ld (logarithmus dualis) den Logarithmus zur Basis 2 und $\lfloor y \rfloor$ die größte ganze Zahl z mit $z \leq y$.

Außerdem ist garantiert, daß jede Station in $s \bullet m$ zur Übertragung einer Informationseinheit benötigten Zeiteinheiten m Informationseinheiten übertragen kann: Jeder Station ist also, sofern sie etwas zu senden hat, ein fairer Anteil an der Bandbreite des DC-Netzes ebenso „echt" deterministisch garantiert wie eine obere Schranke, nach der sie spätestens erfolgreich senden konnte. Andererseits kann eine einzelne Station, wenn die anderen nichts zu senden haben, die Bandbreite des DC-Netzes vollständig nutzen.

Die bereits beschriebene Verbesserung der mittleren Verzögerungszeit, indem immer mit der Teilmenge geringerer Kardinalität fortgefahren wird, kann und sollte mit dem Mittelwertvergleich kombiniert werden.

Die mittlere Verzögerungszeit dieses Mehrfachzugriffsverfahren ist in [Marc_88] genau untersucht.

Ist einem die zur Erfüllung der Bedingung $g > s \bullet m \bullet G$ nötige Alphabetgröße zu groß, so kann bei großem $s \bullet m$ statt $s \bullet m$ in der Ungleichung ein kleinerer Wert k, beispielsweise $k=10$, verwendet werden. Die Mittelwertaussage ist dann für Kollisionen von mehr als k Informationseinheiten möglicherweise falsch. Ist k geeignet gewählt, so treten die Bandbreite verschwendenden Fälle, daß der falsche, nämlich modulo g berechnete, Mittelwert kleiner oder größer als alle beteiligten Informationseinheiten ist, selten genug auf. Sie sind von allen Beteiligten erkennbar und werden durch Münzwurf aufgelöst.

Eine andere Möglichkeit zur Verwendung einer kleineren Alphabetgröße ist, den Mittelwertvergleich nicht auf ganze Informationseinheiten, sondern nur Teile (etwa den Anfang) zu erstrecken. Hierdurch steigt allerdings die Wahrscheinlichkeit, daß alle an einer Kollision beteiligten Informationseinheiten jeweils gleiche Teile, beispielsweise Anfänge, haben. Haben die verwendeten Teile jeweils mindestens 20 Bit Länge und sind die Werte auch nur näherungsweise gleichverteilt (etwa implizite Adressen oder Ende-zu-Ende-verschlüsselte Teile), so dürfte diese Wahrscheinlichkeit aber hinreichend klein sein, um die nutzbare Leistung nur unmerklich zu senken.

In beiden Fällen ist der Verlust des „echten" Determinismus der Preis für die kleinere Alphabetgröße.

Der **Kollisionsauflösungsalgorithmus mit Mittelwertbildung und überlagerndem Empfangen** ist, sieht man vom (allerdings geringen, vgl. Abschnitt 3.2.3) Aufwand der Realisierung eines sehr großen Alphabets und vom Aufwand für das globale überlagernde Empfangen ab, das in jeder Hinsicht **optimale Mehrfachzugriffsverfahren für das DC-Netz** – es sei denn paarweises überlagerndes Empfangen oder Konferenzschaltung sind möglich, vgl. die folgenden Abschnitte 3.1.2.5 und 3.1.2.6.

Jedes für überlagerndes Senden mit großem Alphabet geeignete Kommunikationsnetz arbeitet mit diesem (und ggf. weiteren) Mehrfachzugriffsverfahren für so viele Dienste so effizient, daß sein Einsatz zumindest im lokalen Bereich auch für Zwecke, bei denen es nicht auf Senderanonymität ankommt, zweckmäßig erscheint – Schlüsselerzeugung und synchronisierte Überlagerung können dann natürlich weggelassen werden, vgl. Abschnitt 9.4.

3.1.2.3.3 Direkte Übertragung, bei Kollision nochmaliges Senden nach zufälliger, aber angekündigter Zeitdauer (ARRA)

In [Rayc_85] sind zwei Mehrfachzugriffsprotokolle dieser Klasse detailliert beschrieben und analysiert. Das mit dem größeren Durchsatz (extended ARRA = extended announced retransmission random access) erreicht einen von 60%. Es kann zwar noch leicht verbessert werden, indem, statt allen, die für denselben Zeitpunkt nochmaliges Senden angekündigt haben, dieses zu verbieten (und von allen nochmal eine Ankündigung zu fordern), es genau einer Station, etwa der, deren Ankündigung im Nachrichtenzeitschlitz (message slot) mit der kleinsten Nummer erfolgte, das Senden erlaubt wird, doch dürfte diese Verbesserung die Leistung nur um wenige Promille steigern.

In [Pfi1_85 Seite 41] steht erstmals, daß Mehrfachzugriffsprotokolle dieser Klasse für anonymen und unverkettenden Mehrfachzugriff geeignet sind, und wie sie in der rein digitalen Welt des überlagernden Sendens bei binärem überlagernden Senden leider nur mäßig gut, bei verallgemeinertem überlagernden Senden perfekt implementiert werden können.

Leider ist die Situation bei dieser Reaktionsart auf Kollisionen für globales überlagerndes Empfangen fast genauso schlecht wie bei nochmaligem Senden nach zufälliger Zeitdauer (slotted ALOHA): Die an einer Kollision beteiligten Informationseinheiten lassen sich nicht „verfolgen", wenn ihrem angekündigten nochmaligen Sendezeitpunkt nicht entsprochen werden kann (etwa weil viele denselben wählten). Dies ist bei Kollisionsauflösung bei weitem besser, so daß sich durch sie die weit höhere nutzbare Leistung erzielen läßt. Anders herum gesagt: durch die Erfindung des globalen überlagernden Empfangens wurde diese Klasse, die vorher der Klasse Kollisionsauflösung überlegen war, ihr unterlegen, weshalb sie hier nicht vertieft behandelt wird.

3.1.2.3.4 Direkte Übertragung, bei Erfolg Reservierung (R-ALOHA)

Diese in [Tane_81 Seite 272, Tasa_83] und für anonyme Kommunikation erstmals in [Pfi1_85 Seite 40] erwähnte Klasse von Mehrfachzugriffsprotokollen verkettet natürlich alle Informationseinheiten, die hintereinander übertragen werden. Wie bereits erwähnt ist dies für manche Dienste jedoch akzeptabel. Es erlaubt je nach ihrer Verkehrscharakteristik einen Durchsatz bis nahe 100%, wobei es bei wenigen hintereinander übertragenen Informationseinheiten günstig ist, in ihnen ein Bit vorzusehen, daß anzeigt, daß dies die letzte „reservierte" Informationseinheit ist, während es bei vielen Informationseinheiten günstiger ist, dies Bit in jeder Informationseinheit einzusparen und dafür am Schluß eine leere Informationseinheit zu übertragen.

3.1.2.3.5 Reservierungsschema (Roberts' scheme)

Wie bereits in Abschnitt 2.5.3.1.1 erwähnt, wurde die Verwendung dieses Anonymität perfekt erhaltende Mehrfachzugriffsverfahrens, mit dem ein Durchsatz von nahe 100% erzielt werden kann [Tane_81 Seite 272], bereits in [Cha3_85] mit der folgenden Implementierung in der digitalen Welt des binären überlagernden Sendens vorgeschlagen:

Die Bandbreite wird in Rahmen (frames) eingeteilt, deren Länge zwischen einem minimalen und maximalen Wert liegt. Um die Sprechweise der folgenden Funktionsbeschreibungen zu vereinfachen, bezeichne „der nächste" Rahmen nicht den physisch folgenden, sondern den n-ten der physisch folgenden, wobei n fest und minimal so gewählt wird, daß vor dessen Senden alle Stationen das Überlagerungsergebnis des „vorherigen" Rahmens (auch bei Rahmen minimaler Länge dazwischen) so rechtzeitig erhalten haben, daß sie zum Ausführen des Mehrfachzugriffsverfahrens in der Lage sind. Jeder Rahmen beginnt mit einem Datenübertragungteil variabler Länge und endet mit einem Reservierungsteil fester Länge. Das Überlagerungsergebnis des Reservierungsteils eines Rahmens bestimmt die Länge des Datenübertragungsteils des nächsten Rahmens, indem in ihm für jede signalisierte Reservierung Platz (genauer: Zeit) für eine Informationseinheit vorgesehen wird, in der exklusiv diejenige Station senden darf, die diese Reservierung tätigte. Wird in einem Rahmen keine Reservierung getätigt, ist der Datenübertragungsteil des nächsten Rahmens leer. In [Cha3_85, Chau_88] schlägt David Chaum vor, den Reservierungsteil als eine Bitleiste aufzufassen, wobei jede 1 einer Reservierung entspricht. Der Datenübertragungsteil kann also maximal soviele Informationseinheiten enthalten, wie der Reservierungsteil Bits enthält. Um eine (oder mehrere) Reservierungen zu tätigen, sendet eine Station eine (oder mehrere) 1 an zufälligen Stellen des Reservierungsteils. Ist das Überlagerungsergebnis an einer (oder mehreren) dieser Stellen 1, so sendet sie in den entsprechenden Stellen (genauer: Zeiten) des Datenübertragungsteils des nächsten Rahmens.

Leider ist nun nicht garantiert, daß es keine Kollision gibt: haben 3, 5, 7, ... Stationen an dieser Stelle reserviert, so gehen alle davon aus, daß nur sie an der entsprechenden Stelle des nächsten Rahmens senden. Die Wahrscheinlichkeit dieses Trugschlusses ist bei binärem überlagerndem Senden nicht auf 0 zu senken, kann jedoch erheblich verkleinert werden, indem jeweils x Bits für jede Reservierung verwendet werden, von den jeweils y ($y<x$) als 1 gesendet werden, um eine Reservierung zu signalisieren. Durch geeignete Wahl von x und y kann zwar die Wahrscheinlichkeit, daß eine Kollision bei der Reservierung nicht erkannt wird, beliebig gesenkt werden, allerdings werden zur Reservierung auch x mal soviele Bits verwendet. Zu gegebener Verkehrsverteilung die optimalen Werte für x und y zu finden, ist eine lohnende Aufgabe.

Stattdessen sei hier noch einmal darauf hingewiesen, daß verallgemeinertes überlagerndes Senden mit $g > s \cdot m$ dazu verwendet werden kann, die Wahrscheinlichkeit von Kollisionen bei der Übertragung von Informationseinheiten auf 0 zu senken, wie vor der Beschreibung der einzelnen Mehrfachzugriffsverfahrensklassen erklärt wurde. Dieses in Bild 37 dargestellte Mehrfachzugriffsverfahren ist die älteste Anwendung von verallgemeinertem überlagerndem Senden [Pfi1_85 Seite 40].

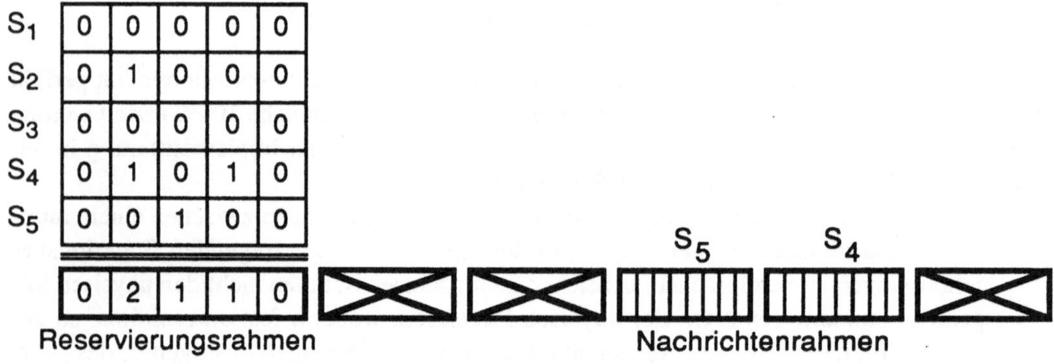

Bild 37: Reservierungsschema mit verallgemeinertem überlagerndem Senden und den Stationen S_i

Eine Kombination dieser Reservierungsverfahren mit überlagerndem Empfangen erscheint weitgehend unnötig. Lediglich im Falle, daß bei verallgemeinertem überlagernden Senden eine Reservierung den Wert 2 ergibt, kann ohne Einbuße an Durchsatz, aber mit Verringerung der durchschnittlichen Wartezeit bis zur erfolgreichen Übertragung vereinbart werden, daß an der entsprechenden Stelle des nächsten Rahmens beide ihre Informationseinheit senden, im übernächsten dann nur noch derjenige, der die größere Informationseinheit gesendet hat. Dies ist genau das bereits früher beschriebene Verfahren der deterministischen Kollisionsauflösung bei Kollision von zwei Informationseinheiten.

3.1.2.3.6 Verfahren für einen Kanal mit kurzer Verzögerungszeit

Alle Mehrfachzugriffsverfahren mit direkter Übertragung können bei einem Kanal mit kurzer Verzögerungszeit in natürlicher Weise um die Regel erweitert werden, daß nur gesendet werden darf, wenn auf dem Kanal gerade keine Übertragung stattfindet (CSMA = carrier sense multiple access). Damit sich auch hier wiederum alle Stationen gleich verhalten, sollten für die Zwecke des Mehrfachzugriffsprotokolls alle das Überlagerungsergebnis nach derselben Zeit berücksichtigen, was natürlich nicht voraussetzt, daß alle das Überlagerungsergebnis nach derselben Zeit erhalten: die Ausgabe von Zeichen i aller Stationen berücksichtigt nur das Überlagerungsergebnis aller Zeichen bis $i-j$, wobei j so gewählt wird, daß alle Stationen das Überlagerungsergebnis der Zeichen $i-j$ rechtzeitig erhalten [Pfi1_85 Seite 42].

Bezüglich Anonymitäts- und Unverkettbarkeitserhaltung ist es gleichgültig, ob eine Station, die Senden will und auf dem Kanal eine Übertragung hört, bis zum Ende der Übertragung wartet und dann deterministisch sofort sendet (1-persistent CSMA [Tane_81 Seite 290]), nur mit der Wahrscheinlichkeit p sofort sendet (p-persistent CSMA) oder es erst nach einer zufälligen Zeitdauer noch einmal versucht (nonpersistent CSMA).

Ebenso ist es bezüglich Anonymitäts- und Unverkettbarkeitserhaltung gleichgültig, ob eine Station, die sendet und dabei eine Kollision erkennt, ihr Senden abbricht (CSMA/CD = carrier sense multiple access / collision detection) oder nicht. Nicht gleichgültig ist dies natürlich bezüglich der nutzbaren Leistung, da einerseits CSMA/CD, wenn der Abbruch relativ früh innerhalb von Informationseinheiten erfolgt, die nutzbare Leistung in einem Kommunikationsnetz ohne überlagerndes Empfangen erheblich steigert, andererseits natürlich überlagerndes Empfangen unmöglich macht und damit für große j ein Umschlüsseln kollidierter Informationseinheiten zum Zwecke der Unverkettbarkeit erfordert. Wie in [Pfi1_85 Seite 43] beschrieben, sollte ein Abbrechen des Sendens beim Erkennen einer Kollision in der Form erfolgen, daß die Station das 0 entsprechende Zeichen sendet, solange nicht alle anderen ihr Senden auch abgebrochen haben. Dies ist anders als in der analogen Welt, beispielsweise Ethernet [Tane_81 Seite 293], wo jede Station, die eine Kollision erkennt, den Kanal kurzzeitig bewußt stört (jamming), damit alle Stationen konsistent erfahren, daß eine Kollision stattfand. In der digitalen Welt ist dies nicht nötig, da erstens die Sicht aller Stationen bezüglich des Überlagerungsergebnisses konsistent ist (während das auf einem analogen Bus Empfangbare durchaus von der Anschlußstelle abhängen kann) und zweitens Ende-zu-Ende-Verschlüsselung und implizite Adressierung als fehlererkennender Code wirken. Für die nutzbare Leistung wirkt sich der Verzicht auf bewußte Störung doppelt positiv aus: Erstens wird die Störzeit eingespart. Zweitens kann sich bei einer Kollision eine Station durchsetzen, d. h. sie bemerkt gar nicht, daß auch andere etwas gesendet haben, sich dies aber gegenseitig aufhob.

Natürlich sind vielerlei Kombinationen denkbar, von denen ich nur eine zur *deterministischen Auflösung von Kollisionen von 2, 3, 5, 7, 9, 11, ... Informationseinheiten bei einem binären Überlagerungskanal optimal kurzer Verzögerungszeit (j=1)* beschreiben will:
Wie schon früher beschrieben, beginne jede Informationseinheit mit dem 1 entsprechenden Zeichen, das bei binärem überlagerndem Senden zur probabilistischen Bestimmung der Anzahl der kollidierenden Informationseinheiten benutzt wird.
Ergibt die Überlagerung dieses Zeichens das 0 entsprechende, so gehen alle Stationen, die gesendet haben, davon aus, daß es sich um eine Zweierkollision handelt und überlagern ihre Informationseinheiten vollständig (und diejenige mit der größeren Informationseinheit sendet ihre direkt danach noch mal, so daß beide überlagernd empfangen werden können).
Ergibt die Überlagerung dieses Zeichens 1, so wissen alle Stationen, daß es sich entweder um keine oder um eine ungeradzahlige Kollision handelt. Sie senden ihr erstes Informationsbit und brechen ihr Senden sofort ab, falls das Überlagerungsergebnis nicht ihrem Informationsbit entspricht. Die Ungeradzahligkeit garantiert, daß sich immer genau eine Station durchsetzt: Senden alle dasselbe Zeichen, ist das Überlagerungsergebnis dies Zeichen und keine der ungeradzahlig vielen Stationen bricht ihr Senden ab. Senden nicht alle dasselbe Zeichen, so ist das Überlagerungsergebnis das von der Gruppe mit ungeradzahliger Anzahl gesendete Zeichen. Deshalb hört eine geradzahlige Anzahl Stationen auf zu senden, so daß danach wieder eine ungeradzahlige Anzahl sendet.

3.1.2.4 Eignung für das Senden von Paketen, Nachrichten und kontinuierlichen Informationsströmen (Kanäle)

In diesem Abschnitt wird die Eignung der die Anonymität des Senders erhaltenden und Verkehrsereignisse nicht verkettenden Mehrfachzugriffsverfahren für das Senden von Paketen, Nachrichten und kontinuierlichen Informationsströmen (Kanäle) diskutiert.

Außer den Verfahrensklassen „bei Erfolg Reservierung" sind alle beschriebenen Klassen von Mehrfachzugriffsverfahren (inkl. der beschriebenen Beispielverfahren) für das Senden von Paketen geeignet.

Die Verfahrensklassen „bei Erfolg Reservierung" sind sowohl zur Übertragung von Nachrichten mittels ggf. mehrerer Pakete als auch zur dezentralen Belegung von Kanälen geeignet. Das gleiche gilt für eine geeignete Anpassung des „Reservierungsschemas".

Die Klassen „nochmaliges Senden nach zufälliger Zeitdauer (CSMA)" und „Abbruch und nochmaliges Senden nach zufälliger Zeitdauer (CSMA/CD)" sind auch für die direkte, d. h. nicht in Pakete zerlegte Übertragung von Nachrichten geeignet.

3.1.2.5 Einsatz von paarweisem überlagernden Empfangen

Paarweises überlagerndes Empfangen ist genau dann sinnvoll möglich, wenn
1. beide Partner jeweils exakt gleichzeitig senden können, d. h. sich beide darüber verständigt haben, wann sie senden werden, und
2. dies nach dem jeweiligen Mehrfachzugriffsverfahren erlaubt ist.

Es ist sehr sinnvoll, wenn zusätzlich
3. allen anderen mitgeteilt wurde, wann die beiden Partner senden werden.

Um 2. zu erfüllen, müßten beispielsweise bei einem Kollisionsauflösungsalgorithmus die anderen Beteiligten die beiden paarweise überlagerten Informationseinheiten als eine betrachten oder zumindest behandeln.

Bei mittels nichtlinearem Prüfzeichen realisierter ternärer Rückmeldung ist dies nicht ohne weiteres, d. h. ohne Abänderung des Kollisionsauflösungsalgorithmus, möglich. Jedoch kann auf die ansonsten zweckmäßige Eigenschaft, daß die Redundanz zur Erkennung von Kollisionen ein Prüfzeichen zum Nachrichteninhalt darstellt, verzichtet werden, und irgendein (separater) nichtlinearer Code verwendet werden, z. B. ein m-aus-n-Code.

Bei exakter oder probabilistischer Kenntnis der Anzahl der kollidierten Informationseinheiten durch Verwendung eines großen Alphabets zum überlagernden Senden und die Vereinbarung, daß jede Informationseinheit mit dem 1 entsprechenden Zeichen beginnt, ist dies sehr einfach möglich: genau einer der beiden am paarweise überlagernden Empfangen Beteiligten läßt seine Informationseinheit jeweils mit dem 0 entsprechenden Zeichen beginnen.

Aus dem Gesagten folgt, daß paarweises überlagerndes Empfangen vor allem bei kontinuierlichen Informationsströmen (Kanälen) sinnvoll eingesetzt werden kann. Benötigen beide am paarweise überlagernden Empfangen beteiligten Partner für exklusiv für den anderen bestimmte Information insgesamt einen Duplex-Kanal, so wird – wie in Abschnitt 2.5.3.1.3 bereits erwähnt, durch das paarweise überlagernde Empfangen die Bandbreite des DC-Netzes doppelt so gut genutzt.

3.1.2.6 (Anonyme) Konferenzschaltungen

Zunächst ist zu erörtern, was genau unter einer Konferenzschaltung verstanden wird.

Wird unter einer Konferenzschaltung verstanden, daß eine Gruppe von Teilnehmerstationen jeweils separat erhält, was die anderen Mitglieder der Gruppe senden, so daß jedes Gruppenmitglied selektiv das Gesendete jeder beliebigen Teilmenge der Gruppe gleichzeitig wahrnehmen kann, so eröffnet das überlagernde Senden keine Möglichkeiten zur effizienten Nutzung, die nicht jedes Verteilnetz bietet: Jedes Mitglied der Gruppe sendet separat und verschlüsselt dabei mit einem jeweils allen anderen bekannten Schlüssel, so daß jede Informationseinheit nur einmal gesendet zu werden braucht.

Wird unter einer Konferenzschaltung einschränkend verstanden, daß eine Gruppe von Teilnehmern gleichzeitig wahrnehmen kann, was die anderen insgesamt senden, so eröffnet das überlagernde Senden Möglichkeiten zur effizienten Nutzung, die nicht jedes Verteilnetz bietet. Dabei sollte beachtet werden, daß Teilnehmerstationen in Abhängigkeit der Teilnehmerzahl einen Schwellwert für die Lautstärke ihres Sprechers festlegen sollten, unterhalb dessen sie das 0 entsprechende Signal übertragen, damit sich das Rauschen der Mikrophone oder Nebengeräusche nicht unnötig aufaddieren und damit ab einer gewissen Teilnehmerzahl stören. Zunächst wird eine Möglichkeit beschrieben, die ohne zusätzliche Annahmen auskommt. Danach eine effizientere, die jedoch nur dann angewendet werden kann, wenn zum überlagernden Senden ein großes Alphabet verwendet wird.

Bei der ersten Möglichkeit fungiert eine der Teilnehmerstationen als *Zentrale*. Zwischen ihr und allen anderen Gruppenmitgliedern jeweils einzeln kann – wie oben beschrieben – paarweises überlagerndes Empfangen praktiziert werden. Die Zentrale (entschlüsselt und) bildet das Summensignal aus allen erhaltenen Signalen und ihrem eigenen (verschlüsselt) und verteilt es. Werden beispielsweise Kanäle geschaltet, so ist eine (anonyme) Konferenzschaltung zwischen n Teilnehmern auf diese Weise in n-1 statt n Kanälen möglich. Der „Preis" für die Einsparung eines Kanals ist, daß die Verzögerungszeit verdoppelt wird.

Bei der zweiten Möglichkeit erfolgt die Bildung des Summensignals „*dezentral*", nämlich durch die zum Zwecke der Senderanonymität angewendete Überlagerung. Hierzu muß die Zeichenanzahl des zur Überlagerung verwendeten Alphabetes mindestens so groß wie die Anzahl der Quantisierungsschritte des Konferenzsignals sein. Dem Signalwert 0 muß das 0 entsprechende Zeichen zugeordnet werden, die Signalcodierung muß linear erfolgen und ebenso dürfen die Signalcodes nicht in nichtlinearer Weise (Ende-zu-Ende-)verschlüsselt werden. Ende-zu-Ende-Verschlüsselung kann beispielweise in der Form erfolgen, daß jede der Teilnehmerstationen ihren Signalcode mit einem den anderen bekannten Schlüssel überlagert und alle Teilnehmerstationen diese Schlüssel vom globalen Überlagerungsergebnis subtrahieren und so den Signalcode des Summensignals erhalten. Möchten die Teilnehmer ihr eigenes „Echo" nicht wahrnehmen, so brauchen ihre Teilnehmerstationen nur vom Signalcode des Summensignals ihren Signalcode zu subtrahieren. Werden beispielsweise Kanäle geschaltet, so ist eine (anonyme) Konferenzschaltung zwischen n Teilnehmern auf diese Weise in einem statt n Kanälen möglich. Es kann sinnvoll sein, diesen einen (Summen-)Kanal mit einem etwas größeren Amplitudenbereich des Signals und bei der notwendigen lineareren Signalcodierung auch entsprechend größerer Bandbreite vorzusehen. Dann können auch wenige Signale großer Amplitude störungsfrei überlagert werden – anderenfalls ergäbe beispielsweise die Summe aus einem maximal und einem minimal positiven Signalwert den betragsmässig maximal negativen Signalwert. Allerdings wird zumindest für größere n im (Summen-)Kanal nicht die n-fache Bandbreite benötigt, da etwa bei drei gleichlaut Redenden der Zuhörer sowieso nichts mehr versteht.

(Nach dem Schreiben dieses Unterabschnitts erschien [BrLY_88]. E. F. Brickell, P. J. Lee und Y. Yacobi untersuchen für ein *Vermittlungsnetz* Techniken für eine Konferenzschaltung. Eine „bridge" genannte (Vermittlungs-)Zentrale führt bei ihnen im wesentlichen das oben beschriebene, „dezentrale" Verfahren durch. Da ihrer (Vermittlungs-)Zentrale mitgeteilt wird, welche Konferenzteilnehmer gerade senden, kann ihre (Vermittlungs-)Zentrale die Signale der anderen unterdrücken, d. h. nicht aufaddieren, um Rauschen zu vermeiden, bzw., falls zu viele senden, wenige auswählen, um Unverständlichkeit für den menschlichen Hörer oder Übersteuerung zu vermeiden. Dadurch erhält ihre (Vermittlungs-)Zentrale aber in meinen Augen sensitive Information, was bei den oben beschriebenen, für das DC-Netz entworfenen aber auch auf einem Vermittlungsnetz möglichen – die (Vermittlungs-)Zentrale müßte global überlagern – Verfahren vermieden wird.)

3.1.2.7   Resümee

Da kein Mehrfachzugriffsverfahren für alle möglichen Kommunikationsdienste optimal ist, sollte die Bandbreite des DC-Netzes (ggf. dynamisch) in Kanäle im Sinne von Abschnitt 3.1.1 eingeteilt und diese Kanäle jeweils mit einem passenden Mehrfachzugriffsverfahren (oder ggf. von einer ausgewählten Station) verwaltet werden.

3.1.3   Mehrfachzugriff beim BAUM-Netz auch für Kanäle

Die Bandbreite des BAUM-Netzes sollte von einer ausgezeichneten Station – etwa der Wurzel des Baumes – in Abhängigkeit des Verkehrs in einen Bereich für Nachrichten (Pakete sind beim BAUM-Netz ein uninteressanter, weil keine substantiellen Optimierungen ermöglichender Spezialfall von Nachrichten) und einen für Kanäle unterteilt werden.

Gibt die Station auch die Aufteilung in einzelne Kanäle vor, so ist der Zugriff auf sie trivial, nämlich genau wie für Nachrichten beschrieben. Anderenfalls sollten Kanäle unter Angabe der gewünschten Bandbreite bei ihr mittels Nachrichten angefordert werden.

3.1.4   Mehrfachzugriff beim RING-Netz

Wie in Abschnitt 2.5.3.2.1 schon erwähnt, sollte zur effizienten Nutzung des Verteil-Kanals „Ring" ein Verfahren zum (hoffentlich!) Anonymität und Unverkettbarkeit erhaltenden Mehrfachzugriff, genannt Ringzugriffsverfahren, verwendet werden. Dadurch hat der Angreifer allerdings nicht nur die Möglichkeit, ein- und auslaufende Signalmuster (für preiswerte Ringe: Bitmuster) zu vergleichen, sondern er kann auch seine Kenntnis des Ringzugriffsverfahrens verwenden, um Schlüsse zu ziehen, wer gerade senden darf.

In [HöPf_85, Höck_85] wurde sehr detailliert (nämlich bis auf Übertragungsbitebene) und ausführlich gezeigt, daß bei geeigneten Zugriffsverfahren für Ringe mit „Senden durch Ersetzen" ein Angreifer, der eine Station nicht direkt eingekreist hat, tatsächlich das Senden dieser Station auch anhand der Kenntnis des Ringzugriffsverfahrens, der genauen Ringkonfiguration und seiner Beobachtung nie feststellen kann. Deshalb beschränke ich mich hier auf die Darstellung der wesentlichen Definitionen, Beweisideen und Ergebnisse.

In Abschnitt 3.1.4.1 werden Angreifermodelle aufgestellt, d. h. es wird genau gesagt, was die Fähigkeiten realistischer und im folgenden betrachteter Angreifer sind. Hieraus ergeben sich einige grundlegende Begriffsdefinitionen und Beweismethoden.

In Abschnitt 3.1.4.2 wird ein sowohl für das Verständnis, als auch für den praktischen Einsatz besonders wichtiges, da effizientes und anonymes Ringzugriffsverfahren angegeben sowie die Idee seines Anonymitäts-Beweises dargestellt.

In Abschnitt 3.1.4.3 wird skizziert, wie dieses Ringzugriffsverfahren für effiziente und anonyme Kanalvermittlung oder Konferenzschaltung abgewandelt werden kann.

In Abschnitt 3.1.4.4 wird das in Abschnitt 2.5.3.2.1 schon angekündigte Ringzugriffsverfahren beschrieben, das maximal viel Anonymität erhält und trotzdem eine auch bezüglich des Empfangszeitpunktes konsistente Sicht von Sender und Empfänger herstellt.

In Abschnitt 3.1.4.5 wird eine Klassifikation der Ringzugriffsverfahren dazu benutzt, alle bekannten Ergebnisse bezüglich ihrer Anonymitätserhaltung kompakt darzustellen.

3.1.4.1 Angreifermodelle, grundlegende Begriffe und Beweismethoden

Nach dem zu Anfang von Abschnitt 2.5.3.2.1 Gesagten ist die Stärke eines Angreifers dadurch bestimmt, wie nahe er an die zu beobachtende Station herankommt, wobei er entweder Leitungen abhören oder andere Stationen kontrollieren kann. Da letzteres ihm mehr Möglichkeiten eröffnet und ersteres voll umfaßt – jede Station erfährt natürlich, was auf den beiden angrenzenden Leitungen übertragen wird – wird nur die Frage untersucht: Wieviele Stationen müssen mindestens zwischen den Angreiferstationen liegen, damit der Angreifer den Sender bzw. Empfänger von Informationseinheiten (Pakete, Nachrichten, Übertragungseinheit eines Kanals) nicht deterministisch identifizieren kann?

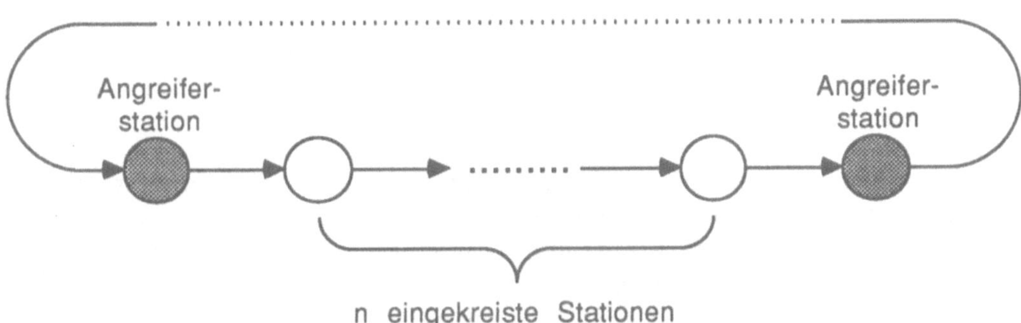

Bild 38: Relevanter Ringabschnitt

Damit ist die Einführung folgender **Begriffe** und zugehöriger **Angreifermodelle** motiviert.

Ein Ring mit gegebenem Zugriffsprotokoll heiße *n*-**anonym**, wenn es keine Situation gibt, in der ein Angreifer bei Einkreisung von *n* hintereinander liegenden Stationen *durch beliebig viele Angreiferstationen* eine davon als Sender bzw. Empfänger einer Informationseinheit identifizieren kann.

Diese Defintion unterstellt den stärkstmöglichen Angreifer, während die in [Höck_85 Seite 6] ohne den kursiven Teil gegebene Definition unterstellt, daß die eingekreisten Stationen von *genau zwei* Angreiferstationen eingekreist sind, was einen eher schwachen Angreifer definiert und von mir als **schwach *n*-anonym** bezeichnet wird.

Es sei darauf hingewiesen, daß der Angreifer selbst Empfänger von Informationseinheiten sein kann und damit durch den Inhalt der Informationseinheiten deren Sender kennt, sofern dieser sich zu erkennen gibt. Dies kann dem Angreifer, wie in Abschnitt 3.1.4.2 gezeigt wird, auch den Sender von anderen Nachrichten verraten. Die Ringe mit gegebenem Zugriffsprotokoll heißen jedoch trotzdem anonym, da der Angreifer die notwendige Zusatzinformation erst durch Nachrichteninhalte bekommt. Dies soll hier nicht modelliert werden, da es sich gemäß Abschnitt 2.6 um Einschränkungen möglicher Alternativen auf Schicht 2 durch höhere Schichten handelt.

Ein Ring mit gegebenem Zugriffsprotokoll heiße *n*-**identifizierbar**, wenn es Situationen gibt, bei denen ein passiver Angreifer nur durch Beobachtungen der Angreiferstationen eine der *n* eingekreisten Stationen als Sender bzw. Empfänger einer Informationseinheit identifizieren kann.

Ein Ring mit gegebenem Zugriffsprotokoll heiße *n*-**testbar**, wenn ein Angreifer für eine der *n* eingekreisten Stationen eine Sendegelegenheit herbeiführen kann, so daß er die Station als Sender einer Informationseinheit identifizieren kann, sofern sie die Sendegelegenheit nutzt.

Müssen hierzu noch weitere, vom Angreifer zwar erkennbare, aber nicht erzwingbare Randbedingungen gelten, so heiße der Ring **partiell *n*-testbar**.

Sind die Eigenschaften identifizierbar, testbar und partiell testbar unabhängig von *n*, der Anzahl der eingekreisten Stationen, so heiße der Ring mit gegebenem Zugriffsprotokoll **ω-identifizierbar**, **ω-testbar**, **partiell ω-testbar**. Dies bedeutet, daß der Angreifer durch Kontrolle einer Station schon etwas herausfinden kann.

Ist ein Ring mit gegebenem Zugriffsprotokoll (schwach) anonym für irgend ein *n*, so ist er natürlich auch anonym, wenn der Angreifer nur eine Station kontrolliert. In diesem Fall heiße der Ring mit gegebenem Zugriffsprotokoll **ω-anonym**.

Zur Herbeiführung oder Verhinderung von Sendegelegenheiten werden einem Angreifer alle Maßnahmen erlaubt, die keine der eingekreisten Stationen zu nicht spezifiziertem Verhalten zwingen. Diese Einschränkung ist notwendig, da zu Beweiszwecken klar sein muß, wie die Stationen auf Eingangsbelegungen reagieren.

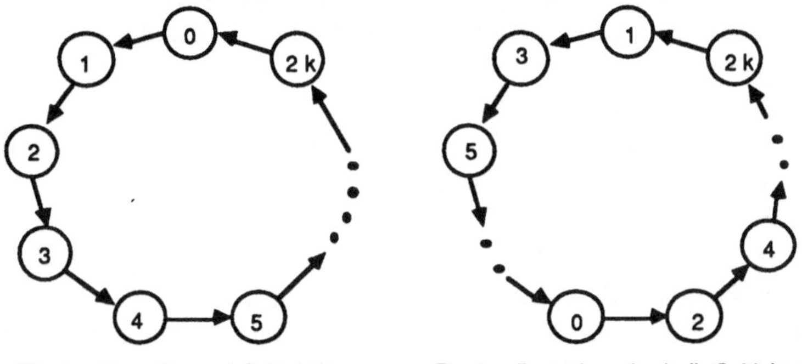

Bild 39: Zusammenhang zwischen den eingeführten Begriffen

Nach Definition gelten die Implikationen

$$n\text{-anonym} \;\Rightarrow\; (n+1)\text{-anonym} \tag{A 1}$$

$$n\text{-anonym} \;\Rightarrow\; \text{schwach } n\text{-anonym} \tag{A 2}$$

während die intuitiv einsichtige Implikation

$$\text{schwach } n\text{-anonym} \;\Rightarrow\; \text{schwach } (n+1)\text{-anonym} \tag{A 3}$$

selbst bei restriktiver Definition, was ein RING-Netz mit „Senden durch Ersetzen" ist, nicht bewiesen werden konnte. Das Problem beim Beweis dieser Behauptung ist, daß der schwache Angreifer bei $n+1$ eingekreisten Stationen durch Beobachtung nicht eine Teilmenge der Information erhält, die er durch Beobachtung bei n eingekreisten Stationen bekommt. Dies wäre nur dann der Fall, wenn die zwei Angreiferstationen in eine zusammenfallen würden. Damit ist also die Implikation

$$\text{schwach } n\text{-anonym} \;\Rightarrow\; \omega\text{-anonym} \tag{A 4}$$

bewiesen. Aufgrund der Tatsache, daß die erhaltenen Informationen bei $n+1$ eingekreisten Stationen keine Teilmenge der Information sein muß, die der Angreifer bei Einkreisung von n Stationen erhält, kann man bei einer sehr weiten Auslegung, was ein RING-Netz mit „Senden durch Ersetzen" ist, sogar zeigen, daß (A 3) nicht allgemeingültig ist [Höck_85].

<u>Gegenbeispiel zu (A 3):</u> Man betrachte einen Ring mit $(2k+1)$ Teilnehmer und einer Verbindungs-Verschlüsselung zwischen den Stationen $(i \bmod (2k+1))$ und $((i+2) \bmod (2k+1))$. Nach dem in Abschnitt 2.6 Gesagten hat man hier, wie in Bild 40 gezeigt, auf den Schichten oberhalb von Schicht 1 eine andere Ringkonfiguration als auf Schicht 1 (Bitübertragungsschicht).

Bild 40: Andere Ringkonfiguration oberhalb von Schicht 1 als auf Schicht 1

Ein Angreifer, der auf Schicht 1 (Bitübertragungsschicht) 2 Stationen einkreist, hat bezüglich der höheren Schichten den halben Ring eingekreist, und ein Angreifer, der auf Schicht 1 (Bitübertragungsschicht) 3 Stationen einkreist, hat bezüglich der höheren Schichten nur eine Station eingekreist, kann diese also beobachten.

(A 3) ist also bei einer sehr weiten Auslegung, was ein RING-Netz mit „Senden durch Ersetzen" ist, nicht allgemeingültig. Unter hinreichend starken Voraussetzungen sollte (A 3) jedoch gelten und bewiesen werden können. Eine starke, den Schluß von n auf $n+1$ unterstützende Voraussetzung wäre, daß jede der eingekreisten Stationen die Aktivität einer benachbarten noch mitübernehmen kann.

<u>Vor.</u>   Jede Station kann das gleiche Ein-/Ausgangsverhalten aufweisen wie zwei aufeinanderfolgende Stationen.

<u>Beh.</u>   schwach n-anonym $\Rightarrow$ schwach $(n+1)$-anonym

<u>Bew.</u>   Man betrachte $n+1$ eingekreiste Stationen. Sei A eine beliebige der eingekreisten Stationen und B eine Nachbarstation zu A und auch eine der eingekreisten Stationen. Wegen der Voraussetzung kann das Verhalten der Stationen A und B von nur einer Station AB simuliert werden. Jetzt gibt es nur noch n eingekreiste Stationen. Wegen der schwachen n-Anonymität kann der Angreifer keiner Nachricht ihren Sender bzw. Empfänger zuordnen. Es gibt also für jede Nachricht, die von der Station AB gesendet wurde, einen alternativen Sender aus den restlichen $n-1$ Stationen. Also gibt es den gleichen alternativen Sender für Sendungen der Station A oder der Station B. ♦

Obige Voraussetzung ist jedoch sehr stark. Man kann nämlich sogar schon folgendes beweisen.

<u>Beh.</u>   Obige Voraussetzung impliziert schon 2-Anonymität.

<u>Bew.</u>   Es gibt die trivialen Alternativen, daß die erste der beiden eingekreisten Stationen alle Informationseinheiten sendet bzw. daß die zweite dies tut. ♦

Nachdem schon erste Beweise bezüglich Anonymitätseigenschaften geführt wurden, ist es zweckmäßig, die dabei verwendeten **Beweismethoden** hervorzuheben und zu verallgemeinern. Zwei Fälle sind zu unterscheiden:

1. Der Nachweis von „nicht anonym":
   Hier muß einfach angegeben werden, wie der Angreifer eine der eingekreisten Stationen als Sender einer Nachricht identifizieren kann.
2. Der Nachweis von „anonym":
   Hier muß gezeigt werden, daß der Angreifer nie eine der eingekreisten Stationen als Sender einer Nachricht identifizieren kann. Aber wie soll man das tun, da man dem Angreifer doch beliebig (oder zumindest sehr, aus Beweisgründen etwa polynomial) lange Beobachtungen und alle denkbaren (oder zumindest mit möglichem, aus Beweisgründen etwa polynomialem Aufwand durchführbaren) logischen Schlüsse zugestehen muß?

Einen Hinweis erhält man, wenn man die Situation von außen betrachtet. Aufgrund seiner Beobachtung glaubt der Angreifer, daß ein bestimmtes Ereignis stattgefunden hat. Man muß also nur zeigen, daß dies nicht zu stimmen braucht. Für diesen Nachweis wird das Konzept möglicher *alternativer Abläufe* (versteckte Automorphismen [Merr_83], Alternativfolgen [Waid_84]) angewandt. Es werden mögliche alternative Abläufe konstruiert, die für den Angreifer nicht unterscheidbar sind und in welchen ein vom Angreifer behauptetes Ereignis nicht auftrat. Diese alternativen Abläufe müssen sogar nicht einmal möglich sein, wenn man zeigen kann, daß der Angreifer die Unmöglichkeit nicht nachweisen kann. Dieses Vorgehen ist denkbar, wenn der Angreifer mit nur partiellem Protokollwissen modelliert wird.

Da das Gewünschte bereits in der *informationstheoretischen Modellwelt* (d. h. ohne die eingeklammerten Texte in 2.) gezeigt werden kann, und die Beweise in ihr einfacher und überzeugender sind, wird sie allen Unterabschnitten von Abschnitt 3.1.4 zugrunde gelegt.

3.1.4.2   Ein effizientes 2-anonymes Ringzugriffsverfahren

Geeignet und effizient sind gewisse bekannte Verfahren (Ring mit umlaufenden Übertragungsrahmen = slotted ring, Ring mit umlaufendem Senderecht = token ring), die dahingehend abgewandelt wurden, daß Senderecht zeitlich unbefristet vergeben wird und daß jede Informationseinheit (Paket, Nachricht, Übertragungseinheit eines Kanals) einmal ganz um den Ring läuft. Ersteres bewirkt verteiltes (und wie zu zeigen ist: anonymes) Abfragen. Letzteres, d. h. daß Informationseinheiten nicht vom Empfänger, sondern erst vom Sender wieder vom Ring entfernt werden, realisiert bereits Verteilung, so daß neben dem Sender auch der Empfänger geschützt wird.

Um die Unsicherheit des Angreifers bezüglich des tatsächlichen Ablaufs zu beweisen, werden für jeden Ablauf, in dem eine Informationseinheit gesendet wird, alternative Abläufe konstruiert. Diese alternativen Abläufe sind in Bild 41 dargestellt. Damit ist der Ring mit diesen Ringzugriffsverfahren als 2-anonyme bewiesen.

Der in [HöPf_85, Höck_85] enthaltene formale Beweis auf Bitübertragungsebene entspricht völlig dem dargestellten Beweis auf Informationseinheitenebene.

Diese Beweise gelten natürlich nur für einen Angreifer, der nicht den Sender der Informationseinheiten kennt, die im alternativen Ablauf von einer anderen Station gesendet werden müssen. Diese Kenntnis könnte der Angreifer etwa dadurch erhalten, daß er selbst Empfänger einer solchen Informationseinheit ist und sich der Absender in der Informationseinheit zu erkennen gibt. Dies wird hier nicht modelliert, da es sich gemäß Abschnitt 2.6 um Einschränkungen möglicher Alternativen auf Schicht 2 durch höhere Schichten handelt.

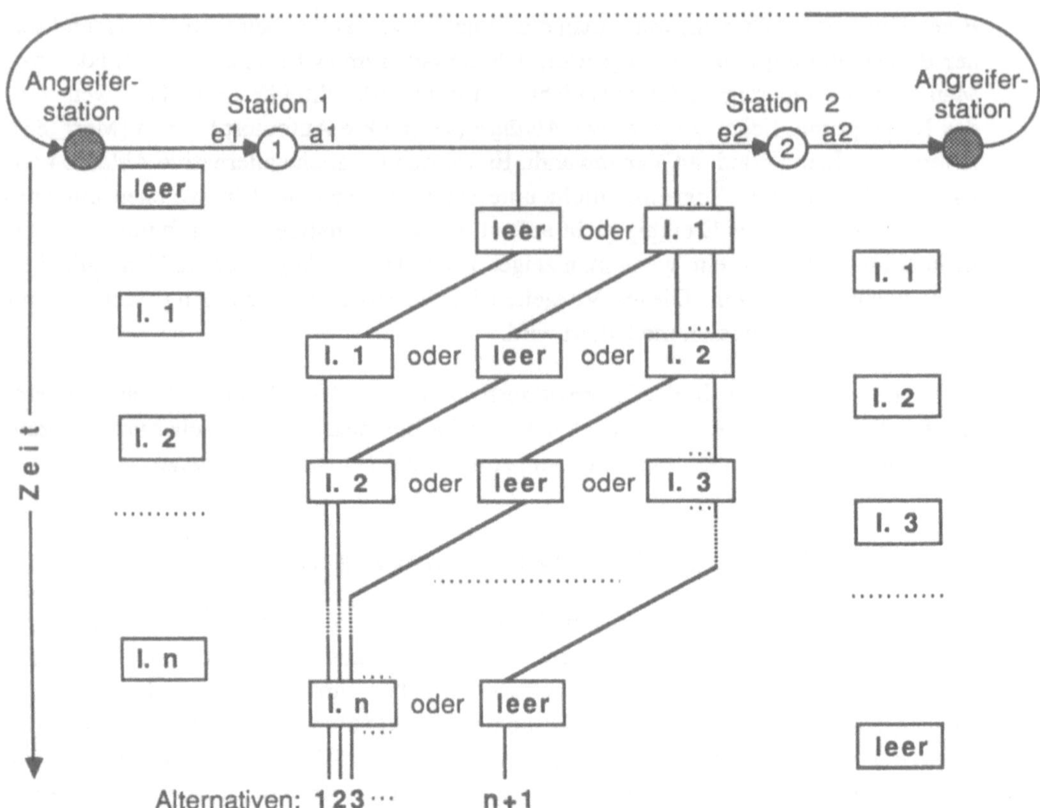

Effiziente Ringzugriffsverfahren (token, slotted) reichen ein zeitlich unbefristetes Senderecht von Station zu Station weiter. Wenn ein Angreifer 2 Stationen umzingelt hat, die nach Erhalt des Senderechts insgesamt n Informationseinheiten (I.) senden und dann das Senderecht weiterreichen, gibt es n+1 Alternativen, welche Station welche Informationseinheit gesendet haben kann. Für jede Informationseinheit gibt es mindestens eine Alternative, bei der Station i (i=1, 2) die Informationseinheit sendet.

Das Beispiel kann auf g umzingelte Stationen verallgemeinert werden. Es gibt $\binom{n+g-1}{n}$ Alternativen und zumindest eine Alternative für jede Informationseinheit, bei der Station i (i=1, 2, ...,g) die Informationseinheit sendet.

Bild 41: Ein anonymes Zugriffsverfahren für RING-Netze garantiert: ein Angreifer, der eine Folge von Stationen umzingelt hat, kann nicht entscheiden, welche was sendet.

3.1.4.3 Effiziente Kanalvermittlung und Konferenzschaltung

Wird die Bandbreite des RING-Netzes nicht als Ganzes, sondern in Teilen verwaltet (etwa mehrere Übertragungsrahmen bei „Ringen mit umlaufenden Übertragungsrahmen" oder mehrere Senderechtszeichen für unterschiedliche Teile bei „Ringen mit umlaufendem Senderecht"), so kann eine Station, indem sie einen (oder mehrere) Teil geeigneter Bandbreite für längere Zeit fortlaufend benutzt, mit dem in Abschnitt 3.1.4.2 beschriebenen Ringzugriffsverfahren 2-anonym (Simplex-)**Kanäle** schalten.

Bei **Duplex-Kanälen** kann sogar ohne große Anonymitätseinbußen darauf verzichtet werden, daß alle Information einmal ganz um den Ring läuft. Statt dessen nimmt der Empfänger die Information vom Ring und ersetzt sie sofort durch Information in Gegenrichtung. Dadurch ist die Übertragungskapazität des Rings doppelt so gut nutzbar.

Eine Station kann das Verhalten zweier aufeinanderfolgender Stationen simulieren, sofern der Kanal nicht zwischen diesen beiden Stationen besteht. Diesen Fall kann der Angreifer aber nur dann erkennen, wenn er weiß, daß ein Duplex-Kanal vermittelt wird. Ansonsten könnte es sich auch um einen Simplex-Kanal oder eine Folge von Nachrichten oder Paketen handeln. Weiß der Angreifer, daß auf diese Weise ein Duplex-Kanal vermittelt wird, so liegt aber immerhin noch 3-Anonymität vor:

Eine Station kann das Verhalten zweier aufeinanderfolgender Stationen bis auf den Fall simulieren, daß der Kanal zwischen den Stationen geschaltet ist und hier gibt es bei 3 eingekreisten Stationen verschiedene Möglichkeiten. Der Kanal kann zwischen Station 1 und 2, 2 und 3 und 1 und 3 bestehen. In allen 3 Fällen beobachtet der Angreifer dasselbe.

Unter einer **Konferenzschaltung** wird das gleiche verstanden wie in Abschnitt 3.1.2.6.

Anderenfalls eröffnete das RING-Netz ohne erhebliche Einschränkung der Sender- und Empfängeranonymität keine Möglichkeiten zur effizienten Nutzung, als die in Abschnitt 3.1.2.6 für jedes Verteilnetz beschriebene.

Zunächst wird eine spezielle Möglichkeit für (anonyme) Konferenzschaltungen beschrieben, die ohne zusätzliche Annahmen über die Ring-Schnittstelle auskommt, jedoch nur bei Kanalvermittlung die Bandbreite des RING-Netzes effizient nutzt. Danach wird eine effizientere beschrieben. Diese setzt jedoch voraus, daß die Ring-Schnittstelle nicht nur „Senden durch Ersetzen", sondern auch „Senden durch Überlagern" kann.

Bei der ersten Möglichkeit fungiert eine der Teilnehmerstationen als *Zentrale*. Zwischen ihr und allen anderen Gruppenmitgliedern jeweils einzeln kann – wie beschrieben – ein Duplex-Kanal realisiert werden. Die Zentrale bildet das Summensignal aus allen erhaltenen, entschlüsselten Signalen und ihrem eigenen, verschlüsselt es (ggf. für jeden Duplex-Kanal separat) und verteilt es. Eine (anonyme) Konferenzschaltung zwischen n Teilnehmern ist auf diese Weise in n-1 statt n Kanälen möglich. Der „Preis" für die Einsparung eines Kanals ist, daß das Maximum der Verzögerungszeiten verdoppelt wird.

Bei der zweiten Möglichkeit kreist wie beim RING-2-f-Netz in Abschnitt 2.5.3.2.1 jedes Zeichen zweimal um den Ring. Im ersten Umlauf wird das Summensignal durch Überlagerung „*dezentral*" gebildet, im zweiten Umlauf wird es verteilt. Die Zeichenanzahl des zur Überlagerung verwendeten Alphabetes muß mindestens so groß wie die Anzahl der Quantisierungsschritte des Konferenzsignals sein. Soll eine Ende-zu-Ende-Verschlüsselung möglich sein, so muß dem Signalwert 0 das 0 entsprechende Zeichen zugeordnet werden und die Signalcodierung muß linear erfolgen. Dann können die Signalcodes wie beim überlagernden Senden (vgl. Abschnitt 3.1.2.6) in linearer Weise (Ende-zu-Ende-)verschlüsselt werden. Dies kann beispielsweise in der Form erfolgen, daß jede der Teilnehmerstationen ihren Signalcode mit einem den anderen bekannten Schlüssel überlagert und alle Teilnehmerstationen diese Schlüssel vom globalen Überlagerungsergebnis subtrahieren und so den Signalcode des Summensignals erhalten. Möchten die Teilnehmer ihr eigenes „Echo" nicht wahrnehmen, so brauchen ihre Teilnehmerstationen nur vom Signalcode des Summensignals ihren Signalcode zu subtrahieren.

Werden beispielsweise Kanäle geschaltet, so ist eine (anonyme) Konferenzschaltung zwischen n Teilnehmern auf diese Weise in zwei statt n Kanälen möglich. Es kann sinnvoll sein, diese zwei (Summen-)Kanäle mit einem etwas größeren Amplitudenbereich des Signals und bei linearer Signalcodierung auch entsprechend größerer Bandbreite vorzusehen. Dann können auch wenige Signale großer Amplitude störungsfrei überlagert werden – anderenfalls ergäbe beispielsweise die Summe aus einem maximal und einem minimal positiven Signalwert den betragsmässig maximal negativen Signalwert. Allerdings wird zumindest für größere n im (Summen-)Kanal nicht die n-fache Bandbreite benötigt, da etwa bei drei gleichlaut Redenden der Zuhörer sowieso nichts mehr versteht.

3.1.4.4 Unkoordinierter Zugriff während des ersten und koordinierter Nichtzugriff während des zweiten Umlaufs

Die in Abschnitt 3.1.4.2 bzw. 3.1.4.3 als 2- oder 3-anonym bewiesenen Zugriffsprotokolle nutzen durch verteiltes und anonymes Abfragen nicht nur den Verteil-Kanal „Ring" sehr effizient, sondern stellen – abgesehen von Fehlern, die in Kapitel 5 behandelt werden – auch eine konsistente Sicht von Sender und Empfänger über die Tatsache und den genauen Zeitpunkt des Empfangs her, vgl. Abschnitt 2.5.3.2.1. Wie dort schon erwähnt sowie durch die Beschreibung aller Alternativen durch Bild 41 verdeutlicht, schränkt das verteilte und anonyme Abfragen insbesondere bei Mehrfachnutzung des Senderechts die Menge aller Alternativen erheblich ein. Wie erwähnt, kann dies besonders dann die Senderanonymität untergraben, wenn der Angreifer den Sender mancher Informationseinheiten kennt, weil dieser sich ihm gegenüber als der Sender zu erkennen gibt.

Das folgende Zugriffsprotokoll vermeidet diese Einschränkung der Alternativen durch verteiltes und anonymes Abfragen. Es kann dadurch den Verteil-Kanal „Ring" nicht so effizient nutzen, erhält jedoch die Eigenschaft, daß Sender und Empfänger über die Tatsache und den genauen Zeitpunkt des Empfangs eine konsistente Sicht haben. Dies wird dadurch erreicht, daß während des ersten Umlaufs alle Stationen unkoordiniert zugreifen, d. h. senden, dürfen, während während des zweiten Umlaufs, der nur stattfinden kann, falls der erste vollständig gelang, keine Station zugreifen, d. h. senden, darf. Da im Gegensatz zum RING-2-f-Netz die Umläufe bei einer nur dynamisch, nämlich durch ihr Senden ausgezeichneten Station beginnen und diese Station natürlich nicht global bekannt sein darf, müssen alle Stationen auch während des ersten Umlaufs die Informationseinheiten registrieren, um, sofern sie genau eine Umlaufzeit später, also bei ihrem zweiten Umlauf, nochmals vorbeikommen, sie unverändert weiterzureichen. Empfangen, d. h. an die höheren Schichten des Kommunikationssystems zur Weiterbearbeitung übergeben, werden Informationseinheiten ausschließlich während des zweiten Umlaufs. Nach dem zweiten Umlauf ersetzt der Sender die Informationseinheit durch 0 oder durch eine neue Informationseinheit, die in ihrem ersten Umlauf möglicherweise von einer anderen Station überschrieben wird.

Um die Protokolle, die das Sende- und in diesem Fall erstmals das nichttriviale Empfangsverhalten beschreiben, in der in [HöPf_85, Höck_85] üblichen, an die Syntax der Programmiersprache Ada [REFE_83] angelehnten Notation aufzuschreiben, muß diese etwas erweitert werden: e_t und a_t bezeichne die Informationseinheit am Ein- bzw. Ausgang zum Zeitpunkt t, wobei die Zeitskalierung so erfolgen soll, daß t-1 den entsprechenden Zeitpunkt beim vorherigen Umlauf bezeichnet. *empfange* bezeichne die Weitergabe der am Eingang anliegenden Informationseinheit an die höheren Kommunikationsschichten. Dann lauten die Protokolle für ein RING-Netz mit <u>2</u> Umläufen, die bei einer <u>b</u>eliebigen Station beginnen:

<u>2-anonymes RING-2-b-Sendeprotokoll:</u>

```
if   e_t = 0 or e_{t-1} ≠ e_t   then   select   a_t := e_t;
                                       or       a_t := I(i);      -- unkoordinierter Zugriff
                                       end select;
elsif  a_{t-2} = e_{t-1} = e_t   then   select   a_t := 0;        -- Übertragung fertig
                                       or       a_t := I(i);      -- Überschreiben mit neuer Sendung
                                       end select;
else  a_t := e_t;
end if;
```

<u>RING-2-b-Empfangsprotokoll:</u>

```
if   e_t ≠ 0 and e_{t-1} = e_t        then   empfange;
end if;
```

Die bei diesem RING-2-b-Sendeprotokoll möglichen Abläufe sind in Bild 42 angegeben. $e1$ ist der Eingang von Station 1, $a1$, $a2$, ar die Ausgänge der Stationen 1, 2 und r. Der Attributwert $x.y$ bedeutet, daß Station x (x = 1, 2) oder eine <u>u</u>ninteressante andere Station ($x = u$) die Informationseinheit gesendet hat und sie sich im Umlauf y befindet.

Es sei hervorgehoben, daß der Sender einer Informationseinheit sie überschreiben darf, wenn sie nach dem 1. Umlauf unverändert zu ihm zurückkommt. Dies ist aus der Sicht der erzielbaren Nutzleistung zwar unsinnig, für die 2-Anonymität aber notwendig, wie die Untersuchung des folgenden 2-identifizierbaren RING-2-b-Sendeprotokolls zeigen wird.

Da jede der Stationen das gleiche Ein-/Ausgangsverhalten aufweisen kann wie zwei aufeinanderfolgende, ist das obige RING-2-b-Sendeprotokoll nach dem in Abschnitt 3.1.4.1 Bewiesenen 2-anonym.

Da im 1. Umlauf die Sendemöglichkeit auch gegen die Übertragungsrichtung des Ringes wandern kann und dies innerhalb einer vom Angreifer eingekreisten Gruppe von Stationen vom Angreifer nicht beobachtbar ist, ist obiges RING-2-b-Sendeprotokoll anonymer (bzw. genauer: unverkettender) als die im Abschnitt 3.1.4.2 als 2-anonym bewiesenen Zugriffsprotokolle mittels verteiltem und anonymem Abfragen. (Ein weiterführender, quantitativen Ansatz zur Bewertung der Anonymitäts- und Unverkettbarkeitserhaltung von Ringzugriffsprotokollen ist in [Höck_85 Seite 60ff] nachzulesen.)

Leider wird dieser Anonymitäts- bzw. Unverkettbarkeitsgewinn mit einem – meiner Meinung nach für fast alle Anwendungen – unverhältnismäßigen Absinken der Nutzleistung erkauft:

- Wird die Bandbreite des Ringes nur zu einem kleinen Teil genutzt, ist es selten, daß bei Zugriffsprotokollen mit verteiltem und anonymem Abfragen das Senderecht beim Durchlaufen der vom Angreifer eingekreisten Stationen insgesamt mehr als einmal genutzt wird. Wird es aber höchstens einmal pro Durchlauf genutzt, so sind die Zugriffsprotokolle mit verteiltem und anonymem Abfragen genauso anonym und insbesondere unverkettend wie das gerade beschriebene 2-anonyme RING-2-b-Sendeprotokoll. Wird bei den Zugriffsprotokollen mit verteiltem und anonymem Abfragen pro Durchlauf das Senderecht insgesamt oft genutzt, so kann das 2-anonyme RING-2-b-Sendeprotokoll die geforderte Nutzleistung (genauer: den geforderten Durchsatz) gar nicht mehr erbringen, ist also sowieso nicht einsetzbar.

- Die Einhaltung des Zugriffsprotokolls ist nur möglich, wenn die Anzahl der Bitverzögerungen pro Station so groß ist, daß eine Informationseinheit mit gespeicherten verglichen werden kann, bevor die entsprechende Ausgabe erfolgt. Zwar kann bei sehr langen Informationseinheiten der Vergleich auf beispielsweise die ersten 50 Bit beschränkt werden, jedoch stellt diese Zahl dann jeweils eine untere Schranke für die mögliche Verzögerung dar, während diese Zahl bei den Zugriffsprotokollen mittels verteiltem und anonymem Abfragen die bereits durch die digitale Signalregenerierung erzwungene Zahl ist. Diese Zahl ist bei ökonomischer Dimensionierung sicher größer als 1/2, da erst in der „Mitte" eines Bits dessen Wert feststeht (anderenfalls könnte die Bitrate ohne Probleme erhöht werden) und erst danach mit der Übertragung dieses Bitwertes begonnen werden kann. Praktische Implementierungen erreichen für diese Zahl etwa den Wert 1.

Die in manchen Ringbeschreibungen explizit [Tane_81 Seite 308] oder implizit gemachte Aussage, daß diese Zahl durch das Ringzugriffsverfahren erzwungen wird, ist für binäre Ringe falsch: Bei Übertragungsrahmen genügt es, das Reservierungsbit ganz am Anfang des Übertragungsrahmen zu setzen, *bevor* es gelesen werden kann. Wird es dann als gesetzt gelesen, hat es die Station bereits richtig weitergeleitet und darf natürlich nicht senden. Wird es jedoch danach als nicht gesetzt gelesen, sendet die Station ihre Informationseinheit. Ebenso kann das letzte Bit eines Senderechtszeichens invertiert ausgegeben werden, bevor es gelesen wird. Erhält es die Station danach nicht, darf sie natürlich nicht senden, hat es aber bereits richtig weitergeleitet. Erhält sie es, hat sie es ebenfalls richtig invertiert und sendet.

Da die Verzögerungszeit pro Station proportional zur Anzahl der Bitverzögerungen ist, wird sie durch das RING-2-b-Sendeprotokoll erhöht. Dies geschieht natürlich in jeder Ringstation, so daß die globale Verzögerungszeit zumindest bei großen Ringen mit einer Bandbreite von nur wenigen hundert Mbit/s stark ansteigt und damit für viele Anwendungen zu groß wird.

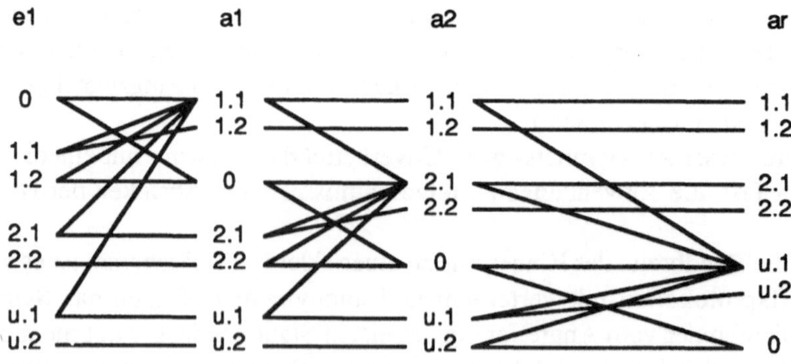

Bild 42: 2-anonymes RING-2-b-Sendeprotokoll

Wird das obige RING-2-b-Sendeprotokoll zum unten angegebenen eingeschränkt, indem verboten wird, daß Stationen Informationseinheiten, die sie im vorherigen ersten Umlauf gesendet haben und die unverändert zu ihnen zurückkommen, selbst überschreiben, so ist nicht nur der Beweis von Abschnitt 3.1.4.1 nicht anwendbar, da nun nicht mehr jede Station das gleiche Ein-/Ausgangsverhalten aufweisen kann wie zwei aufeinanderfolgende, sondern das RING-2-b-Sendeprotokoll wird sogar 2-identifizierbar:

Ein Angreifer habe eine Gruppe von 2 aneinandergrenzenden Stationen eingekreist. Beobachtet er eingangsseitig 0 und danach ausgangsseitig 2 mal hintereinander verschiedene Informationseinheiten, deren erste von den nicht eingekreisten Stationen jeweils nicht verändert wird, so wurde die erste der beiden Informationseinheiten von der letzten der eingekreisten Stationen gesendet. Anderenfalls hätte die erste der eingekreisten Stationen sie gesendet, wobei dann nach dem unten angegebenen RING-2-b-Sendeprotokoll keine der beiden Stationen sie hätte überschreiben dürfen.

Gegenüber dem 2-anonymen Sendeprotokoll wird nur e_{t-1} in der ersten Bedingung durch a_{t-1} ersetzt.

<u>2-identifizierbares RING-2-b-Sendeprotokoll:</u>

```
if   e_t = 0 or a_{t-1} ≠ e_t   then   select   a_t := e_t;
                                       or       a_t := I(i);        -- unkoordinierter Zugriff
                                       end select;
elsif   a_{t-2} = e_{t-1} = e_t   then   select   a_t := 0;         -- Übertragung fertig
                                         or       a_t := I(i);      -- Überschreiben mit neuer Sendung
                                         end select;
else   a_t := e_t;
end if;
```

Die bei diesem RING-2-b-Sendeprotokoll noch möglichen Abläufe sind in Bild 43 angegeben.

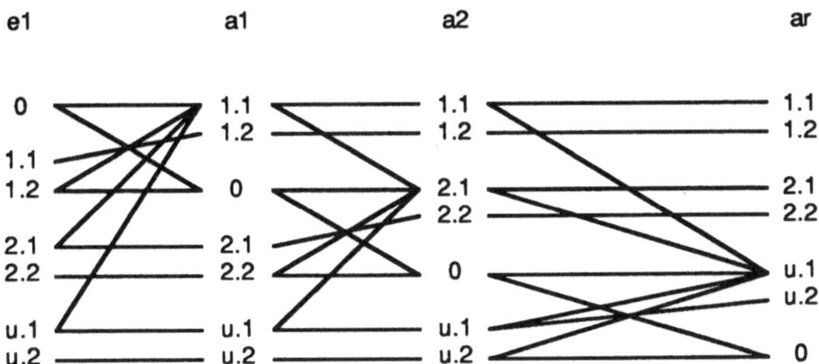

Bild 43: 2-identifizierbares RING-2-b-Sendeprotokoll

3.1.4.5 Klassifikation und Anonymitätseigenschaften der Ringzugriffsverfahren

Alle mit diesen Beweismethoden bisher untersuchten Zugriffsverfahren für Ringe mit „Senden durch Ersetzen" sind in Bild 44 klassifiziert.

Ihre Anonymitätseigenschaften sind jeweils angegeben. Soweit die Anonymitätseigenschaften in dieser Arbeit noch nicht gezeigt wurden, geschieht dies direkt nach Bild 44 bzw. in bis auf die Bitübertragungsebene formalisierten Beweisen in [HöPf_85, Höck_85].

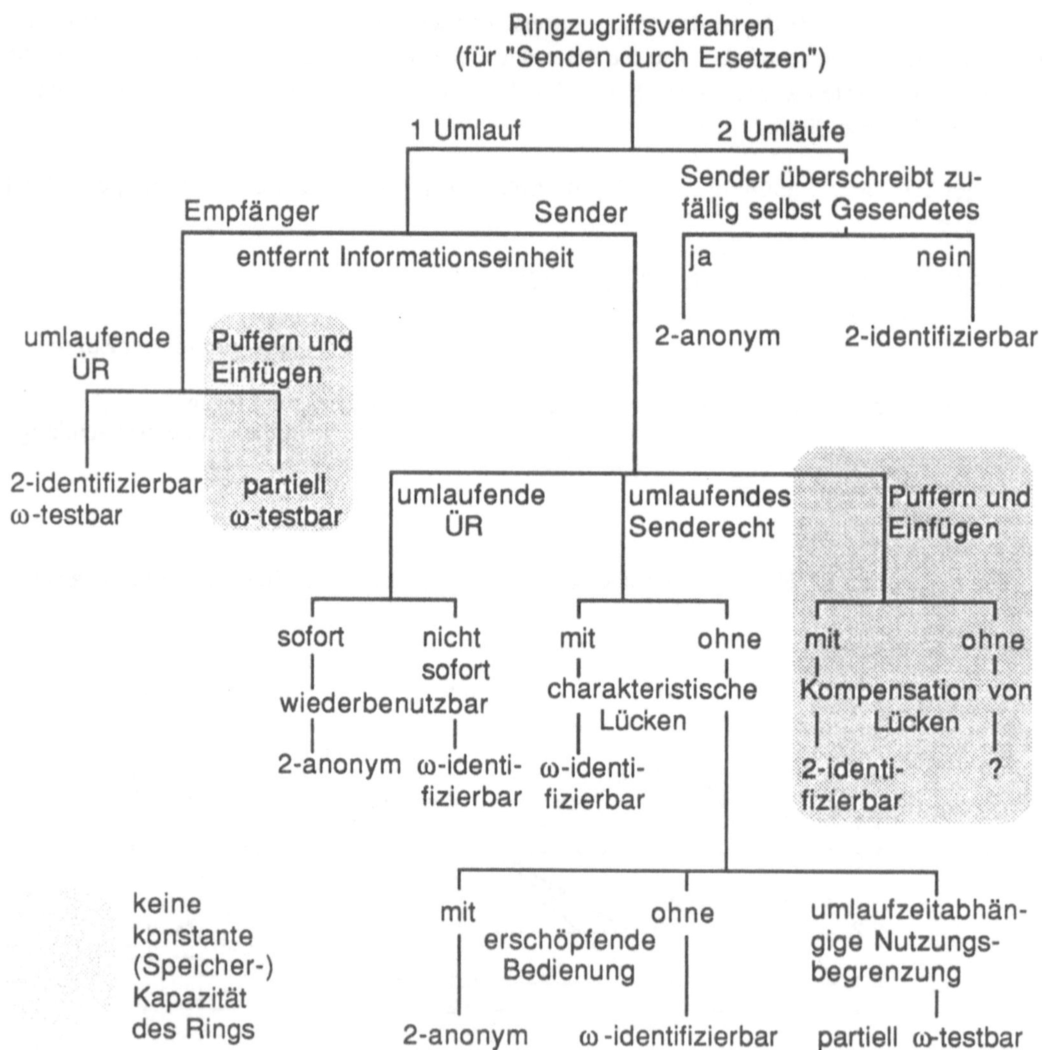

Bild 44: Übersicht der Anonymitätseigenschaften von Ringzugriffsverfahren

Um bei einem „Ring mit umlaufendem Senderecht" Prioritäten zwischen verschiedenen Verkehrsklassen zu realisieren, werden die obigen Regeln um eine Zusatzregel **Senderechtszeichen mit umlaufzeitabhängiger Nutzungsbegrenzung** (timed token access, timed token rotation protocol) erweitert:

Eine Station darf nach Erhalt des Senderechtszeichens das Senderecht nur nutzen, wenn eine, von der Priorität der zur Sendung anstehenden Informationseinheit (üblicherweise der momentan höchstprioren dieser Station) abhängige Zeitdauer seit dem letzten Erhalt des Senderechtszeichen noch nicht abgelaufen ist. Diese Zeitdauer kann direkt nach Erhalt des Senderechtszeichen ausgewertet werden [Josh_85 Seite 69, Ross_86 Seite 14, ZaNi_87 Seite 432] oder aber – was mir vernünftiger erschiene – das späteste Ende einer Übertragung dieser Station festlegen.

Kennt ein Angreifer die Priorität von Informationseinheiten nicht (was, da verschiedene Prioritäten üblicherweise für verschiedene Verkehrsklassen mit unterschiedlichen Verkehrscharakteristika verwendet werden, eine sehr wenig plausible Annahme ist) und wird die Zusatzregel auf die höchstprioren Informationseinheiten nicht angewendet, etwa indem für sie Zeitdauer auf „unendlich" gesetzt wird, so sind die entstehenden Ringzugriffsprotokolle mit Prioritäten genauso anonym bzw. identifizierbar wie die zugrundegelegten ohne Prioritäten: Sie sind nicht weniger anonym bzw. mehr identifizierbar, da man bei Unterstellung der höchsten Priorität für alle Informationseinheiten dieselben Alternativfolgen konstruieren kann. Sie sind nicht anonymer bzw. weniger identifizierbar, da die Zusatzregel die Sendemöglichkeiten einer Station nur einschränkt aber nicht erweitert, ansonsten aber alle Abläufe um die Station herum mittels höchstprioror Informationseinheiten möglich bleiben. An dieser Stelle muß allerdings daran erinnert werden, daß die Begriffe anonym und identifizierbar in dem in Abschnitt 3.1.4.1 definierten Sinne gebraucht wurden. Bei einer quantitativen Bewertung der Anonymitätserhaltung [Höck_85 Seite 60ff] würde erfaßt, daß die Alternativfolgen unwahrscheinlicher würden, die Anonymität also sinken und die Identifizierbarkeit steigen würde.

Kennt ein Angreifer die Priorität von Informationseinheiten, so kann er bei Auswertung der Zeitdauer direkt nach Erhalt des Senderechtszeichens mittels Kontrolle einer Station nach dem Senden einer Informationseinheit für die der diese Informationseinheit sendenden Station folgenden Stationen sukzessiv eine Sendegelegenheit gewünschter Priorität herbeiführen: Der Angreifer verzögert das Senderecht jeweils solange, daß es erst mit Ablauf der festgelegten Zeitdauer bei der nächsten Station eintrifft, diese also (mit der betrachteten Priorität) nicht senden darf. Dies gilt für alle Stationen bis zu der hinter der Station, die die Informationseinheit im vorherigen Senderechtszeichenumlauf gesendet hat, da diese das Senderechtszeichen um die Sendedauer der Informationseinheit später erhielt, also (genau wie alle folgenden) senden darf. Wurde nun die erste Informationseinheit von der ersten Station hinter der des Angreifers gesendet und nutzen alle folgenden Stationen jeweils ihr Senderecht für jeweils mindestens eine Informationseinheit, so kann der Angreifer dies feststellen und damit allen betrachteten Informationseinheiten ihren Sender zuordnen. Dieses Ringzugriffsprotokoll ist also für einen Angreifer, der die Priorität von Informationseinheiten kennt, partiell ω-testbar.

Der geschilderte Angriff gelingt auch, wenn die Zeitdauer das späteste Ende einer Übertragung der Station festlegt. Der Angreifer verzögert in diesem Fall das Senderecht jeweils solange, daß es der nächsten Station das Senden der kleinstmöglichen Informationseinheit nicht mehr erlaubt. Dann kann alles wie oben geschildert ablaufen, nur daß das von einzelnen Stationen gesendete von Station zu Station höchstens um etwas weniger als die kleinstmögliche Informationseinheit länger werden kann, während dies oben nicht der Fall zu sein braucht. Auch dieses Ringzugriffsprotokoll ist also für einen Angreifer, der die Priorität von Informationseinheiten kennt, partiell ω-testbar.

Da man dies, wie oben begründet, unterstellen muß, sind „Ringe mit umlaufendem Senderecht" und umlaufzeitabhängiger Nutzungsbegrenzung des Senderechtszeichen für Kommunikationsnetze mit teilnehmerüberprüfbarem Datenschutz nicht geeignet.

3.2   Anonymität schaffende Schichten

In diesem Abschnitt wird die effiziente Realisierung der (Teil)Schichten beschrieben, die (innerhalb des Kommunikationsnetzes) Anonymität und Unverkettbarkeit schaffen. Wie schon in Abschnitt 2.6 erwähnt, bezieht sich der Terminus „schaffen" nicht auf eine globale, d. h. auch Information außerhalb des Kommunikationsnetzes einschließende Sicht, da dem Angreifer durch die Gestaltung des Kommunikationsnetzes keine Information außerhalb dessen weggenommen werden kann.

3.2.1   Kanäle bei Verteilung

Wie in den Abschnitten 2.6 und 3.1.1 schon erwähnt, wird in diesem Abschnitt eine effiziente Realisierung der in Bild 30 eingezeichneten Kanalselektion behandelt.

Während heutzutage bei der breitbandigsten Übertragungsleitung, der Monomode-Glasfaser, meistens nur ein Bitstrom mittels über einen relativ großen Frequenzbereich verschmierter Energieimpulse übertragen wird, oder allenfalls einige wenige solcher Bitströme mittels Wellenlängenmultiplex (wavelength division multiplexing = WDM, [Unge_84]), wird es die *kohärente optische Nachrichtentechnik* (coherent optical fiber transmission) in wenigen Jahren erlauben, sehr preiswert sehr viele sehr breitbandige Bitströme über eine Monomode-Glasfaser zu übertragen. Der für den Schutz des Empfängers mittels Verteilung wichtige Punkt ist, daß der Empfänger mittels *optischem Überlagerungsempfang* (coherent detection [BaBr_85, Stan_85, Baac_85, LiHe_87]) einen (oder mehrere) der Bitströme auswählen kann [Pfi1_85 Seite 58]. Diese Auswahl erlaubt eine sehr effiziente Implementierung der K- und V-Kanäle von Abschnitt 3.1.1, indem eine Station ihre optischen Überlagerungsempfänger genau auf die Kanäle einstellt, die ihr in einem immer empfangenen I-Kanal (oder bei Massenkommunikationsdiensten [Kais_82] von ihrem Eigentümer direkt) als diejenigen mitgeteilt wurden, in denen etwas an sie gesendet wird. Diese Auswahl mittels optischem Überlagerungsempfang hält den Teil des Kommunikationsnetzes, der mit allerhöchsten Frequenzen und Bitraten arbeiten muß und deshalb aufwendig ist, minimal klein. Sie ist deshalb weit billiger und leistungsfähiger als eine Realisierung der Kanalauswahl mittels Zeitmultiplex (time division multiplexing = TDM) oder Wellenlängenmultiplex. Letzteres deshalb, weil optische Überlagerungsempfänger aus einem weiten Frequenzspektrum beliebige Kanäle selektieren können, während bei Wellenlängenmultiplex für jede Wellenlänge ein eigener Empfänger benötigt wird und die Frequenzauflösung zudem gröber ist.

Da ein optischer Überlagerungsempfänger zudem mit einem sehr kleinen Bruchteil der Lichtenergie auskommt, die ein konventioneller optischer (Direkt-)Empfänger (direct detection) benötigt, kann die Lichtenergie jedes in einem bestimmten Frequenzbereich sendenden Senders auf sehr viel mehr Empfänger aufgeteilt werden, so daß auch der senderseitige Aufwand gering ist. Dadurch wird das von mir aus Gründen des überprüfbaren Datenschutzes in Frage gestellte Konzept der „Verteilvermittlung" von BIGFON bzw. des IBFN (vgl. Abschnitt 1.1) auch bezüglich seiner technischen Effizienz in Frage gestellt [Pfil_85 Seite 59].

3.2.2   MIX-Netz

Bezüglich der Realisierung der (Teil)Schichten, die innerhalb eines MIX-Netzes Anonymität und Unverkettbarkeit schaffen, verdienen vier Gruppen von Fragen vertiefte Beantwortung:

- Wie können auch Kommunikationsdienste mit Realzeitanforderungen, insbesondere nach kurzer Verzögerungszeit, abgewickelt werden? Läßt sich durch Schalten von Kanälen Aufwand sparen?
- Wie wächst die Länge von Nachrichten und Paketen einerseits bzw. Kanälen andererseits mit der Zahl der pro Kommunikationsbeziehung benutzten MIXe?
- Gibt es zu beliebig vorgegebenen asymmetrischen Konzelationssystemen ein minimal längenexpandierendes und zusätzlich noch längentreues Umcodierungsschema?
- Wieviele MIXe können pro Kommunikationsbeziehung benutzt werden? Wie groß ist der mögliche Anteil der MIXe an der Gesamtheit aller Stationen?

Jede Gruppe von Fragen wird in einem eigenen Unterabschnitt behandelt.

3.2.2.1   Schalten von Kanälen beim MIX-Netz

So wie das Verfahren der umkodierenden MIXe ursprünglich in [Chau_81, Cha1_84] und in verallgemeinerter Form in Abschnitt 2.5.2 beschrieben wurde, kann es manche Realzeitforderungen, etwa die Forderung nach kurzer Verzögerungszeit beim Telefonverkehr, nicht erfüllen. Dies liegt im wesentlichen daran, daß jeder MIX alle Bits eines langen Blocks abwarten muß, bevor er mit seiner Entschlüsselung beginnen und danach die Bits des entschlüsselten Blocks zum nächsten MIX senden kann.

Dies kann vermieden werden, wenn eine einzelne, wie in Abschnitt 2.5.2 beschrieben gebildete Nachricht zum Aufbau einer (längere Zeit bestehen bleibenden) Verbindung verwendet wird. Für büschelweise auftretenden Verkehr (bursty traffic), der nur eine kurze Verzögerungszeit erlaubt, kann diese Verbindung ein virtueller Kanal (virtual circuit [Tane_81 Seite 188]) sein, oder ein (realer) Kanal für einen kontinuierlichen Informationsstrom. Die die Verbindung aufbauende, notwendigerweise meistenteils mit einem asymmetrischen Kryptosystem verschlüsselte Nachricht teilt jedem an ihr beteiligten MIX einen Schlüssel eines schnelleren symmetrischen Kryptosystems (vgl. Abschnitt 2.2) mit, den dieser dann als Stromchiffre verwendet (vgl. Abschnitt 2.2.2.1).

Mit diesen Schlüsseln verschlüsselt der Sender und entschlüsseln die MIXe die folgenden Bits der aufgebauten Verbindung genauso, wie die öffentlich bekannten Chiffrierschlüssel beim direkten Umcodierungsschema für Senderanonymität vom Sender dazu verwendet werden zu ver- und die entsprechenden geheimgehaltenen Dechiffrierschlüssel von den MIXen dazu verwendet werden zu entschlüsseln. Wie beim indirekten Umcodierungsschema für Empfängeranonymität ist auch hier selbst bei Verwendung von deterministischen Kryptosystemen eine Mitverschlüsselung von zufälligen Bitketten nicht nötig, da jedem Angreifer bezüglich mit ihm unbekannten Schlüsseln umcodierten Informationseinheiten kein Testen möglich ist. Ebenso braucht auch hier nur bei der Nachricht zum Verbindungsaufbau darauf geachtet zu werden, daß sie mit jedem Schlüssel höchstens einmal umcodiert wird, während sich die Bitfolgen des stromverschlüsselten Kanals – sofern eine synchrone Stromchiffre verwendet wird – beliebig wiederholen dürfen. Bei einer selbstsynchronisierenden Stromchiffre oder einer Blockchiffre besteht die Gefahr, daß ein aktiver Angreifer ein genügend langes Stromstück oder einen Block zweimal mixen läßt, vgl. Abschnitt 2.5.2.5.

Letzteres, die größere Effizienz symmetrischer Kryptosysteme und die Einsparung an Adressieraufwand können Gründe sein, Verbindungen auch dann aufzubauen, wenn keine anderenfalls nicht erfüllbaren Realzeitanforderungen seitens des zu erbringenden Kommunikationsdienstes bestehen. Allerdings sind natürlich alle Informationseinheiten, die eine Verbindung benutzen, auch für das Kommunikationsnetz verkettbar.

Auf den tieferen Schichten des Kommunikationsnetzes müssen dann zwischen Teilnehmerstationen und MIXen sowie zwischen MIXen ebenfalls Verbindungen geschaltet werden, damit erkennbar ist, welche Bits zu welcher Verbindung gehören und ggf. kurze Verzögerungszeiten und/oder gleichmäßiger Informationsfluß garantiert werden können.

Um die Beziehung zwischen Verbindungen zu und von einem bestimmten MIX zu verbergen, muß der MIX auch hier mehrere gleichartige, d. h. für äußere Angreifer nicht in verschiedene Verkehrs-Klassen einteilbare (partitionierbare) Ereignisse abwarten, bevor er sie bearbeitet. In allen drei Regeln bedeutet „zusammen" im wesentlichen „gleichzeitig".

R1 Bevor ein MIX eine Verbindung aufbaut, muß er mehrere gleichartige Verbindungsaufbauwünsche abwarten (oder ggf. generieren). Gleichartige, zusammen aufgebaute Verbindungen sollten auch zusammen abgebaut werden. Zumindest müssen jeweils mehrere gleichartige, zusammen aufgebaute Verbindungen zusammen abgebaut werden.

R2 Das (Umcodieren und) Ausgeben kontinuierlicher Informationsströme gleichartiger, zusammen aufgebauter Verbindungen muß zusammen beginnen und sollte zusammen enden. Zumindest müssen jeweils mehrere Informationsströme gleichartiger, zusammen aufgebauter Verbindungen zusammen enden.

R3 Nachrichten oder Pakete von Verbindungen dürfen nur umcodiert werden, wenn von allen gleichartigen, zusammen aufgebauten Verbindungen jeweils gleichviele umcodiert werden können.

Wird auch nur eine dieser drei Regeln verletzt, ist das Umcodieren des sie verletzenden MIXes bezüglich Anonymität der Kommunikationsbeziehung wertlos, wenn die MIXe, über die der Verbindungswunsch ankam und die MIXe, zu denen der Verbindungswunsch weitergeht, als Angreifer zusammenarbeiten.

Werden bezüglich R1 bzw. R2 nicht alle gleichartigen, zusammen aufgebauten Verbindungen zusammen abgebaut bzw. alle zusammen begonnenen Informationsströme zusammen beendet, werden bezüglich des gerade diskutierten Angreifers die von ihm nicht unterscheidbaren Verbindungsmöglichkeiten in so viele Verkehrs-Klassen eingeteilt, wie Gruppen von Verbindungen zusammen abgebaut werden bzw. wie Informationsströme gleichzeitig enden.

R2 verursacht großen zusätzlichen Übertragungsaufwand, wenn die Varianz der Nutzungszeit (realer) Kanäle groß ist. Allerdings ist dies nicht vom Verbindungsaufbau verursacht, sondern liegt in der Natur des Kommunikationsdienstes: werden kontinuierliche Informationsströme, die kurze Übertragungszeiten fordert, mittels „unabhängiger" Pakete oder Nachrichten übertragen, und beginnen und enden die Informationsströme zu verschiedenen Zeiten, so kann ein Angreifer durch eine statistische Analyse der Paket- oder Nachrichtenraten zwischen Sender bzw. Empfänger und MIXen als auch, wenn alle Pakete oder Nachrichten dieselbe Route verwenden, zwischen MIXen dasselbe herausfinden. Bedeutungslose Nachrichten, Pakete oder Informationsströme sind also bei solchen Kommunikationsdiensten in jedem Fall nötig.

R3 schränkt die Anwendbarkeit von virtuellen Kanälen drastisch ein.

Nachdem nun die notwendigen und hinreichenden Regeln für das Schalten von Kanälen beim MIX-Netz diskutiert wurden, sind entsprechende Implementierungen zu skizzieren. Zunächst werden Simplex-Kanäle (simplex channel) betrachtet, danach Duplex-Kanäle (duplex channel).

Zunächst wird die Nachricht zum Verbindungsaufbau etwas formaler beschrieben.

Wie in Abschnitt 2.5.2 sei $A_1,...,A_n$ die Folge der $\underline{A}$dressen und $c_1,...,c_n$ die Folge der öffentlich bekannten $\underline{C}$hiffrierschlüssel der vom Sender gewählten MIX-Folge $MIX_1,...,MIX_n$, wobei c_1 auch ein geheimer Schlüssel eines symmetrischen Kryptosystems sein kann. Sei A_{n+1} die Adresse des Empfängers, der zur Vereinfachung der Notation MIX_{n+1} genannt wird, und c_{n+1} sein Chiffrierschlüssel. Bedeute K „Bitte schalte einen $\underline{K}$anal" und seien $k_1,...,k_n$ die den MIXen $MIX_1,...,MIX_n$ mitzuteilenden Schlüssel eines symmetrischen Kryptosystems. Damit lautet die Nachricht zum Verbindungsaufbau

$$A_1,c_1(K,k_1,A_2,c_2(K,k_2,A_3,c_3(...,A_{n+1},c_{n+1}(K,k_{n+1})...))).$$

Wo immer zwischen MIXen ein Verteil-Netz benutzt wird, können statt expliziten Adressen auch implizite verwendet werden.

Nach der Nachricht zum Verbindungsaufbau verschlüsselt der Sender die zu sendende $\underline{I}$nformation I als

$$k_1(k_2(k_3(...k_{n+1}(I)...))).$$

Wenn im Falle eines (realen) Kanals der Sender sofort nach der Nachricht zum Verbindungsaufbau einen kontinuierlichen Informationsstrom sendet und ein MIX nicht sofort einen Kanal vermitteln kann (was meistens der Fall sein wird, da er auf andere Wünsche zur Vermittlung eines Kanals gleicher Bandbreite warten wird), muß dieser MIX den Informationsstrom puffern. Dies ist aufwendig und erhöht die Verzögerungszeit des Kanals, sollte also vermieden werden. Allerdings sollten die Informationsströme auf Kanälen, die von ein und demselben MIX zusammen aufgebaut werden, alle gemäß R2 zusammen beginnen und enden.

Wenn die Stromchiffre selbstsynchronisierend ist, was für jede Blockchiffre mit den in Abschnitt 2.2.2.1 beschriebenen Techniken leicht erreicht werden kann, kann folgendes Verfahren verwendet werden [Pfi1_85]:

Der Sender beginnt seinen kontinuierlichen Informationsstrom sofort. Dieser Bitstrom besteht anfangs aus zufälligen (und damit natürlich auch völlig bedeutungslosen) Bitketten, geht dann aber, angezeigt durch eine spezielle Anfangs-Bitkette (beispielsweise durch hundert Einsen gefolgt von einer Null), deren Auftrittswahrscheinlichkeit bezüglich zufälligem Auftreten gering genug sein muß, in den bedeutungstragenden Bitstrom über. Genügend früh (bezüglich der zur Selbstsynchronisation nötigen Zeichenzahl und der Anzahl der zu durchlaufenden MIXe und damit der nötigen, kaskadierten Selbstsynchronisationen) vor der ersten der hundert Einsen verschlüsselt der Sender den Informationsstrom wie oben angegeben, so daß nur der Empfänger die hundert Einsen und folgenden Zeichen erhält und verstehen kann. Die MIXe entschlüsseln den eintreffenden Bitstrom kontinuierlich ab dem Zeitpunkt, an dem er bei ihnen eintrifft, und übertragen den entschlüsselten Bitstrom ohne Pufferung zum nächsten MIX, sobald mehrere gleichartige Informationsströme zusammen beginnen können. Können hin und wieder Informationsströme nicht schnell genug sukzessiv über alle Teilstrecken durchgeschaltet werden, erhält der Empfänger den Anfang des bedeutungstragenden Bitstroms auch nicht. Dies kann mit den in Abschnitt 5.3 beschriebenen Fehlerbehandlungsverfahren für MIX-Netze toleriert werden.

Eine Alternative wäre, daß der Empfänger den Sender mittels einer Nachricht oder eines Paketes informiert, wenn der Kanal bis zu ihm durchgeschaltet ist, so daß der Sender erst danach von zufälligen Bitketten auf bedeutungstragende übergeht.

Um einen Simplex-Kanal abzubauen, kann ein ähnliches Verfahren wie oben beschrieben verwendet werden:

Nach dem letzten zu übertragenden Nutzbit beendet der Sender die Verschlüsselung mit k_{n+1}. Er verschlüsselt eine spezielle Ende-Bitkette (beispielsweise eine Eins gefolgt von hundert Nullen) mit k_n, k_{n-1}, ..., k_3, k_2, k_1, so daß der Empfänger sie in dieser Form (vor seiner Entschlüsselung mit k_{n+1}) erhält. Dies zeigt dem Empfänger das Ende der Nutzbitfolge an. Die Wahrscheinlichkeit, daß eine Ende-Bitkette zufällig auftritt ist, da es sich um einen mit einer Stromchiffre verschlüsselten Bitstrom handelt, exponentiell klein in der Länge der Ende-Bitkette. Nach Erkennen der Ende-Bitkette weiß der Empfänger, daß diese und alle folgenden Bits bedeutungslos sind und folglich weder entschlüsselt noch beachtet werden müssen.

Nachdem der Sender die Ende-Bitkette, wie gerade beschrieben, an den Empfänger gesendet hat, beendet er auch die Verschlüsselung mit den Schlüsseln k_n, k_{n-1}, ..., k_3, k_2, k_1, und sendet eine spezielle Ende-Bitkette (beispielsweise eine Eins gefolgt von hundert Nullen) an den ersten MIX und hört anschließend auf, auf diesem Kanal zu senden. Nachdem der erste MIX die spezielle Ende-Bitfolge erhalten hat, weiß er, daß der Kanal abgebaut werden kann, sendet aber noch solange bedeutungslose Bitfolgen, bis er mindestens zwei gleichartige, zusammen aufgebaute Kanäle zusammen abbauen kann. Um dies zu tun, beendet er spätestens jetzt sein Entschlüsseln und sendet die spezielle Ende-Bitkette an den nächsten MIX. Dieser verfährt genauso bis schlußendlich der Empfänger ein zweites Mal eine Ende-Bitkette erhält.

Da jeder MIX lokal vollständig kontrollieren kann, welche der zusammen gleichartigen, aufgebauten Kanäle er zusammen abbaut, können alle Kanäle so abgebaut werden. Da sich der Abbau von Kanälen nur dann gegenseitig blockieren kann, wenn sie zusammen aufgebaut wurden, verhindert die zeitliche Abfolge Verklemmungen. Präziser gesagt: ein Teil eines Simplex-Kanals kann spätestens dann abgebaut werden, wenn die Sender aller gleichartigen Kanäle, bei denen der Verbindungswunsch vor Beginn dieses Teiles des Simplex-Kanal geäußert wurde, das Kanalende signalisiert haben.

Um einen Duplex-Kanal (duplex channel) zu schalten, gibt es zwei Möglichkeiten:

1. Zuerst wird ein Simplex-Kanal vom Initiator des Duplex-Kanals (Sender 1) zur gerufenen Partei (Empfänger 1) geschaltet und danach beispielsweise mittels einer anonymen Rückadresse (vgl. Abschnitt 2.5.2.3) über möglicherweise andere MIXe ein Simplex-Kanal zwischen gerufener Partei (Sender 2) und Initiator des Duplex-Kanals (Empfänger 2).

   Der erste Nachteil dieser Möglichkeit ist, daß die Zeit zum Kanalaufbau zweimal benötigt wird, bevor der Duplex-Kanal benutzt werden kann. Der zweite Nachteil ist, daß der kausale Zusammenhang zwischen den zwei Simplex-Kanälen und seine beobachtbare Auswirkung, nämlich zeitliche Korrelation, die Anonymität der Kommunikationsbeziehung gefährden kann.

2. Zuerst wird ein Duplex-Kanal zwischen Initiator des Duplex-Kanals und MIX_1 geschaltet, danach zwischen MIX_1 und MIX_2, ..., danach zwischen MIX_n und der gerufenen Partei. Hierbei kann dieselbe Art von Nachricht zum Verbindungsaufbau wie für Simplex-Kanäle verwendet werden. Auf diesen Teilstücken des Duplex-Kanals beginnt nicht nur der Initiator des Duplex-Kanals, sondern auch alle MIXe beginnen jeweils sofort damit, zufällige Bitströme zu senden. Wenn die anderen im Kontext von Simplex-Kanälen besprochenen Regeln eingehalten werden, ist die Anonymität der Kommunikationsbeziehung bezüglich der in Abschnitt 2.5.2 „erlaubten" Angreifer garantiert.

   Es sollte hervorgehoben werden, daß auch bei Duplex-Kanälen, bei denen Initiator oder gerufene Partei den Kanalabbau veranlassen können, der Duplex-Kanal abschnittsweise immer vom Initiator über die MIXe zur gerufenen Partei abgebaut werden kann. Wenn die gerufene Partei den Kanalabbau veranlaßt, wird dies von ihr dem Initiator signalisiert, der dann den abschnittsweisen Kanalabbau beginnt.

Wie in Abschnitt 2.5.2.5 bereits skizziert, hat die für diese Kanalauf- und Abbauverfahren nötige Verwendung *selbstsynchronisierender Stromchiffren* den großen Nachteil, daß jeder durchlaufene MIX Maßnahmen gegen einen aktiven Angriff durch Wiederholung genügend langer Zeichenfolgen ergreifen muß. Deshalb ist es schon aus Aufwandsgründen, und nicht erst aus Gründen der Erhöhung der Unbeobachtbarkeit der Teilnehmer und Einsparung von Bandbreite im Teilnehmeranschlußbereich sinnvoll, eine *synchrone Stromchiffre* zu verwenden und Kanäle synchron zu schalten, wie dies in Abschnitt 6.2 erklärt wird.

3.2.2.2 Längenwachstum der bisherigen Umcodierungsschemata

In diesem Abschnitt wird untersucht, wie die Länge von Nachrichten und Paketen einerseits bzw. Kanälen andererseits mit der Zahl der pro Kommunikationsbeziehung benutzten MIXe wächst. Dies ist für die in den Abschnitten 2.5.2 und 3.2.2.1 angegeben Umcodierungsschemata sowie verschiedene Kryptosysteme gravierend unterschiedlich.

Die Länge jeder Informationseinheit wächst mindestens proportional zur Zahl der pro Kommunikationsbeziehung benutzten MIXe – wobei nur von anderen unabhängige Informationseinheiten als solche bezeichnet werden. Ein Teil der auf einem Kanal übertragenen Bitfolge etwa ist keine vom Rest unabhängige Informationseinheit, so daß es asymptotisch irrelevant ist, daß sie nicht wächst, da die Nachricht zum Verbindungsaufbau und damit auch die Länge des Kanals insgesamt wächst. Die Länge aller möglichen Umcodierungsschemata wächst deshalb mindestens proportional zur Zahl der pro Kommunikationsbeziehung benutzten MIXe, da – wie in Abschnitt 2.5.2 begründet – Sender bzw. Empfänger und „mittlere" MIXe keinen geheimen Schlüssel gemeinsam kennen können und deshalb alle „mittleren" MIXe zumindest einen Teil der Informationseinheit, der mit ihrem öffentlich bekannten Chiffrierschlüssel verschlüsselt wurde, mit ihrem geheimgehaltenen Dechiffrierschlüssel entschlüsseln müssen, und von diesem Teil zumindest etwa 100 Bits, deren Werte zufällig gewählt worden sein müssen, vom jeweiligen MIX nicht ausgegeben werden dürfen. Hierbei ist es natürlich irrelevant, ob diese etwa 100 Bit bei Verwendung eines deterministischen asymmetrischen Konzelationssystems explizit durch das Umcodierungsschema vorgeschrieben oder bei Verwendung eines indeterministischen asymmetrischen Konzelationssystems (vgl. Abschnitt 2.2.1.2.1) von diesem automatisch hinzugefügt werden.

Wird das *direkte Umcodierungsschema für Senderanonymität* (Abschnitt 2.5.2.2) mit einem asymmetrischen Konzelationssystem fester Blocklänge, kurz einer asymmetrischen Blockchiffre, benutzt, wächst die Länge jeder Informationseinheit sogar exponentiell mit der Zahl der pro Kommunikationsbeziehung benutzten MIXe: Da jeder Block unabhängig von allen anderen ver- und entschlüsselt wird, muß jeder Block etwa 100 Bits, deren Werte zufällig gewählt wurden, enthalten, so daß von der Blocklänge b (in Bits) noch b-100 Bits für die Nutzinformation übrigbleiben. Folglich wächst die Länge der Informationseinheit mit jedem MIX um mindestens den Faktor $b/(b$-$100)$, wobei b typischerweise Werte um 1000 annimmt. Gleiches gilt beim indirekten Umcodierungsschema für Empfängeranonymität für den direkt mit dem asymmetrischen Konzelationssystem fester Blocklänge verschlüsselten Rückadreßteil.

Da beim *indirekten längentreuen Umcodierungsschema* in Abschnitt 2.5.2.5 (und den in Abschnitt 5.3.2.3 enthaltenen fehlertoleranten Umcodierungsschemata) kein Teil immer wieder mit dem asymmetrischen Konzelationssystem verschlüsselt wird, tritt bei ihm (ihnen) kein exponentielles, sondern nur lineares Längenwachstum auf. Allerdings ist dies beim in [Chau_81 Seite 87] und leicht verbessert in Abschnitt 2.5.2.5 angegebenen indirekten längentreuen Umcodierungsschema nicht unbedingt ein lineares Wachstum um die minimalen etwa 100 Bits (+ einigen Bits für die Adressierung), sondern ein lineares Wachstum um die die minimale Blocklänge bestimmende minimale Länge einer mit dem asymmetrischen Konzelationssystem noch sicher verschlüsselbaren Informationseinheit, also eher einigen 100 Bits.
Wie in Abschnitt 3.2.2.3 genauer beschrieben wird, kann dies vermieden werden, indem „überflüssige" Bits im mit dem asymmetrischen Konzelationssystem verschlüsselten Block vom Verschlüsseler mit Nutzinformation belegt werden.

3.2.2.3 Minimal längenexpandierendes längentreues Umcodierungsschema

Der Kommunikations- und Verschlüsselungsaufwand pro Nachricht, Paket bzw. Kanal ist direkt proportional zum Produkt aus der jeweiligen Länge der Informationseinheit und der Zahl der pro Kommunikationsbeziehung benutzten MIXe, da die Informationseinheit natürlich zwischen MIXen jeweils übertragen und von ihnen jeweils umcodiert werden muß.

Deshalb wird ein bei vorgegebenem asymmetrischem Konzelationssystem minimal längenexpandierendes und zusätzlich noch längentreues Umcodierungsschema angegeben.

Der Einfachheit halber wird das minimal längenexpandierende Umcodierungsschema aus dem in Abschnitt 2.5.2.5 für symmetrische Kryptosysteme mit den Eigenschaften $k^{-1}(k(x)) = x$ und $k(k^{-1}(x) = x$, d. h. nicht nur Ver- und Entschlüsselung, sondern auch Ent- und Verschlüsselung sind zueinander invers, angegebenen entwickelt, vgl. Bild 25.

„Überflüssige" Bits im mit dem asymmetrischen Konzelationssystem verschlüsselten ersten Block werden vom Verschlüsseler mit Nutzinformation belegt und vom entschlüsselnden MIX *vor* den mit einer symmetrischen Stromchiffre entschlüsselten Rest der Nachricht gehängt. *An* den Rest der Nachricht wird dann entsprechend viel (genauer: wenig) „zufälliger Inhalt" angehängt, wodurch die Umcodierung längentreu wird.

Voraussetzung für minimale Längenexpansion des Umcodierungsschemas ist, daß die Stromchiffre beliebig lange Informationseinheiten ohne Längenexpansion ver- und entschlüsseln kann. Dies ist etwa für Ergebnisrückführung (vgl. Abschnitt 2.2.2.1) unter Verwendung von (verallgemeinertem) DES (vgl. Abschnitte 2.2.2.2 und 2.2.2.3 sowie den Anhang) ebenso der Fall wie $k^{-1}(k(x)) = x$ und $k(k^{-1}(x) = x$.

Jede Nachricht N_j besteht aus b Bits und wird von MIX_{j-1} gebildet.

Wie in Bild 45 gezeigt, entschlüsselt jeder MIX_j die ersten b_j Bits der Nachricht N_j mit seinem geheimgehaltenen Dechiffrierschlüssel d_j und findet als Ergebnis dieser Entschlüsselung

1. einen Schlüssel k_j einer symmetrischen, beliebig lange Informationseinheiten verschlüsselnden Stromchiffre (zum Umcodieren der restlichen b-b_j Bits der Nachricht),
2. die Adresse A_{j+1} des nächsten MIXes (oder Empfängers) und
3. n_j mit chiffrierter Nutzinformation belegte Bits C_j.

Mit k_j verschlüsselt MIX_j die restlichen b-b_j Bits der Nachricht und erhält so den Mittelteil M_j der auszugebenden Nachricht N_{j+1}. Danach hängt er vor M_j die n_j mit Nutzinformation belegten Bits C_j, hinter M_j hängt er, um die Länge der Nachricht nicht zu ändern, b_j-n_j Bits zufälligen Inhalts Z_j. Danach sendet MIX_j die Nachricht $N_{j+1} = C_j,M_j,Z_j$ an die Station mit Adresse A_{j+1}.

Mit den in Abschnitt 2.5.2.5 verwendeten Bezeichnungen besteht jede Nachricht N_j aus dem (Rück-)Adreßteil R_j und dem Nachrichteninhaltsteil I_j. N_1 wird vom Sender (auch MIX_0 genannt) entsprechend den in Abschnitt 2.5.2.5 angegebenen rekursiven Schemata gebildet. Um zu verdeutlichen, wie dies geschieht, wird hier das Bildungsschema für den (Rück-)Adreßteil R_1 explizit angegeben. Im folgenden bedeute $[R_j]_{\leq y}$ die Bits an den Positionen $\leq y$ von R_j, $[R_j]_{>y}$ die Bits an den Positionen $>y$.

$$R_{m+1} = e$$
$$R_j = c_j(k_j, A_{j+1}, [R_{j+1}]_{\leq n_j}), k_j^{-1}([R_{j+1}]_{>n_j}) \qquad \text{für } j = m, ..., 1$$

Da die Instanz, die k_j generiert, nämlich Sender bzw. Empfänger, jeweils $k_j^{-1}([R_{j+1}]_{>n_j})$ kennt, kann sie den, wie in Abschnitt 2.5.2.5 gebildeten, Nachrichteninhaltsteil I_j jeweils mit der synchronen Stromchiffre passend vor dem Senden bzw. nach dem Empfangen entschlüsseln.

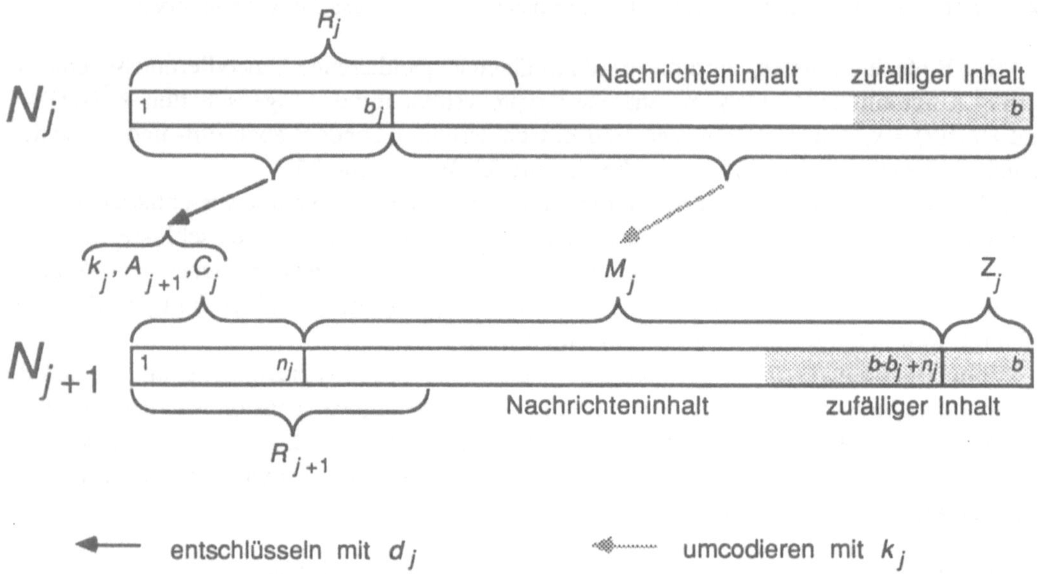

Bild 45: Minimal längenexpandierendes längentreues Umcodierungsschema

3.2.2.4 Anzahl der pro Kommunikationsbeziehung benutzbaren MIXe und ihr möglicher Anteil an der Gesamtheit aller Stationen

In diesem Abschnitt wird anhand eines einfachen Kommunikationsnetzmodells der Frage nachgegangen, wieviele MIXe pro Kommunikationsbeziehung bei günstiger Wahl des Verschlüsselungsschemas und Kryptosystems benutzt werden können. Hieraus ergibt sich – sollen bedeutungslose Informationseinheiten weitgehend vermieden werden – der mögliche Anteil der MIXe an der Gesamtheit aller Stationen.

Die bisherigen drei Unterabschnitte zeigten, daß auch für minimal längenexpandierende Umcodierungsschemata der Übertragungsaufwand im Kommunikationsnetz für jede Nachricht, jedes Paket und auch jeden Kanal mindestens quadratisch mit der Zahl der pro Kommunikationsbeziehung benutzten MIXe wächst, denn es werden mindestens linear wachsende Informationseinheiten linear oft übertragen. Folglich darf die Zahl der pro Kommunikationsbeziehung benutzten MIXe nicht zu groß sein, insbesondere können nicht alle Stationen eines großen Kommunikationsnetzes alle Nachrichten, Pakete oder Kanäle mixen.

Glücklicherweise tritt das Längenwachstum bezüglich des Inhalts geschalteter Kanäle nicht auf, da eine konventionelle Stromchiffre verwendet werden kann. Da aber die Verzögerungszeit (und auch der Umcodierungs- und Übertragungsaufwand) mindestens proportional zur Zahl der pro Kommunikationsbeziehung benutzten MIXe ist, darf auch hier diese Zahl nicht zu groß sein.

Um für Dienste mit harten Realzeitbedingungen kurze Verzögerungszeiten erreichen zu können, muß der Durchsatz einer Station, die als MIX agiert, sehr groß sein, da sie immer genug Nachrichten, Pakete bzw. Kanäle zu mixen haben muß. Diese müssen auf Wiederholungen getestet, umcodiert, umsortiert und weitergeleitet werden, weswegen ein MIX extrem leistungsfähig sein muß und deshalb ziemlich komplex und nicht billig sein dürfte. Folglich kann man sich in einem MIX-Netz nur eine beschränkte Zahl MIXe leisten.

Wenn das MIX-Netz implementiert wird, indem einige Teilnehmerstationen eines existierenden (physischen) Kommunikationsnetzes als MIXe verwendet werden, muß jede Informationseinheit mehrmals über das Kommunikationsnetz übertragen werden, was zur Verzögerungszeit in den MIXen weitere hinzufügt. Einfach die Vermittlungseinrichtungen des (physischen) Kommunikationsnetzes als MIXe zu verwenden, kann aus den in Abschnitt 2.1.2 diskutierten Gründen auch nicht empfohlen werden, da die Gefahr ihrer Zusammenarbeit generell viel zu groß und in Staaten mit einem – auch nur die Übertragungsdienste betreffenden – Fernmeldemonopol wie der Bundesrepublik Deutschland völlig absurd ist.

Um ein besseres Verständnis der Zusammenhänge der Entwurfsentscheidungen zu gewinnen, wird im folgenden das in [Pfi1_85] entworfene, einfache Kommunikationsnetzmodell betrachtet. Zunächst wird das zugrundegelegte Kommunikationsnetz beschrieben, danach seine Verkehrslast und meine Annahmen. Danach werden einige Leistungskenngrößen mittels geschlossener Formeln berechnet, was zu oberen Schranken für die Zahl der pro Nachricht, Paket bzw. Kanal sowie insgesamt benutzbaren MIXe führt. Die Formeln werden auf einige Nutzleistungs-Szenarios angewandt. Entsprechende Szenarios für andere Nutzleistungsforderungen können leicht entwickelt werden.

<u>Notation des Kommunikationsnetzmodells</u>

Sei

N	die Zahl der Teilnehmer,
M	die Zahl der MIXe, wobei $M \leq N$ gelte,
U [bit]	die Länge der kleinsten, mit dem verwendeten Kryptosystem sicher verschlüsselbaren Informationseinheit (unit) nach ihrer Verschlüsselung,

(Da, wie schon häufig erwähnt, bei Verwendung eines asymmetrischen Konzelationssystems bei MIXen jede Informationseinheit, die mit einem öffentlich bekannten Chiffrierschlüssel des MIXes verschlüsselt wird, etwa 100 bit lange zufällige Bitketten bei Verwendung eines deterministischen Kryptosystems explizit enthalten muß und bei Verwendung eines indeterministischen implizit enthält, gilt für alle hier verwendbaren asymmetrischen Konzelationssysteme $U \geq 100$.

Für das einzige bekannte, für MIXe verwendbare asymmetrische Konzelationssystem RSA gilt $U \geq 500$.

Für übliche symmetrische Stromchiffren, die beliebig lange Informationseinheiten verschlüsseln können, beispielsweise (verallgemeinertes) DES und Schlüsseltextrückführung, gilt $1 \leq U \leq 64$.)

T [s] die Zeit, die zur Ver- bzw. Entschlüsselung einer Informationseinheit des verwendeten Kryptosystems benötigt wird,

(z. B. $T = 1/128$ s für das Kryptosystem RSA [SeGo_86] oder 1 ns $\leq T \leq 4,5$ µs für eine Stromchiffre, wobei die obere Grenze mittels der Verschlüsselungsleistung des leistungsfähigsten DES-Chips berechnet wurde: 64 bit / 14000000 bit/s)

D_{MtM} [s] die MIX-zu-MIX Übermittlungzeit (MIX-to-MIX delay), d. h. die Zeit pro MIX, die (ohne Umcodieren) für die Informationsübertragung und ggf. Vermittlung benötigt würde,

(beispielsweise $0,001$ s $= 200$ km $/ 200000$ km/s, was bedeuten würde, daß MIXe höchstens 200 km voneinander entfernt sein könnten, da die Signalausbreitungsgeschwindigkeit in Kupfer- und Glasfaserkabeln in etwa 200000 km/s beträgt)

D_{tra} [s] die maximale Übermittlungzeit (transmission delay) im Kommunikationsnetz ohne MIXe (in einer Richtung), so daß immer gilt $D_{tra} \geq$ Durchmesser des Kommunikationsnetzes / Signalausbreitungsgeschwindigkeit. Für ein weltweites Kommunikationsnetz gilt also $D_{tra} \geq 20037$ km $/ 200000$ km/s $\geq 0,1$ s.

<u>Annahmen und Notation bezüglich der Verkehrslast</u>

- Der Informationsaustausch zwischen Teilnehmern sei gleichverteilt.
- Der Informationsaustausch durch MIXe sei gleichverteilt.
  Anderenfalls wird die Situation für MIXe, durch die weniger Information ausgetauscht wird, und damit auch die Situation für die Teilnehmer, die diese MIXe benutzen, schlimmer.
- Für jede Nachricht, jedes Paket und jede Verbindung werde dieselbe Zahl MIXe verwendet.
- Wenn bedeutungslose Informationseinheiten gesendet werden, geschieht dies Ende-zu-Ende zwischen Teilnehmerstationen, so daß bedeutungslose Informationseinheiten als Erhöhung der normalen Senderate behandelt werden können.
- Jeder MIX gibt Nachrichten oder Pakete in festen Zeitintervallen aus. Ebenso errichtet er Verbindungen nur in, möglicherweise anderen, festen Zeitintervallen.

Sei also

r_{ev} [1/s] die Rate des betrachteten Ereignisses (event), beispielsweise gilt typischerweise

für das Beginnen einer Verbindung $0,01 \geq r_{ev} \geq 10^{-6}$ (1986 wurden in der Bundesrepublik Deutschland im Mittel 1066 Telefongespräche pro Hauptanschluß begonnen [SIEM_87]. Dies ergibt $r_{ev} = 3,38 \cdot 10^{-5}$.),

für das Senden einer Nachricht $r_{ev} = 0,0001$ und

für das Senden eines Paketes $r_{ev} = 0,01$,

a [s] die akzeptable Verzögerungszeit, beispielsweise gilt typischerweise

Verbindungsaufbauzeit für (Bild-)Telefongespräche: 10 s

Übermittlungzeit (in einer Richtung) für

(Bild-)Telefongespräche: 0,2 s   (CCITT erlaubt maximal 0,4 s [Bock_86 Seite 197])

Bildschirmtext (interactive videotex): 10 s

Elektronische Post (electronic mail): 1000 s

r_{tra} [bit/s]   die Bitrate der Übertragung (<u>tra</u>nsmission) im Kommunikationsnetz

r_{sen} [bit/s]   die Bitrate des Dienstes beim <u>Sen</u>der, beispielsweise

       Telefongespräche: 64 kbit/s

       Bildtelefongespräche: 34 Mbit/s

u [bit]   die Länge der Informationseinheiten des Dienstes, beispielsweise die Zahl der Nutzinformationsbits in jeder verschlüsselten Informationseinheit. Es gilt immer u ≤ U und typischerweise u=U für eine symmetrische Stromchiffre und u = U-100 für ein zur Umcodierung durch MIXe passend gewähltes asymmetrisches Konzelationssystem. Die Wahl eines kleineren u kann die Übermittlungszeit verkürzen, verursacht aber größeren Übermittlungsaufwand.

m   die Zahl der pro Nachricht, Paket bzw. Verbindung benutzten MIXe.

t [s]   die Länge des Zeitintervalls zwischen den schubweisen, d. h. jeweils zusammen umcodierte Informationseinheiten oder zusammen durchgeschaltete Verbindungen umfassenden Ausgaben der MIXe.

Weiterhin wird angenommen, daß im Falle von Paketvermittlung die Paketlänge die Länge der Verschlüsselungseinheit U teilt, so daß beim Paketieren und Depaketieren von Verschlüsselungseinheiten keine zusätzliche Verzögerungszeit entstehen muß. In der Realität können diese Paketlängen ziemlich groß sein, beispielsweise mindestens 80•20•8 bit = 12800 bit bei Bildschirmtext, sofern ganze Seiten als ein „Paket" übertragen werden, oder etwa 100000 bit für Elektronische Post, wenn Briefe durchschnittlicher Länge als ein „Paket" übertragen werden. Solch große Paketlängen könnten U natürlich nicht teilen.

Weiterhin wird das durch die 100 zufällig gewählten Bits verursachte Längenwachstum der Informationseinheiten bei Verwendung eines asymmetrischen Konzelationssystems mit öffentlich bekannten Chiffrierschlüsseln ignoriert.

Beides sind konservative Annahmen bezüglich der Herleitung oberer Schranken für die Zahlen m und M.

<u>Formeln</u>

Zu berechnen sind

v, die (erwartete) Zahl von Ereignissen (vgl. r_{ev}) pro MIX und schubweiser Ausgabe und

D [s], die maximale Verzögerungszeit von Informationseinheiten.

Die minimalen Forderungen sind

$$v \geq 2 \tag{1}$$

$$D \leq a \tag{2}$$

Es gilt

$$v = (N \cdot r_{ev} \cdot t \cdot m) / M.$$

D kann berechnet werden als

$$D = D_{sen} + D_{tra} + D_{MIX},$$

wobei D_{sen} die maximale Verzögerungszeit (<u>d</u>elay) beim <u>Sen</u>der und D_{MIX} die bei den m <u>MIX</u>en bezeichnet. D_{tra} ist die (bereits definierte) maximale Übermittlungszeit im Kommunikationsnetz ohne MIXe, wobei, wenn jeder Teilnehmer für seine Informationseinheiten m unabhängig wählt, diejenigen, die wissen, wo der Empfänger ist, mit der tatsächlichen Übermittlungszeit statt mit D_{tra} arbeiten könnten.

Es gilt

$$D_{sen} = u / r_{sen} + m \cdot T,$$

da u Bits abgewartet und dann m mal verschlüsselt werden müssen.

D_{MIX} hängt davon ab, wie die Zeiten koordiniert sind, zu denen MIXe Nachrichten oder Pakete ausgeben bzw. Verbindungen aufbauen. In jedem Fall gilt

$$D_{MIX} \geq m \cdot (D_{MtM} + D_{cry}),$$

wobei D_{cry} die durch Umcodieren (decryption) bei jedem MIX verursachte Verzögerungszeit (delay) bezeichnet. Es gilt

$$D_{cry} = U / r_{tra} + T.$$

Wenn die MIXe bezüglich der Zeiten, zu denen sie Nachrichten oder Pakete ausgeben bzw. Verbindungen aufbauen, vollkommen unkoordiniert sind, muß

$$D_{MIX} = m \cdot (D_{MtM} + D_{cry} + t) \cdot$$

angenommen werden, da es bei jedem MIX passieren kann, daß die Nachricht, das Paket oder der Verbindungswunsch gerade ein bißchen zu spät ankommt, um in einem Zeitintervall berücksichtigt zu werden, und deshalb zusätzlich zur zum Umcodieren benötigten Zeit die Zeit t fast vollständig warten muß.

Wenn es genügt, daß die Verzögerungszeit mit großer Wahrscheinlichkeit akzeptabel ist, kann

$$D_{MIX} = m \cdot (D_{MtM} + D_{cry} + c \cdot t)$$

mit einer Konstante c mit $0,5 < c < 1$ gewählt werden, da $0,5 \cdot t$ der Erwartungswert der Wartezeit bei jedem MIX ist.

Wenn die Zeitintervalle aller MIXe synchronisiert sind, gilt

$$D_{MIX} = m \cdot \max \{D_{MtM} + D_{cry}, t\}.$$

(Wenn $t < D_{MtM} + D_{cry}$ ist, dann ist D_{MIX} präziser m mal das kleinste Vielfache von t größer als $D_{MtM} + D_{cry}$. Es macht aber in diesem Fall keinen Sinn, t kleiner als $D_{MtM} + D_{cry}$ zu machen, da die von anderen MIXen kommenden Informationseinheiten zu dieser Zeit noch gar nicht ausgegeben werden können. Außerdem muß beim ersten MIX die Informationseinheit immer möglicherweise die gesamte Zeit t warten.)

Solange die Teilnehmer beliebige Folgen von MIXen wählen können, ist dies nicht wesentlich verbesserbar. Für $D_{MtM} + D_{cry} < (M-1)/m \cdot t$ ist das Bestmögliche, daß die M MIXe Nachrichten oder Pakete bzw. Verbindungen in Zeitintervallen der Länge t/M ausgeben bzw. errichten. Dann gilt (deterministisch)

$$D_{MIX} = m \cdot (M-1)/M \cdot t = m \cdot \max \{D_{MtM} + D_{cry}, (M-1)/M \cdot t\}.$$

Wenn die Freiheit der Teilnehmer, beliebige Folgen von MIXen zu wählen, beschränkt wird, kann für große t eine erhebliche Verbesserung erreicht werden, indem die MIXe in Klassen eingeteilt werden und jede Klasse die Informationseinheiten $D_{MtM} + D_{cry}$ Sekunden nach der vorherigen ausgibt. Wenn die Teilnehmer für ihre Informationseinheiten jeweils MIXe aufeinanderfolgender Klassen wählen, muß die Informationseinheit nur jeweils beim ersten MIX warten, so daß

$$D_{MIX} = t + m \cdot (D_{MtM} + D_{cry}).$$

In jedem Fall lauten die Forderungen (1) und (2)

$$M \leq 0,5 \cdot m \cdot t \cdot r_{ev} \cdot N \tag{1}$$

$$u \,/\, r_{sen} + m{\cdot}T + D_{tra} + D_{MIX} \ \leq\ a \tag{2}$$

Für den Fall beliebig gewählter Folgen von MIXen und synchronisierter Zeitintervalle gilt

$$(2) \Leftrightarrow (2'): \quad m \cdot \max\{D_{MtM} + U\,/\,r_{tra} + 2{\cdot}T,\ t + T\} \ \leq\ a - D_{tra} - u\,/\,r_{sen}$$

und für den Fall einer Klasseneinteilung von MIXen, Synchronisation zwischen den Klassen und klassenkompatibler Folgen von MIXen gilt

$$(2) \Leftrightarrow (2''): \quad t + m \cdot (D_{MtM} + U\,/\,r_{tra} + 2{\cdot}T) \ \leq\ a - D_{tra} - u\,/\,r_{sen}$$

Von nun an werden nur noch diese zwei Fälle behandelt.

Üblicherweise müssen m, t und M gewählt werden, während der Rest der Parameter fest ist. Für letztere nehme ich für die Szenarios die Beispiele, die bei Einführung der Notation erwähnt wurden.

In allen Szenarios werden zunächst (2') und (2'') in konservativer Weise abgeschätzt, um zu einfacheren Formeln zu gelangen. Beispielsweise ist $u\,/\,r_{sen}$ immer klein verglichen mit a und wird deshalb generell weggelassen. (Auch $a - D_{tra}$ wird in der gleichen Größenordnung wie a liegen, anderenfalls war a überspezifiziert.)

Außerdem sind in den meisten Situationen zwei der drei Summanden der Summe $D_{MtM} + U\,/\,r_{tra} + 2{\cdot}T$ klein verglichen mit dem dritten und werden deshalb weggelassen. Zusätzlich wird in (2') der Summand T in der Summe $t + T$ ignoriert.

Wenn die Gleichungen (1), (2), (2') bzw. (2'') mit dem speziellen Parameter x eines Szenarios als (1.x), (2.x), (2'.x) bzw. (2''.x) bezeichnet werden, führen diese Abschätzungen zu den Gleichungen (3'.x) bzw. (3''.x) als Folgerungen aus (2'.x) bzw. (2''.x). Sie haben die Form

$$m \cdot \max\{k, t\} \ \leq\ b \tag{3'.x}$$

$$t + m \cdot k \ \leq\ a \tag{3''.x}$$

Von beiden kann dieselbe obere Grenze

$$m \ \leq\ b\,/\,k \tag{4.x}$$

für die Zahl der MIXe, die in Szenario x pro Informationseinheit verwendet werden können, hergeleitet werden.

Um eine obere Grenze für M, die Zahl aller MIXe, von (1) herleiten zu können, muß zuerst eine für $m{\cdot}t$ aus Gleichung (3'.x) oder (3''.x) hergeleitet werden.

Von Gleichung (3'.x) wird $m{\cdot}t \leq b$ verwendet, so daß sich zusammen mit Gleichung (1) die Gleichung

$$M \ \leq\ 0{,}5 \cdot b \cdot r_{ev} \cdot N \tag{5'.x}$$

ergibt, bei der die Werte von b und r_{ev} gegeben sind.

Im Falle einer Klasseneinteilung von MIXen, Synchronisation zwischen den Klassen und klassenkompatibler Folgen von MIXen, bei dem Forderung (3''.x) besteht, ist $m{\cdot}t$ maximal wenn $t + m{\cdot}k = b$ ist, woraus $m{\cdot}t = m{\cdot}(b - m{\cdot}k)$ folgt. Diese Funktion in m hat ihr Maximum bei $m = b/(2{\cdot}k)$. Deshalb ist $m{\cdot}t$ maximal für $m = b/(2{\cdot}k)$ und $t = b - m{\cdot}k$, woraus $t = b/2$ folgt. Diese Gleichungen implizieren

$$m \cdot t \ \leq\ b^2\,/\,(4{\cdot}k).$$

Daher führen (1) und (3''.x) zusammen zu

$$M \ \leq\ 0{,}5 \cdot b^2\,/\,(4{\cdot}k) \cdot r_{ev} \cdot N \tag{5''.x}$$

Szenario 1: Elektronische Post

Hier gilt $a = 1000$, so daß D_{tra} ignoriert und

    $b = 1000$

gesetzt werden kann. Da es sich hier um ein verbindungsloses MIX-Schema handelt und die Verwendung des Kryptosystems RSA unterstellt wird, sind D_{MtM} und U/r_{tra} klein verglichen mit $2 \cdot T = 1/64$. Deshalb wird

    $k = 1/64$

gewählt. Dies ergibt

$$m \leq 64000 \tag{4.1}$$

$$M \leq 0,5 \cdot 1000 \cdot 10^{-4} \cdot N = 0,05 \cdot N \tag{5'.1}$$

$$M \leq 0,5 \cdot 1000^2 \cdot 64/4 \cdot 10^{-4} \cdot N = 800 \cdot N \tag{5''.1}$$

Also können höchstens 64000 MIXe pro „Elektronischem Brief" benutzt werden. Wenn die Teilnehmer beliebige Folgen von MIXen wählen, können nach (5'.1) höchstens 5% der Teilnehmerstationen als MIXe fungieren. Gleichung (5''.1) liefert eine Bedingung, die schwächer als $M \leq N$ ist, so daß in diesem Fall alle Teilnehmerstationen als MIXe fungieren könnten, vgl. Abschnitt 2.5.2.7.

Diese Zahlen erwecken einen sehr positiven Eindruck. Aber bevor versucht wird, tatsächlich 64000 MIXe pro „Elektronischem Brief" zu benutzen, sollte auch noch das früher diskutierte, bei den Formeln aber vernachlässigte Längenwachstum der „Elektronischem Briefe" mit analysiert werden. Außerdem ist zu bedenken, wie leistungsfähig und folglich komplex die MIXe sein müßten – bisher wurde immer nur eine einzelne Informationseinheit betrachtet, wodurch implizit unterstellt wurde, daß Informationseinheiten parallel umcodiert werden.

Im folgenden werden Szenarios mit härteren Leistungsanforderungen der Kommunikationsdienste entwickelt.

Szenario 2: Telefongespräche mit Kanalvermittlung

Dies ist eigentlich eine Gruppe von Szenarios, da zwei Sorten von Ereignissen zu betrachten sind, nämlich Kanalaufbau und eigentlicher Informationsaustausch. Wenn Formeln nur für eine Sorte gelten, werden sie durch die Endungen „con" für Verbindungsaufbau (connection set up) und „tra" für Informationsaustausch (transmission) unterschieden.

Für den Verbindungsaufbau müssen – wie üblich – die Forderungen (1) und (2) erfüllt werden, d. h.

    es müssen genug Kanäle gleichzeitig vermittelt werden   (1.2con)

    die Verzögerungszeit des Kanalaufbaus muß akzeptabel sein   (2.2con)

Da es sich beim Kanalaufbau um ein verbindungsloses MIX-Schema handelt und die Verwendung des Kryptosystems RSA unterstellt wird, wird wie bei Szenario 1

    $k = 1/64$

und hier

    $b = a = 10$

gewählt. Damit ergibt sich für einen „mittleren" Wert von $r_{ev} = 10^{-4}$

$$m \leq 640 \tag{4.2con}$$

$$M \leq 0,5 \cdot 10 \cdot 10^{-4} \cdot N = 0,0005 \cdot N \qquad\qquad (5'.2\text{con})$$

$$M \leq 0,5 \cdot 10^{2} \cdot 32/4 \cdot 10^{-4} \cdot N = 0,04 \cdot N \qquad\qquad (5''.2\text{con})$$

Dies bedeutet, daß höchstens 0,05% bzw. 4% aller Teilnehmerstationen als MIXe fungieren können.

Die Forderungen bezüglich des eigentlichen Informationsaustausches sind schwächer als im verbindungslosen Fall: Wenn (1.2con) erfüllt ist, gibt es keine zusätzliche Forderung bezüglich des eigentlichen Informationsaustausches, da jeder MIX immer die einander entsprechenden Bits der zusammen vermittelten Kanäle, sobald sie eintreffen, umcodieren und ausgeben kann. Deshalb brauchen hierfür keine Zeitintervalle festgelegt und ggf. synchronisiert zu werden. So muß in diesem Fall nur die Forderung

$$m \cdot k \leq b \qquad\qquad (2.2\text{tra})$$

erfüllt werden, wobei k und b ihre übliche Bedeutung haben.

Um k und b zu wählen, muß nun zwischen Kommunikationsnetzen verschiedener räumlicher Ausdehnung unterschieden werden, da die Übermittlungszeit bei Verwendung einer Stromchiffre statt RSA stärker ins Gewicht fällt.

Szenario 2A: Weltweites Kommunikationsnetz

Hier ist $D_{tra} = 0,1$ und $D_{MtM} = 0,001$. U / r_{tra} und T sind klein verglichen mit D_{MtM}. Deshalb wird

$$k = D_{MtM} = 0,001$$

und

$$b = a - D_{tra} = 0,1$$

gewählt. Damit ergibt sich

$$m \leq 100 \qquad\qquad (4.2\text{Atra})$$

Diese Forderung ist stärker als die vom Verbindungsaufbau hergeleiteten. Sie bedeutet, daß jedes Telefongespräch höchstens 100 MIXe durchlaufen kann.

Szenario 2B: Lokales Kommunikationsnetz (Ortsbereich)

Hier sind D_{tra} und D_{MtM} kleiner als in Szenario 2A. Da $b \geq 0,1$ und auch im Ortsbereich bei über das Ortsnetz verstreuten MIXen sicherlich $k \leq 10^{-4}$ ist, ergibt dies keine stärkere Forderung als (4.2con), so daß höchstens 640 MIXe pro Ortsgespräch benutzt werden können.

Szenario 2C: Zusätzliches Vermitteln bedeutungsloser Kanäle

Wenn ein höherer Prozentsatz der Teilnehmerstationen als MIXe verwendet werden soll, kann dies durch zusätzliches Vermitteln bedeutungsloser, d. h. anderenfalls gar nicht benötigter Kanäle zwischen Teilnehmerstationen geschehen.

Formel (1) und folglich auch die Formeln (5'.x) und (5''.x) zeigen, daß, um um den Faktor f mehr MIXe verwenden zu können, die Rate des betrachteten Ereignisses um den Faktor f erhöht werden muß.

Insbesondere muß, wenn alle Teilnehmerstationen als MIXe für einige Telefongespräche verwendet werden sollen und die Teilnehmer beliebige Folgen von MIXen wählen können sollen, die Vermittlungsrate von Kanälen mindestens um den Faktor 2000 erhöht werden.

<u>Szenario 3: Telefongespräche mit Paketvermittlung</u>

Hier werden die Umcodierungsschemata von Abschnitt 2.5.2 nicht nur wie in Szenario 2 für den Verbindungsaufbau, sondern auch für die eigentliche Nutzinformation, die paketweise übertragen wird, verwendet. Mindestens eine Entschlüsselung mit RSA wird also für jedes der zahllosen Pakete in jedem MIX benötigt. k wird wieder als 1/64 gewählt, wobei aber diesmal die akzeptable Verzögerungszeit $a = 0,2$ gilt. Für ein weltweites Kommunikationsnetz mit $D_{tra} = 0,1$ (Szenario 3A) impliziert dies $b = 0,1$ und deshalb

$$m \ \leq \ 6,4 \tag{4.3A}$$

und für jedes (Szenario 3B), beispielsweise ein lokales Kommunikationsnetz (Ortsbereich), impliziert dies $b \leq 0,2$ und deshalb

$$m \ \leq \ 12,8 \tag{4.3B}$$

Also können für jedes Telefongespräch höchstens 12 MIXe verwendet werden, und bei weltweiten Kommunikationsnetzen nur 6. Beides ist wesentlich schlechter als bei Kanalvermittlung.

Mit Forderung (1) wird sehr großzügig umgegangen, d. h. es wird ignoriert, daß ein Angreifer die Zeiten, wann Telefongespräche bei Sender und Empfänger beginnen, korrelieren kann, vgl. Abschnitt 3.2.2.1. Dann sind die Ereignisse, für die jeweils die Kommunikationsbeziehung geschützt werden muß, nur das Senden und Erhalten von Paketen. Ihre Rate ist

$$r_{ev} \ = \ r_{con} \bullet d \bullet r_{sen}/U,$$

wobei r_{con} die Rate des Verbindungsaufbau und d die erwartete Dauer eines Telefongesprächs ist. Also gilt

$$r_{ev} \ = \ 10^{-4} \bullet 180 \bullet 64000/1000 \ = \ 1,152.$$

Für ein weltweites Kommunikationsnetz gilt

$$M \ \leq \ 0,5 \bullet 0,1 \bullet 1,152 \bullet N \ = \ 0,0576 \bullet N \tag{5'.3A}$$

und

$$M \ \leq \ 0,5 \bullet 0,1^2 \bullet 32/4 \bullet 1,152 \bullet N \ = \ 0,04608 \bullet N \tag{5''.3A}$$

Offensichtlich waren die Abschätzungen, die zu (5'.x) führten, nicht sehr scharf: Natürlich gilt die von (5''.x) hergeleitete Grenze auch für den Fall, daß beliebige Folgen von MIXen gewählt werden.

Für ein beliebiges Kommunikationsnetz muß für b lediglich statt 0,1 jeweils 0,2 eingesetzt werden. Dies ergibt

$$M \ \leq \ 0,1152 \bullet N \tag{5'.3B}$$

$$M \ \leq \ 0,18432 \bullet N \tag{5''.3B}$$

All diese Formeln erlauben anscheinend einem relativ großen Prozentsatz der Teilnehmerstationen, als MIXe zu fungieren, bzw. suggerieren, daß nicht allzuviele bedeutungslose Pakete nötig wären, wenn alle Teilnehmerstationen als MIXe fungieren sollten. In der Realität sollte aber der oben erwähnte Angriff durch Korrelation von Paketsenderaten bei Sender und Empfänger zumindest nicht ohne Gegenmaßnahmen riskiert werden. Eine Gegenmaßnahme wäre, Telefongespräche nur zu Zeitpunkten, deren Abstand größer als t ist, zu beginnen oder zu beenden. Im Gegensatz zur Kanalvermittlung müßte dies von den Teilnehmerstationen überwacht werden. Wenn die Verzögerungszeit D_{MIX} konstant ist (was nicht allzu schwierig zu erreichen ist, wenn jeder MIX zu jedem Paket einen Zeitstempel hinzufügt, den der nächste MIX liest) und da alle Pakete dieselbe Zahl MIXe benutzen, erhalten alle Empfänger das erste Paket eines Telefongesprächs eine feste Zeit nach den Zeitpunkten. Diese feste Zeit variiert nur durch die unterschiedliche Verzögerungszeiten zwischen letzten MIXen und Empfängern. Entsprechendes gilt für das letzte Paket eines Telefongesprächs.

Die durch dieses Verfahrens garantierte Anonymität ist nicht leicht mit der durch Kanalvermittlung garantierten zu vergleichen (sofern ein MIX-Verfahren mit 6 bis 12 MIXen pro Kommunikationsbeziehung überhaupt als anonym zu bezeichnen ist), insbesondere wenn unterschiedliche Pakete eines Telefongesprächs unterschiedliche Folgen von MIXen durchlaufen: Einerseits ist es ein Vorteil, daß nur bei Sender bzw. Empfänger, nicht aber bei den MIXen Anfang und Ende eines Telefongesprächs erkannt werden kann. Andererseits kann der Angreifer die Länge von Telefongesprächen korrelieren und, falls unterschiedliche Pakete eines Telefongesprächs unterschiedliche Folgen von MIXen durchlaufen, können möglicherweise Alternativen, die bei einem Paket möglich waren, durch andere Pakete ausgeschlossen werden.

3.2.3 DC-Netz

Insbesondere in den Abschnitten 2.5.3.1 und 3.1.2 haben sich folgende Ziele für die Realisierung der Anonymität schaffenden (Teil-)Schicht des DC-Netzes ergeben:

Z1 Die *Verzögerungszeit*, d. h. die Zeit, die vom Senden eines Zeichens bis zum Empfang der Summe (modulo der Zeichenanzahl des Alphabets) aller gesendeten Zeichen vergeht, soll möglichst gering sein, da dies für alle Kommunikationsdienste günstig und manche Mehrfachzugriffsverfahren notwendig ist. Trivialerweise muß die Verzögerungszeit kleiner als das Minimum aller bei den abzuwickelnden Diensten zulässigen Verzögerungszeiten sein.

Hieraus folgt zumindest für ein diensteintegrierendes Netz die Forderung, daß die Verzögerungszeit des DC-Netzes kleiner als die vom Menschen als störend empfundene Reaktionszeit sein muß. Wie in den „Annahmen und Notation bezüglich der Verkehrslast" im Abschnitt 3.2.2.4 erwähnt, liegt ein sinnvoller Wert der Verzögerungszeit meiner Meinung nach unter 0,2 s, während CCITT maximal 0,4 s erlaubt.

Z2 Soll der Mehrfachzugriffskanal DC-Netz mit einem Reservierungsschema vergeben werden, so sollte die *Zeichenanzahl des Alphabets* zumindest im Reservierungskanal *groß genug*, insbesondere größer 2 sein, vgl. Abschnitt 3.1.2.3.5.

Entsprechendes gilt für den in Abschnitt 3.1.2.3.2 beschrieben Kollisionsauflösungsalgorithmus mit Mittelwertvergleich, der für viele Dienste das bestmögliche Mehrfachzugriffsverfahren darstellt.

Eine große Zeichenanzahl des zur Überlagerung verwendeten Alphabetes ist auch für eine möglichst effiziente Abwicklung von Konferenzschaltungen im eingeschränkten Sinn günstig, vgl. Abschnitt 3.1.2.6.

Z3 Der Teilnehmergemeinschaft soll für ihre Nutzdatenübertragung eine *hohe Bitrate* zur Verfügung gestellt werden.

Z4 Die Realisierung soll möglichst *geringen Aufwand* verursachen.

Die für die Erreichung dieser Ziele relevanten *Entwurfsentscheidungen*, nämlich Festlegung der Alphabetgröße, Implementierung der modulo-Addierer und Pseudozufallszahlengeneratoren, Wahl einer geeigneten Topologie für die globale Überlagerung und Synchronisation des Überlagerns von Informationseinheiten und Schlüsseln werden im folgenden in dieser Reihenfolge behandelt.

Festlegung der Alphabetgröße (betr. vor allem: Z1, Z2, Z4): Geringer Aufwand und geringe Verzögerungszeit einerseits sowie große Zeichenanzahl des zur Überlagerung verwendeten Alphabets andererseits sind offensichtlich nur leicht widersprüchliche Ziele, da bei geeigneter, d. h. zu der Codierung der Informationseinheiten, Schlüssel und Übertragung passender Wahl der Zeichenanzahl des zur Überlagerung verwendeten Alphabets Teile eines Alphabetzeichens von der Teilnehmerstation bereits ausgegeben werden können, *bevor* der Rest des Alphabetzeichens, etwa durch die Nutznachricht, bestimmt ist. Entsprechendes gilt für die globale Überlagerung: Sind nur die Anfänge aller zu überlagernden Zeichen eingetroffen, kann der Anfang des Überlagerungsergebnisses bereits ausgegeben werden. Wie solch eine passende Codierung und passende, schnelle und unaufwendige Addierer bzw. Subtrahierer (modulo der Zeichenanzahl des zur Überlagerung verwendeten Alphabets) gewählt bzw. realisiert werden können, sei kurz skizziert:

Wie allgemein üblich, erfolge die Codierung der Informationseinheiten, Schlüssel und die Übertragung binär. Dann ist es sehr zweckmäßig, die Zeichenanzahl des Alphabets als 2^l mit einer festen natürlichen Zahl l zu wählen und auch die Alphabetzeichen in der üblichen Weise binär zu codieren: das neutrale Element als 0, usw. Werden nun die Binärstellen der Alphabetzeichen in aufsteigender Wertigkeit übertragen, so genügt ein Volladdierer bzw. Vollsubtrahierer, ein UND-Gatter und beispielsweise ein Schieberegister der Länge l, um die Überlagerung zweier Bitströme binärstellenweise modulo 2^l durchzuführen: Im Schieberegister befindet sich nur an einer Stelle eine 0. Die Stelle, an der sich die 0 zu Beginn befindet, wird mittels des UND-Gatters mit dem Übertrag des Volladdierers bzw. -subtrahierers konjunktiv verknüpft. Der Ausgang des UND-Gatters dient als Übertrag des Volladdierers bzw. -subtrahierers. Dadurch wird erreicht, daß der Übertrag des Volladdierers bzw. -subtrahierers zu Beginn der binärstellenweisen Überlagerung eines Zeichens immer 0 ist.

Da Volladdierer bzw. -subtrahierer, UND-Gatter und Schieberegister genauso schnell wie Addierer modulo 2 (XOR-Gatter) arbeiten, ist die Verzögerungszeit des gerade skizzierten modulo 2^l arbeitenden DC-Netzes exakt genausogroß wie die eines modulo 2 arbeitenden. Lediglich der Aufwand der Addierer bzw. Subtrahierer wächst linear mit l oder anders formuliert logarithmisch mit der Zeichenanzahl des zur Überlagerung verwendeten Alphabets. Da die Schaltungskomplexität zur Überlagerung für realistische Werte von l (z. B. dürfte immer $l \leq 32$ gelten) immer um Größenordnungen kleiner ist als die zur Erzeugung von kryptographisch starken Pseudozufallsbit- bzw. -zahlenfolgen ist (vgl. Abschnitt 2.2.2.3) und da die Annahme optimal kurzer Verzögerungszeit für das einzige, ein modulo 2 arbeitendes DC-Netz benötigende (in Abschnitt 3.1.2.3.6 als letztes geschilderte) Mehrfachzugriffsverfahren für realistische Bitraten unrealistisch ist, gibt es aus meiner Sicht keinen wirklichen Grund, ein modulo 2 arbeitendes DC-Netz zu errichten. Daß die Annahme optimal kurzer Verzögerungszeiten für realistische Bitraten unrealistisch ist, sei durch folgendes Beispiel verdeutlicht: Angenommen das DC-Netz habe nur die Bandbreite 64000 bit/s und das Übertragungsmedium habe die Signalausbreitungsgeschwindigkeit 200000 km/s, so kann ein DC-Netz mit optimal kurzer Verzögerungszeit allein aufgrund der Signalausbreitungsgeschwindigkeit nur einen Durchmesser von maximal 3,125 km haben. Nichtoptimale Leitungsführung etc. erlaubt nur einen wesentlich geringeren Durchmesser.

Auch eine Kombination eines im wesentlichen Teil seiner Bandbreite modulo 2 und einem kleinen, zur Reservierung verwendeten Teil modulo 2^l arbeitenden DC-Netzes erscheint nicht sehr sinnvoll, da hierbei in einer frühen Phase der Errichtung eines DC-Netzes ohne Not eine weitreichende und die Entwurfskomplexität der höheren Schichten vermutlich steigernde Entscheidung über das Verhältnis der Bandbreiten getroffen werden müßte.

Implementierung der modulo-Addierer (betr. vor allem: Z1, Z4): Da – wie bei der Festlegung der Alphabetgröße schon gezeigt – modulo-Addierer für alle in Betracht kommenden Alphabetgrößen mit geringem Aufwand so realisiert werden können, daß sie mit der technologieabhängigen minimalen Gatterverzögerungszeit als Verzögerungszeit des modulo-Addierers auskommen, kann jeder modulo-Addierer den gesamten Bitstrom verarbeiten, so daß keine Überlegungen bezüglich Parallelarbeit von modulo-Addierern angestellt zu werden brauchen.

Umgekehrt erscheint es bei Anschluß jeder Teilnehmerstation an mehrere DC-Netze aufwandsmäßig nicht lohnend, vorhandene modulo-Addierer mittels Multiplexern für mehrere der DC-Netze zu verwenden, da Multiplexer nicht wesentlich geringeren Aufwand als die beschriebenen modulo-Addierer verursachen. In Abschnitt 5.4 wird außerdem noch ausführlich dargestellt, daß ein (möglichst weitgehender) Verzicht auf gemeinsame Teile einen gleichzeitigen Ausfall mehrerer DC-Netze unwahrscheinlicher macht und deshalb wünschenswert ist.

Implementierung der Pseudozufallszahlengeneratoren (betr. vor allem: Z3, Z4): Da die Generierung von kryptographisch starken Pseudozufallsbit- bzw. -zahlenfolgen heutzutage für jedes DC-Netz nennenswerter Übertragungsrate nötig (vgl. Abschnitt 2.2.2.3), aber wesentlich langsamer als ihre Überlagerung und Übertragung ist, müssen ggf. mehrere Pseudozufallszahlengeneratoren parallel betrieben und ihre Ausgaben über einen Multiplexer zu einem um ihre Anzahl schnelleren Bitstrom verschachtelt werden.

Weder der Entwurf noch die Implementierung der Pseudozufallszahlengeneratoren muß innerhalb des DC-Netzes einheitlich sein. Theoretisch können sich je zwei Teilnehmer auf den Entwurf eines Pseudozufallszahlengenerators einigen, sich zwei gleichschnelle (anderenfalls muß die schnellere langsamer arbeiten) Implementierungen beschaffen und brauchen dann nur noch einen gemeinsamen und geheimen Startwert sowie möglicherweise einen öffentlich bekannten genauen Zeitpunkt zum synchronisierten Überlagerungsbeginn ihres Schlüssels. Der Vorteil dieser völlig dezentralen Auswahl von Pseudozufallszahlengeneratoren ist, daß sicherere und leistungsfähigere Pseudozufallszahlengeneratoren nach und nach im DC-Netz eingesetzt werden und vermutlich eine große Vielzahl angeboten wird, so daß es „nicht so schlimm ist", wenn manche gebrochen werden sollten. Der Nachteil ist offensichtlich: ein Markt funktioniert nur dann gut, wenn der Konsument die Qualität der Waren (ggf. mit Hilfe von Experten) preiswert beurteilen kann. In Abschnitt 2.2.2.2 habe ich meine Skepsis gegenüber den heutzutage auf dem Markt angebotenen, größtenteils nach „geheimgehaltenen" Algorithmen arbeitenden Kryptosystemen, die jeweils nur von (wenn die Geheimhaltung geklappt haben sollte) wenigen, größtenteils namentlich nicht bekannten „Experten" analysiert wurden, bereits ausgedrückt.

Ebenso habe ich in den Abschnitten 2.2.2.3 (sowie dem Anhang) und 2.2.2.4 einige Vorschläge zur und Begründungen für eine Normung unterbreitet, die im Falle des DC-Netzes den kurzfristigen Austausch von Schlüsseln zwischen beliebigen Teilnehmern und damit eine flexiblere und gezieltere Gestaltung [Cha3_85, Chau_88] des Schlüsselaustauschs erlaubt. Außerdem werden durch die Verwendung standardisierter Implementierungen manche der in Kapitel 5 und 7 diskutierten Zuverlässigkeitsprobleme leichter lösbar.

Der heutzutage noch hohe Aufwand kryptographisch starker Pseudozufallszahlengeneratoren kann es für DC-Netze hoher Bandbreite erforderlich machen, bezüglich der kryptographischen Stärke der Pseudozufallszahlenerzeugung Kompromisse einzugehen. Diese können in separater oder kombinierter Anwendung der Maßnahmen bestehen, daß

- Teilnehmerstationen nur sehr wenige Schlüssel austauschen, daß
- manche Schlüssel mit effizienteren (und ggf. kryptographisch schwächeren) Pseudozufallszahlengeneratoren erzeugt werden oder daß
- ein Teil der Bandbreite mit schwächer erzeugten Schlüsseln überlagert wird.

Durch letzteres entstünde in jedem Teil der Bandbreite ein separates DC-Netz, wobei die Anonymität der Sender in den verschiedenen DC-Netzen unterschiedlich wäre, und – wie in Abschnitt 4.2 diskutiert – für verschieden sensitive Kommunikation verwendet werden könnte. Zu einem späteren Zeitpunkt könnten starke Pseudozufallszahlengeneratoren zusätzlich zu den effizienteren (und ggf. kryptographisch schwächeren) nachgerüstet werden.

Wahl einer geeigneten Topologie für die globale Überlagerung (betr. vor allem: Z1): Die Verzögerungszeit eines DC-Netzes setzt sich aus den für die Übertragung und Überlagerung benötigten Zeiten zusammen. Deshalb sind sowohl die *Übertragungs-* als auch die *Überlagerungstopologie* in aufeinander abgestimmter Weise so zu wählen, daß die Summe aller Verzögerungszeiten und damit die Verzögerungszeit des DC-Netzes möglichst gering ist.

Bei der Überlagerungstopologie (und auch bei der Übertragungstopologie, vgl. Abschnitt 3.3.3) gibt es zwei Extremfälle:

1. Die Zeichen werden in einem Ring von Teilnehmerstation zu Teilnehmerstation weitergereicht. Da das Überlagern in jeder Teilnehmerstation mindestens eine Gatterverzögerungszeit dauert, wächst daher die durch Überlagerung verursachte Verzögerungszeit bei m Teilnehmerstationen mit $O(m)$, d. h. mindestens proportional zu m.

2. Die Zeichen werden zu einer zentralen Station (entsprechend einer heutigen Vermittlungszentrale) übertragen und dort überlagert, wobei, wie in Bild 46 gezeigt, die durch Überlagerung verursachte Verzögerungszeit bei m Teilnehmerstationen für Gatter mit begrenzt vielen Eingängen und begrenzter Treiberleistung mit $O(\log(m))$, d. h. mindestens proportional zum Logarithmus von m wächst. Dieses geringe Wachstum bleibt erhalten, wenn die Überlagerung dezentral, aber weiterhin baumförmig geschieht, so daß für die globale Überlagerung nicht nur eine stern-, sondern auch eine baumförmige Topologie geeignet ist.

   Bei Überlagerung modulo 2^l ist, wie oben unter „Festlegung der Alphabetgröße" beschrieben, ein etwa durch ein Schieberegister realisierbarer Zähler modulo l zur Unterdrückung des Überlaufs an den Zeichengrenzen nötig. Dieser Zähler braucht bei zentraler Realisierung der baumförmigen Überlagerung nur einmal vorhanden zu sein, da er alle Volladdierer steuern kann, während er bei dezentraler Realisierung natürlich an jeder Überlagerungsstelle vorhanden sein muß.

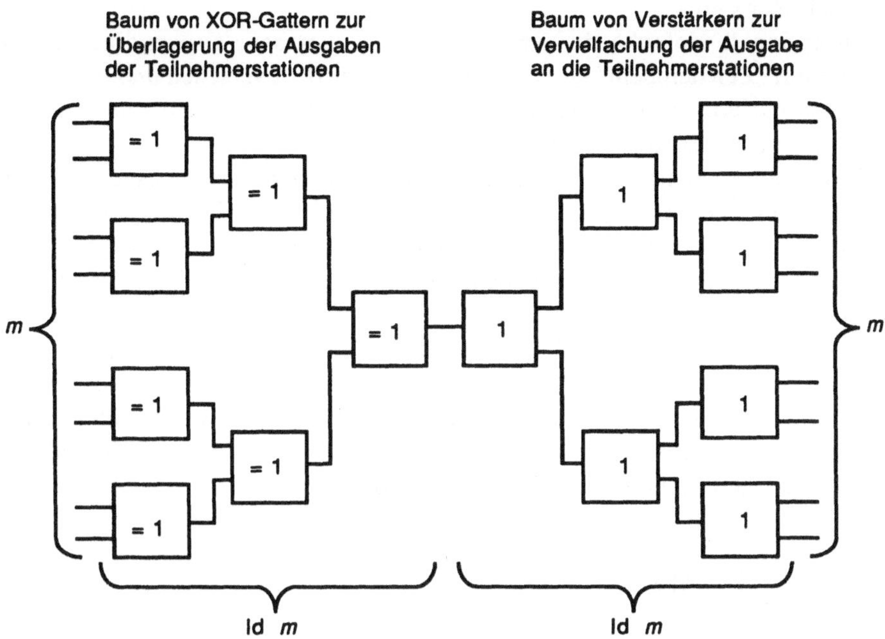

Bild 46: Verzögerungszeitminimale Überlagerungstopologie für Gatter mit 2 Eingängen und der Treiberleistung 2 am Beispiel binären überlagernden Sendens

Für diese Überlagerungstopologien geeignete Übertragungstopologien sowie das Wachstum der Summe aller Verzögerungszeiten und damit die Verzögerungszeit des DC-Netzes werden in Abschnitt 3.3.3 ausführlich behandelt.

Synchronisation des Überlagerns von Informationseinheiten und Schlüsseln (betr. vor allem: Z3, Z4): Wie schon mehrmals betont, müssen Informationseinheiten und Schlüssel synchronisiert überlagert werden. Geht die Synchronisation auch nur zwischen einem Paar paarweise ausgetauschter Schlüssel verloren, so können auf dem betroffenen DC-Netz keinerlei Informationseinheiten mehr erfolgreich übertragen werden. Die dann zu ergreifenden Maßnahmen werden in Abschnitt 5.4 behandelt.

Wenn das Übertragungsnetz, wie etwa für das ISDN geplant, in globaler Weise synchron arbeitet, kann diese Synchronität des Übertragungsnetzes auch für eine Synchronität des Überlagerns verwendet werden. Nun sind aber beispielsweise die Bitraten im geplanten ISDN klein verglichen mit der eines DC-Netzes vergleichbarer Nutzleistung. Ebenso ist die Rate akzeptabler Synchronisationsfehler im geplanten ISDN hoch verglichen mit einem DC-Netz vergleichbarer Zuverlässigkeit. Zusätzliche Maßnahmen scheinen also im allgemeinen Fall unumgänglich zu sein, während in speziellen Fällen, beispielsweise bei Implementierung einer dezentralen ringförmigen Überlagerungstopologie auf einem ringförmigen Übertragungsnetz hoher Bitrate und Zuverlässigkeit (vgl. Abschnitt 3.3.3) alle Synchronisationsprobleme der Überlagerung in trivialer Weise lösbar sind.

Eine konzeptionell einfache, in der Realisierung aber sehr aufwendige Methode ist, Zeichenströme mit „Zeitstempeln" (z. B. Sequenznummern) zu versehen und vor der globalen Überlagerung zu Puffern sowie bezüglich der Puffer die in Rechnernetzen üblichen Flußregelungsmechanismen (flow control mechanisms) einzusetzen.

In der Realisierung weniger aufwendige Methoden können durch Ausnutzung spezieller Überlagerungs- und Übertragungstopologien erreicht werden. Ist die Übertragungstopologie des Verteilkanals des DC-Netzes hierarchisch und wird der Takt des Übertragungsnetzes von oben nach unten phasenstabil weitergegeben, so kann jede am Überlagern beteiligte Station ihren Sendetakt aus dem Takt des Verteilkanals herleiten. Tun dies alle Stationen in gleicher Weise, sind ihre Sendetakte phasenstabil. Ist die Überlagerungstopologie ebenfalls hierarchisch und sind die Verzögerungszeiten auf den zugehörigen Übertragungsstrecken konstant, so kann durch stationsindividuelle Wahl der Phasenlage des Sendetaktes zum (Empfangs-)Takt des Verteilkanals des DC-Netzes erreicht werden, daß alle gesendeten Zeichenfolgen das hierarchische Überlagerungsnetz synchron durchlaufen.

3.2.4   RING-Netz

Insbesondere in den Abschnitten 2.5.3.2.1 und 3.1.4 haben sich folgende Ziele für die Realisierung der Anonymität schaffenden Schichten des RING-Netzes ergeben (Z1, Z3 und Z4 sind inhaltlich identisch mit denen beim DC-Netz):

Z1 Die *Verzögerungszeit*, d. h. die Zeit, die vom Senden bis zum Empfang eines Zeichens vergeht, soll möglichst gering sein, da dies für alle Kommunikationsdienste günstig ist. Trivialerweise muß die Verzögerungszeit kleiner als das Minimum aller bei den abzuwickelnden Diensten zulässigen Verzögerungszeiten sein.

Hieraus folgt zumindest für ein diensteintegrierendes Netz die Forderung, daß die Verzögerungszeit des RING-Netzes kleiner als die vom Menschen als störend empfundene Reaktionszeit sein muß. Wie in den „Annahmen und Notation bezüglich der Verkehrslast" im Abschnitt 3.2.2.4 erwähnt, liegt ein sinnvoller Wert der Verzögerungszeit meiner Meinung nach unter 0,2 s, während CCITT maximal 0,4 s erlaubt.

Z2 *Signale* müssen im Sinne von Abschnitt 2.5.3.2 *digital regeneriert* werden.

Z3 Der Teilnehmergemeinschaft soll für ihre Nutzdatenübertragung eine *hohe Bitrate* zur Verfügung gestellt werden.

Z4 Die Realisierung soll möglichst *geringen Aufwand* verursachen.

Die für die Erreichung dieser Ziele relevanten *Entwurfsentscheidungen*, nämlich Verzögerungszeit pro Station sowie Leitungsauswahl und Länge, Ausgabetaktgenerierung und Multiplexbildung werden im folgenden in dieser Reihenfolge behandelt.

Verzögerungszeit pro Station sowie Leitungsauswahl und Länge (betr. vor allem: Z1): Die Verzögerungszeit in jeder Station ist der Quotient aus der (möglicherweise nicht ganzzahligen) Anzahl der Bitverzögerungen pro Station und der Bitrate des RING-Netzes. Wie bereits in Abschnitt 3.1.4.4 erwähnt, ist die Anzahl der Bitverzögerungen pro Station bei ökonomischer Dimensionierung sicher größer als 1/2, da erst in der „Mitte" eines Bits dessen Wert feststeht (anderenfalls könnte die Bitrate ohne Probleme erhöht werden) und erst danach mit der Übertragung dieses Bitwertes begonnen werden kann. Durch Erhöhung der Bitrate des RING-Netzes wird die Verzögerungszeit jeder Station beliebig klein, wobei heutzutage hundert Mbit/s kein Problem darstellen und zukünftig etliche Gbit/s ebenfalls kein Problem darstellen dürften. Nimmt man die realistische Verzögerung von einem Bit und eine Bitrate von 1 Gbit/s an, so entspricht die Verzögerungzeit pro Station einer Weglänge von etwa 20 cm bei einer Signalausbreitungsgeschwindigkeit von etwa 200000 km/s in Kupfer- und Glasfaserkabeln. Da die Signalausbreitungsgeschwindigkeit nach oben durch die Lichtgeschwindigkeit im Vakuum $c_0 \approx$ 299792,5 km/s beschränkt ist, sind bei leistungsfähigen und geeignet entworfenen RING-Netzen Verzögerungszeiten pro Station klein bezüglich Signalausbreitungszeiten zwischen Stationen.

Da die Signalausbreitungsgeschwindigkeiten in den zur Diskussion stehenden Medien näherungsweise gleich und auch dort von der Frequenz, also auch der Bitrate weitgehend unabhängig sind [AlFi_77 Seite 572, 573], sind die Signalausbreitungszeiten zwischen Stationen über die Leitungsauswahl so gut wie nicht, über die Leitungsführung und die dadurch bedingte Leitungslänge aber erheblich zu beeinflussen. Eine minimale Leitungslänge wird durch direkte Verkabelung von benachbarten Stationen erreicht – also genau durch das, was in Abschnitt 2.5.3.2.1 aus Gründen der physischen Unbeobachtbarkeit angrenzender Leitungen gefordert wurde. In Mehrfamilienhäusern sollte der Ring die einzelnen Wohnungen direkt und nicht etwa über einen zentralen oder auch nur einige dezentrale Ring-Verkabelungs-Konzentratoren (ring wiring concentrators, vgl. [Stro_87]) verbinden.

Soll das RING-Netz als diensteintegrierendes Netz verwendet werden, d. h. eine Verzögerungszeit unter 0,2 s haben, so ergibt sich aus dem gerade Gesagten ein maximaler Ring-Umfang von 40000 km. Da bei einem diensteintegrierenden Netz benachbarte Teilnehmerstationen im Mittel sicherlich ganz erheblich weiter als 10 m voneinander entfernt sind, ergibt sich daraus eine maximale Teilnehmerstationenanzahl von 4 Millionen. Leider dürften Leistungs- (vgl. Kapitel 4) und Zuverlässigkeitsforderungen (vgl. Kapitel 5) an ein diensteintegrierendes Netz diese Grenze wesentlich nach unten verschieben.

Ausgabetaktgenerierung (betr. vor allem: Z2): Bezüglich der in Abschnitt 2.5.3.2 definierten, beim RING-Netz nötigen digitalen Signalregenerierung ist die Generierung des Ausgabetaktes der kritische Punkt. Während die maximale Ausgabespannung bzw. Lichtintensität etc. möglicherweise bei allen Stationen verschieden und möglicherweise auch noch von (Umgebungs-)Temperatur etc. abhängig sein mag, aber üblicherweise absolut nichts darüber aussagt, ob dies Bit von der sendenden Station direkt generiert oder von der vorherigen weitergeleitet wird, ist dies bezüglich der Ausgabetaktgenerierung bei der weitverbreitetsten Ringimplementierung gemäß ECMA-89 bzw. ANSI/IEEE Std 802.5-1985, seit 1986 ISO international standard IS 8802/5 nicht der Fall [Pfi1_85 Seite 31]:

In [ECMA89_85 Kapitel 6.4 und 6.5] wird vorgeschrieben, daß nur die amtierende Überwachungsstation (active monitor) ihren Ausgabetakt autonom generiert und alle anderen Stationen ihren Ausgabetakt kontinuierlich regeln, um in Phase mit ihrem Eingabetakt zu bleiben. Da dieser Eingabetakt aber in einer Weise gewonnen wird, daß sein Verlauf nicht nur von dem Ausgabetakt der vorherigen Station, Eigenschaften der verbindenden Leitung und ggf. Signalstörungen, sondern auch von den empfangenen Bit*werten* abhängt (bit pattern sensitive timing jitter, [BCKK_83, KeMM_83, BaSa_85]) und dies in jeder Station (außer der amtierenden Überwachungsstation) der Fall ist, kann ein Angreifer, der eine Gruppe von s Stationen, die die amtierende Überwachungsstation nicht enthält, umzingelt hat, bei Vernachlässigung von Signalstörungen (z. B. Rauschen) den Sender einer Informationseinheit deterministisch identifizieren, indem er für alle Möglichkeiten die exakten Signalverläufe errechnet und mit den beobachteten vergleicht. Dies ist besonders einfach, da es für die in den Abschnitten 3.1.4.2 bis 3.1.4.3 als 2-anonym bewiesenen Ringzugriffsprotokolle durch verteiltes und anonymes Abfragen nur genau s-1 Möglichkeiten gibt. Bei dem in Abschnitt 3.1.4.4 als 2-anonym bewiesenen gibt es zwar erheblich mehr Möglichkeiten, jedoch ist auch bei ihm die Untersuchung der s-1 Möglichkeiten mit hoher Wahrscheinlichkeit erfolgreich. Alle diese Angriffe sind auch dann mit hoher Wahrscheinlichkeit erfolgreich, wenn es nur selten Signalstörungen oder nur solche geringer Amplitude gibt – genau die Ziele jedes (vernünftigen) Übertragungssystementwurfs.

Wie bereits in Abschnitt 2.5.3.2 angekündigt, kann die Forderung nach digitaler Signalregenerierung vergleichsweise einfach erfüllt werden, wie die folgenden 4 M̲öglichkeiten zeigen:

M1 Jede Station verwendet allein ihren Quarz-Oszillator zur Generierung des Ausgabetaktes. Der Eingabetakt wird wie üblich aus dem Eingabesignal gewonnen. Da Ein- und Ausgabetakt nur näherungsweise synchron (wenn auch mit sehr, sehr guter Näherung) und mit variabler Phase zueinander liegen, werden die empfangenen Bits mit dem Eingabetakt in einen elastischen Puffer (elastic buffer, [BCKK_83, KeMM_83, BaSa_85]) geschrieben und aus ihm mit dem Ausgabetakt ausgelesen – mit anderen Worten: alle Stationen verhalten sich in dieser Hinsicht wie die oben erwähnte amtierende Überwachungsstation. Ist der elastische Puffer leer bzw. voll, müssen Bits eingefügt oder weggelassen werden [KeMM_83 Seite 724].

M2 Wie M1, jedoch wird sichergestellt, daß Bits an speziellen Stellen eines Übertragungsrahmens bzw. Senderechtszeichens vorbeugend eingefügt oder weggelassen werden, so daß dadurch keine „transienten Übertragungsfehler" generiert werden, die elastischen Puffer aber immer näherungsweise halb voll sind [Ross_86 Seite 13, Ross_87 Seite 32].

M3 Wie M1, jedoch wird statt dem Einfügen oder Weglassen von Bits der Ausgabetakt sehr langsam so geregelt, daß die elastischen Puffer immer näherungsweise halb voll sind [KeMM_83 Seite 725].

M4 Wie M1, jedoch erhält jede Station den Takt einer netzweiten Referenzuhr, wie dies sowieso geplant ist [McLi_85 Seite 341], und verwendet diesen Takt zur Herleitung ihres Ausgabetaktes [Pfi1_85 Seite 32].

Da M1, M2 und M3 das Problem zwar beliebig gut, nie aber vollständig lösen, da ein Angreifer bei ihnen statt einem kontinuierlich geregeltem Ausgabetakt nun das Einfügen und Weglassen von Bits bzw. eine langsame Regelung des Ausgabetaktes beobachten kann, empfehle ich, wo immer möglich, M4 zur Realisierung.

Multiplexbildung (betr. vor allem: Z3 und Z4): Für RING-Netze hoher Bitrate ist die Verwendung von Monomode-Glasfasern notwendig. Deren Bandbreite ist wiederum so groß, daß die heute verfügbaren elektronischen Bauteile nur die Nutzung eines verschwindend kleinen Bruchteils erlauben, selbst wenn elektronische Bauteile höchster Geschwindigkeit und Kosten (z. B. GaAs) verwendet werden.

Liegt die benötigte Bitrate oberhalb des zur Zeit mit elektronischen Bauteilen preiswert Bewältigbaren, so kann die Bandbreite der Glasfaser mittels Wellenlängenmultiplex (WDM, [Unge_84 Seite 154] in verschiedene Kanäle aufgeteilt werden.

Ist dies nicht der Fall, so ergibt optischer Überlagerungsempfang (vgl. Abschnitt 3.2.1) oder Zeitmultiplex eine preiswertere und flexiblere Kanaleinteilung. In [BeEn_85] ist eine Zeitmultiplex verwendende, mit 5 Gbit/s arbeitende, durchgeführte Implementierung einer Ringstation beschrieben.

In jedem Fall sollte die Kanalaufteilung

- den Bedarf an Gattern höchster Schaltfrequenz minimieren, da diese Gatter üblicherweise höheren Aufwand (Anschaffungspreis, Energieverbrauch, Abwärme etc.) als Gatter niedrigerer Schaltfrequenz verursachen. Beispielsweise kann es bezüglich Aufwand günstiger sein, bei Ringen konstanter Kapazität Übertragungsrahmen (ÜR) nicht, wie in dem von Gunter Höckel [Höck_85, HöPf_85] entwickelten Modell, als Gruppe hintereinanderliegender Bits zu realisieren, sondern die Bits zu verschachteln: Dem 1. Bit des 1. ÜR folgt das 1. Bit des 2. ÜR, ... dem 1. Bit des letzten ÜR das 2. Bit des 1. ÜR usw. Dann steht jeder Station für die Ausführung des Ringzugriffsprotokolls in einzelnen ÜR mehr Zeit zur Verfügung. Dies ist insbesondere für das Füllen oder Kopieren des Inhalts eines ÜR günstig, da dann die Pufferspeicher der Stationen nicht mit der Bitrate des Ringes arbeiten müssen und deshalb entweder preiswert genügend groß dimensioniert werden können oder gar der Arbeitsspeicher von PCs als Pufferspeicher verwendet werden kann. Dies ist notwendig, da die Beweise in den Abschnitten 3.1.4.2 bis 3.1.4.5 davon ausgehen, daß jede Station innerhalb des betrachteten Ringkanals nicht nur einen beliebig großen Anteil senden *darf*, sondern auch *kann* – denn anderenfalls müßte sie das zeitlich nicht beschränkte Senderecht aufgrund fehlender Betriebsmittel abgeben, das tatsächlich ausgeführte Ringzugriffsprotokoll wäre eines mit zeitlich beschränktem Senderecht.
- die in Abschnitt 3.1.1 beschriebenen Kanaltypen mit jeweils geeigneten Bandbreiten ermöglichen. Es ist günstig, wenn die Bandbreite in Abhängigkeit der Verkehrslast dynamisch zwischen den verschiedenen Kanaltypen (und ggf. sogar noch einmal innerhalb der verschiedenen Kanaltypen) aufgeteilt werden kann [GöKü_85, Göld_85].

3.2.5   BAUM-Netz

Wie bereits in Abschnitt 2.5.3.2.2 erwähnt, ist ein Kollisionen verhinderndes Baumnetz (BAUM-Netz) ein aus pragmatischen Gründen, nämlich der Benutzung bereits vorhandener Breitbandkabel, wichtiges Beispiel für die Idee „Unbeobachtbarkeit angrenzender Leitungen und Stationen sowie digitale Signalregenerierung". Bekanntlich sind die einzigen im Teilnehmeranschlußbereich bereits in nennenswerter Menge verlegten Breitbandkabel die der in vielen Ballungsgebieten existierenden Kabelfernsehnetze (die DBP nennt sie „Breitbandkabelverteilnetze", im engl. Sprachraum spricht man von Common Antenna Television = CATV). Bei fast allen Kabelfernsehnetzen handelt es sich technisch gesehen um baumförmige Koaxialkabelverteilnetze, die analoge Signale von der Wurzel des Baumes zu seinen Blättern (den Privathaushalten) verteilen.

Zur Ermöglichung von anonymem Senden und Verteilung muß ein kleiner Teil der Bandbreite der Koaxialkabelbaumnetze digitalisiert werden, und die Verstärker müssen zur Verstärkung in beiden Richtungen erweitert oder ausgetauscht werden. Beide Leistungsmerkmale sind im Bereich „Lokaler Netze" seit langem üblich (vgl. WANGNET [Czaa_82, Elek_82]).

Für die Realisierung der Anonymität schaffenden Schichten des BAUM-Netzes gelten dieselben Ziele wie beim RING-Netz. Die für die Erreichung dieser Ziele relevanten *Entwurfsentscheidungen*, nämlich Verzögerungszeit pro Kollisionen verhinderndem Schalter, Ausgabetaktgenerierung der Kollisionen verhindernden Schalter und Umfang der Digitalisierung werden im folgenden in dieser Reihenfolge behandelt.

Verzögerungszeit pro Kollisionen verhindernder Schalter: Eine genügend geringe Verzögerungszeit des BAUM-Netzes wird bereits erreicht, wenn die Kollisionen verhindernden Schalter und Verstärker Verzögerungszeiten um oder unterhalb einer Millisekunde haben, da bei den üblichen Kabelfernsehnetzen auf dem Weg von der Wurzel zu den Blättern nur höchstens fünfmal verzweigt (und verstärkt) wird und die Weglänge von der Wurzel zum entferntesten Blatt deutlich unter 100 km liegt.

Ausgabetaktgenerierung der Kollisionen verhindernden Schalter: Die im Vergleich zum RING-Netz unkritische Verzögerungszeit pro Kollisionen verhinderndem Schalter erlaubt auch bei vergleichsweise niedrigen Bitraten alle in Abschnitt 3.2.4 beschriebenen Möglichkeiten M1, M2, M3 und M4 zur digitalen Signalregenerierung, da die bei M1, M2 und M3 benötigten elastischen Puffer großzügig dimensioniert werden können. Die vom Zugriffsverfahren „Kollisionen verhindernde Schalter" verursachten kurzen und indeterministischen Übertragungspausen können von M2 besonders gut – nämlich zum Einfügen oder Weglassen von Bits – genutzt werden, so daß sich die Verwendung von M2 empfiehlt.

Umfang der Digitalisierung: Digitalisiert man 16 Mbit/s (wie bei WANGNET) in beiden Richtungen, so können selbst bei Verdopplung der heutigen „Telefon"-nutzung auf maximal 20% gleichzeitig 1250 Teilnehmer über ein teildigitalisiertes Koaxialkabelbaumnetz mit schmalbandigen Diensten versorgt werden. Da jede Teilnehmerstation potentiell auf jeden der (Telefon-)Kanäle zugreifen kann und im Durchschnitt erheblich weniger als 20% der Teilnehmer gleichzeitig „telefonieren", können den größten Teil des Tages sogar etliche Teilnehmer je einige 64 kbit/s Kanäle gleichzeitig nutzen.

3.3 Ohne Rücksicht auf Anonymität realisierbare Schichten

In diesem Abschnitt wird zu den Grundverfahren innerhalb des Kommunikationsnetzes zum Schutz der Verkehrs- und Interessensdaten die effiziente Realisierung der (Teil)Schichten beschrieben, die ohne Rücksicht auf Anonymität oder Unverkettbarkeit erfolgen kann. Gemäß Bild 30 in Abschnitt 2.6 gibt es solche (Teil)Schichten nur bei Verteilung, dem MIX- und DC-Netz.

Bei der Realisierung dieser (Teil)Schichten muß nicht nur auf genügende Leistungsfähigkeit, sondern auch auf hinreichende Zuverlässigkeit (ggf. auch unter Berücksichtigung von Sabotage) geachtet werden. Hierzu können beliebige Fehlertoleranz-Maßnahmen ergriffen werden, die schon hier angedeutet werden, da sich Kapitel 5 auf die Fehlertoleranz-Maßnahmen beschränken wird, die Einfluß auf Anonymität und Unverkettbarkeit haben.

3.3.1 Verteilung

Sollen Dienste mit nennenswerter Bandbreite pro Dienstteilnehmer für eine größere Zahl Teilnehmer oder hochauflösendes Fernsehen (HDTV, vgl. Abschnitte 1.1 und 2.3.1.1) verteilt werden, ist die Verwendung von Monomode-Glasfasern als Übertragungsleitungen notwendig.

Nachdem in Abschnitt 3.2.1 bereits die Vorteile von Wellenlängenmultiplex, vor allem aber der kohärenten optischen Nachrichtentechnik bei der Nutzung von Monomode-Glasfasern geschildert wurden, ist hier nur noch ein kurzer Hinweis auf *(analoge) optische Verstärkung* angebracht. Bei ihr können alle Signale eines relativ breiten (bezüglich des bei kohärenter optischer Nachrichtentechnik nötigen Kanalabstandes) Frequenzspektrums mit vergleichsweise sehr geringem Aufwand verstärkt werden [Baac_85 Seite 357]. Bei dieser Verstärkung findet keine digitale Signalregenerierung statt – sie ist bei wenigen Verstärkern hintereinander auch übertragungstechnisch überflüssig und zum Schutz des Empfängers ebenfalls.

Ist die Zuverlässigkeit des Verteilnetzes zu gering, so können auf diesen Schichten beliebige Fehlertoleranz-Maßnahmen ergriffen werden. Beispielsweise könnte jeder Teilnehmer mit mehreren, in verschiedenen Kabelkanälen verlegten Monomode-Glasfasern an verschiedene Verteilnetze angeschlossen werden.

3.3.2 MIX-Netz

Um die in Abschnitt 3.2.2.1 beschriebenen realen oder virtuellen Kanäle beim MIX-Netz schalten zu können, müssen auf den tieferen Schichten des Kommunikationsnetzes dann zwischen Teilnehmerstationen und MIXen sowie zwischen MIXen ebenfalls Verbindungen geschaltet werden, damit einerseits erkennbar ist, welche Bits zu welcher Verbindung gehören und ggf. kurze Verzögerungszeiten und/oder gleichmäßiger Informationsfluß und/oder Synchronisation des Umcodierens, Ausgebens und Übertragens garantiert werden können. Wie das einfache Kommunikationsnetzmodell in Abschnitt 3.2.2.4 gezeigt hat, ist insbesondere die durch die Gestaltung der gerade diskutierten Schichten festgelegte Verzögerungszeit zwischen

MIXen (D_{MtM}) kritisch: sie sollte – etwa durch direkte Verkabelung und hohe Bitrate zumindest zwischen MIXen (r_{tra}) – so gering wie möglich gehalten werden.

Ist es aus Gründen der Zuverlässigkeit wünschenswert, so können Teilnehmerstationen und MIXe sowie MIXe untereinander über mehrere unterschiedliche Leitungen (und ggf. Vermittlungseinrichtungen) verbunden werden.

3.3.3 Übertragungstopologie und Multiplexbildung beim DC-Netz

Die im folgenden diskutierte Wahl einer geeigneten Übertragungstopologie und Multiplexbildung beim DC-Netz hat zwar keine Auswirkung auf die Anonymitäts- und Unverkettbarkeitseigenschaften, aber umso gravierendere auf die Verzögerungszeit (Z1), die Bitrate (Z3), den Aufwand (Z4) und das Ausfallverhalten eines DC-Netzes.

Übertragungstopologie: Wie in Abschnitt 3.2.3 schon erwähnt, setzt sich die Verzögerungszeit eines DC-Netzes aus den für die Übertragung und Überlagerung benötigten Zeiten zusammen. Also müssen Überlagerungs- und Übertragungstopologie in aufeinander abgestimmter Weise günstig gewählt werden.

In [Cha3_85] schlägt David Chaum vor, binäres überlagerndes Senden auf einem physischen Ringnetz folgendermaßen zu implementieren (Bild 47):

> Jedes Bit einer Informationseinheit benötigt (etwa) zwei Ringumläufe: Im 1. Umlauf werden die lokalen Überlagerungsergebnisse der Stationen sukzessive global überlagert, indem jede Station ihr Eingabebit und ihr lokales Überlagerungsergebnis überlagert und das Ergebnis an die nächste Station sendet. Im 2. Umlauf wird das Ergebnis der globalen Überlagerung an alle Stationen verteilt. „Etwa" bedeutet, daß in einem Ringnetz mit m Stationen nur $2m$-2 Übertragungen von Station zu Station benötigt werden, da bereits die vorletzte Station des 1. Umlaufs das Ergebnis der globalen Überlagerung durch ihre globale Überlagerung erhält. Entsprechend ist es natürlich überflüssig, ihr und der nächsten Station das Ergebnis der globalen Überlagerung im 2. Umlauf nochmals mitzuteilen.

Verallgemeinertes überlagerndes Senden kann entsprechend implementiert werden.

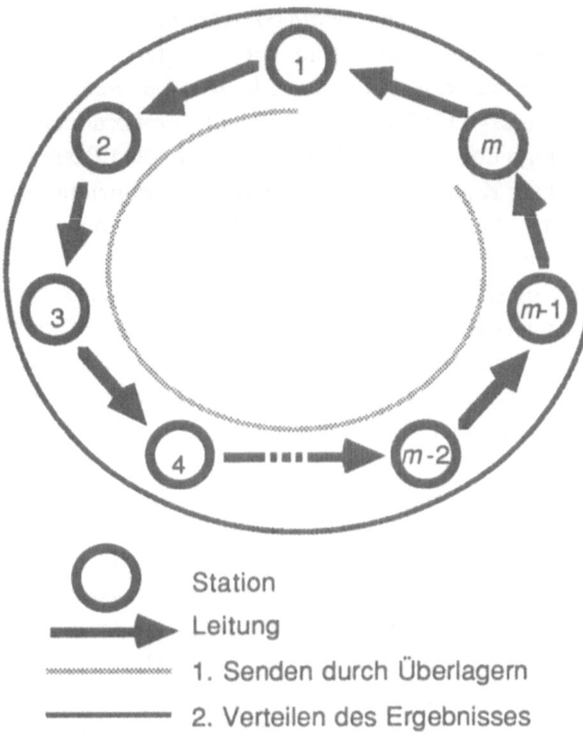

Bild 47: Implementierung von überlagerndem Senden auf einem Ringnetz

Diese Implementierung scheint sehr effizient zu sein, da sie – unter der Annahme gleichverteilten Verkehrs – den durchschnittlichen Übertragungsaufwand nur um einen Faktor etwas kleiner als 4 gegenüber einem üblichen Ringzugriffsprotokoll, bei dem der Empfänger die Informationseinheit vom Ring entfernt, erhöht, während dieser Faktor bei Stern- oder Baum-Netzen die Zahl der Stationen ist. Da aber die resultierende Übertragungsrate auf allen Leitungen jeweils gleich ist, können Implementierungen auf Stern- oder Baum-Netzen trotzdem besser sein, wenn ihre Verzögerungszeit geringer ist. Die folgenden Überlegungen zeigen, daß letzteres der Fall ist.

Bei David Chaums Implementierungsvorschlag wird der Ring sowohl als Überlagerungs- als auch als Übertragungstopologie verwendet. Wie in Abschnitt 3.2.3 erläutert, ist der Ring die – bezüglich Verzögerungszeit – denkbar schlechteste Überlagerungstopologie, da die durch Überlagerung verursachte Verzögerungszeit bei m Teilnehmerstationen proportional zu m statt proportional zu $\log(m)$ wächst. Nun ist dies noch nicht sehr schlimm, da durch Erhöhung der Bitrate des DC-Netzes (oder zumindest der Schaltgeschwindigkeit der modulo-Addierer) die Proportionalitäts-Konstante fast beliebig klein gewählt werden kann.

Ähnliches ist leider bezüglich der Übertragungstopologie nicht möglich, da die Signalausbreitungsgeschwindigkeit durch die Lichtgeschwindigkeit im Vakuum beschränkt ist.

Die durch Übertragung verursachte Verzögerungszeit bei m Teilnehmerstationen im Abstand a ist bei einem Ring proportional zu $a \cdot m$ statt wie bei Stern oder Baum typischerweise proportional zu $a \cdot \sqrt{m}$, wobei proportional zu $a \cdot \sqrt[3]{m}$ oder $a \cdot m$ die Grenzfälle darstellen:

Die durch Übertragung verursachte Verzögerungszeit ist proportional zum Durchmesser des Netzes, welcher das Maximum über die Abstände aller geordneten Paare von Netzstationen ist. Wenn sich in jedem Würfel der Kantenlänge a höchstens eine Teilnehmerstation befindet, wobei $a \geq 2$ m eine sehr vernünftige Annahme sein dürfte, ist der Durchmesser des vollvermaschten und damit jedes Netzes mit m Teilnehmerstationen mindestens $a \cdot \sqrt[3]{m}$. Sind die Würfel in einer Ebene angeordnet, was für diesen Zweck ein geeignetes Modell der Erdoberfläche und damit für ländliche Gebiete ist, so ist der Durchmesser jedes Netzes mit m Teilnehmerstationen mindestens $a \cdot \sqrt{m}$. Da geeignet entworfene hierarchische Netze einen Durchmesser nahe eines vollvermaschten Netzes haben, ist $a \cdot \sqrt{m}$ ein typischer Wert. Sind allerdings alle Teilnehmerstationen entlang einer Geraden angeordnet, so ist der beste erreichbare Durchmesser $a \cdot m$.

Da schon heute die Übertragungszeiten groß verglichen mit den Überlagerungszeiten sind (beispielsweise bewegt sich Licht in einer Glasfaser nur 4 cm in der Zeit, die bei der in Abschnitt 3.2.4 beschriebenen 5 Gbit/s Ringstation zum Empfang jedes Bits zur Verfügung steht), kann durch geeignete Wahl von Überlagerungs- und Übertragungstopologie also im wesentlichen ein Faktor von etwa $\sqrt{m}$ gewonnen werden. Wie die kleine Modellrechnung in Abschnitt 3.2.4, die eine maximale Teilnehmerstationenanzahl von 4 Millionen in jedem ringförmigen diensteintegrierenden Netz allein aufgrund der Signalverzögerungszeit ergab (woraus sich maximal 2 Millionen in jedem ringförmigen DC-Netz ergibt), zeigt, ist dieser Gewinn bei großen Kommunikationsnetzen wesentlich.

Multiplexbildung: Wie in Abschnitt 3.2.4 beim RING-Netz schon erwähnt, ist auch für DC-Netze hoher Bitrate eine Monomode-Glasfaser notwendig, deren Bandbreite durch geeignete Multiplexbildung preiswert zu nutzen ist.

Ob verschiedene Kanäle im Sinne des Abschnitts 3.1.2.7 oder separate DC-Netze im Sinne von „Implementierung der Pseudozufallszahlengeneratoren" in Abschnitt 3.2.3 dieselben Multiplexer, Synchronisationslogik und Glasfaser etc. nutzen, ist eine Kosten- und Zuverlässigkeitsfrage:

Wenn immer eine gemeinsame Nutzung ohne Mehraufwand vermieden werden kann, sollte dies zur Vermeidung eines gleichzeitigen Ausfalls mehrerer Kanäle oder DC-Netze getan werden, vgl. „Implementierung der modulo-Addierer" in Abschnitt 3.2.3 und Abschnitt 5.4.

Wäre die resultierende Zuverlässigkeit trotzdem zu gering, so muß – auch unter Inkaufnahme von Mehraufwand – eine gemeinsame Nutzung vermieden werden. Ein Beispiel für letzteres wäre die Verlegung einer zweiten Monomode-Glasfaser auf einem anderen Weg, um ein Durchtrennen einer Glasfaser im Teilnehmeranschlußbereich durch Heimwerker, Handwerker oder Baggerführer ohne Totalausfall der Kommunikationsdienste für diesen Teilnehmer zu tolerieren.

4 Effizienter Einsatz der Grundverfahren

In Kapitel 2 wurden Grundverfahren beschrieben, die es den Teilnehmern eines digitalen Kommunikationsnetzes ermöglichen, anonym voreinander wie auch vor dem Kommunikationsnetz Informationseinheiten auszutauschen. In Kapitel 3 wurde die effiziente Realisierung dieser Grundverfahren behandelt, wobei ersichtlich wurde, daß sie in reiner Form für einige der geplanten Dienste eines breitbandigen diensteintegrierenden Digitalnetzes heutzutage und in der näheren Zukunft nicht oder nur mit unvertretbarem Aufwand einsetzbar sind.

Um auch solche Dienste mit (teilnehmer-)überprüfbarem Datenschutz realisieren zu können, müssen die Grundverfahren effizienter eingesetzt werden. Gegebenenfalls ist ein (hoffentlich guter) Kompromiß zwischen Nutzleistung und Datenschutz, insbesondere Anonymität zu suchen.

Deshalb werden in Abschnitt 4.1 die Grundverfahren verglichen und ihre Einsatzprobleme diskutiert. Danach wird in den Abschnitten 4.2 und 4.3 behandelt, wie die Grundverfahren durch Einführung verschieden geschützter Verkehrsklassen und/oder hierarchische Gliederung des Kommunikationsnetzes und dadurch induzierte Klasseneinteilung der Teilnehmer bezüglich Anonymität (vgl. Abschnitt 2.1.1) genügend effizient eingesetzt werden können.

4.1 Vergleich der bzw. Probleme mit den Grundverfahren

Zuerst wird der Einsatz umcodierender MIXe zum **Schutz der Kommunikationsbeziehung** betrachtet. Um die Summe der Kosten des Kommunikationsnetzes unter Einschluß aller MIXe und die durch ihr gleichzeitiges Ausgeben von Nachrichten oder Paketen bzw. Schalten von Kanälen bedingten Verzögerungszeiten erträglich zu halten, kann es, wie in Abschnitt 3.2.2.4 unter der Annahme der Vermeidung bedeutungsloser Nachrichten hergeleitet wurde, nur relativ wenige MIXe geben, die dann sehr leistungsfähig, aber auch sehr komplex sind. Die große Mehrzahl der Teilnehmer ist damit gezwungen, ihren Datenschutz in wenige „fremde Hände" zu legen und genießt daneben keinen oder nur sehr ineffizienten Schutz ihres Sendens und bei fehlender Verteilung auch nur sehr, sehr ineffizienten Schutz ihres Empfangens. (Mittels bedeutungsloser Nachrichten und MIXen kann zwar sowohl das Senden als auch das Empfangen der Teilnehmerstationen geschützt werden. Jedoch ist diese Kombination nur unter speziellen Randbedingungen sinnvoll, siehe Abschnitte 6.2 und 6.3.) Gerade die Effizienz von letzterem ist sehr wichtig, da die Übertragung von Fernsehprogrammen auf absehbare Zukunft einen erheblichen Teil des Nachrichtenaufkommens ausmachen wird. Außerdem dürfte es schwierig sein, die Existenz von Trojanischen Pferden in den komplexen MIXen auszuschließen oder, sofern dies nicht hinreichend sicher möglich ist, zumindest sehr viele verschiedene unabhängige Hersteller dieser sehr leistungsfähigen MIXe zu haben.

188

Will man ein Netz für die Bundesrepublik Deutschland, also einen Staat mit Fernmeldemonopol, konstruieren, so hat der Lösungsansatz der umcodierenden MIXe einen zusätzlichen (durch eine kleine Modifikation des Fernmeldemonopols jedoch vermeidbaren, siehe Abschnitt 6.2) Nachteil: Da erforderlich ist, daß die MIXe nicht zusammen gegen die Benutzer arbeiten, sollten sie verschiedene Betreiber haben. Dies bedeutet, daß jede Nachricht das öffentliche Netz mehrmals durchläuft, da nicht einfach dessen Vermittlungsstellen allein als MIXe eingesetzt werden können. Dadurch wird auch dieses Verfahren für ein breitbandiges Netz sehr übertragungsaufwendig. In jedem Fall muß auch noch die Verantwortung für die Dienstqualität zwischen dem Betreiber des öffentlichen Netzes und den Betreibern der MIXe geregelt werden, was in Abschnitt 7.1.2 ausführlich diskutiert wird.

			Schutz des Verkehrs		
			homogen (Verkehr einheitlich geschützt)		**heterogen** (verschieden geschützte Verkehrsklassen)	
			ein Grundverfahren	mehrere Grundverfahren	alternative Grundverfahren oder verschieden sichere Realisierungen	Grundverfahren teilweise kombiniert
Schutz der Teilnehmer	einheitlich		eine Anonymitätsklasse durch ein Grundverfahren (Abschnitte 2.5, 2.6 und Kap. 3)	eine Anonymitätsklasse durch gleichzeitige Anwendung mehrerer Grundverfahren (MIXe und Verteilung in Abschnitt 2.5.2; Überlagerndes Senden auf RING- oder BAUM-Netz in Abschnitt 2.5.3.2 und 2.6)	Asymmetrische Netze für Massenkommunikation (Abschnitt 4.2.1) Aufwandsreduktion bei nicht sensitivem Verkehr (Abschnitt 4.2.2) Verschieden sichere Realisierungen (Abschnitt 4.2.3)	Kombination von Grundverfahren für besonders sensitiven Verkehr (Abschnitt 4.2.4)
	hierarchisch (Teilnehmerklassen bezüglich Schutz)	statisch feste Hierarchiegrenze	Eine Anonymitätsklasse bezüglich Hierarchiegrenze (Abschnitt 4.3.1.1)		Mehrere Anonymitätsklassen bezüglich Hierarchiegrenze (Abschnitt 4.3.1.2)	
		dynamisch adaptierbare Hierarchiegrenze	Eine Anonymitätsklasse bezüglich Hierarchiegrenze (Abschnitt 4.3.2.1)		Mehrere Anonymitätsklassen bezüglich Hierarchiegrenze (Abschnitt 4.3.2.2)	

Bild 48: Klassifizierung der Möglichkeiten des effizienten Einsatzes der Grundverfahren innerhalb des Kommunikationsnetzes zum Schutz der Verkehrs- und Interessensdaten

Aus all diesen Gründen ist es zweckmäßiger, primär die Verfahren aus Abschnitt 2.5.3 zum **Schutz des Senders** und Verteilung (Abschnitt 2.5.1) zum **Schutz des Empfängers** zu verwenden.

Wie in Abschnitt 4.2 beschrieben wird, ist es aus Gründen der Effizienz des Kommunikationsnetzes und der Verschiedenartigkeit der Dienste unsinnig, allen Verkehr (etwa in einem *homogenen* Kommunikationsnetz) einheitlich zu schützen. Insbesondere beim Aufwand für den Schutz des Senders kann bei vielen Diensten gespart werden, indem er etwa bei Massenkommunikation [Kais_82], z. B. Fernsehen, ganz eingespart und bei Diensten geringer Sensitivität ggf. eingeschränkt wird.

Aus Leistungsgründen ist ein breitbandige Individualkommunikation ermöglichendes offenes Kommunikationsnetz, in dem alle Informationseinheiten an alle Teilnehmerstationen verteilt werden, in den nächsten zwei Jahrzehnten nur mit unvertretbarem Aufwand realisierbar. Ein Kommunikationsnetz, das dieses Verfahren einsetzt, muß folglich ab einer gewissen Größe *hierarchisch* gegliedert werden. Die Nachrichten werden dabei nicht an alle, sondern nur an hinreichend viele Teilnehmerstationen verteilt (multicast), so daß die hierarchische Gliederung eine Klasseneinteilung der Teilnehmer bezüglich (Empfänger-)Anonymität induziert. Zweckmäßigerweise wird eine damit verträgliche hierarchische Gliederung auch für das Verfahren zum Schutz des Senders verwendet. All dies wird in Abschnitt 4.3 ausführlich diskutiert.

Wie Bild 48 zeigt, können beide Klassen von effizienzsteigernden Maßnahmen zu – bezüglich Schutz – hierarchischen heterogenen Kommunikationsnetzen kombiniert werden.

4.2 Heterogene Kommunikationsnetze: verschieden geschützte Verkehrsklassen in einem Netz

Um die hohen Leistungsanforderungen (nach großem Durchsatz und kurzen Verzögerungszeiten) mancher Dienste des geplanten breitbandigen diensteintegrierenden Digitalnetzes erfüllen zu können, wird in diesem Abschnitt nach einem effizienten Einsatz der Grundverfahren aus Abschnitt 2.5 mittels der Bildung von **Verkehrsklassen** (bezüglich der Kriterien Leistungsanforderungen und nötigem Schutz) und deren Ungleichbehandlung bezüglich Schutz gesucht.

Die genauen Forderungen bezüglich Durchsatz, Verzögerungzeit und Schutz sind zwar bei verschiedenen Diensten teilweise gravierend unterschiedlich, da es aber mit dem (hochauflösenden) Bildfernsprechen mindestens einen Dienst gibt, der alle Forderungen zusammen stellt, muß man, um eine technische Alternative zu den Plänen der DBP zu haben, ein Netz entwerfen, das alle diese Forderungen gleichzeitig hinreichend gut erfüllt.

Zumindest im Teilnehmeranschlußbereich sollten aus Kostengründen auch alle anderen Dienste auf derselben physischen Netzstruktur abgewickelt werden, da dann (und nur dann) die Übertragungsbandbreite ohne Mehraufwand dynamisch zwischen den Diensten aufgeteilt und damit effizienter genutzt werden kann. Ein zusätzlicher Vorteil ist, daß dann nur *ein Übertragungsnetz* zu unterhalten ist, was – wie die Erfahrung lehrt – weniger aufwendig als der Unterhalt mehrerer Netze ist. Wie in Kapitel 5 beschrieben wird, kann und muß dieses eine Übertragungsnetz fehlertolerant ausgelegt werden, da in einer „Informationsgesellschaft" von seiner kontinuierlichen Verfügbarkeit größere materielle und immaterielle Werte abhängen werden. Die

Erfahrung lehrt, daß auch der Unterhalt eines fehlertoleranten Übertragungsnetzes weniger aufwendig als der Unterhalt mehrer unabhängiger Netze vergleichbarer Nutzleistung und Gesamtverfügbarkeit ist. Zur notdürftigen Tolerierung von innerhalb des leitungsgebundenen (fehlertoleranten) *diensteintegrierenden Kommunikationsnetzes* nicht tolerierbaren Mehrfachfehlern dienen dann, wie am Ende von Abschnitt 1.1 bemerkt wurde und in Abschnitt 9.1 aufgegriffen wird, Funknetze.

In den Unterabschnitten dieses Abschnitts werden folgende, die Effizienz steigernde Maßnahmen behandelt:

In Abschnitt 4.2.1 wird gezeigt, wie durch die Berücksichtigung spezieller Eigenschaften der Massenkommunikationsdienste [Kais_82] effizientere, sogenannte *asymmetrische* Kommunikationsnetze entstehen.

In Abschnitt 4.2.2 werden Möglichkeiten zur Reduktion des Aufwands bei nicht sensitivem Verkehr im MIX-, DC-, RING- und BAUM-Netz aufgezeigt.

In Abschnitt 4.2.3 werden verschieden sichere Realisierungen der Grundverfahren aufgegriffen.

In Abschnitt 4.2.4 wird behandelt, wie auch bei Verwendung eines einheitlichen Übertragungsnetzes Dienste, die weniger hohe Leistungsanforderungen stellen, mit anderen Protokollen behandelt werden können, um noch stärkeren Datenschutz zu garantieren.

4.2.1 Asymmetrische Kommunikationsnetze für Massenkommunikation

Alle Massenkommunikationsdienste [Kais_82] besitzen zwei Eigenschaften, die für einen effizienten Einsatz der Grundverfahren innerhalb des Kommunikationsnetzes zum Schutz der Verkehrs- und Interessensdaten wichtig sind:

1. Bei ihnen ist lediglich der Schutz der Interessens- und dazu der Verkehrsdaten (genauer: Schutz des Empfängers) notwendig, vgl. Abschnitt 1.2. Inhaltsdaten müssen nicht um ihrer selbst willen geschützt werden.

   Allenfalls aus Abrechnungsgründen ist dies nötig, z. B. bei Fernsehen mit Bezahlung gesehener Sendungen – Pay-per-View-TV. Dies kann sehr einfach erfolgen, indem die Inhaltsdaten Ende-zu-Ende-verschlüsselt werden und den Käufern der Massenkommunikationssendung mit den in Kapitel 8 beschriebenen Transaktionsprotokollen für anonyme Partner der oder die passenden Schlüssel verkauft werden. Bezüglich der Sicherheit der Verschlüsselung brauchen nicht dieselben hohen Kriterien wie bei personenbezogenen Daten, militärischen oder Geschäftsgeheimnissen angelegt zu werden. Es genügt völlig, wenn das Brechen aufwendiger oder langwieriger als das Besorgen des Massenkommunikationsdienstinhaltes über einen anderen Käufer ist.

2. Für die Erbringung des Dienstes braucht Information nur vom Dienstanbieter zum Teilnehmer, nicht aber (oder zumindest: so gut wie nicht) vom Teilnehmer zum Dienstanbieter übertragen zu werden.

Für die Gestaltung eines Kommunikationsnetzes eröffnet dies folgende, die Effizienz ohne Abschwächung des Datenschutzes steigernde Möglichkeiten:

1. Bei Massenkommunikationsdiensten kann in der Regel auf Ende-zu-Ende-Verschlüsselung und implizite Adressierung verzichtet werden.

2. Da in der überschaubaren Zukunft nur ein relativ kleiner Anteil aller Teilnehmer auch Anbieter von Massenkommunikationsdiensten, die nennenswerte Bandbreite beanspruchen, sein wird, ist es möglich, das Kommunikationsnetz *asymmetrisch* zu gestalten: In Richtung zum Teilnehmer kann dann im Teilnehmeranschlußbereich (erheblich) mehr Information fließen als in Richtung vom Teilnehmer.

Letzteres kann durch den in Abschnitt 3.2.1 skizzierten optischen Überlagerungsempfang zusammen mit der in Abschnitt 3.3.1 erwähnten (analogen) optischen Verstärkung sehr effizient realisiert werden. Allerdings bedingt diese Effizienzsteigerung auch zwei Einschränkungen.

Einerseits ist der Nutzungsspielraum eingeschränkt: Nur in Richtung zum Teilnehmer vorhandene Bandbreite, die vor allem abends für hochauflösendes Fernsehen benötigt wird, kann nicht morgens zur Abwicklung der Verkehrsspitze des Bürokommunikationsverkehrs, insbesondere für (hochauflösendes) Bildfernsprechen, verwendet werden.

Andererseits sind nicht alle Grundverfahren für Senderanonymität mit einer asymmetrischen Gestaltung des Kommunikationsnetzes geschickt kombinierbar: Da nicht sehr viele (analoge) optische Verstärker hintereinander geschaltet werden können, ohne daß auch (ursprünglich) digitale Signale nicht mehr eindeutig erkennbar sind, harmoniert eine asymmetrische Gestaltung nicht gut mit dem Konzept der „Unbeobachtbarkeit angrenzender Leitungen und Stationen sowie digitale Signalregenerierung", insbesondere dem RING-Netz.

4.2.2 Aufwandsreduktion bei nicht sensitivem Verkehr im MIX-, DC-, RING- und BAUM-Netz

Nicht aller Kommunikationsverkehr ist sensitiv: Wenn beispielsweise jeder Haushalt von den Versorgungsbetrieben für Elektrizität und Wasser monatlich seine Rechnung bzw. Abbuchungsmitteilung erhält, ist nicht die Tatsache an sich, sondern nur die Zusammensetzung und Höhe sensitiv.

Während in diesem Beispiel *Sensitivität in einem objektiven Sinne* verwendet wird, wurde mir in zahllosen Diskussionen (beispielsweise mit David Chaum) immer wieder nahegelegt, die Teilnehmer doch selbst entscheiden zu lassen, welchen Kommunikationsverkehr sie für sensitiv halten und – um Aufwand zu sparen – nur diesen zu schützen. Gegen diesen Vorschlag, *Sensitivität im jeweils subjektiven Sinne* zum Maßstab des Schutzes des Kommunikationsverkehrs zu machen, gibt es folgende wichtige Gegenargumente:

1. Zwar dürfte die durch Verkehrsanalyse gewinnbare Information in vielen Fällen für sich allein (zumindest in einem subjektiven Sinn) nicht sensitiv sein, sie kann aber möglicherweise mit anderen Informationen kombiniert das Erschließen (auch im subjektiven Sinne) sensitiver Information ermöglichen.

2. Die Tatsache, ob, wann und welche Dienste ein Teilnehmer subjektiv als sensitiv einstuft, ist personenbezogene Information, die meines Erachtens zu schützen ist.
   Dies kann allerdings vermieden werden, indem Diensten global eine bestimmte Sensitivität zugeordnet wird. Letzteres hat wiederum den Nachteil, daß dadurch möglicherwei-

se Dienste für einen Angreifer unterscheidbar werden, die dies vorher nicht waren. Dies führt dazu, daß Dienste mit ähnlicher Verkehrscharakteristik jeweils derselben Sensitivitätsklasse zugeordnet werden sollten.

3. Wenn Maßnahmen zum Schutz der Verkehrs- und Interessensdaten nur wenig ergriffen werden, kann bereits ihre Ergreifung einen Verdacht hervorrufen. Die Angst vor diesem Verdacht und seinen möglichen Folgen kann wiederum die Teilnehmer von der Ergreifung der Maßnahmen abhalten.

4. Obiges Argument für subjektive Sensitivität wird meist mit der Forderung kombiniert, daß nur die Teilnehmer, die Schutz ihrer Verkehrs- und Interessensdaten wünschen, die dabei entstehenden Kosten tragen sollen. Diese Kosten wären bei geringer Nachfrage in der Tat hoch. Das Gegenargument hierfür ist, daß überprüfbarer Datenschutz keine Frage der persönlichen Kaufkraft sein sollte, da sonst manche, obwohl sie den Schutz ihrer Verkehrs- und Interessensdaten für nötig halten, die eigentlich notwendigen Maßnahmen aus Kostengründen nicht in Anspruch nehmen. Etwas allgemeiner gesagt: Meines Erachtens ist es rechtlich nicht zulässig, die (überprüfbare) Wahrung von Grundrechten an die Zahlung von (extra) Gebühren zu koppeln.

Nach diesen Bemerkungen dazu, was sinnvollerweise unter nicht sensitivem Verkehr zu verstehen ist, werden nun Möglichkeiten zur Reduktion des Aufwands von nicht sensitivem Verkehr in für Anonymität entworfenen Kommunikationsnetzen aufgezeigt. Der Reihe nach werden das MIX-, DC-, RING- und BAUM-Netz behandelt.

Wenn MIXe zum Schutz der Kommunikationsbeziehung verwendet werden, braucht nicht sensitiver Verkehr natürlich keine MIXe zu durchlaufen. Dies verringert sowohl die Zahl der nötigen MIXe (bzw. ihre nötige Leistungsfähigkeit, wobei damit evtl. auch der Schutz der Kommunikationsbeziehung abgeschwächt wird) als auch die Übertragungskapazität, die das von den MIXen verwendete Übertragungs- und Vermittlungsnetz bereitstellen muß. Bei der letzten Aussage ist unterstellt, daß die Vermittlungszentralen des Kommunikationsnetzes nicht mit den MIXen identisch sind, vgl. Abschnitt 4.1, und MIXe nicht, wie in [Pfit_86] und Abschnitt 6.2 vorgeschlagen, in der unmittelbaren Nähe von Vermittlungszentralen errichtet sind.

Bei allen Kommunikationsnetzen mit Verteilung (DC-, RING- und BAUM-Netz) können für nicht sensitiven Verkehr konstante öffentliche offene implizite Adressen verwendet werden. Die Verwendung konstanter öffentlicher Adressen spart Aufwand bei der Adreßerzeugung und Verteilung, die Verwendung offener impliziter Adressen spart Aufwand bei der Adreßerkennung.

Beim DC-Netz kann Senderanonymität für einen Teil der Bandbreite eingespart werden, indem in diesem Teil keine Schlüssel überlagert werden. Dies spart Aufwand beim Schlüsselaustausch und bei der Schlüsselgenerierung sowie möglicherweise bei der Überlagerung. Ebenso braucht dieser Teil der Bandbreite dann nicht unbedingt mit anonymen Mehrfachzugriffsverfahren verwaltet zu werden. Beispielsweise können Fernsehstationen jeweils feste Kanäle zugewiesen werden.

Entsprechendes gilt für das RING- und BAUM-Netz, so daß bei ersterem in dem etwa für Fernsehen verwendeten Teil der Bandbreite selbstverständlich keine leer/belegt Bits in Übertragungsrahmen oder umlaufende Senderechtszeichen nötig sind.

4.2.3 Verschieden sichere Realisierung der Grundverfahren innerhalb des Kommunikationsnetzes zum Schutz der Verkehrs- und Interessensdaten

In diesem Abschnitt werden verschieden sichere Realisierungen der Grundverfahren diskutiert. Dies erscheint vor allem beim MIX- und DC-Netz lohnend.

4.2.3.1 Fest vorgegebene MIX-Kaskaden beim MIX-Netz

In Abschnitt 2.5.2.1 habe ich hergeleitet, daß zur Erreichung eines bei gegebenen MIXen maximalen Schutzes der Kommunikationsbeziehung „alle Nachrichten des betrachteten Zeitintervalls jeweils gleichlang sein und die MIXe jeweils gleichzeitig (und deshalb auch in gleicher Reihenfolge) durchlaufen müssen".

Dies legt nahe, evtl. dienstspezifisch feste Reihenfolgen von MIXen (sogenannte MIX-Kaskaden) vorzugeben, wodurch eine wesentlich effizientere Implementierung der MIXe und des von den MIXen benutzten Vermittlungs- und Übertragungsnetzes möglich ist: Der Adressier- und Wegwahlaufwand wird drastisch reduziert, die Reihenfolge der MIXe kann auf die Topologie des Übertragungsnetzes abgestimmt werden, die Synchronisation der MIXe auf die Übertragungsrate und Verzögerungszeit des Übertragungsnetzes und die zu behandelnden Informationseinheiten (Pakete, Nachrichten, Kanäle, vgl. Abschnitt 3.2.2.1) und all dies zusammen auf die Anforderungen des bzw. der abzuwickelnden Dienste, vgl. Abschnitt 3.2.2.4.

Der Effizienzgewinn ist offensichtlich, was aber ist der „Preis" dafür? Er besteht darin, daß sich der einzelne Teilnehmer nicht mehr MIXe seines Vertrauens beliebig aussuchen und zu einer MIX-Folge kombinieren kann. Insbesondere kann er nicht jeweils selbst einer der MIXe sein, denen er vertraut und die er folglich benutzt. Beide Nachteile sind meiner Meinung nach nicht schwerwiegend:

Für viele Dienste können, wie in Abschnitt 3.2.2.4 hergeleitet wurde, ohne genaue Abstimmung der MIXe aufeinander und das von ihnen benutzte Vermittlungs- und Übertragungsnetz nur sehr wenige MIXe benutzt werden. Bei ihnen verbessert die oben beschriebene Vorgabe die Zahl der benutzbaren MIXe und steigert auch dadurch den Schutz der Kommunikationsbeziehung. Bei der Festlegung der Vorgabe sollte darauf geachtet werden, daß an den MIX-Kaskaden jeweils sehr unterschiedliche Betreiber beteiligt sind: wird jeweils ein MIX von beispielsweise der CDU, dem DGB, den Grünen, der katholischen Kirche und einer schweizer Bank betrieben, so wird einer solchen MIX-Kaskade fast jeder vertrauen können, da es genügt, wenn er einem Betreiber vertraut. Entsprechendes wie für die Betreiber gilt natürlich auch für die Entwerfer und Produzenten der verwendeten MIXe.

Daß viele Teilnehmer jeweils auch als MIX-Betreiber fungieren, ist nach dem in Abschnitt 3.2.2.4 Gesagten sowieso unmöglich.

4.2.3.2 Verschieden sichere Schlüsselerzeugung beim DC-Netz

Wie schon in Abschnitt 3.2.3 unter dem Stichpunkt „Implementierung der Pseudozufallszahlengeneratoren" erwähnt wurde, kann die Bandbreite eines DC-Netzes in verschiedene Bereiche eingeteilt werden, in denen jeweils verschieden sicher erzeugte Schlüssel verwendet werden.

Beispielsweise könnten in allernächster Zukunft für elektronische Post echte Zufallszahlen oder kryptographisch starke Pseudozufallszahlenfolgen, für andere schmalbandige Dienste wie Telefon auf (verallgemeinertem, vgl. Anhang) DES basierende Pseudozufallszahlenfolgen und für breitbandige Dienste auf nichtlinear rückgekoppelten Schieberegistern basierende verwendet werden (vgl. Abschnitte 2.2.2.1, 2.2.2.2 und 2.2.2.3). Mit der Weiterentwicklung der Kryptosysteme, ihrer Implementierungen und der verfügbaren Implementierungs-„Technologie" können (und sollten) dann jeweils sicherer erzeugte Schlüssel „nachgerüstet" werden.

4.2.4 Kombination von Grundverfahren für besonders sensitiven Verkehr

In diesem Abschnitt wird behandelt, wie auch bei Verwendung eines einheitlichen Übertragungsnetzes Dienste, die weniger hohe Leistungsanforderungen stellen, mit anderen Protokollen behandelt werden können, um noch stärkeren Datenschutz zu garantieren.

Es bietet sich insbesondere an, zusätzlich zum Schutz der Kommunikationsbeziehung durch MIXe auch den Empfänger durch Verteilung zu schützen bzw. RING- oder BAUM-Netz durch überlagerndes Senden zu ergänzen.

4.2.4.1 MIX-Netz und Verteilung

Wird das MIX-Netz für besonders sensitiven Verkehr mit Verteilung kombiniert, so wird nicht nur der erzielbare Schutz größer (Schutz des Empfängers zusätzlich zum Schutz der Kommunikationsbeziehung), sondern es kann auch beim MIX-Netz erheblicher Aufwand eingespart werden.

Wie in Abschnitt 2.5.2.3 hergeleitet wurde, muß beim MIX-Netz (ohne Verteilung) – um gegenseitige Anonymität zwischen Sender und Empfänger zu garantieren – die Verschlüsselung aus einem äußeren Senderanonymitätsteil und einem inneren Empfängeranonymitätsteil bestehen. Werden nun „letzte Informationseinheiten" an alle verteilt, so kann der Empfängeranonymitätsteil eingespart werden. Dies kann entweder genutzt werden, um den Verschlüsselungsaufwand und die Zahl der durchlaufenen MIXe, kurz den Aufwand des MIX-Netzes, zu halbieren. Oder es kann genutzt werden, im Senderanonymitätsteil mehr Verschlüsselungen und zu durchlaufende MIXe vorzusehen und dadurch den Schutz des Senders zu steigern.

In jedem Fall fallen alle wesentlichen Probleme beim Ausfall eines MIXes (vgl. Abschnitt 2.5.2) weg: Rückadressen sind bei Verwendung von Verteilung „letzter Informationseinheiten" ganz normale implizite Adressen. Einerseits werden diese durch den Ausfall von MIXen nicht unbrauchbar, andererseits können sie beliebig oft verwendet werden, sollten erste Versuche am Ausfall von MIXen oder des Verteilnetzes scheitern. Entsprechendes gilt, wenn statt Verteilung partielle Verteilung (multicast) und damit eine Kombination aus expliziter und impliziter Adressierung, etwa in einem Vermittlungs-/Verteilnetz (vgl. Abschnitt 4.3), verwendet wird.

4.2.4.2 Überlagerndes Senden auf RING- und BAUM-Netz

Wie in den Abschnitt 2.5.3.2 erwähnt wurde, kann RING- und BAUM-Netz um überlagerndes Senden erweitert werden. Dies kann natürlich nicht nur bezüglich der ganzen Bandbreite, sondern auch bezüglich eines Teiles und damit früher oder mit sicherer erzeugten Schlüsseln geschehen, vgl. Abschnitte 2.2.2.3, 2.5.3.1, 3.2.3 und 4.2.3.2.

Wie schon in Abschnitt 2.5.3.2 erwähnt und in den Abschnitten 3.2.3 und 3.3.3 ausführlich diskutiert wurde, ist die Topologie des BAUM-Netzes für überlagerndes Senden geeigneter als die des RING-Netzes. Dafür ist bei der Erweiterung des BAUM-Netzes um überlagerndes Senden zusätzlicher Aufwand für eine Synchronisation des Überlagerns von Informationseinheiten und Schlüsseln nötig, vgl. Abschnitt 3.2.3. Beim RING-Netz kann das Übertragungsnetz in trivialer Weise zur Synchronisation verwendet werden.

4.3   Hierarchische Kommunikationsnetze

Die in Abschnit 4.2 beschriebenen Möglichkeiten zum effizienten Einsatz der Grundverfahren aus Abschnitt 2.5 erweitern zwar deren Anwendungsspektrum, erlauben aber immer noch keine mit vertretbarem Aufwand heute oder in der näheren Zukunft durchführbare Realisierung eines Kommunikationsnetzes für interaktive Dienste mit hohen Leistungsanforderungen (nach großem Durchsatz und kurzen Verzögerungszeiten) und hoher Teilnehmerzahl. Folglich muß ein Kommunikationsnetz, auf dem solche Dienste möglich sein sollen, bezüglich des Schutzes des Empfängers und Senders in zwei oder mehr Stufen hierarchisch gegliedert werden. Wie in Abschnitt 4.1 erklärt, induziert eine hierarchische Gliederung eine Klasseneinteilung der Teilnehmer bezüglich Anonymität. Dies bedeutet, daß die Teilnehmer nicht mehr unter (fast) allen, sondern nur noch innerhalb ihrer **Anonymitätsklasse** anonym sind. Damit dies den in den Abschnitten 1.3, 1.4 und 2.1 diskutierten Zielen genügt, müssen diese Anonymitätsklassen hinreichend groß sein, so daß negative Folgen nicht statt einem anonymen alle Mitglieder einer Anonymitätsklasse treffen können, vgl. bethlehemitischer Kindermord [Mt 2,16].

Welche technischen Möglichkeiten zur Erzielung möglichst großer Anonymitätsklassen es gibt, wird in den folgenden Unterabschnitten ausführlich diskutiert. Die wichtigen Entscheidungen hierbei sind,

1. ob Hierarchiegrenzen *statisch fest* sind oder an die Verkehrslast *dynamisch adaptiert* werden und

2. ob es bezüglich den Hierarchiegrenzen jeweils nur *eine* oder *mehrere* Anonymitätsklassen gibt.

Beide Entscheidungen sind orthogonal, d. h. es gibt alle vier Kombinationen. Sie werden in der bereits in Bild 48 angeführten Reihenfolge betrachtet.

Da sie für alle Varianten hierarchischer Kommunikationsnetze gültig sind, werden zuvor aber noch einige Bemerkungen über (anonyme) hierarchische Adressen gemacht.

Entsprechend der hierarchischen Struktur des Kommunikationsnetzes sind die verwendeten Adressen ebenfalls mehrstufig: Wird auf einer Stufe des hierarchischen Kommunikationsnetzes verteilt, so können auf der entsprechenden Adressierungsstufe implizite Adressen verwendet werden. Anderenfalls müssen explizite Adressen verwendet werden.

Entsprechend dem in den Abschnitten 2.5.1 und 3.1.1 Gesagtem wird *verdeckte* implizite Adressierung dabei nur bei *öffentlichen* Adressen verwendet. Diese Verwendung verdeckter impliziter Adressierung ist bei breitbandigen Diensten und Telefon höchstens beim Kanalaufbau nötig. Hierfür gibt es genügend schnelle Implementierungen von asymmetrischen Konzelationssystemen, vgl. Abschnitt 2.2.2.3. Für die Übertragung von Folgenachrichten kann dann offene Adressierung mit privaten Adressen verwendet werden.

Explizite Adressen sollten, wenn sie Verteilungsstufen (insbesondere die des Senders) durchlaufen, nicht von Unbefugten interpretiert werden können. Dies kann beispielsweise dadurch erreicht werden, daß sie von der Teilnehmerstation des Senders mit einem öffentlich bekannten Chiffrierschlüssel der ersten, die explizite Adresse verwendenden Station verschlüsselt werden. In Anlehnung an die Begriffsbildung in Abschnitt 2.5.1 wird dies mit **verdeckter expliziter Adressierung** bezeichnet.

Pakete und Nachrichten werden mittels dieser Adressen abschnittsweise übermittelt. Hierzu kann eine Zwischenspeicherung in Hierarchiegrenzen überbrückenden **Protokollumsetzern** (gateways) nötig sein.

Ebenso werden Kanäle von den Protokollumsetzern aus den Kanälen einzelner Hierarchieebenen zusammengesetzt.

Beides wird im folgenden nur noch da explizit erwähnt, wo es Optimierungen ermöglicht oder attraktiver macht.

4.3.1 Statisch feste Hierarchiegrenze

Für eine statisch feste Hierarchiegrenze spricht, daß sie
+ konzeptionell sehr einfach ist,
+ entsprechend leicht durch eine passende physische Gestaltung des Kommunikationsnetzes unterstützt werden kann und
+ mit allen Grundverfahren aus Abschnitt 2.5 gleichermaßen gut kombinierbar ist.

4.3.1.1 Eine Anonymitätsklasse bezüglich Hierarchiegrenze

Für eine Anonymitätsklasse bezüglich einer Hierarchiegrenze spricht, daß dies
+ konzeptionell sehr einfach ist und
+ entsprechend der Aufwand auf die Lösung einer Aufgabe konzentriert wird.

Letzteres ist insbesondere dann, wenn die Entwurfskosten hoch verglichen mit den Reproduktionskosten sind, ein entscheidender Vorteil.

Für eine statisch feste Hierarchiegrenze kombiniert mit einer Anonymitätsklasse bezüglich der Hierarchiegrenze spricht, daß bei der Benutzung solch eines Netzes keine Fehler bezüglich der Anonymität gemacht werden können: jeder Teilnehmer ist bezüglich des Sendens und Empfangens jeweils in ein und derselben Anonymitätsklasse anonym. Da bei interaktiven Diensten ein Angreifer schließen kann, daß der Teilnehmer in der Schnittmenge beider Anonymitätsklassen liegt, und es bezüglich der Hierarchiegrenze nur eine Anonymitätsklasse gibt, scheint es sehr sinnvoll zu sein, die Hierarchiegrenze bezüglich Senden und Empfangen gleich zu wählen, so daß dann auch die induzierten Anonymitätsklassen gleich sind.

Entsprechend ist diese der vier Kombinationsmöglichkeiten mit den gerade motivierten zusätzlichen Einschränkungen die älteste vorgeschlagene [Pfit_83].

Im folgenden wird zunächst der Fall untersucht, daß auf beiden Seiten der Hierarchiegrenze verschiedene Übermittlungskonzepte verwendet werden; danach der, daß auf beiden Seiten verteilt wird.

4.3.1.1.1 Vermittlungs-/Verteilnetz

Solange die spezielle Natur und Benutzung der Teilnehmerstationen noch unbekannt ist, scheint die vernünftigste Definition der „Datenschutz-Qualität" eines Kommunikationsnetzes mit Schutz von Sender und Empfänger die zu sein, unter wieviel Teilnehmerstationen Sender und Empfänger von Informationseinheiten bei gegebenem Aufwand anonym bleiben können.

Die einfachste und für viele Fälle auch effizienteste Realisierung einer Hierarchie bezüglich Schutz von Sender und Empfänger ist ein **Vermittlungs-/Verteilnetz**, das folglich gemäß obiger Definition die größtmögliche „Datenschutz-Qualität" besitzt [Pfit_83, Pfi1_83, Pfit_84, Pfi1_85]. Das Vermittlungs-/Verteilnetz besteht aus Verteilnetzen im Teilnehmeranschlußbereich und einem Vermittlungsnetz, das diese Verteilnetze verbindet (Bild 49, oben). Die Verteilnetze werden so groß realisiert, wie dies bei gegebenem Aufwand möglich ist. Das Vermittlungsnetz kann beim Vermittlungs-/Verteilnetz ohne Rücksicht auf den Datenschutz nach Leistungsgesichtspunkten gebaut werden und verwendet etwa explizite Adressen zur Vermeidung globaler Verteilung. Es sollte den Datenschutz aber soweit möglich unterstützen.

Beispielsweise können die Vermittlungszentralen einfacher und weniger flexibel sein als in den geplanten Netzen, da in einem Datenschutz garantierenden Netz ohnehin viele Funktionen in die Teilnehmerstationen ausgelagert werden, die in den geplanten Netzen für die Vermittlungszentralen vorgesehen sind. Dadurch kann die Überprüfung der Vermittlungszentralen auf Trojanische Pferde durch den Netzbetreiber oder gar Datenschutzbeauftragte lohnender sein, insbesondere falls man auf die freie Speicherprogrammierbarkeit verzichtete, so daß heimliche Systemänderungen erschwert würden (vgl. Abschnitt 2.1.2).

Ohne Einführung mehrerer Anonymitätsklassen bezüglich der Hierarchiegrenze können, sofern leistungsfähige und preiswerte MIXe verfügbar und die Teilnehmerstationen zu den nötigen Verschlüsselungen in der Lage sind, die in jedem Verteilnetz gesendeten Informationseinheiten jeweils eine zugehörige MIX-Kaskade (vgl. Abschnitt 4.2.3.1) durchlaufen.

In jedem Fall tragen jedoch die Verteilnetze die Hauptlast der Anonymisierungsmaßnahmen. Sie können entsprechend den gegebenen Anforderungen hinsichtlich Leistung und Kosten und

198

in Abhängigkeit von (bei der Bebauungsart des zu verkabelnden Gebietes) zu erwartenden Angreifern durch physikalische Ringe als RING-Netz bzw. physikalische Bäume als BAUM-Netz oder durch überlagerndes Senden in einer dafür geeigneten Topologie realisiert werden. Um die beispielsweise für diensteintegrierende Netze geforderte sehr hohe Netzverfügbarkeit zu erreichen, müssen allerdings insbesondere die Verteilnetze noch um Fehlertoleranz-Maßnahmen erweitert werden, ohne dadurch den Datenschutz zu untergraben. Wie dies geschehen kann, wird in Kapitel 5 beschrieben.

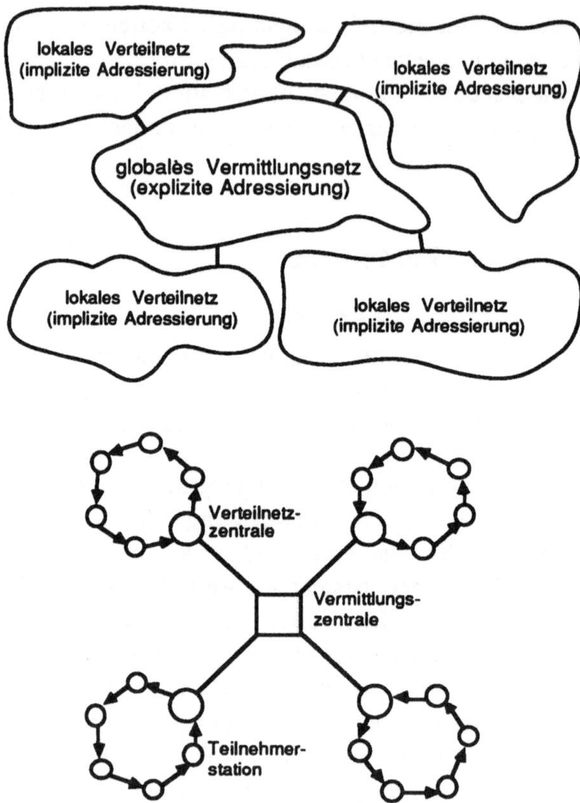

Bild 49: Allgemeine physikalische Struktur des Vermittlungs-/Verteilnetzes (oben) und eine günstige Topologie (unten)

Hält man das in Abschnitt 2.2.3.2 für das RING-Netz beschriebene Angreifermodell für realistisch, ist also die in Bild 49 unten dargestellte Topologie (Ringstruktur im Teilnehmeranschlußbereich) günstig.

Genügend schnelle Übertragungssysteme zur Implementierung von Ringstrukturen sind im Laborstadium verfügbar [BeEn_85], die Realisierung eines Vermittlungs-/Verteilnetzes mit dem Verfahren des RING-Netzes also möglich. Die Ergebnisse erster Übertragungsleistungs-, Zuverlässigkeits- und Kostenuntersuchungen [Pfi1_83, Bürl_84, Bürl_85, Mann_85, Papa_84] lassen für diese Netze ein in etwa gleichgroßes Leistung/Kosten-Verhältnis wie für die üblichen reinen Vermittlungsnetze erwarten.

Entsprechendes gilt für BAUM-Netze.

Möchte man auch bei Umzingelung einzelner Teilnehmerstationen den Sender von Nachrichten verbergen, muß man das in Abschnitt 2.2.3.1 beschriebene überlagernde Senden mit Hilfe paarweise gemeinsamer Schlüssel verwenden, für das es gemäß Abschnitt 3.3.3 günstigere Topologien als Ringstrukturen im Teilnehmeranschlußbereich gibt.

Realisiert man im Teilnehmeranschlußbereich digitale Signalregenerierung auf einer geeigneten Übertragungstopologie, so kann diese – wie in Abschnitt 2.5.3.2 erwähnt – mit überlagerndem Senden kombiniert werden.

Entsprechend der Bemerkung über (anonyme) hierarchische Adressen in Abschnitt 4.3 erhält im Vermittlungs-/Verteilnetzes jede Nachricht als Adresse eine explizite Adresse des Verteilnetzes des Empfängers und eine implizite Adresse des Empfängers innerhalb seines Verteilnetzes.

Nach dem in Abschnitt 4.3 bereits genannten Prinzip sollte beim Vermittlungs-/Verteilnetz die für das Vermittlungsnetz bestimmte explizite Adresse des Verteilnetzes des Empfängers für die übrigen Teilnehmerstationen des Verteilnetzes des Senders unkenntlich gemacht werden. Da die implizite Adresse erst nach der expliziten benötigt wird, kann dies in der Form geschehen, daß die Teilnehmerstation des Senders die vollständige Adresse mit einem öffentlich bekannten Chiffrierschlüssel des Vermittlungsnetzes verschlüsselt.

Bezüglich der Beobachtbarkeit der Kommunikation entspricht ein Vermittlungs-/Verteilnetz der „klassischen" Situation, daß zwischen Großrechnern, die von sehr vielen Teilnehmern gleichzeitig genutzt werden, Ende-zu-Ende-verschlüsselt kommuniziert wird [VoKe_83]. Hierbei ist unterstellt, daß der Angreifer die Großrechner nicht soweit unterwandern kann, daß er von ihnen Verkehrsdaten einzelner Teilnehmer oder fremde Nutzdaten erhält.

Nach diesen allgemeinen Überlegungen ist es lohnend, einige spezielle Optimierungen zu betrachten, die bei den lokalen Verteilnetzen möglich sind. Die lokalen Verteilnetze sind über **Verteilnetzzentralen**, die als Protokollumsetzer fungieren, mit dem Vermittlungsnetz verbunden. Diese Verteilnetzzentralen empfangen und senden einen erheblichen Teil aller im lokalen Verteilnetz übertragenen Informationseinheiten, benötigen dabei aber keinen Schutz ihres Empfangens oder Sendens.

Wird ein RING-Netz mit umlaufenden Übertragungsrahmen (ÜR) als lokales Verteilnetz verwendet, so kann die Verteilnetzzentrale Übertragungsrahmen, deren Inhalt sie korrekt empfangen hat und die sie zum globalen Vermittlungsnetz weiterleitet, als leer kennzeichnen oder sofort selbst füllen. Eine Kombination hiervon und dem in Abschnitt 3.1.4.3 beschriebenen Ringzugriffsprotokoll zur Realisierung von Duplex-Kanälen durch fortlaufende Benutzung je eines ÜR erlaubt sehr effiziente Kanalvermittlung im Vermittlungs-/Verteilnetz.

Wird ein DC-, RING-2-f- oder BAUM-Netz als lokales Verteilnetz verwendet, so sollte die Verteilnetzzentrale die im Verteilnetz gesendeten Informationseinheiten als erster empfangen. Dann kann sie sie einerseits möglichst früh weiterleiten und hat andererseits die Kontrolle über den Verteilkanal. Im Verteilkanal braucht sie dann Informationseinheiten, die nicht für das lokale Verteilnetz bestimmt sind, nicht zu senden, so daß sie – je nach Mehrfachzugriffsprotokoll

– deren „Bandbreite" zur Verteilung von aus dem Vermittlungsnetz ankommenden Informationseinheiten (inkl. Massenkommunikation) verwenden kann. Wie bereits in [Pfi1_85 Seite 62] erwähnt, muß die Verteilnetzzentrale den am Mehrfachzugriffsprotokoll beteiligten Stationen die Kontrollinformation des Mehrfachzugriffsprotokolls natürlich zukommen lassen. Da dies bei den meisten Protokollen von Abschnitt 2.5.3.2.2 bzw. 3.1.2 nur wenige Bits sind, fällt dies kaum ins Gewicht.

Allerdings sei darauf hingewiesen, daß dann beim überlagernden Senden Mehrfachzugriffsprotokolle mit viel Kontrollinformation nicht anwendbar sind: Weder ist bei einem Kanal mit kurzer Verzögerungszeit die Regel anwendbar, daß nur gesendet werden darf, wenn auf dem Kanal gerade keine Übertragung stattfindet (CSMA), noch ist bei Kollisionsauflösungsalgorithmen eine deterministische Auflösung von Kollisionen möglich. Globales Überlagerndes Empfangen ist aber weiterhin möglich: Zwar kann nur die Verteilnetzzentrale „globales" überlagerndes Empfangen praktizieren, da sie aber den Verteilkanal kontrolliert, kann sie, nachdem sie global überlagernd empfangen hat, die Informationseinheiten entweder in ihr lokales Verteilnetz oder in das globale Vermittlungsnetz weiterleiten.

Wie in Abschnitt 2.6 erläutert wurde, können Verteilung, MIX-, DC- und sogar RING- und BAUM-Netz als *virtuelle*, d. h. in fast beliebigen Schichten implementierbare Konzepte betrachtet werden. Entsprechendes gilt für das Vermittlungs-/Verteilnetz (wie auch für alle anderen, im folgenden beschriebenen hierarchischen Kommunikationsnetze) [Pfi1_85 Seite 63].

Deshalb kann und sollte man sich zuletzt fragen, warum die Stationen von Teilnehmern, die *räumlich* nahe beieinander sind, in einem lokalen Verteilnetz zusammengefaßt werden – und nicht die von bezüglich ihres Kommunikationsverhaltens *ähnlichen* Teilnehmern. Beispielsweise arbeiten viele Studenten höherer Semester einige Stunden später am Tag als die meisten anderen Leute oder lesen andere Zeitungen als Arbeiter. Wird beispielsweise die BILD-Zeitung um 6 Uhr früh in einem lokalen Verteilnetz bestellt, das 999 Studenten und einen Arbeiter verbindet, so ist ziemlich klar, wer dies veranlaßte. Die Antwort auf obige Frage ist, daß diese lokalen Verteilnetze durch lokale Netze (LANs) weit effizienter implementiert werden können als durch Weitverkehrsnetze (WANs) mit Verteilung. So kann man hoffentlich mit einer technisch effizienten Version unseres gerade erwähnten lokalen Verteilnetzes nicht nur 999 Studenten, sondern zusätzlich noch 999 Arbeiter verbinden. Dies erscheint vielversprechender, als einander ähnliche Teilnehmer in kleinen „virtuellen" Verteilnetzen zusammenzuschließen. Denn ich habe weder eine kanonische Definiton, was ähnliche Teilnehmer sind (einander in einer Hinsicht ähnliche Teilnehmer können in anderer Hinsicht sehr verschieden sein), noch ein kanonisches Maß für Unbeobachtbarkeit von Teilnehmern, das Ähnlichkeiten zwischen Teilnehmern berücksichtigt.

4.3.1.1.2 Verteil-/Verteilnetz

Neben der im vorherigen Abschnitt erwähnten, anzustrebenden Vergrößerung der Verteilnetze eines Vermittlungs-/Verteilnetzes kann man sich auch bemühen, die Verkehrsanalyse in der oberen Hierarchiestufe eines zweistufigen hierarchischen Netzes zu verhindern oder zumindest zu erschweren, indem auch sie durch ein Verteilnetz realisiert wird [Pfi1_83 Seite 66f]. Dadurch entsteht ein Verteil-/Verteilnetz (Bild 50).

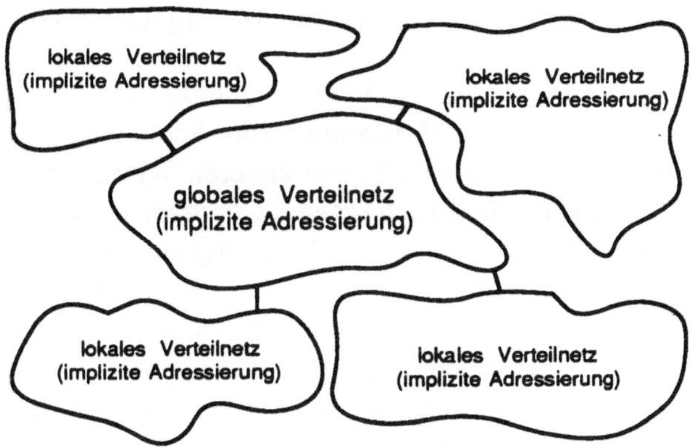

Bild 50: Allgemeine physikalische Struktur des Verteil-/Verteilnetzes

Die Realisierung des globalen Verteilnetzes ist jedoch nur dann lohnend, wenn darin überlagerndes Senden zum Schutz des Senders angewandt wird (denn Unbeobachtbarkeit der Leitungen im Fernnetz ist unrealistisch) und die Verteilnetzzentralen, die als Protokollumsetzer (gateway) zwischen dem äußerst breitbandigen globalen Verteilnetz und den weniger breitbandigen lokalen Verteilnetzen agieren, verschiedene Betreiber haben oder einem verändernden Zugriff des Betreibers durch geeignete Gehäuse entzogen werden können. Hierbei gelten die in Abschnitt 2.1.2 gemachten Bemerkungen sinngemäß: die Realisierung solcher Gehäuse ist noch sehr teuer und erschwert die Wartung der Anlage noch übermäßig. Zusätzlich muß ausgeschlossen werden, daß die Verteilnetzzentralen von Anfang an Trojanische Pferde enthalten, vgl. Abschnitt 2.1.2. Ist dies nicht erreichbar, so muß wenigstens eine verdeckte Zusammenarbeit der Trojanischen Pferde dadurch unwahrscheinlich gemacht werden, daß die Verteilnetzzentralen verschiedene Entwerfer und Produzenten haben.

Außerdem können auch die schnellsten, bei Extrapolation der bisherigen Entwicklung in den nächsten zwei Jahrzehnten realisierbaren Verteilnetze den Fernverkehr eines nationalen breitbandigen diensteintegrierenden Netzes, geschweige denn den eines internationalen, nicht bewältigen. Noch viel problematischer ist eine genügend schnelle, aber kryptographisch sichere Erzeugung der zu überlagernden Schlüssel (vgl. Abschnitt 2.2.2.3).

Für die ferne Zukunft, als Spezialnetz oder als untere Stufen eines drei- oder mehrstufigen hierarchischen Netzes können Verteil-/Verteilnetze jedoch geeignet sein, da sie – sofern obige Voraussetzungen in (teilnehmer-)überprüfbarer Weise erfüllt sind – fast die Sender- und Empfängeranonymität eines „flachen" DC-, RING- oder BAUM-Netzes bieten. Im Gegensatz zu diesen „flachen" Verteilnetzen müssen beim Verteil-/Verteilnetz fast alle Leitungen, nämlich alle Leitungen in den lokalen Verteilnetzen, und fast alle Stationen, nämlich alle Teilnehmerstationen, nicht mit der Bitrate des globalen Verteilnetzes arbeiten. Deshalb dürfte ein Verteil-/Verteilnetz weit weniger aufwendig als ein entsprechendes „flaches" Verteilnetz sein [Pfi1_85 Seite 64].

Entsprechend der Bemerkung über (anonyme) hierarchische Adressen in Abschnitt 4.3 erhält im Verteil-/Verteilnetzes jede Nachricht als Adresse eine implizite Adresse des Verteilnetzes des Empfängers und eine implizite Adresse des Empfängers innerhalb seines Verteilnetzes.

4.3.1.2 Mehrere Anonymitätsklassen bezüglich Hierarchiegrenze

Mehrere Anonymitätsklassen bezüglich einer Hierarchiegrenze entstehen, wenn in der *übergeordneten* Hierarchieebene verschiedene Maßnahmen zum Schutz der Verkehrs- und Interessensdaten ergriffen werden, wenn es sich also mit anderen Worten bei der übergeordneten Hierarchieebene um ein (bezüglich Schutz) *heterogenes* Kommunikationsnetz handelt.

Bei *wählbaren Anonymitätsklassen* muß sich jeder Teilnehmer darüber im Klaren sein, daß, sofern für einen Angreifer verkettbare Verkehrsereignisse mit verschiedenen Maßnahmen zum Schutz der Verkehrs- und Interessensdaten geschützt werden, die erzielte Anonymität nur dem Durchschnitt aller jeweils gewählten Anonymitätsklassen entspricht. Identifiziert sich ein Teilnehmer nicht explizit, so entspricht die minimale Anonymität aber in jedem Fall der des untergeordneten Verteilnetzes. Insbesondere bei einer statisch festen Hierarchiegrenze kann damit ein vorgegebenes Minimum nicht unterschritten werden, das jedoch etwa bei einem heterogenen untergeordneten Verteilnetz gemäß Abschnitt 4.2.3 nicht allzu hoch liegen muß.

Insbesondere bei einer statisch festen Hierarchiegrenze bieten sich folgende Möglichkeiten für einen variablen Schutz der Verkehrs- und Interessensdaten in der übergeordneten Hierarchieebene an:

In einem Vermittlungsnetz können MIXe für manche Dienste bzw. besonders sensitiven Verkehr den Datenschutz wesentlich erhöhen, wodurch ein **Vermittlungs∨MIX-/Verteilnetz** entsteht. Die effizienzsteigernde Maßnahme fest vorgegebener MIX-Kakaden aus Abschnitt 4.2.3.1 kann selbstverständlich angewendet werden.

In einem Verteilnetz können natürlich entsprechend Abschnitt 4.2.3.2 Schlüssel verschieden sicher erzeugt oder gemäß Abschnitt 4.2.4.2 überlagerndes Senden und digitale Signalregenerierung für manche Dienste bzw. besonders sensitiven Verkehr kombiniert werden. Im Fall der Kombination ensteht beispielsweise entweder ein **RING-∨DC-/Verteilnetz** oder ein **BAUM-∨DC-/Verteilnetz.**

4.3.2 Dynamisch an Verkehrslast adaptierbare Hierarchiegrenze

Eine dynamisch an die Verkehrslast adaptierbare Hierarchiegrenze hat – wie zu erwarten – entgegengesetzte Eigenschaften wie eine statisch feste: Eine dynamisch adaptierbare Hierarchiegrenze ist

- konzeptionell komplizierter,
- entsprechend schwieriger (sprich: aufwendiger) durch eine passende physische Gestaltung des Kommunikationsnetzes zu unterstützen und
- nicht mit allen Grundverfahren aus Abschnitt 2.5 gleichermaßen gut kombinierbar.

Andererseits kann man hoffen, durch die dynamische Grenze das Kommunikationsnetz insgesamt wesentlich effizienter nutzen zu können. Sei dies, indem

- + bei geringem Verkehr größerer Schutz von Sender- und/oder Empfänger geboten wird oder
- + wesentlich mehr Verkehr, dann aber bei geringerem Schutz von Sender- und/oder Empfänger abgewickelt werden kann.

Allerdings sind beide Vorteile zu relativieren:

Werden die Anonymitätsklassen bezüglich Senden und Empfangen bei vom Angreifer verkettbaren Verkehrsereignissen verschieden groß gewählt, so liegt der Beobachtete in der Schnittmenge aller Anonymitätsklassen. Hieraus folgt, daß die *Anonymitätsklassen immer so gewählt werden sollten, daß kleinere vollständig in der nächstgrößeren enthalten sind*. Wie im folgenden deutlich wird, ist dies nicht nur für die Anonymität nützlich, sondern auch besonders unaufwendig zu realisieren.

Ein Angreifer kann zumindest in seiner Umgebung durch Erzeugen „unnötigen"·Verkehrs die Anonymitätsklassen klein halten. Dies ist allerdings von allen Betroffenen (genauer: ihren Teilnehmerstationen) wahrnehmbar und ggf. über Maßnahmen der Abrechnung (vgl. Abschnitt 7.2) zu begrenzen.

Wie bei der statisch festen Hierarchiegrenze wird auch hier zuerst der Fall untersucht, daß es bezüglich der Hierarchiegrenze nur eine Anonymitätsklasse gibt, und danach erst der allgemeine Fall.

4.3.2.1   Eine Anonymitätsklasse bezüglich Hierarchiegrenze

Wie in Abschnitt 4.3.1.1 spricht für eine Anonymitätsklasse bezüglich einer Hierarchiegrenze, daß dies

+ konzeptionell einfacher ist und
+ entsprechend der Aufwand auf die Lösung einer Aufgabe konzentriert wird.

Letzteres ist insbesondere dann, wenn die Entwurfskosten hoch verglichen mit den Reproduktionskosten sind, ein entscheidender Vorteil.

Für eine dynamisch an die Verkehrslast adaptierbare Hierarchiegrenze kombiniert mit einer Anonymitätsklasse bezüglich dieser Hierarchiegrenze spricht, daß bei der Benutzung solch eines Netzes keine Fehler bezüglich der Anonymität gemacht werden können, sofern – wie oben empfohlen – die *Anonymitätsklassen immer so gewählt werden, daß kleinere vollständig in der nächstgrößeren enthalten sind*: jeder Teilnehmer ist bezüglich des Sendens und Empfangens jeweils in der momentan größtmöglichen Anonymitätsklasse anonym. Da bei interaktiven Diensten ein Angreifer schließen kann, daß der Teilnehmer in der Schnittmenge beider Anonymitätsklassen liegt, und es bezüglich der Hierarchiegrenze nur eine Anonymitätsklasse gibt, scheint es sehr sinnvoll zu sein, die Hierarchiegrenze bezüglich Senden und Empfangen gleich zu wählen, so daß dann auch die induzierten Anonymitätsklassen gleich sind.

Im folgenden wird zunächst erläutert, wie ein DC-Netz effizient dynamisch partitioniert werden kann, so daß in jeder Partition Informationseinheiten anonym und autonom gesendet werden können. Diese Partitionierbarkeit eines Verteilnetzes mit Schutz des Senders ist eine Voraussetzung für eine dynamisch an die Verkehrslast adaptierbare Hierarchiegrenze.

Danach wird wieder zunächst der Fall untersucht, daß auf beiden Seiten der Hierarchiegrenze verschiedene Übermittlungskonzepte verwendet werden; danach der, daß auf beiden Seiten verteilt wird.

4.3.2.1.1 Dynamisch partitionierbares DC-Netz

Um ein DC-Netz effizient dynamisch partitionieren und dadurch in jedem Teil Informationseinheiten anonym und autonom senden zu können, muß eine Partitionierung bezüglich aller in Bild 30 gezeigten und in den Abschnitten 3.1.2, 3.2.3 und 3.3.3 beschriebenen Schichten erfolgen.

Im wesentlichen bedeutet dies, daß die Übertragungstopologie des DC-Netzes effizient partitionierbar gewählt werden und eine jeweils dazu passende Überlagerungstopologie definiert sein muß. Ebenso ist der Schlüsselaustausch so zu gestalten, daß bei jeder Partitionsmöglichkeit des DC-Netzes einerseits in jedem Teil genügend viele, einen Zusammenhang aller Teilnehmer garantierende Schlüssel ausgetauscht wurden und andererseits natürlich alle gerade überlagerten Schlüssel jeweils paarweise im selben Teil liegen. Denn nur dann können in jedem Teil Informationseinheiten anonym und autonom gesendet werden. Mit anderen Worten: Damit in den Teilen des DC-Netzes jeweils parallel kommuniziert werden kann, muß die *Schlüsseltopologie* zur Partitionierung passen. Da es keinen wesentlichen Aufwand verursacht, zu jeder möglichen Partitionierung des DC-Netzes jeweils separate Schlüssel auszutauschen, ist diese Forderung in trivialer Weise erfüllbar.

Wird die in Abschnitt 3.3.3 empfohlene Baumtopologie als Übertragungs- und Überlagerungstopologie gewählt, so ist diese in kanonischer Weise in Unterbäume partitionierbar. Bild 51 zeigt den für die Anwendung wichtigen Spezialfall, daß eine Partitionierung jeweils von inneren Knoten des Baumes, die von der Wurzel des Baumes gleichweit entfernt sind, durchgeführt wird: jeder dieser inneren Knoten sendet sein (globales) Überlagerungsergebnis nicht an seinen Vaterknoten weiter, sondern verteilt es (statt eines vom Vaterknoten empfangenen) an seine Söhne. In Bild 51 werden die Nachrichten N_1, N_2, N_3 und N_4 gleichzeitig verteilt.

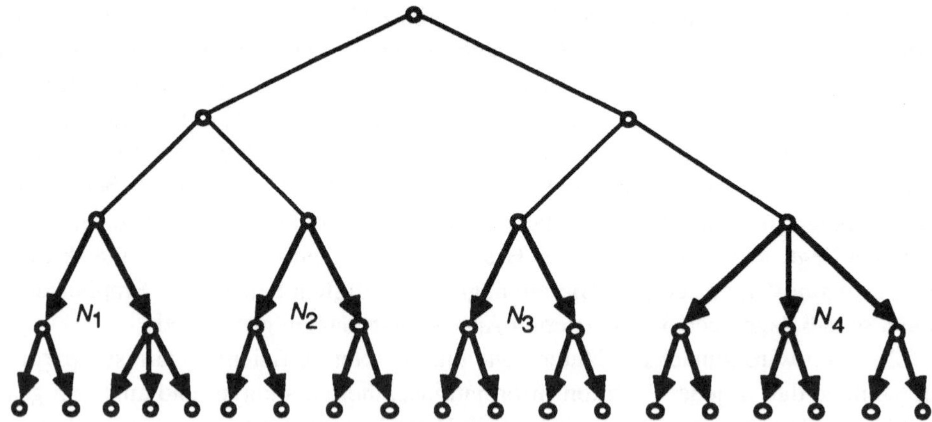

Bild 51: Dynamisch partitionierbares baumförmiges DC-Netz

In einem dynamisch partitionierbaren DC-Netz kann also wahlweise

* mit der größtmöglichen Anonymität (bis auf paarweises überlagerndes Empfangen und Konferenzschaltung, vgl. Abschnitte 3.1.2.5 und 3.1.2.6) maximal mit der Bitrate des DC-Netzes Information gesendet und empfangen werden oder

- mit entsprechend kleineren, durch die Partitionierung induzierten Anonymitätsklassen und damit geringerer Anonymität mit maximal dem Produkt aus der Zahl der Teile und der Bitrate des DC-Netzes. Hierbei kann es je nach Auslegung des dynamisch partitionierbaren DC-Netzes sehr viele verschiedene Partitionierungsmöglichkeiten geben.

Wie in [Pfil_85 Seite 66ff] beschrieben erlaubt ein zyklisches Umschalten zwischen keiner, globaler und lokaler Partitionierung (ggf. bezüglich der Zeitdauer der jeweiligen Partitionierung mittels Beobachtung des Verkehrs in adaptiver Weise) bereits eine **hierarchische Verwendung**: ohne Partitionierung wird beispielsweise interkontinentaler Kommunikationsverkehr, mit globaler Partitionierung beispielsweise nationaler Kommunikationsverkehr und mit lokaler Partitionierung beispielsweise örtlicher Kommunikationsverkehr abgewickelt – die Wahl einer (echten) Partition entspricht dabei einer Routingfunktion und damit einer expliziten Adresse. Bei der beschriebenen hierarchischen Verwendung können besonders sensitive Nachrichten oder Kommunikationsdienste mit geringem Übertragungsvolumen natürlich in globaleren Partitionierungen als eigentlich nötig abgewickelt werden. Entsprechendes kann auch für mäßig sensitive Nachrichten oder weitere Kommunikationsdienste dann geschehen, wenn das dynamisch partitionierbare DC-Netz gerade nur wenig ausgelastet ist. Sind die globaleren Partitionen so gewählt, daß sie lokalere entweder ganz oder keine ihrer Stationen enthalten, d. h. sind globalere Partitionen *gröbere* als lokale bzw. lokalere *feinere* als globale, so ist die Empfehlung von Abschnitt 4.3.2, daß die *Anonymitätsklassen immer so gewählt werden sollten, daß kleinere vollständig in der nächstgrößeren enthalten sind*, befolgt. Entsprechend kann bei von der Verkehrssituation abhängige Wahl einer gröberen Partitionierung auch bezüglich vom Angreifer verkettbaren Informationseinheiten keine kleinere Anonymitätsklasse resultieren als ohne.

Schon die physisch bedingte Verzögerungszeit ist in globalen Partitionen größer als in lokalen. Bei geeigneter Realisierung gemäß den Abschnitten 3.2.3 und 3.3.3 stellt dies aber kein Problem dar, sofern jeweils passende Mehrfachzugriffsprotokolle verwendet werden: CSMA/CD (vgl. Abschnitt 3.1.2.3.6) ist etwa für ein weltweites DC-Netz sicherlich ungeeignet. Wirklich problematisch dürfte für die meisten Anwendungen die durch die Überlastung der „globalen Partitionierungszeiten" entstehenden, unbeschränkten Wartezeiten werden. Dies legt nahe, nicht nur ein bezüglich seiner Übertragungs- und Überlagerungsrate homogenes und damit im engeren Sinne nichthierarchisches DC-Netz hierarchisch zu verwenden, sondern echt hierarchische Kommunikationsnetze zu realisieren. Zwei Möglichkeiten hierzu werden in den folgenden Abschnitten beschrieben, wobei wie üblich mit einem Vermittlungsnetz als oberer Hierarchieebene begonnen und danach ein Verteilnetz als obere Hierarchiebene betrachtet wird.

Der Vollständigkeit halber sei hier noch erwähnt, daß selbstverständlich auch ein BAUM-Netz und sogar ein RING-Netz dynamisch partitioniert werden kann. Beim BAUM-Netz erfolgt dies in vollständiger Analogie zum DC-Netz, beim RING-Netz gemäß dem in Bild 52 veranschaulichten Verfahren der „**Kleeblatt-Ringe**": Im übergeordneten RING-Netz benachbarte Stationen sind auch im ihnen untergeordneten RING-Netz in gleicher „Richtung" benachbart.

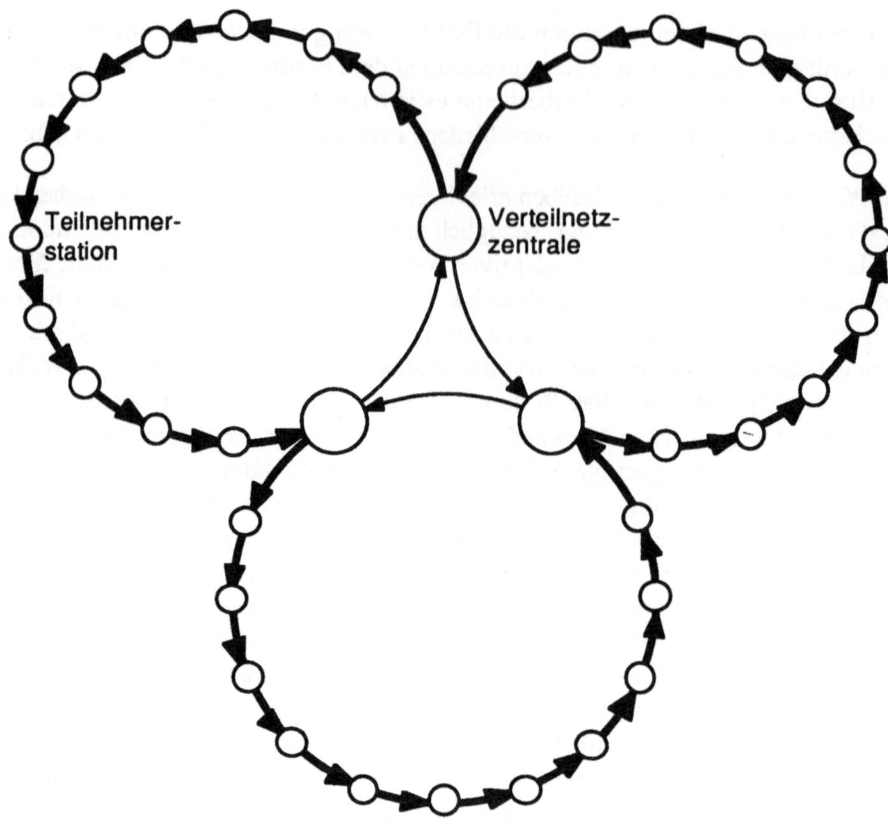

—— Leitung, die sowohl bei Betrieb als drei kleine,
als auch bei Betrieb als ein großer Ring benutzt wird.

— Leitung, die nur bei Betrieb als drei kleine Ringe benutzt wird.

Bild 52: Dynamisch partitionierbares RING-Netz

4.3.2.1.2 Dynamisch adaptierbares Vermittlungs-/DC-Netz

Ein dynamisch adaptierbares Vermittlungs-/DC-Netz erlaubt es, die Grenze zwischen dem globalen Vermittlungsnetz und den lokalen DC-Netzen zu verschieben und damit das Netz als Ganzes an die momentane Verkehrslast zu adaptieren. Ein dynamisch adaptierbares Vermittlungs-/DC-Netz entsteht, indem in einem Vermittlungs-/Verteilnetz (vgl. Abschnitt 4.3.1.1.1) als Verteilnetze dynamisch partitionierbare DC-Netze (vgl. Abschnitt 4.3.2.1.1) verwendet werden und in diesen DC-Netzen jeweils mehrere, in verschiedenen Partitionen liegende Stationen als Protokollumsetzer (gateway) fungieren können. Letzteres verursacht natürlich einigen Aufwand.

Werden baumförmige DC-Netze verwendet, so sollten geschickterweise die der Wurzel des Baumes nahen Stationen als Protokollumsetzer fungieren können (Bild 53).

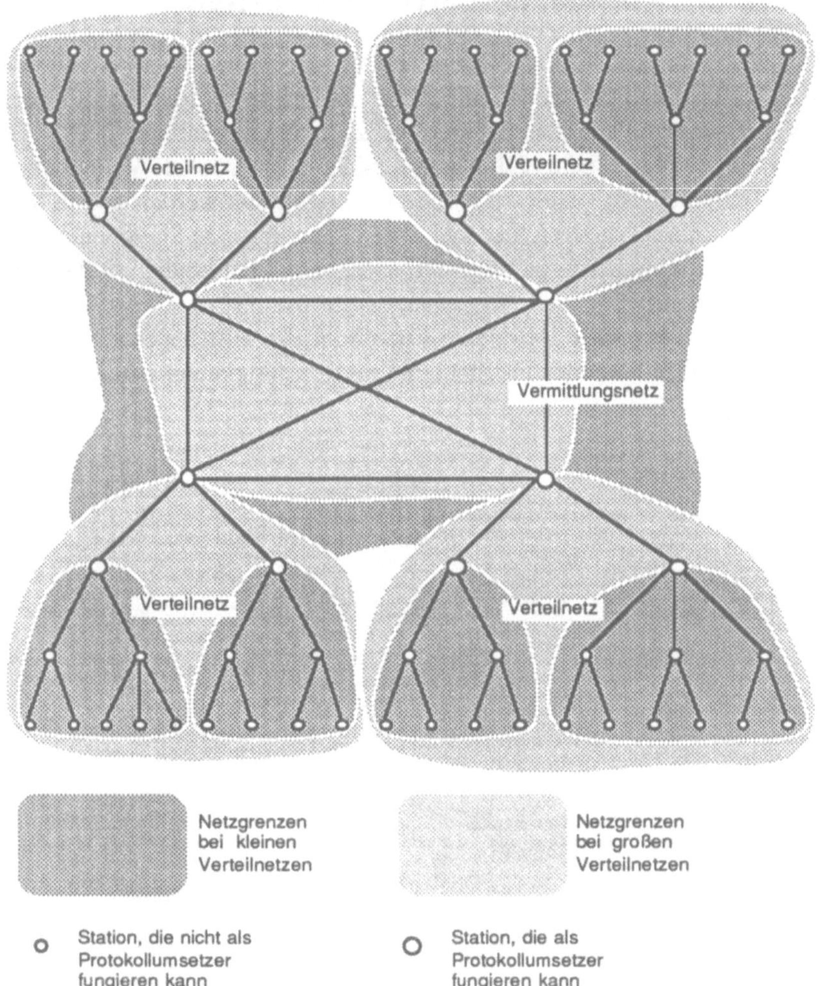

Bild 53: Dynamisch adaptierbares Vermittlungs-/DC-Netz mit dynamisch partitionierbaren baumförmigen DC-Netzen

Zusätzlich zur adaptiven Verschiebung der Grenze zwischen dem globalen Vermittlungsnetz und den lokalen DC-Netzen entsprechend der momentanen Verkehrslast als Ganzem ist es in einem dynamisch adaptierbaren Vermittlungs-/DC-Netz leicht möglich, die Grenze zwischen Vermittlungsnetz und Verteilnetzen für verschieden sensitive und/oder verschieden übertragungsaufwendige Verkehrsklassen verschieden zu wählen. Hierdurch entstehen im dynamisch adaptierbaren Vermittlungs-/DC-Netz verschiedene Verkehrsklassen, aber bezüglich jeder dieser Grenzen nur eine, so daß diese Bemerkung tatsächlich in diesen Abschnitt gehört. Mittels Zeitmultiplex können diese verschiedenen Verkehrsklassen quasi zeitgleich bedient werden.

Natürlich können alle diese verkehrsklassenspezifischen Grenzen zwischen Vermittlungs- und DC-Netz in Abhängigkeit von der Netzbelastung als Ganzem oder dem Verkehrsaufkommen in den einzelnen Verkehrsklassen wiederum dynamisch verschoben werden.

4.3.2.1.3 Dynamisch adaptierbares DC-/DC-Netz

Ein dynamisch adaptierbares DC-/DC-Netz erlaubt es, die Grenze zwischen dem globalen und den lokalen DC-Netzen zu verschieben und damit die Größe der lokalen DC-Netze an deren momentane Verkehrslast zu adaptieren. Ein dynamisch adaptierbares DC-/DC-Netz entsteht, indem in einem Verteil-/Verteilnetz (vgl. Abschnitt 4.3.1.1.2) als lokale Verteilnetze dynamisch partitionierbare DC-Netze (vgl. Abschnitt 4.3.2.1.1) verwendet werden und in diesen lokalen DC-Netzen jeweils mehrere, in verschiedenen Partitionen liegende Stationen als Protokollumsetzer (gateway) zum schnelleren globalen DC-Netz fungieren können. Letzteres verursacht natürlich einigen Aufwand.

Werden baumförmige lokale DC-Netze verwendet, so sollten geschickterweise die der Wurzel des Baumes nahen Stationen als Protokollumsetzer fungieren können (Bild 54).

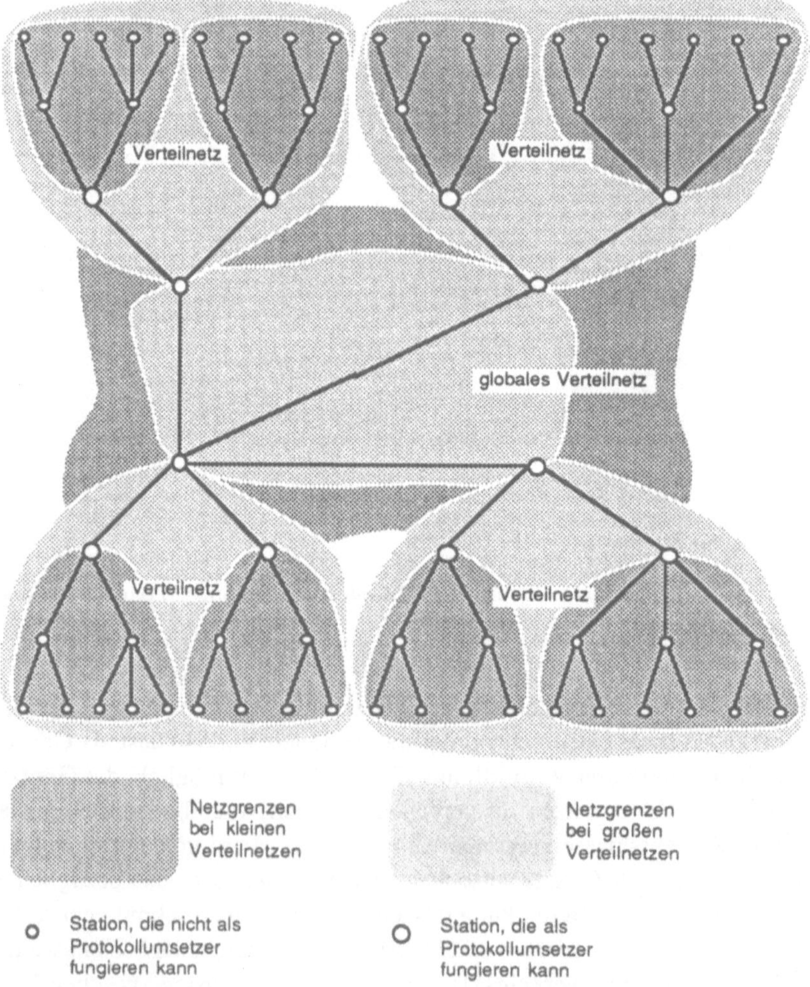

Bild 54: Dynamisch adaptierbares DC-/DC-Netz mit dynamisch partitionierbaren baumförmigen lokalen DC-Netzen

Zusätzlich zur adaptiven Verschiebung der Grenze zwischen dem globalen und den lokalen DC-Netzen entsprechend der momentanen Verkehrslast der lokalen DC-Netze ist es in einem dynamisch adaptierbaren DC-/DC-Netz leicht möglich, die Grenze zwischen globalem und lokalen Verteilnetzen für verschieden sensitive und/oder verschieden übertragungsaufwendige Verkehrsklassen verschieden zu wählen. Hierdurch entstehen im dynamisch adaptierbaren DC-/DC-Netz verschiedene Verkehrsklassen, aber bezüglich jeder dieser Grenzen nur eine, so daß diese Bemerkung tatsächlich in diesen Abschnitt gehört. Mittels Zeitmultiplex können diese verschiedenen Verkehrsklassen quasi zeitgleich bedient werden.

Natürlich können alle diese verkehrsklassenspezifischen Grenzen zwischen globalem und lokalen Verteilnetzen in Abhängigkeit von der lokalen Netzbelastung als Ganzem oder dem Verkehrsaufkommen in den einzelnen Verkehrsklassen wiederum dynamisch verschoben werden.

Die Bemerkungen in Abschnitt 4.3.1.1.2 über die Anwendbarkeit eines Verteil-/Verteilnetzes gelten sinngemäß auch für dynamisch adaptierbare DC-/DC-Netze.

4.3.2.2   Mehrere Anonymitätsklassen bezüglich Hierarchiegrenze

Mehrere Anonymitätsklassen bezüglich einer statisch festen wie auch einer dynamisch adaptierbaren Hierarchiegrenze entstehen, wenn in der *übergeordneten* Hierarchieebene verschiedene Maßnahmen zum Schutz der Verkehrs- und Interessensdaten ergriffen werden, wenn es sich also mit anderen Worten bei der übergeordneten Hierarchieebene um ein (bezüglich Schutz) *heterogenes* Kommunikationsnetz handelt.

Bei *wählbaren Anonymitätsklassen* muß sich jeder Teilnehmer darüber im Klaren sein, daß, sofern für einen Angreifer verkettbare Verkehrsereignisse mit verschiedenen Maßnahmen zum Schutz der Verkehrs- und Interessensdaten geschützt werden, Anonymität nur unter den Teilnehmern erzielt wird, die in allen für die verkettbaren Verkehrsereignisse jeweils gewählten Anonymitätsklassen enthalten sind. Hierbei ist es ohne Belang, ob verschiedene Anonymitätsklassen durch eine dynamisch an die Verkehrslast adaptierte Hierarchiegrenze oder verschiedenen Schutz im übergeordneten Kommunikationsnetz entstehen.

Identifiziert sich ein Teilnehmer nicht explizit, so entspricht die minimale Anonymität aber in jedem Fall der des untergeordneten Verteilnetzes. Insbesondere bei einer dynamisch verschiebbaren Hierarchiegrenze muß darauf geachtet werden, daß damit ein vorgegebenes Minimum nicht unterschritten werden kann.

Bei einer dynamisch verschiebbaren Hierarchiegrenze bieten sich folgende Möglichkeiten für einen variablen Schutz der Verkehrs- und Interessensdaten in der übergeordneten Hierarchieebene an:

In einem Vermittlungsnetz können MIXe für manche Dienste bzw. besonders sensitiven Verkehr den Datenschutz wesentlich erhöhen, wodurch ein **dynamisch adaptierbares Vermittlungs∨MIX-/DC-Netz** entsteht. Die effizienzsteigernde Maßnahme fest vorgegebener MIX-Kakaden aus Abschnitt 4.2.3.1 kann selbstverständlich angewendet werden.

Auch im globalen Verteilnetz eines dynamisch adaptierbaren DC-/DC-Netzes können natürlich entsprechend Abschnitt 4.2.3.2 Schlüssel verschieden sicher erzeugt werden.

5 Fehlertoleranz

Da in einem realen Kommunikationssystem Fehler auftreten, wird in diesem Kapitel untersucht, ob und wie diese unter Erhaltung der Anonymität bzw. Unbeobachtbarkeit der Netzbenutzer toleriert werden können. Es gilt, die Diskrepanz zwischen der *Fehlertoleranz*, die eine globale Sicht des Gesamtsystems und des Zusammenhangs von Verkehrsereignissen erfordern kann, und der *Anonymität, Unbeobachtbarkeit* und *Unverkettbarkeit*, die je nur eine lokale Sicht des Gesamtsystems durch die Stationen der Netzbenutzer und den Netzbetreiber erlauben, aufzulösen.

Beispielsweise wären explizite Sender- und Empfänger-Adressen in jeder Informationseinheit für die Fehlertoleranz vorteilhaft (Lokalisierung fehlerhafter Übertragungsstrecken oder Sender, fehlertolerante Wegsuche), würden jedoch sofort Sender und Empfänger jeder Informationseinheit identifizieren.

Fehlertoleranz ist insbesondere bei den Grundverfahren innerhalb des Kommunikationsnetzes zum Schutz der Verkehrs- und Interessensdaten aus den Abschnitten 2.5.2 und 2.5.3 nötig, da es sich bei ihnen jeweils um *Seriensysteme im Sinne der Zuverlässigkeit* handelt [Pfi1_85 Seite 70]:

- Alle MIXe einer gewählten Folge von MIXen müssen funktionieren, damit die entsprechend verschlüsselten Informationseinheiten oder Adressen entsprechend entschlüsselt und schlußendlich dem Empfänger in ihm verständlicher Form zugestellt werden können.
- Jede Station eines DC-, RING- oder BAUM-Netzes kann durch fehlerhaftes Verhalten jede Nutzdatenübertragung in ihrem Netz unmöglich machen.

Wird auf Fehler (zumindest innerhalb des Kommunikationsnetzes) nicht reagiert, so gelten die Anonymitäts-, Unbeobachtbarkeits- und Unverkettbarkeitsaussagen samt ihrer Beweise aus Abschnitt 2.5 und Kap. 3 natürlich weiterhin. Solange fehlerhaftes Verhalten von Stationen einem Angreifer nicht mehr Information liefert, als dem beim verwendeten Verfahren „stärkstzulässigen" Angreifer zugebilligt wird, untergräbt beliebiges fehlerhaftes Verhalten von Stationen im allgemeinen nicht die Anonymität bzw. Unbeobachtbarkeit anderer. Dies ist natürlich bezüglich der eigenen Anonymität bzw. Unbeobachtbarkeit bei beliebigem fehlerhaftem Verhalten nicht der Fall: eine Teilnehmerstation kann etwa in der Weise fehlerhaft werden, daß sie ihre Nachrichten nicht mehr (Ende-zu-Ende-)verschlüsselt und mit einem expliziten Absender versieht.

Auf Fehler nicht zu reagieren ist also für andere Stationen ein bezüglich Anonymität und Unbeobachtbarkeit durchaus akzeptables Verhalten. Die Verfügbarkeit der Kommunikationsdienste dürfte aber wegen der Serieneigenschaft so niedrig sein, daß solche Kommunikationsnetze nicht benutzt und damit ihre Anonymität bzw. Unbeobachtbarkeit auch nicht genutzt werden. Eine explizite, aktive Reaktion auf Fehler ist also unumgänglich, obwohl solch eine Erweiterung der von den Stationen auszuführenden Protokolle durchaus die Anonymität und Unbeobachtbarkeit in subtilerer Weise als im obigen Beispiel (explizite Sender- und Empfänger-Adressen) untergraben kann. (Man betrachte etwa den aktiven Verkettungsangriff über

Betriebsmittelknappheit in Abschnitt 2.6 unter dem Aspekt, daß der Ausfall von Betriebsmitteln auch eine Ursache von Betriebsmittelknappheit sein kann.) Folglich müssen die um eine explizite, aktive Reaktion auf Fehler erweiterten Protokolle bezüglich Datenschutzeigenschaften noch einmal neu untersucht werden.

Dies sei durch das folgende, [Höck_85 Seite 50ff] entnommene **Beispiel zur Auswirkung höherer Protokolle auf Senderanonymitätseigenschaften im RING-Netz** verdeutlicht:

In Abschnitt 3.1.4.1 wurden die zulässigen Aktivitäten eines Angreifers so eingeschränkt, daß sie keine der eingekreisten Stationen zu nicht spezifiziertem Verhalten zwingen dürfen. Man kann also beliebige Aktivitäten erlauben, wenn das Verhalten einer Station vollständig spezifiziert ist. Hierzu müssen die Protokolle um eine Reaktion auf Fehler bzw. Protokollverstöße erweitert werden.

Da es für eine Station sehr viele Möglichkeiten gibt, wie sie auf Fehler reagieren kann, soll hier anhand von zwei speziellen Möglichkeiten gezeigt werden, daß die Anonymität einmal erhalten bleiben und einmal verloren gehen kann.

Bei Ringen mit umlaufenden Übertragungsrahmen (ÜR) kann es vorkommen, daß Nachrichten zu übermitteln sind, die nicht in einen ÜR passen. In diesem Falle muß die Nachricht in Pakete zerlegt und in mehreren ÜR übermittelt werden.

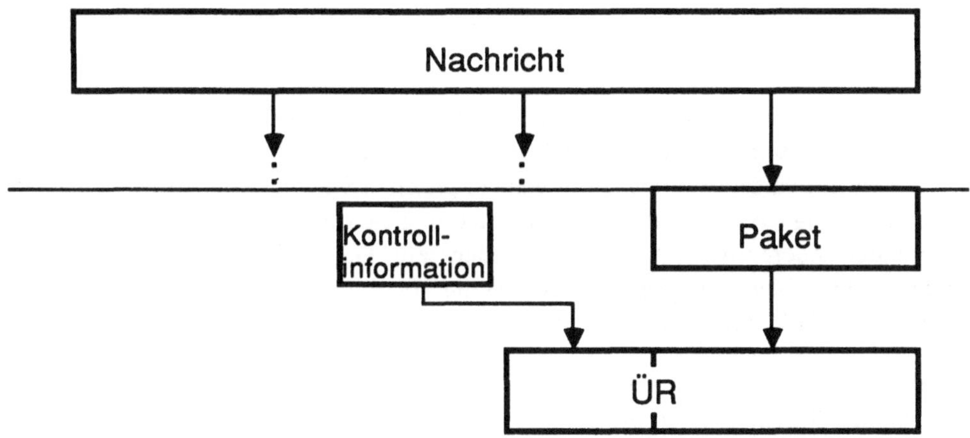

Bild 55: Zuordnung der Begriffe Nachricht, Paket, ÜR zueinander und zu Schichten

Zerstört ein Fehler oder der Angreifer nun einen ÜR, so hat dies den gleichen Effekt, als wäre die Übertragungsstrecke nicht zuverlässig. Beim anonymen Abfragen (vgl. Abschnitt 3.1.4.2) erkennt die sendende Station den Fehler und kann darauf reagieren.

<u>1. Möglichkeit:</u> Nur das betroffene Paket wird noch einmal übertragen, so daß die Pakete für den Angreifer unabhängig bleiben. Der Beweis von Abschnitt 3.1.4.2 ist übertragbar, da man die Informationseinheiten in Bild 41 einfach als Pakete deuten kann.

<u>2. Möglichkeit:</u> Die gesamte Nachricht wird als fehlerhaft übermittelt betrachtet, noch einmal in Pakete zerlegt und abgeschickt. Für dieses Vorgehen kann es verschiedene Gründe geben. Zum einen kann es Gesichtspunkte geben, die die Implementierung betreffen und es günstig erscheinen lassen, die Fehlerbehandlung auf der höheren Schicht durchzuführen. Zum anderen ist es denkbar, daß eine Nachricht auf der Empfängerseite nur dann lesbar ist, wenn die Pakete in der richtigen Reihenfolge eintreffen. Aus welchem Grund auch immer die Fehlerbehandlung so durchgeführt wird, der Angreifer kann bei gezielter Zerstörung von nur einem Paket in den Besitz von Kontextwissen kommen, das ihm in günstigen Fällen erlaubt, den Sender der gesamten Nachricht herauszufinden. Durch Bitmustervergleich kann er nämlich die wiederholt gesendeten Pakete identifizieren. Dadurch weiß er, welche Pakete zur gleichen Nachricht gehören und damit von der gleichen Station stammen. Dieses Wissen kann er etwa bei folgender Beobachtung verwerten.

Wie in Abschnitt 3.1.4 bezeichnet $e1$ den Eingang der ersten vom Angreifer umzingelten Station, $a2$ den Ausgang der zweiten. Die Inhalte verschiedener Übertragungsrahmen sind durch Kommata getrennt nebeneinandergeschrieben, dieselben Übertragungsrahmen in verschiedenen Umläufen untereinander.

	$e1$	$a2$
Umlauf i	(....., leer, leer, ...)	(......, P1, X , ...)
Umlauf i+1	(....., P1, X , ...)	(......, P2, P3, ...)
Umlauf i+2	(....., P2, P3 , ...)	(......, ..., ..., ...)

Der Angreifer zerstört etwa das <u>P</u>aket P1 (durch Konturschrift angedeutet). Durch die Wiederholung der gesamten Nachricht und Bitmustervergleich stellt er fest, daß P1, P2 und P3 zur gleichen Nachricht gehören und damit von der gleichen Station stammen. Wird dann durch die Implementierung ausgeschlossen, daß eine Station gleichzeitig zwei Nachrichten sendet, so muß X von der anderen Station gesendet worden sein. Da in diesem ÜR jedoch später P3 gesendet wird, kann X nur von Station 1 und P3 nur von Station 2 gesendet worden sein. Also wurde auch P1 und P2 von der Station 2 gesendet. *(Ende des Beispiels)*

Im gerade beschrieben Beispiel gewinnt ein Angreifer dadurch Information, daß er
1. nochmals übertragene Informationseinheiten (wieder-)erkennen kann, d. h. die ursprüngliche und die nochmals übertragene Informationseinheit sind für ihn verkettbar, und
2. erkennt er durch die gemeinsame nochmalige Übertragung aller Nachrichtenteile einer Nachricht einen Zusammenhang zwischen Informationseinheiten, die im Beweis als unverkettbar angenommen wurden, was bei sicherer Ende-zu-Ende-Verschlüsselung ansonsten durchaus eine realistische Annahme ist.

Um möglichst weitgehende Unverkettbarkeit zu erreichen, sollten Informationseinheiten folglich anders verschlüsselt werden, wenn sie nochmals gesendet werden müssen. Außerdem sollte dies nochmalige Senden wie überhaupt jede Reaktion auf Fehler innerhalb der durch den Kommunikationsdienst vorgegebenen Grenzen zu einem zufälligen Zeitpunkt geschehen. Leider kann auch durch diese beiden Maßnahmen meist keine perfekte Unverkettbarkeit erreicht werden, da eine andere Verschlüsselung natürlich nicht gegen Angriffe von Instanzen hilft, die diese Verschlüsselung entschlüsseln können (müssen), und für viele Dienste explizite, aktive Reaktionen auf Fehler innerhalb kurzer Zeit nötig sind, und deshalb zeitliche Korrelationen bestehen.

Kann keine perfekte Unverkettbarkeit erreicht werden, so müssen alle Anonymitäts-, Unbeobachtbarkeits- und Unverkettbarkeitsaussagen samt ihrer Beweise aus Abschnitt 2.5 und Kap. 3 neu überdacht und ggf. geführt werden.

Da (fast) jeder Kommunikationsdienst vom allerersten Sender bis zum letztendlichen Empfänger zuverlässig arbeiten muß, muß zwar (fast) immer eine Ende-zu-Ende-Kontrolle und ggf. Ende-zu-Ende-Fehlerbehebung durchgeführt werden – und sei dies nur eine Fehlerbehebung außerhalb des Kommunikationsnetzes, wodurch dann die Anonymität und Unbeobachtbarkeit ggf. auch untergraben werden kann. Fehlertoleranz-Maßnahmen sollten aber aus zwei Gründen Ende-zu-Ende-Fehlerbehebung vermeiden, wenn immer dies möglich ist:

1. Da bei Ende-zu-Ende-Fehlerbehebung die durch den Kommunikationsdienst vorgegebenen Grenzen für eine Reaktion auf den Fehler naturgegebenermaßen enger sind als bei geeignet entworfener Fehlerbehebung, die nicht wieder „ganz von vorne" anfangen muß, ist bei Ende-zu-Ende-Fehlerbehebung die unvermeidbare Verkettung über zeitliche Zusammenhänge besonders groß. Ebenso ist sie für Anonymität und Unbeobachtbarkeit besonders gefährlich, da sie die eigentlich anonym und unbeobachtbar zu haltende Instanz zu einer expliziten, aktiven Reaktion zwingt.

2. Unabhängig von Forderungen nach Datenschutz, insbesondere Anonymität und Unbeobachtbarkeit, kann die Leistung von Ende-zu-Ende-Fehlerbehebung in Hinsicht auf die durchschnittliche Übertragungszeit, Varianz der Übertragungszeit oder des erzielbaren Durchsatzes (jeweils alles bezüglich fehlerfreier Übertragung) unbefriedigend sein. Beispielsweise ist Ende-zu-Ende-Fehlerbehebung mittels nochmaliger Übertragung nur bei transienten Fehlern (sporadisches Fehlerauftreten), bei denen zudem das Kommunikationsnetz selbst intakt bleibt, oder dann wirksam, wenn die nochmalige Übertragung die „Fehlerstellen" umgehen kann. (Die Fehlerklasse der transienten Fehler, bei denen das Kommunikationsnetz selbst intakt bleibt, umfaßt beispielsweise verfälschte Nachrichten, einzelne verlorene oder verdoppelte Nachrichten u. ä.)

Beim Entwurf von Fehlertoleranzverfahren muß zunächst mittels eines **Fehlermodells** definiert werden, was unter einem Fehler verstanden wird, insbesondere wo Fehler entstehen, wie sie sich äußern und wie sie sich ausbreiten können.

Um effiziente Fehlertoleranzverfahren entwerfen zu können, ist danach mittels einer **Fehlervorgabe** festzulegen, wieviele von welchen Sorten Fehlern (mindestens) toleriert werden müssen. Außerdem ist mittels einer **Dienstvorgabe** zu definieren, welche Beeinträchtigungen der eigentlichen Dienstabwicklung durch Fehler bzw. Fehlerbehandlung akzeptabel sind.

Um den Aufwand von Fehlertoleranzverfahren gering zu halten, wird üblicherweise davon ausgegangen, daß **Fehler** (im Gegensatz zu *Angriffen*) „aus Versehen" entstehen, sei es durch *falschen Entwurf, falsche Produktion, unerlaubte Umgebungsbedingungen* oder einfach *physische Alterung*.

Insbesondere bei den letzten beiden Fehlerursachen kann im Fehlermodell eines räumlich weit verteilten Systems davon ausgegangen werden, daß Fehler an verschiedenen Stellen des

Systems unabhängig voneinander auftreten. Man muß sich aber über die Konsequenzen solch einer Annahme klar sein: Weder kann dann von solch einem Fehlertoleranzverfahren die Tolerierung von (Natur-)Katastrophen entsprechend weiter räumlicher Ausdehnung, beispielsweise Überschwemmung eines Stadtviertels, noch die Tolerierung entsprechend massiver (externer) Sabotageakte erwartet werden. Beides tritt aber (hoffentlich) weitaus seltener als „ganz gewöhnliche Fehler" auf. Deshalb ist es sinnvoll, Katastrophen und massive (externe) Sabotage mit anderen Verfahren und unter größeren Einschränkungen der Kommunikationsnetzbenutzer (schwächere Dienstvorgabe) mittels für spezielle **Katastrophenmodelle** entworfener **Katastrophentoleranzverfahren** zu behandeln:

- Sind etwa bei einer Überschwemmung Übertragungsleitungen weitgehend unbrauchbar, so sind nur noch Funknetze verwendbar. Entsprechend sollte bei der zur Zeit stürmischen Entwicklung des öffentlichen mobilen Funks in allen neuen Systemen und Geräten vorgesehen werden, daß im Katastrophenfall Notrufe höhere Priorität als Privatkommunikation haben sowie weitere, normalerweise etwa für Massenkommunikation [Kais_82], insbesondere Unterhaltung, verwendete Frequenzbänder nach Erhalt einer „Freigabenachricht" von den Mobilfunkgeräten jeweils eine gewisse Zeitlang mitverwendet werden können. Leider wird dies bei der Einführung von Mobilfunksystemen heutzutage genausowenig beachtet wie die in Abschnitt 9.1 zu diskutierenden bei Mobilfunksystemen auftretenden Datenschutzprobleme.

- Sind etwa bei (externer) Sabotage etliche Übertragungs- und Vermittlungssysteme zerstört, so daß anonyme und unbeobachtbare Kommunikation nicht mehr möglich ist, so sollte das Kommunikationsnetz so rekonfiguriert werden können, daß die verbleibende Übertragungs- und Vermittlungskapazität für beobachtbare Kommunikation genutzt und dies den Teilnehmern selbstverständlich angezeigt wird. Dieses Umkonfigurieren ist insbesondere bei den Grundverfahren möglich und lohnend, die Anonymität und Unbeobachtbarkeit nicht durch übertragungstechnische, sondern kryptographische Techniken realisieren, nämlich beim MIX- und DC-Netz.

- Um nicht durch Ausfall oder Zerstörung eines zentralen Gerätes oder Kabelkellers (heute etwa die Ortsvermittlungsstelle bzw. deren Kabelkeller) alle leitungsgebundenen Übertragungs- und zugehörige Vermittlungseinrichtungen eines geographischen Gebietes zu „verlieren", sollten etwa öffentliche Fernsprechstellen (z. B. Telefonzellen) über ausschließlich andere Kabelkeller an andere Vermittlungseinrichtungen angeschlossen werden. Gegebenenfalls können die Verkehrsdaten öffentlicher Fernsprechstellen weniger geschützt werden als die personen- oder firmenbezogener Anschlüsse.

Bezüglich der ersten beiden Fehlerursachen ist eine Unabhängigkeit allenfalls bezüglich von unabhängigen Parteien entworfenen und produzierten Subsystemen realistisch, vgl. [Ande_84, EcPf_85, Aviz_85, AvLa_86].

Noch weniger Annahmen sind dann sinnvoll möglich, wenn Fehler nicht „aus Versehen" oder mittels (externer) Sabotageakte entstehen, sondern etwa als raffinierte Entwurfs- oder Produktionsfehler (Trojanische Pferde) eingebaut werden, vgl. Abschnitt 2.1.2. Vorstellbar etwa wäre, daß manche Einrichtungen bei Vorliegen gewisser Betriebszustände (etwa bestimmtes Datum, Eingabebefehl des Netzbetreibers, sehr unwahrscheinliches Bitmuster bei den Nutzdaten) ihr Verhalten vollständig ändern. Nicht nur Datenschutz, sondern auch die Verfügbarkeit von Kommunikationsdiensten kann dann natürlich in keiner Weise mehr garantiert werden, wenn diese Dienste von solchermaßen entworfenen oder produzierten Subsystemen abhängen. Öffentliche Fernsprechstellen sollten folglich nicht nur über andere Kabelkeller an andere Vermittlungseinrichtungen angeschlossen werden, sondern diese Vermittlungs- und Übertragungseinrichtungen sollten auch von anderen entworfen und produziert sein – sofern Entwurfs- und Produktionsfehler nicht ausgeschlossen werden können, vgl. Abschnitt 2.1.2.

Interne Fehler, die nicht „aus Versehen" entstehen, werden – wie teilweise schon angedeutet – als **aktive Angriffe** bezeichnet. Bezüglich massiven aktiven Angriffen gilt ähnliches wie unter Katastrophentoleranz ausgeführt wurde: man muß froh sein, wenn überhaupt noch Kommunikation möglich ist, Schutz der Verkehrsdaten ist in solch einer Situation nicht zu gewährleisten. Wie bei „normalen" Fehlern ist es aber auch bei begrenzten aktiven Angriffen (genauer: bei aktiven Angriffen von in ihren Fähigkeiten begrenzten Angreifern) sinnvoll, den Schutz der Verkehrsdaten nicht sofort um der Nutzleistung willen aufzugeben.

Mit diesen Bemerkungen zu Fehlertoleranz (im engeren Sinne), Katastrophentoleranz und Tolerierung aktiver Angriffe wurde ein riesiges Gebiet skizziert, dessen vollständige Behandlung einerseits den Rahmen dieser Arbeit bei weitem sprengen würde, andererseits glücklicherweise nicht nötig ist:

Fehler- und Katastrophentoleranzverfahren per se, d. h. ohne Betrachtung der Interaktionen mit den in den Abschnitten 2.3 und 2.5 beschriebenen speziellen Verfahren werden seit langem erforscht und partiell eingesetzt und sind somit (zumindest theoretisch) Standard, vgl. AnLe_81, SiSw_82, EcPf_85]. Entsprechendes gilt – wie in Abschnitt 1.2 unter dem Schlagwort Sicherheitsproblem bereits erwähnt – für die Tolerierung aktiver Angriffe per se, vgl. [VoKe_83, Denn_82, DaPr_84]. Alle diese Verfahren werden deshalb an den jeweiligen Stellen jeweils nur kurz erwähnt.

Wie oben bereits begründet wurde, erscheint es aussichtslos, in Katastrophensituationen noch die Verkehrsdaten schützen zu wollen – andererseits handelt es sich bei den meisten Kommunikationsereignissen in einer Katastrophensituation sicherlich um in einem objektiven Sinne nicht sensitiven Verkehr (vgl. Abschnitt 4.2.2), denn jeder wird z. B. bei einer Überschwemmung versuchen, mit den Notdiensten Kontakt aufzunehmen. (Wegen der Aufregung der Menschen bei Katastrophensituationen und der daraus häufig resultierenden Unvollständigkeit der Absender- und Ortsangabe kann es in ihnen sogar zweckmäßig sein, diese Angaben automatisch zu übertragen.)

Somit bleibt nur die Interaktion zwischen den in den Abschnitten 2.3 und 2.5 beschriebenen speziellen Datenschutz-Verfahren einerseits und Fehlertoleranz (im engeren Sinne) und Tolerierung aktiver Angriffe andererseits übrig. Dies kann und wird im Rest dieses Kapitels bewältigt werden:

- Zunächst werden einige weitere, für alle speziellen Datenschutz-Verfahren gültige Bemerkungen zur Ende-zu-Ende-Fehlerbehebung gemacht.
- Danach werden jeweils in eigenen Abschnitten – wo nötig – spezielle Fehlertoleranzverfahren für Verschlüsselung, Verteilung, MIX, DC-, BAUM-, RING-Netz sowie hierarchische Netze entwickelt und bewertet. Diese Gliederung erlaubt es, jeden der Abschnitte gesondert zu lesen. Dadurch soll eine bessere Verständlichkeit, insbesondere des Ineinandergreifens aller Fehlertoleranz-Maßnahmen in je einem Netz erreicht werden.

- Im letzten Abschnitt dieses Kapitels wird schließlich auf die Tolerierung aktiver Angriffe unter Erhaltung von Anonymität und Unbeobachtbarkeit eingegangen. Da hierbei die Gemeinsamkeiten der in den Abschnitten 2.3 und 2.5 beschriebenen speziellen Verfahren dominieren, erfolgt dies für alle Verfahren gemeinsam.

Zusammenfassend kann man sagen, daß die Grundverfahren aus den Abschnitten 2.3 und 2.5 so erweitert werden, daß sie begrenzt viele Fehler und aktive Angriffe tolerieren, aber weiterhin Anonymität und Unbeobachtbarkeit gewähren. Dabei stellt sich heraus, daß entweder zwischen Fehlertoleranz einerseits und Anonymität, Unbeobachtbarkeit und Unverkettbarkeit andererseits abzuwägen ist oder auf kontinuierliche Nutzleistung im Fehler- bzw. Angriffsfall verzichtet werden muß.

Um die Interaktion zwischen den in den Abschnitten 2.3 und 2.5 beschriebenen speziellen Datenschutz-Verfahren einerseits und Fehlertoleranz (im engeren Sinne) und Tolerierung aktiver Angriffe andererseits zu verstehen, wird die Auswirkungen von Fehlern im Schichtenmodell von Bild 30 betrachtet. In diesem Schichtenmodell benutzt eine Schicht die Dienste tieferliegender Schichten und stellt den höherliegenden Schichten ihre Dienste zur Verfügung. Einerseits kann ein Fehler, der in einer Schicht auftritt, in dieser Schicht selbst oder in der (oder den) nächsthöheren Schicht(en) toleriert werden. Der Fehler kann auch zu einem Fehler in der (oder den) nächsthöheren Schicht(en) führen, welcher (oder: welche) dann ebenfalls toleriert werden muß (müssen). Andererseits sollten und können Systeme so gebaut werden, daß ein Fehler, der in einer Schicht auftritt, nie zu einem Fehler in der nächsttieferen Schicht führt [AnLe_81 Seite 298, Gold_84].

Hieraus und aus dem in Abschnitt 2.6 Gesagtem folgt, daß die in Bild 30 dunkel hinterlegten, tiefen (Teil)Schichten ohne Rücksicht auf Anonymität, Unbeobachtbarkeit und Unverkettbarkeit mit beliebigen Maßnahmen zur Tolerierung von Fehlern und aktiven Angriffen versehen werden können. Mit anderen Worten: In diesen (Teil)Schichten findet keine Interaktion zwischen Datenschutzverfahren einerseits und Verfahren zur Tolerierung von Fehlern und aktiven Angriffen andererseits statt. Deshalb werden diese (Teil)Schichten im Rest dieses Kapitels kaum noch erwähnt.

Die nicht hinterlegten, mittleren (Teil)Schichten schaffen innerhalb des Kommunikationsnetzes Anonymität, Unbeobachtbarkeit und Unverkettbarkeit. Aber sie schaffen auch, wie zu Beginn dieses Kapitels erläutert, Seriensysteme im Sinne der Zuverlässigkeit. Diese (Teil)Schichten müssen, will man nicht einfach mehrere unabhängige Kommunikationsnetze „parallel" benutzen, um Verfahren zur Tolerierung von Fehlern und aktiven Angriffen erweitert werden. Hier findet dann natürlich eine Interaktion zwischen Datenschutzverfahren einerseits und Verfahren zur Tolerierung von Fehlern und aktiven Angriffen andererseits statt.

Da die hell hinterlegten, höheren (Teil)Schichten Anonymität, Unbeobachtbarkeit und Unverkettbarkeit erhalten müssen und zumindest Ende-zu-Ende-Fehlerbehebung — wenn auch selten — durchführen müssen, findet auch auf ihnen eine Interaktion zwischen Datenschutzverfahren einerseits und Verfahren zur Tolerierung von Fehlern und aktiven Angriffen andererseits statt. Da die Protokolle der höheren Schichten 4, 5, 6, 7 üblicherweise nur die Dienste für einen Teilnehmer (und damit natürlich auch die Teilnehmer, die mit ihm kommunizieren wollen) betreffen und üblicherweise in Geräten des Teilnehmers implementiert sind und Teilnehmer bei Ausfall ihrer Geräte natürlich keine Erbringung von Kommunikationsdiensten erwarten können,

werden Teilnehmer ihre Geräte ggf. intern (und damit für andere bis auf die höhere Verfügbarkeit) unsichtbar fehlertolerant machen. Da zudem eine relativ große zeitliche Entkopplung
zwischen den relativ langsamen Ereignissen dieser höheren Schichten und den viel schnelleren
(und zahlreicheren) der mittleren und tieferen Schichten besteht, dürfte solch eine redundante
Auslegung der Teilnehmerstationen kaum Probleme bezüglich Datenschutzverfahren aufwerfen,
sieht man von den bereits erwähnten, daß fehlerhafte Stationen natürlich keine expliziten
Adressen anfügen oder die Ende-zu-Ende-Verschlüsselung unterlassen dürfen, ab. Deshalb
werden im Rest dieses Kapitels nur die Funktionen der hell hinterlegten, höheren
(Teil)Schichten behandelt, die die schnelle Interaktion vieler Teilnehmerstationen betreffen (und
deshalb in Bild 30 explizit eingezeichnet sind).

Weitere, für alle speziellen Datenschutzverfahren gültigen **Bemerkungen zur Ende-zu-
Ende-Fehlerbehebung:**
In allen Datenschutzverfahren der Abschnitte 2.3 und 2.5 werden Informationseinheiten
sensitiven Inhalts zwischen Sender und Empfänger verschlüsselt übertragen, d. h. *Ende-zu-
Ende-Verschlüsselung* wird eingesetzt. Wie erwähnt ist es aus Gründen der Fehlertoleranz
nötig, Ende-zu-Ende-Protokolle zu verwenden, um Fehler auch ganz am Anfang oder Ende der
Übermittlungsstrecke entdecken und ggf. beheben zu können; außerdem dienen diese Protokolle auch der Sicherheit (Schutz vor Erfolg von Angriffen). Durch Sequenznummern, Zeitstempel, fehlererkennende Codes u. ä. lassen sich Übermittlungsfehler erkennen, um eine Wiederholung der Übermittlung zu initiieren. Gleichzeitig lassen sich auch aktive Angriffe, z. B. das
Wiederholen alter, ehemals gültiger Informationseinheiten erkennen (vgl. Abschnitt 5.8 und
[VoKe_83]). Damit die Protokollinformationen keine Anhaltspunkte über Sender bzw. Empfänger von Informationseinheiten liefern, sollten sie vernünftigerweise selbst unter der Ende-zu-
Ende-Verschlüsselung vor Unbeteiligten verborgen werden. Dies wiederum impliziert, daß das
verwendete Konzelationssystem gegen Angriffe mit bekanntem Klartext sicher sein muß (vgl.
Abschnitt 2.2). Ansonsten könnte die starre Struktur der Informationseinheiten dazu verwendet
werden, das Konzelationssystem zu brechen. Wie bereits angemerkt wurde, ist dies Verbergen
der Protokollinformation vor Unbeteiligten das Besterreichbare.

Bei allen Datenschutzverfahren kann man, wie erwähnt, zur Leistungssteigerung *anonyme
Kanäle* schalten. Fehler in diesen Kanälen lassen sich mit denselben Maßnahmen wie bei einzelnen Nachrichten oder Paketen tolerieren. Die erforderlichen Zusatzinformationen müssen
dann für die Dauer eines Kanals gespeichert werden. Im folgenden werden daher Kanäle meistens nicht extra betrachtet.

5.1   Verschlüsselung

Zwischen Verschlüsselung einerseits und Tolerierung von Fehlern und aktiven Angriffen
andererseits gibt es folgende relevanten Interaktionen:
Zerstört oder ändert ein Fehler oder aktiver Angriff eine Informationseinheit, in der ein
Schlüssel ausgetauscht wird, so kann der Empfänger nicht richtig ver- oder entschlüsseln. Da
ein Schlüsselaustausch üblicherweise in Authentifikation (zumindest aber Integrität) garantie-

render Weise erfolgt (vgl. Abschnitt 2.2), kann dies vom Empfänger mit an Sicherheit grenzender Wahrscheinlichkeit sofort und damit vor einer Benutzung des Schlüssels bemerkt werden. Ist der Schlüsselaustausch nötig (und kann nicht etwa der bisher benutzte weiter benutzt werden), so muß der Empfänger des Schlüssels vom Sender eine erneute Übermittlung anfordern, die ggf. über einen anderen Weg erfolgen kann. Gegen einen Verlust von richtig erhaltenen Schlüsseln kann man sich durch Verwendung eines Schwellwertschemas [Sham_79] und Speicherung der „Schlüsselteile" an verschiedenen Stellen schützen.

Zerstört oder ändert ein Fehler oder aktiver Angriff eine verschlüsselte Informationseinheit, so kann sie im allgemeinen nicht richtig entschlüsselt werden. Bei synchronen Stromchiffren ist danach im allgemeinen auch keine Entschlüsselung der folgenden Informationseinheiten möglich, vgl. Abschnitt 2.2.2.1. Da es einerseits günstig ist, wenn sowohl Ende-zu-Ende- als auch Verbindungs-Verschlüsselung mit einer Stromchiffre durchgeführt wird, damit etwa zur Fehlerbehebung nochmals übermittelte Informationseinheiten unterschiedlich verschlüsselt und ihre Wiederholung für Unbeteiligte nicht erkennbar ist, empfehlen sich für den praktischen Einsatz selbstsynchronisierende Stromchiffren, die mittels der in Abschnitt 2.2.2.1 beschriebenen Konstruktionen aus Blockchiffren erzeugt werden können. Im Gegensatz zu synchronen erlauben selbstsynchronisierende Stromchiffren eine einfachere Fehlerbehebung und bei manchen Diensten, z. B. Telefon, sogar einen vollständigen Verzicht auf Fehlerbehebung bei kurzen transienten Fehlern (oder aktiven Angriffen).

5.2   Verteilung

Zwischen Verteilung einerseits und Tolerierung von Fehlern und aktiven Angriffen andererseits gibt es folgende zwei relevanten Interaktionen:

Empfänger, die *Informationseinheiten fehlerhaft oder gar nicht erhalten*, sollten unabhängig davon, ob sie sie überhaupt benötigen, auf einen fehlerfreien Empfang – etwa mittels nochmaliger Übertragung – bestehen. Anderenfalls könnte eine Reaktion auf fehlerhafte oder gar nicht erhaltene Informationseinheiten den bzw. die Empfänger verraten. Bei der praktischen Durchführung dieser Regel stößt man möglicherweise an zwei Grenzen:
Einerseits können Teilnehmerstationen möglicherweise nicht die gesamte ihnen zufließende Information gleichzeitig empfangen (vgl. Abschnitt 3.2.1) und deshalb manche fehlerhaften Informationseinheiten gar nicht erkennen.
Andererseits könnte es keine Instanz geben, von der eine fehlerfreie Kopie angefordert werden kann. Letzteres kann durch eine kurzzeitige Speicherung aller verteilten Informationseinheiten in einem (oder mehreren) global bekannten Speicher(n) ohne irgendwelche Einschränkungen des Datenschutzes gelöst werden.
Bezüglich der Erkennung fehlerhafter Verteilung bzw. aktiver Angriffe auf die Verteilung sei an das in Abschnitt 2.5.1 Gesagte erinnert.

Ähnlich wie bei Verschlüsselung muß bei *impliziter Adressierung* darauf geachtet werden, daß implizite Adressen auch bei Verfälschung oder Verlust von vorangehenden Informationseinheiten richtig erkannt werden. Dies kann durch Verwendung einer Blockchiffre bei verdeckter impliziter Adressierung perfekt erreicht werden. Bei offener impliziter Adressierung mit jeweils nur einmal verwendeten Adressen, die zum Zwecke des Adreßvergleichs in einen Assoziativspeicher geschrieben und nach Erhalt einer entsprechend adressierten Informationseinheit durch die folgende Adresse ersetzt werden (vgl. Abschnitt 2.5.1), ist dies nicht ohne weiteres möglich. Zwar können bei einer Fehlervorgabe von maximal k aufeinanderfolgenden verlorenen oder verfälschten Informationseinheiten statt der nächsten immer die $k+1$ nächsten Adressen jeder Adreßfolge in einen entsprechend um den Faktor $k+1$ größeren Assoziativspeicher geschrieben werden, was gegen kurzzeitige Störungen hilft. Bei längeren Störungen müssen Sender und Empfänger aber – etwa mittels Nachrichten mit verdeckter impliziter Adressierung – neu synchronisiert werden.

5.3   MIX-Netz

Im MIX-Netz ohne Verteilung „letzter" (vgl. Abschnitt 2.5.2.3) Informationseinheiten sind andere Fehlerbehebungs-Verfahren als Ende-zu-Ende-Zeitschranken und nochmalige Übermittlung bei Überschreitung der Zeitschranken ganz besonders nötig, da dieses Fehlerbehebungsverfahren bei manchen Diensten nicht zufriedenstellend funktioniert: bei elektronischer Post (electronic mail) etwa gibt es keine sinnvollen Zeitschranken. Außerdem muß bei anonymen Rückadressen der ursprüngliche Generierer eine neue anonyme Rückadresse als Ersatz einer durch Ausfall eines MIXes unbrauchbar gewordenen bilden – der Verwender der Rückadresse kann dies nicht (vgl. Abschnitt 2.5.2.3). Dieses Problem kann allerdings durch das Verfahren des anonymen Abrufs statt „normaler" anonymer Rückadressen vermieden werden, vgl. Abschnitt 2.5.2.6.

Für die hiermit motivierten und in den folgenden Unterabschnitten hergeleiteten Fehlertoleranzverfahren wird als einheitliche und angemessene graphische Notation die von Bild 20 verwendet. Dargestellt wird jeweils die Übermittlung einer Nachricht (als Beispiel einer von anderen unabhängigen Informationseinheit) vom $\underline{S}$ender S über 5 MIXe zum $\underline{E}$mpfänger E, die dabei verwendeten Schlüssel und ihre Kenntnis, sowie die Reihenfolge von Verschlüsselungs-, Transfer- und Entschlüsselungsoperationen. Wie in den Bildern 19 und 20 wird das einfachste Verschlüsselungsschema (direktes Umcodierungsschema für Senderanonymität) abgebildet.

Da keine Informationseinheiten eingezeichnet sind, kann man Bild 20 auch als Darstellung des (abstrakten) Verschlüsselungs-, Transfer- und Entschlüsselungsschemas verstehen. Ebenso kann, da keine genauen Verschlüsselungsstrukturen gezeigt sind, Bild 20 auch als Abbildung eines indirekten Umcodierungsschemas – sei es für Sender-, sei es für Empfängeranonymität oder beides – verstanden werden, das nur die wesentlichen, nämlich nachrichtenunabhängigen Schlüssel sowie Ver- und Entschlüsselungen zeigt.

Man erkennt an Bild 20 noch deutlicher die Serieneigenschaft als an Bild 19. Fällt nur ein MIX auf dem Weg zwischen S und E aus, so kann die Nachricht nicht weiter entschlüsselt und übertragen werden.

Wie schon in Abschnitt 2.6 begründet und aus Bild 30 ersichtlich, basiert das MIX-Netz auf einem in den Schichten 0 (medium), 1 (physical) und 2 (data link) sowie der unteren Teilschicht der Schicht 3 (network) ohne Rücksicht auf Datenschutzforderungen realisierbaren Kommunikationsnetz. Wie schon begründet, impliziert dies, daß diese Schichten des Kommunikationsnetzes konventionelle Fehlertoleranz-Maßnahmen verwenden können, ohne dadurch die Anonymität bzw. Unbeobachtbarkeit der Netzteilnehmer zu gefährden. Transiente sowie permanente Fehler in diesen Schichten können also von diesen selbst toleriert werden.

Die MIXe selbst müssen und können so gebaut oder mittels organisatorischer Maßnahmen betrieben werden, daß sich Fehler (oder aktive physische Angriffe) mit an Sicherheit grenzender Wahrscheinlichkeit nicht so auswirken, daß der MIX seinen geheimen Dechiffrierschlüssel ausgibt, Informationseinheiten mehrfach mixt oder in falscher Reihenfolge ausgibt. Hingegen ist es akzeptabel, daß er bei schwerwiegenden Fehlern (oder aktiven physischen Angriffen) seine Schlüssel „vergißt" und seinen Dienst vollständig einstellt (fail-stop Betrieb [ScSc_83]). Um möglichst selten Fehler extern tolerieren zu müssen, ist es natürlich möglich, den MIX intern fehlertolerant aufzubauen, solange bei diesem Aufbau obige Bedingungen auch bei Fehlern oder aktiven Angriffen eingehalten werden.

Extern wahrnehmbare transiente Fehler in den MIXen werden von den Ende-zu-Ende-Protokollen zwischen Sender S und Empfänger E erkannt und durch wiederholtes Senden toleriert. (Zur Leistungssteigerung ist auch eine weitere Zwischenstufe mit MIX-zu-MIX-Protokollen möglich.) Es bleiben somit nur noch die extern wahrnehmbaren permanenten Fehler in MIXen. Diese Fehler sind mit den üblichen Techniken zu erkennen bzw. zu lokalisieren, z. B. der Ausfall eines MIXes durch Zeitschranken bzw. die Diagnose, welcher MIX ausfiel, durch das Ausbleiben eines zyklisch zu gebenden Lebenssignals (Nachricht mit Datum und Zeit sowie Unterschrift, I'm alive message). Die permanenten Ausfälle von MIXen erfordern darüber hinaus geeignete Methoden zur Fehlerbehebung. Prinzipiell gibt es drei Möglichkeiten [Pfi1_85]:

Die erste, in Abschnitt 5.3.1 beschriebene, erfordert keine Koordination von MIXen. Sie stellt aber ein Ende-zu-Ende-Protokoll dar, was – wie erwähnt – für die Unverkettbarkeit und damit auch die Anonymität bzw. Unbeobachtbarkeit ungünstig ist.

Im Gegensatz hierzu ist Koordination zwischen MIXen bei den beiden anderen nötig und eine nicht Ende-zu-Ende arbeitende Fehlerbehebung deshalb möglich, da bei ihnen MIXe in die Lage versetzt werden, andere zu ersetzen. Wie dies geschehen kann und was dabei zu beachten ist, wird in Abschnitt 5.3.2 behandelt.

Besonderheiten beim Schalten von Kanälen werden für alle drei Möglichkeiten gemeinsam in Abschnitt 5.3.3 behandelt.

In Abschnitt 5.3.4 wird dann eine quantitative Bewertung aller drei Möglichkeiten durchgeführt.

5.3.1 Verschiedene MIX-Folgen

Bei der ersten Möglichkeit versucht der Sender eine Wiederholung der Übermittlung auf einem anderen Weg (Bild 56), d. h. über eine disjunkte MIX-Folge (in der Begriffswelt der Fehlertoleranz [EcGM_83, gekürzt auch in BeEG_86]: *dynamisch aktivierte Redundanz*). Diese Lösung ist einfach, aber (wie dynamisch aktivierte Redundanz generell) langsam, da das Ende-zu-Ende-Protokoll zuerst den Fehler erkennen (i. allg. durch Ende-zu-Ende-Zeitschranken) und dann eine zweite Übermittlung einleiten muß, möglicherweise ohne zu wissen, welcher MIX defekt ist.

Im MIX-Netz ohne Verteilung „letzter" Informationseinheiten und ohne anonymen Abruf sind gemäß Abschnitt 2.5.2.3 anonyme Rückadressen mit langer Gültigkeit zum Schutz des Empfängers nötig. Bei anonymen Rückadressen mit langer Gültigkeit ist obiges Fehlertoleranzverfahren dann sehr aufwendig, wenn keine zeitliche Beziehung zwischen Nachrichten und Antworten besteht, wie dies z. B. bei elektronischer Post (electronic mail) der Fall ist. Der Empfänger E kann, falls die erhaltene Rückadresse ausfällt (wenigstens ein MIX in dieser Folge ist defekt), keine Übermittlung auf einem anderen Weg versuchen. Dies gilt auch, wenn immer zwei oder mehr anonyme Rückadressen mit langer Gültigkeit (*statisch erzeugte Redundanz*) ausgetauscht werden und in jeder Folge ein MIX defekt ist. Der ursprüngliche Sender S (genauer: seine Teilnehmerstation) müßte also, solange er von E keine Antwort erhielt, E (genauer: seiner Teilnehmerstation) immer wieder neue anonyme Rückadressen mitteilen, was in den meisten Fällen völlig überflüssig ist, da E lediglich bisher noch keine Zeit fand, eine Antwort zu formulieren. Alternativ kann sich S auch immer wieder informieren, welche MIXe inzwischen ausgefallen sind, und E nur dann neue anonyme Rückadressen mit langer Gültigkeit mitteilen, wenn alle E bisher mitgeteilten anonymen Rückadressen mit langer Gültigkeit ausgefallen sind oder waren, denn auch im letzteren Fall können sie – nach einem Fehlversuch von E – für diesen inzwischen permanent unbrauchbar sein.

Diese erste Möglichkeit der Fehlertoleranz läuft auf ein alle Stationen involvierendes **Zwei-Phasen-Konzept** hinaus. In der einen Phase werden Informationseinheiten anonym übertragen, in der anderen werden Fehler toleriert, z. B. dadurch daß nach jedem Ausfall eines MIXes alle Sender allen Empfängern neue anonyme Rückadressen zukommen lassen, in denen der ausgefallene MIX nicht benötigt wird (in der Begriffswelt der Fehlertoleranz: *dynamisch erzeugte*, dynamisch aktivierte *Redundanz*). Da im MIX-Netz ohne Verteilung „letzter" Informationseinheiten an alle Stationen und ohne anonymen Abruf aus Gründen der gegenseitigen Anonymität von Sender und Empfänger alle Adressen anonyme Rückadressen sein müssen (Abschnitt 2.5.2.4), erfordert diese Neuverteilung in ihm zwingend eine Indirektionsstufe in Form von nichtanonymen Stellen zur Neuverteilung der Adressen (etwa die bereits in Abschitt 2.5.2.4 erwähnten Adreßverzeichnisse mit anonymen Rückadressen): nach Ausfall eines MIXes wird dies allen Stationen mitgeteilt und jede sendet den nichtanonymen Stellen zur Adreßverteilung mit einem Senderanonymitätsschema über die noch intakten MIXe eine Liste der unbrauchbar gewordenen anonymen Adressen, jeweils eine anonyme Ersatzadresse und eventuell noch weitere anonyme Adressen, da diese ja je nur einmal verwendet werden können und also von Zeit zu Zeit sowieso nachgeliefert werden müssen.

Im MIX-Netz mit Verteilung „letzter" Informationseinheiten an alle Stationen sind anonyme Rückadressen überflüssig, da durch Verteilung und normale implizite Adressen der Empfänger vollständig geschützt ist. Also müssen in solch einem MIX-Netz auch nach Ausfall von MIXen keine neuen Adressen ausgetauscht werden. Eine Liste der ausgefallenen MIXe sollte natürlich an alle Stationen verteilt werden, damit sie diese MIXe für das Senderanonymitätsschema nicht verwenden.

Entsprechendes gilt beim Verfahren des anonymen Abrufs.

Eine im Fehlerfall Zeit sparende Variation dieser Möglichkeit der Ende-zu-Ende-Protokolle mit statisch oder dynamisch aktivierter Redundanz besteht darin, jeden anonymen Informationstransfer parallel über mehrere disjunkte MIX-Folgen auszuführen (statisch oder dynamisch erzeugte, *statisch aktivierte Redundanz*).

Nachteil jeder Ende-zu-Ende-Fehlerbehebung ist, daß statistische Angriffe über Senderaten von Informationseinheiten – wie zu Beginn dieses Kapitels bereits erwähnt – möglich sind, die ggf. eine Verkettung von Verkehrsereignissen bewirken können. Besonders ausgeprägt ist dies bei MIX-Netzen ohne Verteilung „letzter" Informationseinheiten und bei individueller Wahl der Ende-zu-Ende-Zeitschranken (genauer: der Zeitschrankenintervalle, innerhalb derer zu einem zufälligen Zeitpunkt reagiert wird) bzw. bei individueller Wahl der Anzahl der parallel auszuführenden Informationstransfers.

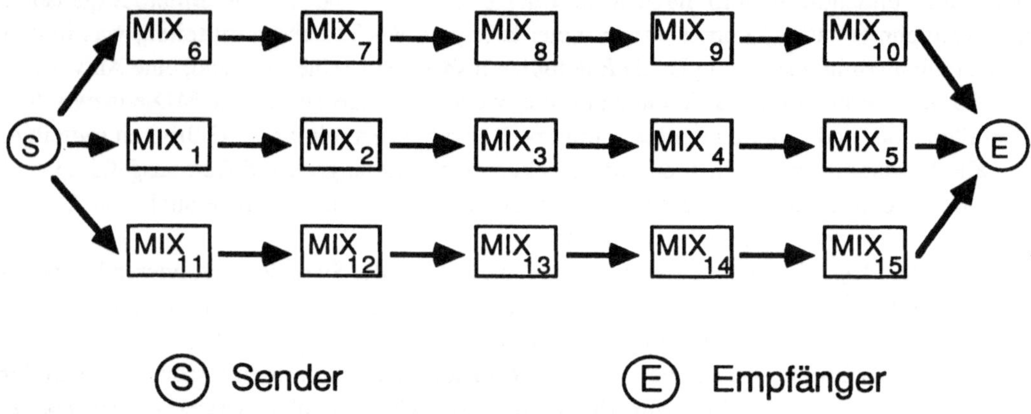

Bild 56: Zwei zusätzliche alternative Wege über disjunkte MIX-Folgen

Können statistische Angriffe über Senderaten von Informationseinheiten ignoriert werden, so gilt das folgende Datenschutz-Kriterium.

Datenschutz-Kriterium:
Verschiedene MIX-Folgen sind genauso sicher wie die ursprünglichen Schemata (vgl. Abschnitt 2.5.2), sofern bei jeder verwendeten MIX-Folgen mindestens ein MIX nicht von Angreifer kontrolliert wird.
Hierbei ist es unerheblich, ob der nicht kontrollierte MIX korrekt mixt oder (etwa, sofern er ausgefallen ist) gar nicht.

5.3.2 Ersetzen von MIXen

Um eine nicht Ende-zu-Ende arbeitende Fehlerbehebung zu ermöglichen und damit alle Nachteile der ersten Möglichkeit zu vermeiden, werden bei der zweiten und dritten Möglichkeit MIXe in die Lage versetzt, andere zu ersetzen. Dies ist insbesondere für die Verfügbarkeit sehr vorteilhaft, verursacht aber das im folgenden Unterabschnitt behandelte *Koordinations-Problem*.

Die Möglichkeit des Ersetzens von MIXen wird statisch vorgesehen (*statisch erzeugte Redundanz*) – bei dynamisch erzeugter Redundanz bräuchten keine MIXe ersetzt zu werden. Es könnte, wie in Abschnitt 5.3.1, eine ganz andere MIX-Folge gewählt werden.

Statisch erzeugte Redundanz kann generell entweder statisch oder dynamisch aktiviert werden.

Dabei ist eine statische Aktivierung bezüglich des Ersetzens eines MIXes nichts anderes als eine verteilte, intern fehlertolerante Implementierung eines MIXes (vgl. Abschnitt 5.3), wobei die Funktion des Sendens der Eingabe an alle verteilten Teile des MIXes an den vorangehenden MIX (bzw. das unterliegende Kommunikationsnetz) und die Funktion des Sammelns der Ausgaben aller verteilten Teile und die Bildung des Gesamtergebnisses an den nachfolgenden MIX delegiert wird. Nicht delegierbar ist eine Koordinierung aller verteilten Teile des MIXes (vgl. auch Abschnitt 5.3.2.1). Die Koordinierung muß sicherstellen, daß alle nicht ausgefallenen Teile in jedem Schub (vgl. Abschnitt 2.5.2) jeweils die gleichen Eingabe-Informationseinheiten bearbeiten. Anderenfalls kann ein aktiver Angreifer Differenzen zwischen den Eingabe- und Ausgabe-Informationseinheiten einzelner Teile des MIXes herbeiführen und zur Überbrückung des verteilt implementierten MIXes bezüglich des Schutzes der Kommunikationsbeziehung nutzen. Dies gelingt genau dann, wenn Durchschnitte oder Differenzen der Schübe die Kardinalität 1 haben, vgl. Abschnitt 2.5.2.

Eine statische Aktivierung bezüglich des Ersetzens mehrerer MIXe in Folge ist bezüglich des Schutzes der Kommunikationsbeziehung problematisch, da

- das bereits mehrfach erwähnte Koordinations-Problem dann jeweils für die MIXe in Folge bezüglich jeder Stufe besteht und
- eine Informationseinheit nur unter solchen Informationseinheiten bezüglich des Schutzes der Kommunikationsbeziehung geschützt werden kann, die jeweils dieselben MIXe in Folge durchlaufen, d. h. sowohl jeweils dieselben MIXe hintereinander als auch gleichviele Folgen parallel.

Eine statische Aktivierung bezüglich des Ersetzens mehrerer MIXe in Folge ist also nur bei fest vorgegebenen MIX-Kaskaden (vgl. Abschnitt 4.2.3.1) möglich.

Da beide Möglichkeiten statisch erzeugter, statisch aktivierter Redundanz einerseits sehr aufwendig und andererseits bezüglich des Entwurfsspielraums uninteressant zu sein scheinen, wird in den folgenden Unterabschnitten 5.3.2.1 bis 5.3.2.3 ausschließlich statisch erzeugte, *dynamisch aktivierte* Redundanz behandelt.

In Abschnitt 5.3.2.4 wird dann untersucht, inwieweit statisch erzeugte, statisch oder dynamisch aktivierte Redundanz und MIX-zu-MIX-Verschlüsselung zur Verringerung der nötigen Koordinierung zwischen MIXen verwendet werden können.

5.3.2.1   Das Koordinations-Problem

Im MIX-Netz, wie es in Abschnitt 2.5.2 beschrieben wurde, war jeder MIX dafür verantwortlich, solange er sein Schlüsselpaar beibehält, Informationseinheiten mit ihm höchstens einmal zu mixen. Anderenfalls könnte ein Angreifer einen MIX bezüglich einer Informationseinheit, die er zweimal mixt, überbrücken, da sie mit hoher Wahrscheinlichkeit die einzige in den entsprechenden Ausgaben des MIXes zweimal enthaltene Informationseinheit ist.

Können MIXe in die Lage versetzt werden, andere zu ersetzen, so wird diese Verantwortung jedes *einzelnen* MIXes auf ein von ihm und denjenigen MIXen, die ihn möglicherweise ersetzen können, gebildetes *Team* übertragen. Dabei muß das Team dieser Verantwortung auch dann gerecht werden, wenn eine beliebige Teilmenge des Teams ausgefallen und die Kommunikation zwischen nicht ausgefallenen Teammitgliedern unterbrochen ist. Insbesondere dürfen Informationseinheiten, die von ausgefallenen oder gerade unerreichbaren Teammitgliedern bereits gemixt wurden, nicht nochmal von einem Teammitglied gemixt werden – obwohl ein Angreifer versuchen wird, genau das zu erreichen.

Diese Aufgabe kann von einem einfachen Protokoll zwischen den Teammitgliedern gelöst werden. Allerdings ist der Aufwand dieses Protokolls, nämlich die durch seine Ausführung verursachte zusätzliche Verzögerungszeit der eigentlichen Nachrichten sowie die zusätzliche Kommunikation zwischen sowie der zusätzliche Speicherplatz in MIXen, erheblich.

Ineffizientes Koordinations-Protokoll [Pfi1_85 Seite 74]:
Bevor ein MIX Informationseinheiten mixt, schickt er alle seine Eingabe-Informationseinheiten an alle Teammitglieder, die nicht ausgefallen sind.
Der MIX mixt eine Informationseinheit nur, nachdem ihm von allen nicht ausgefallenen Teammitgliedern bestätigt wurde, daß sie diese Eingabe-Informationseinheit noch nicht gemixt haben und auch nicht mixen werden.
Ein ausgefallener MIX bekommt von den anderen Teammitgliedern alle Informationseinheiten, die gemixt wurden oder gemixt werden sollen, bevor er selbst wieder zu mixen beginnt.

Um dieses Koordinations-Protokoll ausführen zu können, muß jeder MIX des Teams alle Informationseinheiten, die von anderen Teammitgliedern oder ihm selbst gemixt wurden (bzw. gemixt werden wollten), speichern. Um den dazu benötigten Speicherplatz erträglich zu halten, können die in Abschnitt 2.5.2.6 beschriebenen drei Möglichkeiten zur Verkleinerung des Speicher- und Suchaufwands (öffentlich bekannte Dechiffrierschlüssel der MIXe öfter tauschen; Zeitstempel; verkürzende Hash-Funktion) verwendet werden.
Wird die Methode der verkürzenden Hash-Funktion bereits vom Anfrager und nicht erst von den Antwortern (im obigen Koordinations-Protokoll) angewandt, so reduziert diese Möglichkeit nicht nur den Speicher- und Suchaufwand, sondern auch den Kommunikationsaufwand.
Andere Methoden zur Verringerung des Kommunikationsaufwandes und der Verzögerungszeit der eigentlichen Nachrichten sind spezifisch für die zweite und dritte Möglichkeit und werden deshalb in den folgenden Abschnitten 5.3.2.2 und 5.3.2.3 behandelt.

Das obige ineffiziente Koordinations-Protokoll setzt voraus, daß MIXe sicher wissen, welche MIXe des Teams ausgefallen bzw. nicht ausgefallen sind. Anderenfalls könnte ein Angreifer zwei Gruppen voneinander zu isolieren und zu überzeugen versuchen, daß die MIXe der anderen Gruppe ausgefallen sind. Ist ihm das gelungen, so ist ein erfolgreicher Angriff leicht. Um dies auch dann zu verhindern, wenn MIXe nicht sicher wissen, welche MIXe des Teams ausgefallen bzw. nicht ausgefallen sind, kann obiges Koordinations-Protokoll um die Regel erweitert werden, daß nur dann gemixt wird, wenn eine absolute Mehrheit funktioniert (und miteinander kommunizieren kann).

Dies kann mit den üblichen Authentifikationstechniken garantiert werden, vgl. Abschnitt 2.2. Hier – wie auch bei den folgenden effizienten Koordinations-Protokollen – wird der anfragende MIX bei der Bestimmung der absoluten Mehrheit immer als aktiv zustimmend reagierend, d. h. positiv mitgezählt.

5.3.2.2 MIXe mit Reserve-MIXen

Die zweite Möglichkeit (der drei am Ende von Abschnitt 5.3 angekündigten) besteht darin, daß der geheime Schlüssel des ausgefallenen MIXes einem oder mehreren anderen MIXen, die z. B. von derselben Organisation betrieben werden, bekannt ist (Bild 57) oder von vielen MIXen, die z. B. von sich gegenseitig mißtrauenden Organisationen betrieben werden, durch Verwendung eines Schwellwertschemas [Sham_79] rekonstruiert werden kann [Pfi1_85].

Beides ermöglicht ohne Änderungen der Adreß- oder Verschlüsselungsschemata ein MIX-zu-MIX-Protokoll, indem der jeweilige Sender oder MIX bei Ausfall eines (oder mehrerer) MIXe die Informationseinheit zu einem nicht ausgefallenen Mitglied des entsprechenden Teams übermittelt. Dazu benötigt er Information über Ausfälle von MIXen sowie die Teamstruktur. Beides kann entweder global bekannt sein oder auf Anfrage mitgeteilt werden – der Ausfall eines MIXes etwa durch Ausbleiben einer Antwort (Empfangsquittung). Auf die ebenfalls nötige Information über die Erreichbarkeit von MIXen, die durch Ausfälle von Teilen des unterliegenden Kommunikationsnetzes eingeschränkt sein kann, wird aus den zu Beginn dieses Kapitels dargelegten Gründen nicht weiter eingegangen.

In der Begriffswelt der Fehlertoleranz ausgedrückt handelt es sich also um *statisch erzeugte, dynamisch aktivierte Parallel-Redundanz.*

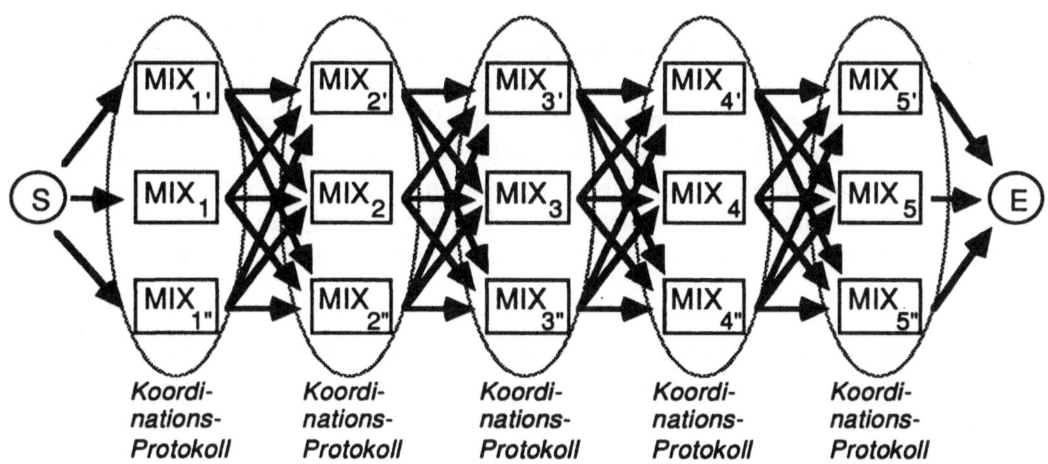

Bild 57: MIX$_i$ kann alternativ von MIX$_{i'}$ oder MIX$_{i''}$ ersetzt werden (i = 1, 2, 3, 4, 5)

Wie angekündigt, kann der Aufwand des Koordinations-Protokolls zur Verhinderung mehrfachen Mixens derselben Informationseinheit drastisch reduziert werden:

Effizientes Koordinations-Protokoll für MIXe mit Reserve-MIXen [Pfi1_85 Seite 75f]:
Jegliche zusätzliche Verzögerung des Mixens kann vermieden werden, wenn jeder MIX mit seinen Reserve-MIXen vereinbart, daß sie nur dann mit seinem Schlüssel mixen, wenn er ausgefallen ist.
Es genügt dann, daß er seine Eingabe-Informationseinheiten an eine deutlich größere als absolute Mehrheit aller Teammitglieder spätestens dann abschickt, wenn er die zugehörigen Ausgabe-Informationseinheiten ausgibt. Hört er auf zu mixen, wenn er innerhalb eines vorgegebenen Zeitraums keine authentifizierten Empfangsbestätigungen einer absoluten Mehrheit aller anderen Teammitglieder erhält, so kann ein Angreifer ihn mittels Isolierung höchstens bezüglich der Informationseinheiten überbrücken, für die er noch keine Empfangsbestätigung erhielt.
Reserve-MIXe, deren Ausfall ein MIX überprüfen kann (etwa mittels authentifizierter Kommunikation mit dessen Kommunikationsprozessor), brauchen bei der Ermittlung einer (absoluten) Mehrheit nicht gezählt zu werden.
Ist ein MIX ausgefallen, so können die Reserve-MIXe einen von ihnen als seinen *Vertreter* bestimmen (und etwa zur Rekonstruktion des MIX-Schlüssels befähigen, falls ein Schwellwertschema [Sham_79] verwendet wurde). Der Vertreter verhält sich genauso wie der MIX, sofern er nicht ausgefallen wäre, bis er entweder selbst auch ausfällt (und die übrigen Reserve-MIXe einen neuen Vertreter bestimmen) oder der vertretene MIX repariert ist und synchronisiert mit dem Ende des stellvertretenden Mixens seines Vertreters mit seinem Mixen beginnt.

Meiner Meinung nach wird das Risiko, daß ein Angreifer einen MIX bezüglich der Informationseinheiten, für die er noch keine Empfangsbestätigungen erhielt, mittels Isolierung überbrücken kann, bei weitem durch die Vermeidung jeder zusätzlichen Verzögerung des Mixens aufgewogen. Denn aktive Angriffe, die diese Schwäche des Koordinations-Protokolls auszunutzen versuchen, können leicht entdeckt werden (zumindest wenn sie oft erfolgen) und müssen an sehr vielen Stellen in aufeinander abgestimmter Weise eingreifen, wenn Informationseinheiten jeweils mehrere MIXe durchlaufen: Um den Weg einer bestimmten Informationseinheit von ihrem Sender zu ihrem Empfänger zu verfolgen, muß ein Angreifer in jedem Team, von dem jeweils ein Mitglied die Informationseinheit mixen muß, den gerade aktiven MIX (kontrollieren oder) zum Ausfall bringen oder isolieren, nachdem er diese Informationseinheit mixte.

Ein MIX sollte solche MIXe als seine Reserve-MIXe wählen, die physisch zumindest einige zehn Kilometer auseinanderliegen, damit sich so wenig Fehler (oder aktive physische Angriffe) wie möglich auf mehrere auswirken [Pfi1_85 Seite 76], vgl. das zu Beginn von Kapitel 5 im Kontext des Fehlermodells Gesagte.
Betreibt eine Organisation mehrere MIXe an räumlich weit entfernten Stellen, so scheint es sehr vernünftig zu sein, daß diese MIXe füreinander als Reserve-MIXe fungieren.

Datenschutz-Kriterium:

Wenn die MIXe geeignet koordiniert sind, so sind MIXe mit Reserve-MIXen genauso sicher wie die ursprünglichen Schema (vgl. Abschnitt 2.5.2), sofern bei einem der in der Verschlüsselungsstruktur verwendeten MIXe sein Team nicht vom Angreifer kontrolliert wird.

Ein Team wird zumindest dann nicht vom Angreifer kontrolliert, wenn er kein Teammitglied kontrolliert oder aber bei Verwendung eines Schwellwertschemas sowohl nicht den eigentlichen MIX, als auch keinen Vertreter, als auch weniger als zur Rekonstruktion des Schlüssels nötige MIXe des Teams kontrolliert (und damit nie den Schlüssel erhält) als auch keine absolute Mehrheit der MIXe des Teams kontrolliert (sonst könnte diese Mehrheit auch ohne Ausfall des gerade mixenden MIXes einen Stellvertreter etablieren lassen und beide parallel und unkoordiniert mixen lassen).

5.3.2.3 Auslassen von MIXen

Die dritte Möglichkeit besteht darin, daß jeder MIX in jeder Nachricht genügend Information erhält, um einen MIX (oder im allgemeinen Fall: bis zu $\ddot{u}$ MIXe mit einer beliebigen natürlichen Zahl $\ddot{u}$) überbrücken und auslassen zu können [Pfi1_85 Seite 77ff].

Im Gegensatz zur zweiten benötigt die dritte Möglichkeit Änderungen der Adreß- oder Verschlüsselungsschemata, um ebenfalls ein MIX-zu-MIX-Protokoll zu ermöglichen. Diese geänderten Adreß- und Verschlüsselungsschemata werden in Abschnitt 5.3.2.3.1 hergeleitet.

Danach werden in Abschnitt 5.3.2.3.2 Datenschutz-Kriterien zur Charakterisierung der mit diesen Adreß- und Verschlüsselungsschemata bei geeigneter Koordinierung erreichbaren Anonymität der Kommunikationsbeziehung aufgestellt.

In den Abschnitten 5.3.2.3.3 und 5.3.2.3.4 werden dann passende und möglichst effiziente Koordinations-Protokolle für die zwei möglichen Betriebsarten entwickelt: entweder werden nur ausgefallene, d. h. möglichst wenig, MIXe ausgelassen, oder aber möglichst viele. Letzteres verkompliziert das Koordinations-Problem, erlaubt aber in manchen Situationen einen Effizienzgewinn.

5.3.2.3.1 Nachrichten- und Adreßformate

Um das Verständnis zu erleichtern, wird zuerst der Fall beschrieben, daß jeder MIX den nächsten MIX in einer Folge gewählter MIXe auslassen kann. In diesem Fall kann dies Fehlertoleranzverfahren den Ausfall eines oder sogar mehrerer nicht aneinandergrenzender MIXe tolerieren.

Um einen MIX auslassen zu können, muß sein Vorgänger nicht nur die für ihn bestimmte Nachricht bilden können, sondern auch die für seinen Nachfolger bestimmte (Bild 58).

Wenn jeder MIX die Nachrichten sowohl für seinen Nachfolger als auch für dessen Nachfolger separat erhält, wächst die Länge der Nachrichten exponentiell mit der Zahl der benutzten MIXe. Um dies zu vermeiden, wählt der Sender einer Nachricht (wie bei allen indirekten Umcodierungsschemata, vgl. Abschnitt 2.5.2) für jeden MIX einen unterschiedlichen Schlüssel (beispielsweise eines effizienten symmetrischen Konzelationssystems), mit dem dieser MIX die für seinen Nachfolger bestimmte Nachricht entschlüsselt. Jeder MIX erhält diesen und den für seinen Nachfolger bestimmten Schlüssel mit seinem öffentlich bekannten Dechiffrierschlüssel verschlüsselt. Separat und mit den öffentlich nicht bekannten Schlüsseln entsprechend verschlüsselt erhält er den Rest der Nachricht. Die Adressen der nächsten beiden MIXe können jeder Nachricht unverschlüsselt vorangestellt oder mit den beiden erwähnten Schlüsseln zusammen mit dem öffentlich bekannten Dechiffrierschlüssel des MIXes verschlüsselt werden. Im folgenden wird dies formaler beschrieben.

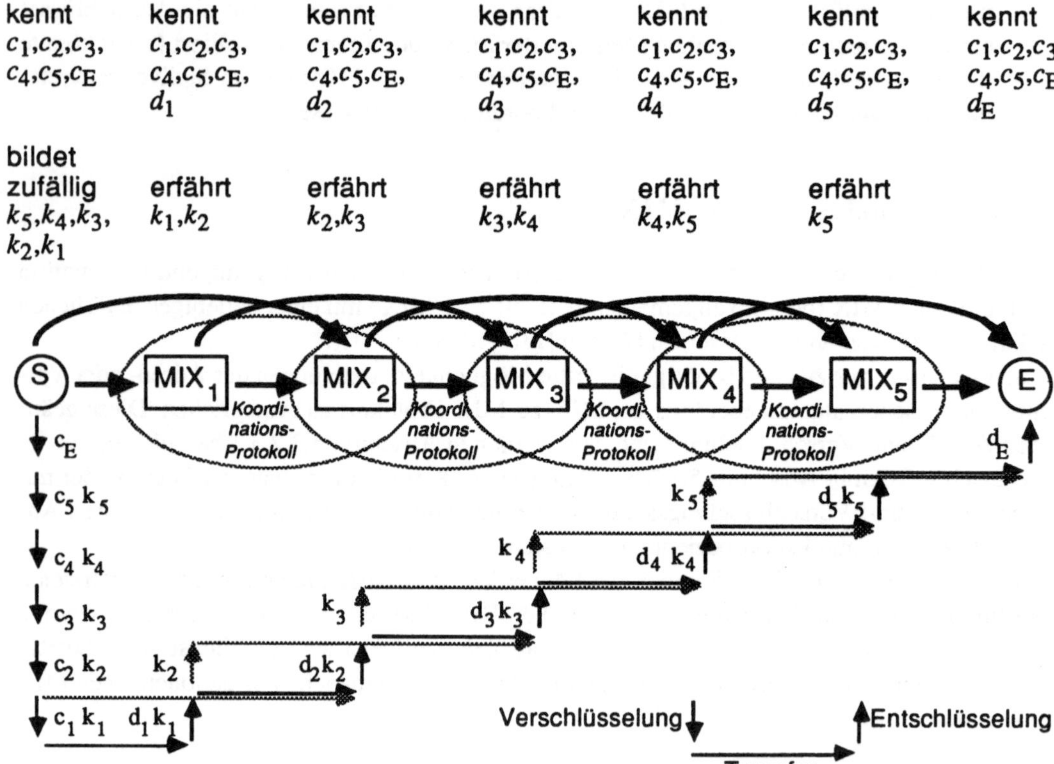

Bild 58: Jeweils ein MIX kann ausgelassen werden; Die Koordinations-Protokolle werden im Bild zwischen Gruppen minimalen Umfangs abgewickelt.Koordinations-Protokoll

Sei wie in Abschnitt 2.5.2 $A_1,...,A_n$ die Folge der <u>A</u>dressen und $c_1,...,c_n$ die Folge der öffentlich bekannten <u>C</u>hiffrierschlüssel der gewählten MIX-Folge $MIX_1,...,MIX_n$, wobei c_1 auch ein geheimer Schlüssel eines symmetrischen Kryptosystems sein kann. Sei A_{n+1} die Adresse des Empfängers, der zur Vereinfachung der Notation MIX_{n+1} genannt wird, und c_{n+1} sein Chiffrierschlüssel. Sei $k_1,...,k_n$ die gewählte Folge nichtöffentlicher Schlüssel (beispielsweise eines symmetrischen Konzelationssystems). Der Sender bildet die <u>N</u>achrichten N_i, die MIX_i erhalten wird, gemäß dem folgenden rekursivem Bildungsschema ausgehend von der <u>N</u>achricht N, die der Empfänger (MIX_{n+1}) erhalten soll:

$$N_{n+1} = c_{n+1}(N) \qquad\qquad\qquad\qquad\qquad\qquad \text{(Schema 1)}$$
$$N_n = c_n(k_n),k_n(A_{n+1},N_{n+1})$$
$$N_i = c_i(k_i,A_{i+1},k_{i+1}),k_i(A_{i+1},N_{i+1}) \qquad \text{für } i = 1,...,n\text{-}1$$

Selbstverständlicherweise ist dies Schema nicht das einziggeeignete. Beispielsweise erfüllt das folgende Schema denselben Zweck:

$$N_{n+1} = c_{n+1}(N) \qquad\qquad\qquad\qquad\qquad\qquad \text{(Schema 2)}$$
$$N_n = c_n(k_n,A_{n+1}),k_n(N_{n+1})$$
$$N_i = c_i(k_i,A_{i+1},k_{i+1},A_{i+2}),k_i(N_{i+1}) \qquad \text{für } i = 1,...,n\text{-}1$$

Der Sender sendet jeweils N_1 an MIX_1.

In beiden Schemata kann MIX_i die Nachrichten N_{i+1} und N_{i+2} sowie die Adressen A_{i+1} und A_{i+2} aus N_i berechnen.

Bei einigen im folgenden diskutierten Koordinations-Protokollen ist es auch wichtig, daß MIX_i überprüfen kann, daß sein Vorgänger MIX_{i-1} kein Bit der Nachricht N_i geändert hat (und entsprechend auch sonst niemand, da MIX_{i-1} am meisten über die Nachricht erfuhr und deswegen am zielgerichtetsten handeln konnte.

Solange die Kryptosysteme nicht gebrochen sind, kann ein Angreifer nur Nachrichtenteile gezielt verändern, zu denen er die verwendeten Schlüssel kennt. Anderenfalls geht die Nachricht einfach verloren oder wird von einer Station, bei der die Nachricht nach ihrer Entschlüsselung mittels fehlererkennender Codes als fehlerhaft erkannt wird, einfach ignoriert. In beiden Fällen gewinnt der Angreifer dadurch keine für ihn nützliche Information. Also hat MIX_{i-1} die Möglichkeiten, den ganzen mit c_i verschlüsselten Teil zu ersetzen (ohne den Inhalt des ursprünglichen lesen zu können, da er zwar c_i, nicht aber d_i kennt) oder nur an dem mit k_i verschlüsselten Teil zu manipulieren.

Die Gefahr hierbei ist, daß er versuchen kann, die Adressen zu ändern. Dies ist für den Schutz der Kommunikationsbeziehung nicht kritisch, solange Adressen nur für die Vermittlung von Nachrichten verwendet werden, da sowieso unterstellt ist, daß der Angreifer alle Leitungen kontrolliert. Es kann aber dann kritisch werden, wenn die Nachrichten festlegen, welche MIXe sich miteinander koordinieren müssen, damit keine Nachricht zweimal gemixt wird. In beiden Schemata müßte der Angreifer den mit c_i verschlüsselten Teil ändern, um eine Adresse zu ändern. Um dies zu tun, muß er ein neues k_i erfinden. Dann wird dies aber nach der Entschlüsselung des jeweils mit k_i verschlüsselten Teiles, nämlich $k_{i+1}(A_{i+2},N_{i+2})$ in Schema 1 oder $k_{i+1}(N_{i+2})$ in Schema 2 erkannt. Dazu müssen diese Teile jeweils genug Redundanz enthalten, damit MIX_i dies bereits feststellen kann.

Wird ein Koordinations-Protokoll verwendet, bei dem diese Überprüfung nicht nötig ist, kann in Schema 1 das erste A_{i+1} wegelassen werden.

Die Wahl zwischen Schema 1 und Schema 2, d. h. ob A_{i+2} im ersten, mit einem aufwendigen asymmetrischen Konzelationssystem verschlüsselten Teil oder im zweiten, mit einem weniger aufwendigen symmetrischen Konzelationssystem verschlüsselten Teil (unter dem Namen A_{i+1} für $i := i+1$) enthalten ist, hängt vom verwendeten asymmetrischen Konzelationssystem ab: Muß etwa aus Gründen der Sicherheit des asymmetrischen Konzelationssystems die Länge der mit ihm verschlüsselten Informationseinheiten so groß sein (wie dies etwa für RSA, vgl. Abschnitt 2.2.1.2 der Fall ist), daß A_{i+2} auf jeden Fall mit hineinpaßt, ist es natürlich sinnvoller Schema 2 zu verwenden, anstatt in Schema 1 mit zufälligen Bitketten aufzufüllen. Denn es ist trivialerweise weniger aufwendig, A_{i+2} mit dem aufwendigeren asymmetrischen Konzelationssystem ohne zusätzlichen Aufwand mitverschlüsseln zu lassen als A_{i+2} (unter dem Namen A_{i+1} für $i := i+1$) mit dem weniger aufwendigen symmetrischen Konzelationssystem mit zusätzlichem Aufwand zu ver- und entschlüsseln. Wenn A_{i+2} irgendwelche Redundanz enthält, so ist (im Prinzip) Vorsicht geboten, daß die Entropie (d. h. der zufällige und deshalb dem Angreifer unbekannte Informationsgehalt) von $k_i, A_{i+1}, k_{i+1}, A_{i+2}$ nicht zu gering wird. Aber da das symmetrische Kryptosystem eine vollständige Suche über seinen Schlüsselraum vereiteln muß (vgl. Abschnitt 2.2.1.1), die Schlüssellänge dafür also zu groß sein muß (was ab etwa 100 Bit Länge sicher der Fall ist), enthalten sowohl k_i als auch k_{i+1} genug Entropie.

Können mit dem asymmetrischen Konzelationssystem so kurze Informationseinheiten sicher verschlüsselt werden, daß in ihnen nicht einmal Platz für A_{i+1} ist, so kann eine **Einwegfunktion** f verwendet werden. Eine Einwegfunktion (one-way function) ist eine bekanntgegebene oder öffentlich bekannte Funktion, bei der jeder, der sie kennt, zu einem Argument leicht den Funktionswert berechnen kann, aber niemand zu einem ihm vorgegebenen Funktionswert mit vertretbarem Aufwand ein passendes Argument finden kann [DaPr_84 Seite 137, 223f]. Etwas genauer formuliert bedeutet dies, daß niemand zu einem ihm vorgegebenen Funktionswert ein passendes Argument einfacher als dadurch finden kann, daß er alle möglichen Argumente (in einer möglichst geschickten Reihenfolge) ausprobiert – die Sicherheit einer Einwegfunktion kann also nie informationstheoretisch, sondern immer nur komplexitätstheoretisch sein, vgl. Abschnitt 2.2.2.2. Mit den üblichen Bezeichnungen „Urbild" für das Funktionsargument und „Bild" für den Funktionswert kann dies sehr kurz formuliert werden:

Urbild → Bild ist leicht, Bild → Urbild ist schwer.

Nach dem in Abschnitt 2.2 über Kryptosysteme gesagtem kann aus jeder symmetrischen Blockchiffre eine Einwegfunktion gewonnen werden, indem zu genügend vielen vorgegebenen Klartext-Schlüsseltext-Paaren der Schlüssel gesucht wird. „Genügend viele" deshalb, weil es zu einem Klartext-Schlüsseltext-Paar nicht nur sehr viele passende Schlüssel geben kann, sondern es auch leicht sein kann, einen zu bestimmen. Dies ist z. B. bei MDES, vgl. Anhang, der Fall. (Für den mit DES und MDES vertrauten Leser wird hier kurz skizziert, wie dies geschehen kann: Werden die Substitutionen so gewählt, daß in jeder Substitution jeder Ausgabewert vorkommt, was sehr sinnvoll ist, so kann zu einem vorgegebenen Klartext-Schlüsseltext-Paar ein passender Schlüssel sehr leicht folgendermaßen bestimmt werden. Falls sie nicht sowieso festgelegt sind, definiere zuerst die Permutationen. Wähle danach beliebige Werte für die ersten 14•48 Schlüsselbits und führe ausgehend vom Klartext die ersten 14 Runden von MDES durch. Errechne ausgehend vom Schlüsseltext den Wert vor der Ausgangspermutation. Hieraus ergeben sich die Ausgabewerte jeder Substitution. Bestimme jeweils einen hierzu passenden Eingabewert. Hieraus ergeben sich die Schlüsselbits von Runde 15 und 16.)

Ebenso kann aus jedem asymmetrischen Konzelationssystem eine Einwegfunktion gewonnen werden, indem der geheimgehaltene Schlüssel vergessen wird.

Es gibt noch andere, effizientere Implementierungen, beispielweise solche, die aus Bitketten (bit strings) variabler (und deshalb beliebig großer) Länge als Argumente Bitketten konstanter Länge (z. B. von 100 Bit Länge) als Funktionswerte erzeugen [DaPr_84 Seite 280f]. Deshalb ist das im folgenden beschriebene Verfahren tatsächlich sinnvoll.

Da dies keine Arbeit über Kryptographie, sondern nur über manche ihrer Anwendungen ist, wird die Einwegfunktion erst hier (und nicht in Abschnitt 2.2) eingeführt und der tiefere theoretische Zusammenhang zwischen Kryptosystemen und Einwegfunktionen nicht diskutiert. Generelle Bemerkungen hierzu finden sich in [Yao1_82, GoGM_84, Kran_86].

Damit die Einwegfunktion f nicht durch vollständige Suche über den Adreßraum invertiert werden kann, sollte sie ggf. nicht nur auf eine Adresse, sondern zusätzlich auf etwas, das viel Entropie enthält, angewendet werden. Dann kann der Funktionswert mehr Entropie enthalten als die Adresse. Um MIX_{i-1} daran zu hindern, A_{i+1} in N_i zu ändern, kann dann folgendes Verschlüsselungsschema verwendet werden:

$$
\begin{aligned}
N_{n+1} &= c_{n+1}(N) \\
N_n &= c_n(k_n), k_n(A_{n+1}, N_{n+1}) \\
N_i &= c_i(k_i, k_{i+1}), k_i(f(k_{i+1}, A_{i+1}), A_{i+1}, N_{i+1}) \qquad \text{für } i = 1, \dots, n\text{-}1
\end{aligned}
$$

(Schema 3)

Jeder MIX_i prüft, ob f auf das angewandt, was er für k_{i+1}, A_{i+1} hält, den ersten Teil des entschlüsselten Restes der Nachricht ergibt.

Um A_{i+1} unentdeckt verändern zu können, müßte MIX_{i-1} den entsprechenden Funktionswert $f(k_{i+1}, X)$ für ein $X \neq A_{i+1}$ finden. Dies aber ist bei einer Einwegfunktion ohne Kenntnis von k_{i+1} unmöglich.

Als nächstes ist zu zeigen, wie die anonymen Rückadressen von Abschnitt 2.5.2.3 ebenfalls fehlertolerant gemacht werden können.

Damit der Benutzer einer anonymen Rückadresse auch bei Ausfall eines oder sogar mehrerer nicht aneinandergrenzender MIXe, die in der Rückadresse verwendet wurden, antworten kann, wird eine *fehlertolerante anonyme Rückadresse* (R_1, A_1, k_0, k_1) folgendermaßen gebildet, wobei der *Rückadreßteil* wie in Abschnitt 2.5.2.3 ausgehend von einem zufällig gewählten eindeutigen Namen e gebildet wird:

$$
\begin{aligned}
R_{m+1} &= e \\
R_m &= c_m(k_m), k_m(A_{m+1}, R_{m+1}) \\
R_j &= c_j(k_j, A_{j+1}, k_{j+1}), k_j(A_{j+1}, R_{j+1}) \qquad \text{für } j = 1, \dots, m\text{-}1
\end{aligned}
$$

(Schema 4a)

Der Benutzer der fehlertoleranten anonymen Rückadresse benutzt (R_1, A_1, k_0, k_1) und den Inhalt seiner Antwortnachricht I, um $N_1 = R_1, k_0(I)$ zu bilden. Dies sendet er unter Verwendung von A_1 an MIX_1, sofern dieser nicht ausgefallen ist. Anderenfalls verwendet er k_1, um A_2 zu finden, $N_2 = R_2, k_1(k_0(I))$ zu bilden und unter Verwendung von A_2 an MIX_2 zu senden.

Erhält MIX_j eine Nachricht $N_j = (R_j, I_j)$, wobei I_j der *Nachrichteninhaltsteil* und R_j der oben definierte Rückadreßteil ist, benutzt er seinen geheimgehaltenen Dechiffrierschlüssel d_j dazu, k_j, A_{j+1} und k_{j+1} aus R_j zu erhalten.

Danach kann er $I_{j+1} = k_j(I_j)$ bilden, $k_j(A_{j+1},R_{j+1})$ entschlüsseln und $N_{j+1} = (R_{j+1},I_{j+1})$ unter Verwendung von A_{j+1} an MIX_{j+1} senden, sofern dieser nicht ausgefallen ist.

Anderenfalls bildet MIX_j auch $I_{j+2} = k_{j+1}(I_{j+1})$, entschlüsselt $k_{j+1}(A_{j+2},R_{j+2})$ und sendet $N_{j+2} = (R_{j+2},I_{j+2})$ an MIX_{j+2}.

Während all diesen Schritten kann MIX_j (genau wie bei Schema 1) überprüfen, daß an den Rückadreßteilen nichts verändert wurde.

Zusammenfassend wird die Nachricht N_j, die MIX_j erhalten soll, vom Inhalt der Antwortnachricht I nach dem folgenden rekursiven Schema gebildet:

$$
\begin{aligned}
N_1 &= R_1,I_1; & I_1 &= k_0(I) \\
N_j &= R_j,I_j; & I_j &= k_{j-1}(I_{j-1}) & \text{für } j = 2,...,m+1
\end{aligned}
\qquad \text{(Schema 4b)}
$$

Nur derjenige, der die fehlertolerante anonyme Rückadresse gebildet hat, kann $I_{m+1} = k_m(...k_1(k_0(I))...)$ entschlüsseln, denn er generierte die Schlüssel k_0 bis k_m.

Dieses fehlertolerante anonyme Rückadreßschema wurde in Schema 1 entsprechender Weise gebildet. Variationen gemäß Schema 2 und Schema 3 sind möglich und kanonisch.

Als nächstes werden alle Schemata von der Fehlervorgabe höchstens eines ausgefallenen MIXes hintereinander auf höchstens $\ddot{u}$ (überbrückbare) ausgefallene MIXe hintereinander verallgemeinert. Diese Verallgemeinerung erlaubt eine weitere wesentliche Verbesserung der Verfügbarkeit. Die fehlertoleranten Verschlüsselungsschemata, die eine direkte Überbrückung von $\ddot{u}$ MIXen erlauben, können die folgenden drei Grundformen haben. In allen dreien kann MIX_i (bei $i \leq n-\ddot{u}$) N_{i+1} bis $N_{i+\ddot{u}+1}$ und A_{i+1} bis $A_{i+\ddot{u}+1}$ aus N_i berechnen und überprüfen, daß seine Vorgänger nichts an der Nachricht unerlaubterweise verändert haben, da sie $k_{i+\ddot{u}+1}$ nicht kennen. Ist $i > n-\ddot{u}$, kann MIX_i N_{i+1} bis N_{n+1} und A_{i+1} bis A_{n+1} aus N_i berechnen und überprüfen, daß diejenigen seiner Vorgänger, die ihn nicht sowieso überbrücken können, nichts an der Nachricht unerlaubterweise verändert haben, da sie k_n nicht kennen.

Erweiterung von Schema 1:

$$
\begin{aligned}
N_{n+1} &= c_{n+1}(N) \\
N_i &= c_i(k_i,A_{i+1},k_{i+1},...,A_n,k_n),k_i(A_{i+1},N_{i+1}) & \text{für } i = n-\ddot{u}+1,...,n \\
N_i &= c_i(k_i,A_{i+1},k_{i+1},...,A_{i+\ddot{u}},k_{i+\ddot{u}}),k_i(A_{i+1},N_{i+1}) & \text{für } i = 1,...,n-\ddot{u}
\end{aligned}
\qquad \text{(Schema 5)}
$$

Erweiterung von Schema 2:

$$
\begin{aligned}
N_{n+1} &= c_{n+1}(N) \\
N_i &= c_i(k_i,A_{i+1},k_{i+1},...,A_n,k_n,A_{n+1}),k_i(N_{i+1}) & \text{für } i = n-\ddot{u}+1,...,n \\
N_i &= c_i(k_i,A_{i+1},k_{i+1},...,A_{i+\ddot{u}},k_{i+\ddot{u}},A_{i+\ddot{u}+1}),k_i(N_{i+1}) & \text{für } i = 1,...,n-\ddot{u}
\end{aligned}
\qquad \text{(Schema 6)}
$$

Da – wie erwähnt – eine Einwegfunktion lange Bitketten komprimieren kann, da beispielsweise 100 Bit als Funktionswert ausreichen, ist das folgende Schema besonders für große $\ddot{u}$ geeignet.

Erweiterung von Schema 3:

$$N_{n+1} = c_{n+1}(N) \hspace{4cm} \text{(Schema 7)}$$
$$N_i = c_i(k_i,...,k_n),k_i(f(k_n,A_{i+1},...,A_n),A_{i+1},N_{i+1}) \hspace{1cm} \text{für } i = n\text{-}\ddot{u}+1,...,n$$
$$N_i = c_i(k_i,...,k_{i+\ddot{u}}),k_i(f(k_{i+\ddot{u}},A_{i+1},...,A_{i+\ddot{u}}),A_{i+1},N_{i+1}) \hspace{1cm} \text{für } i = 1,...,n\text{-}\ddot{u}$$

Als nächstes wird das fehlertolerante Rückadreßschema (Schema 4) zu einer *ü Ausfälle hintereinander tolerierenden anonymen Rückadresse* $(R_1,A_1,k_0,k_1,...,k_{\ddot{u}})$ verallgemeinert.

Auch hier ist dies nur das von Schema 1 abgeleitete Verschlüsselungsschema, in dem der Rückadreßteil wie eine Nachricht in Schema 5 gebildet wird. Von den Schemata 2 oder 3 (bzw. 6 oder 7) abgeleitete Verschlüsselungsschemata sind möglich und kanonisch.

R_j und I_j haben dieselbe Bedeutung wie in Schema 4.

Erweiterung von Schema 4:

$$R_{m+1} = e \hspace{4cm} \text{(Schema 8a)}$$
$$R_j = c_j(k_j,A_{j+1},k_{j+1},...,A_m,k_m),k_j(A_{j+1},R_{j+1}) \hspace{1cm} \text{für } j = m\text{-}\ddot{u}+1,...,m$$
$$R_j = c_j(k_j,A_{j+1},k_{j+1},...,A_{j+\ddot{u}},k_{j+\ddot{u}}),k_j(A_{j+1},R_{j+1}) \hspace{1cm} \text{für } j = 1,...,m\text{-}\ddot{u}$$

$$N_1 = R_1,I_1; \hspace{1cm} I_1 = k_0(I) \hspace{3cm} \text{(Schema 8b = Schema 4b)}$$
$$N_j = R_j,I_j; \hspace{1cm} I_j = k_{j-1}(I_{j-1}) \hspace{1cm} \text{für } j = 2,...,m+1$$

Alle Verschlüsselungsschemata dieses Abschnitts sind [Pfi1_85 Seite 78ff] entnommen.

5.3.2.3.2 Datenschutz-Kriterien

Sofern die MIXe (beispielsweise durch das ineffiziente Koordinations-Protokoll von Abschnitt 5.3.2.1) geeignet koordiniert sind, so daß sie niemals dieselbe Transformation auf dieselbe Nachricht zweimal anwenden, ist die Sicherheit beim Auslassen von MIXen, d. h. unter Verwendung der Verschlüsselungsschemata von Abschnitt 5.3.2.3.1 wie untenstehend charakterisierbar. Wieder wird zuerst der Fall behandelt, daß jeder MIX nur den nächsten MIX auslassen kann.

Datenschutz-Kriterium [vgl. Pfi1_85 Seite 83f]:
Wenn die MIXe geeignet koordiniert sind, so sind die Schemata 1, 2 und 3 genauso sicher wie das nichtfehlertolerante indirekte Umcodierungsschema (vgl. Abschnitt 2.5.2), sofern entweder
a) der erste MIX, der die Nachricht mixt oder
b) zumindest zwei im Verschlüsselungsschema aufeinanderfolgende MIXe, die, sofern sie nicht ausgefallen sind, miteinander kommunizieren können und deren Kommunikation bei Ausfall eines MIXes vom (unterliegenden) Kommunikationsnetz zuverlässig gepuffert wird, so daß der ausgefallene MIX vom anderen an ihn Abgesendetes auch dann zum Zeitpunkt des Abschlusses seiner Reparatur erhält, wenn der andere dann gerade ausgefallen ist, oder
c) zumindest zwei im Verschlüsselungsschema aufeinanderfolgende MIXe und eine absolute Mehrheit aller MIXe

vom Angreifer nicht kontrolliert sind.

Für das fehlertolerante anonyme Rückadreßschema (Schema 4) muß im obigen Kriterium Bedingung a) lediglich durch „der Sender der Antwortnachricht und der erste MIX, der die Nachricht mixt oder" ersetzt werden.

Für die erweiterten Schemata, bei den jeder MIX die nächsten $\ddot{u}$ MIXe auslassen kann, gilt fast dasselbe Kriterium. Lediglich „zwei" muß durch „$\ddot{u}+1$" ersetzt werden.

Begründungen für diese Datenschutz-Kriterien folgen in den beiden nächsten Abschnitten zusammen mit und für verschiedene Betriebsarten und bei ihnen geeigneten effizienten Koordinations-Protokollen.

5.3.2.3.3 Auslassen von möglichst wenig MIXen

Bei der ersten Betriebsart werden möglichst wenig MIXe ausgelassen. Dies bedeutet, daß nur solche MIXe ausgelassen werden, die ausgefallen (oder etwa durch Fehler des unterliegenden Kommunikationsnetzes unerreichbar geworden) sind. Bild 59 veranschaulicht das sowohl generell als auch an einem Beispiel. Dieses Beispiel wird im nächsten Abschnitt, der die entgegengesetzte Strategie, nämlich das Auslassen so vieler MIXe wie möglich, erläutert, in Bild 60 wieder aufgegriffen.

Generelles Vorgehen:

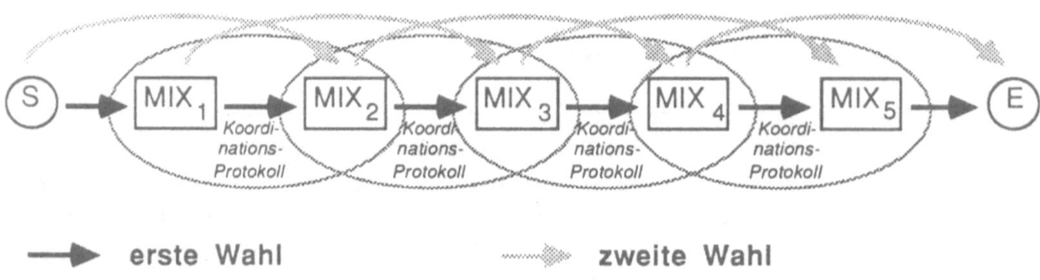

Beispiel: MIX₂ und MIX₄ sind ausgefallen

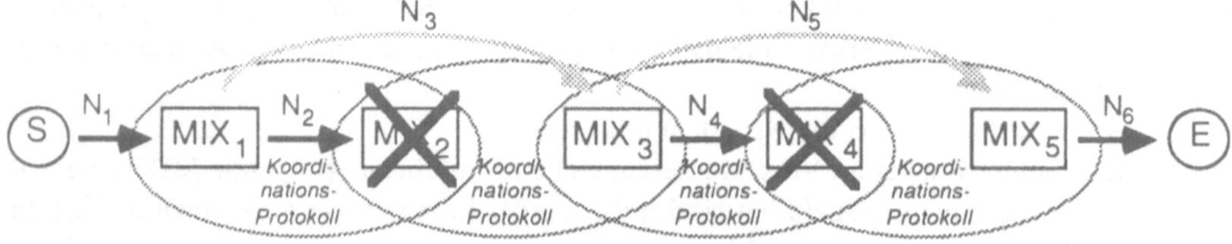

Bild 59: Auslassen von möglichst wenig MIXen bei einem Verschlüsselungsschema, bei dem jeweils ein MIX ausgelassen werden kann; Die Koordinations-Protokolle werden im Bild zwischen Gruppen minimalen Umfangs abgewickelt.

Zunächst wird an einem Beispiel erläutert, wie ein Angreifer zwei MIXe bei der Betriebsart „Auslassen von möglichst wenig MIXen" überbrücken kann, sofern diese nicht geeignet koordiniert sind.

<u>Beispiel:</u>
Seien die MIXe MIX_u und MIX_{u+1} zwei bezüglich der Verschlüsselungsstruktur aufeinanderfolgende MIXe, die von einem Angreifer, der alle anderen MIXe kontrolliert, nicht kontrolliert werden. Sofern MIX_u und MIX_{u+1} unkoordiniert handeln, kann sie der Angreifer mit folgendem Trick überbrücken: Er sendet N_u an MIX_u und teilt diesem mit, daß MIX_{u+1} ausgefallen ist. MIX_u wird entsprechend N_{u+2} an MIX_{u+2} senden. Zusätzlich sendet der Angreifer N_{u+1} an MIX_{u+1} und teilt diesem mit, daß MIX_{u+2} nicht ausgefallen ist. Es ist bemerkenswert, daß der Angreifer gegenüber MIX_{u+1} nicht lügen muß, da MIX_{u+1} seinen Vorgänger nicht kennt. MIX_{u+1} wird entsprechend N_{u+2} an MIX_{u+2} senden. Die Nachricht, die MIX_{u+2} zweimal erhält, ist die zu N_u und N_{u+1} gehörige. *(Ende des Beispiels)*

Wie schon erwähnt kann das ineffiziente Koordinations-Protokoll von Abschnitt 5.3.2.1 natürlich auch bei der Betriebsart „Auslassen von möglichst wenig MIXen" verwendet werden. In diesem Fall muß ein MIX, der einen anderen ausläßt, berücksichtigen, daß er nicht einmal, sondern zweimal mixt. Für jedes Mixen muß er das Koordinations-Protokoll separat, d. h. nacheinander, ausführen.

Eine effizientere Koordinierung kann folgendermaßen erreicht werden:

Effizientes Koordinations-Protokoll für „Auslassen von möglichst wenig MIXen" [Pfi1_85 Seite 85f]:
Jeder MIX sendet seine Eingabe-Informationseinheiten spätestens dann an alle anderen MIXe, wenn er die entsprechenden Ausgabe-Informationseinheiten ausgibt. Dies erlaubt ihnen, diese Informationseinheiten nicht noch einmal zu mixen, selbst wenn der MIX sofort nach der Ausgabe ausfällt.
Ein MIX läßt nur dann einen MIX aus, wenn er entweder dessen Ausfall (etwa durch authentifizierte Kommunikation mit dessen Kommunikationsprozessor) überprüfen kann oder aber dieser MIX von einer absoluten Mehrheit aller MIXe für ausgefallen erklärt wird und er auf regelmäßig an ihn abgeschickte Anfragen nicht antwortet.
Ein MIX, der entweder überprüfbar ausgefallen ist oder aber von einer absoluten Mehrheit für ausgefallen erklärt wurde, wird nur bezüglich Nachrichten ausgelassen, die er nie als gemixt bekanntgab.
Andererseits mixt ein MIX nur, wenn er mit einer absoluten Mehrheit aller MIXe regelmäßig kommunizieren kann. MIXe, deren Ausfall der betrachtete MIX überprüfen kann (s. o.), brauchen bei der Bestimmung einer absoluten Mehrheit nicht gezählt zu werden.
Ist ein ausgefallener MIX repariert oder ein intakter MIX nicht mehr durch Ausfall des unterliegenden Kommunikationsnetzes (sei es durch Fehler „aus Versehen", sei es durch einen aktiven Angriff) von der Mehrheit der anderen MIXen isoliert, so kündigt er seine Bereitschaft, wieder zu mixen, an und wartet eine gewisse Weile. Dies erlaubt allen MIXen, mit denen er kommunizieren kann, zu antworten. Er beginnt nur dann wieder zu mixen, wenn er von einer absoluten Mehrheit der MIXe eine authentifizierte Bestätigung ihrer Kenntnisnahme und eine Liste aller inzwischen gemixten Nachrichten erhält.

Einigen sich alle Teilnehmer, potentiell nicht alle MIXe zum Auslassen aller anderen zu befähigen, kann die zur Koordinierung notwendige Kommunikation drastisch reduziert werden: Jeder MIX sendet seine Eingabe-Informationseinheiten nur den MIXen, die von Teilnehmern potentiell zu seinem Auslassen befähigt werden. Nur diese MIXe (und natürlich er selbst) werden bei der Bestimmung einer absoluten Mehrheit berücksichtigt.

Wie in Abschnitt 5.3.2.2 wird auch hier meiner Meinung nach das Risiko, daß ein Angreifer einen MIX bezüglich der Informationseinheiten, für die er noch keine Empfangsbestätigungen erhielt, mittels Isolierung überbrücken kann, bei weitem durch die Vermeidung jeder zusätzlichen Verzögerung des Mixens aufgewogen. Denn aktive Angriffe, die diese Schwäche des Koordinations-Protokolls auszunutzen versuchen, können leicht entdeckt werden (zumindest wenn sie oft erfolgen) und müssen an sehr vielen Stellen in aufeinander abgestimmter Weise eingreifen, wenn Informationseinheiten jeweils mehrere MIXe durchlaufen: Um den Weg einer bestimmten Informationseinheit von ihrem Sender zu ihrem Empfänger zu verfolgen, muß ein Angreifer in jedem Team, von dem jeweils ein Mitglied die Informationseinheit mixen muß, den gerade aktiven MIX (kontrollieren oder) zum Ausfall bringen oder isolieren, nachdem er diese Informationseinheit mixte.

Bei diesem Koordinations-Protokoll ist die Tatsache wichtig, daß jeder MIX überprüfen kann, ob sein Vorgänger die Nachricht unbefugt verändert hat. Anderenfalls könnte ein Angreifer zwei bezüglich der Verschlüsselungsstruktur aufeinanderfolgende MIXe überbrücken:
Seien abermals die MIXe MIX_u und MIX_{u+1} zwei bezüglich der Verschlüsselungsstruktur aufeinanderfolgende MIXe, die von einem Angreifer nicht kontrolliert werden, der die MIXe MIX_{u-1} und MIX_{u+2} kontrolliert. Sei X ein ausgefallener MIX. Der Angreifer ändert A_{u+1} in N_u in die Adresse von X. Deshalb denkt MIX_u, daß X der folgende MIX ist, überprüft, ob X ausgefallen ist, und läßt folglich einen MIX aus, indem er N_{u+2} an MIX_{u+2} sendet. Der Angreifer kann auch N_{u+1} berechnen, was er an MIX_{u+1} sendet. Entsprechend gibt auch MIX_{u+1} die Nachricht N_{u+2} aus. Der Angreifer weiß, daß die Nachricht, die MIX_{u+2} zweimal erhält, die N_u entsprechende ist.

Im folgenden wird das in Abschnitt 5.3.2.3.2 gegebene Datenschutz-Kriterium begründet. Hierzu werden die Fälle a), b) und c) des Kriteriums der Reihe nach durchgegangen.

a) Wird der erste MIX, der die Nachricht erhält, mixt und ausgibt vom Angreifer nicht kontrolliert, so bewirkt er genauso „viel" Schutz der Kommunikationsbeziehung wie jeder MIX im in Abschnitt 2.5.2 beschriebenen nichtfehlertoleranten indirekten Umcodierungsschema.

So bleibt nur noch der Fall zu untersuchen, daß mindestens zwei im Verschlüsselungsschema aufeinanderfolgende MIXe, MIX_u und MIX_{u+1} genannt, vom Angreifer A nicht kontrolliert werden.

b) Kontrolliere A alle anderen MIXe und seien MIX_u und MIX_{u+1} in der Lage, miteinander zu kommunizieren, sofern beide nicht ausgefallen sind. Außerdem werde ihre Kommunikation vom (unterliegenden) Kommunikationsnetz zuverlässig gepuffert, so daß ein ausgefallener MIX vom anderen an ihn Abgesendetes auch dann zum Zeitpunkt des Abschlusses seiner Reparatur erhält, wenn der Absender gerade ausgefallen ist.

A hat 3 sinnvolle Handlungsmöglichkeiten: er kann N_u zu MIX_u senden oder N_{u+1} zu MIX_{u+1} und im letzteren Fall entweder behaupten, daß MIX_{u+2} ausgefallen ist oder nicht. Tut A irgendetwas anderes, werden sich MIX_u und MIX_{u+1} weigern, mit A zusammenzuarbeiten, da die Verschlüsselungsschemata so sind, daß A an den Nachrichten N_u und N_{u+1} nichts unentdeckt verändern kann. Im folgenden werden diese drei Handlungsmöglichkeiten H1, H2 und H3 der Reihe nach untersucht.

Sei zuerst angenommen, daß MIX_u und MIX_{u+1} nicht ausgefallen sind.

H1 MIX_u erhält N_u und gibt N_{u+1} aus. Dies gibt A keine Information über die betrachtete Nachricht, da der von ihm kontrollierte MIX X_{u-1} die Nachricht N_{u+1} genausogut berechnen könnte.

Möglicherweise ist dies eine Bedrohung des Schutzes der Kommunikationsbeziehung für andere Nachrichten. Wie zu Beginn von Abschnitt 2.5.2.1 erwähnt wurde, gilt folgendes: Arbeiten alle anderen Sender und Empfänger von Nachrichten, die von einem MIX zusammen gepuffert und umsortiert ausgegeben wurden, zusammen, so kann der MIX von ihnen prinzipiell bezüglich der von einem anderen gesendeten Nachrichten überbrückt werden. Praktisch ist dies besonders schlimm, wenn es einem Angreifer möglich ist, von $n+1$ zusammen gepufferten und umsortierten Nachrichten selbst n zu liefern. Diese Schwäche wird also nicht durch das Fehlertoleranzverfahren bewirkt. Ihre negativen Folgen werden vermieden, indem jedesmal viele Nachrichten von unterschiedlichen Sendern gemixt werden.

H2 MIX_{u+1} erhält N_{u+1} und gibt N_{u+2} aus. Dies untergräbt den Schutz der Kommunikationsbeziehung der betrachteten Nachricht nicht, da MIX_{u+1} auch andere Nachrichten abwartet und alle zusammen mit geänderter Codierung und in anderer Reihenfolge ausgibt.

H3 MIX_{u+1} erhält N_{u+1} und gibt N_{u+3} aus. Dies untergräbt den Schutz der Kommunikationsbeziehung der betrachteten Nachricht nicht, da MIX_{u+1} auch andere Nachrichten abwartet und alle zusammen mit geänderter Codierung und in anderer Reihenfolge ausgibt.

Der entscheidende Punkt ist, daß MIX_u in allen Fällen weiß, daß MIX_{u+1} nicht ausgefallen ist, und deshalb niemals N_{u+2} ausgibt.

Ist einer der beiden MIXe ausgefallen, so schützt der andere die Kommunikationsbeziehung durch die Umformung von N_{u+1} zu N_{u+2}. Da beide immer kommunizieren können, sofern keiner ausgefallen ist, und jeder nach einem Ausfall das vom anderen Abgesendete zuverlässig erhält, bewirkt das Koordinations-Protokoll, daß der ausgefallene MIX nach seiner Reparatur nicht noch einmal N_{u+1} in N_{u+2} umformt.

Sind beide MIXe ausgefallen, ist die Kommunikationsbeziehung auch geschützt, da keiner die Umformung von N_{u+1} in N_{u+2} vornimmt. Ist einer der beiden repariert, so stellt das Koordinations-Protokoll sicher, daß einer der obigen Fälle anwendbar ist.

c)   Der andere noch zu betrachtende Fall ist, daß MIX_u und MIX_{u+1} miteinander nicht kommunizieren können, obwohl sie beide nicht ausgefallen sind, oder das (unterliegende) Kommunikationsnetz nicht zuverlässig puffert. In diesem Fall wird eine absolute Mehrheit aller MIXe nicht von A kontrolliert.

In diesem Fall stellt das Koordinations-Protokoll sicher, daß höchstens einer der beiden MIXe MIX_u und MIX_{u+1} als nicht ausgefallen erklärt wird und der andere dies spätestens nach kurzer Zeit merkt, selbst wenn A ihn durch einen aktiven Angriff von der Mehrheit isoliert.

Für alle Nachrichten, die nicht in dieser kurzen Zeit gemixt wurden, gilt das Argument für den Fall b).

Die Zahl der in dieser kurzen Zeit gemixten Nachrichten kann bei Anewendung des effizienten Koordinations-Protokolls klein gehalten werden. Bei Verwendung des ineffizienten Koordinations-Protokolls ist die Zahl 0.

Hiermit sind alle Fälle erschöpft und die Begründung des Datenschutz-Kriteriums damit beendet.

Da die Verschlüsselungsstruktur bei den fehlertoleranten anonymen Rückadressen bis auf den irrelevanten Unterschied, daß der Nachrichteninhaltsteil ver- statt entschlüsselt wird, genau gleich ist, und dieselben Koordinations-Protokolle verwendet werden, gilt obige Begründung des Datenschutz-Kriteriums auch für sie.

Auch die Begründungen des Datenschutz-Kriteriums für die Verschlüsselungsstrukturen, bei denen jeder MIX die $ü$ nächsten MIXe auslassen kann, können aus der Begründung für die Situation $ü=1$ kanonischerweise hergeleitet werden und sind deshalb weggelassen.

5.3.2.3.4 Auslassen von möglichst vielen MIXen

Bei der zweiten Betriebsart werden möglichst viele MIXe ausgelassen. Dies bedeutet, daß nur dann nicht jeweils 1 bzw. bei den erweiterten Schemata $ü$ MIXe ausgelassen werden, wenn der dann nächste ausgefallen (oder etwa durch Fehler des unterliegenden Kommunikationsnetzes unerreichbar geworden) ist.

Etwas formaler lautet dies: MIX_i sendet $N_{i+ü+1}$ zu $MIX_{i+ü+1}$, wenn immer $MIX_{i+ü+1}$ nicht ausgefallen ist. Nur wenn $MIX_{i+ü+1}$ ausgefallen ist, sendet er $N_{i+ü}$ an $MIX_{i+ü}$. Nur wenn auch $MIX_{i+ü}$ ausgefallen ist, sendet er $N_{i+ü-1}$ an $MIX_{i+ü-1}$, und so weiter.

Bild 60 verdeutlicht dies (wie Bild 59) für den Fall $ü=1$. Auch das verwendete Beispiel ist dasselbe.

Verglichen mit der Betriebsart „Auslassen von möglichst wenig MIXen", bei der MIX_i die Nachricht N_{i+1} an MIX_{i+1} sendet, sofern dieser nicht ausgefallen ist, spart die Betriebsart „Auslassen von möglichst vielen MIXen" möglicherweise Übertragungsaufwand, erhöht möglicherweise den Durchsatz und senkt möglicherweise die durchschnittliche Verzögerungszeit. Die vielen „möglicherweise" resultieren daher, daß die Koordinierung bei der Betriebsart „Auslassen von möglichst vielen MIXen" schwieriger ist. Insbesondere kann das in Abschnitt 5.3.2.3.3 angegebene effiziente Koordinations-Protokoll für „Auslassen von möglichst wenig MIXen" nicht angewendet werden, da ein MIX nicht lokal bestimmen kann, ob sein Mixen das Mixen eines anderen MIXes ersetzt.

Durch eine kleine Änderung der Verschlüsselungsschemata ist dies jedoch möglich:

Der ursprüngliche Generierer jeder (Rück-)Adresse sieht in jedem Rückadreßteil R_j ein extra Bit vor, das er genau dann setzt, wenn der entsprechende MIX_j das Mixen eines anderen ersetzt. Kein anderer MIX kann den Wert dieses Bits unerkannt verändern, vgl. Abschnitt 5.3.2.3.1.

Wenn MIX_j sieht, daß er das Mixen keines anderen MIXes ersetzt, kann er das effiziente Koordinations-Protokoll von Abschnitt 5.3.2.3.3 ausführen, d. h. er kann die Eingabe-Nachrichten gleichzeitig an die anderen MIXe senden und mixen. Insbesondere kann er die Ausgabe-Nachrichten ausgeben, bevor er von den anderen MIXen eine Empfangsbestätigung erhalten hat.

Wenn MIX_j sieht, daß er das Mixen eines anderen MIXes ersetzt, muß er das ineffiziente Koordinations-Protokoll von Abschnitt 5.3.2.1 ausführen.

Generelles Vorgehen:

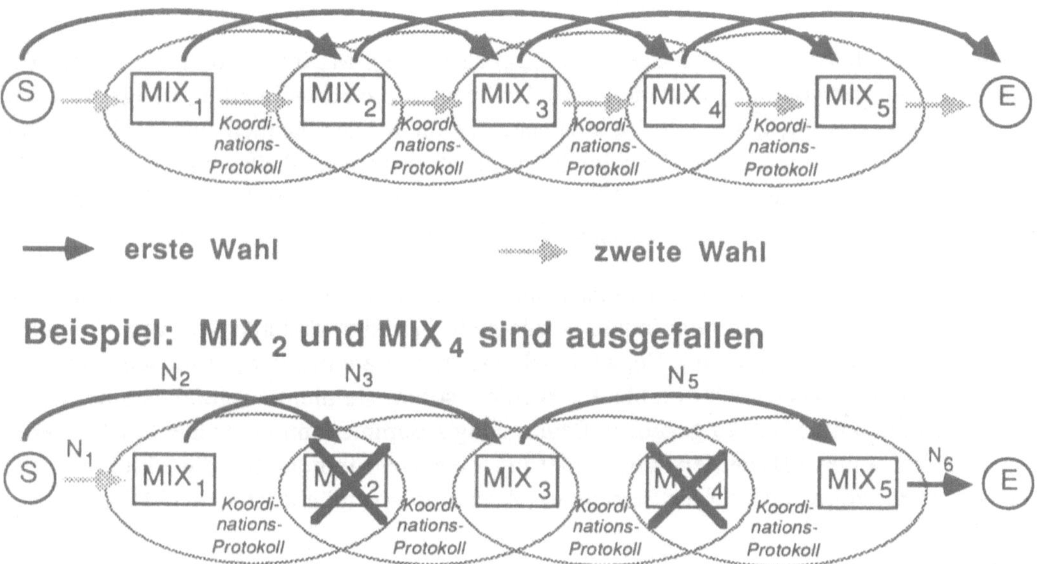

Bild 60: Auslassen von möglichst vielen MIXen bei einem Verschlüsselungsschema, bei dem jeweils ein MIX ausgelassen werden kann; Die Koordinations-Protokolle werden im Bild zwischen Gruppen minimalen Umfangs abgewickelt.

Werden, um das Risiko zu vermeiden, daß MIXe bezüglich Nachrichten, für die sie noch keine Empfangsbestätigungen erhielten, überbrückt werden, die ursprünglichen Verschlüsselungsschemata und das ineffiziente Koordinations-Protokoll verwendet, so ist der Unterschied zwischen den Betriebsarten „Auslassen von möglichst wenig MIXen" und „Auslassen von möglichst vielen MIXen" gering. Jeder zum Mixen einer Nachricht aufgeforderte MIX muß das Koordinations-Protokoll für jeden MIX, den er auszulassen gedenkt, separat, d. h. zeitlich nacheinander, ausführen: zunächst sendet MIX_i die Nachricht N_i an alle anderen MIXe und wartet auf eine Bestätigung, daß sie sie noch nicht gemixt haben und auch nicht mixen werden. Danach sendet MIX_i die Nachricht N_{i+1} an alle MIXe, usw. bis er schließlich $N_{i+\ddot{u}}$ an alle MIXe sendet. Werden nur Bilder der Nachrichten unter einer *Einwegfunktion* (vgl. Abschnitt 5.3.2.3.1) statt ganzer Nachrichten oder statt Nachrichten unter einer *Hash-Funktion* (die im Gegensatz zu einer Einwegfunktion möglicherweise mit vertretbarem Aufwand invertiert werden kann, vgl. Abschnitt 2.5.2.6) an die anderen MIX gesendet, so kann dies für alle Nachrichten N_i bis $N_{i+\ddot{u}}$ parallel, d. h. gleichzeitig, geschehen. Dies reduziert verglichen mit dem Senden ganzer Nachrichten nicht nur den Übertragungsaufwand (bzw. steigert in etwas verglichen mit dem Senden der Nachrichten unter einer Hash-Funktion), sondern es vermindert vor allem die zusätzliche Verzögerungszeit um den Faktor $\ddot{u}+1$. Der Unterschied entsteht dadurch, daß wenn dann der Angreifer bei Verwendung einer Einwegfunktion dieselbe Nachricht an zwei von ihm nicht kontrollierten MIXe schickt, er zwar sehen kann, daß der von *beiden* ausgegebene Funktionswert dieser doppelt weitergegebenen Nachricht entspricht. Wenn er aber nie das Urbild dieser Einwegfunktion sehen wird, nützt ihm dies nichts. Folglich darf in diesem Fall keiner der MIXe die Nachricht mixen.

Wie bei der Betriebsart „Auslassen von möglichst wenig MIXen" kann auch bei der Betriebsart „Auslassen von möglichst vielen MIXen" der für die Koordinierung nötige Aufwand erheblich reduziert werden, wenn die Teilnehmer nicht alle MIXe potentiell zum Auslassen aller anderen befähigen: Jeder MIX sendet seine Eingabe-Informationseinheiten nur den MIXen, die von Teilnehmern potentiell zu seinem Auslassen befähigt werden. Nur diese MIXe (und natürlich er selbst) werden bei der Bestimmung einer absoluten Mehrheit berücksichtigt.

Um das Datenschutz-Kriterium von Abschnitt 5.3.2.3.2 für die Betriebsart „Auslassen von möglichst wenig MIXen" zu begründen, wurde nicht benötigt, daß alle $\ddot{u}+1$ vom Angreifer nicht kontrollierten, bezüglich der Verschlüsselungsstruktur aneinandergrenzenden MIXe von der Nachricht auch tatsächlich durchlaufen werden, sofern sie nicht ausgefallen sind. Damit stellt die in Abschnitt 5.3.2.3.3 gegebene Begründung zusammen mit dem oben beschriebenen Möglichkeiten einer effizienten Koordinierung eine Begründung für die Gültigkeit des Datenschutz-Kriterium auch für die Betriebsart „Auslassen von möglichst vielen MIXen" dar.

5.3.2.4 Verschlüsselung zwischen MIXen zur Verringerung der nötigen Koordinierung

Wie die bisherigen Unterabschnitte des Abschnitts 5.3.2 „Ersetzen von MIXen" zeigten, verursachen auch die effizienten Koordinations-Protokolle insbesondere bei „Auslassen von MIXen" einen beträchtlichen Aufwand. Außerdem haben die effizienten Koordinations-Protokolle den Nachteil, daß bei geschickten und massiven aktiven physischen Angriffen manche MIXe bezüglich des Schutzes der Kommunikationsbeziehung überbrückt werden können.

Es stellt sich deshalb die Frage, ob der zur Koordinierung nötige Aufwand vermieden oder aber zumindest gesenkt werden kann, indem zwischen MIXen zusätzlich verschlüsselt wird (MIX-zu-MIX-Verschlüsselung). Das Ziel dieser zusätzlichen Verschlüsselung ist, daß obwohl auch bei dynamisch aktivierter Redundanz manche Nachrichten mehrfach gemixt oder bei statisch aktivierter Redundanz in verschiedenen Schüben gemixt werden, dies einem Angreifer, der nicht alle MIXe kontrolliert, wohl aber alle Leitungen abhört, nicht das Überbrücken einer längeren MIX-Folge bezüglich des Schutzes der Kommunikationsbeziehung erlaubt.

Bei MIXen mit Reserve-MIXen kann diese Frage für den Fall *dynamisch aktivierter* Redundanz sehr einfach und generell mit „nein" beantwortet werden. Einerseits ist der zur Koordinierung nötige Aufwand beim effizienten Koordinations-Protokoll vergleichsweise sehr gering. Andererseits gibt es immer die Möglichkeit, daß sich eine zwei Mitgliedern des ersten Teams zum Mixen gesendete Nachricht innerhalb der vom Angreifer nicht kontrollierten Teamfolge zufällig nicht kreuzt und deshalb auch am Ausgang der Teamfolge zweifach erscheint.

Bei *statisch aktivierter* Redundanz liegt bei MIXen mit Reserve-MIXen der schon in den Abschnitten 5.3 und 5.3.2 diskutierte uninteressante Fall einer verteilten, intern fehlertoleranten Implementierung eines MIXes vor.

Bei Auslassen von MIXen kann obige Frage für den Fall *dynamisch aktivierter* Redundanz ebenfalls sehr einfach und generell mit „nein" beantwortet werden. Sendet ein Angreifer eine Nachricht an zwei verschiedene, durch seinen MIX direkt erreichbare nachfolgende MIXe, so werden sich die zwei Exemplare der Nachricht, sofern keine MIXe ausgefallen sind, bei beiden Betriebsarten nicht kreuzen und deshalb auch am Ausgang der Teamfolge zweifach erscheinen.

Für *statisch aktivierte* Redundanz wurden bisher die folgenden beiden Teilantworten gefunden. Beide beziehen sich auf die Verwendung eines Verschlüsselungsschemas, das das Auslassen von $\ddot{u}$ MIXen in Folge ermöglicht.

Völlig unkoordinierte MIXe: Statt mindestens $\ddot{u}+1$ MIXe – wie beschrieben – zu koordinieren, kann man jeden MIX jede Nachricht MIX-zu-MIX-verschlüsselt an alle von ihm direkt erreichbaren nächsten MIXe schicken lassen. Wie in Abschnitt 2.5.2 beschrieben bearbeitet jeder MIX jede MIX-zu-MIX-entschlüsselte Nachricht nur einmal. Leitgedanke dieses Verfahrens ist, daß am Ende einer genügend langen vom Angreifer nicht kontrollierten MIX-Folge eine Nachricht – egal was der Angreifer tut – entweder gar nicht oder aber, sofern von den letzten $\ddot{u}+1$ MIXen i intakt sind, i mal erscheint.

<u>Beh.</u> Kann der Angreifer MIXe beliebig an- und abschalten (inkl. der Verhinderung der Zustellung von dem unterliegenden Kommunikationsnetz schon vor der Abschaltung übergebenen Nachrichten an einen gerade abgeschalteten, später aber möglicherweise wieder angeschalteten MIX), so kann er mit viel Ausprobieren $3\ddot{u}+1$ unkontrollierte MIXe und mit viel Glück auch mehr als $3\ddot{u}+1$ unkontrollierte MIXe überbrücken.

<u>Bew.</u> Seien die $3\ddot{u}+1$ MIXe MIX_i, MIX_{i+1} bis $MIX_{i+3\ddot{u}}$ (und nur diese) vom Angreifer nicht kontrolliert. Da der Angreifer $\ddot{u}$ MIXe auslassen kann, kennt er die nächsten $\ddot{u}+1$ MIXe, d. h. MIX_i, MIX_{i+1} bis $MIX_{i+\ddot{u}}$.
Der Angreifer schaltet von den ihm bekannten nächsten $\ddot{u}+1$ MIXen zunächst MIX_i, MIX_{i+1} bis $MIX_{i+\ddot{u}-2}$ und $MIX_{i+\ddot{u}}$ ab und sendet die Nachricht $N_{i+\ddot{u}-1}$ an $MIX_{i+\ddot{u}-1}$. Um herauszufinden, wer $MIX_{i+2\ddot{u}}$ ist, schaltet er nacheinander alle anderen, d. h. von ihm nicht kontrollierten MIXe aus bis auf jeweils einen. Den gesuchten MIX $MIX_{i+2\ddot{u}}$

erkennt er daran, daß am von ihm beobachteten Ausgang „etwas" passiert, nämlich die gemixte Nachricht $N_{i+3\ddot{u}+1}$ das erste mal ankommt. Zu beachten ist, daß von den nachfolgenden MIXen nur $MIX_{i+\ddot{u}-1}$ und $MIX_{i+2\ddot{u}+1}$, sowie möglicherweise $MIX_{i+\ddot{u}+1}$ bis $MIX_{i+2\ddot{u}-1}$ die Nachricht mixten, aber alle anderen dazu noch bereit sind. Dann schaltet der Angreifer $MIX_{i+\ddot{u}-1}$ aus und dafür $MIX_{i+\ddot{u}}$ an. Danach sucht er analog $MIX_{i+2\ddot{u}+1}$ in der Reihe der nachfolgenden, und erkennt dies daran, daß er sowohl $N_{i+3\ddot{u}+1}$ als auch $N_{i+3\ddot{u}+2}$ erhält. Durch Vergleich der erhaltenen Nachrichten kann er wie üblich die $3\ddot{u}+1$ MIXe bezüglich einer Nachricht überbrücken.

Bei mehr als $3\ddot{u}+1$ unkontrollierten MIXen kann ein analoger Angriff existieren. Ob dies so ist, ist unbekannt. Auf jeden Fall kann der Angreifer mit viel Glück zwei verschiedene Wege durch die unkontrollierten MIXe anschalten. Ein deterministischer Schutz ist also ohne Koordinierung nicht möglich. ◆

Schwach koordinierte MIXe: Wie bei den völlig unkoordinierten MIXen schickt jeder MIX jede Nachricht an die $\ddot{u}+1$ nächsten MIXe. Der Angreifer kann jeden MIX in dem Sinne isolieren, daß ein isolierter MIX keine Nachrichten mehr erfolgreich senden und/oder empfangen kann, aber einmal isolierte MIXe dies bemerken und für eine vorgegebene Zeitdauer t am Mixen nur passiv teilnehmen, d.h. nur empfangen, aber nicht senden (und auch nicht umcodieren). Nach dieser Zeit vergleichen sie die aktuell empfangenen Nachrichten mit den während der passiven Phase empfangenen Nachrichten um sie ggf. nicht noch einmal, in diesem Falle verspätet, zu mixen. Alle Nachrichten werden vom ursprünglichen Sender mit einem Zeitstempel versehen und jeder MIX mixt nur Nachrichten, deren Zeitstempel weniger als t Einheiten alt ist. Ein ausgefallener MIX verhält sich nach seiner Reparatur genauso wie ein MIX, dessen Isolierung aufgehoben wurde.

<u>Beh. 1</u> Verhalten sich MIXe schwach koordiniert, so kann ein Angreifer eine Folge von $2\ddot{u}$ von ihm nicht kontrollierten MIXen bezüglich des Schutzes der Kommunikationsbeziehung überbrücken.

<u>Bew.</u> Seien die $2\ddot{u}$ MIXe MIX_i, MIX_{i+1} bis $MIX_{i+2\ddot{u}-1}$ (und nur diese) vom Angreifer nicht kontrolliert. Da der Angreifer $\ddot{u}$ MIXe auslassen kann, kennt er die nächsten $\ddot{u}+1$ MIXe, d. h. MIX_i, MIX_{i+1} bis $MIX_{i+\ddot{u}}$.
Um die Folge überbrücken zu können, muß der Angreifer die Folge dazu bringen, dieselbe Nachricht in zwei vom Angreifer unterscheidbaren Zeitintervallen zu mixen.
Dies erreicht er, indem er zunächst $N_{i+\ddot{u}}$ an $MIX_{i+\ddot{u}}$ schickt, und später $N_{i+\ddot{u}-1}$ an $MIX_{i+\ddot{u}-1}$. Sind beide nicht ausgefallen, so erhält der Angreifer $N_{i+2\ddot{u}}$ von beiden in jeweils von ihm unterscheidbaren Zeitintervallen zugeschickt. ◆

<u>Beh. 2</u> Verhalten sich MIXe schwach koordiniert, so kann ein Angreifer für keine Nachricht eine Folge von von ihm nicht kontrollierten $2\ddot{u}+1$ MIXen bezüglich des Schutzes der Kommunikationsbeziehung überbrücken.

<u>Bew.</u> Seien die $2\ddot{u}+1$ MIXe MIX_i, MIX_{i+1} bis $MIX_{i+2\ddot{u}}$ (und nur diese) vom Angreifer nicht kontrolliert. Da der Angreifer $\ddot{u}$ MIXe auslassen kann, kennt er die nächsten $\ddot{u}+1$ MIXe, d. h. MIX_i, MIX_{i+1} bis $MIX_{i+\ddot{u}}$.

Um die Folge überbrücken zu können, muß der Angreifer die Folge dazu bringen, dieselbe Nachricht in zwei vom Angreifer unterscheidbaren Zeitintervallen zu mixen.

Isoliert der Angreifer keinen der *hinteren* $\ddot{u}+1$ MIXe $MIX_{i+\ddot{u}}$ bis $MIX_{i+2\ddot{u}}$, so gelingt ihm dies nicht: Sei $MIX_{i+\ddot{u}+j}$ ($j \geq 0$) der erste nichtausgefallene der hinteren MIXe. Entweder erhält $MIX_{i+\ddot{u}+j}$ die Nachricht nicht, dann geht sie verloren, oder aber $MIX_{i+\ddot{u}+j}$ sendet sie an alle folgenden MIXe weiter.

Also muß der Angreifer wenigstens einen hinteren MIX der Folge isolieren. Nach der Definition, was schwache Koordinierung ist, bleibt dieser für die Zeitdauer t passiv. Da er bei den nicht isolierten MIXen bei dem Versuch, dieselbe Nachricht nochmal gemixt zu bekommen, kein Glück hat, muß er also die Isolierung von MIXen aufheben. Diese werden wiederum nur nach der Zeitdauer t aktiv, wonach sie aber die Nachricht, da inzwischen ihr Zeitstempel zu alt ist, auch nicht mixen. ◆

Zum Schluß sei noch ein Protokoll skizziert, das garantiert, daß ein isolierter MIX seine Isolierung rechtzeitig bemerkt:

Alle MIXe senden allen anderen MIXen für jeden Schub (vgl. Abschnitt 2.5.2) je ein Lebenssignal (wie in Abschnitt 5.3 eine Nachricht mit Datum und Zeit sowie Unterschrift, I'm alive message) und warten, bevor sie den Schub gemixt ausgeben, auf eine unterschriebene Empfangsbestätigung aller nicht ausgefallenen MIXe. Erhält ein MIX keine (oder nur wenige) Empfangsbestätigungen, so hält er sich für isoliert und nimmt für die Zeitdauer t nur noch passiv am Mixen teil. Er sendet aber weiterhin Lebenssignale und versendet für empfangene Lebenssignale unterschriebene Empfangsbestätigungen.

Je nach Angreifermodell sind erheblich effizientere Protokolle möglich. Kann ein Angreifer beispielsweise nur physische Verbindungen unterbrechen, so kann im MIX-Netz eine Nachbarschaft als physische Nachbarschaft im Kommunikationsnetz definiert werden.

Dann braucht jeder MIX Lebenssignale und Empfangsbestätigungen nur an seine Nachbarn zu senden. Dies ist bei MIX-zu-MIX-Verschlüsselung mittels eines symmetrischen Kryptosystems fast ohne zusätzlichen Aufwand erreichbar: Aus den in Abschnitt 3.2.2 dargelegten Gründen ist es zweckmäßig, zwischen MIXen Kanäle zu schalten. Bestehen Kanäle in beiden Richtungen und wird vor der Verschlüsselung mit dem symmetrischen Kryptosystem nur einmal gültige Redundanz – etwa Datum und Uhrzeit – hinzugefügt und vom Empfänger nach der Entschlüsselung geprüft, so stellen diese Kanäle eine hinreichende „Empfangsbestätigung" dar.

Es sei hier schon darauf hingewiesen, daß die MIX-zu-MIX-Verschlüsselung eine Tolerierung aktiver Angriffe zur Verhinderung der Diensterbringung erschwert, wenn diese Tolerierung möglichst ohne vollständigen Verlust des Schutzes der Kommunikationsbeziehung erfolgen soll, vgl. Abschnitt 5.8.

5.3.3 Besonderheiten beim Schalten von Kanälen

Werden Kanäle geschaltet, können während des Schaltens oder Auflösens dieser Kanäle die bisher beschriebenen Fehlertoleranzverfahren verwendet werden.

Ist ein Kanal in Benutzung, so kann nur bei *statisch erzeugter* und *statisch aktivierter* Redundanz eine für die Benutzer des Kanals wahrnehmbare Unterbrechung bei Ausfall eines MIXes „im Kanal" vermieden werden. Wie in den vorhergehenden Abschnitten diskutiert, ist statisch erzeugte, *statisch aktivierte* Redundanz aufwendig und läßt wenig Entwurfsspielraum. Werden Kanäle andererseits nicht permanent geschaltet („anonyme Standleitungen" scheinen mir keinen Anwendungszweck zu haben), so ist der Ausfall eines MIXes „im Kanal" pro Kanal relativ selten und die Kanalunterbrechung durch Vermeidung statisch aktivierter Redundanz kaum eine Benutzungsbeeinträchtigung. Deshalb scheint es günstiger zu sein, bei Ausfall eines MIXes „im Kanal" den Kanal aufzugeben und geeignet aufzulösen sowie einen ganz neuen Kanal zu schalten. Hierzu müssen selbst Empfänger von Simplex-Kanälen Rückadressen erhalten. Diese können entweder für regelmäßige Empfangsbestätigungen oder für eine Fehlersignalisierung benutzt werden. Im letzteren Fall sollten für die Rückadressen geeignete Fehlertoleranzverfahren vorgesehen sein.

Dies Verfahren scheint sehr effizient zu sein und wirft keine Pobleme bezüglich des Schutzes der Kommunikationsbeziehung auf, sofern die Auflösung des durch Ausfall eines oder mehrerer MIXe unterbrochenen Kanals (genauer: seiner Teile) den in Abschnitt 3.2.2.1 hergeleiteten Regeln folgt. Selbstverständlich kann (aus Sicht des Schutzes der Kommunikationsbeziehung) ein neuer Kanal aufgebaut werden, bevor der unterbrochene aufgelöst ist.

Ist die zum Aufbau eines ganz neuen Kanals nötige Zeit zu lang, so können statt diesem Abschnitt 5.3.1 entsprechenden Verfahren solche hergeleitet werden, die den Abschnitten 5.3.2.2 oder 5.3.2.3 entsprechen. Die Anpassung (vielleicht sogar der Neuentwurf) entsprechender Koordinations-Protokolle erfordert besondere Sorgfalt.

5.3.4   Quantitative Bewertung

In diesem Abschnitt sollen die drei Fehlertoleranzverfahren „Verschiedene MIX-Folgen", „MIXe mit Reserve-MIXen" und „Auslassen von MIXen" bezüglich ihrer Zuverlässigkeit (Verfügbarkeit der Nutzleistung) und ihres Schutzes der Kommunikationsbeziehung quantitativ bewertet werden, um einen Vergleich der Fehlertoleranzverfahren zu ermöglichen.

Wie zu Beginn von Kapitel 5 bei der Einführung der Begriffe Fehlermodell und Fehlervorgabe schon anklang, ist es schwierig, Fehlermodelle anzugeben, die sowohl realistisch als auch handhabbar sind. Entsprechendes muß auch für jede auf ihnen basierende quantitative Bewertung gelten – wegen den benötigten Verteilungen der Zufallsvariablen (*stochastisches Modell*) sogar in noch stärkerem Maße. Da die quantitative Bewertung hier nur zum Vergleich gedacht ist, werden sowohl das bisherige grobe *Fehler-* und *Sicherheitsmodell* (ein MIX ist ganz oder gar nicht ausgefallen bzw. vom Angreifer kontrolliert oder nicht, Fehler des unterliegenden Kommunikationsnetzes werden nicht betrachtet) als auch ein einfachstmögliches stochastisches Modell verwendet. Wie üblich wird gehofft, daß sich diese Grobheit bei allen drei Fehlertoleranzverfahren gleich auswirkt und die Aussage eines Vergleichs deshalb auch in der Realität Gültigkeit besitzt.

Sei r die Überlebenswahrscheinlichkeit (reliability) (oder Verfügbarkeit) und s die Sicherheit (security) eines MIXes. Die Überlebenswahrscheinlichkeit (oder Verfügbarkeit) ist wie üblich als die Wahrscheinlichkeit definiert, daß ein MIX nach einem festgelegten Zeitintervall (oder zu einem zufälligen Zeitpunkt nach dem Einschwingen) nicht ausgefallen ist. Da im folgenden zwischen Überlebenswahrscheinlichkeit und Verfügbarkeit nicht unterschieden werden muß, wird Zuverlässigkeit als Oberbegriff verwendet. Die Sicherheit eines MIXes sei als die Wahrscheinlichkeit definiert, daß er nicht vom Angreifer kontrolliert wird. Um die Bewertung möglichst einfach zu halten, wird angenommen, daß alle MIXe dieselbe Zuverlässigkeit und Sicherheit besitzen und daß diese bei einzelnen MIXen und zwischen MIXen stochastisch unabhängig sind. Außerdem wird angenommen, daß kein MIX bezüglich einer Informationseinheit zweimal verwendet wird – nicht einmal als Reserve-MIX. Unter diesen Annahmen können die üblichen Formeln der Zuverlässigkeitstheorie verwendet werden.

Weiterhin wird angenommen, daß MIXe sicher wissen, welche anderen MIXe ausgefallen sind. Dann ist es nicht nötig, sich um Mehrheiten von MIXen zu kümmern, wie dies in den Koordinations-Protokollen der Abschnitte 5.3.2.1 bis 5.3.2.3 getan wurde. Anderenfalls würde nicht nur die Sicherheit, sondern auch die Zuverlässigkeit der Fehlertoleranzverfahren sinken. Aber zumindest die Zuverlässigkeit sinkt für vernünftige Werte von r, die in der Nähe von 1 liegen, nur wenig.

Außerdem wird angenommen, daß bei jedem Schub Informationseinheiten von so vielen verschiedenen Sendern gemixt werden, daß der in Abschnitt 2.5.2.1 beschriebene Angriff auf den Schutz der Kommunikationbeziehung mittels Zusammenarbeit aller Sender bis auf einen praktisch ausgeschlossen und deshalb bei der Berechnung der Sicherheit ignoriert werden kann.

Außerdem werden immer dort, wo dies einen Unterschied macht, bevorzugt Umcodierungsschemata für Empfängeranonymität berücksichtigt, da sie der allgemeine Fall sind und das Ersetzen von MIXen bei ihnen besonders nötig ist.

r und s sind also beliebige reelle Zahlen mit $0 \leq r \leq 1$ und $0 \leq s \leq 1$. Seien wie bisher $\ddot{u}$ und m beliebige ganze Zahlen mit $\ddot{u} \geq 0$ und $m \geq 1$.

Wie in Abschnitt 5.3.1 erwähnt, sind **Verschiedene MIX-Folgen** ein Parallel-Serien-System (Parallel-System aus Serien-Systemen) bezüglich Zuverlässigkeit und ein Serien-Parallel-System (Serien-System aus Parallel-Systemen) bezüglich Sicherheit.

Die Zuverlässigkeit $r_{\ddot{u}+1}(m)$ eines Systems aus $m \cdot (\ddot{u}+1)$ MIXen, das von einer Nachricht derart durchlaufen werden muß, daß mindestens eine von $\ddot{u}+1$ Folgen von jeweils m MIXen die Nachricht mixt, lautet

$$r_{\ddot{u}+1}(m) \quad = \quad 1 - (1 - r^m)^{\ddot{u}+1},$$

und seine Sicherheit $s_{\ddot{u}+1}(m)$

$$s_{\ddot{u}+1}(m) \quad = \quad (1 - (1-s)^m)^{\ddot{u}+1}.$$

Wie in Abschnitt 5.3.2.2 erwähnt, sind **MIXe mit Reserve-MIXen** ein Serien-Parallel-System (Serien-System aus Parallel-Systemen) bezüglich Zuverlässigkeit und ein Parallel-Serien-System (Parallel-System aus Serien-Systemen) bezüglich Sicherheit.

Die Zuverlässigkeit $r_{\ddot{u}+1}(m)$ eines Systems aus $m \cdot (\ddot{u}+1)$ MIXen, das von einer Nachricht derart durchlaufen werden muß, daß m MIXe die Nachricht mixen und jeder MIX von $\ddot{u}$ anderen ersetzt werden kann, lautet

$$r_{\ddot{u}+1}(m) \quad = \quad 1 - (1 - r^{\ddot{u}+1})^m,$$

und seine Sicherheit $s_{\ddot{u}+1}(m)$

$$s_{\ddot{u}+1}(m) \quad = \quad (1 - (1-s)^{\ddot{u}+1})^m.$$

Bei **Auslassen von MIXen** ist die Berechnung dieser Kennwerte nicht ganz so einfach, vgl. Abschnitt 5.3.2.3.

Die Zuverlässigkeit $r_{\ddot{u}+1}(m)$ eines Systems aus m **koordinierten** MIXen, wobei jeder der m MIXe die nächsten $\ddot{u}$ MIXe auslassen kann, kann folgendermaßen rekursiv berechnet werden:

Sei $r_{\ddot{u}+1}(i)$ die Zuverlässigkeit eines (Teil)Systems von i (bezüglich des Verschlüsselungsschemas) direkt aufeinanderfolgenden MIXen, d. h. die Wahrscheinlichkeit, daß es in dem (Teil)System eine Folge von nicht ausgefallenen MIXen gibt, mittels derer eine mit dem Verschlüsselungsschema verschlüsselte Nachricht von einem Sender direkt vor der Folge zu einem Empfänger direkt hinter der Folge richtig umcodiert übermittelt werden kann. Hierbei sei jeweils vorausgesetzt, daß der Sender direkt vor der Folge und der Empfänger direkt hinter der Folge nicht ausgefallen sind. Folglich ist für die Werte $i = 0,...,\ddot{u}$

$$r_{\ddot{u}+1}(0) = r_{\ddot{u}+1}(1) = ... = r_{\ddot{u}+1}(\ddot{u}) = 1,$$

da der Sender direkt vor dem (Teil)Systems von i (bezüglich des Verschlüsselungsschemas) aufeinanderfolgenden MIXen bis zu $\ddot{u}$ MIXen auslassen kann. Für größere Werte von i kann die Zuverlässigkeit rekursiv berechnet werden durch

$$r_{\ddot{u}+1}(i) \quad = \quad \sum_{j=0}^{\ddot{u}} (1 - r)^j \cdot r \cdot r_{\ddot{u}+1}(i\text{-}j\text{-}1) \quad \text{für } i \geq \ddot{u}+1.$$

Hierbei ist der j-te Term die Wahrscheinlichkeit, daß die ersten j der i MIXe ausgefallen sind, aber der $j+1$-te nicht ausgefallen ist, und es eine Folge von nicht ausgefallenen MIXen gibt, mittels derer die Nachricht durch die verbleibenden i-j-1 MIXe richtig umcodiert übermittelt werden kann. Wird hierbei angenommen, daß die Nachricht nach einem Umcodierungsschema für Empfängeranonymität gebildet ist, so gilt diese Formel nicht nur für MIXe, sondern auch für das gesamte System unter Einschluß des Verwenders der Rückadresse (sei es ein MIX oder ein „normaler" Teilnehmer), da auch er nur $\ddot{u}$ MIXe auslassen kann. Wird kein Umcodierungsschema für Empfängeranonymität verwendet, so kann der Sender den ersten MIX beliebig wählen, so daß dessen Zuverlässigkeit (oder Vefügbarkeit) wohl als 1 angenommen werden müßte.

Dieselben Formeln können verwendet werden, um die U̲nsicherheit $u_{\ddot{u}+1}(i)$ eines (Teil)Systems von i (bezüglich des Verschlüsselungsschemas) direkt aufeinanderfolgenden MIXen zu berechnen. $u_{\ddot{u}+1}(i)$ ist die Wahrscheinlichkeit, daß der Angreifer eine Nachricht über das (Teil)System von einem unsicheren, daß heißt unter der Kontrolle des Angreifers stehenden Sender direkt vor dem (Teil)System zu einem unsicheren Empfänger direkt hinter dem (Teil)System verfolgen kann. Sei $u = 1 - s$ die U̲nsicherheit eines MIXes. Dann gilt

$$u_{\ddot{u}+1}(0) = u_{\ddot{u}+1}(1) = ... = u_{\ddot{u}+1}(\ddot{u}) = 1,$$

da der Sender direkt vor dem (Teil)Systems von i (bezüglich des Verschlüsselungsschemas) aufeinanderfolgenden MIXen bis zu $\ddot{u}$ MIXen auslassen kann. Für größere Werte von i kann die Unsicherheit rekursiv berechnet werden durch

$$u_{\ddot{u}+1}(i) \quad = \quad \sum_{j=0}^{\ddot{u}} (1 - u)^j \cdot u \cdot u_{\ddot{u}+1}(i\text{-}j\text{-}1) \quad \text{für } i \geq \ddot{u}+1.$$

Hierbei ist der j-te Term die Wahrscheinlichkeit, daß die ersten j der i MIXe nicht vom Angreifer kontrolliert sind, aber der $j+1$-te es ist, und es eine Folge von vom Angreifer kontrollierten MIXen gibt, mittels derer die Nachricht durch die verbleibenden i-j-1 MIXe verfolgt werden kann. $\mathbf{u}_{\ddot{u}+1}(m)$ ist nur für den Fall, daß ein Umcodierungsschema für Empfängeranonymität verwendet wurde und der Sender der Rückantwort vom Angreifer kontrolliert wird, die Unsicherheit des Gesamtsystems. Ist nämlich der Sender der Rückantwort nicht vom Angreifer kontrolliert, so wird er die Nachricht nicht dem ersten, vom Angreifer kontrollierten MIX zusenden, sondern dem ersten nicht ausgefallenen. Ist dieser nicht vom Angreifer kontrolliert, so schützt er bereits die Kommunikationsbeziehung. Für den Fall, daß der Sender der Rückantwort nicht vom Angreifer kontrolliert wird, ergibt sich die Unsicherheit $\mathbf{u'}_{\ddot{u}+1}(m)$ des Gesamtsystems als

$$\mathbf{u'}_{\ddot{u}+1}(m) \;=\; \sum_{j=0}^{\ddot{u}} (1 - r)^{j} \cdot r \cdot u \cdot \mathbf{u}_{\ddot{u}+1}(m\text{-}j\text{-}1).$$

Wird der Sender einer mit einem Umcodierungsschema für Senderanonymität gebildeten Nachricht vom Angreifer kontrolliert, gibt es natürlich überhaupt keinen Schutz der Kommunikationsbeziehung.

Deshalb ergibt sich für den wichtigsten Fall der Verwendung eines Verschlüsselungsschemas für Empfängeranonymität und eines vom Angreifer kontrollierten Senders der Rückantwort die Sicherheit eines (Teil)Systems von i (bezüglich des Verschlüsselungsschemas) aufeinanderfolgenden MIXen als

$$\mathbf{s}_{\ddot{u}+1}(0) \;=\; \mathbf{s}_{\ddot{u}+1}(1) \;=\; ... \;=\; \mathbf{s}_{\ddot{u}+1}(\ddot{u}) \;=\; 0 \qquad \text{und}$$

$$\mathbf{s}_{\ddot{u}+1}(i) \;=\; 1 - \sum_{j=0}^{\ddot{u}} s^{j} \cdot (1 - s) \cdot (1 - \mathbf{s}_{\ddot{u}+1}(i\text{-}j\text{-}1)) \qquad \text{für } i \geq \ddot{u}+1.$$

In den folgenden 9 Bildern sind jeweils die Werte $r_{\ddot{u}+1}(m)$ und $s_{\ddot{u}+1}(m)$ für „Verschiedene MIX-Folgen", „MIXe mit Reserve-MIXen" oder „Auslassen von MIXen" für die drei Parameterkombinationen $r = 0{,}999$ und $s = 0{,}9$, $r = 0{,}99$ und $s = 0{,}9$ sowie $r = 0{,}99$ und $s = 0{,}1$ dargestellt. Auf der x-Achse ist für m in logarithmischem Maßstab der Wertebereich von 1 bis 100000 dargestellt, auf der y-Achse können die zugehörigen Werte der Zuverlässigkeit und Sicherheit abgelesen werden. Eingezeichnet sind jeweils die Werte von $r_1(m)$, $r_2(m)$, $r_3(m)$, $r_4(m)$, $r_5(m)$ und $s_1(m)$, $s_2(m)$, $s_3(m)$, $s_4(m)$, $s_5(m)$. Wegen der graphischen Lesbarkeit wurden diese mit den obigen Formeln nur für den Wertebereich der natürlichen Zahlen definierten Funktionen als kontinuierliche Funktionen gezeichnet, wobei die Funktionswerte jeweils durch gerade Linien verbunden wurden. Dies erklärt die im Bereich von $m \leq 10$ bei manchen „Kurven" deutlich wahrnehmbaren Knicke. Um bei „Auslassen von MIXen" trotz der durchgezogenen, aber nur an ganzzahligen Argumentwerten gültigen Funktionswert-„Kurven" keinen falschen Eindruck für die Werte $m \leq \ddot{u}+1$ zu erzeugen, beginnen hier die „Kurven" erst im Funktionswert $m = \ddot{u}+1$.

Um einen Vergleich der 3 Fehlertoleranzverfahren zu unterstützen, sind die Bilder aller 3 Fehlertoleranzverfahren für einen Parametersatz jeweils direkt hintereinander dargestellt.

Wie bereits in [Pfi1_85 Seite 92] begründet, ist es sinnvoll, m und nicht $m \cdot (\ddot{u}+1)$ als Kostenfunktion des MIX-Netzes anzunehmen und entsprechend MIX-Netze mit gleichem m zu vergleichen: m bestimmt die Verzögerungszeit, den Umschlüsselungs- und Übertragungsaufwand. Die die Produktions-Kosten der MIXe charakterisierende Zahl $m \cdot (\ddot{u}+1)$ ist für den Vergleich nicht wesentlich, da gemäß Abschnitt 3.2.2.4 jede Informationseinheit nur von wenigen MIXen gemixt werden kann und diese wenigen MIXe einen so geringen Teil aller MIXe darstellen dürften, daß in jedem Fall auch $m \cdot (\ddot{u}+1)$ MIXe vorhanden sind.

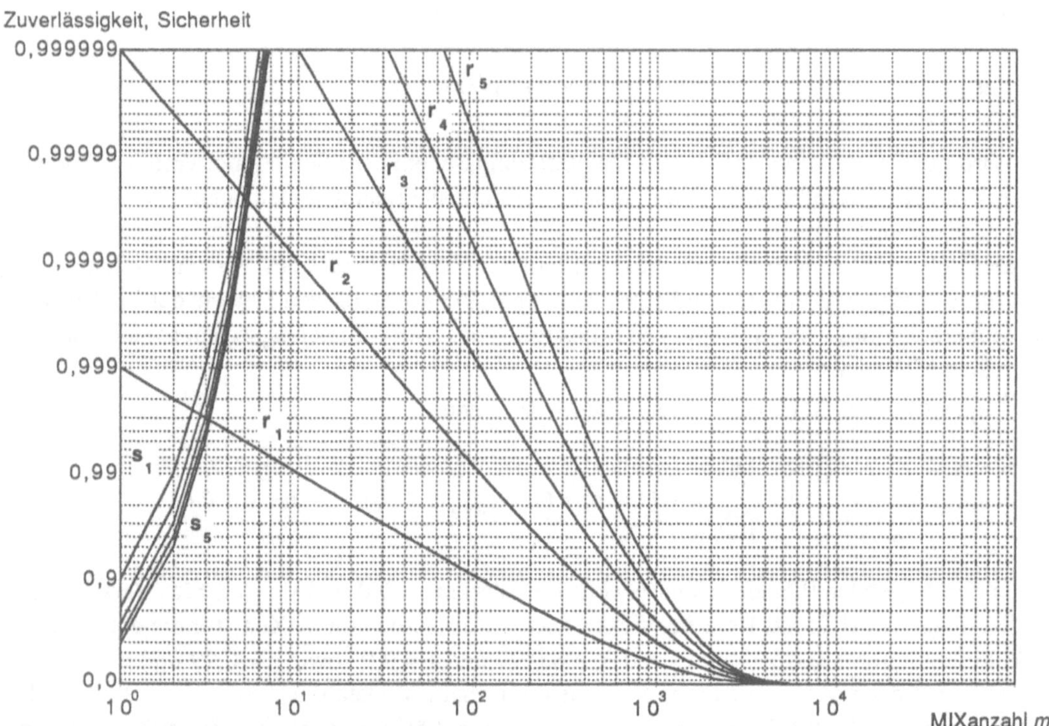

Bild 61: Werte für „Verschiedene MIX-Folgen" und die Parameterkombination $r = 0{,}999$ und $s = 0{,}9$

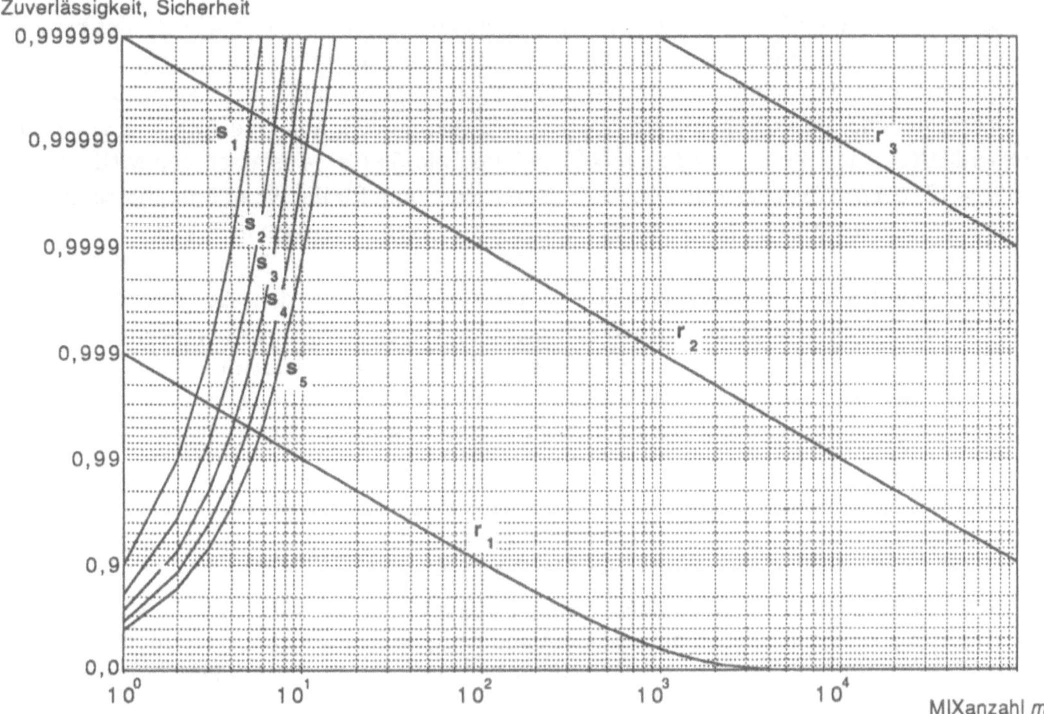

Bild 62: Werte für „MIXe mit Reserve-MIXen" und die Parameterkombination $r = 0,999$ und $s = 0,9$

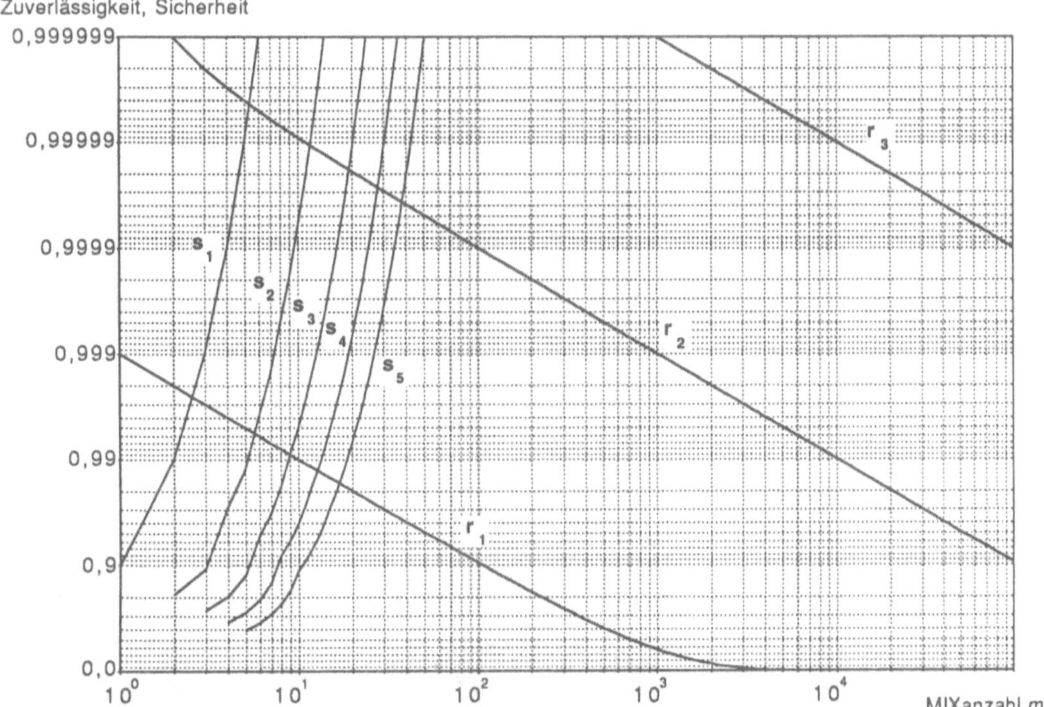

Bild 63: Werte für „Auslassen von MIXen" und die Parameterkombination $r = 0,999$ und $s = 0,9$

Der Gebrauch dieser Bilder sei an einem Beispiel beschrieben. Gesucht sei für jedes Fehlertoleranzverfahren und jede Parameterkombination das minimale m, so daß $r_{\ddot{u}+1}(m) \geq 0,99999$ und $s_{\ddot{u}+1}(m) \geq 0,99999$. Für die Parameterkombination $r = 0,999$ und $s = 0,9$ kann aus Bild 61 für „Verschiedene MIX-Folgen" der Wert $m = 6$ (bei $\ddot{u} = 3$), aus Bild 62 für „MIXe mit Reserve-MIXen" der Wert $m = 7$ (bei $\ddot{u} = 2$) und aus Bild 63 für „Auslassen von MIXen" der Wert $m = 12$ (bei $\ddot{u} = 2$) abgelesen werden. Entsprechend kann für die Paramertkombination $r = 0,99$ und $s = 0,9$ aus Bild 64 für „Verschiedene MIX-Folgen" der Wert $m = 6$ (bei $\ddot{u} = 4$), aus Bild 65 für „MIXe mit Reserve-MIXen" der Wert $m = 9$ (bei $\ddot{u} = 3$) und aus Bild 66 für „Auslassen von MIXen" der Wert $m \approx 30$ (bei $\ddot{u} = 4$) abgelesen werden. Aus den Bildern 67, 68 und 69 können die entsprechenden Werte nicht abgelesen werden, da bei „Verschiedenen MIX-Folgen" hierfür die „Kurven" für größere Werte von $\ddot{u}$ nötig wären und bei „MIXe mit Reserve-MIXen" und „Auslassen von MIXen" hierfür ein größerer Bereich von m und $\ddot{u}$ nötig wäre. Aus Gründen der graphischen Lesbarkeit und eines einheitlichen Maßstabes in allen 9 Bildern wurde darauf bewußt verzichtet.

Eine naive Interpretation dieser quantitativen Bewertungsergebnisse könnte nun lauten, daß „Verschiedene MIX-Folgen" das beste Fehlertoleranzverfahren sind, da es bei vorgegebenen Parametern immer die kleinsten Werte von m ermöglicht und keinerlei Koordinations-Problem existiert. Deshalb sei noch einmal daran erinnert, daß Ende-zu-Ende-Fehlerbehebung statistische Angriffe über Sende- und Empfangsraten und -zeitpunkte ermöglicht, die Sicherheit von „Verschiedene MIX-Folgen" von dem einfachen Bewertungsmodell also deutlich überschätzt wird.

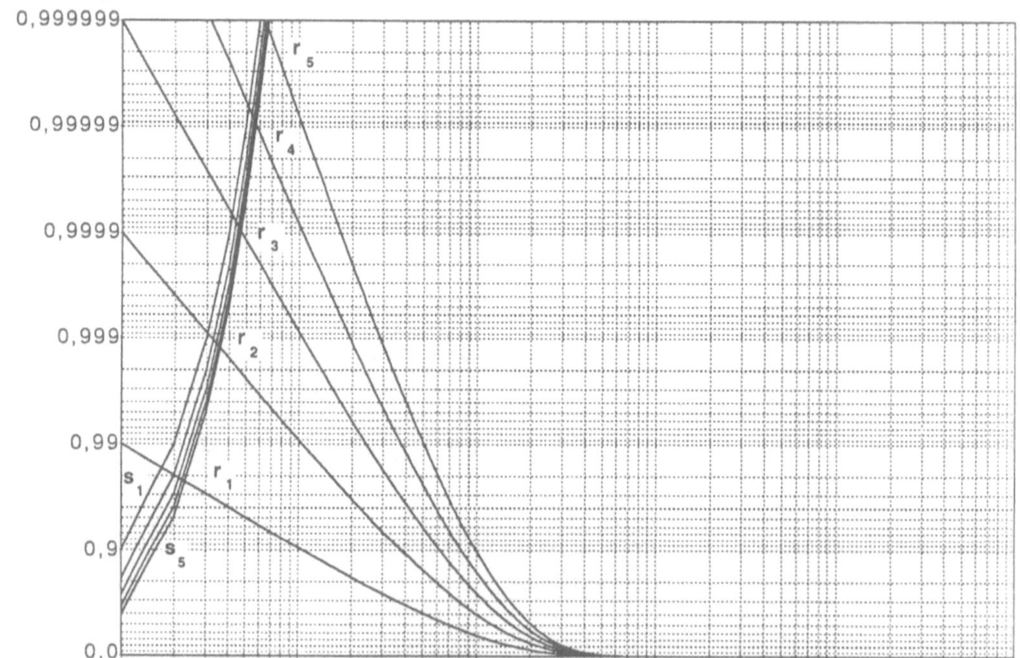

Bild 64: Werte für „Verschiedene MIX-Folgen" und die Parameterkombination $r = 0,99$ und $s = 0,9$

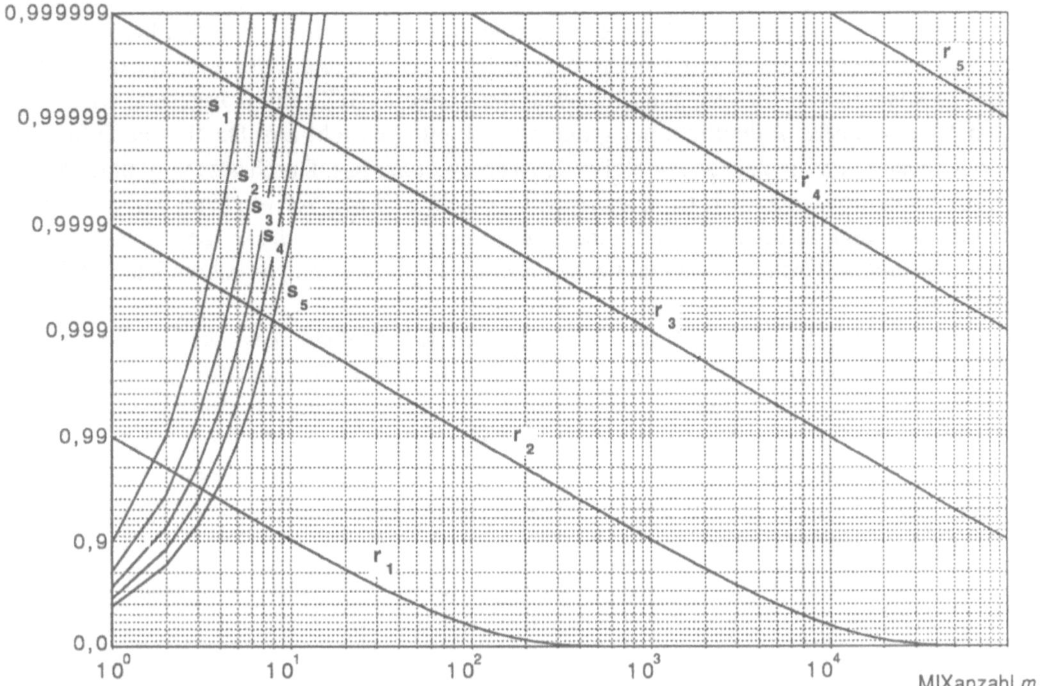

Bild 65: Werte für „MIXe mit Reserve-MIXen" und die Parameterkombination r = 0,99 und s = 0,9

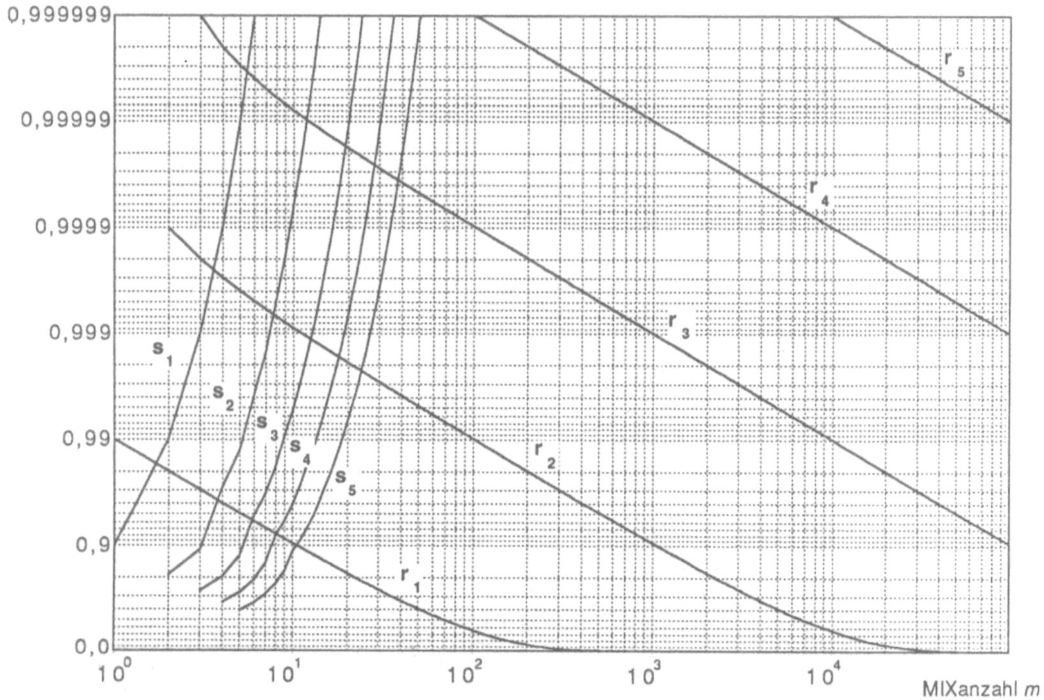

Bild 66: Werte für „Auslassen von MIXen" und die Parameterkombination r = 0,99 und s = 0,9

Die Bewertungsergebnisse für „MIXe mit Reserve-MIXen" und „Auslassen von MIXen" sind vergleichbarer und ähnlicher. Ersteres schneidet für kleine Werte von m deutlich, für große Werte von m nur sehr geringfügig besser ab. Dies liegt daran, daß aus den geschilderten Gründen bei „Auslassen von MIXen" die Sicherheit der ersten $\ddot{u}$ MIXe mit 0 angesetzt wird. Dies wirkt sich bei kleinem m deutlich, bei großem m so gut wie nicht aus. Da aber auch hier der genaue Aufwand und die genaue Nutzleistung (Verzögerungszeit, Durchsatz) vom unterliegenden Kommunikationsnetz, dem zu bedienenden Verkehr und den verwendeten Koordinations-Protokollen abhängt, kann letztlich nur eine quantitative Bewertung, die all diese Parameter berücksichtigt (und hoffentlich unter praktischen Randbedingungen einige fixieren kann) definitiv entscheiden.

Entsprechendes gilt, wenn auch schwach koordinierte MIXe bei „Auslassen von MIXen" in den Vergleich einbezogen werden. Dies kann mittels obiger Formeln für „Auslassen von MIXen" geschehen, indem unter Verwendung der Ergebnisse von Abschnitt 5.3.2.4 für die Berechnung von r und s nicht gleiche, sondern verschiedene Werte für $\ddot{u}$ verwendet werden. Die Werte können aus den Bildern 63, 66 und 69 direkt abgelesen werden, indem für die Situation, daß jeder MIX die nächsten $\ddot{u}$ MIXe auslassen kann, die „Kurven" $r_{\ddot{u}+1}$ und $s_{2\ddot{u}+1}$ zum Ablesen verwendet werden.

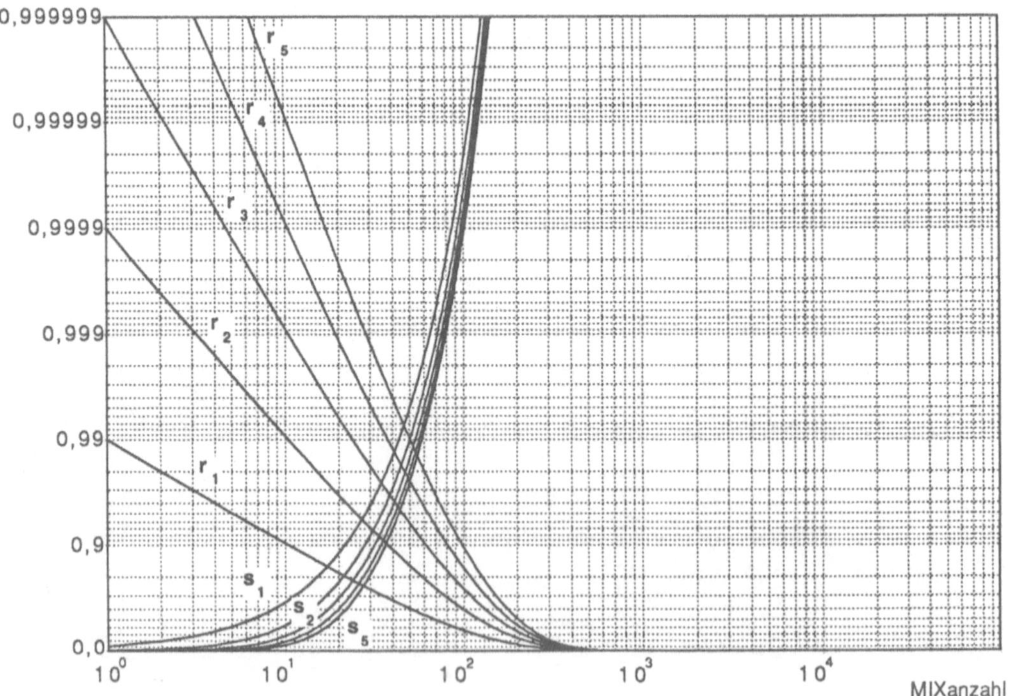

Bild 67: Werte für „Verschiedene MIX-Folgen" und die Parameterkombination $r = 0{,}99$ und $s = 0{,}1$

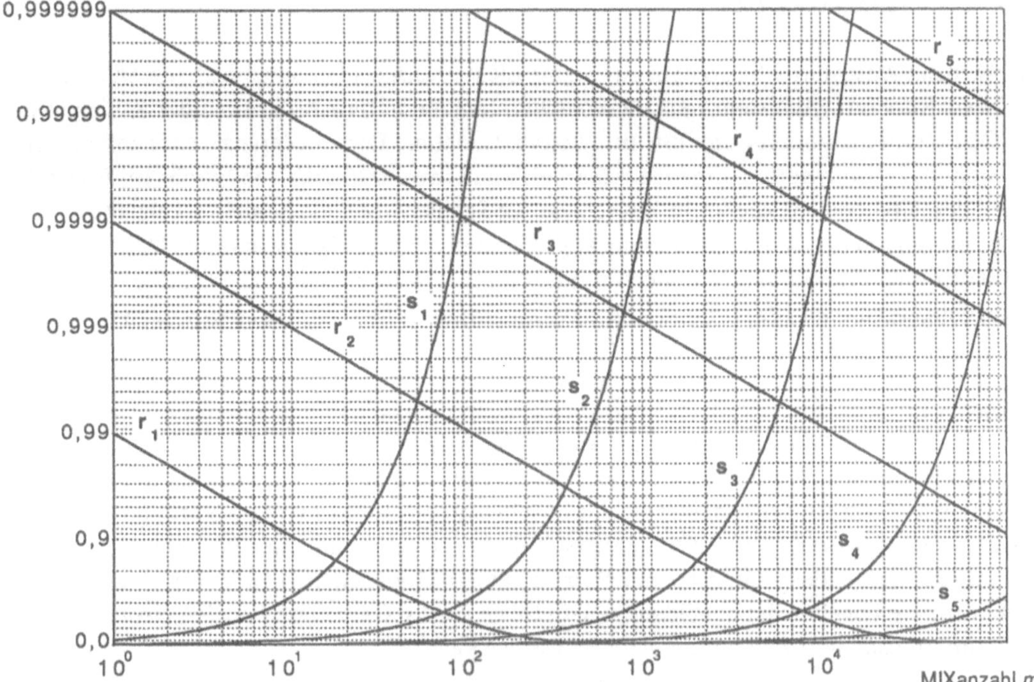

Bild 68: Werte für „MIXe mit Reserve-MIXen" und die Parameterkombination $r = 0,99$ und $s = 0,1$

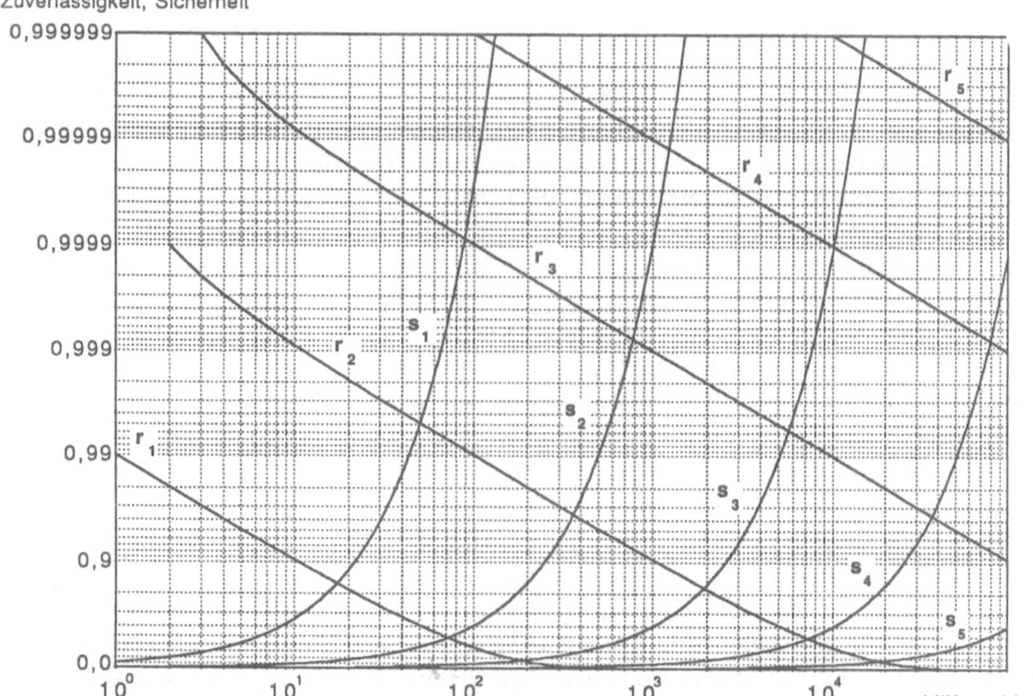

Bild 69: Werte für „Auslassen von MIXen" und die Parameterkombination $r = 0,99$ und $s = 0,1$

5.4   DC-Netz

Entsprechend Abschnitt 2.6 und dem zu Beginn dieses Kapitels Gesagten ist beim DC-Netz ein beliebiges Bitübertragungsnetz, das die Schicht 0 und die tiefere Teilschicht der Schicht 1 des ISO OSI Referenzmodells umfaßt, mit konventionellen Fehlertoleranz-Maßnahmen ohne Rücksicht auf Anonymität, Unbeobachtbarkeit und Unverkettbarkeit möglich. Im folgenden werden deshalb vor allem die obere Teilschicht der Schicht 1 und die Schicht 2 behandelt.

Die zu Beginn des Kapitels 5 bereits angesprochene Serieneigenschaft des DC-Netzes besteht darin, daß alle Schlüssel fehlerfrei ausgetauscht worden sein müssen, alle Pseudozufallszahlengeneratoren (PZGs) und alle modulo-Addierer fehlerfrei arbeiten müssen und die Synchronisation erhalten bleiben muß.

Anders als beim MIX-Netz, bei dem Fehlertoleranz-Maßnahmen ständig im Hintergrund abgewickelt werden können, lassen sich beim DC-Netz zwei Phasen, später Modi genannt, klar voneinander trennen. Normalerweise übertragen alle Teilnehmerstationen anonym Informationseinheiten. Tritt ein permanenter Fehler im Verfahren zum anonymen Mehrfachzugriff oder im DC-Netz auf, so kann keine Teilnehmerstation Informationseinheiten übertragen, bis dieser Fehler durch Ausgliedern oder Reparatur der defekten Komponente(n) toleriert ist – es sei denn, es gibt mehrere voneinander unabhängige DC-Netze (*statisch erzeugte Parallel-Redundanz*, die wiederum *statisch* oder *dynamisch aktiviert* werden kann).

Die **Realisierung mehrerer unabhängiger DC-Netze** wird nicht vertieft betrachtet, da sie keine besonderen Entwurfs-Schwierigkeiten aufwirft.

Klaus Echtle wies darauf hin, daß es zweckmäßig sein dürfte, zwar jeder Station das Empfangen auf jedem der unabhängigen DC-Netze zu ermöglichen, das Senden jedoch nur auf relativ wenigen (*senderpartitioniertes DC-Netz*). Dadurch wird ein Fehler, der nur wenige Stationen betrifft, bzw. ein aktiver Angreifer, der nur wenige Stationen kontrolliert, daran gehindert, alle anderenfalls eben bezüglich des Fehlers bzw. aktiven Angreifers nicht unabhängigen DC-Netze zu stören. Die Bilder 70 und 71 zeigen ein für die Fehlervorgabe, beliebiges Fehlverhalten einer beliebigen Station zu tolerieren, konfiguriertes senderpartitioniertes DC-Netz für 10 Stationen. [Nied_87] enthält eine ausführliche und genaue Bewertung der Zuverlässigkeit, d. h. der Wahrscheinlichkeit, daß alle nicht fehlerhaften Stationen noch miteinander kommunizieren können, und Senderanonymität, d. h. unter wieviel Stationen ist ein Sender anonym, solcherart konfigurierter senderpartitionierten DC-Netze.

Wie schon am Beispiel ersichtlich, können auch von für die Fehlervorgabe eines beliebigen Einfachfehlers konfigurierten senderpartitionierten DC-Netzen in diesem Sinne manche Mehrfachfehler toleriert werden, beispielsweise beliebiges Fehlverhalten der Stationen 1, 2 und 5. In diesem Sinne nicht toleriert werden kann beispielsweise beliebiges Fehlverhalten der Stationen 1 und 8, da dann alle nicht an das DC-Netz 5 angeschlossenen Stationen, nämlich die Stationen 2, 3, 5, 6 und 8 nicht mehr ungestört senden können.

Das Konfigurierungsprinzip des Beispiels kann auf die Fehlervorgabe, beliebiges Fehlverhalten von f beliebigen Station zu tolerieren, erweitert werden. Eine notwendige und hinreichende Bedingung hierfür ist, daß die Sendemöglichkeiten keiner Menge von f Stationen die einer einzelnen anderen Station überdecken.

Der Aufwand dieser Fehlertoleranz-Maßnahme ist entgegen dem ersten Eindruck nicht groß, da mehrere, im Grenzfall alle DC-Netze mittels Zeitmultiplex auf einem unterliegenden Bitübertragungsnetz (was zumindest im Grenzfall seine eigenen Fehler tolerieren können muß) realisiert werden können. Nachteilig ist, daß auf jedem der DC-Netze die Senderanonymität deutlich geringer als auf einem alle Stationen umfassenden DC-Netz ist. Bei der Benutzung eines solchermaßen konfigurierten senderpartitionierten DC-Netzes müssen alle Teilnehmerstationen darauf achten, daß verkettbare Informationseinheiten nur auf demselben DC-Netz gesendet werden, was die Lastverteilung auf den DC-Netzen drastisch einschränkt. Anderenfalls ist bei für die Fehlervorgabe, einen beliebigen Fehler einer beliebigen Station zu tolerieren, konfigurierten senderpartitionierten DC-Netzen der Sender identifizierbar, und bei für eine umfassendere Fehlervorgabe konfigurierten senderpartitionierten DC-Netzen die Anonymität des Senders abermals drastisch eingeschränkt. Eine *statische Aktivierung* der Redundanz senderpartitionierter DC-Netze ist also trivialerweise nicht sinnvoll möglich.

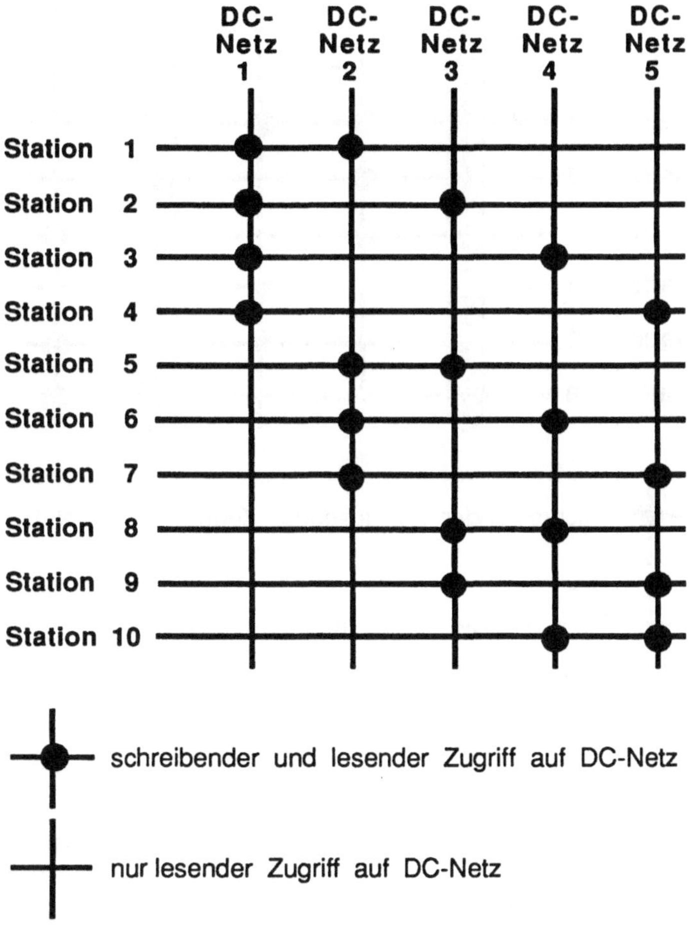

Bild 70: Für die Fehlervorgabe, beliebiges Fehlverhalten einer beliebigen Station ohne Fehlerdiagnose zu tolerieren, konfiguriertes senderpartitioniertes DC-Netz von 10 Stationen

Der Vorteil dieser Fehlertoleranz-Maßnahme ist, daß eine Fehlerdiagnose nicht oder zumindest nicht bei wenigen Fehlern nötig ist, und eine vollständige *Fehlerüberdeckung* erreicht wird, d. h. es gibt keine Fehler, die auf diese Weise nicht toleriert werden können.

Wird die Fehlervorgabe überschritten, kann selbstverständlich eine Fehlerdiagnose nötig werden, die mit den im folgenden beschriebenen Methoden durchgeführt werden kann, so daß dann beide Fehlertoleranzverfahren kombiniert werden.

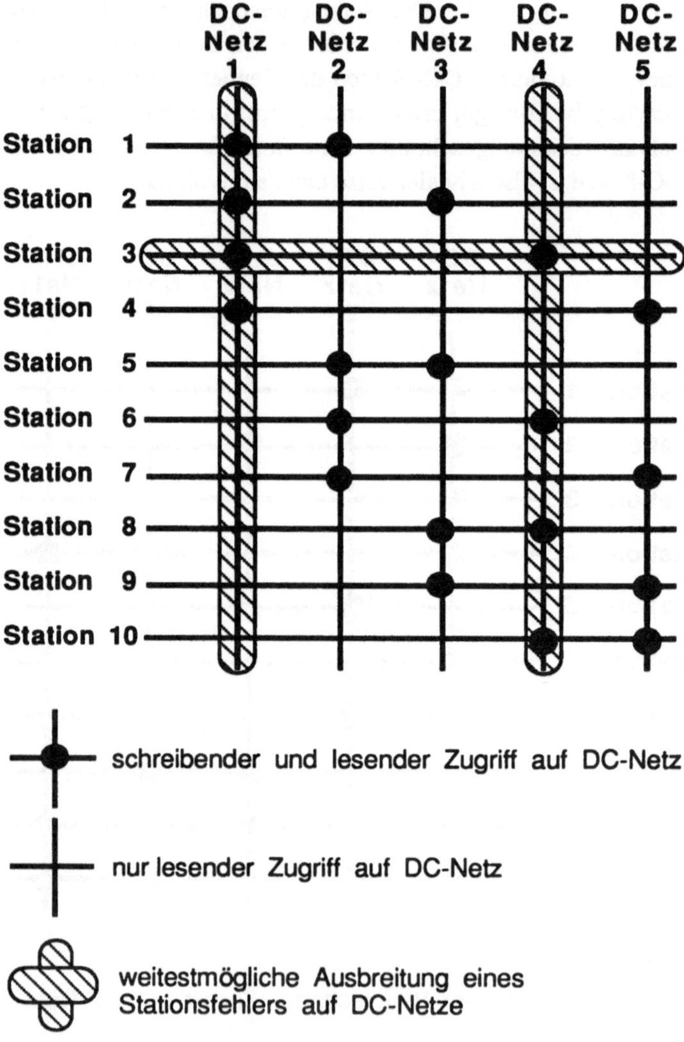

Bild 71: Weitestmögliche Ausbreitung eines Fehlers (bzw. aktiven Angriffs) der Station 3

Fehlererkennung, -lokalisierung und -behebung in einem DC-Netz: Transiente wie auch permanente Fehler im Bitübertragungsnetz können – wie erwähnt – durch gesonderte Fehlertoleranz-Maßnahmen in ihm selbst toleriert werden, oder führen andernfalls zu transienten bzw. permanenten Fehlern im DC-Netz. Die transienten Fehler im DC-Netz werden durch Ende-zu-Ende-Protokolle (vgl. Beginn von Kapitel 5) toleriert. Es verbleiben somit die permanenten Fehler im DC-Netz (Ausfall von PZGs, von modulo-Addierern, Verlust der Konsistenz oder Synchronisation der Schlüssel usw.). Diese sind, wenn einmal erkannt und lokalisiert, leicht zu beheben. Die entsprechenden Schlüssel (von defekten PZGs) werden nicht mehr überlagert, Addierer werden ausgetauscht, Schlüssel werden neu verteilt oder sie werden neu synchronisiert. Das Hauptproblem liegt also in der *Fehlererkennung* und *-lokalisierung*.

Fehler der oberen Teilschicht der Schicht 1 lassen sich dadurch erkennen, daß jeder verschlüsselten Informationseinheit von ihrem Sender zusätzliche, allen Stationen zugängliche Redundanz zugefügt wird, z. B. ein linear gebildetes Prüfzeichen, z. B. CRC, am Ende der Informationseinheit. Dies kann immer geschehen, da die Redundanz nur einen Bruchteil der Länge der Informationseinheiten umfaßt, die nutzbare Übertragungsleistung also kaum sinkt. Wenn das Prüfzeichen linear gebildet ist, entsteht auch bei Überlagerungskollisionen ein gültiges Prüfzeichen. Entsteht ein ungültiges Prüfzeichen, so liegt ein Fehler bei der Überlagerung vor.

Die Erkennung von Fehlern des Mehrfachzugriffsverfahrens hängt vom verwendeten Verfahren ab, ist aber für alle in Abschnitt 3.1.2 empfohlenen Verfahren mit hoher Wahrscheinlichkeit möglich.

Wird ein Fehler des Mehrfachzugriffsverfahrens erkannt, so wird dieses neu initialisiert um transiente Fehler des Bitübertragungsnetzes oder der oberen Teilschicht der Schicht 1 zu tolerieren. Schlägt dies fehl oder wird auf andere Weise ein andauernder Fehler der oberen Teilschicht der Schicht 1 erkannt, so wird aus dem die Anonymität garantierenden Anonymitäts-Modus (A-Modus) in den Fehlertoleranz-Modus (F-Modus), in dem Fehler lokalisiert und toleriert werden, geschaltet.

Alle Stationen führen folgendes **Fehlerlokalisierungs- und -behebungs-Protokoll** aus [Pfi1_85 Seite 123]:

> Jede Station sichert den momentanen Zustand ihrer paarweise ausgetauschten Schlüssel bzw. PZGs (in der Fachsprache: erstellt einen Rücksetzpunkt, recovery point [AnLe_81]) und führt anschließend folgende Selbstdiagnose durch: sie lädt paarweise zufällige Schlüssel in ihre Schlüsselspeicher bzw. PZGs und überlagert sie lokal mit einer ebenfalls zufälligen Informationseinheit.
>
> Ist das Ergebnis nicht die zufällige Informationseinheit, so ist die Station fehlerhaft und sendet eine dies signalisierende Nachricht über das DC-Netz. Alle anderen Stationen werfen mit dieser Station geteilte Schlüssel weg und wechsel (Einfehlerannahme) in den A-Modus zurück.
>
> Ist das Ergebnis die zufällige Informationseinheit, benutzt die Station den Rücksetzpunkt zur Herstellung des vorherigen Zustands ihrer paarweise ausgetauschten Schlüssel bzw. PZGs. An dieser Stelle des Protokolls gibt es drei wahrscheinliche Fehlertypen:
>
> 1. Eine Station ist so fehlerhaft, daß sie sich nicht selbst diagnostizieren und das Ergebnis den anderen mitteilen kann, oder
>
> 2. die Synchronisation der Schlüssel(erzeugung und -)überlagerung ging zumindest zwischen zwei Stationen verloren, oder
>
> 3. das unterliegende Kommunikationsnetz oder die globale Überlagerung ist fehlerhaft.

Um diese Fehlertypen zu unterscheiden und Fehler zu lokalisieren, wird die Zahl der überlagerten Schlüssel sukzessive halbiert (der entsprechende Schlüsselaustauschgraph hat jeweils nur halb so viele Kanten) und beispielsweise 100 neue und nicht noch einmal verwendete Schlüsselzeichen überlagert.

Ist das globale Überlagerungsergebnis 100 mal das 0 entsprechende Zeichen, so ist der Fehler mit der Wahrscheinlichkeit $1 - g^{-100}$ in der anderen Hälfte (sofern ein 0-Haftfehler (stuck at zero fault) am letzten globalen Überlagerungsgerät ausgeschlossen werden kann. Dies kann dadurch getestet werden, daß alle Stationen vorher 100 zufällige Zeichen senden, was mit derselben Wahrscheinlichkeit ein Ergebnis $\neq 0$ ergibt, sofern dort kein Haftfehler vorliegt).

Ist das globale Überlagerungsergebnis nicht 100 mal das 0 entsprechende Zeichen, so gibt es mindestens einen Fehler bei der Speicherung oder Generierung der Schlüssel oder deren synchronisierter Überlagerung oder aber das unterliegende Kommunikationsnetz oder die globale Überlagerung ist fehlerhaft. Deshalb wird weiterhin halbiert.

Hat der Schlüsselaustauschgraph nur noch eine Kante und ist das globale Überlagerungsergebnis nicht 100 mal das 0 entsprechende Zeichen, tauschen beide Stationen einen neuen Schlüssel oder PZG-Startwert aus, um Schlüsselsynchronisationsfehler zu beheben. Danach wiederholen beide ihre Versuch.

Ist das globale Überlagerungsergebnis abermals nicht 100 mal das 0 entsprechende Zeichen, so werfen beide Stationen den gerade ausgetauschten Schlüssel bzw. PZG-Startwert weg und tauschen mit einer dritten und vierten Station einen Schlüssel oder PZG-Startwert aus. Beide neuen Stationenpaare überlagern nacheinander 100 Schlüsselzeichen.

Entsteht in beiden Fällen nicht 100 mal das 0 entsprechende Zeichen, so ist mit hoher Wahrscheinlichkeit das unterliegende Kommunikationsnetz oder die globale Überlagerung fehlerhaft. Beides weiter zu untersuchen sind übliche Probleme der Fehlertoleranz.

Entsteht nur in einem Fall nicht 100 mal das 0 entsprechende Zeichen, so wird die ursprünglich fehlerverdächtige Station dieses Paares als fehlerhaft angesehen und außer Betrieb genommen. Dies wird allen Stationen mitgeteilt, so daß sie mit dieser Station geteilte Schlüssel wegwerfen und (Einfehlerannahme) in den A-Modus zurückwechseln.

Mit dem Zurückschalten vom F-Modus in den A-Modus wird das Verfahren zum anonymen Mehrfachzugriff neu initialisiert, um Auswirkungen von Fehlern der Schicht 1 (physical) auf die Schicht 2 (data link) rückgängig zu machen. Alle gerade geschilderten Schritte sind in Bild 72 zusammengefaßt.

Natürlich gibt es hunderte von Variationen dieses Fehlerlokalisierungs- und -behebungsprotokolls, über deren Zweckmäßigkeit geurteilt werden kann, sobald die Wahrscheinlichkeiten von (Mehrfach-) Fehlern bekannt sind. Ist beispielsweise die Wahrscheinlichkeit von Mehrfachfehlern signifikant, so sollten Hälften des Schlüsselaustauschgraphen, die vom gerade beschriebenen Protokoll nicht getestet werden, auch getestet werden, was den Aufwand des Protokolls höchstens verdoppelt.

Da die Wahrscheinlichkeiten nicht bekannt sind, sind folglich nicht die Details von Fehlerlokalisierung und -behebung interessant, sondern daß sie mit logarithmischem Zeitaufwand (in der Zahl der Stationen) möglich sind.

Es ist beachtenswert, daß bei „Fehlererkennung, -lokalisierung und -behebung in einem DC-Netz" die Anonymität trotz Fehlertoleranz nicht abgeschwächt wird, wenn entweder echt zufällig generierte Schlüssel oder kryptographisch starke PZGs (vgl. Abschnitte 2.2.2.2 und 3.2.3) verwendet werden. Durch das Einführen der zwei Modi und die Verwendung von Schlüsselzeichen entweder im einen oder aber im anderen Modus bleibt im A-Modus die Anonymität jederzeit in ihrem ursprünglichen Umfang garantiert.

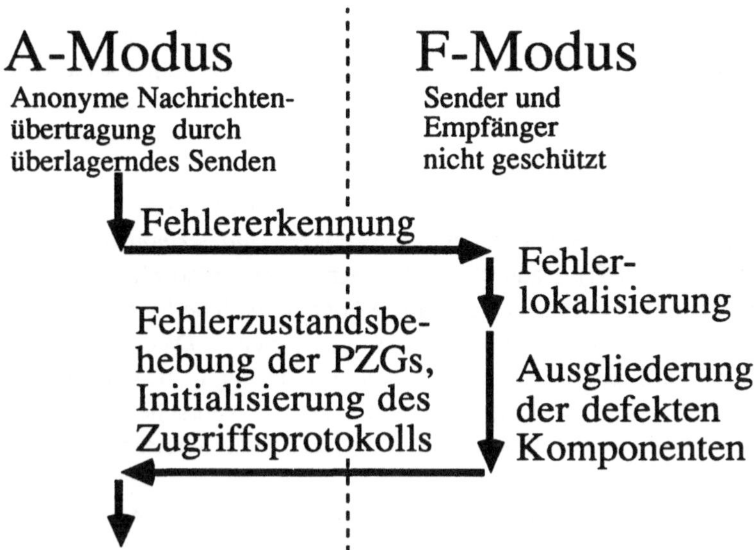

Bild 72: Fehlererkennung, -lokalisierung und -behebung beim DC-Netz

5.5 RING-Netz

Beim RING-Netz ist die Serieneigenschaft sofort ersichtlich: alle Leitungen und Stationen müssen funktionieren, damit Kommunikation zwischen zwei Stationen in beiden „Richtungen" möglich ist.

Durch das in den Abschnitten 2.5.3.2, 3.1.4 und 3.2.4 beschriebene Zusammenspiel von ringförmiger Übertragungstopologie, digitaler Signalregenerierung und Verfahren zum anonymen Mehrfachzugriff, um innerhalb des Kommunikationsnetzes Anonymität und Unverkettbarkeit zu schaffen (vgl. Abschnitt 2.6), sind spezielle Fehlertoleranz-Maßnahmen erforderlich, die dieses Zusammenspiel nicht (zu sehr) stören.

Wie zu Beginn dieses Kapitels begründet, konzentriert sich das Folgende auf die Schichten 0, 1 und 2 des ISO OSI Referenzmodells, vgl. Bild 30 in Abschnitt 2.6.

Transiente Fehler des Zugriffsverfahrens (Schicht 2) können durch die bei Ringen mit umlaufenden Übertragungsrahmen oder umlaufendem Senderecht jeweils üblichen Verfahren zum Neustart des Zugriffsverfahrens toleriert werden.

Permanente Fehler des Zugriffsverfahrens (Schicht 2) implizieren, daß mindestens eine Station im RING-Netz fehlerhaft ist. Dies Station muß (und kann) mit den im folgenden geschilderten Verfahren solange ausgegliedert werden, bis sie repariert ist.

Transiente Fehler im Übertragungssystem des Rings (d. h. auf den Schichten 0 oder 1) betreffen entweder nur den Nutzinhalt übertragener Informationseinheiten oder auch das Zugriffsverfahren (Schicht 2). Ersterer Fehlertyp ist einfach und wird durch das Ende-zu-Ende-Protokoll (vgl. Beginn von Kapitel 5) erkannt und behoben. Schwierig sind diejenigen transienten Fehler, die das Zugriffsverfahren betreffen, z. B. bei einem Ring mit umlaufendem Senderecht das Senderechtszeichen zerstören. Dieser und ähnliche Fehler können bei Ringen mit umlaufenden Übertragungsrahmen oder umlaufendem Senderecht mit den jeweils üblichen Verfahren zum Neustart toleriert werden. Zwei zusätzliche Ideen sind bei der Fehlertoleranz des Zugriffsverfahrens (Schicht 2) wichtig:

1. Um transiente Fehler der zweiten Art auf den Schichten 0 oder 1 (siehe oben) tolerieren zu können, führt man bewußt Indeterminismus ein (*indeterministische Protokolle*, siehe [Mann_85 Seite 89ff]). Dadurch kann in dem deterministischen Angreifermodell (der Angreifer muß deterministisch schließen können, welche Station gesendet bzw. empfangen hat) kein Angreifer sichere Rückschlüsse ziehen. Da es bisher kein befriedigendes formales statistisches Angreifermodell gibt (darin gibt sich ein Angreifer zufrieden, wenn er den Sender bzw. Empfänger mit z. B. der Wahrscheinlichkeit 0,9 kennt, vgl. auch [Höck_85 Seite 60ff]), kann die Auswirkung des Indeterminismus nicht quantifiziert werden.

2. Eine andere Art der Fehlertoleranz basiert auf der Idee, einigen wenigen, ausgezeichneten Stationen keine Anonymität zu garantieren, etwa Protokollumsetzern in einem hierarchischen Kommunikationsnetz. Diese Stationen können nach anderen Protokollen arbeiten als die Stationen von Netzteilnehmern und dadurch gezielt Fehler tolerieren [Mann_85 Seite 99ff]. Daher spricht man von *asymmetrischen Protokollen*. Diese sind leichter zu implementieren und sehr viel leistungsfähiger, schwächen jedoch die Anonymität der Netzteilnehmer ab. Ist das einfache Zugriffsverfahren n-anonym, so sind die modifizierten asymmetrischen Protokolle häufig nur noch ($n+1$)- oder gar nur ($n+2$)-anonym.

Permanente Fehler im Übertragungssystem des Rings (d. h. auf den Schichten 0 oder 1) führen immer zu einer *Ringrekonfigurierung* mit Neustart (Synchronisation,...) des Verfahrens zum anonymen Mehrfachzugriff (Schicht 2). Da die zu tolerierenden Fehler auf den Schichten 0 (medium) und 1 (physical) angesiedelt ist, sind Fehler leicht zu erkennen und zu lokalisieren (Zeitschranken, Selbsttest sowie Fremdtest durch mehrere Instanzen, damit ein Angreifer, der wenige Stationen kontrolliert, nicht andere Stationen beliebig an- und abschalten kann, u. ä.). Problematisch ist die Fehlerbehebung, da für jede nachgewiesen werden muß, daß die Anonymität nicht verletzt wird. Ziel jeder Fehlerbehebung muß es sein, aus den fehlerfreien Stationen und Leitungen einen Ring (und nicht etwa eine „Acht", d. h. zwei durch eine Station verbundene Ringe etc.) zu rekonfigurieren, der alle fehlerfreien Stationen umfaßt.

Die einfachste und am wenigsten aufwendige Art der Ringrekonfigurierung ist die Verwendung einer **By-Pass-Einrichtung** (bypass) an jeder Station. Diese By-Pass-Einrichtung schließt den Ring physisch, wenn die Station bemerkt, daß sie fehlerhaft ist, ausgeschaltet wird oder ihre Versorgungsspannung ausfällt. Allerdings kann mit diesem Verfahren natürlich der Ausfall einer Leitung genausowenig toleriert werden wie Fehler von Stationen, die diese nicht selbst diagnostizieren können. Kann nur die Station selbst ihre By-Pass-Einrichtung schließen, so hat deren Einrichtung keine tieferen problematischen Wechselwirkungen mit der Anonymität oder Unbeobachtbarkeit des RING-Netzes. Ein Angreifer kann natürlich insbesondere das Schließen der By-Pass-Einrichtung angrenzender, von ihm nicht kontrollierter Stationen beobachten, da sich dann analoge Charakteristika seines Eingangssignals ändern (vgl. das in Abschnitt 2.5.3.2 über digitale Signalregenerierung gesagte). Dann weiß er, daß jetzt eine kleinere Gruppe von Teilnehmerstationen umzingelt, wodurch er entsprechend mehr Information über das Senden dieser Teilnehmer erhält. Kann ein Angreifer aber nur viele Teilnehmerstationen gleichzeitig umzingeln und sind an diesen Teilnehmerstationen jeweils nur wenige By-Pass-Einrichtungen geschlossen, so ist dies nicht schlimm.

Die Verwendung von *Ring-Verkabelungs-Konzentratoren*, d. h. von By-Pass-Einrichtungen, die nicht bei der Teilnehmerstation gelegen und auch nicht von ihr kontrolliert werden [BCKK_83, KeMM_83], ist mit den in Abschnitt 2.5.3.2.1 erläuterten Zielen des RING-Netzes unverträglich. Denn Ring-Verkabelungs-Konzentratoren wären ideale Beobachtungspunkte für einen Angreifer, da sie die vollständige Beobachtung aller angeschlossenen Stationen durch Beobachtung dieses einen Gerätes erlauben.

Eine ebenfalls einfache, aber bereits aufwendige Art der Ringrekonfigurierung ist die Verwendung **mehrerer paralleler Ringe** (statisch erzeugte Redundanz). Fällt eine Leitung eines Ringes aus, so wird ein anderer, noch intakter Ring verwendet (dynamisch aktivierte Redundanz). Dies erlaubt, solange noch mehr als ein Ring intakt ist, einen größeren Durchsatz als das Senden jeder Informationeinheit auf allen Ringen gleichzeitig (statisch aktivierte Redundanz). Allerdings muß dann, sofern kein Ring mehr als Ganzes intakt ist, entweder die Zuordnung von Leitungen zu Ringen gewechselt oder doch auf allen Ringen gleichzeitig gesendet werden. Allerdings kann natürlich auch mit diesem Verfahren ein Fehler einer Station, den diese nicht bemerkt, nicht toleriert werden.

Entsprechendes gilt für eine Kombination von By-Pass-Einrichtung und mehreren parallelen Ringen.

Um mindestens einen beliebigen permanente Einzelfehler im Übertragungssystem des Rings tolerieren zu können, wird ein **geflochtener Ring** (braided ring, siehe Bild 73) verwendet. Solange keine permanenten Fehler auftreten, werden die Leitungen, die benachbarte Stationen verbinden, als ein RING-Netz betrieben. Für ungrade Stationsanzahlen können die anderen Leitungen als ein zweites RING-Netz betrieben werden, was die nutzbare Übertragungskapazität verdoppelt.

Im geflochtenen Ring gibt es drei mögliche *Einzelfehler*, nämlich den Ausfall

- einer *Station i*: sie wird mit Leitung $L_{i-1 \to i+1}$ überbrückt (Bild 73, oben rechts).

- einer *inneren Leitung* $L_{i \to i+2}$: der äußerer Ring bleibt intakt und wird solange ausschließlich benutzt, bis der Ausfall der Leitung behoben ist.

- einer *äußeren Leitung* $L_{i \to i+1}$: Station S_{i-1} sendet an die Stationen S_i und S_{i+1} (kopiert den Datenstrom auf zwei Leitungen). Damit Station S_{i+2} die Station S_{i+1} nicht beobachten kann, sendet Station S_i die Hälfte aller Informationseinheiten (z. B. alle Übertragungsrahmen mit gerader Nummer, sofern i gerade) an Station S_{i+2}, entsprechend sendet Station S_{i+1} die andere Hälfte (z. B. alle Übertragungsrahmen mit ungerader Nummer, sofern $i+1$ ungerade) an Station S_{i+2}. S_{i+2} vereint die beiden (verzahnten) Datenströme wieder (Bild 73, unten rechts). Dies ist einer Rekonfigurierung des inneren Rings (Bild 73, unten links) vorzuziehen, da auf diese Weise ggf. noch Ausfälle von inneren Leitungen und Stationen toleriert werden können.

Basierend auf diesen drei Grundkonzepten zur Tolerierung des Ausfalls kann der geflochtene Ring (auch bei den meisten Mehrfachfehlern) mittels des folgenden, von jeder Station auszuführenden Protokolls so rekonfiguriert werden, daß jede fehlerfreie Station jederzeit in einem rekonfigurierten, fast alle fehlerfreien Stationen umfassenden Ring liegt, d. h. auf der ein- und der auslaufenden Leitung werden Informationseinheiten von fast allen nichtfehlerhaften Stationen übertragen.

Rekonfigurationsprotokoll für den geflochtenen Ring:

Bemerkt eine Station S_{i+1} einen permanenten Signalausfall auf einer ihrer Eingangsleitungen, so signalisiert sie das mittels einer an alle anderen Stationen adressierten Nachricht auf ihren beiden Ausgangsleitungen. Solange der Signalausfall nicht behoben ist, ignoriert S_{i+1} diese Eingangsleitung.

Sendet die auf dieser Leitungen sendende Station nicht auf ihrer anderen Leitungen, daß sie in Ordnung ist, so wird ihr Ausfall unterstellt und sie wird mit der entsprechenden inneren Leitung überbrückt. Anderenfalls wird ein Leitungsausfall unterstellt und entsprechend rekonfiguriert.

Da beim Ausfall einer Station oder einer inneren Leitung ein vollständiger Ring aller fehlerfreien Stationen entsteht, lassen sich in beiden Fällen die Beweise für die Anonymität aus dem fehlerfreien Fall direkt übernehmen. Beim Ausfall einer äußeren Leitung entstehen bezüglich der Anonymität des Senders zwei RING-Netze mit je der halben Bandbreite. In Bild 73 führt eines der RING-Netze halber Bandbreite durch S_{i-1} und das andere durch S_i. Daß in beiden RING-Netzen halber Bandbreite jeweils noch eine Station (nur) empfangen kann, ist irrelevant, da der Empfänger in den normalen Ringzugriffsverfahren an den empfangenen Informationseinheiten nichts ändert. Wird aber – wie in Abschnitt 3.1.4.3 beschrieben – ein Übertragungsrahmen von einer anderen Station als Duplex-Kanal mit einer der Stationen S_{i-1} oder S_i verwendet, so kann die gerufene Station in diesem Übertragungsrahmen nur mit der Wahrscheinlichkeit 0,5 senden. Die Situation, daß eine nur in einem RING-Netz halber Bandbreite liegende Station von einer anderen in einem Übertragungsrahmen zum Senden aufgefordert wird, in dem sie nicht senden kann, mag ein seltenes Ereignis sein, kann aber die Anonymität gegenüber der rufenden Partei aufheben. Aber dies ist nur ein spezieller Fall des generellen Problems, daß ein Empfänger identifiziert werden kann, wenn er wegen des Ausfalls seiner Teilnehmerstation nicht antworten kann und seine Teilnehmerstation die einzige ausgefallene ist und der Sender dies weiß (vgl. den in Abschnitt 2.6 beschriebenen, und in den Abschnitten 3 und 5 erwähnten aktiven Verkettungsangriff über Betriebsmittelknappheit).

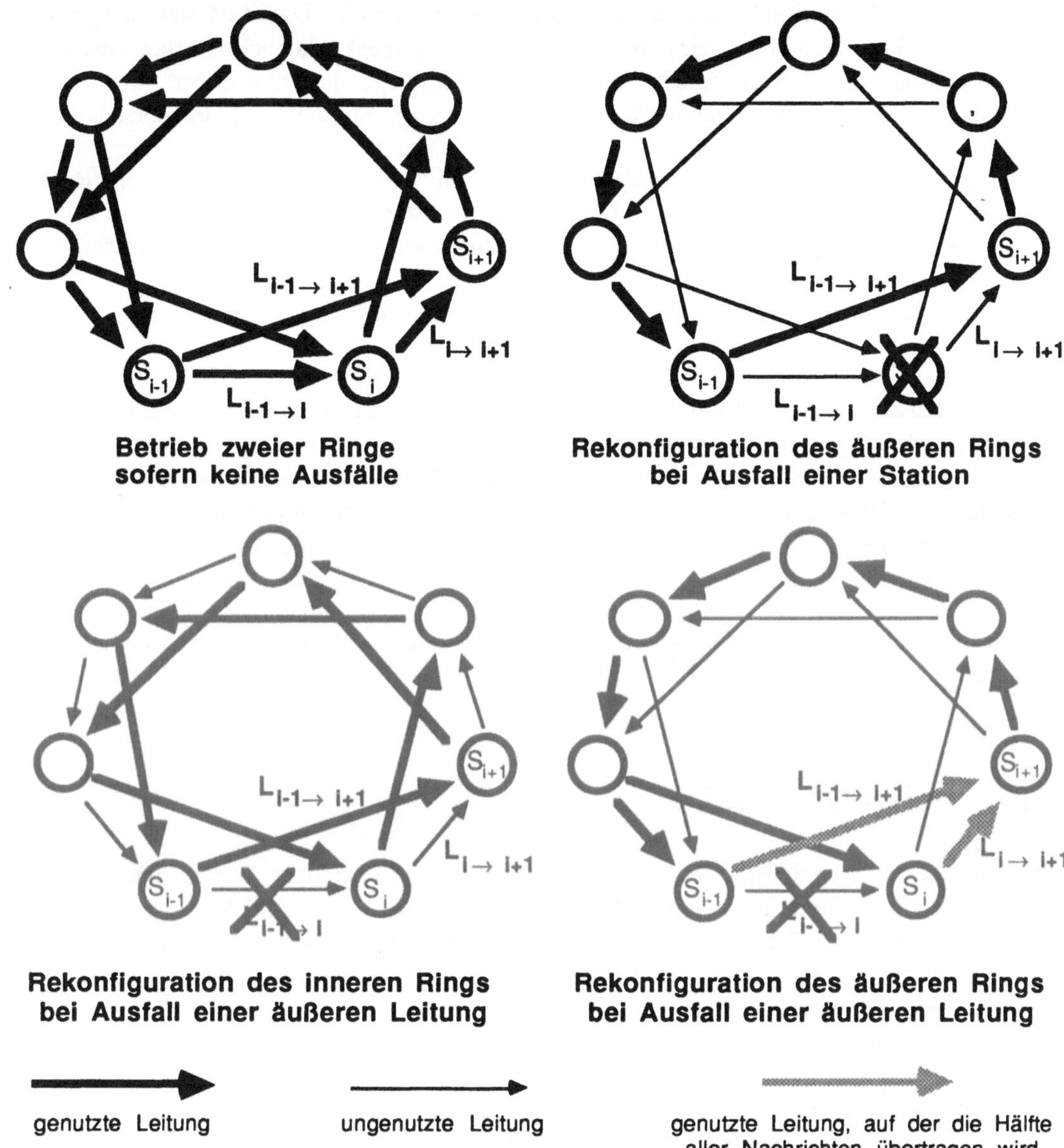

Bild 73: Geflochtener Ring kann bei Ausfällen von Stationen oder Leitungen so rekonfiguriert werden, daß die Anonymität der Netzbenutzer gewahrt bleibt.

Außerdem ist (wie beim Verfahren der By-Pass-Einrichtung) zu beachten, daß aus einem zulässigen Angreifer im nicht fehlertoleranten Fall im fehlertoleranten Fall ein unzulässiger Angreifer (gemäß Angreifermodell) wird. Kontrolliert der Angreifer die Stationen S_1 und S_4 (vgl. Bild 73 mit $i=2$), so kann er den Ausfall der Leitung $L_{3 \to 4}$ vortäuschen oder abwarten. In beiden Fällen sendet Station S_2 sowohl an Station S_3 als auch an S_4. Damit ist Station S_2 durch den Angreifer eingekreist und daher beobachtbar. Es sei angemerkt, daß bei manchen Ausfällen sogar eine Station allein eine andere beobachten kann. Fällt S_1 so aus, daß sie auf ihren beiden Ausgangsleitungen dasselbe sendet, so kann die Station S_3 die Station S_2 allein beobachten.

Eine genaue Beschreibung von Fehlertoleranz im RING-Netz, sowie viele Beispiele und Protokolle sind in [Mann_85] zu finden. Ebenfalls dort wurde eine genaue Analyse der Zuverlässigkeitsverbesserung durch die beschriebenen Fehlertoleranzverfahren vorgenommen. Die Ergebnisse sind äußerst positiv.

Neuere Formeln zur Berechnung der Zuverlässigkeit sind in [Papa_86] zu finden.

Es ist bemerkenswert, daß sowohl überlagerndes Senden als auch das RING-2-f-Netz auf dem geflochtenen Ring so implementiert werden können, daß ein auch nach einem beliebigen Einzelfehler mit der ganzen Bandbreite der einzelnen Leitungen arbeitendes DC- bzw. RING-2-f-Netz entsteht: die in Bild 28 bzw. 47 gezeigten „hellen" Umläufe werden auf einen vollständig rekonfigurierten Ring gelegt. Der überflüssige Übertragungsabschnitt der „dunklen" Umläufe wird so gelegt, daß er entweder mit der ausgefallene Leitung zusammenfällt oder nach der ausgefallenen Station beginnt.

Eine Kombination von By-Pass-Einrichtung und geflochtenem Ring ist möglich und zweckmäßig.

5.6 BAUM-Netz

Durch das in den Abschnitten 2.5.3.2, 3.1.3 und 3.2.5 beschriebene Zusammenspiel von baumförmiger Übertragungstopologie, digitaler Signalregenerierung und Verfahren zum anonymen Mehrfachzugriff, um innerhalb des Kommunikationsnetzes Anonymität und Unverkettbarkeit zu schaffen (vgl. Abschnitt 2.6), sind spezielle Fehlertoleranz-Maßnahmen erforderlich, die dieses Zusammenspiel nicht (zu sehr) stören.

Wie zu Beginn dieses Kapitels begründet, konzentriert sich das Folgende auf die Schichten 0, 1 und 2 des ISO OSI Referenzmodells, vgl. Bild 30 in Abschnitt 2.6.

Abgesehen davon, daß beim BAUM-Netz Übertragungsfehler das Mehrfachzugriffsverfahren nicht durcheinanderbringen können, sind die Fehlertoleranzverfahren beim BAUM-Netz denen des RING-Netzes sehr ähnlich (wie vermutlich überhaupt alle Fehlertoleranzverfahren für Kommuniktionsnetze nach dem Grundverfahren „Unbeobachtbarkeit angrenzender Leitungen und Stationen sowie digitale Signalregenerierung" sehr ähnlich sein dürften). Bild 74 zeigt eine geeignet redundante Übertragungstopologie, deren Benutzung nach dem in Abschnitt 5.5 Gesagtem selbsterklärend sein dürfte.

Eine Alternative zu der in Bild 74 gezeigten redundanten Übertragungstopologie ist in [MaYa_86] beschrieben und bezüglich Zuverlässigkeit und Nutzleistung analysiert.

Beim BAUM-Netz ist Fehlertoleranz nicht ganz so dringend wie beim RING-Netz, da nur der Ausfall der Station an der Wurzel des Baumes oder eine permanent sendende Station einen vollständigen Nutzbarkeitsausfall des BAUM-Netzes bewirken können. Da zusätzlich das BAUM-Netz deshalb (und nur deshalb) eingeführt wurde, da es eine existierende Leitungsstruktur nutzt (vgl. Abschnitte 2.5.3.2.2 und 3.2.5) und eine zu Bild 74 oder geeigneten Alternativen passende Leitungsstruktur – soweit mir bekannt – noch nirgends in größerem Umfang existiert, wird diese redundante Übertragungstopologie nicht zum Zwecke der Realisierung, sondern zum Zwecke der Vollständigkeit der Fehlertoleranzverfahren angegeben.

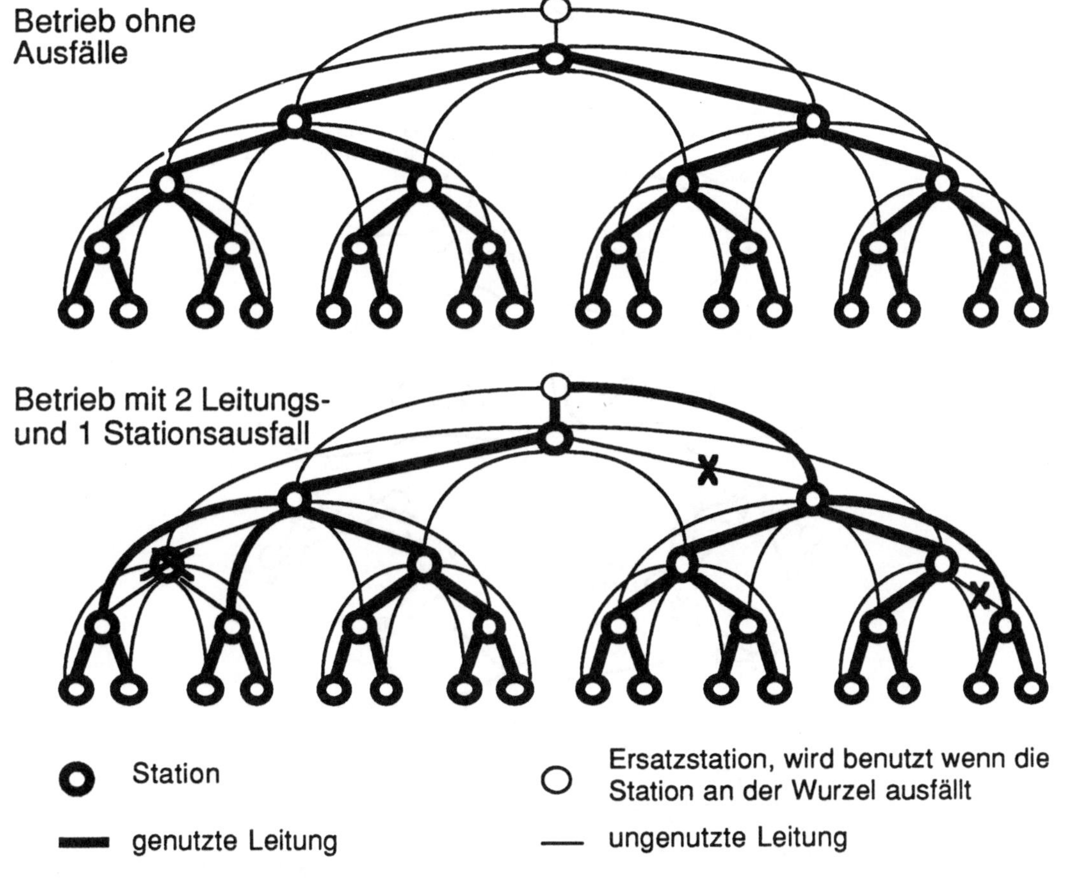

Bild 74: Geflochtener Baum kann bei Ausfällen von Stationen oder Leitungen so rekonfiguriert werden, daß die Anonymität der Netzbenutzer gewahrt bleibt.

5.7   Hierarchische Netze

Hierarchische Kommunikationsnetze können fehlertolerant gemacht werden, indem die entsprechenden Fehlertoleranzverfahren in ihren Teilnetzen realisiert und jeweils mehrere Protokollumsetzer (gateways) verwendet werden, um auch den Netzübergang zwischen Teilnetzen fehlertolerant zu machen. (Anderenfalls träte am Netzübergang eine Redundanzverengung auf, die einen Zuverlässigkeitsengpaß bilden würde.)

Bild 75 zeigt dies am Beispiel des Vermittlungs-/Verteilnetzes. Da in ihm das Senden der Protokollumsetzer nicht geschützt zu werden braucht, können zwischen Protokollumsetzern beliebige Protokolle verwendet werden, um die Fehlertoleranz zu unterstützen, insbesondere die Redundanz zu verwalten, oder die Nutzleistung zu steigern.

Dies (und anderes) diskutiert Andreas Mann für das Vermittlungs-/Verteilnetz mit RING-Netzen im Teilnehmeranschlußbereich in großer Tiefe in [Mann_85].

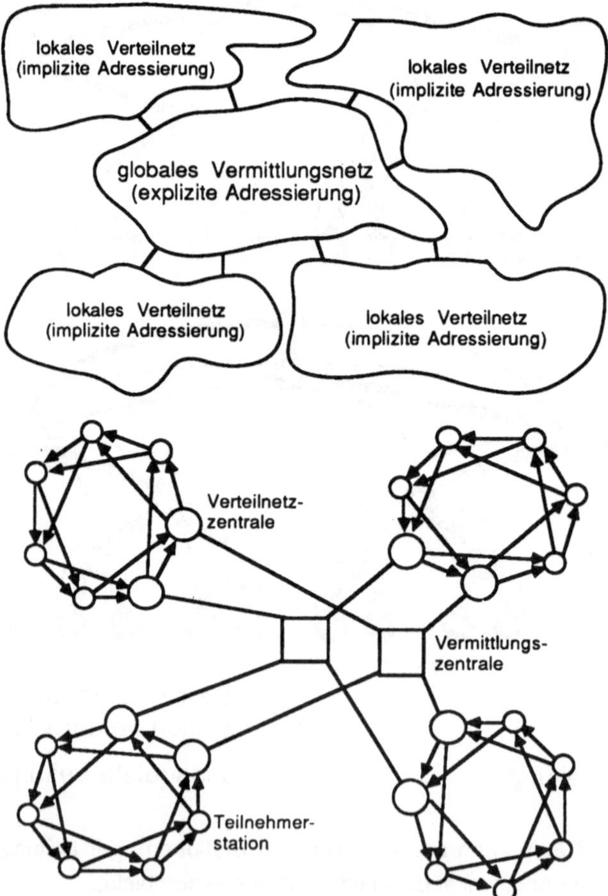

Bild 75: Allgemeine physikalische Struktur eines für die Fehlervorgabe eines beliebigen Fehlers in jedem Teilnetz gestalteten Vermittlungs/Verteilnetzes (oben) und eine günstige Topologie (unten)

5.8   Tolerierung aktiver Angriffe

In einem Kommunikationsnetz kann jeder Fehler als aktiver Angriff angesehen werden. Fehler „aus Versehen" bilden eine Untermenge aller möglichen (physischen, logischen) aktiven Angriffe. Trotzdem wurden Fehler bisher so behandelt, daß unter allen Umständen die Anonymität gewahrt blieb. Ein Angreifer kann jetzt soweit gehen, daß er ständig Fehler erzeugt, d. h. Nachrichten falsch umschlüsselt, fälschlicherweise nicht weiterüberträgt, eigene sendet, wenn er es gemäß des Protokolls zum anonymen Mehrfachzugriff nicht darf, oder Schlüssel falsch überlagert, um jede Diensterbringung zu unterbinden (*denial of service*). Dieses Problem kann auf zwei Arten gelöst werden [MaPf_87 Seite 403f].

Zum einen wird nach jedem Fehler untersucht, ob eventuell ein aktiver Angriff und, wenn ja, durch wen vorliegt. Da die erforderlichen Maßnahmen sehr aufwendig sind und darüber hinaus u. U. den Sender bzw. Empfänger einer Nachricht identifizieren, ist es besser, erst auf Verdacht (anormale Fehlerrate u. ä.) die entsprechenden Maßnahmen einzuleiten. Um aktive Angriffe erkennen zu können, muß bei allen Grundverfahren *jede Station ihre Aktivitäten aufdecken*:

- Beim MIX-Netz muß jeder MIX alle ein- und auslaufenden Informationseinheiten ab einem festgelegten Zeitpunkt offenlegen. Dann kann jeder prüfen, ob eine von ihm gesendete Informationseinheit von diesem MIX falsch ent- oder verschlüsselt oder gar ganz unterschlagen wurde. Um dies einer dritten Partei zu beweisen, müssen die Zusammenhänge der betroffenen Informationseinheiten aufgedeckt werden. Es ist jedoch nicht erforderlich, die Zusammenhänge aller Informationseinheiten zu offenbaren, so daß diese Maßnahme zwar hohen Aufwand verursacht, nicht aber die Anonymität unversehrt übertragener Informationseinheiten gefährdet [Chau_81 Seite 85].
Bei MIX-zu-MIX-Verschlüsselung (vgl. Abschnitt 5.3.2.4) ist dies leider nicht der Fall.

- Beim DC-Netz muß jede Station alle Schlüsselzeichen (nicht aber den Startwert des PZG, sofern einer verwendet wurde) und ihr gesendetes Zeichen für die Zeichen aufdecken, bei denen ein aktiver Angriff vermutet wird [Cha3_85, Chau_88].

- Beim RING- und BAUM-Netz muß jede Station ihre gesendeten Zeichen für die Zeichen aufdecken, bei denen ein aktiver Angriff vermutet wird.

Sowohl beim DC- als auch beim RING- und BAUM-Netz ist es die Aufgabe eines global vereinbarten **Aufdeckverfahrens**, dafür zu sorgen, daß

A) einerseits *alle Zeichen potentiell aufgedeckt werden können*, denn anderenfalls könnte zumindest bei manchen Zeichen ohne Aufdeckrisiko gestört werden, und daß

B) andererseits *keine Zeichen aufgedeckt werden, die die Senderanonymität* von entweder selbst sensitiven oder mit solchen auch nur indirekt verkettbaren Nachrichten *untergraben.*

Letzteres erfordert anscheinend die Verwendung eines Reservierungsverfahrens als Mehrfachzugriffsverfahren.

In [Cha3_85, Chau_88] ist (nur) das folgende kombinierte Reservierungs- und **Aufdeck-verfahren für das DC-Netz** enthalten:

- Alle Teilnehmerstationen reservieren in jeder Runde genau einen Übertragungsrahmen. Werden bei der Reservierung nicht genausoviel Übertragungsrahmen reserviert wie Teilnehmerstationen am DC-Netz teilnehmen, werden alle Reservierungsbits aufgedeckt und geprüft, ob jede Station genau ein Reservierungsbit gesendet hat. Da alle Teilnehmerstationen in jeder Runde genau einen Übertragungsrahmen reservieren, ergibt dies Aufdecken keinerlei Information über die Stationen, die sich an das Reservierungsschema gehalten haben.

- Bereits vor der Reservierung sendet jede Teilnehmerstation eine ihr zuordenbare, mögliche *Aufdeckforderung*, nämlich die Bitposition ihrer Reservierung und die zu sendende Nachricht – beides zusammen mit einer Blockchiffre verschlüsselt. Wird die Teilnehmerstation beim Senden gestört und möchte, daß die Störung aufgedeckt wird, so veröffentlicht sie (in ihr zuordenbarer Weise) den Schlüssel, mit dem ihre mögliche Aufdeckforderung verschlüsselt ist, wodurch aus der möglichen eine tatsächliche Aufdeckforderung wird. Da dies die Senderanonymität ihrer Nachricht untergräbt, wird eine Teilnehmerstation dies nur dann tun, wenn sie nichts zu senden hatte und ihre Nachricht also eine bedeutungslose Nachricht, in diesem Zusammenhang eine bedeutungsvolle Falle (trap) für Störer ist.
  ([Cha3_85, Chau_88 Seite 72] ist nicht zu entnehmen, ob Teilnehmerstationen auch für sinnvolle Nachrichten mögliche Aufdeckforderungen senden und ob diese möglichen, aber nie tatsächlichen Aufdeckforderungen auch die richtige Bitpositionen und Nachrichten enthalten. Wie gleich ersichtlich wird, ist zumindest ersteres sinnvoll. Außerdem vereinfacht beides die Beschreibung.)

David Chaums Aufdeckverfahren leistet B) überhaupt nicht und – je nach vom Leser unterstelltem Teilnehmerstationenverhalten – A) höchstens im *komplexitätstheoretischen* Sinne:

- Der Angreifer kann durch das Veröffentlichen möglicher Aufdeckforderungen, die sich gar nicht auf seine Nachricht beziehen, ein Aufdecken für beliebige, von ihm *vorher* gewählte (und zumindest hin und wieder von anderen benutzte) Zeichen erreichen. Werden die Reservierungsbits mit aufgedeckt (worüber David Chaum nichts sagt), so entlarvt dies den aktiven Angreifer allerdings.

- Kann ein Angreifer die für diese Aufdeckverfahren verwendete (von David Chaum nicht charakterisierte) Blockchiffre brechen, so kann er je nach (von David Chaum nicht definiertem) Verhalten der reservierenden Teilnehmerstationen und der verwendeten Blockchiffre möglicherweise
  - a) ohne Aufdeckrisiko stören und
  - b) sogar *nach* dem Senden gewählte Zeichen aufdecken lassen.

a) gilt, falls die Teilnehmerstationen nicht immer eine mögliche Aufdeckforderung senden oder bei sinnvollen Nachrichten falsche Bitpositionen verwenden und die verwendete Blockchiffre, wie z. B. DES, manche Abbildungen von Klar- auf Schlüsseltext ausschließt. Letzteres ist für $(2^{\text{Blocklänge}})! > 2^{\text{Schlüssellänge}}$ immer der Fall, vgl. Abschnitt 2.2.2.2.

b) gilt selbst *nach* dem Senden der Aufdeckforderung des Angreifers, falls die Blockchiffre alle möglichen Abbildungen von Klar- auf Schlüsseltext zuläßt. Anderenfalls kann der Angreifer nur vorher das bzw. die Zeichen beliebig wählen, das bzw. die er aufgedeckt haben will.

Bei ungünstiger Wahl von Teilnehmerverhalten und Blockchiffre gilt also sogar a) sowie b) mit nachträglicher Wahl des Angreifers.

Nach dem Gesagten ist klar, daß a) durch Ausführung des kombinierten Reservierungs- und Aufdeckverfahrens, wie es oben von mir beschrieben wurde, vermieden wird, sofern der Angreifer sinnvolle und bedeutungslose Nachrichten nicht unterscheiden kann. In [WaPf_89, WaPf1_89] werden Aufdeckverfahren beschrieben, die auch die Schwäche b) nicht haben. Die Forderungen A) und B) sind sogar in in der informationstheoretischen Modellwelt beweisbarer Form erfüllbar, wobei versucht werden sollte, diese Resultate auf weitere Klassen von Mehrfachzugriffsverfahren auszudehnen oder einen Beweis zu erbringen, daß dies nicht möglich ist.

Aufdeckverfahren für das DC-Netz können in kanonischer Weise auf RING- und BAUM-Netz übertragen werden.

Es sei darauf hingewiesen, daß, um ein Aufdecken zu ermöglichen, beim DC- und insbesondere beim RING- und BAUM-Netz – auch falls keine „Fehler" auftreten – erheblicher zusätzlicher Aufwand zur Speicherung von Informationseinheiten nötig ist.

Im Rest dieses Abschnitts bleibt nun noch zu beschreiben, wie auf Dispute beim Aufdecken so reagiert werden kann, daß zumindest langfristig der „Schuldige" bestraft wird.

Sind aus verläßlicher Quelle die *Übertragungen auf allen Leitungen bekannt* (z. B. bei ausschließlicher Verwendung eines physischen Broadcast-Mediums – im Gegensatz zu mit Hilfe von Protokollen realisierten Verteilnetzen, beispielsweise Ringen mit Punkt-zu-Punkt-Leitungen), so kann der aktive Angreifer beim MIX-Netz sicher entdeckt werden. (Beim RING- und BAUM-Netz natürlich auch, aber hier besteht der Witz der Verfahren gerade darin, daß niemand die Übertragungen auf allen Leitungen kennt.) Anders ist dies beim DC-Netz, da hier auch die von einer Station verwendeten Schlüssel bekannt sein müssen, um zu entscheiden, ob sie gesendet hat. Sind nicht alle Übertragungen auf Leitungen öffentlich bekannt, so kann derselbe Effekt dadurch erreicht werden, daß jede Station jede von ihr auf der Leitung gesendete Informationseinheit unterschreibt. Das Unterschreiben und Speichern von Unterschriften verursacht zwar einen erheblichen zusätzlichen Aufwand, erlaubt es aber, hinterher sicher festzustellen, was genau auf der Leitung übertragen wurde. (Ein Sonderfall liegt vor, wenn beide Stationen an einer Leitung Angreifer sind und gemeinsam lügen. Dann kann natürlich nicht festgestellt werden, was auf der Leitung übertragen wurde.)

Sind *nicht alle Übertragungen auf Leitungen bekannt und wird nicht jede Informationseinheit unterschrieben*, so können im MIX-, RING- und BAUM-Netz sowie im DC-Netz (dort über strittige gesendete Nachrichten oder strittige Schlüssel) drei Gruppen von Stationen identifiziert werden, wovon die erste Gruppe weder beschuldigt wird noch beschuldigt, während zumindest eins von beiden bei der zweiten und dritten Gruppe der Fall ist. Eine von ihnen ist der aktive Angreifer. Die andere ist unschuldig, wird aber vom Angreifer beschuldigt. Dabei wird davon ausgegangen, daß sich nur ein Angreifer im Kommunikationsnetz befindet, der aber mehrere Stationen besitzen oder unterwandert haben kann, und Widersprüche nur in der Umgebung des Angreifers vorkommen. Der Angreifer hat nur dann eine Chance, nicht sofort ermittelt zu werden, wenn er wenige andere Stationen beschuldigt. Ansonsten spräche eine Mehrheit von zu Unrecht beschuldigten „ehrlichen" Stationen gegen ihn. In diesem nicht entscheidbaren Fall jeweils weniger sich gegenseitig beschuldigender Stationen wird man normal weiterarbeiten, aber vorher so rekonfigurieren, daß sich im Wiederholungsfall diese wenigen Stationen nicht mehr gegenseitig beschuldigen können. Dies wird beispielsweise dadurch erreicht, daß

- beim MIX-Netz andere Wege (Adressen) verwendet werden, d. h. jeder Sender bildet Adressen nur noch so, daß keine Nachricht diese beiden MIXe direkt hintereinander passiert (dies geht auch bei MIX-zu-MIX-Verschlüsselung, vgl. Abschnitt 5.3.2.4).

- beim DC-Netz keine Schlüssel zwischen den beiden betroffenen Stationen mehr ausgetauscht werden (die vorhandenen Schlüssel werden entfernt). Eine Alternative wäre, daß jeweils beide Partner ihren gemeinsamen Schlüssel vor seiner Verwendung digital unterschreiben, so daß jeder Partner die Unterschrift des anderen hat. Dann kann bei gegenseitiger Beschuldigung von einem Dritten nach Vorlage der Unterschriften entschieden werden, welche Station im Unrecht ist [Cha3_85].
  An dem direkten Unterschreiben des gemeinsamen Schlüssels ist nachteilhaft, daß jeder der beiden einzeln – und damit möglicherweise ohne Wissen seines Partners – dann einem Dritten den Wert des gemeinsamen Schlüssels nicht nur mitteilen, sondern auch nachweisen kann, indem er die Unterschrift des anderen vorweist (seine eigene nützt nichts, da er selbst natürlich auch einen anderen, falschen Schlüssel unterschreiben könnte). Deshalb wird in [Chau_88 Seite 73f] vorgeschlagen, daß nicht der gemeinsame Schlüssel, sondern zwei Teile, deren Summe den Schlüssel ergibt und deren einer Teil zufällig gewählt ist, jeweils von einem der Partner unterschrieben werden. Um den Wert des gemeinsamen Schlüssels einem Dritten nachzuweisen, bedarf es nun – wie im Fall ohne Unterschriften – der Mitwirkung beider, da die Unterschrift jeweils von dem Partner angefordert werden muß, der sie nicht geleistet hat.

- beim RING- bzw. BAUM-Netz wird der Ring bzw. Baum rekonfiguriert. Dies ist bei einer Realisierung als virtueller Ring bzw. Baum, d. h. auf einem beliebigen Kommunikationsnetz wird ein logischer Ring bzw. Baum durch Verbindungs-Verschlüsselung zur Simulation der Unbeobachtbarkeit der Ring- bzw. Baum-Leitungen realisiert (was auf eine eigene Datenschutz-Schicht führt), sehr leicht möglich. Bei einer physischen Realisierung ist die Rekonfigurierung sehr aufwendig und daher kostenintensiv.

Ist ein Netzteilnehmer mehrfach in einer Gruppe, die eine andere beschuldigt oder von ihr beschuldigt wird, so wird er als der aktive Angreifer angesehen und aus dem Kommunikationsnetz ausgeschlossen. Dieses Verfahren ist nur dann praktikabel, wenn relativ wenige Netzteilnehmer aktive Angreifer sind. Ansonsten könnten die aktiven Angreifer zusammenarbeiten und die korrekt kommunizierenden Stationen aus dem Kommunikationsnetz ausschließen, wobei sie dann natürlich immer weniger Stationen zum Beobachten hätten.

5.9 Konzepte zur Realisierung von Fehlertoleranz und Anonymität

Zum Schluß dieses Kapitels sei noch auf die interessante Frage nach einer *Abwägung zwischen Fehlertoleranz* einerseits und *Anonymität* andererseits hingewiesen. Hier scheinen zwei grundlegend verschiedene Konzepte möglich zu sein.

Zum einen wird eine gesonderte Phase zur Fehlertoleranz eingeführt. Dadurch wird eine globale Sicht des Gesamtsystems erreicht, die die Fehlertoleranz erleichtert (vgl. die einleitende Bemerkung zu Beginn dieses Kapitels). In der Regel ist eine solche Realisierung jedoch wegen abrupter Unterbrechung der Nutzleistung unerwünscht. In der Phase zur Fehlertoleranz verwendete Schlüssel und Informationseinheiten können mit den während dem Nutzbetrieb verwendeten unverkettbar sein, so daß dann keine Abschwächung der Anonymität auftritt. Nicht diagnostizierbar und tolerierbar sind auf diese Weise Fehler (oder aktive Angriffe), die sich nur während des Nutzbetriebes ereignen.

Zum anderen kann die Fehlertoleranz aus Sicht des Netzbenutzers im Hintergrund, parallel zur anonymen Datenübertragung, ablaufen. Dies ist immer dann möglich, wenn Fehler ausgehend von einer lokalen Sicht des Gesamtsystems toleriert werden können. Solche die Anonymität abschwächende Maßnahmen wurden für das MIX-Netz (MIXe mit Reserve-MIXen sowie fehlertolerante Verschlüsselungsstruktur – nur der Zustand des benachbarten MIXes muß bekannt sein), das DC-Netz (senderpartitioniertes DC-Netz) sowie das RING- und BAUM-Netz (lokale Ring-bzw. Baumrekonfigurierung und indeterministische bzw. asymmetrische Protokolle) diskutiert und für hierarchische Netze angedeutet.

6 Etappenweiser Ausbau der heutigen Kommunikationsnetze

In den Kapiteln 4 und 5 wurde nur die technisch-ökonomische Realisierbarkeit eines auch breitbandige Dienste ermöglichenden und hochzuverlässigen Kommunikationsnetzes mit (teilnehmer-)überprüfbarem Datenschutz berücksichtigt.

In diesem Kapitel wird ein **etappenweiser Ausbau** der heutigen Kommunikationsnetze zu einem preiswerten und zuverlässigen, zunächst schmalbandigen, später breitbandigen Kommunikationsnetz mit überprüfbarem Datenschutz beschrieben. Dieser Ausbau wird aus ökonomischen Gründen so gestaltet, daß die bereits getätigten Netzinvestitionen (Gebäude, Kabelkanäle, Kabel, Verstärker und Vermittlungsstellen der heutigen Netze) in vollem Umfang genutzt werden. Die Einführung der verschiedenen Dienste kann dabei etwa so schnell erfolgen wie geplant, und es wird stets mehr Datenschutz garantiert als sowohl in der Alternative der Beibehaltung des analogen Fernsprechnetzes als auch bei der Realisierung der in Abschnitt 1.1 beschriebenen Pläne.

Zuallererst muß der Teilnehmeranschluß digitalisiert und Ende-zu-Ende-Verschlüsselung eingeführt werden, was in Abschnitt 6.1 kurz beschrieben wird.

Danach wird in den Abschnitten 6.2 bis 6.4 beschrieben, wie durch alternative Anwendung der Grundverfahren von Kapitel 2 zunächst nur ein **schmalbandiges**, aber auch überprüfbar datengeschütztes Netz entsteht, dessen Nutzübertragungsleistung und Datenschutz mit jeder Ausbauetappe wächst.

In Abschnitt 6.5 wird danach die Gestaltung eines Datenschutz durch Anonymität garantierenden **breitbandigen** diensteintegrierenden Digitalnetzes, also eines möglichen **Endzieles** der Netzentwicklung, beschrieben.

In Abschnitt 6.6 wird beschrieben, inwieweit und wie teilnehmerüberprüfbarer Datenschutz zwischen Teilnehmern in verschieden weit ausgebauten Kommunikationsnetzen möglich ist.

Ähnlich wie sich zu Beginn von Kapitel 5 aus der in Abschnitt 2.6 hergeleiteten Einordnung der Verschlüsselung sowie der Grundverfahren zum Schutz der Verkehrs- und Interessensdaten in das ISO OSI Referenzmodell (Bild 29, 30) eine kanonische Einschränkung der zu betrachtenden Fehlertoleranzverfahren ergab, ergibt sich aus dieser Einordnung auch eine kanonische Einschränkung des bezüglich einem etappenweisen Ausbau der heutigen Kommunikationsnetze primär zu Betrachtenden:

Von den heutigen Kommunikationsnetzen stellen vor allem die Leitungen sowohl einen schwer zu modifizierenden Teil der Kommunikationsnetze als auch einen beträchtlichen Wert dar. In eingeschränkter Weise gilt dies auch für die bereits installierten Übertragungs- und Vermittlungssysteme, in noch eingeschränkterer Weise für die Entwicklung von Übertragungs- und Vermittlungssystemen. Da es bezüglich Verschlüsselung außer der sowieso vorgesehenen Digitalisierung der Übertragungstechnik keiner Maßnahmen bedarf, ist also gemäß Bild 30 primär zu untersuchen, welche Leitungen

- Verteilung bzw. Kanalselektion (Verteilung),
- Puffern und Umschlüsseln (MIX-Netz),

- Schlüssel und Nachricht überlagern (DC-Netz) oder
- Unbeobachtbarkeit angrenzender Leitungen und Stationen sowie digitale Signalregenerierung (RING-, BAUM-Netz)

erlauben und ob und ggf. welche Änderungen oder Erweiterungen der bestehenden oder auch nur entwickelten Übertragungs- und Vermittlungstechnik nötig sind.

Die bei einer Realisierung der im folgenden beschriebenen Ausbauetappen auch festzulegende Signalisierung zwischen Teilnehmerstation und Netz, zwischen inneren Netzknoten sowie zwischen Teilnehmerstationen halte ich demgegenüber nur für sekundär interessant:

Einerseits ist sie vergleichsweise flexibel und leicht gestaltbar. Andererseits betrifft die Signalisierung zwischen Teilnehmerstation und Netz bei Verteilung sowie Puffern und Umschlüsseln nur die ohne Rücksicht auf Anonymität realisierbaren Schichten, und bei allen anderen Grundverfahren „nur" (vgl. Kapitel 5) die Schichten, die die Anonymität erhalten müssen. Letzteres gilt auch für die Signalisierung zwischen Teilnehmerstationen. Die Signalisierung zwischen inneren Netzknoten ist bei allen Ausbauetappen für die Anonymität unkritisch.

6.1 Digitalisierung des Teilnehmeranschlusses und Ende-zu-Ende-Verschlüsselung

In Abschnitt 2.3 wurde beschrieben, wie die Nutzdaten durch Ende-zu-Ende-Verschlüsselung vor Abhörern von Leitungen und sogar den Vermittlungszentralen geschützt werden können. Da beides ohne Verschlüsselung nicht in überprüfbarer Weise möglich ist und Verschlüsselung ohne Digitalisierung des Teilnehmeranschlusses nicht effizient möglich ist, ist die Digitalisierung des Teilnehmeranschlusses ein notwendiger erster Schritt.

Da das dazu Notwendige in Kapitel 2, insbesondere in den Abschnitten 2.2, 2.3.1.2 und 2.6 gesagt wurde, sind hier nur noch ein paar ergänzende Hinweise angebracht:

- Ende-zu-Ende-Verschlüsselung und damit eine Digitalisierung des Teilnehmeranschlusses ist nicht nur zur Lösung des Datenschutzproblems, sondern auch zur Lösung des Sicherheitsproblems nötig, vgl. Abschnitte 1.2, 2.1 und 2.2.1.
- Soweit möglich, sollten die Vermittlungszentralen und Teilnehmeranschlußgeräte nicht frei speicherprogrammierbar, sondern mittels ROMs fest speicherprogrammiert oder in der Form überhaupt nicht programmierbarer Spezialschaltungen realisiert werden, vgl. Abschnitt 2.1.2. Die Forderung nach Digitalisierung bezieht sich also nicht auf die Vermittlung, sondern auf die Übertragung.
- Werden die bereits entwickelten, frei speicherprogrammierbaren Vermittlungszentralen eingesetzt, in denen Trojanische Pferde nicht ausgeschlossen werden können, so sollten die Telefonzellen an eine andere, möglichst noch elektro-mechanische, zumindest aber diversitär entworfene Vermittlungsstelle angeschlossen werden. Dann (und nur dann) können nicht nur die zu Beginn von Kapitel 5 erwähnten physischen Katastrophen oder externen aktiven Angriffe toleriert werden, sondern auch interne aktive Angriffe mittels Trojanischer Pferde (vgl. Abschnitt 2.1.2): ein Trojanisches Pferd kann nämlich nicht nur, wie schon oft erwähnt, die Netzbenutzer beobachten, sondern auch die Dienster-

bringung unterbinden. Bisherige Erfahrungen mit (physischen) Ausfällen von Ortsvermittlungsstellen zeigen, daß dies bereits heute eine schwerwiegende Beeinträchtigung des gesellschaftlichen Lebens im betroffenen Gebiet darstellt. Nimmt – wie allgemein angenommen – die Abhängigkeit von Kommunikationsnetzen zu, so würde eine Gesellschaft von allen am Entwurfsprozeß der Vermittlungszentralen direkt oder indirekt (vgl. Abschnitt 2.1.2) Beteiligten in hohem Maße erpreßbar.

6.2 Schmalbandiges diensteintegrierendes Digitalnetz mit MIX-Kaskaden

Ein schmalbandiges diensteintegrierendes Digitalnetz mit Schutz der Kommunikationsbeziehung durch **MIX-Kaskaden** (MIXe mit fester Durchlaufreihenfolge, was für den Schutz der Kommunikationsbeziehung günstig ist, vgl. Abschnitte 2.5.2.1 und 4.2.3.1) stellt die am schnellsten und vermutlich auch am preiswertesten flächendeckend vorzunehmende Modifikation der heutigen Fernmeldenetze beziehungsweise des für die nächste Zukunft geplanten ISDN dar. Dabei werden die bereits verlegten schmalbandigen Kupferdoppeladern wie geplant nach Austausch der Verstärker etc. digital betrieben, die Vermittlungszentralen können (bezüglich Datenschutz, vgl. letzten Hinweis von Abschnitt 6.1) beliebig modernisiert werden, aber ergänzend zu der Datenschutz vernachlässigenden Planung werden MIXe eingerichtet.

Damit die Nachrichten nicht mehrmals oder auf Umwegen durch das öffentliche Netz laufen müssen, sollte dies entweder bei allen Fernvermittlungsstellen (zur Zeit gibt es in der Bundesrepublik 473 [Schö_86]) oder bei der weitaus größeren Menge aller Ortsvermittlungsstellen (zur Zeit gibt es ca. 6200) geschehen. Um diese MIXe einfacher realisieren und nutzen zu können, sollte es sich bei jeder der gewählten Vermittlungsstellen um eine Gruppe von MIXen handeln, für die eine feste Durchlaufreihenfolge festgelegt ist, sogenannte MIX-Kaskaden, und jede Informationseinheit sollte nur eine (im Fall der Fernvermittlungsstellen) bzw. zwei (im Fall der Ortsvermittlungsstellen) solcher Kaskaden durchlaufen (Bild 76).

Bei der *Wahl der Länge der einzelnen Kaskaden* hat man zwischen Datenschutz und Praktikabilitätsgesichtspunkten abzuwägen. Um etwa Telefon als Dienst mit Realzeitanforderungen ohne spürbare Verzögerung abwickeln zu können, dürfen (selbst bei Schalten anonymer Kanäle vgl. Abschnitt 3.2.2.1) allerhöchstens 640 MIXe durchlaufen werden (vgl. Abschnitt 3.2.2.4 Szenario 2). Je weiter man von dieser Grenze entfernt bleibt, desto geringer dürften wegen der größeren zulässigen Verzögerungszeit pro MIX die Kosten jedes MIXes sein, und natürlich verringert eine geringere Zahl an MIXen sowieso die Gesamtkosten, die über die normalen Fernmeldegebühren auf alle Netzteilnehmer umgelegt werden sollten. Auch die Teilnehmerstationen können bei der Verwendung von weniger MIXen billiger werden, da sie vor dem Senden nicht so oft verschlüsseln müssen. Daneben erlaubt es eine geringe Zahl von MIXen pro Kaskade am ehesten, diese auf separaten Grundstücken von verschiedenen Organisationen (z. B. Parteien, Kirchen, Datenschutzbüros, ...) betreiben zu lassen, wie sich das für MIXe gehört, und dazu auch verschiedene Rechensysteme zu verwenden, um die durch Trojanische Pferde drohende Gefahr zu verringern. Vom Datenschutz her könnte z. B. die Verwendung von 5 bis 10 MIXen pro Informationseinheit reichen, vgl. Abschnitt 5.3.4.

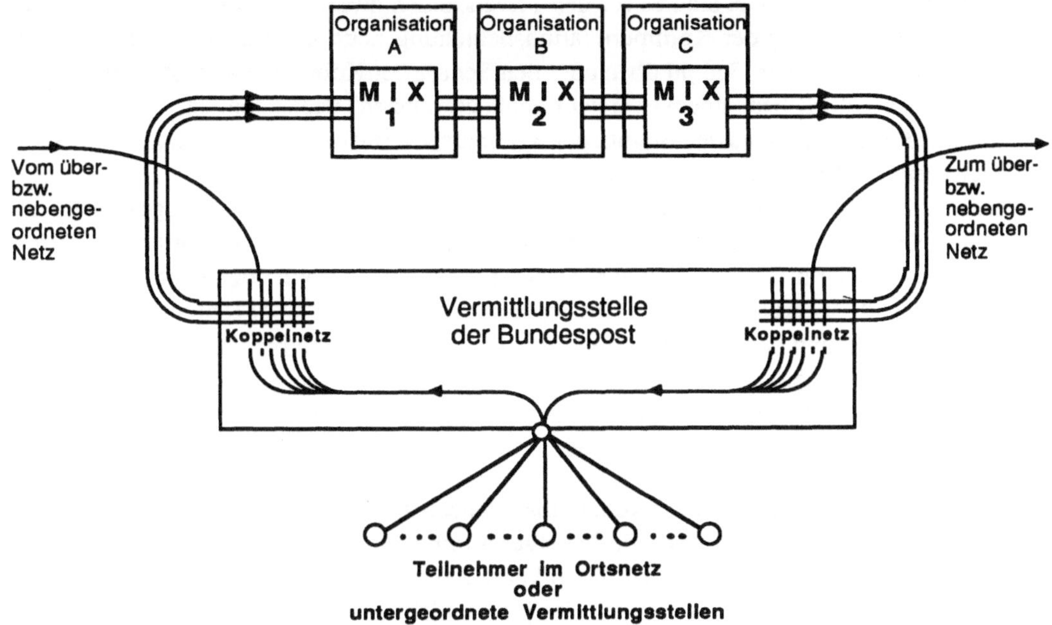

Bild 76: Vermittlungsstelle mit MIX-Kaskade

Bei dieser geringen Zahl von MIXen pro Informationseinheit kann es genügen, die MIXe *intern fehlertolerant* auszulegen, und bei Ausfall eines MIXes und damit seiner Kaskade dies allen Teilnehmerstationen mitzuteilen. Die Teilnehmerstationen unterlassen dann die dieser Kaskade entsprechenden Verschlüsselungen und die Vermittlungsstelle läßt die MIX-Kaskade aus. Bis zur Reparatur des MIXes muß dann entweder auf den Schutz der Kommunikationsbeziehung verzichtet oder eine andere Kaskade durchlaufen werden.

Eine Alternative wäre, den Teilnehmerstationen mitzuteilen, welcher MIX ausgefallen ist, so daß die Teilnehmerstationen nur die ihm entsprechende Verschlüsselung unterlassen. Da die MIXe räumlich benachbart sind, dürfte eine *übertragungstechnische Überbrückung* des ausgefallenen MIXes kein Problem sein – es sei denn, es handelt sich um eine Katastrophe (vgl. den Beginn von Kapitel 5).

Werden die MIX-Kaskaden bei den *Fernvermittlungsstellen* errichtet, um mit einer möglichst geringen Anzahl und damit minimalen Kosten sowie einer möglichst kurzen Einführungszeit bis zu einer effizienten flächendeckenden Datenschutzversorgung auszukommen, müssen aus Datenschutzgründen auch Ortsgespräche zumindest über eine Fernvermittlungsstelle geführt werden. Dadurch entsteht bereits eine nicht unwesentliche Mehrbelastung von Netzteilen, die nur für anteilige Benutzung durch die einzelnen Teilnehmer ausgelegt sind. Trotzdem ist der erreichbare Schutz der Kommunikationsbeziehung zumindest bei längeren

Telefongesprächen unbefriedigend: In Abschnitt 3.2.2.1 wurde darauf hingewiesen, daß jeder MIX die Kommunikationsbeziehung höchstens zwischen zusammen auf- und abgebauten Kanälen verbirgt. Können nun zum Teilnehmer nur sehr wenige Kanäle gleichzeitig unterhalten werden (beim geplanten ISDN sind es für den Privatkunden zwei), so muß er, wenn alle von aus Gründen des Schutzes der Kommunikationsbeziehung noch nicht abbaubaren Kanälen belegt sind, sich entweder in Geduld üben oder den Schutz der Kommunikationsbeziehung für sich und andere abschwächen, indem er einen Kanal „gewaltsam" wiederbenutzt. Tun dies viele Teilnehmer, so untergräbt dies den Schutz der Kommunikationsbeziehung zumindest für sehr lange telefonierende Teilnehmer vollständig.

Werden die MIX-Kaskaden, um eine Belastung des Fernnetzes durch Ortsgespräche zu vermeiden, bei den *Ortsvermittlungsstellen* errichtet, so sind erheblich mehr erforderlich. Dafür kann in diesem Fall mittels des Verfahrens der **MIXe mit bedeutungslosen Zeitscheibenkanälen und Verteilung der Gesprächswünsche** [PfPW_88] nicht nur obiges Dilemma vermieden und damit die Kommunikationsbeziehung auch bei länger unterhaltenen Kanälen geschützt werden. Es wird sogar das Senden und Empfangen der Teilnehmerstationen geschützt, ohne daß es zu einer Belastung der Netzteile kommt, die nur für anteilige Benutzung durch die einzelnen Teilnehmer ausgelegt sind.

Nach Erkennen obigen Dilemmas könnte man zunächst erwägen, wieder auf das Schalten anonymer Kanäle zu verzichten bzw., da Paketvermittlung zu nicht erträglicher Verzögerung und Datenexpansion führt, Kanalstücke für so kurze Zeitscheiben getrennt zu vermitteln, daß Warten auf ihr Ende nicht stört. Allein hilft dies jedoch nichts, da ein Angreifer statistisch doch merkt, daß es sich um einen Kommunikationsdienst mit längerem, gleichmäßigem Informationsfluß oder notwendiger kurzer Verzögerungszeit handelt, weil sowohl Sender als auch Empfänger genau während der Dauer beispielsweise eines Gesprächs fortlaufend Zeitscheibenkanäle unterhalten.

Letzteres kann aber vermieden werden, wenn die Teilnehmer zwischen den Gesprächen auf den Teilnehmeranschlußleitungen, die ihnen ja exklusiv zugeordnet sind, ständig **bedeutungslose Zeitscheibenkanäle** unterhalten. Damit diese nicht ins Fernnetz gelangen, aber trotzdem nicht von bedeutungsvollen zu unterscheiden sind, müssen sie zwischen Teilnehmerstationen und Ortsvermittlungsstellen, wo sie enden, eine MIX-Kaskade durchlaufen. Die Information auf den Empfangskanälen wird dabei von der Ortsvermittlungsstelle erzeugt, im Falle des Ausbleibens springt aber jeder MIX mit eigener Information ein. Man kann den Datenschutz sogar noch verbessern, indem die Teilnehmerstationen im Normalfall auf den bedeutungslosen Kanälen an sich selbst senden, da diese dann von Ortsgesprächen nicht mehr zu unterscheiden sind.

Die Koordination zwischen dem Empfangen bedeutungsloser Zeitscheibenkanäle von sich selbst und bedeutungsvoller von einem Partner wird zweckmäßig so geregelt, daß jeder nicht nur seinen Sende-, sondern auch seinen Empfangskanal durch die MIX-Kaskade seines Ortsnetzes selbst aufbaut und ggf. ein Partner als Adresse eine Kennzahl kennen muß. (Dies ist eine Anwendung des Verfahrens des anonymen Abrufs, vgl. Abschnitt 2.5.2.6, das hier ganz besonders effizient ist.)

Zusätzlich muß ein Signalisierungskanal zur Verfügung stehen, auf dem Gesprächswünsche übertragen werden können und die Kennzahlen für die eigentlichen Kanäle vereinbart werden.

Die Empfänger der Gesprächswünsche können nicht auf die gleiche Art geschützt werden, weil damit das Problem, den Kanal für echte Nachrichten von bedeutungslosen freizubekommen, nur vom eigentlichen Kanal auf den Signalisierungskanal verlagert würde. Statt dessen können diese **Gesprächswünsche verteilt** werden, da ihr Informationsgehalt um Größenordnungen geringer ist als der der eigentlichen Fernsprechkanäle. Ein 8-kbit/s-Signalisierungskanal müßte beim derzeitigen Fernsprechverhalten, insbesondere bei Verwendung von Verfahren zur Vermeidung von erfolglosen Wahlwiederholungen, für etwa zehntausend Teilnehmer genügen.

Die Kombination der MIXe mit bedeutungslosen Zeitscheibenkanälen und Verteilung der Gesprächswünsche löst zugleich zwei weitere Probleme: Zum einen wechseln die Gruppen, in denen die Teilnehmer anonym sind, nicht mehr. Zum anderen sind nun die einzigen Adressen, die lange gültig sein müssen, die impliziten der Gesprächswünsche, jedoch keine mehr, die durch MIXe führen. Dadurch können die MIXe in allen Kanalaufbaunachrichten Zeitstempel verlangen, was den Aufwand beim Prüfen der Nachrichten auf Wiederholungen drastisch reduziert.

In [PfPW_89] ist das Verfahren der MIXe mit bedeutungslosen Zeitscheibenkanälen und Verteilung der Gesprächswünsche inkl. geeigneter Verfahren zur Vermeidung von erfolglosen Wahlwiederholungen ausführlicher beschrieben.

6.3 Schmalbandiges diensteintegrierendes Digitalnetz mit Verteilung auf Koaxialkabelbaumnetzen

Wo ein schmalbandiges ISDN vorhanden ist oder errichtet werden soll und mit dem **Koaxialkabelbaumnetz** zu ganz anderen Zwecken (Verteilung zusätzlicher Fernsehprogramme) im Teilnehmeranschlußbereich bereits ein breitbandiges Netz errichtet wurde, kann dieses genutzt werden, um auch andere Datenschutzmaßnahmen als MIXe anzuwenden. (Nach [ScS1_86] waren zur Jahresmitte 1986 etwa 20% der bundesdeutschen Haushalte an Breitbandkabelverteilnetze anschließbar, nach [Stan_87] waren es Ende 1986 26% und werden es Ende 1987 34% und Ende 1988 41% sein.)

Am einfachsten zu realisieren ist dabei **Verteilung zum Schutz des Empfängers**. Dazu muß man nur einen kleinen Teil der Bandbreite des Koaxialkabelbaumnetzes digitalisieren.

Wird bei dieser Maßnahme nur Ende-zu-Ende-verschlüsselt, so müssen die Teilnehmerstationen erheblich weniger oft verschlüsseln können als bei der Verwendung von MIXen. Können sie dies aber mindestens halb so oft wie bei der „reinen" Verwendung von MIXen, so ergänzt sich diese Maßnahme auch gut mit evtl. vorhandenen MIXen in der Ortsvermittlungsstelle des Senders oder in einer Fernvermittlungsstelle.

Mit 32 Mbit/s können etwa 500 Teilnehmer gleichzeitig 64 kbit/s empfangen (z. B. beim Telefonieren), so daß selbst bei Verdopplung der „Telefon"nutzung [HuSW_83, Kais_82 Seite

46] auf maximal 20% gleichzeitig die Information für je 2500 Teilnehmer über ein Koaxialkabelbaumnetz verteilt werden kann. Da verteilte Kanäle ohne Abschwächung der Anonymität des Empfängers und damit auch ohne Abschwächung der Anonymität der Kommunikationsbeziehung zu einem beliebigen Zeitpunkt abgebaut werden können, löst dies zwar das in Abschnitt 6.2 beschriebene Dilemma beim Abbau von anonymen Kanälen durch MIXe.

Weitaus vorteilhafter kann es aber sein, die digitalisierte Bandbreite des Koaxialkabelbaumnetzes zumindest zu einem Teil als Signalisierungskanal beim Verfahren der *MIXe mit bedeutungslosen Zeitscheibenkanälen und Verteilung der Gesprächswünsche* einzusetzen. Ein 32 Mbit/s Signalisierungskanal müßte beim derzeitigen Fernsprechverhalten, insbesondere bei Verwendung von Verfahren zur Vermeidung von erfolglosen Wahlwiederholungen, für „Orts"netze mit 40 Millionen Teilnehmern genügen. Senden und Empfangen der Teilnehmerstationen können damit in (für praktische Zwecke) beliebig großen Ortsnetzen geschützt werden.

6.4 Schmalbandiges diensteintegrierendes Digitalnetz durch anonymes Senden und Verteilung auf Koaxialkabelbaumnetzen

Will man auch das **Senden** statt auf dem üblichen schmalbandigen ISDN **geschützt auf dem Koaxialkabelbaumnetz** durchführen, so hat man die Wahl zwischen dem einfach zu realisierenden BAUM-Netz und dem wesentlich wirkungsvolleren, aber aufwendigeren DC-Netz.

Wie in Abschnitt 3.3.3 beschrieben, ist ein Baumnetz ohnehin eine für überlagerndes Senden geeignete Topologie. Für die ins Auge gefaßte Bandbreite von etwa 16 Mbit/s kann man zu recht hoffen, Pseudozufallszahlengeneratoren mit guten Sicherheitseigenschaften in wenigen Jahren auf einem Chip implementiert kaufen zu können. Pseudozufallszahlengeneratoren von etwa dieser Geschwindigkeit, allerdings mit umstrittenen Sicherheitseigenschaften (DES), sind schon heute auf einem Chip erhältlich (vgl. Abschnitt 2.2.2.3).

Außerdem kann ein BAUM-Netz um überlagerndes Senden erweitert werden, vgl. Abschnitt 2.5.3.2. Hierzu muß sowohl eine Synchronisation der Teilnehmerstationen nachgerüstet werden (vgl. Abschnitt 4.2.4.2), als auch Schlüsselaustausch, -generierung und Überlagerung.

In allen drei in diesem Abschnitt genannten Fällen (BAUM-Netz, DC-Netz, um überlagerndes Senden erweitertes BAUM-Netz) entsteht damit in beschränkten Netzteilen ein **schmalbandiges Vermittlungs–/Verteilnetz**. Es sollte aber zumindest bei Realisierung der ersten Möglichkeit bei Diensten mit besonders geringen Leistungsanforderungen (z. B. elektronische Post) durch MIXe im Fernnetz ergänzt werden.

6.5 Ausbau zu einem breitbandigen diensteintegrierenden Digitalnetz

Der Ausbau dieses schmalbandigen zu einem **breitbandigen Vermittlungs-/Verteilnetz** sollte je nach Erschließungszustand und Besiedelungsstruktur des zu versorgenden Gebietes erfolgen (Bild 77).

Sind im zu versorgenden Gebiet schon Kabelkanäle vorhanden oder handelt es sich um ein ländliches Gebiet und sind inzwischen genügend schnelle Pseudozufallszahlengeneratoren mit guten Sicherheitseigenschaften verfügbar, so dürfte es billiger sein, die Verkabelungsstruktur beizubehalten und die Verteilnetze mit überlagerndem Senden zu realisieren, selbst wenn die Pseudozufallszahlengeneratoren noch teuer sind, als die Verkabelungsstruktur zu ändern und RING-Netze als Verteilnetze einzusetzen. Sind im zu versorgenden Gebiet noch keine Kabelkanäle vorhanden und sind noch keine genügend schnellen Pseudozufallszahlengeneratoren mit guten Sicherheitseigenschaften verfügbar, sollten RING-Netze als Verteilnetze realisiert werden. Trifft keine der obigen Bedingungen zu und besteht unmittelbarer Handlungsbedarf, so sollte trotz erhöhter Kosten ringförmig verkabelt und bei ländlichen Gebieten überlagerndes Senden später nachgerüstet werden.

Im Laufe der Zeit kann der Umfang der durch überlagerndes Senden realisierten Verteilnetze vergrößert werden. Bis die Bundesrepublik vielleicht in sehr ferner Zukunft über ein Verteilnetz mit allen Kommunikationsdiensten versorgt wird (vgl. Abschnitt 4.3), sollten für besonders sensitive und schmalbandige Dienste zur Erhöhung des Datenschutzes über das durch die Verteilnetze bzw. MIX-Kaskaden bei den Ortsvermittlungsstellen gegebene Maß hinaus MIX-Kaskaden bei den Fernvermittlungsstellen benutzt werden.

Dies und die beschriebenen Etappen sprechen dafür, MIX-Kaskaden zunächst bei den Ortsvermittlungsstellen und später entweder zusätzliche bei den Fernvermittlungsstellen zu errichten oder nach Umstellung eines Ortsnetzes von Kupferdoppeladern auf Glasfasern die der Ortsvermittlungsstelle zugeordnete MIX-Kaskade dann einer Fernvermittlungsstelle zuzuordnen. Insbesondere in Großstädten, deren Ortsnetz wegen der hohen Dichte an Anschlüssen, insbesondere Geschäftsanschlüssen, einerseits früh mit digitalen Ortsvermittlungsstellen und andererseits auch früh mit Glasfasern ausgebaut werden soll, kann dies ohne großen Aufwand geschehen, da Großstädte sowohl Orts- als auch Fernvermittlungsstellen besitzen.

Parallel zum beschriebenen Netzausbau bezüglich Nutzleistung muß er auch bezüglich Zuverlässigkeit erfolgen. Dabei werden die in Kapitel 5 beschriebenen Fehlertoleranz-Maßnahmen stetig an Gewicht gewinnen.

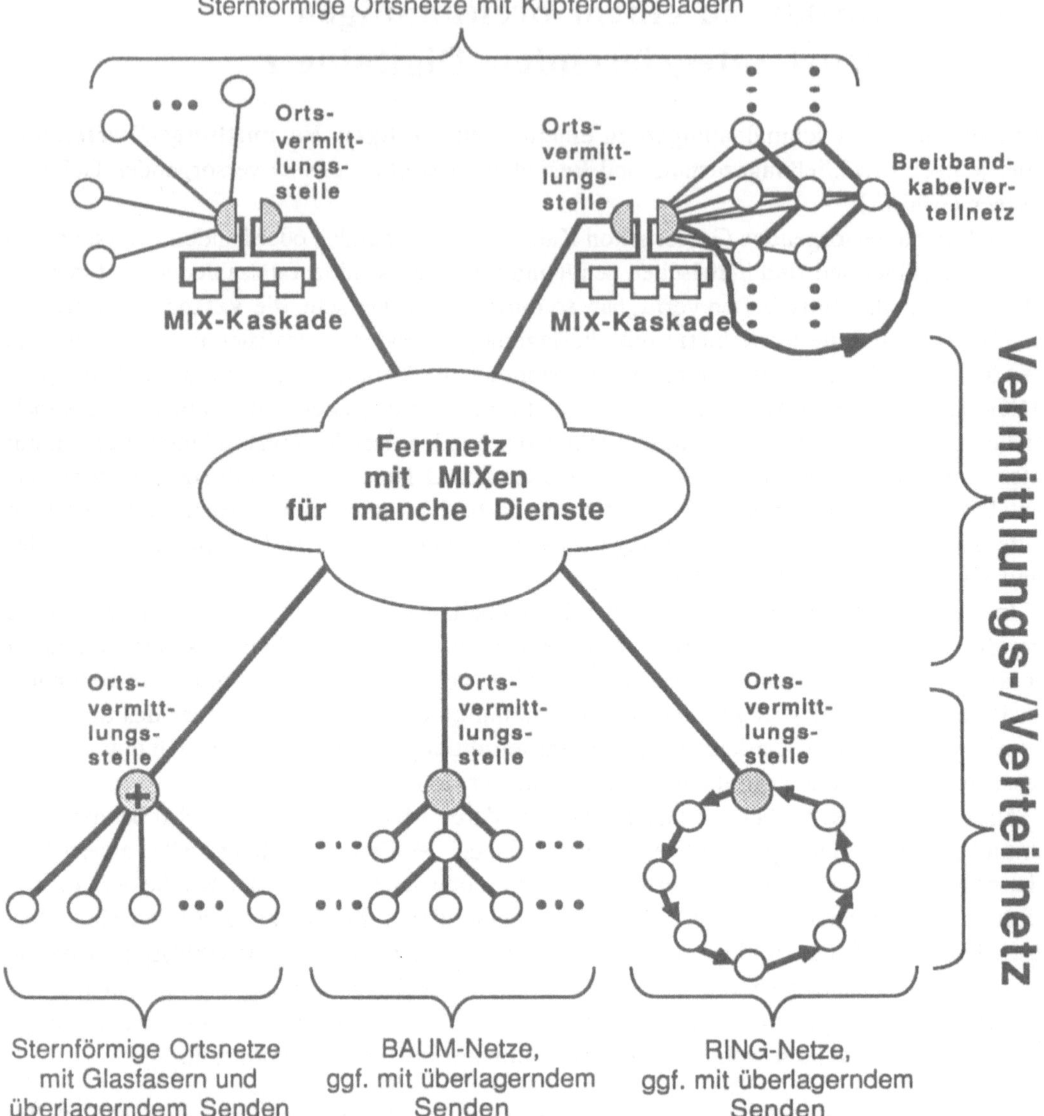

Bild 77: Integration verschiedener Datenschutzmaßnahmen in einem Netz

Zum Schluß sei erwähnt, daß weitgehend unklar ist, wie die *Kosten* bzw. *Effizienz* des beschriebenen Netzausbaus sich zu den des geplanten verhalten.

Selbst für den einfacheren Vergleichsfall, daß außer geräteinterner Fehlertoleranz keine vorgesehen wird, ist ein Vergleich schwierig: einerseits kosten zusätzliche MIXe sicherlich mehr als keine, andererseits könnte die Akzeptanz und damit Benutzung und damit Effizienz eines Kommunikationsnetzes mit MIXen höher sein als die eines ohne MIXe. Ich erwarte insbesondere deshalb eine höhere Effizienz, da etwa 80% der Kosten eines Kommunikationsnetzes durch die Erdarbeiten bei der Kabelverlegung bestimmt und diese Kosten von der Realisierung der Datenschutzmaßnahmen völlig unabhängig sind. Bei der Ersetzung von Ortsvermittlungsstellen durch ein oder mehrere RING-Netze bei Errichtung eines breitbandigen diensteintegrierenden Digitalnetzes ist nicht einmal klar, wie sich bei neu zu erschließenden Gebieten die Kosten verhalten [Pfi1_85 Seite 33f, Pfi1_83, Bürl_85, Mann_85]:

- Ein RING-Netz mit n Stationen benötigt nur n Sender und Empfänger, während ein Vermittlungsnetz jeweils $2n$ benötigt. Zwar ist die erforderliche Bandbreite in einem RING-Netz höher, die Kosten der Sender und Empfänger dürften aber über weite Bandbreitenbereiche weitgehend unabhängig von der Bandbreite sein.
- Die gesamte Kabellänge eines RING-Netzes wächst proportional zur Quadratwurzel der Stationsanzahl in einem gegebenen Gebiet. Die gesamte Kabellänge eines Vermittlungsnetzes (Sternnetz ohne Konzentratoren) wächst proportional zur Stationsanzahl. Wie bei Sendern und Empfängern dürften auch bei Kabeln die Kosten über weite Bandbreitenbereiche weitgehend unabhängig von der Bandbreite sein. Die Länge der Kabelkanäle ist bei beiden Netzen näherungsweise gleich.
- Zumindest bezüglich Paket und Nachrichtenvermittlung ist das Bitübertragungsnetz eines RING-Netzes ein breiterer Flaschenhals als eine übliche Vermittlungszentrale.

Bei geräteexterner Fehlertoleranz, insbesondere eines redundanten Übertragungssystems auch im Teilnehmeranschlußbereich ist ein Kostenvergleich noch schwieriger, zumal hierfür keine Planungen vorliegen.

In beiden Fällen wären weitergehende Untersuchungen wünschenswert. Leider sind sie wohl nur vom Netzbetreiber und dessen Lieferanten durchführbar, da an anderer Stelle die wirklichen Kosten aus politischen oder Wettbewerbsgründen nicht vorliegen.

6.6 Teilnehmerüberprüfbarer Datenschutz bei Kommunikation zwischen Teilnehmern in verschieden weit ausgebauten Kommunikationsnetzen

Als Schluß dieses Kapitels bleibt die Frage zu beantworten, inwieweit und wie teilnehmerüberprüfbarer Datenschutz zwischen Teilnehmern in verschieden weit ausgebauten Kommunikationsnetzen möglich ist.

Ist der Teilnehmeranschluß eines der Teilnehmer nicht digitalisiert, so kann mit ihm (außer für Kommunikationsdienste mit sehr geringen Durchsatzforderungen) nicht Ende-zu-Ende-verschlüsselt kommuniziert werden. Insbesondere bei längeren, d. h. über viele Vermittlungszentralen (oder gar Länder) geführten Verbindungen oder solchen, die über nicht Verbindungsverschlüsselte Funk- oder Satellitenstrecken geführt sind, ist es lohnend, eine möglichst weite Strecke Ende-zu-„Ende" zu verschlüsseln (Bild 78).

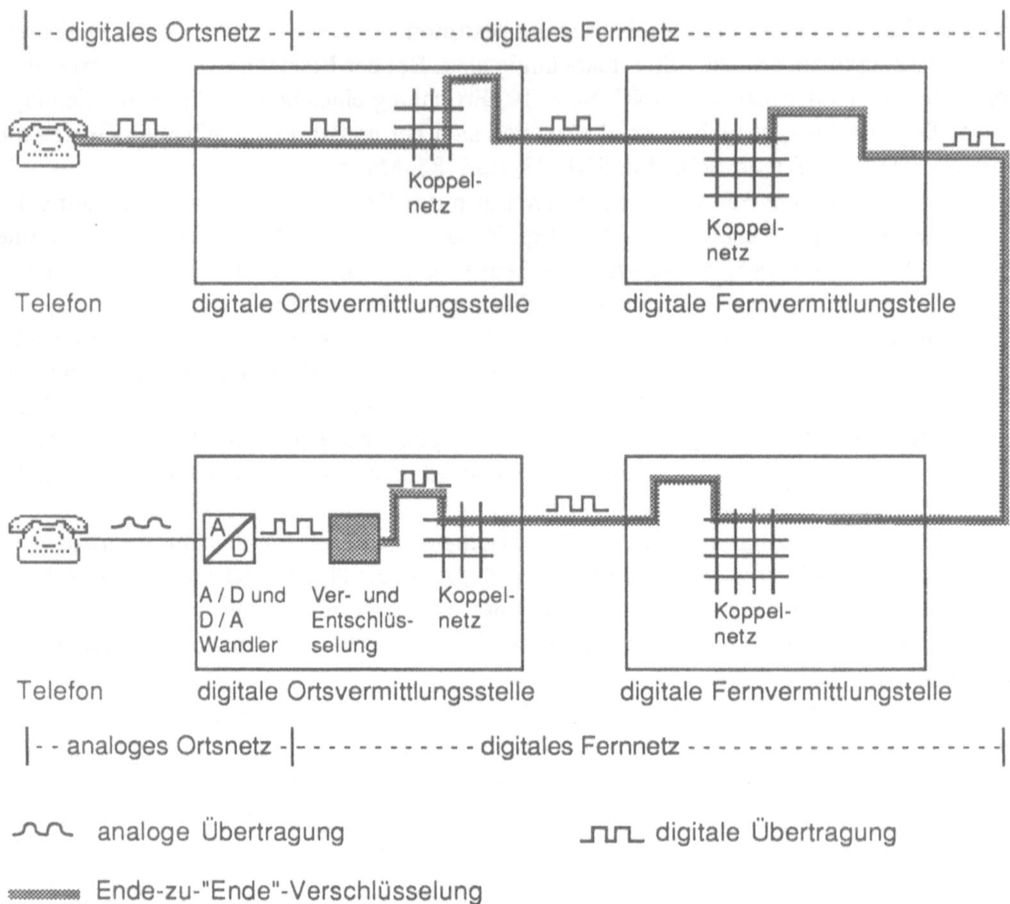

Bild 78: Ende-zu-„Ende"-Verschlüsselung zwischen einem Teilnehmer mit digitalisiertem und einem mit analogem Anschluß

Entsprechend wie bei Ende-zu-„Ende"-Verschlüsselung kann bezüglich MIXen verfahren werden, wenn der Anschlußbereich einer Teilnehmerstation entweder noch gar nicht digitalisiert ist oder die Teilnehmerstation die Zahl der Verschlüsselungen nicht bewältigen kann.

Die Realisierung von lokalen BAUM-, RING-, DC-Netzen oder Kombinationen schützt auch dann die Kommunikation der in diesen Netzen liegenden Stationen, wenn mit Stationen kommuniziert wird, die nicht in einem solchen Verteilnetz eines Vermittlungs-/Verteilnetzes liegen. Kann die Teilnehmerstation des Kommunikationspartners nach der Kontaktaufnahme nicht ständig neue offene implizite Adressen generieren, so muß die in diesen lokalen Verteilnetzen liegende Station dem Partner immer neue zusenden. Dies nützt natürlich nur dann viel, wenn zwischen beiden Partnern Ende-zu-Ende-verschlüsselt werden kann und wird.

7 Netzmanagement

In diesem Kapitel wird zunächst in Abschnitt 7.1 diskutiert, wer welche Teile des Kommunikationsnetzes (errichten sowie) betreiben und entsprechend die Verantwortung für die Dienstqualität übernehmen sollte.

Danach wird in Abschnitt 7.2 skizziert, wie eine Abrechnung der Kosten für die Benutzung des Kommunikationsnetzes mit dem Betreiber ohne Untergrabung des Datenschutzes sicher und komfortabel erfolgen kann.

Die Bezahlung von über das Kommunikationsnetz erbrachten (höheren) Diensten kann mittels eines beliebigen digitalen Zahlungssystems erfolgen, was in Abschnitt 8.1 erläutert wird. Digitale Zahlungssysteme stellen spezielle Transaktionsprotokolle dar, über die in Kapitel 8 ein kurzer Überblick gegeben wird.

7.1 Netzbetreiberschaft: Verantwortung für die Dienstqualität vs. Bedrohung durch Trojanische Pferde

Bezüglich Netzbetreiberschaft und Verantwortung für die Dienstqualität besteht folgendes Dilemma [Pfi1_85 Seite 129]:

Verwendet jeder eine beliebige **Teilnehmerstation** (was man sich bis hierher, da nichts anderes explizit gesagt wurde, vermutlich vorgestellt hat), so wird keine Organisation willens und in der Lage sein, die Verantwortung für die Dienstqualität, d. h. die von den Teilnehmern wahrnehmbare Nutzleistung und Zuverlässigkeit, zu übernehmen. Dies gilt zumindest dann, wenn fehlerhaftes Verhalten oder ungenügende Leistung einer Teilnehmerstation die Dienstqualität für andere Teilnehmer auch dann beeinträchtigen können, wenn diese anderen Teilnehmer nicht gerade mit dieser fehlerhaften oder ungenügend leistungsfähigen Teilnehmerstation kommunizieren wollen (weswegen ab Abschnitt 2.5 nicht mehr von Netzbenutzern, sondern von Netzteilnehmern gesprochen wurde). Ein solches „anarchisch-liberales“ Netzmanagement ist zwar für die (Teilnehmer-)Überprüfbarkeit des Datenschutzes optimal, wegen seiner unkalkulierbaren Dienstqualität aber nur für spezielle Anwendungen, keinesfalls aber für diensteintegrierende Kommunikationsnetze geeignet. Es kann natürlich auf einem beliebigen Kommunikationsnetz um den Preis geringer Kosten-Effizienz, geringer Nutzleistung, geringer Zuverlässigkeit und, vielleicht, großen Mißtrauens durch den Rest der Gesellschaft, was seine Teilnehmer wohl zu verbergen haben, errichtet und betrieben werden.

Entwirft, produziert, errichtet und betreibt eine Organisation andererseits sämtliche Netzkomponenten, insbesondere auch die Teilnehmerstationen, so wird diese Organisation zwar willens und in der Lage sein, die Verantwortung für die Dienstqualität zu übernehmen. Aber niemand, insbesondere kein Teilnehmer, kann ausschließen, daß Teile solch einer Organisation irgendwo Trojanische Pferde installieren, vgl. Abschnitt 2.1.2. Solch eine Organisation wäre also bezüglich (Sicherheit und) Datenschutz nicht kontrollierbar.

Da jede Schutzmaßnahme, die innerhalb des Kommunikationsnetzes angesiedelt ist, durch die Teilnehmerstationen realisiert (oder mit realisiert, z. B. MIXe) werden muß, ist es zur Verkleinerung dieses Dilemmas sinnvoll, die Teilnehmerstation bezüglich Entwurf, Produktion, Installation und Betreiberschaft geeignet in zwei Teile zu zerlegen: Das (bzw. die) Teilnehmerendgerät(e) und den Netzabschluß.

Zum **Teilnehmerendgerät** zählen dabei die Teile der Teilnehmerstation, die mit der Kommunikation mit anderen und der anderen Teilnehmerstationen nichts zu tun haben. Folglich kann das Teilnehmerendgerät ausschließlich unter der Kontrolle des einzelnen Teilnehmers stehen.

Zum **Netzabschluß** zählen all die Teile der Teilnehmerstation, die mit der Kommunikation mit anderen oder der anderen Teilnehmerstationen zu tun haben. Folglich ist der Betreiber des Kommunikationsnetzes für den Netzabschluß verantwortlich.

Beispielsweise wird von CCITT bei X.25 das Teilnehmerendgerät DTE (Data Terminal Equipment) und der Netzabschluß DCE (Data Circuit-terminating Equipment) genannt [Tane_81, Tane_88], bei ISDN heißt das Teilnehmerendgerät TE (Terminal Equipment) und der Netzabschluß NT (Network Termination) [ITG_87, Tane_88].

Sofern es einen Netzbetreiber geben und dieser für die Dienstqualität verantwortlich sein soll, so sollte aus Gründen der Überprüfbarkeit (der Sicherheit und) des Datenschutzes der Funktionsumfang der Netzabschlüsse möglichst klein sein, damit ihr Entwurf, ihre Produktion, ihre Installation und ihr Betrieb möglichst rigoros öffentlich überprüft werden können. Damit sollte es auch bezüglich der Überprüfbarkeit von Datenschutz akzeptabel sein, daß ein oder wenige Lieferanten die Netzabschlüsse liefern, und die Qualität ihrer Produkte vom Netzbetreiber anerkannt wird. Die Lieferanten haben ihre Entwürfe inkl. aller Entwurfshilfsmittel und Entwurfskriterien zu veröffentlichen. Konsumenten- oder Bürgervereinigungen wie beispielsweise die „Stiftung Warentest" sollten in den Netzabschlüssen (wie auch in den Teilnehmerendgeräten) kontinuierlich nach Trojanischen Pferden suchen. Dies ist hauptsächlich zu Beginn aufwendig, wenn die Entwurfshilfsmittel und vor allem die Entwürfe überprüft werden müssen. Die Kontrolle der unveränderten Produktion dürfte wesentlich einfacher sein.

Netzabschlüsse dürften nur wenige integrierte digitale Schaltkreise und analoge Sender- und Empfänger-Bausteine umfassen. Entsprechend sollte Wartung bzw. Reparatur (und anschließende Überprüfung) selten sein. Insbesondere besteht keine Notwendigkeit für *Fernwartung*, d. h. die Fähigkeit des Herstellers oder Netzbetreibers, die Software des Netzabschlusses per Zugriff über das Kommunikationsnetz modifizieren zu können, wie dies bei den heutigen Vermittlungszentralen vorgesehen (und wegen bei der Auslieferung noch nicht gefundenen, geschweige denn korrigierten Entwurfsfehlern oder einer großen Zahl möglicher Hardwareausfälle) wohl auch nötig ist. Wie in Abschnitt 1.2 erläutert wurde, können Hersteller mittels Fernwartung Trojanische Pferde beliebig installieren und die von ihnen eingebauten beliebig beseitigen. Dies gilt dann nicht, wenn Fernwartung nur in der sehr eingeschränkten Form der *Fernabfrage* möglich ist: Hierbei können per Zugriff über das Kommunikationsnetz keine Programme modifiziert, sondern nur vor Ort vorhandene Diagnoseprogramme gestartet und ihre Ergebnisse entgegengenommen werden. Der Zweck der Fernabfrage ist, daß ein Wartungstechniker gezielt Ersatzteile mitnehmen kann. Sicherzustellen, daß Fernwartung auf Fernabfrage beschränkt ist, ist allerdings das bereits in den Abschnitten 1.2 und 2.1.2 dargestellte Problem des Ausschließens Trojanischer Pferde.

In den folgenden Unterabschnitten wird beschrieben, welchen Funktionsumfang die Netzabschlüsse bei den verschiedenen Grundverfahren zum Schutz der Verkehrs- und Interessensdaten aufweisen müssen.

7.1.1 Ende-zu-Ende-Verschlüsselung und Verteilung

Da eine Teilnehmerstation bei fehlerhafter Ende-zu-Ende-Ver- bzw. -Entschlüsselung, fehlerhafter Generierung oder Erkennung impliziter Adressen oder fehlerhaftem Empfang verteilter Informationseinheiten nur die Dienstqualität ihres Teilnehmers und die seiner direkten Kommunikationspartnern beeinträchtigt, kann all dies im Teilnehmerendgerät abgewickelt werden.

7.1.2 MIX-Netz

Werden MIXe von normalen Netzteilnehmern betrieben, so umfaßt der Netzabschluß eine (kleine) Vermittlungszentrale und eine größere Zahl von sehr leistungsfähigen Ver- und Entschlüsselungsgeräten sowie alle Maßnahmen zur Fehlertoleranz. Wie in Abschnitt 2.5.2.7 erwähnt, kann dann versucht werden, mittels MIXen nicht nur die Kommunikationsbeziehung, sondern auch das Senden und Empfangen von Teilnehmerstationen zu schützen. Neben den aus Abschnitt 3.2.2.4 ersichtlichen Schwierigkeiten, daß dann entweder sehr viele bedeutungslose Informationseinheiten erzeugt oder lange Wartezeiten hingenommen werden müssen, sei darauf hingewiesen, daß dieser sehr umfangreiche Netzabschluß das Senden und Empfangen (nicht aber die Kommunikationsbeziehungen) einer Teilnehmerstation kanonischerweise beobachten kann. Der geschilderte Versuch ist also nicht nur sehr aufwendig und unkomfortabel, sondern sein Erfolg auch höchst ungewiß.

Die Vermittlungsfunktion der MIXe kann zwar weitgehend eliminiert werden, indem die MIXe jeweils in fester Reihenfolge durchlaufen werden müssen (vgl. Abschnitte 2.5.2.1 und 4.2.3.1). Aber auch für den Rest kann Wartung oder Reparatur öfter nötig sein als dies für in privaten Räumen untergebrachte Geräte akzeptabel, geschweige denn wünschenswert ist.

Die Wartungs- und Reparatur-Situation ist völlig unproblematisch, sofern, wie beispielsweise in Abschnitt 6.2 beschrieben, normale Teilnehmerstationen nicht als MIX fungieren.

Da beim MIX-Netz die Dienstqualität Unbeteiligter durch „Fehler" anderer Teilnehmer, die keine MIX-Funktion realisieren oder deren MIX-Funktion vom Fehler nicht betroffen ist, nicht beeinträchtigt wird, kann die den einzelnen Teilnehmer schützende Maßnahme, nämlich das mehrfache Ver- und Entschlüsseln, ausschließlich im Teilnehmerendgerät stattfinden. Mit dem in Abschnitt 6.2 beschriebenen Verfahren der MIXe mit bedeutungslosen Zeitscheibenkanälen und Verteilung der Gesprächswünsche kann also Senden und Empfangen mit erheblich besserer Aussicht auf Erfolg geschützt werden als mit dem in Abschnitt 2.5.2.7 beschriebenen Verfahren, bei dem jede Teilnehmerstation als MIX fungiert.

Für den Fall eines umfangreichen öffentlichen MIX-Netzes ist es noch wichtiger als bei lokalen oder Spezialnetzen, daß die kryptographische Stärke der verwendeten Kryptosysteme auch für diesen Anwendungszweck öffentlich bewiesen oder zumindest validiert ist (vgl. Abschnitte 2.2.2.2 und 2.5.2.8). Mir sind keine Beweise für praktisch einsetzbare MIX-Netze mit mehr als einem MIX pro Kommunikationsbeziehung zum Schutz des Senders- oder Empfängers bekannt, vgl. [Bött_89].

7.1.3   DC-Netz

Der Netzabschluß des DC-Netzes muß neben dem physischen Netzanschluß die Pseudozufallszahlengenerierung, das Zugriffsverfahren und auch alle vorgesehenen Fehlertoleranz-Maßnahmen umfassen. Denn sofern diese Funktionen bei einem Teilnehmer Leistungs- oder Zuverlässigkeitsmängel aufweisen, sind auch alle anderen Teilnehmer des DC-Netzes betroffen.

Ist im Netzabschluß vom Netzbetreiber oder dem Hersteller ein Trojanisches Pferd untergebracht, so kann dieses also das Senden der betroffenen Station registrieren, wodurch die Schutzwirkung des überlagernden Sendens vollständig verloren geht. Das Problem Trojanischer Pferde wurde somit von den Vermittlungszentralen auf die Netzabschlüsse verlagert. Dennoch ist, wie in Abschnitt 7.1 bereits begründet, die Situation hier erheblich besser, da Netzabschlüsse um einige Größenordnungen einfacher als Vermittlungsrechner sind und damit eine Prüfung auf Trojanische Pferde viel leichter möglich und wegen seltenerer Wartung bzw. Reparatur auch weniger häufig durchzuführen ist.

Bei modularem Aufbau des Netzabschlusses gemäß der Schichtung von Bild 30 sind zusätzlich die Module, die den physischen Netzanschluß darstellen (Medium und untere Teilschicht der Schicht 1), gemäß dem Angreifermodells des DC-Netzes bezüglich Datenschutz unkritisch. Hier darf, wer immer will, passiv angreifen. Selbst aktive Angriffe in diesen Modulen schwächen bei geeigneter Implementierung (vgl. die Anmerkungen in den Abschnitten 2.5.1 und 2.5.3.1.2) nicht die Anonymität ab, sondern verhindern nur die Diensterbringung. Geeignete Protokolle zur Fehler- bzw. Angriffsdiagnose sind in den Abschnitten 5.4 und 5.8 sowie [WaPf_89, WaPf1_89] beschrieben.

Für den Fall eines umfangreichen öffentlichen DC-Netzes mit einem Netzbetreiber ist es noch wichtiger als bei lokalen oder Spezialnetzen, daß die kryptographische Stärke der Pseudozufallszahlengenerierung öffentlich bewiesen oder zumindest validiert ist (vgl. Abschnitt 2.2.2.2). Anderenfalls kann die Pseudozufallszahlengenerierung eine verborgene Falltür (trapdoor) enthalten, die es dem Netzbetreiber oder -entwerfer ermöglicht, das Senden der Teilnehmerstationen zu beobachten. Oder die Pseudozufallszahlengenerierung wird einige Monate oder Jahre, nachdem sie für dieses umfangreiche DC-Netz ein De-facto-Standard geworden und nur noch unter sehr hohen Kosten zu ändern ist, gebrochen.

7.1.4   RING- und BAUM-Netz

Der Netzabschluß des RING- bzw. BAUM-Netzes muß neben dem physischen Netzanschluß mit digitaler Signalregenerierung, das Zugriffsverfahren und auch alle vorgesehenen Fehlertoleranz-Maßnahmen umfassen. Denn sofern diese Funktionen bei einem Teilnehmer Leistungs- oder Zuverlässigkeitsmängel aufweisen, sind auch alle anderen Teilnehmer des RING- bzw. BAUM-Netzes betroffen.

Ist im Netzabschluß vom Netzbetreiber oder dem Hersteller ein Trojanisches Pferd untergebracht, so kann dieses also das Senden der betroffenen Station registrieren, wodurch die Schutzwirkung von Übertragungstopologie und digitaler Signalregenerierung für die Sender vollständig verloren geht. Wie beim DC-Netz wurde somit das Problem Trojanischer Pferde von den Vermittlungszentralen auf die Netzabschlüsse verlagert. Wie in Abschnitt 7.1:3 ist aber die Situation dadurch erheblich besser geworden, denn der Netzabschluß des RING- bzw. BAUM-Netzes besitzt einen noch kleineren Funktionsumfang. Es sei noch erwähnt, daß es beim RING- oder BAUM-Netz zwar insgesamt nur geringeren Schutz des Senders als beim DC-Netz gibt – dafür sind aber, da die Beweise ohne irgendwelche unbewiesenen Annahmen geführt werden konnten, keine negativen Überraschungen möglich!

7.1.5   Kombinationen sowie heterogene Netze

Werden – wie etwa in Abschnitt 2.5.3.2 beschrieben – mehrere Grundverfahren zum Schutz der Verkehrs- und Interessensdaten kombiniert, so ist es bezüglich der Überprüfbarkeit des Datenschutzes günstig, nicht einen Netzabschluß mit der Vereinigungsmenge aller notwendigen Funktionen zu realisieren, sondern eine Kaskadierung der für die einzelnen Verfahren nötigen Netzabschlüsse entsprechend der Schichtung gemäß Abschnitt 2.6 vorzunehmen. Dann kann ein in einem vom Teilnehmerendgerät weit entfernter, einer niedrigen Schicht entsprechender Netzabschluß mit Trojanischem Pferd das Kommunikationsverhalten einer Teilnehmerstation nur wenig beobachten.

Entsprechendes gilt für die in Abschnitt 4.2 beschrieben heterogenen Kommunikationsnetze. Bei ihnen kann es beispielsweise durchaus lohnend sein, einen Teil der Bandbreite „anarchisch-liberal" zu verwalten, vgl. Abschnitt 7.1.

7.1.6   Verbundene, insbesondere hierarchische Netze

Werden die Übergänge zwischen den Netzen bzw. Netzebenen und ggf. die von allen Teilnetzen hin und wieder benötigten oberen Netzebenen so realisiert, daß eine Gruppe von Betreibern die Verantwortung für die Dienstqualität dieser Netzteile übernehmen kann, so können die restlichen Netzteile beliebig realisiert werden. Netzbetreiberschaft und Verantwortung für die Dienstqualität können also in unterschiedlichen Netzteilen so gut wie unabhängig voneinander geregelt werden.

7.2   Abrechnung

Bei einem offenen Kommunikationsnetz muß ggf. eine komfortable und sichere Abrechnung der Kosten für die Netzbenutzung mit dem Netzbetreiber möglich sein. Bei der Organisation der Abrechnung muß darauf geachtet werden, daß durch Abrechnungsdaten die Anonymität, Unbeobachtbarkeit und Unverkettbarkeit im Kommunikationsnetz nicht verloren geht.

Prinzipiell hat man dabei zwei Möglichkeiten: **Individuelle** Abrechnung nach Einzelnutzung (oder auch für Abonnements u. ä.) mit Verfahren, bei denen der bezahlende Teilnehmer anonym ist oder **generelle**, d. h. von allen Netzteilnehmern zu leistende, pauschale Bezahlung, die nicht anonym erfolgen muß, da dabei keine interessanten Abrechnungsdaten entstehen.

Für individuelle Abrechnung können entweder
* nicht manipulierbare Zähler [Pfi1_83 Seite 36f] oder
* anonyme digitale Zahlungssysteme (siehe Abschnitt 8.1),
verwendet werden.

Die nicht manipulierbaren Zähler werden zweckmäßigerweise im Netzabschluß untergebracht. Sie entsprechen in ihrer Funktion den heutigen Elektrizitätszählern, nur daß sie über das Kommunikationsnetz ausgelesen werden können. Sind die Zähler technisch so gestaltet, daß dieses Auslesen nur in großen Zeitintervallen, z. B. alle Monate einmal, geschehen kann, so geben diese Zähler nur sehr wenig personenbezogene Information ab, so daß zwischen Netzbetreiber und Teilnehmern über deren Zählerstände nichtanonym abgerechnet werden kann.

Hauptvorteil dieser Lösung ist, daß im Kommunikationsnetz so gut wie kein Aufwand für Abrechnungszwecke getrieben werden muß. Hauptnachteile sind, daß ein Umgehen des Zählers durch Umgehen des Netzabschlusses genauso verhindert oder zumindest entdeckt werden muß wie eine Manipulation am Zählerstand. Beide Nachteile sind allerdings nicht sehr schwerwiegend, da (im Gegensatz zu allgemein verwendeten Zahlungsmitteln, vgl. Abschnitt 8.1) mit diesen Zählern nur die Bezahlung einer einzigen Dienstleistung von – zumindest bei Privatleuten – üblicherweise eher geringfügigem Wert möglich ist. Auch heute sind Briefmarken wesentlich leichter zu fälschen als Geldscheine.

Bei Verwendung von anonymen digitalen Zahlungssystemen müssen die genauen Abrechnungsprotokolle so entworfen werden, daß von vornherein niemand betrügen kann, da bei ihnen die Anonymität Unbeobachtbarkeit und Unverkettbarkeit eine nachträgliche Strafverfolgung generell be- oder gar verhindert [WaPf_85, PWP_87, BüPf_86]. Dies ist beim Abrechnungsproblem der Netznutzung sehr einfach zu erreichen: der ersten aller verkettbaren Informationseinheiten wird jeweils ein digitales, d. h. durch eine binäre Nachricht repräsentiertes Zahlungsmittel vorangestellt. Den Wert dieser „**digitalen Briefmarke**" läßt sich der Netzbetreiber gutschreiben, bevor er die verkettbaren Informationseinheiten weiterbefördert.

Selbst bei lokaler Kommunikation in DC-, RING-2-f- bzw. BAUM-Netzen kann der Netzbetreiber unfrankierte Nachrichten unterdrücken, wenn er die globale Überlagerung durchführt, den Schlüssel überlagert bzw. die Wurzel des Baumes kontrolliert. Beim RING-Netz kann er dies nicht immer. Allerdings kann bei zwei Ringteilnehmern A und B entweder nur A unentgeltlich an B senden oder B an A. Kosten in einem Übertragungsrahmen realisierte Duplex-Kanäle genauso viel wie ein ebenfalls in einem Übertragungsrahmen realisierter Simplex-Kanal, so kann zumindest bei Diensten, die einen Duplex-Kanal erfordern, eine Dienstleistung nicht ohne Bezahlung erlangt werden, vgl. Abschnitt 3.1.4.3.

Hauptvorteil dieses Verfahrens der „digitalen Briefmarken" ist, daß es ohne nicht umgehbare und nicht manipulierbare Zähler auskommt und bei einem „guten" anonymen Zahlungssystem keinerlei personenbezogene Information anfällt. Hauptnachteil ist der nötige Kommunikationsaufwand. Um ihn erträglich zu halten und insbesondere die Verzögerungszeit kurz, sollte der Netzbetreiber die Funktion der Bank im digitalen Zahlungssystem übernehmen, vgl. Abschnitt 8.1.

Wünscht der Teilnehmer einen Einzelgebührennachweis, so kann ihm (und nur ihm!) dies je nach Funktionsverteilung entweder das Teilnehmerendgerät oder der Netzabschluß erstellen.

Durch Verwendung von generellen Pauschalen vermeidet man alle Probleme bezüglich Betrugssicherheit und fast den gesamten Aufwand des Abrechnungsverfahrens.

Sobald genügend Bandbreite zur Verfügung steht, ist z. B. eine pauschale Gebühr an den Netzbetreiber für schmalbandiges Senden und Fernsehempfang möglich.

8 Nutzung von Kommunikationsnetzen mit teilnehmerüberprüfbarem Datenschutz

Auf einem Anonymität, Unbeobachtbarkeit und Unverkettbarkeit anbietenden Kommunikationsnetz sind beliebige, auch nicht anonyme Kommunikationsformen ohne Leistungseinbuße realisierbar.

Fast alle Verfahren, sich über ein Netz einander zu erkennen zu geben (d. h. sich zu identifizieren) oder seine Autorisation nachzuweisen (d. h. sich zu authentizieren), machen bereits heute keinen Gebrauch davon, daß das sendende oder empfangende Endgerät oder gar der es gerade benutzende Teilnehmer dem Kommunikationsnetz gegenüber identifizierbar ist. Zum Beispiel erkennt man Telefonpartner an ihrer Stimme und Sprechweise sowie ihrem Wissen, Briefpartner an ihrer (Unter-)Schrift. Fortschritte der Sprachsynthese machen die Erkennung von Telefonpartnern an ihrer Sprechweise und Stimme [Diff_82], Fortschritte in der Mustererkennung und Robotik die Erkennung anhand einer (Unter-)Schrift jedoch immer unzuverlässiger. Da es für beides jedoch digitale Entsprechungen gibt (digitale Signatursysteme, vgl. Abschnitt 2.2.1.2.2), können übliche Identifikations- und Authentikationsprotokolle weiterverwendet werden [DaPr_84].

Deren routinemäßiger Einsatz bei allen Diensten, wo dies wünschenswert ist, ist preiswert und praktisch ohne Manipulationsmöglichkeit möglich – sogenannte (externe) „Hacker" sind also kein Thema. Insbesondere ist es sowohl unsinnig als auch weitgehend erfolglos, mangelhafte Identifikations- oder Autorisationsprüfung in Teilnehmerendgeräten (z. B. Rechenzentren, Datenbanken etc.) durch globale Beobachtung und Protokollierung im offenen Kommunikationsnetz ausgleichen zu wollen: dann gehen „Hacker" eben durch ausländische Kommunikationsnetze und von der „Hackergemeinde" betriebene MIXe und hinterher ist nichts beweisbar. (Die in [BfD_88 Seite 41] erhobene Forderung, „daß entweder durch geeignete technische und organisatorische Vorkehrungen ‚anonyme Anzeigen' verhindert werden, oder aber daß zumindest der verursachende Btx-Anschluß ermittelt und dem Betroffenen benannt werden kann, damit diesem ermöglicht wird, seine Rechte wahrzunehmen." ist also sowohl unnötig – vgl. Abschnitt 8.3 und Pseudonyme allgemein in [Chau_81, Cha8_85, PWP_87] – als auch nicht durchführbar.)

Nach diesem Beispiel der anonymen oder eine falsche Benutzeridentität vortäuschenden Belästigung von Rechnern noch eins von Personen: Fühlt sich beispielsweise ein Teilnehmer durch nächtliche anonyme Anrufe belästigt, so kann er seine Teilnehmerstation instruieren, Anrufe zwischen beispielsweise 21.00 und 8.00 Uhr ihm nur dann zu signalisieren, nachdem sich der Anrufer dem Teilnehmerendgerät gegenüber identifiziert und dieses die Identifikation gespeichert hat. Ängstliche Gemüter können diesen „digitalen Kommunikationsleibwächter" natürlich rund um die Uhr in Betrieb lassen. Analog kann jeder Netzteilnehmer den Personenkreis, für den man während gewisser Zeiten erreichbar ist, einschränken.

Für manche Dienste kann es interessant sein, daß es sogar Möglichkeiten gibt, daß sich Teilnehmer *gleichzeitig* identifizieren [Gol2_83, Gol1_85].

Nach diesen Bemerkungen zur expliziten Aufgabe der Anonymität, die bei manchen Diensten gesellschaftlich wünschenswert, rechtlich vorgeschrieben oder ins Belieben der Teilnehmer gestellt sein mag, wird in den folgenden Unterabschnitten für vier wichtige „Teletransaktionen" skizziert, wie diese in voller Anonymität ohne Verlust an Sicherheit möglich sind.

8.1   Digitale Zahlungssysteme

Ein Zahlungssystem heißt *digital*, wenn Teilnehmer über ein Kommunikationsnetz Geld transferieren können. Dabei muß Geld, da ein physischer Transport materieller Zahlungsmittel per Definition ausgeschlossen ist, mittels digitaler Nachrichten transferiert werden. Da diese Nachrichten beliebig dupliziert werden können, die Geldmenge dadurch aber nicht (unkontrolliert) vermehrt werden können soll, darf nur das erste Eintreffen einer solchen Nachricht einen Geldzugang bewirken.

Die für eine Klassifikation der digitalen Zahlungssysteme relevante Frage ist, ob dieses erste Eintreffen von einer zentralen Instanz (Gerät, Mitarbeiter) des Zahlungssystembetreibers (etwa einer Bank) oder einem der Obhut eines normalen Teilnehmers anheimgestellten Gerät geprüft wird. (Die eher theoretische Möglichkeit, eine absolute Mehrheit der am Zahlungssystem Beteiligten über das erste Eintreffen entscheiden zu lassen, wird im folgenden nicht extra behandelt, sondern als verteilte Implementierung einer zentralen Instanz betrachtet.) Während der Zahlungssystembetreiber ein klares Interesse hat, daß sich die Geldmenge nicht zu seinen Ungunsten vermehrt, dürfte der einzelne Teilnehmer durchaus ein Interesse daran haben, daß sein Gerät eine Nachricht mehrmals „akzeptiert". Deshalb muß in diesem letzteren Fall das Teilnehmergerät vor diesem *manipulationssicher* sein. Gibt es solche Geräte (was mir gemäß dem in Abschnitt 2.1.2 Gesagten zumindest für solche mit Chipkartenabmessungen mehr als zweifelhaft erscheint) und werden sie verwendet, so kann das Zahlungssystem *autonome Zahlungen* der Teilnehmergeräte zwischeneinander zulassen, ohne daß dies die Sicherheit des Zahlungssystems gefährdet. Ohne solche Geräte kann die Deckung einer Zahlung im allgemeinen Fall nur durch Nachfragen beim Zahlungssystembetreiber überprüft werden – autonome Zahlungen sind dann nicht sicher möglich.

Damit nicht durch aktive Angriffe im Kommunikationsnetz unbefugt Zahlungsvorgänge ausgelöst oder befugt ausgelöste bezüglich Betrag oder Zeitpunkt manipuliert werden können, benötigen alle digitalen Zahlungssysteme die Verwendung eines *sicheren symmetrischen Kryptosystems* oder (asymmetrischen) *Signatursystems*. Ersteres genügt nur dann, wenn auch manipulationssichere Geräte verwendet werden. Letzteres ist dann nötig, wenn das Zahlungssystem die Rechtssicherheit zwischen Zahlungssystembetreiber und Teilnehmer waren soll. Darunter wird verstanden, daß auch der Betreiber des Zahlungssystems dem Teilnehmer keine Transaktion unterschieben, d. h. fälschlich und unwiderlegbar behaupten kann, der Teilnehmer habe einen Geldtransfer veranlaßt, einen Geldtranfer anderer Höhe veranlaßt oder einen niedrigeren Kontostand.

All diese Forderungen und Voraussetzungen sind vollkommen unabhängig davon, ob das digitale Zahlungssystem Anonymität von Zahlungsempfänger und Zahlendem voreinander, Unbeobachtbarkeit durch an der Zahlung nicht direkt Beteiligte (insbesondere den Zahlungssystembetreiber) und Unverkettbarkeit von Zahlungen anbieten soll oder nicht. Zur Erreichung von Anonymität, Unbeobachtbarkeit und Unverkettbarkeit gibt es drei Grundkonzepte:

- *manipulationssichere autonome Zähler* [Pfi1_83, Pfit_84, MaRS_84],
- *informationstheoretisch unverkettbare Umformung digitaler Zahlungsmittel durch die Teilnehmer*, wobei die Sicherheit gegen Vermehrung der Geldmenge bei effizienten Implementierungen bisher (nur) so sicher wie RSA als das vom Zahlungssystembetreiber dann zu verwendende Signatursystem ist [Chau_83, Cha1_84, Cha8_85, Chau_87, Chau_89], während sehr aufwendige Implementierungen die Verwendung eines beliebigen Signatursystems zulassen [BrCC_87], und
- *anonym übertragbare Standardwerte* [BüPf_87] (die anonymen Nummernkonten [Pfi1_83, Pfit_84] bzw. Standardwertkonten [BüPf_86, Bürk_86] sind Spezialfälle).

In [PWP_87, BüPf_87] wird eine Übersicht über digitale Zahlungssysteme gegeben und gezeigt, wie diese Grundkonzepte auch kombiniert werden können, so daß Anonymität, Unbeobachtbarkeit und Unverkettbarkeit voll erreichen werden. Wie bei Kommunikationsnetzen kann natürlich auch bei Zahlungssystemen auf diese Eigenschaften ohne Leistungseinbuße verzichtet werden, wenn immer dies vorgeschrieben ist oder von den Teilnehmern gewünscht wird.

Da die Anonymität, Unbeobachtbarkeit und Unverkettbarkeit eine nachträgliche Strafverfolgung be- oder gar verhindert, müssen die genauen Zahlungsprotokolle bei solchen Zahlungssystemen so entworfen werden, daß von vornherein niemand betrügen kann. Dies ist bereits geschehen [WaPf_85, PWP_87, BüPf_86].

Es ist bemerkenswert, daß der Verlust manipulationssicherer Teilnehmergeräte für autonome Zahlungen, der normalerweise den Verlust allen Geldes in diesen „elektronischen Brieftaschen" (electronic wallets, [EvGY_84, Even_89]) bewirkt, mit geeigneten Methoden der Fehlertoleranz ohne Geld- und sogar ohne Anonymitätsverlust toleriert werden kann [WaPf_87, WaP1_87].

8.2   Warentransfer

Beim Transfer von Waren über ein Kommunikationsnetz gibt es folgendes, von der Anonymität unabhängiges, aber durch sie eskaliertes Problem: wer seinen Wert (Ware oder Geld) dem anderen als erster schickt, kann nicht sicher sein, daß er vom anderen dessen Wert auch zugeschickt bekommt. Ein Warentransferprotokoll heiße *betrugssicher*, wenn es verhindert, daß demjenigen, der seinen Wert zuerst sendet, dadurch ein Nachteil entsteht.

Um nicht nur einen anonymen, unbeobachtbaren und unverkettbaren Transfer von Geld, sondern auch unter den gleichen Bedingungen einen betrugssicheren Transfer von Waren,

z. B. Austausch Geld gegen Datenbankauskunft, zu ermöglichen, gibt es zwei (gegensätzliche) Konzepte:

- Entweder gibt es nichtanonyme einzelne [Herd_85] oder Ketten von [Chau_81 Seite 86] Instanzen, die im Betrugsfall die Anonymität aufheben, oder

- es wird ein nichtanonymer aktiver Treuhänder eingeschaltet, der den (möglicherweise) völlig anonymen Partnern Betrugssicherheit garantiert und von ihnen vollständig kontrolliert werden kann [Pfi1_83 Seite 32f, WaPf_85, Waid_85].

Aus den in [PWP_87, BüPf_86, BüPf_87] diskutierten Gründen ist das zweite Konzept vorteilhafter.

Bei individueller Bezahlung von Informationsdiensten von hinreichend allgemeinem Interesse gibt es ein von der Anonymität weitgehend unabhängiges ungelöstes (und ohne einen allgegenwärtigen großen Bruder wohl auch unlösbares) Problem: Da die Übertragung von Information in Zukunft sehr schnell und billig sein wird, kann man bei Diensten von hinreichend allgemeinem Interesse (z. B. Zeitungen) die Abrechnung mit dem Diensterbringer für die Dienstbereitstellung, die für ihn nicht billiger sein wird als bisher, umgehen, indem man Information im Kommunikationsnetz kopiert und weiterverteilt.

Dies gilt sogar für Information, die nicht im Kommunikationsnetz angeboten wird. Alles, was ein Mensch sehen oder hören kann, kann er digital kopieren bzw. aufnehmen und dann über das Kommunikationsnetz verteilen, z. B. gedruckte Zeitungen, Bücher oder Schallplatten. Dies verschärft das bisherige Urheberrechtsproblem mit Kopierern und Musikkassetten. Außerdem ist das Urheberrechtsproblem bezüglich für den Menschen sicht- oder hörbarer Werke schwerer zu lösen als das des Softwareschutzes, denn hier muß lediglich das Ergebnis eines Programmes wahrnehmbar sein, während man das Programm als solches oder Teile davon in einen sicheren Hardware-Modul einschließen kann.

Wollte man jedoch, um das obige Problem des Weiterkopierens zu umgehen, auch für die gesamte Nutzung von Informationsdiensten von hinreichend allgemeinem Interesse eine generelle Pauschale erheben, so müßte man ein Verfahren finden, nach dem die von einer GEZ-ähnlichen Organisation eingezogenen Gebühren „gerecht" auf die verschiedenen Anbieter verteilt würden.

Dieses müßte die unterschiedlichen, von der Qualität, nicht aber von der Nachfrage abhängigen Bereitstellungskosten der Anbieter von Diensten berücksichtigen, ohne jedoch Meinungszensur zu betreiben oder bestehende Märkte festzuschreiben und damit letztendlich den Informationspluralismus zu gefährden. Ein solches Verfahren ist mir nicht bekannt.

8.3   Dokumente

Auch bei vielen Kommunikationsarten, bei denen man heute namentlich auftreten muß (z. B. Bürger bei Ämtern), kann man die Möglichkeit zur anonymen Kommunikation nutzen und unter verschiedenen Pseudonymen auftreten, wenn man ein Verfahren hat, um Dokumente, die auf eines dieser Pseudonyme lauten, in sicherer und anonymer Weise auf ein anderes eigenes Pseudonym umzuformen.

In [Cha1_84, Cha8_85, Chau_87, ChEv_87] sind effiziente Verfahren beschrieben, bei denen die Umformung der Dokumente informationstheoretisch unverkettbar erfolgt, und bei denen die Sicherheit gegen das Fälschen von Dokumenten (nur) so sicher wie RSA als das zu verwendende Signatursystem ist. Aus [Cha1_87, BrCC_87] können sehr aufwendige Implementierungen abgeleitet werden, die die Verwendung eines beliebigen Signatursystems zulassen. Zur Zeit wird nach effizienten Verfahren geforscht, die die Beschränkung auf die Sicherheit von RSA nicht mehr haben [Bura_88, Waid_88, WaPf_89, WaPf1_89].

Da David Chaum in seinen Veröffentlichungen nicht explizit darauf hinweist, sei hier betont, daß es natürlich durch rein kryptographische Methoden unmöglich ist zu verhindern, daß jemand ein vollkommen anonym erworbenes Dokument einem anderen überläßt (und es sogar hinfort selbst nicht mehr verwendet), was etwa beim Führerschein sicherlich nicht im Sinne der Verkehrssicherheit wäre. Aber auch hier ist keine namentliche Identifikation der Person nötig, sondern eine Verkettung des Dokumentes mit körperlichen Merkmalen der Person völlig hinreichend. Sind die pro Dokumententyp verwendeten körperlichen Merkmale (außer über den Körper des Besitzers der Dokumente) nicht verkettbar, so ist dem Datenschutz hier sicher Genüge getan.

8.4   Statistische Erhebungen

Mittels Anonymität, Unbeobachtbarkeit und Unverkettbarkeit anbietenden Kommunikationsnetzen können statistische Erhebungen tatsächlich anonym durchgeführt werden. Hierbei sollten die Teilnehmerstationen vom Teilnehmer zu dessen Bequemlichkeit nur möglichst wenige Daten erfragen, aber auch diese wenigen Daten nicht als ganzes, d. h. als Maxi-Datensatz, weitergeben, da damit meist eine *Reidentifikation* sehr leicht durchgeführt werden kann. Stattdessen sollte die Teilnehmerstation aus diesen wenigen erfragten Daten sehr viele Mini-Datensätze erzeugen und diese in anonymer und unverkettbarer Weise an das statistische Amt schicken. Diese Mini-Datensätze werden so generiert, daß sie dem statistischen Amt die Berechnung aller vor der statistischen Erhebung vereinbarten Statistiken ermöglichen. Sie ermöglichen nicht beliebige andere Statistiken, so daß das Zweckbindungsgebot (teilnehmer-)überprüfbar eingehalten wird.

Mit den in Abschnitt 8.3 zitierten Mechanismen kann sichergestellt werden, daß jeder an der statistischen Erhebung genau einmal teilnimmt.

9 Anwendung beschriebener Verfahren auf verwandte Probleme

In diesem Kapitel wird kurz skizziert, welche anderen Probleme mit den bisher entwickelten Verfahren auch gelöst werden können. Diese Skizze erhebt natürlich keinen Anspruch auf Vollständigkeit.

9.1 Öffentlicher mobiler Funk

Als Ergänzung des in den bisherigen Kapiteln behandelten Ausbaus der offenen Kommunikationsnetze zwischen ortsfesten, durch Leitungen verbundenen Teilnehmerstationen erfolgt ein Ausbau der offenen Funknetze zwischen mobilen Teilnehmerstationen [Alke_88]. Deshalb soll hier kurz skizziert werden, wie die hierbei auftretenden Datenschutzprobleme gelöst oder zumindest erträglich klein gehalten werden können.

Die Unterschiede zu den bisherigen Kapitel sind, daß
- Übertragungsbandbreite bei Funknetzen sehr knapp ist und *bleiben wird*, da das elektromagnetische Spektrum im freien Raum „nur einmal" vorhanden ist.
- nicht nur (technisch gesehen) die Nutzdaten und Vermittlungsdaten bzw. (inhaltlich gesehen) die Inhaltsdaten, Interessensdaten und Verkehrsdaten einen Personenbezug aufweisen und deshalb ggf. geschützt werden müssen, sondern auch der *momentane Ort* der mobilen Teilnehmerstation bzw. des sie benutzenden Teilnehmers.

Wie in Abschnitt 2.5.3.2 erläutert wurde, ist es zumindest bezüglich technisch versierten Angreifern unrealistisch zu fordern, daß Signale, die von verschiedenen Stationen gesendet werden, nicht unterschieden werden können: Wegen der analogen Charakteristika des Senders und ihrer bei jedem Produktionsprozeß unvermeidbaren Streuung wäre dies praktisch und wegen der Änderung des Signals bei seiner Ausbreitung (Dispersion) bei kontinuierlichem Senden auch theoretisch nicht erfüllbar.

Ich gehe im folgenden deshalb davon aus, daß eine mobile Teilnehmerstation immer identifizierbar ist, wenn sie sendet (auch wenn Hochfrequenztechniker das Funksystem so auslegen sollten, daß Identifikation und Peilung der mobilen Teilnehmerstationen möglichst schwierig ist, und obwohl bei manchen Anwendungen dem Angreifer unbekannte, die Signalausbreitung beeinflussende Umgebungen eine Identifikation praktisch sehr erschweren). Im Gegensatz dazu gehe ich im folgenden davon aus, daß Teilnehmerstationen so ausgelegt werden können, daß sie nicht identifizierbar und peilbar sind, wenn sie nur (passiv) empfangen.

Wegen dem auch durch Außenstehende sehr leicht abhörbaren Funkverkehr ist neben der immer notwendigen Ende-zu-Ende-Verschlüsselung auch Verbindungs-Verschlüsselung zwischen der mobilen Teilnehmerstation und der (aus ihrer Sicht) ersten ortsfesten Station angebracht, sofern die Protokollinformation der Schichten 1 bis 3 des ISO OSI Referenzmodells (vgl. Abschnitt 2.6) irgendeinen Personenbezug aufweist.

Wegen der Knappheit der Übertragungsbandbreite und einer ansonsten jederzeit möglichen Identifikation und Peilung der mobilen Teilnehmerstation sind die in Abschnitt 2.5.3 beschriebenen Möglichkeiten zum Schutz des Senders („bedeutungslose Nachrichten", „überlagerndes Senden", „Unbeobachtbarkeit angrenzender Leitungen und Station sowie digitale Signalregenerierung") sowohl nicht anwendbar als auch nicht empfehlenswert.

Da damit alle Maßnahmen zum Schutz der Verkehrs- und Interessensdaten im ortsfesten Teil des Kommunikationsnetzes abgewickelt werden müssen, bietet sich folgendes Vorgehen an:

Sofern die Codierung der Nutzdaten in mobilen genauso wie in ortsfesten Teilnehmerstationen erfolgt, kann das Verfahren der umcodierenden MIXe (Abschnitt 2.5.2) direkt angewendet werden, sofern die mobilen Teilnehmerstationen über genügend Verschlüsselungskapazität verfügen.

Ist die Codierung der Nutzdaten in mobilen Teilnehmerstationen anders als in ortfesten, um bespielsweise Übertragungsbandbreite zu sparen (16 kbit/s oder 32 kbit/s Sprachkanal statt 64 kbit/s), so könnte der Empfänger und das Kommunikationsnetz dies zur Verkettung verwenden. In diesem Fall sollte, zumindest solange mobile Teilnehmerstationen nur einen sehr kleinen Teil aller Teilnehmerstationen darstellen, von der mobilen Teilnehmerstation ein Verbindungsverschlüsselter Kanal zu einer ortsfesten Teilnehmerstation (möglichst des gleichen Teilnehmers) hergestellt, das Signal dort an die übliche Signalcodierung angepaßt und von dort mit den üblichen Verfahren zum Schutz der Verkehrs- und Interessensdaten weiterübertragen werden. Entsprechendes gilt, wenn zwar die Codierung der Nutzdaten in mobilen genauso wie in ortsfesten Teilnehmerstationen erfolgt, die mobilen Teilnehmerstationen aber nicht über genügend Verschlüsselungskapazität verfügen.

Eine gerade nur (passiv) empfangende mobile Teilnehmerstation sollte (auch bei Zellularfunksystemen) vom Kommunikationsnetz nicht lokalisiert werden können. Liegt für sie ein Verbindungswunsch oder eine lange Nachricht vor, so sollte eine entsprechende implizite Adresse im ganzen Funknetz verteilt werden, worauf sich die mobile Teilnehmerstation (aktiv) meldet und dadurch lokalisierbar ist. Da Adressen nur wenige Bytes umfassen müssen, ist der Aufwand für diese Datenschutzmaßnahme gering – falls dies nicht sogar zu einer Aufwandssenkung führt, da die Verwaltung eines Zellularfunksystems erheblich vereinfacht wird.

Zum Schluß sei nochmals daran erinnert, daß die mobilen Teilnehmerstationen aus den zu Beginn von Kapitel 5 (im Zusammenhang mit Katastrophentoleranzverfahren) und in Abschnitt 6.1 genannten Gründen so konzipiert werden sollten, daß sie in Katastrophensituationen weitgehend ohne den ortsfesten Teil des Kommunikationsnetzes in der näheren Umgebung auskommen und zusätzliche, normalerweise für Unterhaltung (Rundfunk) verwendete Frequenzen nach Erhalt einer „Freigabenachricht" für Notrufe verwenden können.

Das über öffentlichen mobilen Funk Gesagte ist bei der Gestaltung von **Verkehrsleitsystemen** zu beachten: Es ist bezüglich Datenschutz unkritisch, Informationen an Fahrzeuge zu verteilen, es ist sehr kritisch, wenn Fahrzeuge Informationen dauernd oder sehr oft senden müssen, wie dies im Projekt PROMETHEUS [FO_87, Walk_87] vorgesehen ist.

Aus den in Abschnitt 2.1 dargelegten Gründen sollten Verkehrsleitsysteme aus Datenschutzgründen zusätzlich so entworfen werden, daß Sensoren zwar Fahrzeuge erkennen, aber weder Fahrzeugtypen noch gar Fahrzeugexemplare unterscheiden können – anderenfalls entstehen Bewegungsbilder, die genausowenig geschützt werden können, wie die im Rest der Arbeit behandelten Vermittlungsdaten.

9.2   Fernwirken (TEMEX)

Die Datenschutzproblematik des Fernwirkens (TEMEX) wird bezüglich des Fernablesens von Zählern jeder Art praktisch vollständig beseitigt, wenn dies Ablesen nur in gewissen Mindestabständen erfolgen kann, wie dies in Abschnitt 7.2 für nicht manipulierbare Abrechnungszähler beschrieben und begründet ist. Sowohl aus Gründen des Datenschutzes vor Unbeteiligten als auch aus Gründen der Authentifikation erfolgt die Übertragung des Ableseergebnisses Ende-zu-Ende-verschlüsselt.

Dieses von mir erstmals 1983 vorgeschlagene Vorgehen [Pfi1_83 Seite 36] ist dem in [Pete_87] beschriebenen in der Weise überlegen, daß die vorbeugende Verhinderung einer unerlaubten Handlung immer besser als die nachträgliche Entdeckung und Bestrafung ist.

9.3   Einschränkungsproblem (confinement problem)

Butler Lampson beschreibt in [Lamp_73] das Einschränkungsproblem (confinement problem), d. h. das Problem, wie ein Programm bei seiner Ausführung so eingeschränkt werden kann, daß es Information, die ihm zur Ausführung seiner Aufgabe zur Verfügung gestellt wird, nicht an jemand weitergeben kann, der zum Erhalt der Information nicht befugt ist. Mit anderen Worten: Wenn schon nicht feststellbar ist, ob ein Programm ein Trojanisches Pferd enthält, kann dann wenigstens der Schaden durch ein potentiell vorhandenes Trojanisches Pferd verhindert oder zumindest begrenzt werden (vgl. Abschnitt 2.1.2) ?

In [RuRa_83, RuR1_83] diskutieren John Rushby und Brian Randell eine partielle Lösung des Einschränkungsproblems in einem verteilten System. Ihre Lösung verwendet *vertrauenswürdige Netzschnittstellen* (Trustworthy Network Interface Units = TNIUs), um, wo nötig, Isolation zu erzwingen. Diese vertrauenswürdigen Netzschnittstellen kontrollieren allen Nachrichtenverkehr zwischen den als nicht vertrauenswürdig angenommenen Wirtsrechnern (hosts) über das als nicht vertrauenswürdig angenommene lokale Netz. Rushby und Randell merken in [RuRa_83 Seite 60] an, daß ein Programm, das Information an Unbefugte weitergeben will, die Ziel-Adressen der von ihm gesendeten Nachrichten modulieren kann. Da Adressen in Rushbys und Randells lokalem Netz nicht verschlüsselt werden, können sie von einem Angreifer, der das lokale Netz abhört, leicht interpretiert werden. (Entsprechendes würde gelten, wenn die Adressen von den vertrauenswürdigen Netzschnittstellen einfach mit einer deterministischen Blockchiffre zum Zwecke der Konzelation verschlüsselt würden, denn auch dann könnte ein

Angreifer Adressen auf Gleichheit testen, vgl. Abschnitt 2.2.2.1.) Die einzige Gegenmaßnahme, die Rushbys und Randell vorschlagen, ist zufällig adressierter bedeutungsloser Nachrichtenverkehr (vgl. Abschnitt 2.5.3) zwischen den vertrauenswürdigen Netzschnittstellen. Aber dies ist nur eine sehr unbefriedigende Lösung, da der verborgene Kanal (covert channel) dadurch nur verrauscht wird und dieses „Verrauschen" zudem beträchtliche Nutzleistungseinbußen des lokalen Netzes verursacht.

Wie in [Pfi1_85 Seite 134] beschrieben, kann dieser verborgene Kanal vollkommen eliminiert werden, wenn auf dem lokalen Netz Verteilung verwendet wird (was üblicherweise sowieso der Fall ist) und die vertrauenswürdigen Netzschnittstellen die von den Programmen bzw. Wirtsrechnern generierten Adressen in verdeckte oder nur einmal verwendete offene implizite Adressen umsetzen, vgl. Abschnitt 2.5.1.

Verwenden die vertrauenswürdigen Netzschnittstellen (außerdem) ein Verfahren zum Schutz des Senders, so schließen sie (außerdem) den verborgenen Kanal, welches Programm bzw. welcher Wirtsrechner wie häufig Nachrichten sendet, zum größten Teil, ohne die Fähigkeit zur dynamischen Aufteilung der Bandbreite aufzugeben. Eine statische Aufteilung der Bandbreite (jede vertrauenswürdige Netzschnittstelle sendet unabhängig davon, ob sie etwas zu senden hat, mit einer festen Rate) scheint der Preis dafür zu sein, diesen verborgenen Kanal vollständig zu schließen und damit zu eliminieren [Pfi1_85 Seite 134].

Verwandte Themen werden in [McMo_86, Coh2_87 Seite 223 bis 226] angesprochen.

9.4 Hocheffizienter Mehrfachzugriff

Das DC-Netz arbeitet mit den in Abschnitt 3.1.2 beschriebenen Mehrfachzugriffsverfahren so effizient, daß sein Einsatz zumindest im lokalen Bereich auch für Zwecke, bei denen es nicht auf Senderanonymität ankommt, zweckmäßig erscheint. Für Pakete und kurze Nachrichten sind besonders die in Abschnitt 3.1.2.3.2 ausführlich beschriebenen Kollisionsauflösungsalgorithmen mit globalem überlagerndem Empfangen interessant, für Kanäle die Anwendung von paarweisem überlagerndem Empfangen (Abschnitt 3.1.2.5).

Schlüsselerzeugung und synchronisierte Überlagerung können, wenn es auf Senderanonymität nicht ankommt, natürlich weggelassen werden. Dann ist die Übertragung führender Nullen, wie dies in Abschnitt 3.1.2.3.2, insbesondere Bild 35, beschrieben und begründet wurde, überflüssig. Wird z. B. die globale Überlagerung von einer Zentrale durchgeführt, so wird dann zur Zentrale weniger Bandbreite benötigt als von ihr weg.

Auch ist bei Verzicht auf die Überlagerung von Schlüsseln in Erwägung zu ziehen, inwieweit die Synchronität zwischen den am überlagernden Senden Beteiligten aufgegeben werden kann: etwa könnte es genügen, wenn alle Beteiligten unsynchronisiert, aber in etwa phasenstabil senden und die modulo-Addierer für die globale Überlagerung erst eine für die Addition der Zeichen nötige, lokale Synchronität herstellen. Bei solch einer Implementierung könnte dann auch die in Abschnitt 3.1.2 ausgeklammerte Klasse der asynchronen Mehrfachzugriffsverfahren Bedeutung erlangen.

10   Ausblick

Die Verwendung nicht Datenschutz durch Anonymität, Unbeobachtbarkeit und Unverkettbarkeit anbietender offener Kommunikationsnetze gefährdet dauerhaft die Rechte aller Teilnehmer, Privatpersonen wie auch Unternehmen.

Wie in den Abschnitten bis 2.3 einschließlich begründet, ist der Einsatz geeigneter kryptographischer Verfahren notwendig und hinreichend für einen überprüfbaren Schutz der Nutz- bzw. Inhaltsdaten – allerdings sind kryptographische Verfahren nur in Kommunikationsnetzen mit digitaler Übertragungstechnik effizient einsetzbar. Die weltweit vorangetriebene Umstellung von analoger auf digitale Übertragungstechnik ist also ein notwendiger erster Schritt, vgl. Abschnitt 6.1.

Eine nachträgliche Einführung eines überprüfbaren Schutzes der Verkehrs- und Interessensdaten ist allerdings selbst bei Verwendung digitaler Übertragungstechnik technisch schier unmöglich. Dieses Problem ist bei diensteintegrierenden Kommunikationsnetzen besonders schwerwiegend.

Das Problem, die Verkehrs- und Interessensdaten zu schützen, ist daher in gewissem Sinne dringlicher als die Probleme des Schutzes der Nutzdaten und der Authentifikation, mit denen sich die öffentliche Diskussion zur Zeit hauptsächlich beschäftigt: Diese lassen sich auf Digitalnetzen beliebiger Struktur notfalls im nachhinein durch kryptographische Verfahren lösen (falls hierfür die notwendigen Normen oder zumindest De-facto-Standards vorliegen, was leider noch nicht der Fall ist, vgl. Abschnitt 2.2.2.4); eine willentliche Selbstidentifikation, ein unfälschbarer Autorisationsnachweis sowie ein Schutz vor unerwünschten anonymen Anrufen ist stets möglich (Kapitel 8).

Der Schutz der Verkehrs- und Interessensdaten muß hingegen bereits beim Entwurf berücksichtigt werden. Denn offene diensteintegrierende Kommunikationsnetze, die auch Interessens- und Verkehrsdaten (vgl. Abschnitt 1.2) in überprüfbarer Weise schützen und ihren Benutzern nennenswert viel Sendebandbreite zur Verfügung stellen, benötigen auf jeden Fall eine passende physische Netzstruktur:

Ohne Verteilnetze im Teilnehmeranschlußbereich scheint ein effizienter Schutz der Empfänger unmöglich zu sein. Dies bedeutet, daß hier Leitungen mit sehr hoher Bandbreite benötigt werden. Verwendet man RING- oder BAUM-Netze zum Schutz des Senders, so ist zusätzlich die Topologie des Kommunikationsnetzes (Ringe oder Bäume im Teilnehmeranschlußbereich) vorgegeben.

Riskiert man den Einsatz von MIXen, obwohl keine im Sinne von Abschnitt 2.2.2.2 bewiesenen einschrittigen Implementierungen bekannt sind (vgl. Abschnitt 2.5.2.8), so müssen nur die Verbindungswünsche verteilt werden. Jede Teilnehmerstation muß dann so viele Zeitscheibenkanäle unterhalten, wie sie maximal gleichzeitig verwenden will, vgl. Abschnitt 6.2.

Datenschutz durch Anonymität, Unbeobachtbarkeit und Unverkettbarkeit anbietende offene Kommunikationsnetze sind realisierbar – ihre Kosten sind aber noch weniger bekannt als die der geplanten. Soweit ich aus den mir bekannten Aufwandsbetrachtungen und Kostenschätzungen auf die Mehrkosten für teilnehmerüberprüfbaren Datenschutz schließen kann, sind die mit dem technischen Fortschritt laufend fallenden Mehrkosten bereits heute vertretbar. Bei manchen

Verfahren erwarte ich sogar ein etwa gleich großes Leistung/Kosten-Verhältnis wie für die üblichen reinen Vermittlungsnetze, vgl. Abschnitt 4.3.1.1.1. Deshalb halte ich eine etappenweise Einführung eines breitbandigen diensteintegrierenden Digitalnetzes mit teilnehmerüberprüfbarem Datenschutz mit der Zwischenstufe eines Datenschutz garantierenden schmalbandigen diensteintegrierenden Digitalnetzes für mit in etwa der gleichen Geschwindigkeit möglich wie die Einführung der geplanten Netze.

Leider ist mir über Aufwand, Kosten und mögliche Einführungsgeschwindigkeit nicht mehr als das in dieser Arbeit Wiedergegebene bekannt. Die für einen genauen Aufwandsvergleich notwendigen Pilotimplementierungen signifikanten Umfangs sind einer kleinen, in der Informatik und nicht in der Nachrichtentechnik angesiedelten Forschungsgruppe nicht möglich. Ich hoffe, daß Netzbetreiber (z. B. DBP), Hersteller und nachrichtentechnisch ausgerichtete Forschungsgruppen in näherer Zukunft Pilotimplementierungen durchführen. Die für qualifiziertere Aussagen nötigen genauen Werte, wie sich heutzutage Aufwand in realen Kosten niederschlägt und welche Verschiebung in der überschaubaren Zukunft von Netzbetreibern (z. B. DBP) oder Herstellern erwartet wird, waren nicht zu erhalten. Entsprechendes gilt für Prognosen möglicher Einführungsgeschwindigkeiten.

Da die juristische und technische Situation in verschiedenen Ländern signifikant unterschiedlich ist, kann nicht von einer weltweiten und schon gar nicht von einer homogenen und gleichzeitigen Realisierung von Kommunikationsnetzen ausgegangen werden. Trotzdem darf die Realisierung von teilnehmerüberprüfbarem Datenschutz in manchen Ländern internationale Kommunikation nicht erschweren und der Datenschutz sollte für die Teilnehmer in diesen Ländern auch bei internationaler Kommunikation möglichst erhalten bleiben. All dies ist mit den in Abschnitt 6.6 beschriebenen Ideen erreichbar.

Aus dieser informatischen Arbeit ergeben sich für die Bundesrepublik Deutschland mindestens zwei juristische Fragen:

Wie gezeigt wurde, stellt die Realisierung der derzeitigen Pläne der DBP *technisch* gesehen einen unnötigen Eingriff in das informationelle Selbstbestimmungsrecht des durch das Fernmeldemonopol faktisch zur Benutzung gezwungenen Bürgers dar. Ist dieser Eingriff bei sinngemäßer Anwendung des Volkszählungsurteils des Bundesverfassungsgerichts und unter Abwägung auch außertechnischer Sachverhalte verfassungsrechtlich zulässig?

Die technische Entwicklung der automatischen Sprecher- und Spracherkennung macht Ende-zu-Ende-Verschlüsselung immer notwendiger. Diese ist aber über den analogen Teilnehmeranschluß nicht ohne gravierenden Verständlichkeitsverlust von Sprache möglich. Ist unter Abwägung auch außertechnischer Sachverhalte das von Herbert Kubicek vorgeschlagene Beibehalten des heutigen Fernsprechnetzes verfassungsrechtlich zulässig?

Anhang: Modifikationen von DES

Für den mit DES vertrauten Leser werden hier 4 *verallgemeinernde* Modifikationen von DES beschrieben, die alle bisher an der Sicherheit von DES geäußerte Kritik berücksichtigen. Es wird begründet, warum diese Verallgemeinerungen von DES mindestens so sicher wie DES sind. Effiziente Implementierungen werden skizziert.

Vermeidung der Schlüsselexpansion (key expansion, [Hell_82 Seite 131]): Statt in 16 Runden jeweils 48 der 56 Schlüsselbits zu verwenden, verwende man für jede Runde jeweils 48 „neue" Schlüsselbits, so daß die Gesamtschlüssellänge statt 56 Bit dann 16•48 Bit = 768 Bit beträgt [Morr_78 Seite 13] (das so verallgemeinerte DES wird in [LuR1_86, LuRa_88] „modified DES" bzw. abgekürzt „MDES" genannt).

Trivialerweise ist das durch diese Verallgemeinerung entstehende Kryptosystem abwärtskompatibel mit DES, indem die 768 Schlüsselbits so gewählt werden, daß sie jeweils den von DES ausgehend vom 56 Bit Schlüssel in der betreffenden Runde verwendeten 48 Bit entsprechen [Ber1_83]. Aus dem gleichen Grund ist diese Verallgemeinerung im folgenden Sinne mindestens so sicher wie DES: kann die Verallgemeinerung von einem Angreifer bei beliebigen Schlüsseln gebrochen werden, insbesondere also bei allen DES entsprechenden Schlüsseln, so kann der Angreifer DES bei beliebigen Schlüsseln brechen. Dies sagt natürlich nichts über einen Angreifer aus, der die Verallgemeinerung nur bei fast allen (im schlimmsten Fall allen 2^{768}-2^{56} nicht DES entsprechenden) Schlüsseln brechen kann. Da die Verallgemeinerung von DES aber keinerlei vom Schlüssel abhängige zusätzliche Struktur einführt, die Schlüsselexpansion in der mir bekannten Literatur nicht als für die kryptographische Stärke von DES wesentlich betrachtet wird und die Struktur von DES die kryptologisch am besten öffentlich untersuchte ist und dabei (wie in Abschnitt 2.2.2.2 erwähnt) kein Ansatz zu einem wesentlich effizienteren Brechen als durch vollständiges Durchprobieren aller Schlüssel gefunden wurde, ist dies sehr, sehr unwahrscheinlich.

Die gerade spezifizierte Modifikation von DES macht sowohl Software-Implementierungen [Aßma_88] als auch MDES-Chips [BeFG_89] nicht komplizierter und langsamer, sondern eher etwas einfacher und schneller. Die Produktionskosten eines MDES-Chips dürften also etwas geringer als die eines DES-Chips sein.

Variable Substitutions- und Permutationsboxen: Eine zur gerade besprochenen orthogonale, aber etwas aufwendigere Verallgemeinerung ist, Implementierungen von DES so zu modifizieren, daß die Substitutions- und Permutationsboxen vom Anwender festgelegt werden können, ihre Werte also Bestandteil des entsprechend verlängerten Schlüssels würden.

Bei einer Hardware-Implementierung müßten für jede der 8 Substitutionsboxen statt 2^6•4 Bit ROMs dann 2^6•4 Bit RAMs verwendet werden. Diese 2048 Bit könnten direkt Bestandteil des Schlüssels sein und müßten in jedem Fall vor dem Ver- bzw. Entschlüsselungsvorgang eingelesen und für die Dauer der Ver- bzw. Entschlüsselung gespeichert werden.

Macht man die Werte aller Permutationsboxen variabel und wählt eine für eine schnelle Realisierung geeignete redundante Codierung, so werden $32 \cdot \lceil \text{ld } 48 \rceil = 32 \cdot 6$ Bit für die Permutation E und $32 \cdot \lceil \text{ld } 32 \rceil = 32 \cdot 5$ Bit für die Permutation P, zusammen also 352 Bit, als Codierung benötigt. Diese 352 Bit müßten ebenfalls vor dem Verschlüsselungsvorgang eingelesen werden und auch sie könnten direkt Bestandteil des Schlüssels sein.

Da sich bisher geäußerte Kritik vor allem auf die Substitutionsboxen bezieht [DaPr_84 Seite 70 bis 76], genügt es vermutlich, nur diese variabel zu machen, so daß dann höchstens 2048 Bit als zusätzliche Schlüsselbits benötigt werden. Auch hier ist natürlich die Abwärtskompatibilität und die „beweisbare" Steigerung der Sicherheit gegeben. Diesmal ist bezüglich des Beweises aber etwas Skepsis angebracht, da – wie die Diskussion über die Substitutionsboxen zeigt – die Sicherheit von ihrer Wahl abhängt. Allerdings ist die Wahrscheinlichkeit, bei zufälliger Wahl gute Substitutionsboxen zu definieren, vermutlich überwältigend groß [CaMa_86 Seite 93] – der konservative Anwender mag sich natürlich auch mit einer Permutation der Substitutionsboxen zufriedengeben, indem er die Originalwerte an andere Stellen einliest.

Die gerade beschriebenen Verallgemeinerungen machen Software-Implementierungen zwar etwas umfangreicher, senken aber bei geschickter Implementierung die Verschlüsselungsleistung nicht [Aßma_88]. Leider macht die gerade beschriebene Modifikation von DES-Chips sie nicht nur etwas komplizierter, sondern auch langsamer: Erstens ist die Verzögerungszeit durch RAMs üblicherweise etwas größer als die durch ROMs. Zweitens vergrößert der Verdrahtungsaufwand variabler Permutationen die benötigte Chip-Fläche und dadurch die Laufzeiten. Die Verschlüsselungsleistung der modifizierten Chips ist also bei Einsatz variabler Substitutions- und/oder Permutationsboxen etwas geringer, ihre Produktionskosten dürften sich jedoch in keinem Fall in nennenswerter Weise erhöhen.

Komposition von DES und verallgemeinertem DES: Genügen einem die bei den vorherigen zwei Punkten erwähnten „Beweise" nicht, so kann man erst 16 Runden gemäß DES und danach weitere 16 Runden mit den vorher erwähnten Verallgemeinerungen verschlüsseln. Werden die Schlüssel für die Verschlüsselung gemäß DES und die gemäß der Verallgemeinerung unabhängig gewählt, so ist das durch Komposition entstehende Kryptosystem nun mindestens so sicher wie DES. Leider ist die Verschlüsselungseffizienz der Komposition nur etwa halb so groß wie die von DES – aber auch dies ist bei der Leistungsfähigkeit und den Kosten heutiger Chips überhaupt kein Problem.

Zusätzliche Runden: Bei Vermeidung der Schlüsselexpansion kann die Anzahl der Runden beliebig erhöht werden. Das entstehende Kryptosystem ist (bei Vermeidung der Schlüsselexpansion) mindestens so sicher wie das mit weniger Runden. Die Verschlüsselungsleistung ist in etwa umgekehrt proportional zur Rundenzahl.

Der *Mehraufwand* dieser vier verallgemeinernden Modifikationen von jeweils einigen hundert zusätzlichen Schlüsselbits, die ja ausgetauscht und zumindest für kurze Zeit gespeichert werden müssen, mag zur Zeit der Definition von DES erheblich gewesen sein. Heutzutage und erst recht für die Zukunft ist er es nicht:

Einerseits ist die Übertragungsgeschwindigkeit und Speicherkapazität inzwischen um mehrere Größenordnungen gewachsen, was als Rechtfertigung allein schon genügt.

Andererseits werden zunehmend **hybride Konzelationssysteme** eingesetzt, d. h. ein asymmetrisches (und möglicherweise ineffizientes) Konzelationssystem wird zum Austausch eines Schlüssels eines symmetrischen (und möglicherweise viel effizienteren) Konzelationssystems verwendet. Mit dem symmetrischen Konzelationssystem werden dann die Nachrichten verschlüsselt. Da alle mir bekannten sicheren asymmetrischen Konzelationssysteme die Eigenschaft haben, daß es genau oder zumindest fast gleich viel Rechen-, Übertragungs- und Speicheraufwand verursacht, gleichgültig ob der Schlüssel des symmetrischen Konzelationssystems einige zehn oder einige hundert Bit lang ist, stellt die Erfindung der asymmetrischen Konzelationssysteme, die erst nach der Definition von DES stattfand, eine zusätzliche Rechtfertigung für die obigen verallgemeinernden Modifikationen dar.

In [VHVD_88] werden teilweise andere *Modifikationen* von DES befürwortet und es wird angestrebt, durch einen modularen Entwurf von DES-Chips Modifikationen des Entwurfs und damit eine kürzere Entwicklungszeit für effiziente Implementierungen von DES-Modifikationen zu erreichen. Da bei letzterem Ansatz aber alle betroffenen Partner bei jeder DES-Modifikation jeweils ein neues Chip oder gar Gerät kaufen müßten, ist dieser Ansatz für diensteintegrierende Kommunikationsnetze nur schwer durchführbar und damit bei weitem nicht so ökonomisch wie der von mir vorgeschlagene Ansatz einer festen, dafür aber beliebige *Verallgemeinerungen* unterstützenden Implementierung.

Literatur

Abbr_84   C. R. Abbruscato: Data Encryption Equipment; IEEE Communications Magazine Vol. 22, No. 9, September 1984, Seite 15 bis 21.

AbJe_87   Marshall D. Abrams, Albert B. Jeng: Network Security: Protocol Reference Model and the Trusted Computer System Evaluation Criteria; IEEE Network, The Magazine of Computer Communications, Vol. 1, No. 2, April 1987, Seite 24 bis 33.

Adam_86   John A. Adam: Counting the weapons; 1. Part of Special report Verification: Peacekeeping by technical means; IEEE Spectrum Vol. 23, Nu. 7, July 1986, Seite 46 bis 56.

Adam_87   John Adam: French commercial satellite Spot furnishes data on earth's resources; The Institute, News Supplementum to IEEE Spectrum April 1987, Seite 11.

Alba_83   A. Albanese: Star Network With Collision-Avoidance Circuits; The Bell System Technical Journal (BSTJ) Vol. 62, Nu. 3, March 1983, Seite 631 bis 638.

AlFi_77   Marcelo Alonso, Edward J. Finn: Physik; Deutsche Übersetzung von Anneliese Schimpl, Herausgegeben von Wolfgang Muschik; Inter European Editions, Amsterdam, 1977.

Alke_88   Horst Alke: DATENSCHUTZBEHÖRDEN: Alles registriert – nur beim Autotelefon? Registrierung durch die DBP beim normalen Telefon; Vollspeicherung beim Autotelefondienst; DuD, Datenschutz und Datensicherung, Recht und Sicherheit der Informations- und Kommunikationssysteme, Vieweg & Sohn, Wiesbaden, 1/88, Heft 1, Januar 1988, Seite 4 bis 5.

AlSc_83   Bowen Alpern, Fred B. Schneider: Key exchange Using 'Keyless Cryptography'; Information Processing Letters Vol. 16, 26 February 1983, Seite 79 bis 81.

Amst_83   Stanford R. Amstutz: Burst Switching -- An Introduction; IEEE Communications Magazine Vol. 21, No. 8, November 1983, Seite 36 bis 42.

Ande_84   T. Anderson: Can Design Faults be Tolerated?; Proceedings Fehlertolerierende Rechensysteme, 2. GI/NTG/GMR-Fachtagung Bonn, September 1984, K.-E. Großpietsch und M. Dal Cin (Hrsg.), Informatik-Fachberichte IFB 84, Springer-Verlag Heidelberg, 1984, Seite 426 bis 433.

AnLe_81   T. Anderson, P. A. Lee: Fault Tolerance - Principles and Practice; Prentice Hall, Englewood Cliffs, New Jersey, 1981.

ApSP_87   Theodore K. Apostolopoulos, Efstathios D. Sykas, Emmanuel N. Protonotarios: Analysis of a New Retransmission Control Algorithm for Slotted CSMA/CD LAN's; IEEE Transactions on Computers Vol. C-36, Nu. 6, June 1987, Seite 692 bis 701.

Aßma_88   Ralf Aßmann: Effiziente MC 68000 Assembler-Implementierung von verallgemeinertem DES; Studienarbeit am Institut für Rechnerentwurf und Fehlertoleranz der Universität Karlsruhe, Juli 1988; erweitert und umgewandelt in die Diplomarbeit "Effiziente Software-Implementierung von verallgemeinertem DES", Abgabe Februar 1989.

AT&T_86   AT&T: Einchip-Prozessor zur Verschlüsselung digitaler Signale; Design&Elektronik, Markt&Technik, Ausgabe 21 vom 14. 10. 1986, Seite 8 bis 11.

Ath1_86   Tom Athanasiou: Encryption: Technology, Privacy, and National Security; Technology Review, Cambridge, Mass., Aug./Sept. 1986, Seite 57 bis 66.

Atha_86   Tom Athanasiou: Encryption and the dossier society; Processed World.

ATM_88   Asynchron durch die Glasfasern; Funkschau 1/1989, 30. Dezember 1988, Seite 52 bis 53.

Aviz_85   Algirdas Avizienis: The N-Version Approach to Fault-Tolerant Software; IEEE Transactions on Software Engineering Vol. SE-11, No. 12, December 1985, Seite 1491 bis 1501.

AvLa_86   A. Avizienis, J.-C. Laprie: Dependable Computing: From Concepts to Design Diversity; Proceedings of the IEEE Vol. 74, No. 5, May 1986, Seite 629 bis 638.

Baac_85   Clemens Baack: Optische Nachrichtentechnik und Integrierte Optik - Basistechnologie eines zukünftigen Breitband-ISDN; Telecommunications, Veröffentlichungen des Münchner Kreis, Band 11, W. Kaiser (ed.), in Zusammenarbeit mit der NTG, Springer-Verlag Heidelberg, 1985, Seite 352 bis 367.

BaBr_85   E. E. Basch, T. G. Brown: Introduction to Coherent Optical Fiber Transmission; IEEE Communications Magazine Vol. 23, No. 5, May 1985, Seite 23 bis 30.

BaCh_89   Ralph Ballart, Yau-Chau Ching: SONET: Now It's the Standard Optical Network; IEEE Communications Magazine Vol. 27, No. 3, March 1989, Seite 8 bis 15.

Bake_85   Richard H. Baker: The Computer Security Handbook; TAB Professional and Reference Books, TAB BOOKS Inc., P.O. Box 40, Blue Ridge Summit, PA 17214; 1985.

Bara_64   Paul Baran: On Distributed Communications: IX. Security, Secrecy, and Tamper-Free Considerations; Memorandum RM-3765-PR, August 1964, The Rand Corporation, 1700 Main St, Santa Monica, California, 90406 Reprinted in: Lance J. Hoffman (ed.): Security and Privacy in Computer Systems; Melville Publishing Company, Los Angeles, California, 1973, Seite 99 bis 123;.

BaSa_85   R. J. S. Bates, L. A. Sauer: Jitter accommodation in token-passing ring LANs; IBM Journal on Research and Development Vol. 29, No. 6, November 1985, Seite 580 bis 587.

Bauc_83   Helmut Bauch: BIGFON - die Übertragungstechnik; telcom report Siemens Aktiengesellschaft, Band 6, Heft 2, April 1983, Seite 57 bis 62.

BaWe_83   Helmut Bauch, Karl Weinhardt: Communication in the Subscriber Area of Optical Broadband Networks; Optical Communications, A Telecommunications Review, SIEMENS, John Wiley & Sons Limited (Title of German original edition: telcom report Nachrichtenübertragung mit Licht), 1983, Seite 140 bis 146.

BCKK_83   Werner Bux, Felix H. Closs, Karl Kuemmerle, Heinz J. Keller, Hans R. Mueller: Architecture and Design of a Reliable Token-Ring Network; IEEE Journal on Selected Areas in Communications Vol. SAC-1, No. 5, November 1983, Seite 756 bis 765.

BeB2_88   Pierre Beauchemin, Gilles Brassard: A Generalization of Hellman's Extension to Shannon's Approach to Cryptography; Journal of Cryptology Vol. 1, No. 2, 1988, Seite 129 bis 131.

BeEG_86   F. Belli, K. Echtle, W. Görke: Methoden und Modelle der Fehlertoleranz; Informatik Spektrum Band 9, Heft 2, April 1986, Seite 68 bis 81.

BeEn_85   Larry A. Bergman, Sverre T. Eng: A Synchronous Fiber Optic Ring Local Area Network for Multigigabit/s Mixed-Traffic Communication; IEEE Journal on Selected Areas in Communications Vol. SAC-3, No. 6, November 1985, Seite 842 bis 848.

BeFG_89   Wilfried Beller, Jürgen Frößl, Thomas Giesler: Spezifikation und Implementierung eines erweiterten DES-Algorithmus als VENUS-Standardzellenchip;

Studienarbeit am Institut für Rechnerentwurf und Fehlertoleranz, Universität Karlsruhe (Betreuer: Oliver Haberl, Thomas Kropf), 1989.

Berl_83   Thomas A. Berson: Long Key Variants of DES; Crypto 82, Plenum Press, New York 1983, Seite 311 bis 313.

BfD_85   Siebter Tätigkeitsbericht des Bundesbeauftragten für den Datenschutz (Dr. Baumann); gemäß Par. 19 Absatz 2 Satz 2 Bundesdatenschutzgesetz dem Deutschen Bundestag vorgelegt zum 1. Januar 1985; auch als Bundestags-Drucksache 10/2777 veröffentlicht.

BfD_86   Achter Tätigkeitsbericht des Bundesbeauftragten für den Datenschutz (Dr. Baumann); gemäß Par. 19 Absatz 2 Satz 2 Bundesdatenschutzgesetz dem Deutschen Bundestag vorgelegt zum 1. Januar 1986; auch als Bundestags-Drucksache 10/4690 veröffentlicht.

BfD_87   Neunter Tätigkeitsbericht des Bundesbeauftragten für den Datenschutz (Dr. Baumann); gemäß Par. 19 Absatz 2 Satz 2 Bundesdatenschutzgesetz dem Deutschen Bundestag vorgelegt zum 1. Januar 1987; auch als Bundestags-Drucksache 10/6816 veröffentlicht.

BfD_88   Zehnter Tätigkeitsbericht des Bundesbeauftragten für den Datenschutz (Dr. Baumann); gemäß Par. 19 Absatz 2 Satz 2 Bundesdatenschutzgesetz dem Deutschen Bundestag vorgelegt zum 1. Januar 1988; auch als Bundestags-Drucksache 11/1693 veröffentlicht.

BGJK_81   P. Berger, G. Grugelke, G. Jensen, J. Kratzsch, R. Kreibich, H. Pichlmayer, J. P. Spohn: Datenschutz bei rechnerunterstützten Telekommunikationssystemen; Bundesministerium für Forschung und Technologie Forschungsbericht DV 81-006 (BMFT-FB-DV 81-006), Institut für Zukunftsforschung GmbH Berlin, September 1981.

BlFM_88   Manuel Blum, Paul Feldman, Silvio Micali: Non-interactive zero-knowledge and its applications (extended abstract); 20th Symposium on Theory of Computing 1988, ACM, New York, Seite 103 bis 112.

BlGo_85   Manuel Blum, Shafi Goldwasser: An Efficient Probabilistic Public-Key Encryption Scheme Which Hides All Partial Information; Advances in Cryptology, Proc. of Crypto 84, A Workshop on the Theory and Application of Cryptographic Techniques, August 1984, Univ. of California, Santa Barbara, Edited by G. R. Blakley and David Chaum, Lecture Notes in Computer Science LNCS 196, Springer-Verlag Heidelberg, 1985, Seite 289 bis 299.

BlMi_84   Manuel Blum, Silvio Micali: How to Generate Cryptographically Strong Sequences of Pseudo-Random Bits; SIAM J. Comput. Vol. 13, No. 4, November 1984, Seite 850 bis 864.

BMTW_84   Toby Berger, Nader Mehravari, Don Towsley, Jack Wolf: Random Multiple-Access Communication and Group Testing; IEEE Transactions on Communications Vol. COM-32, Nu. 7, July 1984, Seite 769 bis 779.

Bock_86   Peter Bocker: ISDN, Das diensteintegrierende digitale Nachrichtennetz; Konzept, Verfahren, Systeme; In Zusammenarbeit mit G. Arndt, V. Frantzen, O. Fundneider, L. Hagenhaus, L. Schweizer Springer-Verlag Heidelberg 1986.

Bött_89   Manfred Böttger: Untersuchung der Sicherheit von asymmetrischen Kryptosystemen und MIX-Implementierungen gegen aktive Angriffe; Studienarbeit am Institut für Rechnerentwurf und Fehlertoleranz der Universität Karlsruhe, Februar 1989.

Bra2_83   Ewald Braun: BIGFON Brings the Optical Waveguide into the Subscriber Area; Optical Communications, A Telecommunications Review, SIEMENS, John Wiley & Sons Limited (Title of German original edition: telcom report Nachrichtenübertragung mit Licht), 1983, Seite 136 bis 139.

Bras_88   Gilles Brassard: Modern Cryptology - A Tutorial; LNCS 325, Springer-Verlag, Berlin 1988.

Brau_82   Ewald Braun: BIGFON - der Start für die Kommunikationstechnik der Zukunft; telcom report Band 5, Heft 2, 1982, Seite 123 bis 129.

Brau_83   Ewald Braun: BIGFON - Erprobung der optischen Breitbandübertragung im Ortsnetz; telcom report Siemens Aktiengesellschaft, Band 6, Heft 2, April 1983, Seite 52 bis 53.

Brau_84   Ewald Braun: Systemversuch BIGFON gestartet; telcom report, SIEMENS, Band 7, Heft 1, 1984, Seite 9 bis 11.

Brau_87   E. Braun: BIGFON; Informatik-Spektrum Band 10, Heft 4, August 1987, Seite 216 bis 217.

BrCC_87   Gilles Brassard, David Chaum, Claude Crépeau: Minimum Disclosure Proofs of Knowledge; July 1987; received 5.2.1988.

Bric_85   Ernest F. Brickell: Breaking Iterated Knapsacks; Advances in Cryptology, Proceedings of Crypto 84, A Workshop on the Theory and Application of Cryptographic Techniques, August 19-22, 1984, University of California, Santa Barbara, Edited by G. R. Blakley and David Chaum, Lecture Notes in Computer Science LNCS 196, Springer-Verlag Heidelberg, 1985, Seite 342 bis 358.

BrLY_88   E. F. Brickell, P. J. Lee, Y. Yacobi: Secure audio teleconference; Proceedings of Crypto '87, Carl Pomerance (ed.), Lecture Notes in Computer Science 293, Springer-Verlag, Berlin 1988, Seite 418 bis 426.

BrMo_83   Ewald Braun, Karl Heinz Moehrmann: Optical Communications in Short-Haul and Long-Haul Wideband Communication Networks; Optical Communications, A Telecommunications Review, SIEMENS, John Wiley & Sons Limited (Title of German original edition: telcom report Nachrichtenübertragung mit Licht), 1983, Seite 202 bis 205.

BrS1_86   Ewald Braun, Erhard Steiner: Überwachung und zusätzliche Dienste der Digitalübertragungssysteme für Lichtwellenleiter; SIEMENS telcom report 4/86, 9. Jahrgang Juli/August 1986, Seite 240 bis 245.

BrS2_86   Ewald Braun, Baldur Stummer: Grundausrüstung der Digitalübertragungssysteme für Lichtwellenleiter; SIEMENS telcom report 4/86, 9. Jahrgang Juli/August 1986, Seite 232 bis 239.

Bund_83   Bundesverfassungsgericht: Das Volkszählungsurteil des Bundesverfassungsgerichts vom 15. Dezember 1983 - 1 BvR 209/83 u. a.; DuD Datenschutz und Datensicherung, Informationsrecht, Kommunikationssysteme, Friedr. Vieweg&Sohn Verlagsgesellschaft Braunschweig, Heft 4, Oktober 1984, Seite 258 bis 281.

BüPf_86   Holger Bürk, Andreas Pfitzmann: Value transfer systems enabling security and unobservability; IFIP/Sec. '86, Pre-prints of the Fourth Intern. Conference and Exhibition on Computer Security: Information Security: The Challenge, Monte Carlo, Dezember 1986, A. Grissonnanche (ed.), 1986, Seite 250 bis 263.

BüPf_87   Holger Bürk, Andreas Pfitzmann: Value Transfer Systems Enabling Security and Unobservability; Interner Bericht 2/87, Fakultät für Informatik, Universität Karlsruhe 1987; erscheint gekürzt in Computers & Security, North-Holland.

Bura_88   Axel Burandt: Informationstheoretisch unverkettbare Beglaubigung von Pseudo-
           nymen mit beliebigen Signatursystemen; Studienarbeit am Institut für Rechner-
           entwurf und Fehlertoleranz der Universität Karlsruhe, Mai 1988.

Bürk_86   Holger Bürk: Digitale Zahlungssysteme und betrugssicherer, anonymer Werte-
           transfer; Studienarbeit am Institut für Informatik IV, Universität Karlsruhe, April
           1986.

Bürl_84   Gabriele Bürle: Leistungsvergleich von Sternnetz und Schieberegister-Ringnetz;
           Studienarbeit am Institut für Informatik IV, Universität Karlsruhe, 1984.

Bürl_85   Gabriele Bürle: Leistungsbewertung von Vermittlungs-/Verteilnetzen; Diplomarbeit
           am Institut für Informatik IV, Universität Karlsruhe, Mai 1985.

CACM6_87   General News and Notes: Computer Security Act Stresses Encryption Standard;
           Communications of the ACM, Vol. 30, Nu. 6, June 1987, Seite 572.

CaMa_86   John M. Carroll, Stephen Martin: Cryptographic Requirements for Secure Data
           Communications; IFIP/Sec. '86, Pre-prints of the Fourth Intern. Conference and
           Exhibition on Computer Security: Information Security: The Challenge, Monte
           Carlo, 2. - 4. Dezember 1986, A. Grissonnanche (ed.), 1986, Seite 90 bis 98.

Cha1_84   David Chaum: A New Paradigm for Individuals in the Information Age;
           Proceedings of the 1984 Symposium on Security and Privacy, IEEE, April 29 -
           May 2 1984, Oakland, California, Seite 99 bis 103.

Cha1_87   David Chaum: Demonstrating that a Public Predicate can be Satisfied Without
           Revealing Any Information About How; Advances in Cryptology – CRYPTO '86;
           Proceedings; August 11-15, 1986, University of California, Santa Barbara; A. M.
           Odlyzko (Ed.), Lecture Notes in Computer Science LNCS 263, Springer-Verlag
           Berlin, 1987, Seite 195 bis 199.

Cha3_85   David Chaum: The Dining Cryptographers Problem. Unconditional Sender
           Anonymity; Draft, received May 13, 1985;.

Cha3_87   David Chaum: Security without Identification: Card Computers to make Big
           Brother Obsolete; Draft, received 24.6.1987.

Cha8_85   David Chaum: Security without Identification: Transaction Systems to make Big
           Brother Obsolete; Communications of the ACM Vol. 28, Nu. 10, October 1985,
           Seite 1030 bis 1044.

Chau_81   David L. Chaum: Untraceable Electronic Mail, Return Addresses, and Digital
           Pseudonyms; CACM Vol. 24, Nu. 2, February 1981, Seite 84 bis 88.

Chau_83   David Chaum: Blind Signatures for untraceable payments; Advances in Cryptolo-
           gy, Proc. of Crypto 82, A Workshop on the Theory and Application of Crypto-
           graphic Techniques, August 1982, Univ. of California, Santa Barbara, D. Chaum,
           R. Rivest, A. Sherman (eds.), Plenum Press, New York, 1983, Seite 199 bis
           203.

Chau_84   David Chaum: Design Concepts for Tamper Responding Systems; Advances in
           Cryptology, Proc. of Crypto 83, A Workshop on the Theory and Application of
           Cryptographic Techniques, August 1983, Univ. of California, Santa Barbara,
           Edited by David Chaum, Plenum Press, New York, 1984, Seite 387 bis 392.

Chau_87   David Chaum: Sicherheit ohne Identifizierung; Scheckkartencomputer, die den
           Großen Bruder der Vergangenheit angehören lassen; Informatik-Spektrum,
           Springer-Verlag, Heidelberg, 1987, Seite 262 bis 277; DuD, Datenschutz und
           Datensicherung, Recht und Sicherheit der Informations- und Kommuni-
           kationssysteme, Vieweg, Wiesbaden, Heft 1, Januar 1988, Seite 26 bis 41.

Chau_88   David Chaum: The Dining Cryptographers Problem: Unconditional Sender and Recipient Untraceability; Journal of Cryptology, Springer-Verlag, Heidelberg, Vol. 1, Nu. 1, 1988, Seite 65 bis 75.

Chau_89   David Chaum: Privacy Protected Payments – Unconditional Payer and/or Payee Untraceability; SMART CARD 2000: The Future of IC Cards; Proc. of the IFIP WG 11.6 International Conference; Laxenburg (Austria), 19.-20. Oktober 1987, Seite 69 bis 93.

ChEv_86   David Chaum, Jan-Hendrik Evertse: Cryptanalysis of DES with a Reduçed Number of Rounds; Sequences of Linear Factors in Block Ciphers; Advances in Cryptology, Proceedings of Crypto 85, A Conference on the Theory and Application of Cryptographic Techniques, August 18-22, 1985, University of California, Santa Barbara, Edited by Hugh C. Williams, Lecture Notes in Computer Science LNCS 218, Springer-Verlag Heidelberg, 1986, Seite 192 bis 211.

ChEv_87   David Chaum, Jan-Hendrik Evertse: A secure and privacy-protecting protocol for transmitting personal information between organizations; Advances in Cryptology – CRYPTO '86; Proceedings; August 11-15, 1986, University of California, Santa Barbara; A. M. Odlyzko (Ed.), Lecture Notes in Computer Science LNCS 263, Springer-Verlag Berlin, 1987, Seite 118 bis 167.

CoBD_86   Peter Cochrane, Rodney Brooks, Ronald Dawes: A High-Reliability 565 Mbit/s Trunk Transmission System; IEEE Journal on Selected Areas in Communications Vol. SAC-4, No. 9, December 1986, Seite 1396 bis 1403.

Coh2_87   Fred Cohen: Design and Administration of Distributed and Hierarchical Information Networks Under Partial Orderings; Computers & Security, North-Holland, Vol. 6, Nu. 3, June 1987, Seite 219 bis 228.

Cohe_84   Fred Cohen: Computer Viruses, Theory and Experiments; Proceedings of the 7th National Computer Security Conference, 1984, National Bureau of Standards, Gaithersburg, MD; USA, Seite 240 bis 263.

Cohe_87   Fred Cohen: Computer Viruses; Theory and Experiments; Computers & Security, North-Holland, Vol. 6, Nu. 1, February 1987, Seite 22 bis 35.

Czaa_82   Franz R. Czaak: Konzepte eines lokalen Netzwerks; Kommunikationstechnologien, Neue Medien in Bildungswesen, Wirtschaft und Verwaltung, Helmut Schauer, Michael J. Tauber (eds.), Schriftenreihe der Österreichischen Computer Gesellschaft Band 17, R. Oldenbourg Wien München 1982, Seite 341 bis 359.

Dail_84   Daily Telegraph: Meinungsumfrage; wiedergegeben in: Das Jahr im Bild 1984, 26. Jahrgang, Carlsen Verlag GmbH, Reinbek bei Hamburg, ISBN 3-551-45084-6, Seite 21.

DaPa_83   D. W. Davies, G. I. Parkin: The Average Cycle Size of the Key Stream in Output Feedback Encipherment; Cryptography; Proc. Burg Feuerstein 1982, Thomas Beth (Ed.); LNCS 149, Springer-Verlag, Heidelberg, 1983, Seite 263 bis 279.

DaPr_84   D. W. Davies, W. L. Price: Security for Computer Networks, An Introduction to Data Security in Teleprocessing and Electronic Funds Transfer; John Wiley & Sons, Chichester, New York, 1984.

DeDe_77   Dorothy E. Denning, Peter J. Denning: Certification of Programs for Secure Information Flow; Communications of the ACM Vol. 20, Nu. 7, July 1977, Seite 504 bis 513.

Denn_82   Dorothy E. Denning: Cryptography and Data Security; Addison-Wesley Publishing Company, Reading, Mass.; 1982; Reprinted with corrections, January 1983.

Denn_84   Dorothy E. Denning: Digital Signatures with RSA and Other Public-Key Cryptosystems; Communications of the ACM, Vol. 27, No. 4, April 1984, Seite 388 bis 392.

DES_77   Federal Information Processing Standards Publication 46 (FIPS PUB 46): Specification for the Data Encryption Standard; January 15, 1977.

DeVG_84   Y. Desmedt, J. Vandewalle, R. Govaerts: Fast authentication using public key schemes; 1984 International Zurich Seminar on Digital Communications, Applications of Source Coding, Channel Coding and Secrecy Coding, March 6-8, 1984, Zurich, Switzerland, Swiss Federal Institute of Technology, Proceedings IEEE Catalog no. 84CH1998-4, Seite 191 bis 197.

Diff_82   Whitfield Diffie: Cryptographic Technology: Fifteen Years Forecast; acm SIGACT NEWS Vol. 14, Nu. 4, Fall-Winter 1982, Seite 38 bis 57.

DiH1_76   Whitfield Diffie, Martin E. Hellman: Multiuser cryptographic techniques; AFIPS conference proceedings Vol. 45, 1976 National Computer Conference, June 7-10, New York City, New York, Seite 109 bis 112.

DiH2_76   W. Diffie, M. E. Hellman: A Critique of the Proposed Data Encryption Standard; Communications of the ACM, Vol. 19, No. 3, March 1976, Seite 164 bis 165.

DiHe_76   W. Diffie, M. E. Hellman: New Directions in Cryptography; IEEE Transactions on Information Theory, Vol. IT-22, No. 6, November 1976, Seite 644 bis 654.

DiHe_77   W. Diffie, M. E. Hellman: Exhaustive Cryptanalysis of the NBS Data Encryption Standard; Computer, IEEE, Vol. 10, Nu. 6, June 1977, Seite 74 bis 84.

DiHe_79   W. Diffie, M. E. Hellman: Privacy and Authentication: An Introduction to Cryptography; Proc. of the IEEE, Vol. 67, No. 3, March 1979, Seite 397 bis 427.

DINISO8372_87   DIN ISO 8372: Informationsverarbeitung – Betriebsarten für einen 64-bit-Blockschlüsselungsalgorithmus;

DuD_86   DuD AKTUELL; DuD, Datenschutz und Datensicherung, Informationsrecht, Kommunikationssysteme, Friedr. Vieweg & Sohn, Braunschweig, Heft 1, Februar 1986, Seite 54 bis 56.

DuD4_87   DuD REPORT: Kompromißlose Datensicherheit und hohe Speicherleistung; DuD, Datenschutz und Datensicherung, Recht und Sicherheit der Informations- und Kommunikationssysteme, Heft 4, April 1987, Seite 204 bis 205.

DuDR_87   DuD REPORT: Kryptographie für die US-Privatwirtschaft, Exportbeschränkungen; DuD, Datenschutz und Datensicherung, Recht und Sicherheit der Informations- und Kommunikationssysteme, Vieweg & Sohn, Wiesbaden, 1/87, Heft 1, Januar 1987, Seite 53.

EcGM_83   Klaus Echtle, Winfried Görke, Michael Marhöfer: Zur Begriffsbildung bei der Beschreibung von Fehlertoleranz-Verfahren; Universität Karlsruhe, Fakultät für Informatik, Institut für Informatik IV, Interner Bericht Nr. 6/83 Mai 1983.

Eck_85   Wim van Eck: Electromagnetic Radiation from Video Display Units: An Eavesdropping Risk?; Computers & Security Vol. 4, Nu. 4, December 1985, Seite 269 bis 286.

ECMA89_85   ECMA European Computer Manufacturers Association: Standard ECMA-89; Local Area Networks Token Ring Technique; 2 nd Edition - March 1985 nearly identical with: ANSI/IEEE Std 802.5-1985, ISO/DP 8802/5 Local Area Networks, Token Ring Access Method, Approved December 13, 1984 IEEE Standards Board, Approved March 19, 1985 American National Standards Institute.

ECMA93_87 ECMA European Computer Manufacturers Association: Standard ECMA-93; Distributed Application for Message Interchange (MIDA); Second Edition - July 1987.

ECMATR42_87   ECMA European Computer Manufacturers Association: TR/42; Framework for Distributed Office Application; July 1987.

EcPf_85 Klaus Echtle, Andreas Pfitzmann: Software-Maßnahmen zur Fehlertoleranz; Skriptum zur Vorlesung, Institut für Informatik IV, Universität Karlsruhe, Wintersemester 1984/85.

Elek_82 Elektronik Sonderheft Nr. 50, Daten-Kommunikation; 8. Teil Einführung in die Datenfernverarbeitung, Lokale Netzwerke - die Basis für integrierte Informations-Systeme; Franzis-Verlag GmbH, Karlstr. 37 - 41, 8000 München 2, ISSN 0170-0898, 1982, Seite 69 bis 77.

EMMT_78 W. F. Ehrsam, S. M. Matyas, C. H. Meyer, W. L. Tuchman: A cryptographic key management scheme for implementing the Data Encryption Standard; IBM Systems Journal Vol. 17, No. 2, 1978, Seite 106 bis 125.

Even_89 Shimon Even: Secure Off-Line Electronic Fund Transfer Between Nontrusting Parties; SMART CARD 2000: The Future of IC Cards; Proc. of the IFIP WG 11.6 International Conference; Laxenburg (Austria), 19.-20. Oktober 1987, Seite 57 bis 66.

EvGY_84 S. Even, O. Goldreich, Y. Yacobi: Electronic Wallet; 1984 International Zurich Seminar on Digital Communications, Applications of Source Coding, Channel Coding and Secrecy Coding, March 6-8, 1984, Zurich, Switzerland, Swiss Federal Institute of Technology, Proceedings IEEE Catalog no. 84CH1998-4, Seite 199 bis 201.

FaLa_75 David J. Farber, Kenneth C. Larson: Network Security Via Dynamic Process Renaming; Fourth Data Communications Symposium, 7-9 October 1975, Quebec City, Canada, Seite 8-13 bis 8-18.

FeNS_75 Horst Feistel, William A. Notz, J. Lynn Smith: Some Cryptographic Techniques for Machine-to-Machine Data Communications; Proceedings of the IEEE Vol. 63, No. 11, November 1975, Seite 1545 bis 1554.

FO_87 FO: Ein Fall für Prometheus; ADAC motorwelt April 1987, Seite 50 bis 53.

Folt_87 Hal Folts: Open Systems Standards; IEEE Network, The Magazine of Computer Communications, Vol. 1, No. 2, April 1987, Seite 45 bis 46.

Free_88 Robert P. Freese: Optical disks become erasable; IEEE spectrum, Vol. 25, Nu. 2, February 1988, Seite 41 bis 45.

Freu_87 Johannes Freudenmann: Entwicklung von Kommunikationssoftware auf der Basis der Transformationstechnik; Kommunikation in Verteilten Systemen; GI/NTG-Fachtagung, Aachen, Februar 1987, Informatik-Fachberichte Band 130, N. Gerner und O. Spaniol (Hrsg.), Springer-Verlag, Heidelberg, Seite 725 bis 737.

Gall_85 Robert G. Gallager: A Perspective on Multiaccess Channels; IEEE Transactions on Information Theory Vol. IT-31, Nu. 2, March 1985, Seite 124 bis 142.

GiLB_85 David K. Gifford, John M. Lucassen, Stephen T. Berlin: The Application of Digital Broadcast Communication to Large Scale Information Systems; IEEE Journal on Selected Areas in Communications Vol. SAC-3, Nu. 3, May 1985, Seite 457 bis 467.

Gins_85 Hans J. Ginsburg: Computer, nein danke; Mit dem Vormarsch der neuen Technik wächst die Angst um den Job; DIE ZEIT Nr. 23, 31. Mai 1985, Seite 27 bis 28.

Goel_86   Ted Goeltz: Why not DES?; Computers & Security, North-Holland, Vol. 5, 1986, Seite 24 bis 27.

GoGM_84   Oded Goldreich, Shafi Goldwasser, Silvio Micali: How to Construct Random Functions (Extended Abstract); 25th Annual Symposium on Foundations of Computer Science, IEEE Computer Society, October 24-26, 1984, Seite 464 bis 479.

GöKü_85   E. Göldner, P. J. Kühn: Integration of Voice and Data in the Local Area; First Intern. Conference on Data Communications in the ISDN Era, Tel-Aviv University, March 1985, Y. Perry (ed.), North Holland, IFIP 1985, Seite 103 bis 117.

Gol1_85   Oded Goldreich: On Concurrent Identification Protocols; Advances in Cryptology, Proceedings of EUROCRYPT 84, A Workshop on the Theory and Application of Cryptographic Techniques, April 9-11, 1984, Paris, France, Edited by T. Beth, N. Cot and I. Ingemarsson, Lecture Notes in Computer Science LNCS 209, Springer-Verlag Heidelberg, 1985, Seite 387 bis 396.

Gol1_87   Oded Goldreich: Two Remarks Concerning the Goldwasser-Micali-Rivest Signature Scheme; Advances in Cryptology – CRYPTO '86; Proceedings; August, 1986, Univ. of California, Santa Barbara; A. M. Odlyzko (Ed.), Lecture Notes in Computer Science LNCS 263, Springer-Verlag Berlin, 1987, Seite 104 bis 110.

Gol2_83   Oded Goldreich: On Concurrent Identification Protocols; Laboratory for Computer Science, Massachusetts Institute of Technology, MIT/LCS/TM-250, December 1983.

Gold_84   J. Goldberg: The Problem of Confidence in Fault-Tolerant Computer Design; GI-NTG-Fachtagung Architektur und Betrieb von Rechensystemen, Universität Karlsruhe, 26. - 28.3.1984, Informatik-Fachberichte Band 78, Springer-Verlag Heidelberg, Seite 347 bis 361.

Göld_85   Ernst-Heinrich Göldner: An Integrated Circuit/Packet Switching Local Area Network - Performance Analysis and Comparison of Strategies; 11th International Teletraffic Congress (ITC), Kyoto, Japan, September 1985.

GoMi_84   Shafi Goldwasser, Silvio Micali: Probabilistic Encryption; Journal of Computer and System Sciences Vol. 28, 1984, Seite 270 bis 299.

GoMR_84   Shafi Goldwasser, Silvio Micali, Ronald L. Rivest: A Paradoxical Solution to the Signature Problem; 25th Annual Symposium on Foundations of Computer Science, IEEE Computer Society, October 24-26, 1984, Seite 441 bis 448.

GoMR_88   Shafi Goldwasser, Silvio Micali, Ronald L. Rivest: A Digital Signature Scheme Secure Against Adaptive Chosen-Message Attacks; SIAM J. Comput. Vol. 17, Nu. 2, April 1988, Seite 281 bis 308.

GoMT_82   Shafi Goldwasser, Silvio Micali, Po Tong: Why and How to establish a Private Code On a Public Network; 23rd Annual Symposium on Foundations of Computer Science, November 3-5, 1982, Seite 134 bis 144.

GrFL_87   Albert G. Greenberg, Philippe Flajolet, Richard E. Ladner: Estimating the Multiplicities of Conflicts to Speed Their Resolution in Multiple Access Channels; Journal of the Association for Computing Machinery Vol. 34, No. 2, April 1987, Seite 289 bis 325.

Harb_86   Reb Harbinger: Geheime Nachrichtentechnik; - Im Kampf um die Information -; geheim-schriftliche- micro-fotographische- krypto-chemische- elektronische- steganografische- geheim-postalische- ... und andere Nachrichtenwaffen + Handbuch für den privaten Nachrichten-Schutz; Privatstudie, im Selbstverlag,

Copyright by Reb Harbinger, Urmanuskript in Englisch, Photoprinted in Switzerland, Vertrieb: Utilisation Est., Postadresse: PF 856, FL-9490 Vaduz, Vertragsdruck in der BR Deutschland.

HarM_85   Michael A. Harrison: Theoretical Issues Concerning Protection in Operating Systems; Advances in Computers, Edited by Marshall C. Yovits, Vol. 24, 1985, Seite 61 bis 100.

HeFi_80   Clayton L. Henderson, Allan M. Fine: Motion, Intrusion and Tamper Detection for Surveillance and Containment; Sandia Laboratories, Albuquerque, New Mexico 87185; SAND79-0792, Printed March 1980.

HeKW_85   Franz-Peter Heider, Detlef Kraus, Michael Welschenbach: Mathematische Methoden der Kryptoanalyse; DuD-Fachbeiträge 8, Vieweg, Braunschweig, 1985.

Hell_77   Martin E. Hellman: An Extension of the Shannon Theory Approach to Cryptography; IEEE Transactions on Information Theory Band IT-23, No. 3, May 1977, Seite 289 bis 294.

Hell_82   Martin E. Hellman: Cryptographic Key Size Issues; digest of papers compcon spring 1982, February 22-25, Seite 130 bis 131.

Hell_87   Martin E. Hellman: Commercial Encryption; IEEE Network, The Magazine of Computer Communications, Vol. 1, No. 2, April 1987, Seite 6 bis 10.

Herd_85   Siegfried Herda: Authenticity, Anonymity and Security in OSIS. An Open System for Information Services; Proceedings der 1. GI Fachtagung Datenschutz und Datensicherung im Wandel der Informationstechnologien, München, Oktober 1985, herausgegeben von P.P.Spies, Informatik-Fachberichte Band 113, Springer-Verlag Berlin Heidelberg New-York Tokyo 1985, Seite 35 bis 50.

Higl_86   Harold Joseph Highland: Random Bits&Bytes; The DES Revisited; Computers & Security, North-Holland, Vol. 5, Nu. 4, December 1986, Seite 281 bis 282.

Higl_87   Harold Joseph Highland: Random Bits&Bytes; The Charade of Computer Security; Computers & Security, North-Holland, Vol. 6, Nu. 2, April 1987, Seite 108 bis 109.

High_87   Harold Joseph Highland: Random Bits&Bytes; The DES Revisited - Part II; Computers & Security, North-Holland, Vol. 6, Nu. 2, April 1987, Seite 100 bis 101.

Höck_85   Gunter Höckel: Untersuchung der Datenschutzeigenschaften von Ringzugriffsmechanismen; Diplomarbeit am Institut für Informatik IV, Universität Karlsruhe, August 1985.

Hoff_87   Frank Hoffmeister: Ein Ansatz zur Abwehr von Computerviren; Organisation und Betrieb der verteilten Datenverarbeitung, 7. GI-Fachgespräch über Rechenzentren, München, März 1987, Informatik-Fachberichte (IFB) Band 134, Herausgegeben von F. Peischl, Seite 101 bis 110.

Home_??   Homer: Ilias; Diogenes Taschenbuch detebe 20779, übersetzt aus dem Altgriechischen von H. Voß; Diogenes Verlag, Zürich 1980.

HöPf_85   Gunter Höckel, Andreas Pfitzmann: Untersuchung der Datenschutzeigenschaften von Ringzugriffsmechanismen; Proceedings der 1. GI Fachtagung Datenschutz und Datensicherung im Wandel der Informationstechnologien, München, Oktober 1985, herausgegeben von P.P.Spies, Informatik-Fachberichte Band 113, Springer-Verlag Heidelberg 1985, Seite 113 bis 127.

Horl_86   John Horgan: Encoding experts fault NSA security programs; The Institute, IEEE, Vol. 10, Nu. 9, September 1986, Seite 1, 2.

Hor2_85   John Horgan: Inventor seeks to warn Government of threat from laser-based bug; The Institute, IEEE, October 1985, Seite 8.

Horg_85   John Horgan: Thwarting the information thieves; IEEE Spectrum Vol. 22, Nu. 7, July 1985, Seite 30 bis 41.

Horg_86   John Horgan: NSA explains encryption program to IEEE Privacy Subcommittee; The Institute, IEEE, Vol. 10, Nu. 9, September 1986, Seite 2.

Hors_85   Patrick Horster: Kryptologie; Reihe Informatik/47, Herausgegeben von K. H. Böhling, U. Kulisch, H. Maurer, Bibliographisches Institut, Mannheim, 1985.

HuSW_83   Daniel E. Huber, Walter Steinlin, Peter J. Wild: SILK: An Implementation of a Buffer Insertion Ring; IEEE Journal on Selected Areas in Communications Vol. SAC-1, No. 5, November 1983, Seite 766 bis 774.

IBM_87   IBM: Keine Angst vor Computern; Die Einstellung der deutschen Bevölkerung zum Computer wird immer positiver; IBM Nachrichten 37. Jahrgang, Heft 288, April 1987, Seite 72 bis 73.

IEEE_87   IEEE: Apple opens its architecture with Macintosh II; Computer, IEEE, Vol. 20, No. 4, April 1987, Seite 92.

Inge_84   Ingemar Ingemarsson: Critique of the Security of Public-key Systems; 1984 International Zurich Seminar on Digital Communications, Applications of Source Coding, Channel Coding and Secrecy Coding, March 6-8, 1984, Zurich, Switzerland, Swiss Federal Institute of Technology, Proceedings IEEE Catalog no. 84CH1998-4, Seite 171 bis 173.

ISO7498SA_86   ISO: IS 7498 Addendum to the Basic Reference Model for OSI - Security Architecture (proposal); ISO TC 97/SC 21 N, proposed 1986-01-30.

ISO7498-2_87   ISO: Information processing systems – Open Systems Interconnection Reference Model – Part 2: Security architecture; DRAFT INTERNATIONAL STANDARD ISO/DIS 7498-2; ISO TC 97, Submitted on 1987-06-18.

ITG_87   ITG 1.6/01 Empfehlung 1987: ISDN-Begriffe; ntz Band 40, Heft 11, November 1987, Seite 814 bis 819.

Josh_85   Sunil P. Joshi: Making the LAN Connection with a Fiber Optic Standard; Computer Design September 1, 1985, Seite 64 bis 69.

Jung_87   Achim Jung: Implementing the RSA Cryptosystem; Computers & Security, North-Holland, Vol. 6, No. 4, 1987, Seite 342 bis 350.

Jurg_86   Ronald K. Jurgen: The Specialties; IEEE spectrum Vol. 23, No. 1, January 1986, Seite 86.

Kais_82   Wolfgang Kaiser: Interaktive Breitbandkommunikation; Nutzungsformen und Technik von Systemen mit Rückkanälen; Telecommunications, Veröffentlichungen des Münchner Kreis, Band 8, Springer- Verlag Heidelberg New York, 1982.

KaR1_86   Burton S. Kaliski, Ronald L. Rivest, Alan T. Sherman: Is DES a Pure Cipher? (Results of More Cycling Experiments on DES); (Preliminary Abstract); Advances in Cryptology, Proceedings of Crypto 85, A Conference on the Theory and Application of Cryptographic Techniques, August, 1985, Univ. of California, Santa Barbara, Edited by Hugh C. Williams, Lecture Notes in Computer Science LNCS 218, Springer-Verlag Heidelberg, 1986, Seite 212 bis 226.

Karg_77   Paul A. Karger: Non-Discretionary Access Control for Decentralized Computing Systems; Master Thesis, Massachusetts Institute of Technology, Laboratory for Computer Science, 545 Technology Square, Cambridge, Massachusetts 02139, May 1977, Report MIT/LCS/TR-179.

KaRS_86   Burton S. Kaliski, Ronald L. Rivest, Alan T. Sherman: Is the Data Encryption Standard a Group? (Preliminary Abstract); Eurocrypt 85, April 1985, Linz, Austria, Proc. edited by Franz Pichler, Lecture Notes in Computer Science LNCS 219, Springer-Verlag, Heidelberg, 1986, Seite 81 bis 95.

KaRS_88   Burton S. Kaliski, Ronald L. Rivest, Alan T. Sherman: Is the Data Encryption Standard a Group? (Results of Cycling Experiments on DES); Journal of Cryptology, Springer-Verlag, Heidelberg, Vol. 1, Nu. 1, 1988, Seite 3 bis 36.

KeMM_83   Heinz J. Keller, Heinrich Meyr, Hans R. Müller: Transmission Design Criteria for a Synchronous Token Ring; IEEE Journal on Selected Areas in Communications Vol. SAC-1, No. 5, November 1983, Seite 721 bis 733.

Ken1_81   Stephen T. Kent: Security Requirements and Protocols for a Broadcast Scenario; IEEE Transactions on Communications Vol. COM-29, No. 6, June 1981, Seite 778 bis 786.

Kent_80   Stephen Thomas Kent: Protecting Externally Supplied Software in Small Computers; PhD-Thesis, Massachusetts Institute of Technology, Laboratory for Computer Science, 545 Technology Square, Cambridge, Massachusetts 02139, September 1980, Report MIT/LCS/TR-255.

KlKl_83   P. Klein, G. Kleinke: BIGFON - Endgeräte und ihre Leistungsmerkmale; telcom report Siemens Aktiengesellschaft, Band 6, Heft 2, April 1983, Seite 69 bis 77.

Kola_85   Gina Kolata: NSA to Provide Secret Codes; Science Vol. 230, October 1985, Seite 45 bis 46.

Kran_86   Evangelos Kranakis: Primality and Cryptography; Wiley-Teubner Series in Computer Science; B. G. Teubner Stuttgart, John Wiley & Sons, Chichester, 1986.

Krat_84   Herbert Krath: Stand und weiterer Ausbau der Breitbandverteilnetze; telematica 84, Juni 1984, Stuttgart, Kongreßband Teil 2 Breitbandkommunikation, W. Kaiser (Hrsg.), VDE-Verlag GmbH, Neue Mediengesellschaft Ulm mbH, Seite 3 bis 17.

Kub1_87   Herbert Kubicek: Für fernmeldetechnische Alternativen zum ISDN; PIK, Praxis der Informationsverarbeitung und Kommunikation, 10. Jahrgang 1987, April-Juni, Carl Hanser Verlag, München, Seite 87 bis 92.

Kub2_86   Herbert Kubicek: Zur sozialen Beherrschbarkeit integrierter Fernmeldenetze; GI-Fachtagung Arbeit und Informationstechnik, Juli 1986, Karlsruhe, Informatik-Fachberichte 123, Klaus Theo Schröder (Hrsg.), Springer-Verlag, Heidelberg, Seite 325 bis 350 unverändert nachgedruckt in: Kommunikation in Verteilten Systemen; GI/NTG-Fachtagung, Aachen, Februar 1987, Informatik-Fachberichte Band 130, herausgegeben von N. Gerner und O. Spaniol, Seite 787 bis 812.

KuRo_86   Herbert Kubicek, Arno Rolf: Mikropolis; Mit Computernetzen in die Informationsgesellschaft; 2. Auflage, VSA-Verlag, Hamburg 1986.

Lamp_73   Butler W. Lampson: A Note on the Confinement Problem; Communications of the ACM Vol. 16, Nu. 10, October 1973, Seite 613 bis 615.

Lang_84   Klaus Lange: Das Image des Computers in der Bevölkerung; GMD-Studien Nr. 80, März 1984, GMD, Schloß Birlinghoven, D-5205 St. Augustin 1.

Leuz_83   Ruth Leuze: Datenschutz für unsere Bürger; 4. Tätigkeitsbericht der Landesbeauftragten für den Datenschutz 1983; Herausgegeben von der Landesbeauftragten für den Datenschutz Dr. Ruth Leuze, Marienstraße 12, 7000 Stuttgart.

Leuz_84   Ruth Leuze: Datenschutz für unsere Bürger; 5. Tätigkeitsbericht der Landesbeauftragten für den Datenschutz 1984; Herausgegeben von der Landesbeauftragten für den Datenschutz Dr. Ruth Leuze, Marienstraße 12, 7000 Stuttgart.

Leuz_87   Ruth Leuze: Datenschutz für unsere Bürger; 8. Tätigkeitsbericht der Landesbe-
            auftragten für den Datenschutz 1987; Herausgegeben von der Landesbeauftragten
            für den Datenschutz Dr. Ruth Leuze, Marienstraße 12, 7000 Stuttgart.

Li_87   Victor O. K. Li: Multiple Access Communications Networks; IEEE Communi-
            cations Magazine Vol. 25, No. 6, June 1987, Seite 41 bis 48.

LiFl_83   John O. Limb, Lois E. Flamm: A Distributed Local Area Network Packet Protocol
            for Combined Voice and Data Transmission; IEEE Journal on Selected Areas in
            Communications Vol. SAC-1, No. 5, November 1983, Seite 926 bis 934.

LiHe_87   Richard A. Linke, Paul S. Henry: Coherent optical detection: a thousand calls on
            one circuit; IEEE spectrum Vol. 24, No. 2, February 1987, Seite 52 bis 57;.

Lipn_75   Steven B. Lipner: A Comment on the Confinement Problem; Proc. of the Fifth
            Symposium on Operating Systems Principles, November 1975, The University of
            Texas at Austin, Operating Systems Review Vol. 9, No. 5, Seite 192 bis 196.

Loep_85   Keith Loepere: Resolving Covert Channels Within a B2 Class Secure System; acm
            Operating Systems Review Vol. 19, Nu. 3, July 1985, Seite 9 bis 28.

LuR1_86   Michael Luby, Charles Rackoff: Pseudo-random Permutation Generators and
            Cryptographic Composition; Proceedings of the 18th Annual ACM Symposium on
            Theory of Computing, Berkeley, California, May 28-30, 1986, Seite 356 bis 363.

LuRa_86   Michael Luby, Charles Rackoff: How to Construct Pseudo-random Permutations
            from Pseudo-random Functions; Advances in Cryptology, Proc. of Crypto 85, A
            Conference on the Theory and Application of Cryptographic Techniques, August
            1985, Univ. of California, Santa Barbara, Hugh C. Williams (Ed.), Lecture Notes
            in Computer Science LNCS 218, Springer-Verlag Heidelberg, 1986, Seite 447.

LuRa_88   Michael Luby, Charles Rackoff: How to Construct Pseudorandom Permutations
            from Pseudorandom Functions; SIAM Journal on Computing Vol. 17, No. 2,
            April 1988, Seite 373 bis 386.

Lutz_88   Karl Anton Lutz: ATM ermöglicht unterschiedliche Bitraten im einheitlichen Breit-
            bandnetz; telcom report Siemens Aktiengesellschaft, Band 11, Heft 6, 1988, Seite
            210 bis 213.

Mann_85   Andreas Mann: Fehlertoleranz und Datenschutz in Ringnetzen; Diplomarbeit am
            Institut für Informatik IV, Universität Karlsruhe, Oktober 1985.

MaPf_87   Andreas Mann, Andreas Pfitzmann: Technischer Datenschutz und Fehlertoleranz
            in Kommunikationssystemen; Kommunikation in Verteilten Systemen; GI/NTG-
            Fachtagung, Aachen, Februar 1987, Informatik-Fachberichte Band 130, N. Ger-
            ner und O. Spaniol (Hrsg.), Springer-Verlag, Heidelberg, Seite 16 bis 30;
            überarbeitete und erweiterte Fassung in DuD, Datenschutz und Datensicherung,
            Recht und Sicherheit der Informations- und Kommunikationssysteme, Friedr.
            Vieweg & Sohn, Wiesbaden, Heft 8, August 1987, Seite 393 bis 405.

Marc_88   Eckhard Marchel: Leistungsbewertung von überlagerndem Empfangen bei Mehr-
            fachzugriffsverfahren mittels Kollisionsauflösung; Diplomarbeit am Institut für
            Rechnerentwurf und Fehlertoleranz, Universität Karlsruhe, April 1988.

MaRS_84   H. A. Maurer, N. Rozsenich, I. Sebestyen: Videotex without "Big Brother"; IIG,
            Universität Graz, Bericht F128, January 1984; erscheint in Electronic Publishing
            Review, Oxford, 1984.

Mass_81   James L. Massey: Collision-Resolution Algorithms and Random-Access Commu-
            nications; Multi-User Communication Systems; G. Longo (Ed.); CISM Courses
            and Lectures No. 265, Springer-Verlag Wien, New York, 1981, Seite 73 bis 137.

MaYa_86   Jon W. Mark, Oliver W. W. Yang: Design and Analysis of a Metropolitan Area Network: A Two-Center Tree Net; Computer Networking Symposium, IEEE, November 17-18, 1986, Washington, DC, Seite 46 bis 54.

McLi_85   R. W. McLintock: Overview of International Standards for Transmission Impairments Affecting Digital Telecommunications Networks; Computer Networks and ISDN Systems Vol. 9, Nu. 5, May 1985, Seite 339 bis 344.

McMo_86   John McHugh, Andrew P. Moore: A Security Policy and Formal Top Level Specification for a Multi-Level Secure Local Area Network; Proceedings of the 1986 IEEE Symposium on Security and Privacy, April 7-9, 1986, Oakland, California, Seite 34 bis 39.

MeMa_82   Carl H. Meyer, Stephen M. Matyas: Cryptography – A New Dimension in Computer Data Security; (3rd printing) John Wiley & Sons, 1982.

Merr_83   Michael John Merritt: Cryptographic Protocols; Ph. D. Dissertation, School of Information and Computer Science, Georgia Institute of Technology, Feb. 1983.

MeSt_88   Willi Meier, Othmar Staffelbach: Fast Correlation Attacks on Stream Ciphers; Eurocrypt '88, LNCS 330, Springer-Verlag, Berlin 1988, Seite 301 bis 314.

Morr_78   Robert Morris: The Data Encryption Standard – Retrospective and Prospects; IEEE Communications Society Magazine Vol. 16, No. 6, Nov. 1978, Seite 11 bis 14.

MüSc_83   Christian Müller-Schloer: A Microprocessor-based Cryptoprocessor; IEEE Micro Vol. 3, No. 5, October 1983, Seite 5 bis 15.

NBS_87   NBS Journal of Research: Computer Security: A New Focus at the National Bureau of Standards; Computers & Security, North-Holland, Vol. 6, Nu. 2, April 1987, Seite 102 bis 103.

NePi_86   David B. Newman, Raymond L. Pickholtz: Cryptography in the Private Sector; IEEE Communications Magazine Vol. 24, No. 8, August 1986, Seite 7 bis 10.

NeSc_87   R. M. Needham, M. D. Schroeder: Authentication Revisited; acm Operating Systems Review Vol. 21, Nu. 1, January 1987, Seite 7.

Nied_87   Arnold Niedermaier: Bewertung von Zuverlässigkeit und Senderanonymität einer fehlertoleranten Kommunikationsstruktur; Diplomarbeit am Institut für Rechnerentwurf und Fehlertoleranz, Universität Karlsruhe, September 1987.

Orwe_49   George Orwell: 1984; A Novel by George Orwell, A Signet Classic, New American Library, Times Mirror, New York, 1983.

OtRe_87   Dave Otway, Owen Rees: Efficient and Timely Mutual Authentication; acm Operating Systems Review Vol. 21, Nu. 1, January 1987, Seite 8 bis 10.

Papa_84   Petros Papadimitriou: Kürzeste Ringstrukturen und Kostenvergleich zu Sternstrukturen bei Kommunikationsnetzen; Studienarbeit am Institut für Informatik IV, Universität Karlsruhe, Dezember 1984.

Papa_86   Stavros Papastavridis: Upper and Lower Bounds for the Reliability of a Consecutive-k-out-of-n:F System; IEEE Transactions on Reliability Vol. R-35, Nu. 5, December 1986, Seite 607 bis 610.

Perr_84   Tekla Perry: Readers comment on computers' effect on privacy; The Institute, IEEE, April 1984, Seite 3.

Pete_87   Ulrich v. Petersdorff: Weltneuheit beim Berliner TEMEX-Versuch: Erprobung eines »intelligenten« Wasserzählers; DuD, Datenschutz und Datensicherung, Recht und Sicherheit der Informations- und Kommunikationssysteme, Friedr. Vieweg & Sohn, Braunschweig, Heft 12, Dezember 1987, Seite 575.

Pfi1_83   Andreas Pfitzmann: Ein dienstintegriertes digitales Vermittlungs-/Verteilnetz zur Erhöhung des Datenschutzes; Fakultät für Informatik, Universität Karlsruhe, Interner Bericht 18/83, Dezember 1983.

Pfi1_85   Andreas Pfitzmann: How to implement ISDNs without user observability - Some remarks; Fakultät für Informatik, Universität Karlsruhe, Interner Bericht 14/85.

Pfi1_87   Andreas Pfitzmann: IFIP/Sec'86: Tagung über Rechnersicherheit; Computer und Recht, 3. Jahrgang, Heft 2, Februar 1987, Seite 141 bis 142.

Pfi2_87   Andreas Pfitzmann: Experten warnen vor der Geheimhaltung von Kryptosystemen; Computer und Recht, 3. Jahrgang, Heft 4, April 1987, Seite 272.

Pfit_83   A. Pfitzmann: Ein Vermittlungs-/Verteilnetz zur Erhöhung des Datenschutzes in Bildschirmtext-ähnlichen Neuen Medien; GI '83, Informatik-Fachberichte Band 73, Springer-Verlag Heidelberg, Seite 411 bis 418.

Pfit_84   Andreas Pfitzmann: A switched/broadcast ISDN to decrease user observability; 1984 Intern. Zurich Seminar on Digital Communications, Applications of Source Coding, Channel Coding and Secrecy Coding, March 1984, Zurich, Switzerland, Proceedings IEEE Catalog no. 84CH1998-4, Seite 183 bis 190.

Pfit_85   A. Pfitzmann: Technischer Datenschutz in diensteintegrierenden Digitalnetzen - Problemanalyse, Lösungsansätze und eine angepaßte Systemstruktur; 1. GI Fachtagung Datenschutz und Datensicherung im Wandel der Informationstechnologien, München, Oktober 1985, P.P.Spies (Hrsg.), IFB 113, Springer-Verlag Heidelberg 1985, Seite 96 bis 112.

Pfit_86   A. Pfitzmann: Die Infrastruktur der Informationsgesellschaft: Zwei getrennte Fernmeldenetze beibehalten oder ein wirklich datengeschütztes errichten?; DuD, Datenschutz und Datensicherung, Vieweg & Sohn, Wiesbaden, Heft 6, Dezember 1986, Seite 353 bis 359.

PfPf_89   Birgit Pfitzmann, Andreas Pfitzmann: How to Break the Direct RSA-Implementation of MIXes; Universität Karlsruhe 1989; erscheint in Proceedings of Eurocrypt '89, LNCS, Springer-Verlag, Berlin 1989.

PfPW_87   Andreas Pfitzmann, Birgit Pfitzmann, Michael Waidner: Technischer Datenschutz in offenen diensteintegrierenden Digitalnetzen; Tutorium: Kommunikation in Verteilten Systemen; 16. und 17. Februar 1987, RWTH Aachen, GI - Deutsche Informatik Akademie; herausgegeben von O. Spaniol, Seite 281 bis 312.

PfPW_88   A. Pfitzmann, B. Pfitzmann, M. Waidner: Datenschutz garantierende offene Kommunikationsnetze; Informatik-Spektrum, Springer-Verlag, Heidelberg, Juni 1988, Seite 118 bis 142.

PfPW_89   Andreas Pfitzmann, Birgit Pfitzmann, Michael Waidner: Garantierter Datenschutz für zwei 64-kbit/s-Duplexkanäle über den (2•64 + 16)-kbit/s-Teilnehmeranschluß durch Telefon-MIXe; erscheint im Tagungsband der 4. SAVE-Tagung, 19.-21. April 1989, Köln; Überarbeitung und Erweiterung in DuD, Datenschutz und Datensicherung, Vieweg & Sohn, Wiesbaden.

PfWa_86   A. Pfitzmann, M. Waidner: Networks without user observability -- design options; Eurocrypt 85, A Workshop on the Theory and Application of Cryptographic Techniques, April 1985, Linz, Austria, Franz Pichler (ed.), Lecture Notes in Computer Science LNCS 219, Springer-Verlag, Heidelberg, 1986, Seite 245 bis 253; erweiterte Fassung „Networks without User Observability" in Computers & Security, North-Holland, Vol. 6, Nu. 2, April 1987, Seite 158 bis 166.

319

Plum_82   Joan B. Plumstead: Inferring a Sequence Generated by a Linear Congruence; 23rd Annual Symposium on Foundations of Computer Science, November 3-5, 1982, Seite 153 bis 159.

PoGr_86   M. M. Pozzo, T. E. Gray: Computer Virus Containment in Untrusted Computing Environments; IFIP/Sec.'86, Pre-prints Fourth Intern. Conf. on Computer Security, Monte Carlo, Dez. 1986, A. Grissonnanche (ed.), 1986, Seite 118 bis 126.

PoGr_87   M. M. Pozzo, T. E. Gray: An Approach to Containing Computer Viruses; Computers & Security, North-Holland, Vol. 6, Nu. 4, Aug. 1987, Seite 321 bis 331.

PoKl_78   G. J. Popek, C. S. Kline: Issues in Kernel Design; Operating Systems, An Advanced Course, Lecture Notes in Computer Science LNCS 60, 1978; Springer Study Edition, 1979; Springer-Verlag, Heidelberg, Seite 209 bis 227.

PoST_88   Carl Pomerance, J. W. Smith, Randy Tuler: A pipeline architecture for factoring large integers with the Quadratic Sieve algorithm; SIAM J. Comput. Vol. 17, No. 2, 1988, Seite 387 bis 403.

PPfW_88   A. Pfitzmann, B. Pfitzmann, M. Waidner: Weitere Aspekte fernmeldetechnischer Alternativen zum ISDN; PIK, Band 11, Heft 1, 1988, Carl Hanser, München, Seite 5 bis 7.

Prei_88   Ralph J. Preiss: Classification of 'sensitive' information is once again in civilian hands; Computer, IEEE, Vol. 21, Nu. 3, March 1988, Seite 124.

Pric_88   W. L. Price: Standards for Data Security – A Change of Direction; Proceedings of Crypto '87, Carl Pomerance (ed.), Lecture Notes in Computer Science 293, Springer-Verlag, Berlin 1988, Seite 3 bis 8.

PWP_87   Birgit Pfitzmann, Michael Waidner, Andreas Pfitzmann: Rechtssicherheit trotz Anonymität in offenen digitalen Systemen; Computer und Recht (CR), Verlag Dr. Otto Schmidt KG, Köln, 3. Jahrgang, Okt., Nov., Dez. 1987, Hefte 10, 11, 12, Seiten 712 bis 717, 796 bis 803, 898 bis 904.

Rayc_85   Dipankar Raychaudhuri: Announced Retransmission Random Access Protocols; IEEE Transactions on Communications Vol. COM-33, No. 11, November 1985, Seite 1183 bis 1190.

REFE_83   Reference Manual for the Ada Programming Language; ANSI/MIL-STD-1815A-1983, February 17, 1983; Lecture Notes in Computer Science LNCS 155, Springer-Verlag, Heidelberg.

Rei1_86   Peter O'Reilly: Burst and Fast-Packet Switching: Performance Comparisons; IEEE INFOCOM '86, Fifth Annual Conference Computers and Communications Integration - Design, Analysis, Management, April 8-10, 1986, Miami, Florida, Seite 653 bis 666.

Rih1_87   Karl Rihaczek: Ein Kompromißvorschlag zur Datenverschlüsselung; DuD, Datenschutz und Datensicherung, Recht und Sicherheit der Informations- und Kommunikationssysteme; Vieweg & Sohn, Wiesbaden, Heft 6, Juni 1987, Seite 299 bis 303.

Riha_84   Karl Rihaczek: Datenverschlüsselung in Kommunikationssystemen; Möglichkeiten und Bedürfnisse; DuD-Fachbeiträge 6, Friedr. Vieweg & Sohn, Braunschweig, Wiesbaden, 1984.

Riha_85   Karl Rihaczek: Datenmißbrauch: Verhindern besser als verbieten; Proceedings der 1. GI Fachtagung Datenschutz und Datensicherung im Wandel der Informationstechnologien, München, Oktober 1985, P.P.Spies (Hrsg.), Informatik-Fachberichte Band 113, Springer-Verlag Heidelberg 1985, Seite 229 bis 236.

Riha_87   Karl Rihaczek: Datensicherheit amerikanisch; DuD, Datenschutz und Datensiche-
           rung, Recht und Sicherheit der Informations- und Kommunikationssysteme;
           Vieweg & Sohn, Wiesbaden, Heft 5, Mai 1987, Seite 240 bis 245.

RiSh_84   Ronald L. Rivest, Adi Shamir: How to Expose an Eavesdropper; Communications
           of the ACM, Vol. 27, No. 4, April 1984, Seite 393 bis 395.

Rive_87   R. L. Rivest: Network Control by Bayesian Broadcast; IEEE Transactions on
           Information Theory, Vol. IT-33, No. 3, May 1987, Seite 323 bis 328.

Roch_87   Edouard Y. Rocher: Information Outlet, ULAN versus ISDN; IEEE
           Communications Magazine Vol. 25, No. 4, April 1987, Seite 18 bis 32:

Rose_85   K. H. Rosenbrock: ISDN - Die folgerichtige Weiterentwicklung des digitalisierten
           Fernsprechnetzes für das künftige Dienstleistungsangebot der Deutschen Bundes-
           post; GI/NTG-Fachtagung Kommunikation in Verteilten Systemen, 11.-15. März
           1985, Tagungsband 1, D. Heger, G. Krüger, O. Spaniol, W. Zorn (Hrsg.),
           Informatik-Fachberichte IFB 95, Springer-Verlag Heidelberg, Seite 202 bis 221.

Rose_86   R. Rosenberg: Slamming the door on data thieves; Can the NSA Create and En-
           force a New Encryption Standard? Electronics February 3, 1986, Seite 27 bis 31.

Ross_86   Floyd E. Ross: FDDI - a Tutorial; IEEE Communications Magazine, Vol. 24, No.
           5, May 1986, Seite 10 bis 17.

Ross_87   Floyd E. Ross: Rings are 'Round for Good!; IEEE network, The Magazine of
           Computer Communications, Vol. 1, No. 1, January 1987, Seite 31 bis 38.

RSA_78   R. L. Rivest, A. Shamir, L. Adleman: A Method for Obtaining Digital Signatures
           and Public-Key Cryptosystems; Communications of the ACM Vol. 21, No. 2,
           February 1978, Seite 120 bis 126.

Rue1_86   R. A. Rueppel: Correlation Immunity and the Summation Generator; Advances in
           Cryptology, Proceedings of Crypto 85, A Conference on the Theory and Appli-
           cation of Cryptographic Techniques, August 1985, Univ. of California, Santa
           Barbara, Edited by Hugh C. Williams, Lecture Notes in Computer Science LNCS
           218, Springer-Verlag Heidelberg, 1986, Seite 260 bis 272.

Rue2_86   Rainer A. Rueppel: Analysis and Design of Stream Ciphers; Communications and
           Control Engineering Series, Editors: A. Fettweis, J. L. Massey, M. Thoma;
           Springer-Verlag, Heidelberg, 1986.

Rul1_87   Christoph Ruland: Datenschutz in Kommunikationssystemen; DATACOM
           Buchverlag, Pulheim, 1987.

RuR1_83   J. M. Rushby, B. Randell: A Distributed Secure System; Proceedings of the 1983
           Symposium on Security and Privacy, IEEE, April 25 - 27 1983, Oakland,
           California, Seite 121 bis 126.

RuRa_83   John Rushby, Brian Randell: A Distributed Secure System; IEEE computer Vol.
           16, Nu. 7, July 1983, Seite 55 bis 67.

Scha_83   Bernhard Schaffer: BIGFON - Vermittlungs- und Verteiltechnik; telcom report
           Siemens Aktiengesellschaft, Band 6, Heft 2, April 1983, Seite 63 bis 68.

Schl_87   Friedrich-Wilhelm Schlomann: Ost-Spionage: Der Griff auf die Datenverarbeitung;
           Datenschutz-Berater; Verlagsgruppe Handelsblatt, Düsseldorf, Nu. 5, 14. Mai
           1987, Seite 8 bis 10.

Schö_84   Helmut Schön: Die Deutsche Bundespost auf ihrem Weg zum ISDN; The
           Deutsche Bundespost on its Way towards the ISDN; Zeitschrift für das Post- und
           Fernmeldewesen Heft 6 vom 27. Juni 1984.

Schö_86   Helmut Schön: ISDN und Ökonomie; Jahrbuch der Deutschen Bundespost 1986.

ScS1_84 Christian Schwarz-Schilling (ed.): ISDN - die Antwort der Deutschen Bundespost auf die Anforderungen der Telekommunikation von morgen; Herausgeber: Der Bundesminister für das Post- und Fernmeldewesen, Bonn, 1984.

ScS1_86 Christian Schwarz-Schilling (ed.): Chance und Herausforderung der Telekommunikation in den 90er Jahren; Heft 4 aus der Schriftenreihe über Konzepte und neue Dienste der Telekommunikation des Bundesministers für das Post- und Fernmeldewesen, Bonn, 1986.

ScSc_83 Richard D. Schlichting, Fred B. Schneider: Fail-Stop Processors: An Approach to Designing Fault-Tolerant Computing Systems; acm TOCS Vol. 1, Nu. 3, August 1983, Seite 222 bis 238.

ScSc_84 Christian Schwarz-Schilling (ed.): Konzept der Deutschen Bundespost zur Weiterentwicklung der Fernmeldeinfrastruktur; Herausgeber: Der Bundesminister für das Post- und Fernmeldewesen, Stab 202, Bonn, 1984.

Sedl_88 Holger Sedlak: The RSA Cryptography Processor; Eurocrypt '87, Lecture Notes in Computer Science LNCS 304, Springer-Verlag, Heidelberg 1988, Seite 95 bis 105.

SeGo_86 Holger Sedlak, Ulrich Golze: Ein Public-Key-Code Kryptographie-Prozessor; Informationstechnik it, 28. Jahrgang, Heft 3/1986, Seite 157 bis 161.

Sha1_49 C. E. Shannon: Communication Theory of Secrecy Systems; The Bell System Technical Journal Vol. 28, No. 4, October 1949, Seite 656 bis 715.

Sham_79 Adi Shamir: How to Share a Secret; CACM Vol. 22, Nu. 11, November 1979, Seite 612, 613.

Sham_84 Adi Shamir: A Polynomial-Time Algorithm for Breaking the Basic Merkle-Hellman Cryptosystem; IEEE Transactions on Information Theory Vol. IT-30, Nu. 5, September 1984, Seite 699 bis 704.

Shan_48 C. E. Shannon: A Mathematical Theory of Communication; The Bell System Technical Journal Vol. 27, July/October 1948, Seite 379 bis 423 und 623 bis 656.

Shan_49 C. E. Shannon: Communication in the Presence of Noise; Proc. of the Institute of Radio Engineers, Band 37, Nummer 1, Januar 1949, Seite 10 bis 21; reprinted in Proceedings of the IEEE Vol. 72, No. 9, September 1984, Seite 1192 bis 1201.

Sie1_86 T. Siegenthaler: Design of Combiners to Prevent Divide and Conquer Attacks; Advances in Cryptology, Proceedings of Crypto 85, A Conference on the Theory and Application of Cryptographic Techniques, August, 1985, Univ. of California, Santa Barbara, Edited by Hugh C. Williams, Lecture Notes in Computer Science LNCS 218, Springer-Verlag Heidelberg, 1986, Seite 273 bis 279.

Sieg_84 T. Siegenthaler: Correlation-Immunity of Nonlinear Combining Functions for Cryptographic Applications; IEEE Transactions on Information Theory Vol. IT-30, Nu. 5, September 1984, Seite 776 bis 780.

Sieg_85 T. Siegenthaler: Decrypting a Class of Stream Ciphers Using Ciphertext Only; IEEE Transactions on Computers Vol. C-34, Nu. 1, Jan. 1985, Seite 81 bis 85.

Sieg_86 T. Siegenthaler: Cryptanalysts Representation of Nonlinearly Filtered ML-Sequences; Eurocrypt 85, A Workshop on the Theory and Application of Cryptographic Techniques, April 1985, Linz, Austria, F. Pichler (ed.), Lecture Notes in Computer Science 219, Springer-Verlag, Heidelberg, 1986, Seite 103 bis 110.

SIEM_87 SIEMENS: Internationale Fernsprechstatistik 1987; Stand 1. Januar 1986; SIEMENS Aktiengesellschaft N ÖV Marketing, Postfach 70 00 73, D-8000 München 70, Mai 1987.

Simm_85   Gustavus J. Simmons: Authentication Theory/Coding Theory; Advances in Cryptology, Proc. of Crypto 84, August 19-22, 1984, University of California, Santa Barbara, Edited by G. R. Blakley and David Chaum, Lecture Notes in Computer Science LNCS 196, Springer-Verlag Heidelberg, 1985, Seite 411 bis 431.

Simm_86   Gustavus J. Simmons: The Practice of Authentication; Eurocrypt 85, A Workshop on the Theory and Application of Cryptographic Techniques, April 9-11, 1985, Johannes-Kepler-University, Linz, Austria, Proceedings edited by Franz Pichler, Lecture Notes in Computer Science LNCS 219, Springer-Verlag, Heidelberg, 1986, Seite 261 bis 272.

Simm_88   Gustavus J. Simmons: Message Authentication with Arbitration of Transmitter/Receiver Disputes; Eurocrypt '87, LNCS 304, Springer-Verlag, Heidelberg 1988, Seite 151 bis 165.

SiSw_82   Daniel P. Siewiorek, Robert S. Swarz: The Theory and Practice of Reliable System Design; Digital Press, Bedford, Massachusetts 01730, 1982.

Stan_85   I. W. Stanley: A Tutorial Review of Techniques for Coherent Optical Fiber Transmission Systems; IEEE Communications Magazine Vol. 23, No. 8, August 1985, Seite 37 bis 53.

Stan_87   Stand der Breitbandverkabelung; com, Siemens-Magazin für Computer & Communications 22. Jahrgang, 2/87, März/April 1987, Seite 2.

Steg_85   H. Stegmeier: Einfluß der VLSI auf Kommunikationssysteme; GI/NTG-Fachtagung Kommunikation in Verteilten Systemen, 11.-15. März 1985, Tagungsband 1, D. Heger, G. Krüger, O. Spaniol, W. Zorn (Hrsg.), Informatik-Fachberichte IFB 95, Springer-Verlag Heidelberg, Seite 663 bis 672.

Stin_88   D. R. Stinson: Some Constructions and Bounds for Authentication Codes; Journal of Cryptology, Springer-Verlag, Heidelberg, Vol. 1, Nu. 1, 1988, Seite 37 bis 51.

Stro_87   Norman C. Strole: The IBM token-ring network - A functional overview; IEEE network, The Magazine of Computer Communications, Vol. 1, No. 1, January 1987, Seite 23 bis 30.

Sumn_87   Eric E. Sumner: Technology Perspective; IEEE Network, The Magazine of Computer Communications, Vol. 1, No. 2, April 1987, Seite 41.

Surv_84   Survey finds EEs are more hopeful for technology's future, less concerned about privacy than general public; The Institute, IEEE, June 1984, Seite 1, 6.

SuSY_84   Tatsuya Suda, Mischa Schwartz, Yechiam Yemini: Protocol Architecture of a Tree Network with Collision Avoidance Switches; Links for the Future; Science, P. Dewilde and C. A. May (eds.); Proceedings of the International Conference on Communications - ICC '84, Amsterdam, The Netherlands, May 14-17, 1984, IEEE, Elsevier Science Publishers B. V. (North-Holland), Seite 423 bis 427.

SymG_84   Symposium der Hessischen Landesregierung: Informationsgesellschaft oder Überwachungsstaat - Strategien zur Wahrung der Freiheitsrechte im Computerzeitalter; Gutachten; 3. bis 5. September 1984 im Plenarsaal des Hessischen Landtages in Wiesbaden; Herausgegeben vom Hessendienst der Staatskanzlei, Postfach 3147, 6200 Wiesbaden;.

Sze_85   Daniel T. W. Sze: A Metropolitan Area Network; IEEE Journal on Selected Areas in Communications Vol. SAC-3, No. 6, November 1985, Seite 815 bis 824.

Tane_81   Andrew S. Tanenbaum: Computer Networks; Prentice-Hall, Englewood Cliffs, N. J., 1981.

Tane_88   Andrew S. Tanenbaum: Computer Networks; 2nd Edition, Prentice-Hall, Englewood Cliffs, N. J., 1988.

Tasa_83   Shuji Tasaka: Stability and Performance of the R-ALOHA Packet Broadcast System; IEEE Transactions on Computers, Vol. C-32, No. 8, August 1983, Seite 717 bis 726.

Thom_84   Ken Thompson: Reflections on Trusting Trust; Communications of the ACM, Vol. 27, No. 8, August 1984, Seite 761 bis 763.

Thom_87   Karl Thomas: Der Weg zur offenen Kommunikation; nachrichten elektronik+telematik net special ISDN – eine Idee wird Realität; Sondernummer Oktober 87, R. v. Decker's Verlag, Seite 10 bis 17.

Unge_84   Hans-Georg Unger: Trends in Optical Communications; Links for the Future; P. Dewilde and C. A. May (eds.); Proceedings of the International Conference on Communications - ICC '84, Amsterdam, The Netherlands, May 14-17, 1984, IEEE, Elsevier Science Publishers B. V. (North-Holland), Seite 153 bis 158.

VaVa_85   Umesh V. Vazirani, Vijay V. Vazirani: Efficient and Secure Pseudo-Random Number Generation (extended abstract); Advances in Cryptology, Proceedings of Crypto 84, A Workshop on the Theory and Application of Cryptographic Techniques, August 19-22, 1984, University of California, Santa Barbara, Edited by G. R. Blakley and David Chaum, Lecture Notes in Computer Science LNCS 196, Springer-Verlag Heidelberg, 1985, Seite 193 bis 202.

VHVD_88   I. Verbauwhede, F. Hoornaert, J. Vandewalle, H. De Man: Security Considerations in the Design and Implementation of a new DES chip; Eurocrypt '87, LNCS 304, Springer-Verlag, Heidelberg 1988, Seite 287 bis 300.

VoKe_83   V. L. Voydock, Stephen T. Kent: Security Mechanisms in High-Level Network Protocols; acm computing surveys Vol. 15, No. 2, June 1983, Seite 135 bis 171.

VoKe_85   Victor L. Voydock, Stephen T. Kent: Security in High-level Network Protocols; IEEE Communications Magazine Vol. 23, Nu. 7, July 1985, Seite 12 bis 24.

Waer_67   B.L. van der Waerden: Algebra II; Heidelberger Taschenbücher Band 23, Springer-Verlag Berlin, Heidelberg, New York 1967, 5. Auflage.

WaGo_84   William M. Waite, Gerhard Goos: Compiler Construction; Texts and Monographs in Computer Science, Springer-Verlag Heidelberg, 1984.

Waid_84   Michael Waidner: Datenschutz in Kommunikationsnetzen - Ein Modellierungsansatz; Studienarbeit am Institut für Informatik IV, Univ. Karlsruhe, Oktober 1984.

Waid_85   Michael Waidner: Datenschutz und Betrugssicherheit garantierende Kommunikationsnetze. Systematisierung der Datenschutzmaßnahmen und Ansätze zur Verifikation der Betrugssicherheit; Diplomarbeit am Institut für Informatik IV, Universität Karlsruhe, August 1985, Interner Bericht 19/85 der Fakultät für Informatik.

Waid_88   Michael Waidner: Betrugssicherheit durch kryptographische Protokolle beim Einsatz über Kommunikationsnetze; Arbeitsbericht über das DFG-Projekt Go 347/6-1; Interner Bericht 7/88 der Fakultät für Informatik, Universität Karlsruhe, April 1988.

Waid_89   Michael Waidner: Unconditional Sender and Recipient Untraceability in spite of Active Attacks; Universität Karlsruhe 1989; erscheint in Proceedings of Eurocrypt '89, LNCS, Springer-Verlag, Berlin 1989.

Walk_87   Bernhard Walke: Über Organisation und Leistungskenngrößen eines dezentral organisierten Funksystems; Kommunikation in Verteilten Systemen; GI/NTG-

Fachtagung, Aachen, Februar 1987, Informatik-Fachberichte Band 130, N. Gerner und O. Spaniol (Hrsg.), Springer-Verlag, Heidelberg, Seite 578 bis 591.

Wall_87   Paul Wallich: Putting speech recognizers to work; IEEE spectrum Vol. 24, Nu. 4, April 1987, Seite 55 bis 57.

WaP1_87   Michael Waidner, Birgit Pfitzmann: Anonyme und verlusttolerante elektronische Brieftaschen; Interner Bericht 1/87 der Fakultät für Informatik, Universität Karlsruhe 1987.

WaPf_85   Michael Waidner, Andreas Pfitzmann: Betrugssicherheit trotz Anonymität. Abrechnung und Geldtransfer in Netzen; Proc. der 1. GI Fachtagung Datenschutz und Datensicherung im Wandel der Informationstechnologien, München, Oktober 1985, P.P.Spies (Hrsg.), Informatik-Fachberichte Band 113, Springer-Verlag Heidelberg 1985, Seite 128 bis 141; Überarbeitung in DuD, Datenschutz und Datensicherung, Informationsrecht, Kommunikationssysteme, Vieweg & Sohn, Braunschweig, Heft 1, Februar 1986, Seite 16 bis 22.

WaPf_87   Michael Waidner, Birgit Pfitzmann: Verlusttolerante elektronische Brieftaschen; Proc. der 3rd International Conference on Fault-Tolerant Computing-Systems, 9. bis 11. September 1987, Bremerhaven, IFB 147, Springer-Verlag Heidelberg 1987, Seite 36 bis 50; überarbeitete Fassung in DuD 10 (1987) Seite 487 bis 497.

WaPf_89   Michael Waidner, Birgit Pfitzmann: Unconditional Sender and Recipient Untraceability in spite of Active Attacks – Some Remarks; Fakultät für Informatik, Universität Karlsruhe, Interner Bericht 5/89, März 1989.

WaPf1_89   Michael Waidner, Birgit Pfitzmann: Serviceability in spite of Sender and Recipient Untraceability; Universität Karlsruhe 1989; erscheint in Proceedings of Eurocrypt '89, LNCS, Springer-Verlag, Berlin 1989.

WaPP_87   Michael Waidner, Birgit Pfitzmann, Andreas Pfitzmann: Über die Notwendigkeit genormter kryptographischer Verfahren; DuD, Datenschutz und Datensicherung, Recht und Sicherheit der Informations- und Kommunikationssysteme; Vieweg & Sohn, Wiesbaden, Heft 6, Juni 1987, Seite 293 bis 299.

Wein_87   Steve H. Weingart: Physical Security for the microABYSS System; Proc. 1987 IEEE Symp. on Security and Privacy, April 27-29, 1987, Oakland, California, Seite 52 bis 58.

WiHi_80   Deborah Williams, Harvey J. Hindin: Can software do encryption job?; Electronics July 3, 1980, Seite 102 bis 103.

Will_85   H. C. Williams: Some Public-Key Crypto-Functions as Intractable as Factorization; Cryptologia, Vol. 9, Nu. 3, July 1986, Seite 223 bis 237.

Will_85   H. C. Williams: Some Public-Key Crypto-Functions as Intractable as Factorization (Extended Abstract); Advances in Cryptology, Proc. of Crypto 84, A Workshop on the Theory and Application of Cryptographic Techniques, August 1984, Univ. of California, Santa Barbara, Edited by G. R. Blakley and David Chaum, Lecture Notes in Computer Science LNCS 196, Springer-Verlag Heidelberg, 1985, Seite 66 bis 70.

Yao1_82   Andrew C. Yao: Theory and Applications of Trapdoor Functions; 23rd Symposium on Foundations of Computer Science, November 3-5, 1982, Seite 80 bis 91.

ZaNi_87   M. Zafirovic-Vukotic, I. G. Niemegeers: An Evaluation of High Speed Local Area Network Access Mechanisms; Kommunikation in Verteilten Systemen; GI/NTG-Fachtagung, Aachen, Februar 1987, Informatik-Fachberichte Band 130, N. Gerner und O. Spaniol (Hrsg.), Springer-Verlag, Heidelberg, Seite 426 bis 440.

Bilderverzeichnis

Stichwortverzeichnis
(inkl. Abkürzungen)

Band 186: E. Rahm, Synchronisation in Mehrrechner-Datenbank-systemen. IX, 272 Seiten. 1988.

Band 187: R. Valk (Hrsg.), GI – 18. Jahrestagung I. Vernetzte und komplexe Informatik-Systeme. Hamburg, Oktober 1988. Proceedings. XVI, 776 Seiten.

Band 188: R. Valk (Hrsg.), GI – 18. Jahrestagung II. Vernetzte und komplexe Informatik-Systeme. Hamburg, Oktober 1988. Proceedings. XVI, 704 Seiten.

Band 189: B. Wolfinger (Hrsg.), Vernetzte und komplexe Informatik-Systeme. Industrieprogramm zur 18. Jahrestagung der GI, Hamburg, Oktober 1988. Proceedings. X, 229 Seiten. 1988.

Band 190: D. Maurer, Relevanzanalyse. VIII, 239 Seiten. 1988.

Band 191: P. Levi, Planen für autonome Montageroboter. XIII, 259 Seiten. 1988.

Band 192: K. Kansy, P. Wißkirchen (Hrsg.), Graphik im Bürobe-reich. Proceedings, 1988. VIII, 187 Seiten. 1988.

Band 193: W. Gotthard, Datenbanksysteme für Software-Produk-tionsumgebungen. X, 193 Seiten. 1988.

Band 194: C. Lewerentz, Interaktives Entwerfen großer Programm-systeme. VII, 179 Seiten. 1988.

Band 195: I. S. Bátori, U. Hahn, M. Pinkal, W. Wahlster (Hrsg.), Com-puterlinguistik und ihre theoretischen Grundlagen. Proceedings. IX, 218 Seiten. 1988.

Band 197: M. Leszak, H. Eggert, Petri-Netz-Methoden und -Werk-zeuge. XII, 254 Seiten. 1989.

Band 198: U. Reimer, FRM: Ein Frame-Repräsentationsmodell und seine formale Semantik. VIII, 161 Seiten. 1988.

Band 199: C. Beckstein, Zur Logik der Logik-Programmierung. IX, 246 Seiten. 1988.

Band 200: A. Reinefeld, Spielbaum-Suchverfahren. IX, 191 Seiten. 1989.

Band 201: A. M. Kotz, Triggermechanismen in Datenbanksystemen. VIII, 187 Seiten. 1989.

Band 202: Th. Christaller (Hrsg.), Künstliche Intelligenz. 5. Früh-jahrsschule, KIFS-87, Günne, März/April 1987. Proceedings. VII, 403 Seiten. 1989.

Band 203: K. v. Luck (Hrsg.), Künstliche Intelligenz. 7. Frühjahrs-schule, KIFS-89, Günne, März 1989. Proceedings. VII, 302 Seiten. 1989.

Band 204: T. Härder (Hrsg.), Datenbanksysteme in Büro, Technik und Wissenschaft. GI/SI-Fachtagung, Zürich, März 1989. Pro-ceedings. XII, 427 Seiten. 1989.

Band 205: P. J. Kühn (Hrsg.), Kommunikation in verteilten Sy-stemen. ITG/GI-Fachtagung, Stuttgart, Februar 1989. Proceed-ings. XII, 907 Seiten. 1989.

Band 206: P. Horster, H. Isselhorst, Approximative Public-Key-Kryptosysteme. VII, 174 Seiten. 1989.

Band 207: J. Knop (Hrsg.), Organisation der Datenverarbeitung an der Schwelle der 90er Jahre. 8. GI-Fachgespräch, Düsseldorf, März 1989. Proceedings. IX, 276 Seiten. 1989.

Band 208: J. Retti, K. Leidlmair (Hrsg.), 5. Österreichische Artificial-Intelligence-Tagung, Igls/Tirol, März 1989. Proceedings. XI, 452 Seiten. 1989.

Band 209: U. W. Lipeck, Dynamische Integrität von Datenbanken. VIII, 140 Seiten. 1989.

Band 210: K. Drosten, Termersetzungssysteme. IX, 152 Seiten. 1989.

Band 211: H. W. Meuer (Hrsg.), SUPERCOMPUTER '89. Proceed-ings, 1989. VIII, 171 Seiten. 1989.

Band 212: W.-M. Lippe (Hrsg.), Software-Entwicklung. Fachtagung, Marburg, Juni 1989. Proceedings. IX, 290 Seiten. 1989.

Band 213: I. Walter, Datenbankgestützte Repräsentation und Ex-traktion von Episodenbeschreibungen aus Bildfolgen. VIII, 243 Seiten. 1989.

Band 214: W. Görke, H. Sörensen (Hrsg.), Fehlertolerierende Rechensysteme / Fault-Tolerant Computing Systems. 4. Internatio-nale GI/ITG/GMA-Fachtagung, Baden-Baden, September 1989. Proceedings. XI, 390 Seiten. 1989.

Band 215: M. Bidjan-Irani, Qualität und Testbarkeit hochinte-grierter Schaltungen. IX, 169 Seiten. 1989.

Band 216: D. Metzing (Hrsg.), GWAI-89. 13th German Workshop on Artificial Intelligence. Eringerfeld, September 1989. Proceed-ings. XII, 485 Seiten. 1989.

Band 217: M. Zieher, Kopplung von Rechnernetzen. XII, 218 Seiten. 1989.

Band 218: G. Stiege, J. S. Lie (Hrsg.), Messung, Modellierung und Bewertung von Rechensystemen und Netzen. 5. GI/ITG-Fachta-gung, Braunschweig, September 1989. Proceedings. IX, 342 Seiten. 1989.

Band 219: H. Burkhardt, K. H. Höhne, B. Neumann (Hrsg.), Muster-erkennung 1989. 11. DAGM-Symposium, Hamburg, Oktober 1989. Proceedings. XIX, 575 Seiten. 1989

Band 220: F. Stetter, W. Brauer (Hrsg.), Informatik und Schule 1989: Zukunftsperspektiven der Informatik für Schule und Ausbildung. GI-Fachtagung, München, November 1989. Proceedings. XI, 359 Seiten. 1989.

Band 221: H. Schelhowe (Hrsg.), Frauenwelt – Computerräume. GI-Fachtagung, Bremen, September 1989. Proceedings. XV, 284 Seiten. 1989.

Band 222: M. Paul (Hrsg.), GI – 19. Jahrestagung I. München, Oktober 1989. Proceedings. XVI, 717 Seiten. 1989.

Band 223: M. Paul (Hrsg.), GI – 19. Jahrestagung II. München, Oktober 1989. Proceedings. XVI, 719 Seiten. 1989.

Band 224: U. Voges, Software-Diversität und ihre Modellierung. VIII, 211 Seiten. 1989

Band 225: W. Stoll, Test von OSI-Protokollen. IX, 205 Seiten. 1989.

Band 226: F. Mattern, Verteilte Basisalgorithmen. IX, 285 Seiten. 1989.

Band 227: W. Brauer, C. Freksa (Hrsg.), Wissensbasierte Systeme. 3. Internationaler GI-Kongreß, München, Oktober 1989. Proceed-ings. X, 544 Seiten. 1989.

Band 228: A. Jaeschke, W. Geiger, B. Page (Hrsg.), Informatik im Umweltschutz. 4. Symposium, Karlsruhe, November 1989. Proceedings. XII, 452 Seiten. 1989.

Band 229: W. Coy, L. Bonsiepen, Erfahrung und Berechnung. Kritik der Expertensystemtechnik. VII, 209 Seiten. 1989.

Band 231: R. Henn, K. Stieger (Hrsg.), PEARL 89 – Workshop über Realzeitsysteme. 10. Fachtagung, Boppard, Dezember 1989. Pro-ceedings. X, 243 Seiten. 1989.

Band 232: R. Loogen, Parallele Implementierung funktionaler Pro-grammiersprachen. IX, 385 Seiten. 1990.

Band 233: S. Jablonski, Datenverwaltung in verteilten Systemen. XIII, 336 Seiten. 1990.

Band 234: A. Pfitzmann, Diensteintegrierende Kommunikations-netze mit teilnehmerüberprüfbarem Datenschutz. XII, 343 Seiten. 1990.